# Statistik und Excel

Heidrun Matthäus · Wolf-Gert Matthäus

# Statistik und Excel

Elementarer Umgang mit Daten

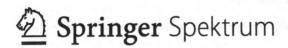

Heidrun Matthäus
Wolf-Gert Matthäus
Stendal-Uenglingen, Deutschland

ISBN 978-3-658-07688-7        ISBN 978-3-658-07689-4 (eBook)
DOI 10.1007/978-3-658-07689-4

Die Deutsche Nationalbibliothek verzeichnet diese Publikation in der Deutschen Nationalbibliografie; detaillierte bibliografische Daten sind im Internet über http://dnb.d-nb.de abrufbar.

Springer Spektrum
© Springer Fachmedien Wiesbaden 2016

Gedruckt auf säurefreiem und chlorfrei gebleichtem Papier.

Springer Fachmedien Wiesbaden GmbH ist Teil der Fachverlagsgruppe Springer Science+Business Media (www.springer.com)

# Vorwort

Mit diesem Buch wird eine wesentlich erweiterte und gleichzeitig umfassend modernisierte Zusammenfassung von drei bisher von uns zum Thema „Statistik und Excel" erschienenen Büchern vorgelegt: Im Sommer 1998 erschien der erste Titel „Lösungen für die Statistik mit Excel 97". Ihm folgte im März 2003 „Statistik mit Excel – Beschreibende Statistik für jedermann". Dieser Titel fand viele Käufer, so dass er seitdem immerhin drei Nachauflagen erlebte. Danach erschien im Jahr 2007 das Buch „Statistische Tests mit Excel leicht erklärt – Beurteilende Statistik für jedermann".

Alle drei Bücher fanden ihre Leser, und wir glauben, dass uns das legitimiert, auch weiterhin bei dem Begriffspaar „Statistik" und „Excel" zu bleiben. Obwohl ernsthafte Statistiker innerhalb und außerhalb von Universitäten durchaus heftig dagegen polemisieren. So nimmt ein namhafter Statistik-Professor der Universität Siegen in seine Literaturempfehlung für seine Studierenden zwar – zu unserer Überraschung – auch einen Titel „Statistik mit Excel" auf, fügt aber sofort seine relativierende Meinung hinzu: „Bitte beachten Sie: Die Tatsache, dass ich hier auf ein Buch zu Excel hinweise, heißt nicht, dass ich das Arbeiten mit Excel empfehle. Vielmehr ist davor ausdrücklich zu warnen ... "

Warum in aller Welt wir denn trotzdem unbedingt Excel und Statistik zusammenbringen wollen, werden wir immer wieder gefragt. Statistik, das rechne doch jeder mit der berühmten Statistik-Software, mit SPSS, mit SAS, mit R, mit GAUSS! Oder mit selbst geschriebenen Programmen. Excel – das sei doch nur ein Tabellenkalkulationssystem, gut für Buchhaltung und Materialwirtschaft.

Natürlich müssen wir den Kritikern unseres Vorhabens zustimmen. Grundsätzlich. Denn Excel ist nun mal keine ausgesprochene Statistik-Software. Für sehr anspruchsvolle Statistik-Rechnungen ist Excel, unbestreitbar, nicht geeignet. Aber – eben nicht jede Statistik-Rechnung ist sehr anspruchsvoll. Wie oft geht es doch nur darum, Aufgaben der elementaren beschreibenden Statistik zu lösen, ein paar Kenngrößen zu ermitteln, ein Histogramm oder eine Kreuztabelle herzustellen.

Oder es ist einer der einfachen Tests durchzuführen. Oder eine Konfidenzschätzung zu ermitteln. Das aber – das kann man doch alles mit Excel machen, der leicht zu bedienenden Software, die jeder kennt, die jeder hat!

Warum soll man mit Kanonen auf Spatzen schießen, wenn eine handliche kleine Flinte vorhanden ist?

Statistik ist ein spröder Stoff. Obwohl zur Pflicht diverser Lehrpläne an Schulen und Hochschulen zählend, hat sich doch bei vielen, die sie durchlitten, keine Liebe zum Thema herausgebildet, und wer die Statistik vor sich hat, ist durch den ihr vorauseilenden Ruf schon ziemlich negativ voreingestimmt. Leider.

Woran liegt das? Schuld ist die Natur der Sache – einerseits schaut stets der böse und unberechenbare Zufall durch die Zeilen, andererseits sind da die vielen Zahlen, mit denen man umgehen lernen muss. Hinzu kommt die von Generation zu Generation weitergegebene Äußerung, die abwechselnd dem Fürsten Bismarck oder dem Premier Churchill zugeschrieben wird: „Ich glaube nur der Statistik, die ich selbst gefälscht habe."

Ja, die Statistik hat einen schlechten Ruf, und trotzdem muss sie gelehrt und verstanden werden. Nichts ist sicher, aber trotzdem soll gerechnet werden. Ergebnisse werden erwartet. Hinzu kommen die vielen, vielen Fachbegriffe, angefangen bei den Zufallsgrößen und weiter über die Signifikanz bis hin zu den Korrelationen. Wozu das alles?

Natürlich kennen die Lehrenden und Fachbuchautoren diese Aversionen, sie versuchten und versuchen, den Lernenden den Sinn und Zweck der Statistik auf unterschiedlichste Weise nahe zu bringen. Der eine versucht es, indem er „Statistik ohne Formeln" oder „Statistik populär" präsentiert. Der andere geht genau den anderen Weg, präsentiert Statistik konsequent als logische, mathematisch-exakte, strenge Wissenschaft, leitet her, leitet ab, begründet und beweist.

Das vorliegende Buch will einen Mittelweg beschreiten. Auf zu viel Mathematik wird ebenso verzichtet wie auf zu viel unscharfe Popularität. Entscheidend soll sein, den Sinn jeglicher Statistik immer und immer wieder herauszuarbeiten – dem Zufall ein wissenschaftliches Schnippchen zu schlagen, Wahrscheinlichkeiten zu berechnen, Daten sinnvoll und sorgsam mit gebotener Vorsicht zu behandeln.

Deshalb wird, anschließend an ausführliche Kapitel zur beschreibenden Statistik, zunächst ausführlich versucht, die überaus wichtigen Grundbegriffe der Zufallsgröße und der Verteilungsfunktion zu erklären.

An vielen Beispielen wird dann vorgeführt, wie man von einer bekannten Verteilung einer Zufallsgröße zu Wahrscheinlichkeitsaussagen kommt. Dabei ist eine Zufallsgröße nichts anderes als ein Zufallsexperiment, das Zahlen liefert. Entweder liefert es genau zwei Zahlenwerte, dann heißt die Zufallsgröße alternativ, oder es liefert einige, wenige Zahlenwerte, dann heißt die Zufallsgröße diskret.

Ist die Anzahl der verschiedenen Ergebniswerte eines Zufallsexperiments unüberschaubar groß, dann spricht man von einer stetigen Zufallsgröße. Hier spielt die Normalverteilung eine dominierende Rolle. Ihr wird folglich auch viel Platz eingeräumt.

Doch selbst wenn qualitativ bekannt ist, wie eine Zufallsgröße verteilt ist, so fehlen doch oft genaue Kenntnisse zu den Parametern der zutreffenden Verteilungsfunktion. Sie werden zwangsläufig ersetzt durch geeignete Schätzungen, resultierend aus Zufallsstichproben. Zur Herkunft dieser Schätzungen wird im vorliegenden Buch ergänzend das Kap. 11 angefügt, es ist den Punkt- und Intervallschätzungen und ihrem theoretischen Hintergrund gewidmet.

Grundsätzlich wird aber der rechnerischen Praxis breiter Raum eingeräumt, und immer wieder wird vorgeführt und mit Beispielen belegt, dass alle Grundaufgaben der Statistik leicht und einfach mit Excel umgesetzt werden können.

Mehrere Kapitel dieses Buches sind den statistischen Tests gewidmet. In ihnen werden nicht weniger als neunzehn der wichtigsten statistischen Tests beschrieben. Ausgehend vom Anliegen des jeweiligen Tests wird stets zuerst mitgeteilt, wie mit Hilfe von Quantilen und Ablehnungsbereichen die objektive Testentscheidung gefunden werden kann. Alle Rechnungen sind leicht mit Excel-Tabellen nachzuvollziehen. Gleichzeitig wird aber auch die ebenfalls verbreitete Methode der Überschreitungswahrscheinlichkeit geschildert, die oft genauso einfach mit Excel umsetzbar ist. Und schließlich werden in nicht wenigen Fällen die speziell von Excel bereitgestellten Testfunktionen beschrieben, mit denen man schnell und mit ganz geringem Aufwand zu Testentscheidungen kommen kann.

Alle Beispieldateien stehen bei www.w-g-m.de in der Rubrik „Leserservice" zur Verfügung.

Wir hoffen, dass das vorliegende Werk ebensolche Zustimmung erhält wie die oben erwähnten, inzwischen aber nicht mehr ganz zeitgemäßen Titel zur beschreibenden und beurteilenden Statistik.

Denn der Springer-Verlag, dem wir hiermit für seine Anregung zu diesem Projekt herzlich danken möchten, wird den Titel nicht nur in der klassischen Buch-Form als Printmedium herausbringen, sondern ihn vor allem elektronisch ganz oder auch in Teilen auf diversen Plattformen lesbar im Internet präsentieren.

Allen unseren Studentinnen und Studenten, mit denen gemeinsam wir die Grundzüge des Buches herausarbeiten und in vielfältigen Lehrveranstaltungen methodisch erproben konnten, möchten wir an dieser Stelle unseren Dank aussprechen.

Gern nehmen wir unter der genannten Internet-Adresse auch Hinweise und kritische Äußerungen zum Inhalt und zur methodischen Gestaltung entgegen.

Uenglingen, im Frühjahr 2015                      Heidrun Matthäus
                                                 Wolf-Gert Matthäus

# Inhaltsverzeichnis

# Was man über Microsoft Excel wissen sollte 1

## 1.1 Eingabenanalyse durch Excel

### 1.1.1 Trennung zwischen numerischer und nichtnumerischer Eingabe

Wenn Excel gestartet wird und vom Nutzer selbst keine Zelle der leeren Tabelle ausgewählt wird, dann steht standardmäßig die Zelle A1 (links oben) für eine Eingabe bereit.
Wird vom Nutzer eine Folge von Tasten als Eingabe gedrückt, so erfolgt bei Betätigung
der ENTER-Taste [↵] durch Excel zuerst eine *Analyse*, ob die Eingabe als *numerisch* oder
*nichtnumerisch* anzusehen ist. In Abhängigkeit vom Ergebnis dieser Analyse erfolgt die
Speicherung, und man kann durch die differenzierte Wiedergabe der getätigten Eingabe
auf dem Bildschirm erkennen, wie Excel die Eingabe bewertet hat:

▶ **Man beachte** Erkennt Excel eine Eingabe als *numerisch*, so wird sie *rechtsbündig*
in die Zelle eingetragen. *Nichtnumerische Eingaben* dagegen werden *linksbündig*
eingetragen (siehe Abb. 1.1).

Als *numerisch* erkennt Excel u. a. folgende Nutzereingaben:

- reine Ziffernfolgen,
- Ziffernfolgen mit Dezimalkomma,
- Ziffernfolgen mit Tausender-Dezimalpunkt, mit oder ohne Dezimalkomma,
- Ziffernfolgen mit oder ohne Dezimalkomma und Prozentzeichen,
- Ziffernfolgen mit oder ohne Dezimalkomma und Euro-Währungszeichen,
- sinnvolle Datums- und Uhrzeitangaben.

© Springer Fachmedien Wiesbaden 2016                                                                1
H. Matthäus, W.-G. Matthäus, *Statistik und Excel*, DOI 10.1007/978-3-658-07689-4_1

| Eingetippte Zeichenfolge | Wiedergabe in der Zelle | Begründung |
|---|---|---|
| Uenglingen ↵ | Uenglingen | Zeichenfolge: nichtnumerisch |
| 12345↵ | 12345 | reine Ziffernfolge: als numerisch erkannt |
| 12x34↵ | 12x34 | keine reine Ziffernfolge: nichtnumerisch |
| 23,45↵ | 23,45 | Dezimalzahl mit deutschem Dezimaltrennzeichen:numerisch |
| 23.45↵ | 23.45 | Dezimalzahl mit falschem Dezimaltrennzeichen |
| 123.456,78↵ | 123.456,78 | Tausenderpunkt und Dezimalkomma: numerisch |
| 2%↵ | 2% | Prozentzahl: numerisch |
| 23,45€↵ | 23,45 € | Euro-Währung: numerisch |
| 23,45$↵ | 23,45$ | andere Währung: nichtnumerisch |
| 12/4/10↵ | 12.04.2010 | sinnvolle Datumsangabe: numerisch |
| 30/2/2010↵ | 30/2/10 | sinnlose Datumsangabe: nichtnumerisch |
| 8:23:45↵ | 08:23:45 | sinnvolle Uhrzeitangabe: numerisch |
| 12:78:89↵ | 12:78:89 | sinnlose Uhrzeitangabe: nichtnumerisch |

**Abb. 1.1**  Eingaben und ihre Klassifikation und Wiedergabe durch Excel

*Unsinnige Eingaben* oder Eingaben, die z. B. Buchstaben enthalten, werden als *nichtnumerisch* klassifiziert, der eingebende Nutzer erkennt dies sofort an der Wiedergabe, die dann am linken Rand der Zelle beginnt.

## 1.1.2  Speicherung numerischer Daten

Erkennt Excel eine Nutzereingabe als *numerisch*, dann wird im Regelfall nicht die Nutzereingabe, sondern eine *damit verwandte Zahl* intern gespeichert: Nur die *ganzen Zahlen* bleiben intern wie angezeigt erhalten.

*Dezimalbrüche* werden rechts mit Nullen aufgefüllt, bis zum Erreichen der bei Excel maximal möglichen Genauigkeit (ca. 15 gültige Stellen). *Prozentangaben* werden absolut (als Teil von Eins) abgespeichert. Währungszeichen verschwinden. Besonders verwirrend ist jedoch in der vorletzten Zeile der Abb. 1.2 die Zahl 40.280, mit der intern das Datum „12. April 2010" abgespeichert wird. Dabei handelt es sich um den so genannten *Datumswert*.

| Eingetippte Zeichenfolge | Wiedergabe in der Zelle | Interne Speicherung |
|---|---|---|
| 12345↵ | 12345 | 12345 |
| 23,45↵ | 23,45 | 23,4500000000000 |
| 123.456,78↵ | 123.456,78 | 123456,780000000 |
| 2%↵ | 2% | 0,020000000000000 |
| 23,45€↵ | 23,45 € | 23,4500000000000 |
| 12/4/10↵ | 12.04.2010 | 40280 |
| 8:23:45↵ | 08:23:45 | 0,349826388888889 |

**Abb. 1.2**  Interne Speicherung von Eingaben, die als numerisch erkannt wurden

> Der Datumswert gibt die Anzahl der Tage an, die seit Silvester 1899 bis zum jeweiligen Datum vergangen sind.

Also hat der 1. Januar 1900 den Datumswert 1, der 2. Januar 1900 den Datumswert 2 und so weiter.

Am 12. April 2010 sind 40280 Tage seit Silvester 1899 vergangen (was leider nicht ganz richtig ist, denn Excel zählt den 29. Februar 1900 mit, der aber tatsächlich nie existierte – doch dieser eine Excel-Fehler ist für das Folgende ohne wesentliche Bedeutung. Ignorieren wir ihn.)

Die interne Speicherung von sinnvollen Datumsangaben mittels des Datumswertes gibt uns sofort die bequeme Möglichkeit, *Tagesdifferenzen* auszurechnen. Lassen wir uns zum Beispiel anzeigen, wie viele Tage der große Elvis Presley auf dieser Welt weilte. Dazu tragen wir in die Zelle A2 einer Excel-Tabelle das Geburtsdatum und in die Zelle B2 das Sterbedatum ein. Da wir nun die interne Speicherung dieser Daten kennen, brauchen wir in Zelle C2 nur eine Formel einzutragen, mit der die Differenz der Datumswerte der Geburtstage angefordert wird:

| geboren | gestorben | gelebt |
|---|---|---|
| 08.01.1935 | 16.08.1977 | =B2-A2 |

Doch nach Bestätigung der Excel-Formel mit der ENTER-Taste [↵] findet sich in der Zelle C2 eine eigenartige Anzeige:

| geboren | gestorben | gelebt |
|---|---|---|
| 08.01.1935 | 16.08.1977 | 08.08.1942 |

Die Erklärung: Während im „Hintergrund" der Zelle C2 tatsächlich die *Zahl der Lebenstage* enthalten ist, wird sie aber von Excel als *Datumswert* eines bestimmten Tages betrachtet – nämlich desjenigen Tages, der von Silvester 1899 genauso weit entfernt ist wie Elvis' Sterbetag von seinem Geburtstag. Und das ist eben besagter achter August 1942. Um den Datumswert von Zelle C2 sehen zu können, müssen wird die *Anzeige umstellen*. Dazu wird die Zelle C2 ausgewählt und mittels [Strg] + [1] (diese Tastenkombination ist in allen Excel-Versionen gleich) das Fenster ZELLEN FORMATIEREN angefordert (siehe Abb. 1.3). Im Registerblatt ZAHLEN muss dafür die Komponente ZAHL ausgewählt werden. Da der Datumswert immer eine ganze Zahl ist, werden keine Dezimalstellen verlangt. Jetzt erfahren wir, dass Elvis Presley 15561 Tage auf dieser Welt weilte.

| geboren | gestorben | gelebt |
|---|---|---|
| 08.01.1935 | 16.08.1977 | 15561 |

**Abb. 1.3**  Zellen formatieren

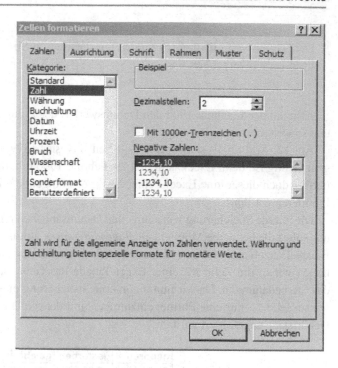

Betrachten wir nun die *interne Speicherung einer sinnvollen Uhrzeit*. Hier wird intern der so genannte *Uhrzeitwert* gespeichert:

| Eingetippte Zeichenfolge | Wiedergabe in der Zelle | Interne Speicherung |
|---|---|---|
| 8:23:45⏎ | 08:23:45 | 0,349826388888889 |

Am besten lässt sich dieser Wert prozentual erklären: Um 8 Uhr, 23 Minuten und 45 Sekunden sind nämlich 34,9826388888889 Prozent des ganzen Tages vergangen. Um 6 Uhr sind 25 Prozent des Tages vergangen, um 12 Uhr 50 Prozent und um 18 Uhr 75 Prozent. So erklärt sich der Uhrzeitwert.

Weil *Uhrzeitangaben* intern durch ihre *Uhrzeitwerte* gespeichert werden, lassen sich auch *Uhrzeit-Rechnungen* mit Excel sehr einfach durchführen.

Betrachten wir dazu ein Beispiel: Der große Radprofi Ance Larmstrong nimmt am berüchtigten Zeitfahren von Holperhausen nach Schlaglochheim teil. Er startet auf die Sekunde genau um 10:31:00 Uhr und kommt um 12:13:45 Uhr im Ziel an. Wie lange war er unterwegs?

Sehen wir uns die Lösung mit Excel an. Während in die Zellen A2 und B2 Start-
und Zielzeit eingetragen werden, bekommt die Zelle C2 die Formel zum Anfordern der
Differenz:

| Start | Ziel | Fahrzeit |
|---|---|---|
| 10:31:00 | 12:13:45 | =B2-A2 |

Wird die Formel bestätigt und – in Analogie zum Vorgehen bei der Tageszählung – das
Ergebnis von Zelle C2 als Dezimalbruch angezeigt, dann erhält man diesmal jedoch einen
Uhrzeitwert, der leider recht wenig aussagt:

| Start | Ziel | Fahrzeit |
|---|---|---|
| 10:31:00 | 12:13:45 | 0,071354 |

Doch diesen Uhrzeitwert kann man deuten lassen als die Zeit, die seit Mitternacht eines
Tages vergangen wäre – dazu muss im Fenster ZELLEN FORMATIEREN (Abb. 1.3) die
Komponente UHRZEIT ausgewählt werden. Dies aber ist die Zeit, die Ance Larmstrong
für das Zeitfahren benötigt hat: Eine Stunde, 42 Minuten und 45 Sekunden:

| Start | Ziel | Fahrzeit |
|---|---|---|
| 10:31:00 | 12:13:45 | 01:42:45 |

Excel erlaubt auf einfache Art vielfältige Rechnungen auch für den Fall, dass sowohl
das Datum als auch die Uhrzeit zu berücksichtigen sind – zum Beispiel bei Flügen, die
vor Mitternacht beginnen und nach Mitternacht enden. Sogar die verschiedenen Zeitzonen
von Start- und Zielflughafen lassen sich berücksichtigen.

Betrachten wir zum Schluss noch das Problem der *Prozentrechnung mit Excel.* Gehen
wir zuerst von der Formel

```
Prozentsatz = Prozentwert durch Grundwert mal Hundert
```

aus. Wenden wir diese Formel an: Tragen wir in Zelle A2 den Prozentwert, in Zelle B2
den Grundwert und in Zelle C2 die passende Formel ein:

| Prozentwert | Grundwert | % |
|---|---|---|
| 23,27 | 88,12 | =(A2/B2)*100 |

| Prozentwert | Grundwert | % |
|---|---|---|
| 23,27 | 88,12 | 26,4071720 |

Nach Bestätigung der Formel durch Druck auf die ENTER-Taste [↵] erscheint sofort
der gewünschte Prozentsatz als *Teil von 100,* er ist auch in dieser Form intern gespeichert.

Da in der Zelle C2 nur der reine Zahlenwert erscheint, wurde in der Überschrift mit dem Prozentzeichen mitgeteilt, welche Bedeutung dieser Zahlenwert hat. Lässt man dagegen in der Berechnungsformel die *Multiplikation mit 100* weg, dann rechnet Excel den Prozentsatz intern nur als *Teil der Eins* aus:

| Prozentwert | Grundwert | Satz |
|---|---|---|
| 23,27 | 88,12 | =(A2/B2) |

| Prozentwert | Grundwert | Satz |
|---|---|---|
| 23,27 | 88,12 | 0,264072 |

Hier kann nun durch Anwendung der Komponente PROZENT des Fensters ZELLEN FORMATIEREN (Abb. 1.3) dafür gesorgt werden, dass die intern gespeicherte Zahl 0,2640717 in der Zelle C2 als Prozentangabe *mit dem Prozentzeichen* erscheint:

| Prozentwert | Grundwert | Satz |
|---|---|---|
| 23,27 | 88,12 | 26,407% |

▶   **Man beachte**   Zur Berechnung eines *Prozentwertes* muss folglich unterschieden werden, ob die Zelle mit dem *Prozentsatz* das Prozentzeichen enthält oder nicht. Ist das Prozentzeichen zu sehen, dann ist der interne Wert nur der Teil der Eins, steht kein Prozentzeichen in der Zelle, dann ist der interne Wert Teil der Hundert.

Entsprechend muss die Formel für den Prozentwert geschrieben werden:

| Prozentsatz | intern | Grundwert | Prozentwert |
|---|---|---|---|
| 23,27 | 23,2700000 | 88,12 | =C2*(A2/100) |
| 23,27% | 0,232700000 | 88,12 | =C3*A3 |

| Prozentsatz | intern | Grundwert | Prozentwert |
|---|---|---|---|
| 23,27 | 23,2700000 | 88,12 | 20,505524 |
| 23,27% | 0,232700000 | 88,12 | 20,505524 |

## 1.1.3   Nichtnumerische Speicherung von Ziffernfolgen

In der Spalte A einer Excel-Tabelle sollen deutsche Postleitzahlen erfasst werden. Darunter befinden sich auch Postleitzahlen sächsischer Orte, die bekanntlich mit einer *Null* beginnen. Was aber passiert beim sofortigen Eintippen der Postleitzahlen? Sehen wir uns den überraschenden Effekt an:

| Eingetippte PLZ | Wiedergabe in der Zelle |
|---|---|
| 12345↵ | 12345 |
| 67234↵ | 67234 |
| 02694↵ | 2694 |
| 23456↵ | 23456 |
| 09884↵ | 9884 |

Es ist sofort zu sehen – alle sächsischen Postleitzahlen sind falsch erfasst, die *führende Null* fehlt. Wie lässt sich das erklären? Ganz einfach: Excel erkennt Eingaben von PLZ, da sie *reine Ziffernfolgen* sind, durchweg als *numerisch* und speichert sie intern konsequent als *ganze Zahlen* ab.

Man kann Excel dafür keinen Vorwurf machen – woher soll das Programm auch wissen, dass diesmal hier nicht die Zahl *Zweitausendsechshundertvierundneunzig*, sondern die *Ziffern-Zeichen-Folge* Null → Zwei → Sechs → Neun → Vier zu erfassen und als Ziffernfolge *nichtnumerisch* abzuspeichern ist? Nein, hier (und in vielen anderen Fällen, wo Ziffernfolgen *nicht zum Rechnen* abzuspeichern sind) muss der eingebende Nutzer selbst dafür sorgen, dass all seine Eingaben als *nichtnumerisch* zu erfassen sind.

Dafür gibt es zwei verschiedene Methoden:

▶ **Methode 1** Vor jede Ziffernfolge wird ein Hochkomma ' gesetzt (auf der Tastatur links neben der ENTER-Taste, meist über [#] , nicht zu verwechseln mit dem französischen Akzent ´):

| Eingetippte PLZ | Wiedergabe in der Zelle |
|---|---|
| '12345↵ | 12345 |
| '67234↵ | 67234 |
| '02694↵ | 02694 |
| '23456↵ | 23456 |
| '09884↵ | 09884 |

Wird als erstes Zeichen einer Eingabe in eine Excel-Zelle das Hochkomma verwendet, dann wird die Excel-Eingabeanalyse *außer Kraft* gesetzt und Excel übernimmt die eingegebene Zeichenfolge *stets nichtnumerisch*.

Wem das andauernde Vorsetzen des Hochkommas zu mühselig ist, der kann auch nach Methode 2 vorgehen:

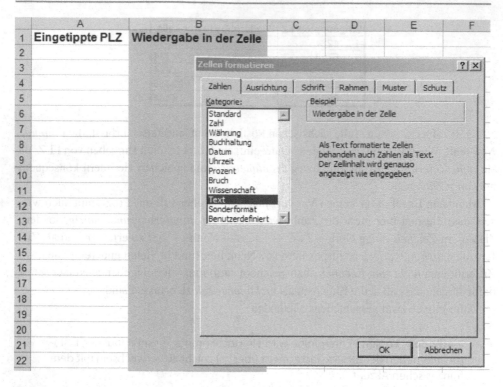

**Abb. 1.4**  Vor der ersten Eingabe: Formatierung als Textspalte

▶  **Methode 2**  Vor der allerersten Eingabe (unbedingt) ist die Spalte, in der Zif-
fernfolgen nichtnumerisch abgespeichert werden sollen, zu markieren und mit
Hilfe des Fensters ZELLEN FORMATIEREN (Abb. 1.4) und dessen Registerblatt
ZAHLEN als *Textspalte* einzurichten.

| Eingetippte PLZ | Wiedergabe in der Zelle |
|---|---|
| 12345⏎ | 12345 |
| 67234⏎ | 67234 |
| 02694⏎ | 02694 |
| 23456⏎ | 23456 |
| 09884⏎ | 09884 |

Eine nachträgliche Umformatierung einer Spalte zu einer Textspalte ist nicht möglich.

Geht man so vor, so finden sich oft an den zwangsweise als nichtnumerisch erfassten Ziffernfolgen Warnhinweise (kleine Dreiecke), die den Nutzer darauf aufmerksam machen sollen, dass er hier vielleicht Zahlen ungewollt als Zeichenfolgen erfassen ließ:

| Eingetippte PLZ | Wiedergabe in der Zelle |
|---|---|
| 12345↵ | ⬦ ▾ 12345 |
| 67234↵ | Als Text gespeicherte Zahlen |
| 02694↵ | In eine Zahl umwandeln |
| 23456↵ | Hilfe für diesen Fehler anzeigen |
| 09884↵ | Fehler ignorieren |
| | In Bearbeitungsleiste bearbeiten |
| | Optionen zur Fehlerüberprüfung… |
| | Formelüberwachung-Symbolleiste anzeigen |

In unserem Fall kann die Warnung ignoriert werden, denn wir wollten ja die Ziffernfolgen bewusst als Text (d. h. nichtnumerisch) speichern lassen. Also kann durch Klick auf FEHLER IGNORIEREN die Warnung beseitigt werden.

### 1.1.4 Anzeige von nichtnumerischen Daten

Nichtnumerische Daten, das sind in der Regel Wörter, Wortkombinationen, kleine Texte, bisweilen auch, wie im vorigen Abschnitt beschrieben, zwangsweise nichtnumerisch erfasste Ziffernfolgen (bestes Beispiel dafür: Postleitzahlen).

Im Gegensatz zu numerischen Daten, die intern durchaus anders als eingegeben gespeichert und auch in ihrer Eingabezelle anders als eingegeben angezeigt werden können, gibt es bei nichtnumerischen Daten keine scheinbare „Verfälschung" durch Excel. Jeder Tastendruck erscheint in der Eingabezelle. Es wird einzeilig geschrieben, eine automatische Verteilung des Textes auf mehrere Zeilen findet *nicht* statt. Man muss möglicherweise, um alles sehen zu können, die *Spalte verbreitern*. Das kann bei langen Überschriften oder bei Überschriften, die aus mehreren Worten bestehen, zu sehr breiten Spalten führen:

| Abteilung | Umsatz in Millionen Euro |
|---|---|
| A | 23,450 |
| B | 12,560 |
| C | 56,340 |
| D | 17,440 |
| E | 76,340 |

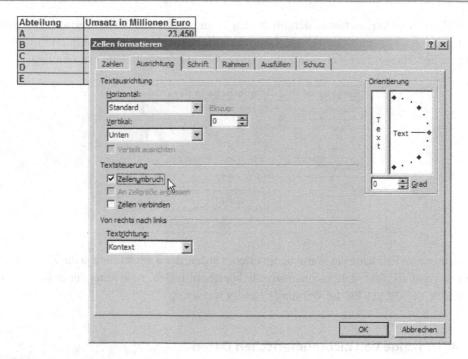

**Abb. 1.5**   Umbruch zulassen

Optisch verbessern lassen sich Tabellen, wenn Zellen, ganze Zeilen oder Spalten mit nichtnumerischem Inhalt für den so genannten Umbruch freigegeben werden, d. h. wenn eine *Verteilung des Textes auf mehrere Zeilen* in der Zelle erlaubt wird. Dazu wird zuerst die Zelle oder Zeile oder Spalte markiert (in der Abb. 1.5 ist es die gesamte Spalte B). Mit der bekannten Tastenkombination [Strg] + [1] wird das Fenster ZELLEN FORMATIEREN angefordert. Im Registerblatt AUSRICHTUNG wird ein Haken in die Checkbox vor ZEILENUMBRUCH gesetzt. Nun kann die Spalte schmaler gemacht werden und die Überschrift verteilt sich auf mehrere Zeilen.

| Abteilung | Umsatz in Millionen Euro |
|-----------|--------------------------|
| A         | 23,450                   |
| B         | 12,560                   |
| C         | 56,340                   |
| D         | 17,440                   |
| E         | 76,340                   |

▶   **Wichtiger Hinweis**  Man kann bereits während der Eingabe eines Textes in eine
    Excel-Zelle den *Umbruch* (Zeilenwechsel) erzwingen, indem die Tastenkombina-
    tion [Alt] + [↵] immer dann verwendet wird, wenn ein Zeilenwechsel stattfin-
    den soll.

Die umgebrochene Textanordnung der rechten Überschrift hätte also auch durch folgende Eingabe erreicht werden können:
Umsatz in → [Alt] + [↵] → Millionen [Alt] + [↵] → Euro.

## 1.1.5  Überprüfung eingegebener Daten

Sind Daten numerischer oder nichtnumerischer Art in eine Excel-Tabelle eingegeben wor-
den, dann macht es sich oft notwendig, den erfassten Datenbestand kritisch zu überprüfen:
Wie viele Daten sind erfasst? Gibt es Eingabefehler?
   Hierfür stellt Excel drei *wichtige Auskunftsfunktionen* bereit:

Mit der Funktion =ANZAHL2(...Bereich...) kann ermittelt werden, wie viele Zellen des angegebenen Bereiches nicht leer sind.

Dabei wird der Bereich beschrieben durch die Anfangszelle (oben links), dann folgt
ein Doppelpunkt und dann die Endezelle (unten rechts).

Mit der Funktion =ANZAHL(...Bereich...) kann ermittelt werden, wie
viele Zellen des angegebenen Bereiches einen numerischen Inhalt besitzen. Mit
=ANZAHLLEEREZELLEN(...Bereich...) kann ermittelt werden, wie viele
Zellen des angegebenen Bereiches leer sind.

Die folgende Tabelle zeigt die Anwendung der drei Funktionen, wobei der Datenbestand im Bereich von A1 bis E4 analysiert wird:

| | A | B | C | D | E | F | G |
|---|---|---|---|---|---|---|---|
| 1 | 123 | xyz | 12*4 | 12.04.2010 | 08:12:34 | =ANZAHL2(A1:E4) | <-- nicht leer |
| 2 | 30/2/2010 | 02694 | | | 34,56 | =ANZAHL(A1:E4) | <-- numerisch |
| 3 | 12% | 34 € | abc | 234 | 34 | =ANZAHLLEEREZELLEN | <-- leer |
| 4 | | AAA | §§% | 78,89 | 123.456,45 | | |

| | A | B | C | D | E | F | G |
|---|---|---|---|---|---|---|---|
| 1 | 123 | xyz | 12*4 | 12.04.2010 | 08:12:34 | 17 | <-- nicht leer |
| 2 | 30/2/2010 | 02694 | | | 34,56 | 10 | <-- numerisch |
| 3 | 12% | 34 € | abc | 234 | 34 | 3 | <-- leer |
| 4 | | AAA | §$% | 78,89 | 123.456,45 | | |

Man kann folglich ablesen: Von 20 Zellen sind 3 leer, 17 belegt, 10 davon sogar numerisch belegt. Wer nachzählt, wird auch hier feststellen, dass *sinnvolle* Datums- und Uhrzeitangaben, Prozent- und Währungseinträge von Excel als *numerisch* angesehen werden. Betrachten wir als Ergänzung die Differenz

(Anzahl aller belegten Zellen) minus (Anzahl der numerisch belegten Zellen)

Mit dieser Differenz lässt sich sofort die Anzahl der Zellen im Bereich ermitteln, die eine *nichtnumerische* Belegung haben.

Differenzierte Auskunft über einen Datenbestand kann man weiterhin mit der Excel-Funktion

=ZÄHLENWENN(...Bereich...; Zählwert)

erhalten.

Soll dabei abgezählt werden, wie oft ein *numerischer Eintrag* im Bereich enthalten ist, wird dieser an die Stelle des Zählwertes gesetzt.

Ein *nichtnumerischer Eintrag* dagegen muss in Apostrophe eingeschlossen als Zählwert eingetragen werden.

Die beiden folgenden Tabellen demonstrieren eine Anwendung der Funktion ZÄHLENWENN. In der Spalte A sind 500 Zensuren eingetragen:

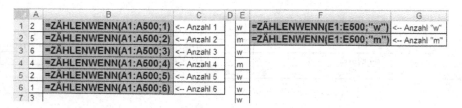

| | A | B | C | D | E | F | G |
|---|---|---|---|---|---|---|---|
| 1 | 2 | =ZÄHLENWENN(A1:A500;1) | <-- Anzahl 1 | | w | =ZÄHLENWENN(E1:E500;"w") | <-- Anzahl "w" |
| 2 | 5 | =ZÄHLENWENN(A1:A500;2) | <-- Anzahl 2 | | m | =ZÄHLENWENN(E1:E500;"m") | <-- Anzahl "m" |
| 3 | 6 | =ZÄHLENWENN(A1:A500;3) | <-- Anzahl 3 | | w | | |
| 4 | 4 | =ZÄHLENWENN(A1:A500;4) | <-- Anzahl 4 | | m | | |
| 5 | 2 | =ZÄHLENWENN(A1:A500;5) | <-- Anzahl 5 | | w | | |
| 6 | 1 | =ZÄHLENWENN(A1:A500;6) | <-- Anzahl 6 | | w | | |
| 7 | 3 | | | | w | | |

| | A | B | C | D | E | F | G | H |
|---|---|---|---|---|---|---|---|---|
| 1 | 2 | 89 | <-- Anzahl 1 | | w | 342 | <-- Anzahl "w" | |
| 2 | 5 | 89 | <-- Anzahl 2 | | m | 155 | <-- Anzahl "m" | |
| 3 | 6 | 121 | <-- Anzahl 3 | | w | | | |
| 4 | 4 | 71 | <-- Anzahl 4 | | m | | | |
| 5 | 2 | 80 | <-- Anzahl 5 | | w | | | |
| 6 | 1 | 49 | <-- Anzahl 6 | | w | | | |
| 7 | 3 | | | | w | | | |

Wie aus den Ergebnissen in Spalte B zu erkennen ist, hat sich offenbar irgendwo ein Tippfehler eingeschlichen. Spalte E sollte 500-mal mit dem entsprechenden Buchstaben w oder m das Geschlecht enthalten, hier hat man sich bei der Datenerfassung dreimal vertippt. Da man mit der Funktion =ZÄHLENWENN nur feststellen kann, ob es überhaupt irgendwo *Fehler im Datenbestand* gibt, wäre als nächstes mitzuteilen, wie diese Fehler lokalisiert und damit der Korrektur zugeführt werden können. Das kann mit Hilfe des Excel-Werkzeuges FILTER erfolgen.

### 1.1.6  Erfasste Merkmalswerte und das Filtern

Kein Mensch ist vollkommen. Fehler können immer auftreten, natürlich auch bei der Eingabe von Daten und ihrer Speicherung in einer Excel-Tabelle. Wie schnell vertippt man sich, insbesondere, wenn nichtnumerische Daten einzugeben sind und der bequeme Zahlenblock der Tastatur nicht benutzt werden kann (oder nicht vorhanden ist, wie bei vielen tragbaren Computern heutzutage).

Nehmen wir folgende Situation an: In Auswertung einer Fragebogenaktion steht in Spalte C eines großen Datenbestandes das Geschlecht, logischerweise sollte dort nur m für männlich und w für weiblich stehen.

| | A | B | C | D | E |
|---|---|---|---|---|---|
| 1 | Name | Vorname | Geschlecht | Angabe_1 | Angabe_2 |
| 2 | Name_1 | Vorname_1 | w | | |
| 3 | Name_2 | Vorname_2 | w | | |
| 4 | Name_3 | Vorname_3 | m | | |
| 5 | Name_4 | Vorname_4 | m | | |
| 6 | Name_5 | Vorname_5 | n | | |
| 7 | Name_6 | Vorname_6 | w | | |
| 8 | Name_7 | Vorname_7 | w | | |

Zu erkennen ist hier bereits ein offensichtlicher Tippfehler in Zeile 6 der Spalte C – aber wie fände man ihn, wenn er in Zeile 667 stehen würde? Nehmen wir an, es seien mehr als tausend Fragebögen erfasst worden.

Wie kann man schnell herausfinden, ob in dieser Spalte tatsächlich nur korrekt m oder w steht, ohne den umfangreichen Datenbestand mühsam prüfend durchsehen zu müssen?

Dazu benutzt man die Excel-Leistung FILTER. Sie wird bei Excel in der Gruppe BEARBEITEN der Registerkarte START angefordert (Abb. 1.6). Wenn der Tabellenkursor sich in irgendeiner Zelle des Datenbestandes befindet und der Filter gemäß Abb. 1.6 eingeschaltet wird, dann erscheinen in der Überschriftenzeile des Datenbestandes rechts kleine Dreiecke.

|   | A | B | C | D | E |
|---|---|---|---|---|---|
| 1 | Name ▼ | Vorname ▼ | Geschlecht ▼ | Angabe_1 ▼ | Angabe_2 ▼ |
| 2 | Name_1 | Vorname_1 | w | | |
| 3 | Name_2 | Vorname_2 | w | | |
| 4 | Name_3 | Vorname_3 | m | | |
| 5 | Name_4 | Vorname_4 | m | | |
| 6 | Name_5 | Vorname_5 | n | | |
| 7 | Name_6 | Vorname_6 | w | | |
| 8 | Name_7 | Vorname_7 | w | | |

Klickt man zum Beispiel diese Markierung in der Spalte C an, so öffnet sich ein Informationsfenster (siehe Abb. 1.7). Dieses Informationsfenster enthält zuerst in lexikografischer Folge *alle* in der betrachteten Spalte des Datenbestandes *überhaupt auftretenden Merkmalswerte*.

Es ist also in Abb. 1.7 unschwer zu erkennen, dass sich beim Eintippen *mindestens einmal* ein n eingeschlichen hat – vielleicht auch öfter. Wie kann man das herausbekommen?

Ganz einfach: Sorgt man dafür, dass sich nur neben dem falschen Merkmalswert n in der Merkmalswertliste ein Haken befindet, so blendet Excel alle Zeilen des Datenbestandes aus, in denen kein n steht. Folglich werden damit nur diejenigen Zeilen des Datenbestandes herausgefiltert, bei denen sich in der Spalte C ein falscher Wert befindet.

**Abb. 1.6** Aktivierung des Filters

**Abb. 1.7** Anwendung des Filters

Hier ist das Ergebnis des Filterns zu sehen – diesmal ist nur in der Zeile 6 dieser Tippfehler aufgetreten. Gäbe es mehrere Zeilen mit n, dann wären auch sie angezeigt worden. Die Nummern der falschen Zeilen merkt bzw. notiert man sich. Sollte es noch einen weiteren falschen Merkmalswert geben, dann wird dieser ausgewählt, die Zeile(n) mit dem falschen Wert festgestellt.

> Der Filter wird über die Gruppe BEARBEITEN wieder ausgeschaltet.

Auf diese Weise findet man schnell die Tippfehler bei der Datenerfassung heraus. Durch sorgfältigen Vergleich mit dem jeweiligen Beleg, z. B. dem Fragebogen, kann dann der Tippfehler korrigiert und der korrekte Wert eingetragen werden. Mit Hilfe des Filters lässt sich auch die Frage, wie viele Merkmalswerte überhaupt vorhanden sind und wie sie heißen, schnell und elegant beantworten.

Es seien zum Beispiel in einem Datenbestand Hunderte von Namen und Vornamen erfasst. Die beiden Tabellen zeigen, wie durch einfaches Filtern die Frage beantwortet werden kann, wie viele und welche Vornamen existieren:

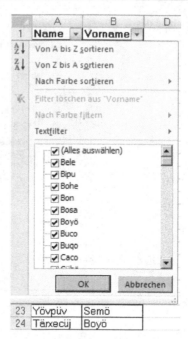

Es gibt also sehr viele verschiedene Vornamen in diesem Datenbestand. Man erkennt auch wieder gut die lexikografische (Wörterbuch-)Anordnung der aufgelisteten Merkmalswerte.

Mit ein wenig Übung lernt man das Filtern in Excel-Tabellen schätzen.

## 1.2 Intelligente Leistung von Excel: Fortsetzung von Gesetzmäßigkeiten

*Behauptung* Es ist möglich, in einer Excel-Tabelle innerhalb von Sekunden den Kalender eines ganzen Jahres einschließlich der richtigen Wochentage herzustellen.

Den Beweis kann man sofort führen, wenn man weiß, dass Excel die *Fähigkeit zur Fortsetzung von eindeutig beschriebenen Gesetzmäßigkeiten* besitzt. Man kann mit Excel grundsätzlich so umgehen wie mit einem denkenden Menschen: Einem denkenden Menschen kann man zurufen „Erster Januar 2010 → erster Februar 2010 → mach weiter!" Und der denkende Mensch wird die mitgeteilte Gesetzmäßigkeit erkennen und sie logisch fortsetzen: „... → erster März 2010 → erster April 2010 → ..." und so weiter. Nichts anderes macht Excel, wenn man in folgender Weise vorgeht:

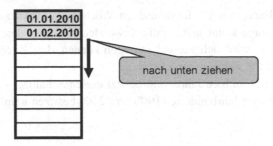

Man trägt die beiden Startangaben (hier also 1/1/2010 bzw. 1/2/2010) in zwei unter-einander liegende Zellen ein, markiert beide Zellen, trifft mit dem Mauszeiger das kleine schwarze Quadrat rechts unten und zieht den (zum Kreuz veränderten) Mauszeiger lang-sam nach unten. Dann trägt Excel in die Folgezellen, so wie ein denkender Mensch es auch machen würde, die logische Fortsetzung der angedeuteten Gesetzmäßigkeit ein:

| 01.01.2010 |
| 01.02.2010 |
| 01.03.2010 |
| 01.04.2010 |
| 01.05.2010 |
| 01.06.2010 |
| 01.07.2010 |
| 01.08.2010 |
| 01.09.2010 |

Verständlich wird nun auch, warum man stets zwei Zellen benötigt – auch hier hilft der Vergleich mit einem *denkenden Menschen*. Wenn man ihm nämlich nur zuruft „Ers-ter Januar 2010 → mach weiter", dann kann er beim besten Willen nicht erkennen, nach welcher Gesetzmäßigkeit er handeln soll, wie er fortsetzen soll.

Sagen wir dagegen „Erster Januar 2010, erster Februar 2010 → mach weiter" dann ist alles Nötige gesagt.

Sehen wir uns nun an, wie die eingangs formulierte Aufgabe gelöst werden kann, zum Beispiel mit einem Kalender des Jahres 2015. Man braucht dazu nur die ersten beiden Tage des Jahres mit ihren (deutschen) Wochentags-Abkürzungen einzutragen, den Rest besorgt Excel:

| Do | 01.01.2015 |
| Fr | 02.01.2015 |
| | |
| | |
| | |

nach unten ziehen

| Do | 01.01.2015 |
| Fr | 02.01.2015 |
| Sa | 03.01.2015 |
| So | 04.01.2015 |
| Mo | 05.01.2015 |
| Di | 06.01.2015 |
| Mi | 07.01.2015 |
| Do | 08.01.2015 |
| Fr | 09.01.2015 |
| Sa | 10.01.2015 |
| So | 11.01.2015 |

Man sieht, dass Excel sowohl die deutschen Wochentags-Abkürzungen als auch die Abfolge der Wochentage kennt und richtig anwendet. Und wer den Kalender bis zum März 2016 weiterzieht, wird sich auch überzeugen können, dass Excel natürlich auch in einem *Schaltjahr* den *29. Februar* berücksichtigt.

Denn jede durch vier teilbare Jahreszahl besitzt diesen Schalttag – mit Ausnahme der nicht durch 400 teilbaren Jahrhunderte (1900 und 2100 besitzen nämlich keinen 29. Februar).

## 1.3 Schnelle Grafiken mit Excel

### 1.3.1 Die F11-Methode

Sehr oft tritt folgende Situation auf: Ein Datenbestand ist in zwei gleich langen Spalten in einer Excel-Tabelle erfasst und die linke Spalte enthält nichtnumerische Werte:

|   | A | B |
|---|---|---|
| 1 | Abteilung | Umsatz in Mio Euro |
| 2 | A | 12,34 |
| 3 | B | 23,45 |
| 4 | C | 18,71 |
| 5 | D | 20,56 |

Wird nun irgendeine Zelle dieses Datenbestandes ausgewählt (man sagt auch – der Tabellen-Kursor wird in irgendeine Zelle des Bereiches A1:B5 gesetzt) und die Taste [F11] gedrückt, dann erzeugt Excel auf einem besonderen Tabellenblatt in maximaler Größe eine *Rohgrafik* zu diesem Datenbestand:

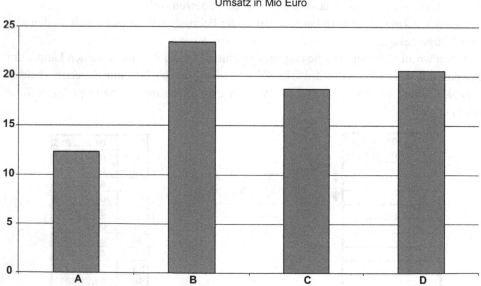

Die Rohgrafik hat stets die Form eines *zweidimensionalen Säulendiagramms*, bemerkenswert ist dabei, dass die *nichtnumerischen Inhalte der linken Spalte* des Datenbestandes die *Beschriftung der waagerechten Achse* bilden.

Die schnell erhaltene Rohgrafik kann anschließend leicht verändert und den Anforderungen der Aufgabenstellung sowie den ästhetischen Vorstellungen des Bearbeiters angepasst werden. Dazu bot schon das alte Excel 2003 eine Fülle von Möglichkeiten an Diagrammtypen, für Farb- und Schriftgestaltung, zur Anpassung jedes einzelnen Elements der Grafik. Noch leistungsfähiger in dieser Hinsicht sind die neueren Versionen von Excel – hier bleiben kaum Wünsche offen. Wir werden später noch darauf zurückkommen.

### 1.3.2 Zeitreihen und unsinnige Grafiken

Betrachten wir nun einen Datenbestand, der mit dem Datenbestand des vorigen Abschnitts fast identisch ist – es stehen lediglich anstelle der nichtnumerischen Abteilungsbezeichnungen A bis D in der linken Spalte vier Jahreszahlen:

| Jahr | Umsatz in Mio Euro |
|------|--------------------|
| 1995 | 12,34 |
| 2000 | 23,45 |
| 2005 | 18,71 |
| 2010 | 20,56 |

Was soll uns also hindern, auf dem Weg zu einer grafischen Darstellung eine Zelle dieses Datenbestandes auszuwählen und die Taste [F11] zu drücken, um so schnell eine Rohgrafik anzufordern? Doch – ganz im Gegensatz zu den Erwartungen – entsteht jetzt eine Rohgrafik, die völlig falsch zu sein scheint:

Sie enthält nicht – wie gewünscht – als *Beschriftung der waagerechten Achse* die Jahreszahlen aus der linken Spalte. Sie enthält außerdem anstelle einfacher Säulen sogar *Säulenpaare*, wenngleich die zweite „Säule" unsagbar klein erscheint. Und die Dimension der senkrechten Achse reicht bis 2500, wobei der Maximalumsatz doch nur bei 23,45 liegt:

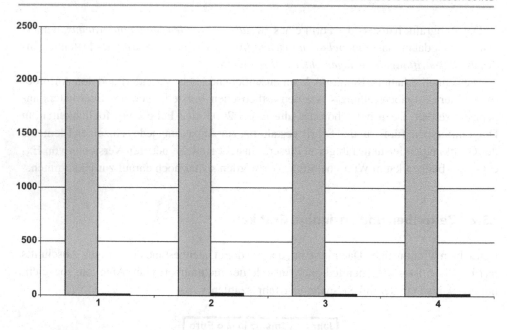

Wo befindet sich der Fehler, was haben wir – oder was hat Excel – falsch gemacht?

> Excel hat nichts falsch gemacht!

Denn die *linke Spalte*, die rechtsbündige (!) Anordnung der Einträge zeigt es, wurde von Excel als *Spalte mit numerischen Einträgen* angesehen. Folglich wurden für die die Inhalte dieser Spalte ebenfalls Säulen in die Grafik aufgenommen. Die großen Säulen sind also die „Jahreszahlsäulen", die schwach rechts daneben erkennbaren kleinen Säulen geben die Umsätze an.
Was ist zu tun?

> Es muss dafür gesorgt werden, dass Excel die Einträge der linken Spalte als *nicht-numerisch* (d. h. als Zeichenfolgen, als „Texte") ansieht.

Also darf dort nicht die *Zahl* Tausendneunhundertfünfundneunzig stehen, sondern die linke Spalte muss oben die *Zeichenfolge* Eins → neun → neun → fünf enthalten, darunter die *Zeichenfolge* Zwei → null → null → null und so weiter. Um das zu erreichen, erinnern wir uns an das erste Kapitel und geben die Jahres„zahlen" mit vorangestelltem Hochkomma ein. Nun werden sie als *Texte* angesehen und *linksbündig* in den Zellen dargestellt:

| Jahr | Umsatz in Mio Euro |
|------|-------------------:|
| 1995 | 12,34 |
| 2000 | 23,45 |
| 2005 | 18,71 |
| 2010 | 20,56 |

Jetzt liefert die F11-Methode die Grafik der Umsatzentwicklung im Zeitraum von 1995 bis 2010 in der logisch richtigen Rohfassung:

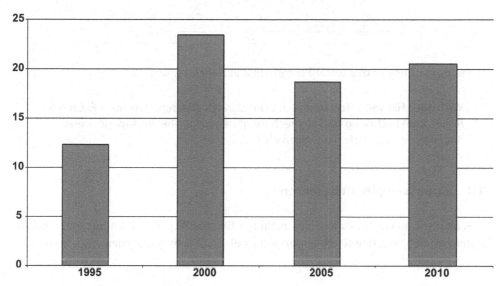

Umsatz in Mio Euro

## 1.4   Rechnen in einer Excel-Tabelle

### 1.4.1   Aufbau von Excel-Formeln

► **Man beachte**  Soll Excel in eine Zelle ein *Rechenresultat* eintragen, das sich aus *Inhalten anderer Zellen* ergibt, dann sind in einer *streng linear* geschriebenen Excel-Formel, die stets mit einem Gleichheitszeichen = beginnt, die *Adressen der Quell-Zellen* zu verwenden.

*Beispiel*  Wir betrachten eine Excel-Tabelle, die in den Zellen A2, B2 und C2 eine Fahrstrecke in Kilometern und die zugehörige Fahrzeit, letztere getrennt nach Stunden und Minuten, enthält. Excel soll dazu die Geschwindigkeit in km/h berechnen und in die Zelle D2 eintragen, außerdem soll in der Zelle E2 die Geschwindigkeit in m/s erscheinen.

In die Zellen D2 und E2 werden die passenden Formeln eingetragen:

| | A | B | C | D | E |
|---|---|---|---|---|---|
| 1 | Weg (in km) | Fahrzeit (Stunden) | Fahrzeit (Minuten) | Geschwindigkeit (in km/h) | Geschwindigkeit (in m/s) |
| 2 | 123,45 | 4 | 45 | =A2/(B2+(C2/60)) | =D2/3,6 |

Nach Klick auf die ENTER-Taste [↵] erscheinen in den Ergebnis-Zellen D2 und E2 die richtigen Zahlenwerte:

| | A | B | C | D | E |
|---|---|---|---|---|---|
| 1 | Weg (in km) | Fahrzeit (Stunden) | Fahrzeit (Minuten) | Geschwindigkeit (in km/h) | Geschwindigkeit (in m/s) |
| 2 | 123,45 | 4 | 45 | 25,99 | 7,22 |

Eine Bemerkung zu den Excel-Formeln in den Zellen D2 und E2:

▶ **Wichtiger Hinweis**  Man kann sich zwar darauf verlassen, dass auch Excel die Regel „Punktrechnung vor Strichrechnung" beherzigt, aber *misstrauisch gesetzte Klammern* sind trotzdem nicht verkehrt.

## 1.4.2   Anpassung beim Kopieren

Betrachten wir nun die Situation, dass nicht nur für eine Weg-Zeit-Kombination, sondern für viele weitere derartige Kombinationen die beiden Geschwindigkeiten gesucht sind.

| | A | B | C | D | E |
|---|---|---|---|---|---|
| 1 | Weg (in km) | Fahrzeit (Stunden) | Fahrzeit (Minuten) | Geschwindigkeit (in km/h) | Geschwindigkeit (in m/s) |
| 2 | 123,45 | 4 | 45 | 25,99 | 7,22 |
| 3 | 233,23 | 2 | 24 | | |
| 4 | 154,76 | 2 | 25 | | |
| 5 | 276,17 | 2 | 26 | | |
| 6 | 143,40 | 4 | 14 | | |

Natürlich ist es bekannt, dass zum Ausfüllen der Bereiche D2:D6 und E2:E6 keine neuen Formeln eingetragen werden müssen. Vielmehr reicht es aus, die beiden Formelzellen D2 und E2 zu markieren, rechts das kleine Quadrat zu treffen und den (zum kleinen Kreuz veränderten) Mauszeiger langsam nach unten zu ziehen.

| | A | B | C | D | E |
|---|---|---|---|---|---|
| 1 | Weg (in km) | Fahrzeit (Stunden) | Fahrzeit (Minuten) | Geschwindigkeit (in km/h) | Geschwindigkeit (in m/s) |
| 2 | 123,45 | 4 | 45 | 25,99 | 7,22 |
| 3 | 233,23 | 2 | 24 | | |
| 4 | 154,76 | 2 | 25 | | |
| 5 | 276,17 | 2 | nach unten ziehen | | |
| 6 | 143,40 | 4 | | | |

Dann entstehen in den Zielzellen die jeweils richtigen *angepassten* Formeln:

| | A | B | C | D | E |
|---|---|---|---|---|---|
| 1 | Weg (in km) | Fahrzeit (Stunden) | Fahrzeit (Minuten) | Geschwindigkeit (in km/h) | Geschwindigkeit (in m/s) |
| 2 | 123,45 | 4 | 45 | =A2/(B2+(C2/60)) | =D2/3,6 |
| 3 | 233,23 | 2 | 24 | =A3/(B3+(C3/60)) | =D3/3,6 |
| 4 | 154,76 | 2 | 25 | =A4/(B4+(C4/60)) | =D4/3,6 |
| 5 | 276,17 | 2 | 26 | =A5/(B5+(C5/60)) | =D5/3,6 |
| 6 | 143,40 | 4 | 14 | =A6/(B6+(C6/60)) | =D6/3,6 |

Das ist die erwähnte *Anpassung von Formeln*: Excel hat beim Kopieren die Situation berücksichtigt, dass jeweils die drei links neben den Ergebniszellen stehenden Zellen die Quellzellen sind, die zu berücksichtigen sind.

### 1.4.3   Verhinderung der Anpassung

Ein kleines Beispiel soll aber nun zeigen, dass die wunderbare Eigenschaft von Excel, beim Kopieren von Formeln die *Anpassung der Bezüge* vorzunehmen, nicht selten zu *falschen Ergebnissen* führen kann.

Ein Datenbestand enthalte die Namen von vier Abteilungen und ihren jeweiligen Jahresumsatz. Gesucht sind zuerst der Gesamtumsatz und dann der prozentuale Anteil jeder Abteilung am Gesamtumsatz. Beginnen wir, tragen wir in die Zelle B6 die richtige Formel für die Summe und in die Zelle C2 die richtige Formel für den prozentualen Anteil der Abteilung A ein:

| | A | B | C |
|---|---|---|---|
| 1 | Abteilung | Umsatz in Millionen Euro | Anteil am Gesamtumsatz in Prozent |
| 2 | A | 12,34 | |
| 3 | B | 23,45 | |
| 4 | C | 18,71 | |
| 5 | D | 20,56 | |
| 6 | | | |

| | A | B | C |
|---|---|---|---|
| 1 | Abteilung | Umsatz in Millionen Euro | Anteil am Gesamtumsatz in Prozent |
| 2 | A | 12,34 | =(B2/B6)^100 |
| 3 | B | 23,45 | |
| 4 | C | 18,71 | |
| 5 | D | 20,56 | |
| 6 | | =SUMME(B2:B5) | |

Nun benötigen wir noch die Formeln für den prozentualen Anteil der restlichen Abteilungen. Da wir wissen, dass Excel eine *Quellformel* (sie befindet sich jetzt in der Zelle C2) beim Kopieren anpasst, versuchen wir die Kopie:

| | A | B | C | D | E | F |
|---|---|---|---|---|---|---|
| 1 | Abteilung | Umsatz in Millionen Euro | Anteil am Gesamtumsatz in Prozent | | | |
| 2 | A | 12,34 | =(B2/B6)^100 | | falsch! | |
| 3 | B | 23,45 | =(B3/B7)^100 | | falsch! | |
| 4 | C | 18,71 | =(B4/B8)^100 | | falsch! | |
| 5 | D | 20,56 | =(B5/B9)^100 | | | |
| 6 | | =SUMME(B2:B5) | | | | |

Doch was passiert? Es entstehen *drei falsche Formeln* in den drei Ziel-Zellen C3 bis C5 – die entstehenden Bezüge auf die Zellen B7, B8 und B9 sind unsinnig. Welche Schlussfolgerung ist zu ziehen? Richtig – in der Quellformel in Zelle C2 muss die 6 festgehalten werden. Nur die *Ziffer 6*!

> In einer Excel-Formel fixiert man eine Komponente, indem man ein Dollarzeichen $ davor setzt.

Löschen wir also die drei falschen Formeln in den Ziel-Zellen, setzen in der Quell-Zelle C2 vor die 6 ein Dollarzeichen und kopieren erneut nach unten:

| | A | B | C |
|---|---|---|---|
| 1 | Abteilung | Umsatz in Millionen Euro | Anteil am Gesamtumsatz in Prozent |
| 2 | A | 12,34 | =(B2/B$6)^100 |
| 3 | B | 23,45 | =(B3/B$6)^100 |
| 4 | C | 18,71 | =(B4/B$6)^100 |
| 5 | D | 20,56 | =(B5/B$6)^100 |
| 6 | | =SUMME(B2:B5) | |

Es zeigt sich, dass nun tatsächlich in den drei Ziel-Zellen die Sechs ebenfalls fixiert ist, nun befinden sich die richtigen Formeln in den Ziel-Zellen.

▶  **Man beachte**  Es gibt stets mehrere Möglichkeiten, das Dollarzeichen zu setzen.

a)  `=(B2/$B6)*100`
b)  `=(B2/B$6)*100`
c)  `=(B2/$B$6)*100`
d)  `=(B2/B6)*100`

Was ist dazu zu sagen?

- Variante a) wäre falsch, da dort der Spaltenbuchstabe B festgehalten würde, nicht die Ziffer 6.
- Variante b) ist richtig, die Ziffer 6 wird festgehalten.
- Variante c) ist nicht falsch, doch das Dollarzeichen vor dem Buchstaben B ist überflüssig.
- Variante d) ist falsch, denn es wird nichts festgehalten.

Fassen wir abschließend zusammen, wie man vorgehen sollte, um beim Kopieren von Excel-Formeln *sachlich richtige Zielformeln* zu erhalten:

*Schritt 1*  In die Quell-Zelle wird die *Quell-Formel* eingetragen Man kann sich dabei schon die Position des oder der Dollarzeichen überlegen, muss aber nicht. Die Richtigkeit der Quell-Formel wird überprüft.

*Schritt 2*  Ist die Quell-Formel grundsätzlich richtig, dann wird sie einmal in die erste Ziel-Zelle kopiert (einmal ist ausreichend – eine falsche Formel wird nicht dadurch richtig, dass sie gleich hundert Mal mit falschem Ergebnis kopiert wird). Die entstehende *Ziel-Formel* wird analysiert – ist sie richtig oder falsch: Hätte in der Quell-Formel eine Komponente fixiert werden müssen?

*Ende*  Wenn die entstandene Zielformel richtig ist, wenn es keinen weiteren Handlungs-bedarf für weitere Dollarzeichen in der Quell-Formel gibt, dann kann die Formel weiter in die *anderen Ziel-Zellen* kopiert werden.

*Schritt 3*  Erweist sich die Ziel-Formel jedoch als *falsch*, dann muss festgestellt werden, welche Komponente der Quell-Formel zu fixieren ist.

*Schritt 4*  Die falsche Ziel-Formel wird gelöscht.

*Schritt 5*  In der Quell-Formel wird an der richtigen Stelle das Dollarzeichen eingefügt.

*Schritt 6*  Fortsetzung mit Schritt 2.

## 1.5    Simulationen mit Excel für die Finanzmathematik

### 1.5.1    Kapitalentwicklung mit festem Zins

Herr Neureich hat am 1. Januar 2010 den Betrag von 1000 Euro in einen Sparplan einge-
zahlt, der eine Laufzeit von 20 Jahren mit festem Zins von 3 % p. a. besitzt. Jeweils am
Jahresende werden die Zinsen auf das Kapital aufgeschlagen. Welche Summe kann Herr
N. am Ende des 20. Jahres erwarten?

Natürlich – für derartige Aufgabenstellungen gibt es eine mathematische Formel, die
Zinseszins-Formel, die Werte werden eingesetzt und das Ergebnis liegt vor: 1806,11 Euro.
Doch bei derartigen Aufgabenstellungen ist es selten mit der einmaligen Mitteilung eines
einzigen Zahlenergebnisses getan – normalerweise entsteht Diskussionsbedarf:

- Welche Endsumme würde sich ergeben, wenn das Startkapital verdoppelt wird?
- Welcher Zinssatz würde das Startkapital von 1000 Euro in dem gegebenen Zeitraum
  verdoppeln?
- Mit welchem Startkapital würde bei dem gegebenen Zinssatz nach 20 Jahren ein Endkapital von 3000 Euro erreicht?

Für solche Diskussionen erweist sich Excel als wertvolles Hilfsmittel. Zweckmäßig
sollte man deshalb für die beiden wichtigsten Eingabedaten, das *Startkapital* und den *festen Zinssatz*, zwei besondere Zellen vorsehen.

In der Abb. 1.8 sind die Zellen A1 und A2 für Startkapital und Zinssatz vorgesehen,
und es ist vorgesehen, dass der Zinssatz in Teilen von 100 eingetragen wird, also *ohne
Prozentzeichen in der Zelle* (vergleiche Kap. 1). Dementsprechend muss der Inhalt der
Zelle A2 bei den Rechnungen *durch 100 dividiert* werden. Im Bereich von D4 bis F24
soll die Kapitalentwicklung dargestellt werden. Abbildung 1.8 lässt erkennen, dass in den
Zellen E6 und F6 die richtigen Quellformeln für den restlichen Bereich stehen, so dass
der Bereich E6 : F6 nach unten kopiert werden kann. Man sieht nicht nur das Endkapital
am Ende des zwanzigsten Spar-Jahres, sondern kann die Kapitalentwicklung von Jahr zu
Jahr direkt verfolgen.

Kommen wir nun zur Antwort auf die erste Frage: Welche Endsumme würde sich ergeben, wenn das Startkapital von 1000 auf 2000 Euro verdoppelt würde? Erinnern wir uns
dafür an eine Eigenschaft von Excel:

▶    **Wichtiger Hinweis**  Bei jeder Änderung in einer (Quell-)Zelle, die Eingabedaten
     enthält, werden alle Formeln, die sich auf diese Zelle beziehen, sofort neu aus-
     gewertet.

Nutzen wir dies aus – tragen wir zuerst in der Zelle A1 als Startkapital die Zahl 2000
ein. Sofort, bei Druck auf die ENTER-Taste, können wir dazu in der Zelle F24 das zugehörige Endkapital ablesen: Wird der Sparplan mit 2000 Euro angelegt, dann erhält der

**Abb. 1.8** (links)

| | A | B |
|---|---|---|
| 1 | 1000 | <--- Startkapital in Euro |
| 2 | 3 | <--- Zinssatz in % |

| Jahr | Kapital am Jahresanfang in Euro | Kapital am Jahresende in Euro |
|---|---|---|
| 2010 | =A1 | =E5+E5*(A$2/100) |
| 2011 | =F5 | =E6+E6*(A$2/100) |
| 2012 | | |
| 2013 | | |
| 2014 | | |
| 2015 | | |
| 2016 | | |
| 2017 | | |
| 2018 | | |
| 2019 | | |
| 2020 | | |
| 2021 | | |
| 2022 | | |
| 2023 | | |
| 2024 | | |
| 2025 | | |
| 2026 | | |
| 2027 | | |
| 2028 | | |
| 2029 | | |

(nach unten ziehen)

**Abb. 1.8** (rechts)

| | A | B |
|---|---|---|
| 1 | 1000 | <--- Startkapital in Euro |
| 2 | 3,00 | <--- Zinssatz in % |

| Jahr | Kapital am Jahresanfang in Euro | Kapital am Jahresende in Euro |
|---|---|---|
| 2010 | 1000,00 | 1030,00 |
| 2011 | 1030,00 | 1060,90 |
| 2012 | 1060,90 | 1092,73 |
| 2013 | 1092,73 | 1125,51 |
| 2014 | 1125,51 | 1159,27 |
| 2015 | 1159,27 | 1194,05 |
| 2016 | 1194,05 | 1229,87 |
| 2017 | 1229,87 | 1266,77 |
| 2018 | 1266,77 | 1304,77 |
| 2019 | 1304,77 | 1343,92 |
| 2020 | 1343,92 | 1384,23 |
| 2021 | 1384,23 | 1425,76 |
| 2022 | 1425,76 | 1468,53 |
| 2023 | 1468,53 | 1512,59 |
| 2024 | 1512,59 | 1557,97 |
| 2025 | 1557,97 | 1604,71 |
| 2026 | 1604,71 | 1652,85 |
| 2027 | 1652,85 | 1702,43 |
| 2028 | 1702,43 | 1753,51 |
| 2029 | 1753,51 | 1806,11 |

**Abb. 1.8** Kapitalentwicklung bei gleich bleibendem Zinssatz

**Abb. 1.9** (links)

| | A | B |
|---|---|---|
| 1 | 2000 | <--- Startkapital in Euro |
| 2 | 3 | <--- Zinssatz in % |

| Jahr | Kapital am Jahresanfang in Euro | Kapital am Jahresende in Euro |
|---|---|---|
| 2010 | 2000,00 | 2060,00 |
| 2011 | 2060,00 | 2121,80 |
| 2012 | 2121,80 | 2185,45 |
| 2013 | 2185,45 | 2251,02 |
| 2014 | 2251,02 | 2318,55 |
| 2015 | 2318,55 | 2388,10 |
| 2016 | 2388,10 | 2459,75 |
| 2017 | 2459,75 | 2533,54 |
| 2018 | 2533,54 | 2609,55 |
| 2019 | 2609,55 | 2687,83 |
| 2020 | 2687,83 | 2768,47 |
| 2021 | 2768,47 | 2851,52 |
| 2022 | 2851,52 | 2937,07 |
| 2023 | 2937,07 | 3025,18 |
| 2024 | 3025,18 | 3115,93 |
| 2025 | 3115,93 | 3209,41 |
| 2026 | 3209,41 | 3305,70 |
| 2027 | 3305,70 | 3404,87 |
| 2028 | 3404,87 | 3507,01 |
| 2029 | 3507,01 | 3612,22 |

**Abb. 1.9** (rechts)

| | A | B |
|---|---|---|
| 1 | 1000 | <--- Startkapital in Euro |
| 2 | 3,5265 | <--- Zinssatz in % |

| Jahr | Kapital am Jahresanfang in Euro | Kapital am Jahresende in Euro |
|---|---|---|
| 2010 | 1000,00 | 1035,27 |
| 2011 | 1035,27 | 1071,77 |
| 2012 | 1071,77 | 1109,57 |
| 2013 | 1109,57 | 1148,70 |
| 2014 | 1148,70 | 1189,21 |
| 2015 | 1189,21 | 1231,14 |
| 2016 | 1231,14 | 1274,56 |
| 2017 | 1274,56 | 1319,51 |
| 2018 | 1319,51 | 1366,04 |
| 2019 | 1366,04 | 1414,21 |
| 2020 | 1414,21 | 1464,09 |
| 2021 | 1464,09 | 1515,72 |
| 2022 | 1515,72 | 1569,17 |
| 2023 | 1569,17 | 1624,51 |
| 2024 | 1624,51 | 1681,79 |
| 2025 | 1681,79 | 1741,10 |
| 2026 | 1741,10 | 1802,50 |
| 2027 | 1802,50 | 1866,07 |
| 2028 | 1866,07 | 1931,88 |
| 2029 | 1931,88 | 2000,00 |

**Abb. 1.9** Aufzinsung von 2000 Euro in 20 Jahren mit 3 % p. a. und Zinssatz für die Verdoppelung von 1000 Euro

Sparer am Ende des zwanzigsten Jahres bei gleichem Zinssatz von 3 % p. a. 3612,22 Euro (Abb. 1.9, links).

Die zweite Frage, bei welchem Zinssatz sich das Startkapital in zwanzig Jahren verdoppeln würde, lässt sich mit Excel durch Eingeben verschiedener Prozentsätze (d. h. durch systematisches Suchen) schnell mit ausreichender Genauigkeit beantworten (Abb. 1.9, rechts): Mit einem Jahreszinssatz von 3,5265 % verdoppelt sich jedes eingesetzte Start-Kapital innerhalb von 20 Jahren.

Recht einfach gestaltet sich mit Excel auch die Suche nach der Antwort auf die dritte Frage, mit welchem Startkapital man auf die Endsumme von 3000 Euro käme: Durch zielgerichtetes Eingeben verschiedener Startkapitalwerte (das heißt wieder durch systematisches Suchen) kommt man nach wenigen Sekunden auf ein Startkapital von ca. 1661 Euro, das sich bei 3 % Zinssatz p. a. in zwanzig Jahren zu 3000 Euro entwickelt.

### 1.5.2  Kapitalentwicklung mit variablen Zinsen

Sparpläne über längere Zeiträume haben heutzutage nur sehr selten einen einzigen festen Zins über die gesamte Laufzeit hinweg. Vielmehr sind die Zinsen oft gestaffelt, ja, es kann sogar vorkommen, dass sich die Zinssätze von Jahr zu Jahr ändern. Insbesondere in der letztgenannten Situation zeigt sich der *Nutzen von Excel*. Abbildung 1.10 eröffnet dazu die Möglichkeit, in der neu eingefügten Spalte E den für das jeweilige Jahr gültigen Zinssatz einzutragen. Da die Formeln im Bereich F5:G5 als Quellformeln brauchbar sind, kann anschließend der Rest der Tabelle durch Kopieren ausgefüllt werden (Abb. 1.10).

### 1.5.3  Tilgung und Annuität

Familie Jung beabsichtigt den Erwerb von Wohneigentum. Dafür benötigt sie einen Kredit in Höhe von 100.000 €. Eine Bank bietet ihnen einen Tilgungsplan an, der zwei wichtige Bestandteile hat:

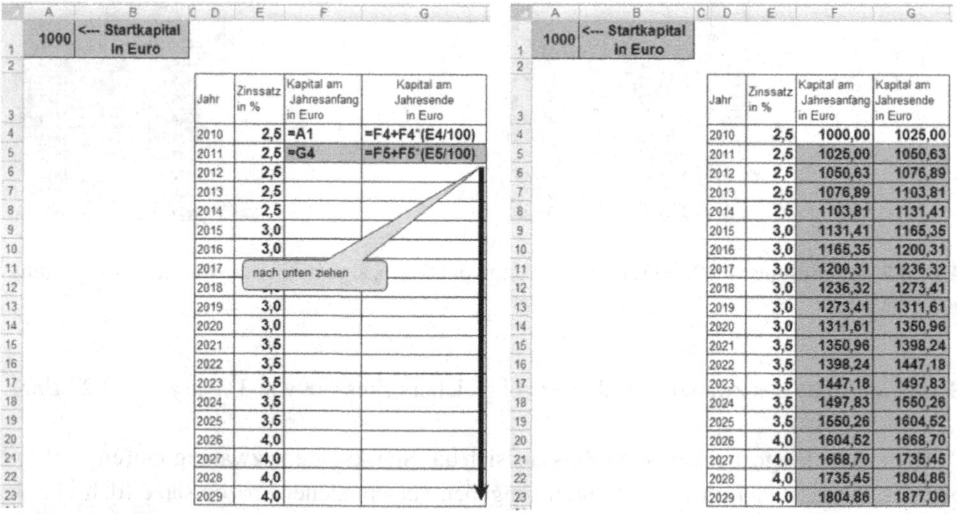

**Abb. 1.10**  Kapitalentwicklung bei variablem Zins

- die Höhe der Kreditzinsen von acht Prozent, bezogen auf die jährliche Restschuld und
- die Festlegung der Tilgungsrate von jährlich 10.000 €.

Da freuen sich die jungen Leute, denn sie sind somit sicher, dass sie nach zehn Jahren schuldenfrei sein werden.

Aber zu welchem Preis? Sehen wir uns in Abb. 1.11 den Tilgungsplan an, der sich mit Excel sehr übersichtlich herstellen lässt. Was wurde aber übersehen?

> Die jährliche Belastung besteht eben nicht nur aus den Raten, mit denen die Kreditschuld getilgt wird – nein, sie besteht vielmehr aus *Tilgung plus Zins*.

Also ist am jeweiligen Jahresende weit mehr zu zahlen als nur die Tilgungsrate von 10.000 Euro – in Spalte H sind diese so genannten *Annuitäten* aufgelistet. Und diese geben Auskunft darüber, dass das Budget der Familie in den ersten Jahren um einen Betrag reduziert wird, der fast doppelt so hoch ist wie die vereinbarte Tilgungssumme.

Was wäre besser gewesen? Entsprechend ihren finanziellen Möglichkeiten hätten die jungen Leute ihre maximal mögliche jährliche Belastung abschätzen sollen, das heißt, sie hätten *über die Annuität verhandeln* sollen. Und sie hätten dabei vorher mit Excel durchspielen können, bei welcher Annuität in welchem Zeitraum der Kredit getilgt sein

| | A | B | C | D | E | F | G | H | I |
|---|---|---|---|---|---|---|---|---|---|
| 1 | 100000 | <-- aufgenommener Kredit | | | | Summe --> der Zinsen | 44000 | 144000 | <-- Summe der Annuitäten |
| 2 | 8 | <-- Zinssatz in % | | | | | | | |
| 3 | 10000 | <-- Tilgung (fest vereinbart) | | | | | | | |
| 4 | | | | | | | | | |
| 5 | | | | | Jahr | Saldo am Jahresanfang | Tilgung am Jahresende | Zinszahlung am Jahresende | Annuität |
| 6 | | | | | 2010 | 100.000,00 | 10.000,00 | 8.000,00 | 18.000,00 |
| 7 | | | | | 2011 | 90.000,00 | 10.000,00 | 7.200,00 | 17.200,00 |
| 8 | | | | | 2012 | 80.000,00 | 10.000,00 | 6.400,00 | 16.400,00 |
| 9 | | | | | 2013 | 70.000,00 | 10.000,00 | 5.600,00 | 15.600,00 |
| 10 | | | | | 2014 | 60.000,00 | 10.000,00 | 4.800,00 | 14.800,00 |
| 11 | | | | | 2015 | 50.000,00 | 10.000,00 | 4.000,00 | 14.000,00 |
| 12 | | | | | 2016 | 40.000,00 | 10.000,00 | 3.200,00 | 13.200,00 |
| 13 | | | | | 2017 | 30.000,00 | 10.000,00 | 2.400,00 | 12.400,00 |
| 14 | | | | | 2018 | 20.000,00 | 10.000,00 | 1.600,00 | 11.600,00 |
| 15 | | | | | 2019 | 10.000,00 | 10.000,00 | 800,00 | 10.800,00 |
| 16 | | | | | 2020 | 0,00 | | | |
| 17 | | | | | 2021 | | | | |
| 18 | | | | | 2022 | | | | |
| 19 | | | | | 2023 | | | | |
| 20 | | | | | 2024 | | | | |
| 21 | | | | | 2025 | | | | |

**Abb. 1.11** Konstante Tilgungsraten – nach 10 Jahren ist der Kredit getilgt

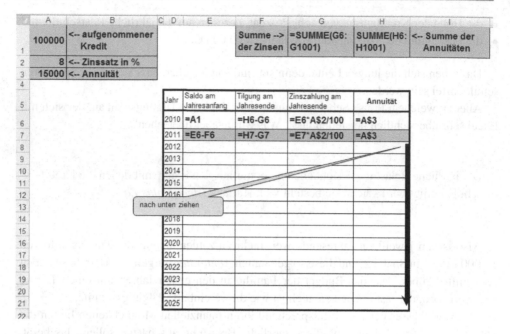

**Abb. 1.12**  Formeln für die Annuitätentilgung

kann. Abbildung 1.12 zeigt, wie ein solcher *Tilgungsplan mit fest vorgegebener Annuität* aufgestellt werden kann.

Abbildung 1.13 schildert dann die Situationen bei zwei beispielhaft vorgegebenen Annuitäten: Kann die Familie jährlich 12.000 € aufbringen, dann ist am Jahresanfang 2024 die Restschuld so gering, dass mit einer abschließenden Zahlung von 3.391,55 € der letzte Zins bedient und die endgültige Tilgung erfolgen kann.

Kann die Familie dagegen jährlich sogar 15.000 € aufbringen, dann ist bereits am Jahresanfang 2019 die Restschuld so weit reduziert, dass mit einer abschließenden Zahlung von 13.594,07 € der letzte Zins bedient und die endgültige Tilgung erfolgen kann.

Die *Finanzmathematik* kennt für derartige Überlegungen fertige Formeln, im letztgenannten Fall kann die so genannte *Annuitätenformel* zur Anwendung kommen: Man gibt Kreditsumme, Zinshöhe und die gewünschte Laufzeit ein und erhält auf den Cent genau die zugehörige Annuität.

Doch die ergänzende Arbeit mit einer passenden Excel-Tabelle macht die Vorgänge transparent, lässt die Saldenentwicklung verfolgen, und sie erklärt das interessante Wechselspiel zwischen anfangs hohen Zinszahlungen und geringer Tilgung und späterer hoher Tilgung mit niedrigem Zins.

| Jahr | Saldo am Jahres- anfang | Tilgung am Jahres- ende | Zinszahlung am Jahres- ende | Annuität | Jahr | Saldo am Jahres- anfang | Tilgung am Jahres- ende | Zinszahlung am Jahres- ende | Annuität |
|---|---|---|---|---|---|---|---|---|---|
| 2010 | 100.000,00 | 4.000,00 | 8.000,00 | 12.000,00 | 2010 | 100.000,00 | 7.000,00 | 8.000,00 | 15.000,00 |
| 2011 | 96.000,00 | 4.320,00 | 7.680,00 | 12.000,00 | 2011 | 93.000,00 | 7.560,00 | 7.440,00 | 15.000,00 |
| 2012 | 91.680,00 | 4.665,60 | 7.334,40 | 12.000,00 | 2012 | 85.440,00 | 8.164,80 | 6.835,20 | 15.000,00 |
| 2013 | 87.014,40 | 5.038,85 | 6.961,15 | 12.000,00 | 2013 | 77.275,20 | 8.817,98 | 6.182,02 | 15.000,00 |
| 2014 | 81.975,55 | 5.441,96 | 6.558,04 | 12.000,00 | 2014 | 68.457,22 | 9.523,42 | 5.476,58 | 15.000,00 |
| 2015 | 76.533,60 | 5.877,31 | 6.122,69 | 12.000,00 | 2015 | 58.933,79 | 10.285,30 | 4.714,70 | 15.000,00 |
| 2016 | 70.656,28 | 6.347,50 | 5.652,50 | 12.000,00 | 2016 | 48.648,50 | 11.108,12 | 3.891,88 | 15.000,00 |
| 2017 | 64.308,79 | 6.855,30 | 5.144,70 | 12.000,00 | 2017 | 37.540,38 | 11.996,77 | 3.003,23 | 15.000,00 |
| 2018 | 57.453,49 | 7.403,72 | 4.596,28 | 12.000,00 | 2018 | 25.543,61 | 12.956,51 | 2.043,49 | 15.000,00 |
| 2019 | 50.049,77 | 7.996,02 | 4.003,98 | 12.000,00 | 2019 | 12.587,10 | 12.587,10 | 1.006,97 | 13.594,06 |
| 2020 | 42.053,75 | 8.635,70 | 3.364,30 | 12.000,00 | 2020 | 0,00 | | | |
| 2021 | 33.418,05 | 9.326,56 | 2.673,44 | 12.000,00 | 2021 | | | | |
| 2022 | 24.091,49 | 10.072,68 | 1.927,32 | 12.000,00 | 2022 | | | | |
| 2023 | 14.018,81 | 10.878,49 | 1.121,51 | 12.000,00 | 2023 | | | | |
| 2024 | 3.140,32 | 3.140,32 | 251,23 | 3.391,54 | 2024 | | | | |
| 2025 | 0,00 | | | | 2025 | | | | |

**Abb. 1.13**  Tilgungspläne mit fest vorgegebenen Annuitäten von 12.000 € bzw. 15.000 €

## 1.6  Excel und die Statistik – eine erste Information

Wohl in keinem Statistik-Kurs fehlt eine solche Aufgabe, zu der später, in Kap. 5 in den Abschn. 5.5 und 5.6, ausführliche Erklärungen erfolgen werden:

> Eine Zufallsgröße $X$ sei normalverteilt mit dem Erwartungswert $\mu = 100$ und der Standardabweichung $\sigma = 30$. Wie groß ist die Wahrscheinlichkeit, dass $X$ Werte von 70 bis einschließlich 130 annimmt?

In der Formelsprache der Statistik bedeutet das, dass die Wahrscheinlichkeit

$$P(70 < X \leq 130) \tag{1.1}$$

einer nach $N(100; 30)$-verteilten Zufallsgröße zu ermitteln ist.

Bis vor 30 Jahren (und wohl auch heute noch) teilten die Lehrenden dazu ein Blatt Papier mit einer Tafel der *Standardnormalverteilung* aus und forderten ihr Publikum auf, die gestellte Aufgabe mit Hilfe dieser Tafel zu lösen. Anders gehe es nicht. Was wäre in diesem Falle zu tun? Als erstes muss für das gegebene Problem mit Hilfe der Transformation

$$Z = \frac{X - 100}{30} \tag{1.2}$$

eine neue Zufallsgröße $Z$ definiert werden. Dann wird die Aufgabe für $Z$ formuliert:

$$P\left(\frac{70-100}{30} < \frac{X-100}{30} \leq \frac{130-100}{30}\right) = P(-1 < Z \leq 1). \qquad (1.3)$$

Nach den Regeln der Wahrscheinlichkeitsrechnung gilt weiter

$$P(-1 < Z \leq 1) = P(Z \leq 1) - P(Z \leq -1). \qquad (1.4)$$

Da die so entstandene Zufallsgröße $Z$ standardnormalverteilt ist, können die beiden Wahrscheinlichkeiten mit Hilfe der Standardnormalverteilung $\Phi(x)$ erhalten werden:

$$P(Z \leq 1) - P(Z \leq -1) = \Phi(1) - \Phi(-1). \qquad (1.5)$$

Während der Wert für $\Phi(1)$ nun schon aus einer Tafel abgelesen werden kann, muss für $\Phi(-1)$ häufig noch eine zusätzliche Überlegung angestellt werden:

$$\Phi(1) = 0{,}841345$$
$$\Phi(-1) = 1 - \Phi(1) = 0{,}158655 \qquad (1.6)$$
$$\Rightarrow \Phi(1) - \Phi(-1) = 0{,}68269.$$

Damit wäre sie endlich gefunden, die gesuchte Wahrscheinlichkeit $P(70 < X \leq 130)$ einer nach $N(100;30)$ verteilten Zufallsgröße $X$:

> Mit 68-prozentiger Wahrscheinlichkeit liefert die Zufallsgröße $X$ Zahlenwerte, die zwischen 70 und 130 liegen ...

Heutzutage kann man sich diese umfangreiche Rechnung völlig sparen, denn Excel verfügt über einen umfangreichen *Fundus an Statistik-Funktionen*, mit deren Hilfe Aufgaben wie die hier betrachtete schnell und leicht (und genauer) gelöst werden können. Sehen wir uns dafür an, welche Formeln dazu in einer Excel-Tabelle einzutragen sind und welche Zahlenwerte sich ergeben. Die dazu einzig nötige Überlegung besteht nur noch darin, dass man die grundlegende Gleichheit

$$P(70 < X \leq 130) = P(X \leq 130) - P(X \leq 70) \qquad (1.7)$$

kennt – den Rest erledigt Excel mit Hilfe der oft verwendeten Statistik-Funktion
`=NORMVERT(...;...;...;...)`:

| | A | B | C | D | E | F |
|---|---|---|---|---|---|---|
| 1 | 100 | <-- Erwartungswert | μ | | 70 | <-- linke Invervallgrenze |
| 2 | 30 | <-- Standardabweichung | σ | | 130 | <-- rechte Intervallgrenze |
| 3 | | | | | | |
| 4 | | | | | | |
| 5 | | | | =NORMVERT(E2;A$1;A$2;WAHR) | | <-- P(X<=rechte Grenze) |
| 6 | | | | =NORMVERT(E1;A$1;A$2;WAHR) | | <-- P(X< linke Grenze) |
| 7 | | | | | | |
| 8 | | | | =D5-D6 | | <-- Intervall-Wahrscheinlichkeit |

| | A | B | C | D | E | F |
|---|---|---|---|---|---|---|
| 1 | 100 | <-- Erwartungswert | μ | | 70 | <-- linke Invervallgrenze |
| 2 | 30 | <-- Standardabweichung | σ | | 130 | <-- rechte Intervallgrenze |
| 3 | | | | | | |
| 4 | | | | | | |
| 5 | | | | 0,841344746 | | <-- P(X<=rechte Grenze) |
| 6 | | | | 0,158655254 | | <-- P(X< linke Grenze) |
| 7 | | | | | | |
| 8 | | | | 0,682689492 | | <-- Intervall-Wahrscheinlichkeit |

Mit Excel können Wahrscheinlichkeiten aller wichtigen Verteilungsfunktionen in ähnlicher Weise problemlos berechnet werden.

Natürlich können mit Excel auch sehr viele Aufgaben der *beschreibenden Statistik* gelöst werden. Selbst die Durchführung *statistischer Tests* ist mit Excel möglich. Für dies alles soll hier auf die späteren Kapitel hingewiesen werden, die sich ausführlich mit dieser Thematik beschäftigen werden.

Erwähnt werden soll dabei auch das Buch von H. Benker [2] mit vielen Hinweisen, wie mathematische Aufgaben effektiv mit Excel behandelt werden können.

## 1.7 Excel-Stolpersteine

Natürlich muss hier nach der positiven Schilderung, wie Aufgaben der verschiedensten Art mit Excel effektiv gelöst werden können, auch auf Negatives hingewiesen werden. Denn genau so, wie man beim unachtsamen Spaziergang im herbstlichen Wald über eine Wurzel oder einen Stolperstein fallen kann, genau so gibt es auch bei der Arbeit mit Excel einige „Stolpersteine", die man kennen muss und umgehen sollte.

### 1.7.1 Gefährliche Fehlerquelle: Überflüssiges Markieren

Folgendes Beispiel soll diese Fehlerquelle beschreiben: In einer Excel-Datei möge sich ein umfangreicher Datenbestand befinden, eine Adressensammlung, deren Anfang wir uns ansehen wollen:

| | A | B | C | D | E | F |
|---|---|---|---|---|---|---|
| 1 | Name | Vorname | PLZ | Ort | Straße | Nummer |
| 2 | Madu | Dus | 43571 | Unterkupyaberg | Eeshain | 66 |
| 3 | Kupxhu | Sayu | 79447 | Unterbufsol | Bis zur Zun | 22 |
| 4 | Riyumu | Tocyv | 23261 | Wiesenzuuuan | Burlinde | 29 |
| 5 | Ruwiruxa | Tacur | 67156 | Mittnueidorf | Am Jax | 80i |
| 6 | Geiu | Xukui | 51424 | Unterfuvuk | Beim Suo | 81c |
| 7 | Vuvun | Haku | 43863 | Unterxalwitz | Vor der Levx | 86 |
| 8 | Yekxfip | Fony | 62897 | Langgufxlab | An der Gua | 49d |
| 9 | Zabogi | Wik | 16027 | Langguiodorf | Puluer Hof | 49 |
| 10 | Yatu | Kuru | 70643 | Schönyupyjen | Qaexer Hof | 67 |
| 11 | Licuyu | Kejuk | 37953 | Oberiujudorf | Weg nach Ren | 2 |
| 12 | Jupo | Xoku | 28968 | Mitttuuysol | Nach der Juiu | 102 |

Bearbeiter Müdmann bekommt den Auftrag, den *gesamten Datenbestand* so umordnen zu lassen, dass zum Schluss die *Orte in alphabetisch absteigender Folge* erscheinen.

Was tut er? Es scheint sinnvoll und logisch: Müdmann markiert zuerst die ganze Spalte D, in der sich ersichtlich die Orte befinden. Dann klickt er auf die passende Schaltfläche:

und ignoriert natürlich die angezeigte Warnung:

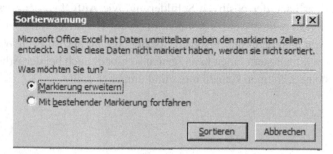

Denn er hat sich (*vorschnell und falsch*) überlegt: Die Orte sollen sortiert werden. Sehen wir uns das Ergebnis seiner „Sortierung" an und vergleichen es mit dem obigen Datenbestand:

| | A | B | C | D | E | F |
|---|---|---|---|---|---|---|
| 1 | Name | Vorname | PLZ | Ort | Straße | Nummer |
| 2 | Madu | Dus | 43571 | Bergbiuulab | Eeshain | 66 |
| 3 | Kupxhu | Sayu | 79447 | Bergcubsau | Bis zur Zun | 22 |
| 4 | Riyumu | Tocyv | 23261 | Bergcueydorf | Burlinde | 29 |
| 5 | Ruwiruxa | Tacur | 67156 | Bergeasxling | Am Jax | 80i |
| 6 | Geiu | Xukui | 61424 | Bergeupuberg | Beim Suo | 81c |
| 7 | Vuvun | Haku | 43863 | Bergfavxisol | Vor der Levx | 86 |
| 8 | Yekxfip | Fony | 62897 | Bergfugowoll | An der Gua | 49d |
| 9 | Zabogi | Wik | 16027 | Bergfunistadt | Puluer Hof | 49 |
| 10 | Yatu | Kuru | 70643 | Berggiauwitz | Qaexer Hof | 67 |
| 11 | Licuyu | Kejuk | 37953 | Berggivan | Weg nach Rery | 2 |
| 12 | Jupo | Xoku | 28968 | Berggusildorf | Nach der Juiu | 102 |

Der Vergleich zwischen den beiden Tabellen zeigt es: Mit seinem *unüberlegten Vorgehen* ist es Müdmann gelungen, mit einem einzigen Mausklick *den gesamten Datenbestand zu zerstören*: Denn nur die Ortsspalte wurde *in sich sortiert*, alle anderen Spalten blieben unverändert. Welchen Fehler hat er gemacht? Er hat markiert, wo er *nicht hätte markieren* sollen:

▶  **Man beachte** Wenn ein Nutzer in einer Excel-Tabelle eine Markierung vornimmt und anschließend eine Aktion veranlasst, dann wird diese grundsätzlich *nur mit dem markierten Teil der Tabelle* durchgeführt.

Da Müdmann nur die Spalte mit den Orten markiert hatte, hat Excel wunschgemäß auch nur in dieser Spalte umsortiert. Was wäre richtig gewesen?

*Entweder* Wer auf das Markieren nicht verzichten will, der müsste – bevor er das Sortieren veranlasst – den *gesamten Datenbestand markieren*.

*Oder* Man nützt die Fähigkeit von Excel aus, Grenzen von Datenbeständen *selbständig* erkennen zu können.

Das bedeutet, dass lediglich irgendeine Zelle in derjenigen Spalte im Datenbestand ausgewählt wird, wo die Sortierung erkennbar werden soll (zum Beispiel die Zelle D2). Wenn danach eine Sortier-Schaltfläche angeklickt wird, dann sucht Excel zuerst automatisch die Grenzen des Datenbestandes. Danach vertauscht Excel *alle Zeilen des Datenbestandes* so, dass anschließend die Orte sortiert sind, aber der Zusammenhang nicht zerstört ist:

| | A | B | C | D | E | F |
|---|---|---|---|---|---|---|
| 1 | Name | Vorname | PLZ | Ort | Straße | Nummer |
| 2 | Wufifo | Bei | 77164 | Bergbiuulab | Kifeiche | 8 |
| 3 | Javuzega | Vueu | 65468 | Bergcubsau | Beim Fuf | 8b |
| 4 | Iujiputo | Xaoil | 12383 | Bergcueydorf | Eakopgasse | 28 |
| 5 | Doxxu | Uixu | 75695 | Bergeasxling | Iuriuwald | 104 |
| 6 | Bipuu | Supuy | 90442 | Bergeupuberg | Nach der Quxu | 82h |
| 7 | Piyoz | Wup | 62595 | Bergfavxlsol | Fuyoeiche | 84 |
| 8 | Seruiu | Ruuxk | 65423 | Bergfugowoll | Cikuer Chauss | 22 |
| 9 | Kupiwa | Qirut | 52323 | Bergfunistadt | Pusufeld | 101 |
| 10 | Totuo | Had | 69873 | Berggiauwitz | Iovuhain | 8b |
| 11 | Fuwuie | Oup | 55924 | Berggivan | Gozowiese | 8b |
| 12 | Fobugei | Juqxj | 41341 | Berggusildorf | Iuwer-Allee | 2h |

▶   **Wichtiger Hinweis**  Damit Excel seine Fähigkeit zum Erkennen der *Grenzen eines Datenbestandes* ausspielen kann, müssen diese Grenzen klar erkennbar sein.

Das heißt, dass sich zwischen dem Datenbestand und anderen Einträgen in anderen Zellen mindestens eine leere Zeile und/oder eine leere Spalte befinden muss:

Der Datenbestand muss *separiert* sein.

Die Programmierer von Excel haben diese Fehlerquelle erkannt: Bei Excel 2007 und neueren Versionen wird immer dann, wenn nur ein Teil eines Datenbestandes markiert ist und die Schnellsortierung verlangt wird, eine Warnung ausgesprochen. Diese Warnung hätte Müdmann ernst nehmen sollen!

Zur Verdeutlichung der Bedeutung der *Separierung eines Datenbestandes* soll die F11-Methode von Kap. 1, Abschn. 1.3.1 herhalten: Betrachten wir in Abb. 1.14 eine Tabelle, in der zu jeder Abteilung der Umsatz sowie der prozentuale Anteil am Gesamtumsatz bereits ermittelt wurde.

Gesucht ist aber eine Grafik, die lediglich den Umsatz (und nicht zusätzlich den prozentualen Anteil) der Abteilungen darstellen soll. Wie im Kap. 1 im Abschn. 1.3.1 beschrieben wurde, wird der Tabellenkursor in irgendeine Zelle des Datenbestandes (zum Beispiel

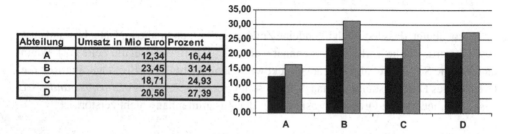

| Abteilung | Umsatz in Mio Euro | Prozent |
|---|---|---|
| A | 12,34 | 16,44 |
| B | 23,45 | 31,24 |
| C | 18,71 | 24,93 |
| D | 20,56 | 27,39 |

**Abb. 1.14**  Excel erkennt den Bereich von A1 bis C5 als Datenbestand

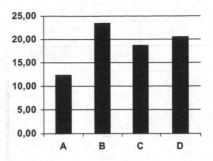

| Abteilung | Umsatz in Mio Euro | Prozent |
|-----------|--------------------|---------|
| A | 12,34 | 16,44 |
| B | 23,45 | 31,24 |
| C | 18,71 | 24,93 |
| D | 20,56 | 27,39 |

**Abb. 1.15** Durch Einfügen einer Leerspalte wurde der interessante Datenbestand separiert

B2) gesetzt und die Taste [F11] gedrückt. Das Ergebnis ist in der Abb. 1.14 deutlich zu sehen – wohl stehen unten die Abteilungsnamen, aber anstelle von Einzelsäulen sind *Säulenpaare* zu sehen.

Warum gibt es *Säulenpaare* in Abb. 1.14? Excel geht logisch vor: Ausgehend von der Zelle, in die der Tabellenkursor gesetzt worden ist, stellt Excel die *Grenzen des Datenbestandes* fest – und findet offensichtlich den Bereich von A1 bis C5. Folglich werden *beide Zahlenreihen* als Säulen dargestellt.

Will man aber *nur die Umsatz-Reihe* sehen, dann muss man durch *Einfügen einer Leerspalte* dafür sorgen, dass der Bereich von A1 bis B5 *separiert* ist. Das ist leicht zu erreichen durch Einfügen einer Leerspalte (siehe Abb. 1.15). Setzt man nun den Tabellenkursor in eine Zelle des separierten Datenbestandes, dann entsteht tatsächlich nur eine Grafik mit den Umsatzwerten.

## 1.7.2 Achtung: Excel scheint manchmal falsch zu rechnen

Wieder ein scheinbar einfaches Beispiel: In einer Excel-Tabelle (Abb. 1.16 links) befinden sich in den Spalten A und B die Monatsnamen und die in den Monaten erbrachten Umsätze eines Unternehmens. Gesucht ist zuerst in Spalte C der *prozentuale Anteil des Monatsumsatzes am Jahresumsatz*.

Die Abb. 1.16 zeigt die richtige Formel in der Zelle C2 und die Werte, die nach dem Kopieren dieser Formel in den Bereich C3 bis C13 entstanden sind. Es wurde diesmal darauf verzichtet, eine eigene Zelle für den Gesamt-Umsatz zu verwenden, deshalb enthält die Formel die Summenfunktion über den Bereich B2 bis B13. Dabei müssen für das Kopieren die Zahlenwerte 2 und 13 festgehalten werden.

Die Prozentsätze sind als Teile von 100 intern mit maximaler Genauigkeit (ca. 15 gültige Ziffern) numerisch gespeichert, davon lässt man sich natürlich nur zwei Dezimalstellen nach dem Komma anzeigen – mehr ist nicht üblich. Um sich nun deutlicher zu machen, wie stark (oder wie schwach) von Monat zu Monat der Umsatz gestiegen ist, verlangt der Auftraggeber zusätzlich eine Spalte für die *kumulative Umsatzentwicklung*.

| | A | B | C |
|---|---|---|---|
| 1 | Monat | Umsatz | %-Anteil am Jahresumsatz |
| 2 | Jan. 09 | 50,88 | =(B2/SUMME(B$2:B$13))^100 |
| 3 | Feb. 09 | 87,47 | |
| 4 | Mrz. 09 | 105,59 | |
| 5 | Apr. 09 | 228,57 | |
| 6 | Mai. 09 | 4,35 | |
| 7 | Jun. 09 | 59,05 | |
| 8 | Jul. 09 | | nach unten ziehen |
| 9 | Aug. 09 | 113,71 | |
| 10 | Sep. 09 | 169,08 | |
| 11 | Okt. 09 | 81,24 | |
| 12 | Nov. 09 | 119,57 | |
| 13 | Dez. 09 | 55,93 | |

| | A | B | C |
|---|---|---|---|
| 1 | Monat | Umsatz | %-Anteil am Jahresumsatz |
| 2 | Jan. 09 | 50,88 | 4,34 |
| 3 | Feb. 09 | 87,47 | 7,46 |
| 4 | Mrz. 09 | 105,59 | 9,00 |
| 5 | Apr. 09 | 228,57 | 19,49 |
| 6 | Mai. 09 | 4,35 | 0,37 |
| 7 | Jun. 09 | 59,05 | 5,04 |
| 8 | Jul. 09 | 97,14 | 8,28 |
| 9 | Aug. 09 | 113,71 | 9,70 |
| 10 | Sep. 09 | 169,08 | 14,42 |
| 11 | Okt. 09 | 81,24 | 6,93 |
| 12 | Nov. 09 | 119,57 | 10,20 |
| 13 | Dez. 09 | 55,93 | 4,77 |

**Abb. 1.16** Monatlicher Prozentanteil am Jahresumsatz: Formel und Werte

Mit den in Abb. 1.17 sichtbaren Formeln kann der Begriff „kumulativ" erklärt werden.

- Der kumulative Januar-Wert ist gleich dem Januar-Prozentsatz.
- Der kumulative Februar-Wert ist gleich dem kumulativen Januar-Wert plus dem Februar-Prozentsatz.
- Der kumulative März-Wert ist gleich dem kumulativen Februar-Wert plus dem März-Prozentsatz.
- Der kumulative April-Wert ist gleich dem kumulativen März-Wert plus dem April-Prozentsatz.

Und so weiter: Kumulativ muss also im Dezember die 100-Prozent-Marke erreicht werden. Die Formeln in Abb. 1.17 sind korrekt und entsprechen durchaus dem Anliegen, die kumulative Prozententwicklung in Spalte D sehen zu können.

| | A | B | C | D |
|---|---|---|---|---|
| 1 | Monat | Umsatz | %-Anteil | kumulativ |
| 2 | Jan. 09 | 50,88 | 4,34 | =C2 |
| 3 | Feb. 09 | 87,47 | 7,46 | =D2+C3 |
| 4 | Mrz. 09 | 105,59 | 9,00 | |
| 5 | Apr. 09 | 228,57 | 19,49 | |
| 6 | Mai. 09 | 4,35 | 0 | |
| 7 | Jun. 09 | 59,05 | 04 | |
| 8 | Jul. 09 | | nach unten ziehen | 8 |
| 9 | Aug. 09 | 113,71 | 9,70 | |
| 10 | Sep. 09 | 169,08 | 14,42 | |
| 11 | Okt. 09 | 81,24 | 6,93 | |
| 12 | Nov. 09 | 119,57 | 10,20 | |
| 13 | Dez. 09 | 55,93 | 4,77 | |

| | A | B | C | D |
|---|---|---|---|---|
| 1 | Monat | Umsatz | %-Anteil | kumulativ |
| 2 | Jan. 09 | 50,88 | 4,34 | 4,34 |
| 3 | Feb. 09 | 87,47 | 7,46 | 11,80 |
| 4 | Mrz. 09 | 105,59 | 9,00 | 20,80 |
| 5 | Apr. 09 | 228,57 | 19,49 | 40,30 |
| 6 | Mai. 09 | 4,35 | 0,37 | 40,67 |
| 7 | Jun. 09 | 59,05 | 5,04 | 45,70 |
| 8 | Jul. 09 | 97,14 | 8,28 | 53,99 |
| 9 | Aug. 09 | 113,71 | 9,70 | 63,69 |
| 10 | Sep. 09 | 169,08 | 14,42 | 78,10 |
| 11 | Okt. 09 | 81,24 | 6,93 | 85,03 |
| 12 | Nov. 09 | 119,57 | 10,20 | 95,23 |
| 13 | Dez. 09 | 55,93 | 4,77 | 100,00 |

**Abb. 1.17** Formeln für die Berechnung der Kumulation und viele falsche Werte

Sehen wir uns dagegen in Abb. 1.17 rechts die angezeigten Werte – natürlich wieder nur mit zwei Dezimalen nach dem Komma – an. Die Bildunterschrift in Abb. 1.17 sagt es schon: *Fehler über Fehler*.

- Von März zu April: Kumulativ im März 20,80, und der April-Prozentsatz beträgt 19,49 – da müsste doch der kumulative April-Wert 40,29 betragen. Zu sehen sind 40,30. Falsch.
- Von Mai zu Juni: Kumulativ im Mai 40,67 und Juni-Prozentsatz 19,49 – da müsste doch der kumulative Juni-Wert 45,71 betragen. Zu sehen sind 45,70. Falsch.
- Von Juni zu Juli: Kumulativ im Juni 45,70 und Juli-Prozentsatz 8,28 – da müsste doch der kumulative Juli-Wert 53,98 betragen. Zu sehen sind 53,99. Falsch.
- Von August zu September: Kumulativ im August 63,69 und September-Prozentsatz 14,42 – da müsste doch der kumulative September-Wert 78,11 betragen. Zu sehen sind 78,10. Falsch.

So ein einfaches Beispiel, und so viele Fehler. Also – rechnet Excel fehlerhaft?

▶ **Man beachte** Excel rechnet nicht falsch. Excel rechnet nämlich – unabhängig von der *gewählten Anzeigeform* eines numerischen Inhalts einer Zelle – stets mit den internen Werten, d. h. mit *maximaler Genauigkeit* (ca. 15 gültige Ziffern).

> Die scheinbaren Fehler entstehen durch die *gerundete Anzeige*.

Man kann das erkennen, indem man die Anzeige von Prozentsätzen und kumulativen Werten mittels

`[Strg]+[1]` → ZAHLEN → ZAHL → DEZIMALSTELLEN

auf viele Stellen nach dem Komma umwandelt, dann sieht man nämlich keine Fehler mehr:

| | A | B | C | D |
|---|---|---|---|---|
| 1 | Monat | Umsatz | %-Anteil | kumulativ |
| 2 | Jan. 09 | 50,88 | 4,3391495676 | 4,3391495676 |
| 3 | Feb. 09 | 87,47 | 7,4596189599 | 11,7987685275 |
| 4 | Mrz. 09 | 105,59 | 9,0049293012 | 20,8036978287 |
| 5 | Apr. 09 | 228,57 | 19,4929130635 | 40,2966108922 |
| 6 | Mai. 09 | 4,35 | 0,3709768204 | 40,6675877126 |
| 7 | Jun. 09 | 59,05 | 5,0359037337 | 45,7034914463 |
| 8 | Jul. 09 | 97,14 | 8,2842961674 | 53,9877876137 |
| 9 | Aug. 09 | 113,71 | 9,6974193659 | 63,6852069796 |
| 10 | Sep. 09 | 169,08 | 14,4194852377 | 78,1046922173 |
| 11 | Okt. 09 | 81,24 | 6,9283119276 | 85,0330041449 |
| 12 | Nov. 09 | 119,57 | 10,1971720480 | 95,2301761929 |
| 13 | Dez. 09 | 55,93 | 4,7698238071 | 100,0000000000 |

**Abb. 1.18** Spalte E bekommt intern die Prozentsätze mit nur 2 Stellen nach dem Komma

| | A | B | C | D | E | F |
|---|---|---|---|---|---|---|
| 1 | Monat | Umsatz | %-Anteil | kumulativ | % gerundet | kumulativ |
| 2 | Jan. 09 | 50,88 | 4,34 | 4,34 | =RUNDEN(C2;2) | =E2 |
| 3 | Feb. 09 | 87,47 | 7,46 | 11,80 | | =F2+E3 |
| 4 | Mrz. 09 | 105,59 | 9,00 | 20,80 | | |
| 5 | Apr. 09 | 228,57 | 19,49 | 40,30 | | |
| 6 | Mai. 0 | nach unten ziehen | | 40,67 | | |
| 7 | Jun. 09 | 59,05 | 5,04 | 45,70 | | |
| 8 | Jul. 09 | 97,14 | 8,28 | 53,99 | | |
| 9 | Aug. 09 | | nach unten ziehen | 69 | | |
| 10 | Sep. 09 | 169,08 | 14,42 | 78,10 | | |
| 11 | Okt. 09 | 81,24 | 6,93 | 85,03 | | |
| 12 | Nov. 09 | 119,57 | 10,20 | 95,23 | | |
| 13 | Dez. 09 | 55,93 | 4,77 | 100,00 | | |

**Abb. 1.19** Mit gerundeten internen Werten ergeben sich nun korrekte kumulative Werte

| | A | B | C | D | E | F |
|---|---|---|---|---|---|---|
| 1 | Monat | Umsatz | %-Anteil | kumulativ | % gerundet | kumulativ |
| 2 | Jan. 09 | 50,88 | 4,34 | 4,34 | 4,34 | 4,34 |
| 3 | Feb. 09 | 87,47 | 7,46 | 11,80 | 7,46 | 11,80 |
| 4 | Mrz. 09 | 105,59 | 9,00 | 20,80 | 9,00 | 20,80 |
| 5 | Apr. 09 | 228,57 | 19,49 | 40,30 | 19,49 | 40,29 |
| 6 | Mai. 09 | 4,35 | 0,37 | 40,67 | 0,37 | 40,66 |
| 7 | Jun. 09 | 59,05 | 5,04 | 45,70 | 5,04 | 45,70 |
| 8 | Jul. 09 | 97,14 | 8,28 | 53,99 | 8,28 | 53,98 |
| 9 | Aug. 09 | 113,71 | 9,70 | 63,69 | 9,70 | 63,68 |
| 10 | Sep. 09 | 169,08 | 14,42 | 78,10 | 14,42 | 78,10 |
| 11 | Okt. 09 | 81,24 | 6,93 | 85,03 | 6,93 | 85,03 |
| 12 | Nov. 09 | 119,57 | 10,20 | 95,23 | 10,20 | 95,23 |
| 13 | Dez. 09 | 55,93 | 4,77 | 100,00 | 4,77 | 100,00 |

Doch kann dies das Rezept für eine Präsentation von Werten sein? Die Betrachter mit Ziffern überschütten?

Es gibt eine andere, bewährte Möglichkeit:

► **Wichtiger Hinweis** Man kann mit Hilfe der Excel-Funktion =RUNDEN ( . . . ; . . . ) dafür sorgen, dass *vor* der Berechnung der kumulativen Werte die Prozentsätze *intern* nur mit zwei Stellen nach dem Komma abgespeichert werden.

Dann *muss* Excel mit den gerundeten internen Werten rechnen, und die Anzeige bringt keine falschen Werte mehr. Die Abb. 1.18 und 1.19 zeigen die Formeln und die Werte.

## 1.7.3 Excel ist für die Simulation des Unendlichen unbrauchbar

In der Mathematik-Grundvorlesung werden Folgen behandelt, der Begriff Grenzwert wird erklärt. In der zugehörigen Übung sollen die Studierenden vier Grenzwerte finden.

Zuerst wird der Grenzwert von

$$a_n = n \left( \frac{\sqrt{n+2}}{\sqrt{n}} - 1 \right) \quad \lim_{n \to \infty} a_n = ? \tag{1.8a}$$

gesucht. Wie verhalten sich die Werte $a_n$, wenn der Index $n$ über alle Grenzen wächst?
Dieselbe Fragestellung ist dann für die drei anderen Folgen zu beantworten:

$$b_n = \sqrt{n} \cdot (\sqrt{n+2} - \sqrt{n}) \quad \lim_{n \to \infty} b_n = ? \tag{1.8b}$$

$$c_n = \sqrt{n} \cdot \sqrt{n+2} - n \quad \lim_{n \to \infty} c_n = ? \tag{1.8c}$$

$$d_n = \frac{2\sqrt{n}}{\sqrt{n+2} + \sqrt{n}} \quad \lim_{n \to \infty} d_n = ? \tag{1.8d}$$

Studentin P. F. Iffig fragt sich (vielleicht zu Recht), warum sie sich heutzutage noch dieser geistigen Anstrengung aussetzen soll, mit mathematischen Methoden der so genannten „Bleistiftrechnung" die vier Grenzwerte zu ermitteln.

Schließlich hat sie ihren Computer mit Excel – eigentlich könnte Excel ihr für eine beachtliche Anzahl wachsender $n$-Werte die entsprechenden Folgenelemente berechnen, daraus müsste sich doch aufgrund der Rechenergebnisse dann jeweils eine *Grenzwertvermutung* ableiten lassen.

Gesagt – getan. Eine Excel-Tabelle wird geöffnet, in die Zelle A3 wird eine 1 eingetragen, darunter die Formel =A3*10. Diese Formel wird in den darunter liegenden Bereich kopiert – somit entstehen in der ersten Spalte nacheinander die Zahlen 1, 10, 100, 1000 usw.

Da die Zellenbreite bald nicht mehr ausreichen wird, um die vielen Stellen der entsprechenden Zehnerpotenzen zu zeigen, wird die so genannte *wissenschaftliche Zahlendarstellung* gewählt – anstelle von 1000 wird jetzt geschrieben 1,0 E03 (zu lesen als 1,0 mal 10 hoch 3 ).

Für die Folge $a_n$ wird =A3*((WURZEL(A3+2)/WURZEL(A3))-1) in die Zelle B3 eingetragen.

Für die Folge $b_n$ wird =WURZEL(A3)*(WURZEL(A3+2)-WURZEL(A3)) in die Zelle C3 eingetragen.

Für die Folge $c_n$ wird =WURZEL(A3)*WURZEL(A3+2)-A3 in die Zelle D3 eingetragen.

Für die Folge $d_n$ wird `=2*WURZEL(A3)/(WURZEL(A3+2)+WURZEL(A3))` in die Zelle E3 eingetragen.

Die Formeln aus dem Bereich `B3:E3` werden nun ebenfalls nach unten kopiert. Abbildung 1.20 zeigt die erhaltenen Zahlenwerte. Studentin P. F. Iffig stellt fest, dass für Werte von $n$ ab $10^{17}$ keine Veränderungen in den Folgenelementen zu beobachten sind. Stolz eilt sie zu ihrem Mathematik-Dozenten und teilt ihm das berechnete Ergebnis mit.

> Excel hat es doch ausgerechnet – die ersten drei Folgen konvergieren offensichtlich gegen Null, während die vierte Folge, deutlich erkennbar, gegen Eins strebt.

Doch was muss sie von ihm hören? Es sind nicht vier verschiedene Folgen – es ist nur *ein und dieselbe Folge* in verschiedener, aber *mathematisch völlig gleichwertiger* Schreibweise.

| n | $a_n$ | $b_n$ | $c_n$ | $d_n$ |
|---|---|---|---|---|
| | $n \cdot (\dfrac{\sqrt{n+2}}{\sqrt{n}}-1)$ | $\sqrt{n} \cdot (\sqrt{n+2}-\sqrt{n})$ | $\sqrt{n} \cdot \sqrt{n+2}-n$ | $\dfrac{2\sqrt{n}}{\sqrt{n+2}+\sqrt{n}}$ |
| 1,00E+00 | 0,73205 | 0,73205 | 0,73205 | 0,73205 |
| 1,00E+01 | 0,95445 | 0,95445 | 0,95445 | 0,95445 |
| 1,00E+02 | 0,99505 | 0,99505 | 0,99505 | 0,99505 |
| 1,00E+03 | 0,99950 | 0,99950 | 0,99950 | 0,99950 |
| 1,00E+04 | 0,99995 | 0,99995 | 0,99995 | 0,99995 |
| 1,00E+05 | 1,00000 | 1,00000 | 1,00000 | 1,00000 |
| 1,00E+06 | 1,00000 | 1,00000 | 1,00000 | 1,00000 |
| 1,00E+07 | 1,00000 | 1,00000 | 1,00000 | 1,00000 |
| 1,00E+08 | 1,00000 | 1,00000 | 1,00000 | 1,00000 |
| 1,00E+09 | 1,00000 | 1,00000 | 1,00000 | 1,00000 |
| 1,00E+10 | 1,00000 | 1,00000 | 1,00000 | 1,00000 |
| 1,00E+11 | 1,00000 | 1,00001 | 1,00000 | 1,00000 |
| 1,00E+12 | 1,00009 | 1,00001 | 1,00000 | 1,00000 |
| 1,00E+13 | 0,99920 | 0,99986 | 1,00195 | 1,00000 |
| 1,00E+14 | 0,99920 | 1,00583 | 1,00000 | 1,00000 |
| 1,00E+15 | 1,11022 | 1,06024 | 1,00000 | 1,00000 |
| 1,00E+16 | 2,22045 | 1,49012 | 0,00000 | 1,00000 |
| 1,00E+17 | 0,00000 | 0,00000 | 0,00000 | 1,00000 |
| 1,00E+18 | 0,00000 | 0,00000 | 0,00000 | 1,00000 |
| 1,00E+19 | 0,00000 | 0,00000 | 0,00000 | 1,00000 |
| 1,00E+20 | 0,00000 | 0,00000 | 0,00000 | 1,00000 |
| 1,00E+21 | 0,00000 | 0,00000 | 0,00000 | 1,00000 |
| 1,00E+22 | 0,00000 | 0,00000 | 0,00000 | 1,00000 |

**Abb. 1.20**  Berechnete Werte der Folgenelemente bis zehn hoch 22

Und er rechnet ihr zum Beispiel vor, dass die Folge $\{d_n\}$ mit der Folge $\{b_n\}$ identisch ist:

$$
\begin{aligned}
d_n &= \frac{2\sqrt{n}}{\sqrt{n+2}+\sqrt{n}} \\
&= \frac{2\sqrt{n}}{\left(\sqrt{n+2}+\sqrt{n}\right)} \cdot \frac{\left(\sqrt{n+2}-\sqrt{n}\right)}{\left(\sqrt{n+2}-\sqrt{n}\right)} \\
&= \sqrt{n}\left(\sqrt{n+2}-\sqrt{n}\right) \\
&= b_n.
\end{aligned}
\tag{1.9}
$$

Alle anderen Gleichheiten kann sie selber finden. Also gilt tatsächlich $a_n = b_n = c_n = d_n$.

Damit ist die *Excel-Simulation der Unendlichkeit* offenbar unbrauchbar:

Denn eigentlich müssten *für alle vier Darstellungen* der einen Folge *dieselben Grenzwertvermutungen* zu beobachten sein. Was ist nun richtig – konvergiert die Folge gegen Null. konvergiert sie gegen 1, oder konvergiert sie womöglich gegen einen völlig anderen Wert?

Es sei hier ohne Beweis mitgeteilt – die Folge konvergiert gegen 1, so dass die ersten drei Excel-Rechnungen eine falsche Grenzwertvermutung erzeugen, nur die vierte Excel-Rechnung führt zur richtigen Grenzwertvermutung Eins. Halten wir noch einmal fest:

▶   **Man beachte** Im Gegensatz zur Mathematik, bei der *trotz verschiedener Schreibweisen* ein und derselben Formel immer dasselbe Ergebnis erzielt wird, kann es bei der Simulation unendlicher Vorgänge mit Excel durchaus passieren, dass *verschiedene Schreibweisen zu verschiedenen Rechenergebnissen* führen.

Also ist Excel zur *Simulation unendlicher Vorgänge* grundsätzlich unbrauchbar.

Excel kann die Mathematik nicht ersetzen oder gar überflüssig machen.

Legitim ist jetzt die Frage, ob man sich angesichts dieses Negativbeispiels beim Rechnen mit Excel auf nichts mehr verlassen kann? Wo liegen die Ursachen für die irreführenden ersten drei Grenzwertvermutungen – was wurde dort falsch gemacht? Hier ist die Antwort:

▶   **Wichtiger Hinweis** Führt die Schreibweise einer Excel-Formel zur *Subtraktion oder zur Division annähernd gleich großer Zahlen*, dann können *numerische Instabilitäten* auftreten, so dass infolge von *Rundungsfehlern* das tatsächliche Ergebnis verfälscht wird.

Betrachten wir zum Beispiel die Schreibweise an unserer Folge $\{a_n\}$: Schon bei einer Milliarde ($n = 1.000.000.000$, das heißt $n = 1{,}00\mathrm{E}+09$) ist doch die Wurzel aus $n+2$ so gut wie identisch mit der Wurzel aus $n$. Folglich ist der erste Bruch in der Klammer fast Eins, davon wird die Eins abgezogen:

- Mit der Umsetzung der Schreibweise $a_n$ in eine Excel-Formel sind *numerische Instabilitäten* bei großem $n$ vorprogrammiert.
- Gleiches gilt auch für die Schreibweisen $b_n$ und $c_n$ der Folge: Auch dort werden für große $n$ nahezu identische Werte voneinander subtrahiert.

Demgegenüber enthält die Schreibweise $d_n$ auch für großes $n$ weder die Subtraktion noch die Division annähernd gleich großer Zahlen.

Kehren wir in diesem Zusammenhang kurz zur Statistik zurück. Angenommen, es liegt uns eine große Stichprobe von reellen Zahlen $x_1, x_2, \ldots, x_n$ vor. Eine der wichtigsten statistischen Kennzahlen ist die *Stichproben-Standardabweichung s*, für die jedermann die Berechnungsformel kennen sollte:

$$s = \sqrt{\frac{1}{n-1} \sum_{i=1}^{n} (x_i - \bar{x})^2}. \tag{1.10}$$

Stellen wir uns nun vor, dass diese Formel *in dieser Schreibweise* in einer Excel-Tabelle ausgewertet wird: In der Spalte A sollen sich alle Stichprobenwerte befinden.

In der Zelle B1 wird mit Hilfe der Formel =(A1-MITTELWERT(A:A))^2 das erste Quadrat der Differenz von Stichprobenwert und Mittelwert vorbereitet. Diese Formel kann dann nach unten kopiert werden.

Schließlich wird mit Hilfe der Formel =WURZEL((SUMME(B:B))/(ANZAHL(A:A)-1)) in der Zelle C1 die gesuchte Stichproben-Standardabweichung berechnet.

Es scheint keine Probleme zu geben (abgesehen davon, dass die ganze Vorgehensweise (siehe auch Kap. 3 in den Abschn. 3.3.2.3 und 3.3.5) bequem mit der Excel-Funktion =STABW(A:A) erledigt werden könnte).

Sicher wird der Umgang mit dieser Umsetzung der Formel für die Stichproben-Standardabweichung unproblematisch sein, wenn die Stichprobe den geringen Umfang von 10 oder 100 oder auch 1000 Werten hat. Doch stellen wir uns demgegenüber eine Stichprobe mit einer Million Werten vor. Und erinnern wir uns an die Eigenschaft des Mittelwertes, „in der Mitte" aller Stichprobenwerte zu liegen. Dann werden, wenn wir die Formel (1.10) unkritisch anwenden, millionenfach Differenzen von annähernd gleich großen Zahlen gebildet.

Wir würden damit numerische Instabilitäten produzieren.

Den Ausweg liefern alle guten Zahlentafeln zur Statistik. Sie geben nämlich zwei mathematisch völlig gleichwertige Formeln für die Berechnung der Stichproben-Standardabweichung an:

$$s = \sqrt{\frac{1}{n-1} \sum_{i=1}^{n} (x_i - \bar{x})^2} = \sqrt{\frac{1}{n-1} \left( \sum_{i=1}^{n} x_i^2 - n \cdot \bar{x}^2 \right)}. \qquad (1.11)$$

Während mit der links stehenden Formel $n$ Differenzen (und auch noch annähernd gleicher Zahlen) gebildet werden müssen, erfordert die rechts stehende Formel lediglich *eine einzige Subtraktion*. Damit besteht bei Anwendung der rechts stehenden Formel die Gefahr numerischer Instabilität nicht mehr.

## 1.8  Bedienung von Excel mit Maus und Tastatur

### 1.8.1  Bedienung mit einem Zeigegerät: Computer-Maus oder Touchpad

Führt man das Zeigegerät – der Einfachheit halber soll im Folgenden nur von der Maus gesprochen werden – über eine Excel-Tabelle, so wandelt sich der klassische Mauszeiger zu einem offenen Kreuz:

Man spricht dann von dem Tabellen-Kursor.

Durch Klick auf die aktive (linke) Maustaste wird dann eine bestimmte Zelle ausgewählt:

Zieht man den Tabellen-Kursor mit gedrückter aktiver (linker) Maustaste von links oben nach rechts unten diagonal über mehrere Zellen, dann wird damit ein Rechteck-Bereich ausgewählt:

Wird der Tabellen-Kursor auf einen *Spaltenbuchstaben* (oder ein Spaltenbuchstaben-Paar) gerichtet, dann wird nach Klick auf die aktive (linke) Maustaste die gesamte Spalte markiert. Richtet man dagegen den Tabellen-Kursor auf eine Zeilen-Nummer, dann wird nach Klick auf die aktive (linke) Maustaste die gesamte Zeile markiert:

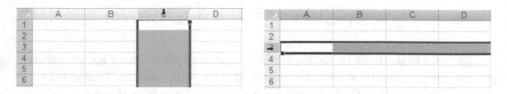

Schließlich kann durch Klick mit der aktiven (linken) Maustaste auf die leere Fläche links neben dem Spaltenbuchstaben A die gesamte Tabelle markiert werden:

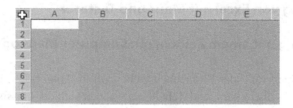

## 1.8.2  Nützliche Tastenkombinationen

Mit vielen Tastenkombinationen können in einer Excel-Tabelle schneller als mit jedem Zeigegerät bestimmte Aktionen durchgeführt werden.

> **Sprünge**
> Wird die Taste [Strg] in Verbindung mit einer der sechs Bewegungstasten [←], [→], [↑], [↓], [Pos1] oder [Ende] benutzt, so erfolgen Sprünge im Datenbestand.

- So führt [Strg] + [Pos1] zum Anfang der Tabelle, also stets zur Zelle A1.
- Noch wertvoller ist die Kombination [Strg] + [Ende]:

Sie veranlasst den Sprung des Tabellen-Kursors in die überhaupt letzte (früher oder jetzt) belegte Zelle. Das heißt, man kann dann absolut sicher sein: Außerhalb des Rechteckbereiches von A1 bis zu dieser (Ende)-Zelle hat es noch nie belegte Zellen gegeben. Damit erfährt man *sichere Grenzen des Datenbestandes*.

**Markierungen**

Wird die Umschalt-Taste [⇑] in Verbindung mit einer der sechs Bewegungstasten [←], [→], [↑], [↓], [Pos1] oder [Ende] benutzt, so erfolgen *Markierungen* im Datenbestand.

Mit den gemeinsam gedrückten Tasten [Strg] + [⇑] erfolgt die Verbindung von Sprung und Markierung:

*Verbindung von Sprung und Markierung*

- ([Strg] + [⇑]) + [↓] : Sprung zum Spaltenende mit Markierung bis dorthin,
- ([Strg] + [⇑]) + [←] : Sprung zum Zeilenanfang mit Markierung bis dorthin,
- ([Strg] + [⇑]) + [Pos1] : Sprung mit Markierung bis Tabellenbeginn (Zelle A1),
- ([Strg] + [⇑]) + [Ende] : Sprung mit Markierung bis zum Ende des Datenbestandes.

In Verbindung mit der *Leertaste* werden vollständige Zeilen, Spalten oder sogar die ganze Tabelle schnell markiert.

- [Strg] +Leertaste: Markierung der aktuellen Spalte,
- [⇑] +Leertaste: Markierung der aktuellen Zeile,
- ([Strg] + [⇑]) +Leertaste: Markierung der gesamten Tabelle.

*Weitere wichtige Tastenkombinationen*

- [Strg] + [+] : Einfügen einer Zeile/Spalte (je nach vorheriger Markierung),
- [Strg] + [-] : Löschen einer Zeile/Spalte (je nach vorheriger Markierung),
- [Strg] + [Y] oder [F4]: Wiederholung der letzten Bedienhandlung,
- [Strg] + [Z] : Die letzte Bedienhandlung wird rückgängig gemacht,
- [Strg] + [F] : Suchen nach,
- [Strg] + [H] : Suchen und Ersetzen,
- [Strg] + [1] : Format Zellen.

## Literatur

1. Bartsch, H.-J.: Taschenbuch Mathematischer Formeln. Carl Hanser Verlag, München (2007)
2. Benker, H.: Wirtschaftsmathematik – Problemlösungen mit EXCEL. Vieweg-Verlag, Wiesbaden (2007)
3. Beyer, G., Hackel, H., Pieper, V., Tiedge, J.: Wahrscheinlichkeitsrechnung und mathematische Statistik. Teubner-Verlag, Stuttgart, Leipzig (1999)

4.  Bronstein, I.N., Semendjajaew, K.A.: Taschenbuch der Mathematik. Verlag Harri Deutsch, Thun und Frankfurt am Main (2000)

5.  Fahrmeir, L., Künstler, R., Pigeot, I., Tutz, G.: Statistik. Der Weg zur Datenanalyse. Springer Verlag, Berlin (1997)

6.  Fleischhauer, C.: EXCEL in Naturwissenschaft und Technik. Addison Wesley Verlag, München (1998)

7.  Göhler, W.: Höhere Mathematik – Formeln und Hinweise. Verlag Harri Deutsch, Thun und Frankfurt am Main (2011)

8.  Jeschke, E., Pfeifer, E., Reinke, H., Unverhau, S., Fienitz, B.: Excel: Formeln und Funktionen. O'Reilly-Verlag, Köln (2014)

9.  Luderer, B., Nollau, V., Vetters, K.: Mathematische Formeln für Wirtschaftswissenschaftler. Vieweg-Verlag, Wiesbaden (2011)

10. Matthäus, H., Matthäus, W.-G.: Mathematik für BWL-Bachelor. Springer-Gabler-Verlag, Wiesbaden (2015)

11. Monka, M., Schöneck, N., Voß, W.: Statistik am PC – Lösungen mit Excel. Hanser Fachbuchverlag, München (2008)

12. Nahrstedt, H.: Excel + VBA für Maschinenbauer. Springer-Verlag, Wiesbaden (2014)

13. Sauerbier, T., Voss, W.: Kleine Formelsammlung Statistik. Carl Hanser Verlag, München (2008)

14. Schells, I.: Excel 2010. O'Reilly-Verlag, Köln (2014)

15. Schells, I.: Excel im Allgemeinen. O'Reilly-Verlag, Köln (2005)

16. Untersteiner, H.: Statistik – Datenauswertung mit Excel und SPSS. Verlag UTB, Stuttgart (2007)

17. Zwerenz, K.: Statistik verstehen mit EXCEL. Oldenbourg-Verlag, München Wien (2001)

# Excel und große Datenmengen

**2**

## 2.1 Datenerfassung in die Excel-Tabelle

### 2.1.1 Einführung

Durch Zählvorgänge oder durch Messungen, Befragungen und Beobachtungen entsteht in der Regel mehrdimensionales Datenmaterial. Als Voraussetzung für jegliche Aufbereitung und statistische Analyse muss dieses Datenmaterial zuerst in einer Excel-Tabelle *erfasst und gespeichert* werden. Zur Vorbereitung der Erfassung sollte man sich etwas Zeit nehmen; je mehr Gedanken man sich in dieser Phase macht, desto übersichtlicher werden später die Daten vorliegen. Das beginnt bereits bei den *Spaltenüberschriften*.

### 2.1.2 Spaltenüberschriften

#### 2.1.2.1 Pro und contra erste Zeile

Viele Lehrende verlangen, dass ein Datenbestand in einer Excel-Tabelle stets links oben ab der Zelle A1 eingetragen wird. Das bedeutet also, dass die *Überschriften* in der *Zeile 1* und der eigentliche *Datenbestand* später darunter in den *Zeilen 2, 3, usw.* eingetragen wird.

> Um sich die Vor- und Nachteile dieser Vorgehensweise deutlich zu machen, sollte man stets daran denken, dass *nach* der Erfassung der Daten mit Sicherheit *Auswertungen* vorgenommen werden müssen.

Reicht der Platz rechts neben dem Datenbestand oder darunter aus, dann können dort die auswertenden Formeln und Funktionen eingetragen werden und bleiben nach der Da-

© Springer Fachmedien Wiesbaden 2016
H. Matthäus, W.-G. Matthäus, *Statistik und Excel*, DOI 10.1007/978-3-658-07689-4_2

| Abteilung | Jan | Feb | Mrz | Apr | Mai | Jun | Jul | Aug | Sep | Okt | Nov | Dez | Jan |
|---|---|---|---|---|---|---|---|---|---|---|---|---|---|
| Abt_1 | 6,0 | 7,3 | 7,6 | 6,1 | 6,2 | 6,3 | 7,2 | 8,0 | 5,9 | 6,3 | 7,3 | 7,5 | 6,9 |
| Abt_2 | 6,7 | 5,4 | 6,2 | 5,4 | 5,6 | 6,2 | 6,1 | 7,9 | 5,4 | 5,8 | 6,6 | 5,1 | 7,7 |
| Abt_3 | 7,4 | 7,5 | 6,6 | 7,8 | 5,1 | 6,7 | 5,2 | 6,5 | 6,0 | 5,8 | 5,2 | 6,3 | 6,4 |
| Abt_4 | 7,7 | 7,3 | 7,0 | 5,8 | 5,2 | 6,6 | 7,0 | 5,1 | 7,4 | 6,6 | 5,2 | 8,0 | 5,4 |
| Abt_5 | 6,8 | 5,9 | 6,0 | 7,2 | 6,8 | 5,9 | 5,5 | 5,2 | 5,7 | 7,6 | 7,4 | 7,8 | 5,7 |
| Abt_6 | 6,3 | 6,5 | 5,2 | 5,3 | 7,3 | 6,8 | 6,9 | 7,9 | 7,5 | 7,0 | 7,9 | 7,6 | 5,2 |
| Abt_7 | 5,9 | 5,6 | 6,0 | 6,8 | 6,6 | 7,1 | 7,4 | 6,9 | 6,9 | 5,4 | 6,6 | 8,0 | 5,2 |
| Abt_8 | 7,2 | 5,4 | 7,9 | 6,6 | 5,9 | 5,5 | 6,6 | 6,3 | 7,2 | 7,2 | 7,9 | 6,1 | 5,7 |
| Summe: | 54,0 | 50,9 | 52,5 | 51,0 | 48,7 | 51,1 | 51,9 | 53,8 | 52,0 | 51,7 | 54,1 | 56,4 | 48,2 |

**Abb. 2.1** Monatsergebnisse mit Überschrift und unten angefügter Summenzeile

tenerfassung gemeinsam mit dem Datenbestand *auf einen Blick sichtbar*. Abbildung 2.1 zeigt beispielhaft die monatlichen Umsätze von lediglich *acht Abteilungen*, darunter ließ man, wie üblich, die *monatlichen Gesamtumsätze* berechnen und eintragen. Alles ist auf einen Blick verfügbar.

Wenn der kleine Bildschirm aber nicht ausreicht, dann müsste man zwischen Daten und Ergebnissen zeitraubend hin- und herwechseln, vielleicht müssten die Auswertungsergebnisse sogar in einem anderen Tabellenblatt angezeigt werden.

> Denken wir beispielsweise an eine Anzahl von mehr als dreißig Abteilungen: Dann sieht man auf dem Bildschirm *entweder die Überschrift* und damit die Erläuterung zum Datenbestand – *oder man sieht die Summen*, die Analyseergebnisse. Hier empfiehlt es sich, die Überschrift erst in die *dritte Zeile* einzutragen, und die *Summen nach oben* zu holen (siehe Abb. 2.2).

Die leere zweite Zeile wurde zum einen aus optischen Gründen eingefügt, zum anderen dient sie der *Separierung des Datenbestandes*.

| Summe: | 54,0 | 50,9 | 52,5 | 51,0 | 48,7 | 51,1 | 51,9 | 53,8 | 52,0 | 51,7 | 54,1 | 56,4 | 48,2 |
|---|---|---|---|---|---|---|---|---|---|---|---|---|---|
|  |  |  |  |  |  |  |  |  |  |  |  |  |  |
| Abteilung | Jan | Feb | Mrz | Apr | Mai | Jun | Jul | Aug | Sep | Okt | Nov | Dez | Jan |
| Abt_1 | 6,0 | 7,3 | 7,6 | 6,1 | 6,2 | 6,3 | 7,2 | 8,0 | 5,9 | 6,3 | 7,3 | 7,5 | 6,9 |
| Abt_2 | 6,7 | 5,4 | 6,2 | 5,4 | 5,6 | 6,2 | 6,1 | 7,9 | 5,4 | 5,8 | 6,6 | 5,1 | 7,7 |
| Abt_3 | 7,4 | 7,5 | 6,6 | 7,8 | 5,1 | 6,7 | 5,2 | 6,5 | 6,0 | 5,8 | 5,2 | 6,3 | 6,4 |
| Abt_4 | 7,7 | 7,3 | 7,0 | 5,8 | 5,2 | 6,6 | 7,0 | 5,1 | 7,4 | 6,6 | 5,2 | 8,0 | 5,4 |
| Abt_5 | 6,8 | 5,9 | 6,0 | 7,2 | 6,8 | 5,9 | 5,5 | 5,2 | 5,7 | 7,6 | 7,4 | 7,8 | 5,7 |
| Abt_6 | 6,3 | 6,5 | 5,2 | 5,3 | 7,3 | 6,8 | 6,9 | 7,9 | 7,5 | 7,0 | 7,9 | 7,6 | 5,2 |
| Abt_7 | 5,9 | 5,6 | 6,0 | 6,8 | 6,6 | 7,1 | 7,4 | 6,9 | 6,9 | 5,4 | 6,6 | 8,0 | 5,2 |
| Abt_8 | 7,2 | 5,4 | 7,9 | 6,6 | 5,9 | 5,5 | 6,6 | 6,3 | 7,2 | 7,2 | 7,9 | 6,1 | 5,7 |

**Abb. 2.2** Monatsergebnisse mit Bilanzen in der ersten Zeile

### 2.1.2.2 Separierung des Datenbestandes

Viele Anleitungen für Excel-Maßnahmen beginnen mit der Aufforderung, den Tabellenkursor in irgendeine Zelle des Datenbestandes zu setzen – und dann weitere Bedienhandlungen vorzunehmen.

> ▶ **Wichtiger Hinweis** Excel ist in der Lage, selbst die *Grenzen eines Datenbestandes* erkennen zu können. Das erspart zeitraubendes Markieren. Allerdings setzt das voraus, dass der Datenbestand *separiert* ist:

Ein Datenbestand ist *separiert*, wenn er durch *mindestens eine Leerzeile und Leerspalte* von anderen Inhalten des Tabellenblattes getrennt ist.

Ist der Datenbestand separiert, dann ist z. B. das Sortieren ganz einfach: Man setze den Tabellenkursor in *irgendeine Zelle derjenigen Spalte des Datenbestandes*, nach der sortiert werden soll (dabei aber *nichts markieren*). Dann ist in der Registerkarte Start und der Gruppe Bearbeiten die passende Schaltfläche zum Sortieren auszuwählen:

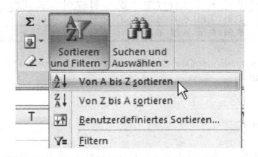

Abbildung 2.3a zeigt ein mögliches *brauchbares Sortierergebnis*, das wegen des offensichtlich *separierten Datenbestandes* (die Zeilen 2 und 12 sowie die Spalte O sind leer) problemlos erhalten werden konnte. Es entstand, indem der Tabellenkursor in irgendeine Zelle unter B3 gesetzt wurde und die aufsteigende Sortier-Reihenfolge verlangt wurde. Da der berühmte *Anfänger-Fehler*, nämlich die Markierung der Spalte A (siehe auch Kap. 1, Abschn. 1.7.1), *nicht* stattgefunden hat, wurde tatsächlich der *gesamte Datenbestand* so umgeordnet, dass in der Januar-Spalte die *aufsteigende Sortierung* erkennbar ist. Der Datenbestand wurde also durch diese Art der Sortierung *nicht zerstört*.

Lässt man aber die Leerzeile 2 jedoch weg, vergisst man also die Separierung der Summenzeile, dann kann es Konflikte geben: In Abbildung 2.3b wird ein dann denkbares „Sortier-Ergebnis" gezeigt: Da Excel die *Grenzen des zu sortierenden Datenbestandes* nicht erkennen konnte, wurden Überschriften und – vor allem – die *Summenzeile* sinnlos mit in die Sortierung einbezogen. Dabei wurden auch die eingetragenen Summenformeln verändert, so dass die Summenzeile plötzlich nur noch Nullen enthält.

**a**

| Summe: | 54,0 | 50,9 | 52,5 | 51,0 | 48,7 | 51,1 | 51,9 | 53,8 | 52,0 | 51,7 | 54,1 | 56,4 | 48,2 |
|---|---|---|---|---|---|---|---|---|---|---|---|---|---|
| | | | | | | | | | | | | | |
| Abteilung | Jan | Feb | Mrz | Apr | Mai | Jun | Jul | Aug | Sep | Okt | Nov | Dez | Jan |
| Abt_4 | 7,7 | 7,3 | 7,0 | 5,8 | 5,2 | 6,6 | 7,0 | 5,1 | 7,4 | 6,6 | 5,2 | 8,0 | 5,4 |
| Abt_3 | 7,4 | 7,5 | 6,6 | 7,8 | 5,1 | 6,7 | 5,2 | 6,5 | 6,0 | 5,8 | 5,2 | 6,3 | 6,4 |
| Abt_8 | 7,2 | 5,4 | 7,9 | 6,6 | 5,9 | 5,5 | 6,6 | 6,3 | 7,2 | 7,2 | 7,9 | 6,1 | 5,7 |
| Abt_5 | 6,8 | 5,9 | 6,0 | 7,2 | 6,8 | 5,9 | 5,5 | 5,2 | 5,7 | 7,6 | 7,4 | 7,8 | 5,7 |
| Abt_2 | 6,7 | 5,4 | 6,2 | 5,4 | 5,6 | 6,2 | 6,1 | 7,9 | 5,4 | 5,8 | 6,6 | 5,1 | 7,7 |
| Abt_6 | 6,3 | 6,5 | 5,2 | 5,3 | 7,3 | 6,8 | 6,9 | 7,9 | 7,5 | 7,0 | 7,9 | 7,6 | 5,2 |
| Abt_1 | 6,0 | 7,3 | 7,6 | 6,1 | 6,2 | 6,3 | 7,2 | 8,0 | 5,9 | 6,3 | 7,3 | 7,5 | 6,9 |
| Abt_7 | 5,9 | 5,6 | 6,0 | 6,8 | 6,6 | 7,1 | 7,4 | 6,9 | 6,9 | 5,4 | 6,6 | 8,0 | 5,2 |

**b**

| Abteilung | Jan | Feb | Mrz | Apr | Mai | Jun | Jul | Aug | Sep | Okt | Nov | Dez | Jan |
|---|---|---|---|---|---|---|---|---|---|---|---|---|---|
| Summe: | 0,0 | 0,0 | 0,0 | 0,0 | 0,0 | 0,0 | 0,0 | 0,0 | 0,0 | 0,0 | 0,0 | 0,0 | 0,0 |
| Abt_4 | 7,7 | 7,3 | 7,0 | 5,8 | 5,2 | 6,6 | 7,0 | 5,1 | 7,4 | 6,6 | 5,2 | 8,0 | 5,4 |
| Abt_3 | 7,4 | 7,5 | 6,6 | 7,8 | 5,1 | 6,7 | 5,2 | 6,5 | 6,0 | 5,8 | 5,2 | 6,3 | 6,4 |
| Abt_8 | 7,2 | 5,4 | 7,9 | 6,6 | 5,9 | 5,5 | 6,6 | 6,3 | 7,2 | 7,2 | 7,9 | 6,1 | 5,7 |
| Abt_5 | 6,8 | 5,9 | 6,0 | 7,2 | 6,8 | 5,9 | 5,5 | 5,2 | 5,7 | 7,6 | 7,4 | 7,8 | 5,7 |
| Abt_2 | 6,7 | 5,4 | 6,2 | 5,4 | 5,6 | 6,2 | 6,1 | 7,9 | 5,4 | 5,8 | 6,6 | 5,1 | 7,7 |
| Abt_6 | 6,3 | 6,5 | 5,2 | 5,3 | 7,3 | 6,8 | 6,9 | 7,9 | 7,5 | 7,0 | 7,9 | 7,6 | 5,2 |
| Abt_1 | 6,0 | 7,3 | 7,6 | 6,1 | 6,2 | 6,3 | 7,2 | 8,0 | 5,9 | 6,3 | 7,3 | 7,5 | 6,9 |
| Abt_7 | 5,9 | 5,6 | 6,0 | 6,8 | 6,6 | 7,1 | 7,4 | 6,9 | 6,9 | 5,4 | 6,6 | 8,0 | 5,2 |

**Abb. 2.3** Sortierung (Januar-Ergebnisse absteigend) **a** bei separiertem Datenbestand, **b** bei nicht separiertem Datenbestand

Fassen wir zusammen:

- Natürlich spricht nichts dagegen, bei der Datenerfassung erst einmal die Überschrift in die Zeile 1 einzutragen.
- Ist der Datenbestand aber umfangreich, dann empfiehlt es sich, durch *Einfügen von leeren Zeilen* die Überschrift mit dem Datenbestand nach unten zu verschieben, um einerseits die *Separierung des Datenbestandes* zu erreichen und andererseits die *Analyseergebnisse* nicht erst lange suchen zu müssen.

Um eine *leere Zeile einzufügen*, markiert man die Zeile, die nach unten verschoben werden soll, zuerst mit Mausklick auf die *Zeilennummer*, danach muss in der Registerkarte Start in der Gruppe Zellen auf Einfügen geklickt werden:

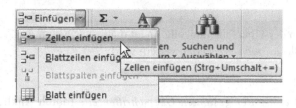

Oder man kann mit Hilfe der Tastenkombination [⇑] + [Leertaste] die Zeile markieren, die nach unten verschoben werden soll. Die Verschiebung (und damit das Einfügen einer leeren Zeile darüber) erfolgt dann mit [Strg] + [+].

### 2.1.2.3 Überschriften

Angenommen, ein größerer Datenbestand wird erfasst. Was trägt man für *Überschriften* ein? Sinnvoll wären möglichst *aussagekräftige Vokabeln* (manchmal *sprechende Überschriften* genannt), damit man erkennt, welchen sachlichen Inhalt die jeweilige Spalte hat.

> Doch damit kann man *sehr viel Platz verschenken.*

Betrachten wir zum Beispiel nur die ersten fünf Spalten einer mit Excel erfassten Auswertung einer Fragebogenaktion, die aber insgesamt nicht weniger als 168 Angaben enthält:

| Fragebogennummer | Stadtgebiet | Eigentümer | Geschosszahl | Wohnungsgröße |
|---|---|---|---|---|
| 1 | 1 | 2 | 1 | 1 |
| 2 | 1 | 2 | 1 | 1 |
| 3 | 1 | 2 | 1 | 1 |
| 43 | 1 | 2 | 1 | 3 |
| 46 | 1 | 2 | 1 | 3 |

Sicher sind die Spaltenüberschriften *sprechend* – aber auf dem kleinen Bildschirm ist weder von den restlichen Spalten noch vom Datenbestand etwas zu erkennen. Die erste Möglichkeit, diese *Platzvergeudung* zu verhindern, um möglichst viel vom Datenbestand zu sehen, besteht in der Verwendung von *Abkürzungen* anstelle aussagekräftiger Vokabeln. Dann müsste man allerdings dem Betrachter der Tabelle ein Verzeichnis der Abkürzungen mitliefern.

Da die Verwendung derartiger Abkürzungen nicht sonderlich zum *Verständnis des sachlichen Inhalts des Datenbestandes* beiträgt, sollen nun zwei andere Möglichkeiten geschildert werden, wie man trotz aussagekräftiger Vokabeln doch einen recht großen Ausschnitt des Datenbestandes auf dem Bildschirm erkennen kann. Man erreicht das entweder durch *Umbruch in der Überschriftenzeile* oder durch *schräge* oder sogar *senkrechte Ausrichtung der Überschriften.*

> Ein *Umbruch* in der Überschriftenzeile findet dann statt, wenn der Zelleninhalt in-
> nerhalb der Zelle auf *mehrere Zeilen* verteilt wird.

Nach der *Markierung der gesamten Überschriftenzeile* (durch Anklicken der Zeilen-
nummer mit der Maus) kann mit folgendem Vorgehen der *Umbruch* in der *gesamten Zeile*
erlaubt werden:

Entweder wird das Fenster `Zellen formatieren` mit der Tastenkombination `[Strg]`+`[1]` angefordert, dann ist in der Registerkarte `Ausrichtung` in der
Checkbox `Zeilenumbruch` der Haken zu setzen.

Oder es wird in der Gruppe `Ausrichtung` der Registerkarte `Start` das entsprechende Sinnbild angeklickt:

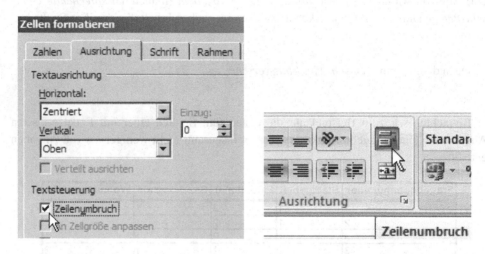

*Hinweis* Soll nur in einer *einzigen Zelle* umgebrochen werden, dann kann das auch
schnell mit der Tastenkombination `[Alt]`+`[↵]` erreicht werden. So könnte man zum
Beispiel mittels `Zeilen`→`[Alt]`+`[↵]`→`umbruch` die Überschrift *Zeilenumbruch*
zweizeilig eintragen.

▶   **Wichtiger Hinweis** Der *Umbruch sprechender Überschriften* trägt sehr viel zur
    besseren Lesbarkeit bei, und – nicht zu vergessen – man kann auch einen viel
    größeren Ausschnitt aus dem Datenbestand auf dem Bildschirm sehen.

Nach geschickt eingefügten Minuszeichen und Verkleinerung der Spaltenbreite zeigen
sich die Überschriften im Umbruch:

| Frage-bogen-nummer | Stadt-gebiet | Eigen-tümer | Ge-schoss-zahl | Woh-nungs-größe |
|---|---|---|---|---|
| 1 | 1 | 2 | 1 | 1 |
| 2 | 1 | 2 | 1 | 1 |
| 3 | 1 | 2 | 1 | 1 |
| 43 | 1 | 2 | 1 | 3 |
| 46 | 1 | 2 | 1 | 3 |

Man kann eine *bessere Übersichtlichkeit* aber auch erreichen, indem man die Überschriftenzeile markiert (wie oben beschrieben) und die *Überschriften senkrecht oder schräg* stellt.

Dazu wird wieder mit der Tastenkombination [Strg] + [1] das Fensters Zellen formatieren angefordert – oder es wird im Registerblatt Start in der Gruppe Ausrichten das passende Sinnbild angeklickt. Lässt man anschließend wieder die Spalten auf *optimale Breite* einstellen, dann erhält man auf dem Bildschirm wohl den relativ besten Überblick über den Datenbestand.

Bei einer *Präsentation der Daten* sollte man allerdings wohl grundsätzlich darauf verzichten, die Überschriften *senkrecht* zu stellen. Denn kein Publikum wird begeistert sein, wenn es den Kopf auf die Schulter legen muss, um überhaupt etwas lesen zu können.

### 2.1.2.4 Speicherung und Möglichkeiten der Dateneingabe

Ist die Zeile der Überschriften entweder mit Abkürzungen oder mit Umbruch oder senkrechter Anordnung Platz sparend vorbereitet, sollte die Excel-Tabelle bereits das erste Mal gespeichert werden: Zur Speicherung kann wahlweise eine der drei Tastenkombinationen [Strg] + [F12] oder [Strg] + [s] oder [Alt] + ([d] → [s]) oder der *Klick auf das Diskettensymbol* links oben genutzt werden. Anschließend erfolgt die *Erfassung der Daten*.

Die Daten können entweder

- unmittelbar in die Tabelle eingetragen werden oder
- mit Hilfe der *Maske* erfasst werden.

Letzteres ist allerdings nur möglich, wenn die Spaltenanzahl nicht zu groß und die Überschrift bereits separiert ist.

### 2.1.2.5 Dateneingabe direkt in die Tabelle

Vor Beginn der *tabellarischen Dateneingabe* sollte man zuerst dafür sorgen, dass bei Bestätigung der Eingabe mit der Eingabetaste [↵] der Tabellenkursor *automatisch nach rechts* weiterwandert:

Dazu wird zuerst – sofern vorhanden – die runde Schaltfläche `Office` ganz links oben angeklickt und `Excel-Optionen` gewählt. Gibt es diese runde Schaltfläche nicht, dann kann man über `Datei→Optionen` ebenfalls zum Fenster `Excel-Optionen` kommen. Wählt man dort `Erweitert`, dann öffnet sich ein neues Fenster und man kann sofort auswählen, wie sich die Markierung nach Drücken der Eingabetaste verschieben soll:

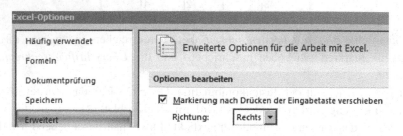

Nun kann man die Maus weglegen und schnell und sicher arbeiten, indem jede Eingabe mit der Taste [↲] bestätigt wird. Bei *reinen Zahlenerfassungen* sollte man dafür zweckmäßig den Ziffernblock rechts an der Tastatur und die dort vorhandene Taste [Enter] benutzen.

► **Wichtiger Hinweis** Wenn der Ziffernblock defekt zu sein scheint und keine Zahlenangaben annimmt, dann prüfe man, ob die Kontroll-Lampe `NumLock` leuchtet. Ist das nicht der Fall, dann muss die Taste [Num] (im Ziffernblock links oben) betätigt werden.

Fehlt der separate Ziffernblock, wie allgemein bei Laptops üblich, dann kann dort ein Teil der Tastatur mittels [Fn] + [Num] zum Ziffernblock gemacht werden.

Für *Datumseingaben* sollte man ebenfalls den Ziffernblock benutzen: Excel erkennt nämlich insbesondere Eingaben der Art 12/4/11 (der Schrägstrich befindet sich auf dem Ziffernblock zwischen den Tasten [Num] und [*]) als deutsches Datum und trägt es in der Tabelle entsprechend der eingestellten Darstellung ein.

Ist das Ende einer Zeile erreicht, so wird zuerst mit [↓] in die nächste Zeile gewechselt und mit [Strg] + [←] dort zum Zeilenanfang gesprungen.

► **Man beachte** Mit Hilfe der beiden Tastenkombinationen [Strg] + [F12] oder [Strg] + [s] kann (und sollte) jederzeit sichernd gespeichert werden.

### 2.1.2.6 Dateneingabe mit der Maske

Falls die *Anzahl der Spalten nicht zu groß* und der *Datenbestand separiert* ist, dann kann man die Daten mit Hilfe der *Maske* erfassen.

Die *Anforderung der Eingabemaske* erfolgt so, dass zuerst der Tabellenkursor in irgendeine Zelle der *Überschriftenzeile* des Datenbestandes gesetzt wird. Dann folgt die Tastenkombination [Alt] + ( [n] → [m] ).

Abbildung 2.4 zeigt eine solche Eingabemaske, die rechts neben den Überschriften die Eingabefenster für die Daten enthält.

In äußerst übersichtlicher Form können nun die Belegungen eingetragen werden, wobei jetzt als Bestätigung der Eingabe die *Tabulator-Taste* (links an der Tastatur) verwendet werden sollte.

Für *Rechtshänder* ist das ideal: Die linke Hand auf der *Tabulator-Taste* bestätigt die Eingaben und veranlasst gleichzeitig das Fortschreiten zum nächsten Eingabefenster – die Enter-Taste wäre dafür nicht geeignet.

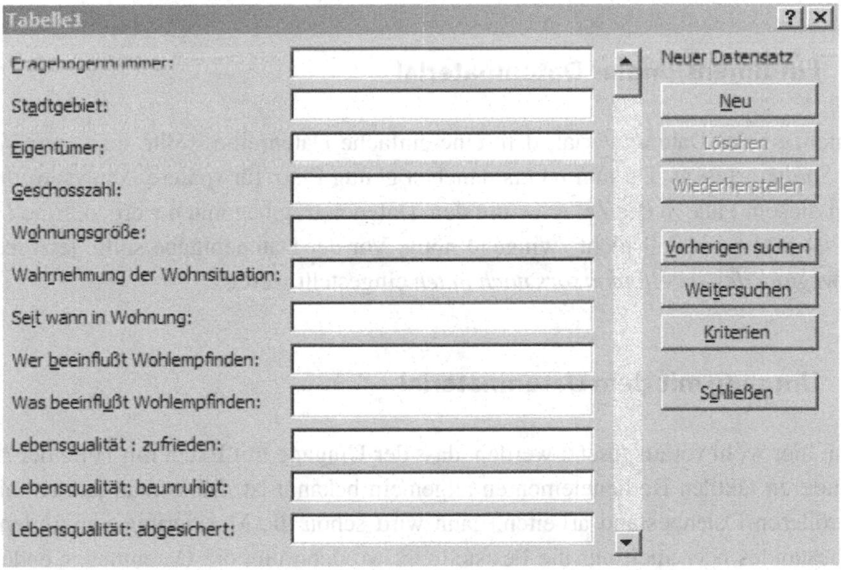

**Abb. 2.4** Form einer Eingabemaske

Kombiniert man die *Umschalttaste* [ ⇑ ] mit der *Tabulatortaste*, dann bewegt man sich zurück zum vorigen Eingabefenster (nach „oben") – das ist wichtig, wenn man sich vertippt hat und korrigieren muss.

Ist das letzte Fenster bearbeitet (entweder durch Eintrag oder durch Übergehen), so führt die Tabulatortaste zur Aktivierung der Schaltfläche [Neu] ; man erkennt dies durch eine farbliche oder umrandete Hervorhebung dieser Schaltfläche:

Nun reicht ein Druck auf die Leertaste oder [Enter], damit wird [Neu] betätigt, und für die nächste Zeile der Tabelle steht dann wieder eine *leere Maske* bereit. Das erste Eingabefenster ist dann schon ausgewählt, mit Zahlenblock und Tabulatortaste kann weiter eingegeben werden. Natürlich hätte man für das alles auch die Maus benutzen können – aber damit verlangsamt man die Datenerfassung beträchtlich.

> Will man mit Excel schnell arbeiten, dann verwende man, wenn möglich, die Tastatur.

### 2.1.3   Eindimensionales Datenmaterial

Eindimensionales Datenmaterial, d. h. eine einfache Datenreihe, sollte man *stets in der ersten Spalte* erfassen. Da nun rechts daneben genug Platz für spätere Analysewerte ist, kann in diesem Falle in der Zelle A1 mit dem Dateneintrag begonnen werden. Eine *Überschrift* ist in diesem Fall nicht zwingend nötig. Vor der Dateneingabe sollte jetzt jedoch die *Bewegung des Tabellenkursors nach unten* eingestellt werden.

### 2.1.4   Umgang mit dem Datenmaterial

Es kann hier wohl vorausgesetzt werden, dass der Umgang mit Excel mit Hilfe der *Maus* oder anderen taktilen Bedienelementen allgemein bekannt ist. Muss man jedoch mit einem größeren Datenbestand arbeiten, dann wird schon die Markierung von Teilen des Datenbestandes oder auch nur die Feststellung, wo denn nun die Datenmenge endet, zu einem zeitlichen Geduldsspiel. Hier sei insbesondere auf den Abschn. 1.8.2 im Kap. 1 hingewiesen, in dem viele nützliche Tastenkombinationen aufgelistet sind.

Bevor aber einige ausgesprochen wertvolle Tastenkombinationen mitgeteilt werden, mit denen schnell in großen Datenbeständen gearbeitet werden kann, soll für alle *Linkshänder* beschrieben werden, wie die Funktion der beiden Maustasten vertauscht werden kann, so dass die Maus *links neben der Tastatur* liegen kann.

> Diese Einstellung wird im Betriebssystem vorgenommen und gilt damit auch für alle anderen Anwendungen, ist dann nicht auf Excel beschränkt.

Man finde dafür die *Systemsteuerung* und mit ihrer Hilfe das *Einstellungsfenster für die Maus*. Anschließend braucht man nur mitzuteilen, ob die Maus links oder rechts von der Tastatur liegen soll. Manchmal wird auch gefragt, ob man Rechts- oder Linkshänder sei, oder ob – wie in folgendem Beispiel – die primäre und die sekundäre Maustaste vertauscht werden sollen:

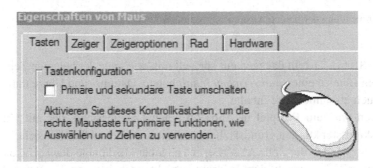

Hat man sich als Linkshänder dafür entschieden, die Maus links neben die Tastatur zu legen, so wird dann die rechte Maustaste die Haupt-Maustaste (primär) und die linke Maustaste die Neben-Maustaste (sekundär). In vielen Büchern (sicher ist auch das vorliegende Buch nicht ganz frei davon) wird inkorrekt eigentlich immer nur die (Rechtshänder-)Standardsituation berücksichtigt:

► **Wichtiger Hinweis** Man spricht allgemein von der „linken Maustaste" und meint die Haupttaste, und wenn man von der „rechten Maustaste" spricht, denkt man an die Taste mit der Nebenbedeutung.

## 2.2  Kontrollen des Datenbestandes

### 2.2.1  Nützliche Auskunftsfunktionen

Die Auskunftsfunktion =ANZAHL2(...) teilt mit, wie viele Zellen in dem angegebenen Bereich überhaupt *eine Belegung* (welcher Art auch immer) besitzen. Die Auskunftsfunk-

| 6 | 7 | 8 | 6 | 6 | 6 | 7 | 8 | 6 | 6 | 7 | 8 | 7 | 6 | 6 | 7 | =ANZAHL(A1:P8) |
|---|---|---|---|---|---|---|---|---|---|---|---|---|---|---|---|---|
| 7 | A | 6 | 5 | 6 | 6 | Z | 8 | 5 |   |   |   |   | 5 | 6 | 7 | =ANZAHL2(A1:P8) |
| 7 | 8 | C | 8 | 5 | 7 | Y | 7 | N | 6 |   |   |   | 6 | 6 | 5 |   |
| 8 | 7 | 7 | 6 | Q | 7 | X | 5 | V | 7 |   |   |   | 7 | 7 | 5 |   |
| 7 | 6 | 6 | 7 | 7 | 6 | 6 | 5 | 6 | R | 7 | 8 | 6 | 6 | 8 | 7 |   |
| 6 | 7 | R | 5 | 7 | 7 | 7 | 8 | 8 | 7 | 8 | 8 | 5 | 8 |   |   |   |
| 6 | 6 | 6 |   |   |   |   |   |   |   |   | 5 | 7 | 8 | 5 | 7 |   |
| 7 | 5 | 8 | 7 | 6 | 6 | 7 | 6 | 7 | 7 | 8 | 6 | 6 | 7 |   |   |   |

| 6 | 7 | 8 | 6 | 6 | 6 | 7 | 8 | 6 | 6 | 7 | 8 | 7 | 6 | 6 | 7 | 96 |
|---|---|---|---|---|---|---|---|---|---|---|---|---|---|---|---|---|
| 7 | A | 6 | 5 | 6 | 6 | Z | 8 | 5 |   |   |   |   | 5 | 6 | 7 | 106 |
| 7 | 8 | C | 8 | 5 | 7 | Y | 7 | N | 6 |   |   |   | 6 | 6 | 5 |   |
| 8 | 7 | 7 | 6 | Q | 7 | X | 5 | V | 7 |   |   |   | 7 | 7 | 5 |   |
| 7 | 6 | 6 | 7 | 7 | 6 | 6 | 5 | 6 | R | 7 | 8 | 6 | 6 | 8 | 7 |   |
| 6 | 7 | R | 5 | 7 | 7 | 7 | 8 | 8 | 7 | 8 | 8 | 5 | 8 |   |   |   |
| 6 | 6 | 6 |   |   |   |   |   |   |   |   | 5 | 7 | 8 | 5 | 7 |   |
| 7 | 5 | 8 | 7 | 6 | 6 | 7 | 6 | 7 | 7 | 8 | 6 | 6 | 7 |   |   |   |

**Abb. 2.5** Anwendung der beiden Auskunftsfunktionen

tion =ANZAHL(...) teilt dagegen nur speziell mit, wie viele der belegten Zellen in dem angegebenen Bereich einen *numerischen Inhalt* haben. Datums- und Uhrzeitangaben zählen dabei auch als numerische Inhalte.

Betrachten wir zum Beispiel in Abb. 2.5 einen Datenbestand, der mit Hilfe dieser beiden Auskunftsfunktionen grundsätzlich analysiert werden soll. Offensichtlich beginnt dieser Datenbestand in der Zelle A1 – aber wo endet er? Es könnte doch sein, dass sich in weit entfernten Zellen, die auf dem Bildschirm nicht erscheinen, noch Daten befinden.

> Um das *tatsächliche Ende eines Datenbestandes* zu erfahren, setze man den Tabellenkursor in die Zelle A1 und wähle dann die Tastenkombination [Strg] + [Ende]. Dann springt der Tabellenkursor auf die tatsächlich letzte Zeile, die jetzt (oder auch irgendwann früher) einen Inhalt besitzt oder besessen hat.
>
> Im Fall unseres Beispiels springt der Tabellenkursor tatsächlich in die Zelle P8, dort endet also der zu analysierende Datenbestand. Der Datenbestand befindet sich mit Sicherheit im Innern des Rechteckbereiches A1:P8.

Dieser Bereich enthält insgesamt $16 \cdot 8 = 128$ Zellen (weil die Spalte P die 16-te Spalte ist). Damit ist eine sichere Obergrenze für die Anzahl der vorhandenen Daten gefunden. Weiter soll herausgefunden werden, wie viele der Zellen in dem Bereich überhaupt belegt sind, davon interessiert speziell die Anzahl der Zellen mit numerischen Einträgen. Außerdem soll mitgeteilt werden, wie viele Zellen leer sind.

Dazu werden in zwei Zellen außerhalb des Bereiches die beiden Auskunftsfunktionen eingetragen, in Abb. 2.5 erkennt man sie in den Zellen Q1 und Q2.

Die mitgeteilten Zahlen lassen erkennen: Von den oben genannten 128 Zellen sind nur 106 überhaupt belegt, also sind 22 Zellen leer. 96 der belegten Zellen enthalten numerische Werte. Also enthalten $106 - 96 = 10$ Zellen nichtnumerische Belegungen.

Übrigens hätte man sich selbst die kleine Rechnung sparen können, denn es gibt außerdem die Auskunftsfunktion =ANZAHLLEEREZELLEN(...), die – das sagt schon ihr Name – die Anzahl der nicht belegten Zellen im Bereich mitteilt.

## 2.2.2  Erfasste Merkmalswerte und das Filtern

Kein Mensch ist vollkommen. Fehler können immer auftreten, natürlich auch bei der Eingabe von Daten und ihrer Speicherung in einer Excel-Tabelle. Wie schnell vertippt man sich, insbesondere, wenn nichtnumerische Daten einzugeben sind und der bequeme Zahlenblock der Tastatur nicht benutzt werden kann (oder nicht vorhanden ist, wie bei vielen tragbaren Computern heutzutage).

Wie kann man Fehler in einem erfassten Datenbestand finden? Eine Möglichkeit dazu besteht in der Anwendung des Excel-Werkzeuges Filter.

Nehmen wir folgende Situation an: In Auswertung einer Fragebogenaktion steht in Spalte C eines großen Datenbestandes das Geschlecht, eigentlich sollte dort nur „m" für männlich und „w" für weiblich stehen. Doch man kann sich bei der Erfassung sehr schnell vertippen, zumal auf jeder Tastatur m und n direkt nebeneinander stehen. Also kann es passieren, dass – wie in der folgenden Beispiel-Tabelle – anstelle vom „m" auch einmal „n" eingetippt wurde.

| Name | Vorname | Geschlecht | Angabe_1 | Angabe_2 |
|------|---------|------------|----------|----------|
| Name_1 | Vorname_1 | w | | |
| Name_2 | Vorname_2 | w | | |
| Name_3 | Vorname_3 | m | | |
| Name_4 | Vorname_4 | m | | |
| Name_5 | Vorname_5 | n | | |
| Name_6 | Vorname_6 | w | | |
| Name_7 | Vorname_7 | w | | |

Hier ist dieser offensichtliche Tippfehler in Zeile 6 sofort zu sehen – aber wie fände man ihn, wenn er in Zeile 667 stehen würde?

Nehmen wir an, es seien mehr als tausend Fragebögen erfasst worden. Wie kann man schnell herausfinden, ob in dieser Spalte tatsächlich nur korrekt „m" oder „w" steht, ohne den Datenbestand mühsam prüfend durchsehen zu müssen?

Dazu benutzt man die Excel-Leistung FILTER. Sie wird – nachdem der Tabelle-
kursor in irgendeine Zelle des Datenbestandes gesetzt wurde – mit Hilfe der Gruppe
Bearbeiten der Registerkarte Start angefordert:

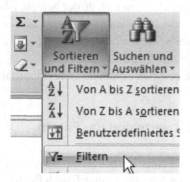

Ist der Filter eingeschaltet, dann erscheinen dann in jeder Überschriftenzelle rechts
unten Schaltflächen mit kleinen Dreiecken:

| ◢ | A | | B | | C | | D | | E | |
|---|---|---|---|---|---|---|---|---|---|---|
| 1 | Name | ▼ | Vorname | ▼ | Geschlecht | ▼ | Angabe_1 | ▼ | Angabe_2 | ▼ |
| 2 | Name_1 | | Vorname_1 | | w | | | | | |

Wird nun das Dreieck in der Spalte, in der man die Fehler finden möchte, angeklickt,
dann öffnet sich ein Informationsfenster.

Im Informationsfenster werden in lexikografischer Folge alle in der betrachteten
Spalte des Datenbestandes *überhaupt auftretenden Merkmalswerte* angezeigt.

Hier also unschwer zu erkennen, dass sich beim Eintippen *mindestens einmal ein „n"* eingeschlichen hat – vielleicht auch öfter. Wie kann man das herausbekommen?

Ganz einfach: Sorgt man dafür, dass sich nur bei dem falschen Merkmalswert in der Merkmalswertliste ein Haken befindet, so blendet Excel alle Zeilen des Datenbestandes aus, in denen dieser Wert *nicht* steht – folglich werden damit nur die falschen Zeilen herausgefiltert.

Sehen wir uns das Ergebnis an: Nur in der Zeile 6 ist dieser Tippfehler aufgetreten. Gäbe es mehrere Zeilen mit „n", dann wären auch sie angezeigt worden. So findet man alle Zeilen des Datenbestandes mit falschen Einträgen.

| | A | B | C | D | E |
|---|---|---|---|---|---|
| 1 | Name ▼ | Vorname ▼ | Geschlecht ▼ | Angabe_1 ▼ | Angabe_2 ▼ |
| 6 | Name_5 | Vorname_5 | n | | |

Der Filter wird über die Gruppe `Bearbeiten` wieder ausgeschaltet.

► **Wichtiger Hinweis** Mit Hilfe des Filters lässt sich auch die Frage, wie viele Merkmalswerte überhaupt vorhanden sind und wie sie heißen, schnell und elegant beantworten.

Es seien zum Beispiel in einem Datenbestand „Personal" Hunderte von Namen und Vornamen und Wohnorte erfasst. Durch einfaches Filtern könnte sofort die Frage beantwortet werden, in welchen Orten die erfassten Personen wohnen:

Es gibt also nur fünf verschiedene Wohnorte diesem Datenbestand. Man erkennt auch wieder gut die lexikografische (Wörterbuch-)Anordnung der aufgelisteten Merkmalswerte.

Mit ein wenig Übung lernt man das Filtern in Excel-Tabellen schätzen.

Es muss aber noch einmal darauf hingewiesen werden, dass das Filtern in Excel-Tabellen nur unter *zwei wichtigen Voraussetzungen* erfolgreich durchführbar ist.

- Der Datenbestand muss, notfalls durch Einfügen von leeren Zeilen und/oder leeren Spalten, von anderen Einträgen in der Excel-Tabelle separiert sein.
- Der Tabellenkursor muss sich in einer Zelle im Inneren des Datenbestandes befinden, *bevor* der Filter eingeschaltet wird.

Betrachten wir noch ein kleines Beispiel für den Nutzen des Filters: Angenommen, in einer Mittelstands-Firma arbeiten ca. 100 Angestellte, und die Sekretärin des Direktors führt eine (Excel-)Liste mit Namen und Geburtsdaten. Sehen wir uns den Anfang dieser Liste an:

| Name | Vorname | Geburtsdatum |
|------|---------|--------------|
| Göxfek | Dew | 25.12.1964 |
| Däphin | Vube | 22.10.1968 |
| Röfköguv | Duk | 03.11.1989 |

Jeweils am Monatsende möchte der Chef wissen, wer im Folgemonat Geburtstag hat. Die Sekretärin setzte den Tabellenkursor in irgendeine Zelle der Spalte C und startet den Filter. Doch damit kann sie den Auftrag des Chefs nicht erfüllen, denn der Filter bietet nur die Möglichkeit, die Geburtsjahre auszuwählen. Was ist zu tun?

Hier helfen die drei *Excel-Datumsfunktionen* =MONAT(...), =TAG(...) und =JAHR(...):

| Name | Vorname | Geburtsdatum | Monat | Tag | Jahr |
|------|---------|--------------|-------|-----|------|
| Göxfek | Dew | 25.12.1964 | =MONAT(C2) | =TAG(C2) | =JAHR(C2) |
| Däphin | Vube | 22.10.1968 | =MONAT(C3) | =TAG(C3) | =JAHR(C3) |
| Röfköguv | Duk | 03.11.1989 | =MONAT(C4) | =TAG(C4) | =JAHR(C4) |

Sie lösen aus dem Datum die entsprechenden Angaben heraus:

| Name | Vorname | Geburtsdatum | Monat | Tag | Jahr |
|------|---------|--------------|-------|-----|------|
| Göxfek | Dew | 25.12.1964 | 12 | 25 | 1964 |
| Däphin | Vube | 22.10.1968 | 10 | 22 | 1968 |
| Röfköguv | Duk | 03.11.1989 | 11 | 3 | 1989 |

Nun kann der Filter auf die Spalte D angewandt werden, der Haken in der Monatsliste wird dann auf den gewünschten Monat gesetzt.

Und wenn *anschließend* mit Hilfe des Filters in Spalte E die aufsteigende Sortierung angefordert wird, kann die Sekretärin ihrem Chef schnell die gewünschte Übersicht vorlegen.

Wenn sie noch die Differenz zwischen dem aktuellen Jahr und dem Geburtsjahr hinzufügen lässt, sieht der Chef auch sofort, wie alt sein Mitarbeiter werden wird ...

### 2.2.3   Prüfen von Minimum und Maximum

Mit Hilfe der beiden Excel-Funktionen =MIN(...) bzw. =MAX(...) lässt sich für alle Spalten von erfassten Datenmengen, in denen sich *numerische Werte* befinden, eine weitere *Überprüfung der Dateneingabe* vornehmen. So sollten im folgenden Datenbestand nur die Zensuren 1 bis 6 enthalten sein – das kann man mit Hilfe dieser beiden Funktionen prüfen:

| | | | |
|---|---|---|---|
| | | | =MIN(C5:C1000) |
| | | | =MAX(C5:C1000) |
| Name | Vorname | Zensur | |
| Modlöz | Vixu | 4 | |

| | | | |
|---|---|---|---|
| | | | 1 |
| | | | 6 |
| Name | Vorname | Zensur | |
| Modlöz | Vixu | 4 | |

Da hier als Minimum 1 und als Maximum 6 angezeigt wird, scheinen Tippfehler mit unsinnigen Zahlenangaben nicht vorzuliegen. Der angegebene Bereich C5:C1000 ist sehr großzügig bemessen; das schadet aber nicht und entlastet von der Notwendigkeit, die Formeln jedes Mal ändern zu müssen, wenn eine neue Zeile hinzugefügt worden ist. Man beachte bei der Interpretation der Ergebnisse der Funktionen =MIN(...) und =MAX(...), dass beide Extremwerte aber genauso wären, wenn in einer oder mehreren Zellen versehentlich ein *Buchstabe*, z. B. „x", stehen würde. Er würde dann aber wieder beim Filtern (wie oben beschrieben) entdeckt.

## 2.3   Absolute Häufigkeiten

Wenn im Datenbestand nur *einige wenige Merkmalswerte* auftreten (z. B. Zensuren), dann kann die Anzahl des Auftretens jedes Merkmalswertes mit Hilfe der leistungsfähigen Excel-Funktion =ZÄHLENWENN(...;...) schnell ermittelt werden kann.

Dagegen ist bei *Messergebnissen*, bei denen eine unüberschaubare Vielzahl an Merkmalswerten auftreten kann (z. B. Körpergröße, Gewicht, Temperatur, Gehalt) das Auszählen erst nach erfolgter *Klassenbildung* (siehe Abschn. 2.3.2) sinnvoll. Hierfür stellt

Excel vielfältige Hilfsmittel bereit. Bei *mehrdimensionalem Datenmaterial* tritt darüber hinaus die Frage auf, wie oft gewisse *Paare von Merkmalswerten* (z. B. gewisse Zensurenkombinationen zweier Fächer) vorliegen. Diese Frage kann mit Hilfe von Pivot-Tabellen beantwortet werden, zu deren Erzeugung der Pivot-Tabellen-Assistent genutzt wird.

### 2.3.1    Einfaches Abzählen mit ZÄHLENWENN

Excel ermöglicht mit Hilfe der Funktion =ZÄHLENWENN(...;...) das einfache Abzählen, wenn es nur einige wenige Merkmalswerte gibt.

Dabei ist es prinzipiell gleichgültig, ob die Merkmalswerte in *numerischer Form* (d. h. als Zahlen, Datums- oder Zeitangaben) oder in *nichtnumerischer Form* (d. h. als einzelne Zeichen oder Zeichenfolgen) vorliegen.

► **Wichtiger Hinweis** Es gibt mit den *Wahrheitswerten* noch eine dritte Form von Merkmalswerten, die jedoch in diesem Buch keine Rolle spielen, so dass auf sie nicht näher eingegangen werden soll.

### 2.3.1.1    Abzählen von numerischen Einträgen

Wiederholen wir: Man erkennt einen *numerischen Eintrag* daran, dass er unmittelbar nach seiner Eingabe, und bevor keine speziellen Formatierungen vorgenommen wurden, rechtsbündig (d. h. am rechten Zellenrand anliegend) eingetragen ist. Nichtnumerische Daten (Text, Zeichenfolgen) dagegen werden von Excel *linksbündig* eingetragen, und *Wahrheitswerte* mittig.

Sehen wir uns die Wirkung der Funktion =ZÄHLENWENN(...;...) am Beispiel der Abb. 2.6 an: Im Bereich B2:B10 sind *numerische Merkmalswerte* von neun Abteilungen eingetragen, darüber befindet sich die Überschrift. Rechts neben dem Datenbestand ist ausreichend Platz für das Eintragen von Auswertungsergebnissen; also kann man mit dem Erfassen des Datenbestandes in der Zeile 1 beginnen. Die Spalte C sollte aber unbedingt leer bleiben, damit der Datenbestand *separiert* ist.

Nun kann man Excel abzählen lassen, wie oft sich ein bestimmter Wert im Datenbestand befindet. Excel kann aber auch abzählen, wie oft ein kleinerer oder größerer Wert enthalten ist. In der Tabelle ist dann zweierlei zu beachten:

| Abteilung | Wert |  | =ZÄHLENWENN(B2:B10;7777) | Abteilung | Wert |  | 1 |
|---|---|---|---|---|---|---|---|
| Abt_1 | 5424 |  | =ZÄHLENWENN(B2:B10;"=7777") | Abt_1 | 5424 |  | 1 |
| Abt_2 | 10214 |  | =ZÄHLENWENN(B2:B10;"="+"7777") | Abt_2 | 10214 |  | 0 |
| Abt_3 | 12569 |  | =ZÄHLENWENN(B2:B10;"="&"7777") | Abt_3 | 12569 |  | 1 |
| Abt_4 | 9632 |  | =ZÄHLENWENN(B2:B10;">7777") | Abt_4 | 9632 |  | 7 |
| Abt_5 | 11021 |  | =ZÄHLENWENN(B2:B10;"<=7777") | Abt_5 | 11021 |  | 2 |
| Abt_6 | 7777 |  | =ZÄHLENWENN(B2:B10;D10) | Abt_6 | 7777 |  | 2 |
| Abt_7 | 11414 |  | =ZÄHLENWENN(B2:B1000;D10) | Abt_7 | 11414 |  | 2 |
| Abt_8 | 7936 |  | =ZÄHLENWENN(B:B;D10) | Abt_8 | 7936 |  | 2 |
| Abt_9 | 9280 | <=7777 |  | Abt_9 | 9280 | <=7777 |  |

**Abb. 2.6**  Abzählen im Datenbestand: Formeln und Werte

Wenn ein Kriterium (d. h. eine Bedingung) angegeben wird (zweite, dritte und vierte Formel), dann muss dieses in Anführungsstriche "..." gesetzt werden.

Das Kriterium ist folglich eine *Zeichenfolge*; es kann (siehe D4) sogar mittels des Verkettungsoperators & aus einzelnen Bestandteilen zusammengesetzt werden.

▶  **Man beachte** Der sonst gern genutzte *Verkettungsoperator* + darf hier nicht verwendet werden – die Formel in Zelle D3 liefert mit ihm ein falsches Ergebnis.

Es ist sogar möglich, das *Kriterium aus einer anderen Zelle* zu holen: Die Formeln in D7, D8 und D9 verwenden den Ausdruck aus der Zelle D10. Wird im Ausnahmefall nur die Vielfachheit eines bestimmten *numerischen* Wertes gesucht, dann kann dieser (siehe die erste Formel in der Zelle D1) auch ohne Kriterium, d. h. ohne die Anführungsstriche, eingetragen werden.

Befinden sich die Analyseergebnisse über oder neben dem Datenbestand, dann sind sie stets schnell zu finden mit [Strg]+[Pos1]. Die *Positionierung über dem Datenbestand* hat noch einen zweiten Vorteil: Man braucht in den Formeln, die Bereiche verwenden, oft nicht das konkrete Ende des Datenbestandes anzugeben, sondern kann durchaus großzügiger sein.

In der Tabelle von Abb. 2.6 ist in den Formeln in den Zellen D1 bis D7 der Zählbereich B2:B10 sorgsam und genau eingetragen worden; die großzügige und weit reichende Angabe B2:B1000 in D8 wäre aber nicht falsch, da leere Zellen übergangen werden. Und in D9 sieht man, dass man sogar *die komplette Spalte als Zählbereich* angeben kann – das wird viel zu selten benutzt. Dabei hat solche Großzügigkeit ihren nicht zu unterschätzenden Nutzen: Bei Eingabe weiterer Daten brauchen die Formeln nicht geändert zu werden.

| Name | Geschlecht | | =ZÄHLENWENN(B2:B10000;"m") | | Name | Geschlecht | | 4 |
|------|------------|---|----------------------------|---|------|------------|---|---|
| Person_1 | m | | =ZÄHLENWENN(B2:B10000;"w") | | Person_1 | m | | 5 |
| Person_2 | w | | =ZÄHLENWENN(B2:B10000;"<"&"m") | | Person_2 | w | | 0 |
| Person_3 | m | | =ZÄHLENWENN(B:B;">m") | | Person_3 | m | | 5 |
| Person_4 | m | | =ZÄHLENWENN(B:B;"<m") | | Person_4 | m | | 1 |
| Person_5 | w | | =ZÄHLENWENN(B:B;D10) | | Person_5 | w | | 1 |
| Person_6 | w | | | | Person_6 | w | | |
| Person_7 | w | | | | Person_7 | w | | |
| Person_8 | w | | | | Person_8 | w | | |
| Person_9 | m | <m | | | Person_9 | m | | <m |

**Abb. 2.7** Nichtnumerischer Datenbestand: Formeln und Werte

### 2.3.1.2 Abzählen von nichtnumerischen Einträgen

Die Tabelle in Abb. 2.7 zeigt, wie man *nichtnumerische Werte* (hier sind es einzelne Buchstaben) zählen lassen kann. Der Datenbestand befinde sich auch hier wieder im Bereich B2:B10. Da aber die Eingabe diverser weiterer Zeilen zu erwarten ist, wird weitsichtig der Bereich B2:B10000 eingetragen.

> Man könnte sogar die ganze Spalte mittels B:B eintragen.

Dabei muss man nun aber beachten, dass dann die Überschrift mit untersucht wird. Die (falsche) 1 in den Zellen D5 und D6 entsteht folglich, weil die Überschrift mit dem großen Anfangsbuchstaben „G" in der lexikografischen Anordnung vor dem kleinen „m" kommt.

Schließlich zeigt die Tabelle in Abb. 2.8, wie die ZÄHLENWENN-Funktion benutzt werden kann, um nichtnumerische Merkmalswerte nach *gegebenem Textmuster* oder entsprechend ihrer lexikografischen Anordnung zu zählen.

> Bei der Angabe eines *Textmusters* steht das *Fragezeichen* stets für genau ein (beliebiges) Zeichen, der *Stern* steht für eine beliebige Zeichenfolge beliebiger Länge.

| Name | Anzahl aller "Meier" | =ZÄHLENWENN(A2:A9;"Meier") | | Name | Anzahl aller "Meier" | 2 |
|------|----------------------|----------------------------|---|------|----------------------|---|
| Meier | Anzahl aller Einträge nach "Maier" | =ZÄHLENWENN(A2:A9;">"&"Maier") | | Meier | Anzahl aller Einträge nach "Maier" | 5 |
| Maier | alle Einträge mit führendem "M" | =ZÄHLENWENN(A2:A9;"M*") | | Maier | alle Einträge mit führendem "M" | 6 |
| Mayer | alle Einträge mit 4 Zeichen | =ZÄHLENWENN(A2:A9;"????") | | Mayer | alle Einträge mit 4 Zeichen | 2 |
| Meier | alle Einträge mit M, N, ..., Z | =ZÄHLENWENN(A2:A9;">M*") | | Meier | alle Einträge mit M, N, ..., Z | 8 |
| Maas | alle Einträge mit "e" an 3. Stelle | =ZÄHLENWENN(A2:A9;D9) | | Maas | alle Einträge mit "e" an 3. Stelle | 1 |
| Mahs | | | | Mahs | | |
| Nurxs | | | | Nurxs | | |
| Nuemberg | | ??e* | | Nuemberg | | ??e* |

**Abb. 2.8** Zählung von Texten und Textmustern: Formeln und Werte

Unter *lexikografischer Anordnung* versteht man die Anordnung, wie sie sich in jedem Telefon- oder Wörterbuch findet. Bei übereinstimmendem ersten Zeichen entscheidet das zweite Zeichen über die Position, stimmen die ersten beiden Zeichen überein, so entscheidet das dritte Zeichen usw.

Haben zwei Zeichenfolgen denselben Anfang („Mai" und „Maier"), so steht die kürzere Zeichenfolge zuerst. In den Zellen D2 und D6 der Tabelle in Abb. 2.8 ist wieder demonstriert, dass man das *Kriterium aus Einzelteilen* zusammensetzen oder auch *aus einer anderen Zelle* holen kann.

### 2.3.1.3  Abzählen von Postleitzahlen usw.

▶    **Man beachte** Postleitzahlen, ebenso Personalnummern, Artikelnummern, Kennzahlen usw. heißen zwar „Zahlen", sie sind natürlich *Ziffernfolgen*, dürfen aber in Excel-Tabellen nicht wie *Zahlen* eingegeben werden.

Postleitzahlen müssen wie *nichtnumerische Angaben* behandelt werden – schließlich soll mit ihnen ja nicht *gerechnet* werden, vielmehr geht es um das Abzählen bestimmter PLZ oder auch nur von PLZ-Bereichen (z. B. PLZ-Bereich 3).

> Vor der Eingabe der hier genannten Merkmalswerte ist deshalb unbedingt die dafür vorgesehene Spalte als Textspalte festzulegen.

Oder man macht sich die Mühe und setzt vor die erste Ziffer jeder PLZ ein Hochkomma – damit wird nämlich die Typerkennung durch Excel ausgeschaltet und alles, was folgt, wird wie Text, also nichtnumerisch, abgespeichert (siehe auch Abschn. 1.1.3 im Kap. 1).

Zur Kontrolle trage man stets eine Postleitzahl ein, die mit einer Null beginnt, z. B. 09126. Verschwindet die Null beim Bestätigen der Eingabe und steht rechtsbündig nur 9126, dann war die Formatierung nicht erfolgreich, die Spalte muss gelöscht und neu formatiert werden. Oder man tippt eben mit vorgesetztem Hochkomma ein:'09126.

▶    **Man beachte** Eine nachträgliche Formatierung einer Spalte als Textspalte ist nicht möglich!

Die Tabellen in Abb. 2.9 beschreiben den *zählenden Umgang mit Postleitzahlen*.

> Man kann zählen lassen, wie oft eine bestimmte PLZ im Datenbestand auftritt. Durch Eingabe von Textmustern lassen sich aber auch ganz bestimmte PLZ-Bereiche abzählen.

| Kunde | PLZ | Anzahl der PLZ 56552 | =ZÄHLENWENN(B$2:B$9;F1) | 56552 | Kunde | PLZ | Anzahl der PLZ 56552 | 3 | 56552 |
|---|---|---|---|---|---|---|---|---|---|
| Kunde_1 | 56552 | Anzahl der PLZ 56552 | =ZÄHLENWENN(B$2:B$9;F2) | =56552 | Kunde_1 | 56552 | Anzahl der PLZ 56552 | 3 | =56552 |
| Kunde_2 | 09126 | Anzahl aller 3-er PLZ | =ZÄHLENWENN(B$2:B$9;F3) | 3* | Kunde_2 | 09126 | Anzahl aller 3-er PLZ | 1 | 3* |
| Kunde_3 | 56552 | Anzahl aller 56-er PLZ | =ZÄHLENWENN(B$2:B$9;F4) | 56* | Kunde_3 | 56552 | Anzahl aller 56-er PLZ | 3 | 56* |
| Kunde_4 | 55090 | Anzahl aller 7 bis 9er PLZ | =ZÄHLENWENN(B$2:B$9;F5) | >=7* | Kunde_4 | 55090 | Anzahl aller 7 bis 9er PLZ | 2 | >=7* |
| Kunde_5 | 86217 | | | | Kunde_5 | 86217 | | | |
| Kunde_6 | 79958 | | | | Kunde_6 | 79958 | | | |
| Kunde_7 | 56552 | | | | Kunde_7 | 56552 | | | |
| Kunde_8 | 38011 | | | | Kunde_8 | 38011 | | | |

**Abb. 2.9**  Zählen von Postleitzahlen und PLZ-Bereichen; Formeln und Werte

Dabei beachte man, dass die Inhalte der beiden Zellen F1 und F2 von Excel unbedingt linksbündig eingetragen werden müssen. Das erreicht man, wie schon erwähnt, durch Formatierung als Textspalte oder Vorstellen des Hochkommas.

### 2.3.1.4  Abzählen von Datumsangaben

Datumsangaben werden von Excel intern als *ganze Zahlen* gespeichert – anstelle des konkreten Datums merkt sich Excel den *Datumswert*, das ist die abgelaufene Zahl der Tage seit dem 31. Dezember 1899. Der Neujahrstag des Jahres 1900 hat deshalb den Datumswert 1.

Die Funktion =DATWERT(...) liefert, wie zu sehen ist, diesen Datumswert zu allen gängigen deutschen Datumsdarstellungen, von denen drei übliche eingetragen wurden:

```
=DATWERT("1.1.2011")
=DATWERT("2/1/1900")
=DATWERT("31. Dezember 2010")
```

```
                            40544
                                2
                            40543
```

Weil Excel den 1.1.1900 als „Tag 1" bezeichnet, ist also der 1.1.2011 der „Tag 40544".

Es sei nicht verschwiegen, dass die von Excel genannten Datumswerte leider (fast) alle falsch sind – die tatsächliche Anzahl der seit Silvester 1999 vergangenen Tage ist um Eins geringer. Das liegt daran, dass Excel in allen bisherigen Versionen einen 29. Februar 1900 berücksichtigt hat, doch diesen *Tag hat es nie gegeben*. Das Jahr 1900 war kein Schaltjahr. Nur die durch 400 teilbaren Jahrhunderte sind Schaltjahre: Auch 2100 wird kein Schaltjahr werden.

| Rechnungs-nummer | Bezahlt am | Datums werte | Anzahl vom 4. Juni: | =ZÄHLENWENN(B2:B100;DATWERT("4/6/2007")) |
|---|---|---|---|---|
| Rechnung_Nr_1 | 04.06.2007 | 39237 | Anzahl vor dem 4. Juni: | =ZÄHLENWENN(B2:B100;"<39237") |
| Rechnung_Nr_2 | 08.08.2007 | 39302 | Anzahl nach dem 4. Juni | =ZÄHLENWENN(B2:B100;">39237") |
| Rechnung_Nr_3 | 05.06.2007 | 37412 | Anzahl nach dem 4. Juni | =ZÄHLENWENN(B2:B100;">"&DATWERT("4/6/2007")) |
| Rechnung_Nr_4 | 04.06.2007 | 37411 | Anzahl nach dem 4. Juni | =ZÄHLENWENN(B2:B100;">"&F9) |
| Rechnung_Nr_5 | 09.09.2007 | 37508 | | |
| Rechnung_Nr_6 | 02.02.2007 | 37289 | | |
| Rechnung_Nr_7 | 04.09.2007 | 37503 | | |
| Rechnung_Nr_8 | 04.06.2007 | 37411 | | 04.06.2007 |

| Rechnungs-nummer | Bezahlt am | Datums werte | Anzahl vom 4. Juni: | 3 |
|---|---|---|---|---|
| Rechnung_Nr_1 | 04.06.2007 | 39237 | Anzahl vor dem 4. Juni: | 1 |
| Rechnung_Nr_2 | 08.08.2007 | 39302 | Anzahl nach dem 4. Juni | 4 |
| Rechnung_Nr_3 | 05.06.2007 | 37412 | Anzahl nach dem 4. Juni | 4 |
| Rechnung_Nr_4 | 04.06.2007 | 37411 | Anzahl nach dem 4. Juni | 4 |
| Rechnung Nr 5 | 39334 | 37508 | | |
| Rechnung Nr 6 | 39115 | 37289 | | |
| Rechnung Nr 7 | 39329 | 37503 | | |
| Rechnung Nr 8 | 39237 | 37411 | | 04.06.2007 |

**Abb. 2.10**  Auszählen von Datumsangaben: Formeln und Werte

Dieser (einer der wenigen) Excel-Fehler fällt jedoch bei den Anwendungen kaum ins Gewicht, weil heutzutage in der Regel Datumsdifferenzen nur zwischen Datumsangaben aus der zweiten Hälfte des 20. Jahrhunderts und/oder bereits aus dem 21. Jahrhundert gesucht sind.

Stehen in einer Spalte schon *formatierte Datumsangaben* (mit [Strg]+[1].→ ZAHLEN→DATUM kann man vielfältige Datumsformate einstellen), dann ist eine unmittelbare Anwendung der Funktion =DATWERT(...) nicht mehr möglich.

Denn eine *eingetragene Datumsangabe* ist eine *Zahl*, die Funktion =DATWERT(...) kann aber nur eine Zeichenkette verarbeiten.

Es ist jedoch recht einfach, die zu einem *Datum*, das bereits in *üblicher deutscher Notation* in einer Zelle eingetragen wurde, den zugehörigen *Datumswert* zu bekommen: Man kopiert die Inhalte der Datumszellen in eine andere Spalte und formatiert sie mittels [Strg]+[1]→ZELLEN→ZAHL zu *ganzen Zahlen ohne Kommastellen* um. Nun sind alle notwendigen Vorbetrachtungen abgeschlossen. In der Tabelle von Abb. 2.10 wird beispielhaft vorgeführt, wie *Datumsangaben ausgezählt* werden können.

Man beachte aber: Da zwischen Semikolon und schließender Klammer der Funktion =ZÄHLENWENN(...;...) nur eine so genannte *Textkonstante* stehen darf, gibt es eine Fehlermeldung, wenn dort als Eintrag

=ZÄHLENWENN(B10:B100;">DATWERT("4/6/2007")")

vorgenommen wird. Setzt man dagegen das Kriterium in der folgenden Weise aus zwei Zeichenfolgen zusammen

```
ZÄHLENWENN(B10:B100;  ">"&DATWERT("4/6/2007")),
```

dann gibt es keine Konflikte.

Zur Ermittlung der Anzahl von Einträgen *vor oder nach einem bestimmten Datum* sollte man folglich das Kriterium wie in den Zellen `F4` oder `F5` zusammensetzen.

## 2.3.2  Klassenbildung

### 2.3.2.1  Einführung

Eingangs soll beispielhaft eine Excel-Tabelle betrachtet werden, die zu mehr als eintausend untersuchten Personen das jeweilige Körpergewicht (in Kilogramm) enthält. Wenn nun versucht wird, unter Verwendung des *Filters* die Anzahl und Bezeichnung der Merkmalswerte zu erfahren, dann erleidet man Schiffbruch. Und das ist vollkommen verständlich – es wäre im Gegenteil sehr unnatürlich, wenn diese vielen Individuen nur einige wenige Gewichtswerte annehmen würden. An eine Ermittlung *absoluter Häufigkeiten*, d. h. also an *einfaches Abzählen* unter Verwendung dieser sehr vielen Merkmalswerte, ist nur schwer zu denken.

Vielmehr erweist es sich nun als unbedingt notwendig, zuerst *Klassen* festzulegen. Als Klassen bezeichnet man aneinander anschließende Intervalle, die den gesamten Merkmalbereich überdecken, das heißt, die erste Klasse muss links vom Minimum beginnen, und die letzte Klasse muss rechts vom Maximum enden.

So wären zum Beispiel für einen Gewichts-Datenbestand folgende Klassen sinnvoll:

|                  |     |           |     |         |  |
|------------------|-----|-----------|-----|---------|--|
|                  |     | unter     | 60  | Anzahl: |  |
| ab einschließlich | 60  | bis unter | 80  | Anzahl: |  |
| ab einschließlich | 80  | bis unter | 100 | Anzahl: |  |
| ab einschließlich | 100 | bis unter | 120 | Anzahl: |  |
| ab einschließlich | 120 | bis unter | 140 | Anzahl: |  |
| ab einschließlich | 140 |           |     | Anzahl: |  |

► **Man beachte** Welche *Klassengrenzen* im Detail zu wählen sind, das hängt jeweils von der betrachteten Thematik ab. Ebenso ist es nicht zwingend, dass stets gleiche Klassenbreiten gewählt werden müssen.

Generell gilt, dass *nicht zu viele und nicht zu schmale* Klassen gebildet werden sollten.

Nach der Festlegung der Klassengrenzen muss für jeden Wert aus dem Datenbestand ermittelt werden, zu welcher Klasse er gehört. Dafür gibt es mehrere Methoden.

Zuerst soll der Umgang mit der Funktion =WENN(...;...;...) vorgestellt werden.

Anschließend erfolgt die Nutzung der Funktion =VERWEIS(...;...;...), dann folgt ein Hinweis auf die Abzählfunktion =HÄUFIGKEIT(...;...) und schließlich die Arbeit mit dem Werkzeug HISTOGRAMM. Letzteres ist am bequemsten – wer es eilig hat, sollte zuerst den Abschn. 2.3.2.6 lesen.

### 2.3.2.2   Klassenzuordnung mit der Funktion WENN

▶   **Man beachte**  Die Excel-Funktion =WENN(...;...;...) verlangt stets *drei Angaben*: =WENN(Test;Ja_Eintrag;Nein_Eintrag). Sie sind durch Semikolon zu trennen.

An die erste Position ist die *Bedingung* zu schreiben, die zu prüfen ist. In der Mitte ist anzugeben, was in der Zelle, die diese Funktion enthält, bei *erfülltem Test* einzutragen ist. Rechts vom zweiten Semikolon ist anzugeben, welchen Inhalt die Zelle bei *nicht erfülltem Test* bekommen soll. Sehen wir uns an, wie falsch eine vorschnelle Anwendung der WENN-Funktion im Hinblick auf die Klassen-Zuordnung sein kann:

| Name | Gewicht (kg) | Klasse |
|------|-------------:|--------|
| Person_1 | 62,33 | =WENN(B2<60;1;2) |
| Person_2 | 45,86 | =WENN(B3<60;1;2) |
| Person_3 | 91,37 | =WENN(B4<60;1;2) |
| Person_4 | 115,76 | =WENN(B5<60;1;2) |
| Person_5 | 58,02 | =WENN(B6<60;1;2) |
| Person_6 | 77,16 | =WENN(B7<60;1;2) |
| Person_7 | 72,36 | =WENN(B8<60;1;2) |
| Person_8 | 56,32 | =WENN(B9<60;1;2) |

| Name | Gewicht (kg) | Klasse |
|------|-------------:|-------:|
| Person_1 | 62,33 | 2 |
| Person_2 | 45,86 | 1 |
| Person_3 | 91,37 | 2 |
| Person_4 | 115,76 | 2 |
| Person_5 | 58,02 | 1 |
| Person_6 | 77,16 | 2 |
| Person_7 | 72,36 | 2 |
| Person_8 | 56,32 | 1 |

Offenbar ist die Zuordnung aller Werte unterhalb von 60 kg korrekt, aber die größeren Gewichtswerte werden noch nicht differenziert. Deshalb muss im NEIN-Eintrag differenziert werden, was durch eine erneute, interne Verwendung der WENN-Funktion möglich ist:

| Name | Gewicht (kg) | Klasse |
|------|-------------|--------|
| Person_1 | 62,33 | =WENN(B2<60;1;WENN(B2<80;2;3)) |
| Person_2 | 45,86 | =WENN(B3<60;1;WENN(B3<80;2;3)) |
| Person_3 | 91,37 | =WENN(B4<60;1;WENN(B4<80;2;3)) |
| Person_4 | 115,76 | =WENN(B5<60;1;WENN(B5<80;2;3)) |
| Person_5 | 58,02 | =WENN(B6<60;1;WENN(B6<80;2;3)) |
| Person_6 | 77,16 | =WENN(B7<60;1;WENN(B7<80;2;3)) |
| Person_7 | 72,36 | =WENN(B8<60;1;WENN(B8<80;2;3)) |
| Person_8 | 56,32 | =WENN(B9<60;1;WENN(B9<80;2;3)) |

| Name | Gewicht (kg) | Klasse |
|------|-------------|--------|
| Person_1 | 62,33 | 2 |
| Person_2 | 45,86 | 1 |
| Person_3 | 91,37 | 3 |
| Person_4 | 115,76 | 3 |
| Person_5 | 58,02 | 1 |
| Person_6 | 77,16 | 2 |
| Person_7 | 72,36 | 2 |
| Person_8 | 56,32 | 1 |

Ist der erste Test erfüllt (Gewicht unter 60 kg), dann wird eine 1 eingetragen. Andernfalls folgt der innere Test (Gewicht unter 80 kg?). Ist dieser erfüllt, dann wird eine 2 eingetragen. Der Nein-Fall des inneren Tests führt schließlich zum Eintrag 3. Nun wird zwischen 40 und 80 kg bereits richtig in die Klassen eingeordnet, allerdings wird, wie zu erkennen, der über-100-Wert 115,76 noch falsch zugeordnet.

Folglich muss im Nein-Eintrag der inneren WENN-Funktion weiter differenziert werden. Man überlege sich, dass zur differenzierten Einordnung der Werte über 120 und 140 kg schließlich noch zwei weitere innere WENN-Funktionen verwendet werden müssen.

Sehen wir uns die endgültige, ziemlich verschachtelte WENN-Funktion an, die aber alle Gewichtswerte richtig in die zugehörige Klasse einordnet.
```
=WENN(B2<60;1;WENN(B2<80;2;WENN(B2<100;3;WENN(B2<120;4;5))))
```

Nun könnte die bekannte Anwendung der Funktion =ZÄHLENWENN(...; ...) folgen, mit deren Hilfe schließlich festgestellt wird, wie viele Merkmalswerte des Datenbestandes in die jeweilige Klasse fallen. Es wäre übrigens auch möglich gewesen, die Klassen anstelle mit den Zahlen 1 bis 6 auch nichtnumerisch zu bezeichnen.

Eine solche Variante, die allerdings wegen der gewählten Vokabeln nicht unproblematisch ist, soll mit folgender Formel angegeben werden, wobei die Schreibweise die Verschachtelung etwas deutlicher machen soll:

```
=WENN(B2<60; "dünn";
    WENN(B2<80; "normal";
        WENN(B2<100; "kräftig";
            WENN(B2<120; "korpulent";"Jumbo")))))
```

Für alle Leserinnen und Leser, denen der Umgang mit der WENN-Funktion in dieser komplizierten Form unsympathisch sein sollte (was durchaus verständlich ist), sei hier bereits darauf hingewiesen, dass die Klassenzuordnung oft auch wesentlich einfacher vorgenommen werden kann. Dazu stellt Excel das Werkzeug HISTOGRAMM zur Verfügung, das in Abschn. 2.3.2.6 beschrieben wird. Trotzdem soll erst noch ein weiterer kleiner Abschnitt der leistungsfähigen WENN-Funktion gewidmet werden.

### 2.3.2.3   Kodierung von nichtnumerischen Daten mit WENN

Wie schon mehrfach erwähnt, bietet Excel im Gegensatz zu einigen reinen Statistik-Programmen die uneingeschränkte Möglichkeit, Daten in ihrer *ursprünglichen numerischen oder nichtnumerischen Form* in einer Tabelle zu speichern.

Mit der ZÄHLENWENN-Funktion kann man problemlos auch ihre Häufigkeiten analysieren.

> Es hat allerdings Tradition, dass insbesondere Auswertungen von Befragungen grundsätzlich *kodiert* erfasst werden, d. h. jeder Antwort wird eine Zahl zugeordnet, die dann eingegeben wird.

Nicht wenige Bücher zur Marktforschung und Datenanalyse widmen sich ausführlich den Fragen einer sinnvollen Kodierung. Es gibt jedoch Grenzen der Verarbeitung nichtnumerischer Daten.

> Für den Fall, dass *nichtnumerischen Merkmalsausprägungen* nachträglich *numerische Merkmalswerte* zugeordnet werden müssen, kann man die Funktion =WENN(...;...;...) sehr gut verwenden.

Sehen wir uns zum Beispiel an, wie die Zuordnung „w" → 1 und „m" → 0 realisiert wird.

| Name     | Geschlecht | Kodewert        |
|----------|------------|-----------------|
| Person_1 | m          | =WENN(B2="m";0;1) |
| Person_2 | m          | =WENN(B3="m";0;1) |
| Person_3 | w          | =WENN(B4="m";0;1) |

| Name     | Geschlecht | Kodewert |
|----------|------------|----------|
| Person_1 | m          | 0        |
| Person_2 | m          | 0        |
| Person_3 | w          | 1        |

### 2.3.2.4  Die Funktion VERWEIS

Mit der Excel-Funktion =VERWEIS(...;...;...) lassen sich ebenfalls Klassenzuordnungen realisieren.

Diese Funktion verlangt *drei Angaben*:

- Zuerst ist die Zelle einzutragen, deren Inhalt klassifiziert werden soll.
- Anschließend ist ein Spaltenbereich einzutragen, in dem sich die sortierten Klassengrenzen befinden.
- Schließlich wird noch ein gleichlanger Spaltenbereich verlangt, in dem sich die jeweiligen Klassenbezeichnungen befinden.

Die Funktion =VERWEIS(...;...;...) durchsucht für jeden Merkmalswert den Bereich der Klassengrenzen, von oben beginnend. Ist die nachfolgende Klassengrenze zu groß, dann wird der nebenstehende Wert als Klassenbezeichnung eingetragen.

### 2.3.2.5  Die Funktion HÄUFIGKEIT

Die Funktion =HÄUFIGKEIT(...;...) ist eine so genannte Matrix- oder Vektorfunktion. Sie liefert nicht nur einen einzigen Ergebniswert, wie wir es bei den bisher vorgestellten Funktionen durchweg erlebten, sondern füllt simultan einen *ganzen vorgegebenen Bereich*.

Eine erste Anwendung einer solchen Matrixfunktion wird im Abschn. 4.4.3 des Kap. 4 zu erleben sein; interessierte Leser seien zusätzlich auf weiterführende Literatur, z. B. [1], [10] und [15] verwiesen.

Hier wurden diesmal die Verbalbezeichnungen benutzt, um zu zeigen, dass es keinesfalls immer Zahlen sein müssen, mit denen man eine Klasse bezeichnet. Denn die
Funktion =ZÄHLENWENN(...;...;...) kann anschließend auch problemlos abzählen, wie oft die Klasse Korpulent aufgetreten ist.

| Name | Gewicht (kg) | Klasse | Klassengrenzen | Klassenbezeichnung |
|---|---|---|---|---|
| Person_1 | 62,33 | =VERWEIS(B2;D$2:D$6;E$2:E$6) | 40 | Dünn |
| Person_2 | 45,86 | =VERWEIS(B3;D$2:D$6;E$2:E$6) | 60 | Normal |
| Person_3 | 91,37 | =VERWEIS(B4;D$2:D$6;E$2:E$6) | 80 | Kräftig |
| Person_4 | 115,76 | =VERWEIS(B5;D$2:D$6;E$2:E$6) | 100 | Korpulent |
| Person_5 | 58,02 | =VERWEIS(B6;D$2:D$6;E$2:E$6) | 120 | Schwer |
| Person_6 | 77,16 | =VERWEIS(B7;D$2:D$6;E$2:E$6) | | |
| Person_7 | 72,36 | =VERWEIS(B8;D$2:D$6;E$2:E$6) | | |
| Person_8 | 56,32 | =VERWEIS(B9;D$2:D$6;E$2:E$6) | | |

| Name | Gewicht (kg) | Klasse | Klassengrenzen | Klassenbezeichnung |
|---|---|---|---|---|
| Person_1 | 62,33 | Normal | 40 | Dünn |
| Person_2 | 45,86 | Dünn | 60 | Normal |
| Person_3 | 91,37 | Kräftig | 80 | Kräftig |
| Person_4 | 115,76 | Korpulent | 100 | Korpulent |
| Person_5 | 58,02 | Dünn | 120 | Schwer |
| Person_6 | 77,16 | Normal | | |
| Person_7 | 72,36 | Normal | | |
| Person_8 | 56,32 | Dünn | | |

### 2.3.2.6  Das Werkzeug HISTOGRAMM

Das Werkzeug HISTOGRAMM kombiniert die Leistungen der beiden bereits vorgestellten
Funktionen =WENN(...;...;...) und =ZÄHLENWENN(...;...).

► **Wichtiger Hinweis**  Mit Hilfe des Werkzeugs HISTOGRAMM kann nach Festlegung der oberen Klassengrenzen sofort das *Ergebnis der Auszählung* erhalten
werden.

Es soll derselbe Datenbestand wie im vorigen Abschnitt verwendet werden, in Spalte
D sind die oberen Klassengrenzen eingetragen:

| Name | Gewicht (kg) | Klassengrenzen |
|------|-------------|----------------|
| Person_1 | 62,33 | 60 |
| Person_2 | 45,86 | 80 |
| Person_3 | 91,37 | 100 |
| Person_4 | 115,76 | 120 |
| Person_5 | 58,02 | |
| Person_6 | 77,16 | |
| Person_7 | 72,36 | |
| Person_8 | 56,32 | |

Nun muss das Werkzeug HISTOGRAMM angefordert werden. Wenn es bereits verfügbar ist, dann findet man es in der Registerkarte Daten in der Gruppe Analyse die Werkzeugsammlung Datenanalyse:

Nach Klick auf Datenanalyse öffnet sich ein Fenster Analyse-Funktionen, dort findet man schließlich das Werkzeug HISTOGRAMM.

Oft aber ist die Werkzeugsammlung Datenanalyse anfangs nicht verfügbar. Dann muss sie in folgender Weise angefordert werden: Man muss zuerst Excel-Optionen über die runde Schaltfläche Office (oder Optionen über Datei) finden, dann sind Add-Ins auszuwählen und die Schaltfläche [Gehe zu] ist anzuklicken. Aus dem dann erscheinenden Angebot sind Analyse-Funktionen und Analyse-Funktionen VBA auszuwählen:

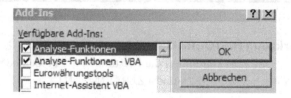

Hat man das Werkzeug HISTOGRAMM erst einmal gestartet, dann ist seine Handhabung recht einfach. Man braucht nur, wie in Abb. 2.11 zu sehen ist, zwei Angaben in die beiden oberen Eingabefenster einzutragen. Das Fenster Eingabebereich bekommt Anfangs- und Endezelle des Bereiches mit den zu untersuchenden *Daten*, wie üblich getrennt durch einen Doppelpunkt. Hier war also für unser Beispiel der Bereich mit den *Gewichtsangaben* einzutragen. In das Fenster Klassenbereich ist einzutragen, wo sich die festgelegten *Klassengrenzen* befinden. Schließlich kann man wählen, ob die Ergebnisse des Werkzeugs auf ein *neues Tabellenblatt* oder neben den Datenbestand ausgegeben werden sollen.

| | A | B | C | D | E | F |
|---|---|---|---|---|---|---|
| 1 | Name | Gewicht (kg) | | Klassengrenzen | | |
| 2 | Person_1 | 62,33 | | 60 | | |
| 3 | Person_2 | 45,86 | | 80 | | |
| 4 | Person_3 | 91,37 | | 100 | | |
| 5 | Person_4 | 115,76 | | 120 | | |
| 6 | Person_5 | 58,02 | | | | |
| 7 | Person_6 | 77,16 | | | | |
| 8 | Person_7 | 72,36 | | | | |
| 9 | Person_8 | 56,32 | | | | |

Histogramm [? x]

Eingabe
Eingabebereich: B2:B9
Klassenbereich: D2:D5
☐ Beschriftungen

Ausgabe
◉ Ausgabebereich: F1

OK
Abbrechen
Hilfe

| | A | B | C | D | E | F | G | H | I | J | K |
|---|---|---|---|---|---|---|---|---|---|---|---|
| 1 | Name | Gewicht (kg) | | Klassengrenzen | | Klasse | Häufigkeit | | | | |
| 2 | Person_1 | 62,33 | | 60 | | 60 | 3 | | | | |
| 3 | Person_2 | 45,86 | | 80 | | 80 | 3 | | | | |
| 4 | Person_3 | 91,37 | | 100 | | 100 | 1 | | | | |
| 5 | Person_4 | 115,76 | | 120 | | 120 | 1 | | | | |
| 6 | Person_5 | 58,02 | | | | und größer | 0 | | | | |
| 7 | Person_6 | 77,16 | | | | | | | | | |
| 8 | Person_7 | 72,36 | | | | | | | | | |
| 9 | Person_8 | 56,32 | | | | | | | | | |

**Abb. 2.11** Eingaben für das Werkzeug HISTOGRAMM und Ergebnis

Sehen wir uns nun die Erklärung zur Ergebnisausgabe des Werkzeugs an:

| Klasse | Häufigkeit | <-- | Erklärung |
|---|---|---|---|
| 60 | 3 | <-- | unter 60 |
| 80 | 3 | <-- | über 60 bis einschließlich 80 |
| 100 | 1 | <-- | über 80 bis einschließlich 100 |
| 120 | 1 | <-- | über 100 bis einschließlich 120 |
| und größer | 0 | <-- | über 120 |

An dieser Stelle zeigt sich, weshalb im vorigen Abschnitt die WENN-Funktion beschrieben wurde. Sie muss man benutzen, wenn man spezielle Wünsche hat, beispielsweise, dass die angegebenen Klassengrenzen jeweils die *unteren Klassenränder* beschreiben sollen. Benutzt man dagegen das bequeme Werkzeug HISTOGRAMM, zahlt man für diese Bequemlichkeit natürlich einen Preis:

▶ **Man beachte** HISTOGRAMM betrachtet grundsätzlich die angegebenen Werte im Klassenbereich stets als *obere Klassengrenzen*.

Wie gesagt, damit muss man leben. Man kann leider keine Einstellung in dem Werkzeug HISTOGRAMM vornehmen, so dass die angegebenen Grenzen als untere Ränder der Klassen angesehen werden. Individuelle Wünsche müssen tatsächlich mit der WENN-Funktion umgesetzt werden. Das ist zwar aufwändiger, hat aber zusätzlich den großen Vorteil, dass bei Änderung der Daten automatisch alle Ergebnisse neu berechnet werden.

**Abb. 2.12** Umsatzmeldungen
von Mitarbeitern

| Mitarbeiter | Monat | Umsatz in $ |
|-------------|-------|-------------|
| Meier_1     | 1     | 964,19      |
| Meier_2     | 1     | 1351,5      |
| Meier_3     | 1     | 1358,32     |
| Meier_3     | 1     | 986,38      |
| Meier_2     | 1     | 1254,79     |
| Meier_2     | 1     | 1399,48     |
| Meier_2     | 2     | 1225,75     |
| Meier_3     | 2     | 886,97      |
| Meier_2     | 2     | 988,71      |
| Meier_4     | 2     | 1195,53     |

Alle Excel-Werkzeuge liefern dagegen starre (statische) Ergebnisse; d. h. werden die Daten geändert, dann muss das Werkzeug wieder neu angewandt werden.

### 2.3.3  Häufigkeiten von Paaren: Pivot-Tabellen

#### 2.3.3.1  Aufgabenstellung und Bezeichnungen

Gehen wir von folgendem, sehr vereinfachendem Beispiel aus. Angenommen, eine Vertriebsfirma habe vier Außendienst-Mitarbeiter, nennen wir sie der Einfachheit halber Meier_1 bis Meier_4. Sie verkaufen Waren, machen Umsatz. Und jedes Mal, wenn sie einen Umsatz erzielt haben, melden sie sich in der Zentrale und teilen drei Dinge mit: ihren Namen, den aktuellen Monat, und ihren erzielten Umsatz. Alles wird in eine Excel-Datei eingetragen (siehe Abb. 2.12).

Am Jahresende soll Bilanz gezogen werden: Wer hat am besten gearbeitet? Welcher Gesamtumsatz wurde erzielt? Wie sieht es in den einzelnen Monaten aus?

Doch alle diese Fragen lassen sich mit der – in ihrer Aussagekraft kaum zu unterbietenden – Original-Excel-Datei nicht beantworten. es ist ein *unübertroffen nichts sagender Datenbestand.* Er ist in dieser Form für Auswertungen *völlig unbrauchbar.* Weder ist zu erkennen, wie viele Meldungen überhaupt vorliegen, noch lässt sich ablesen, welchen Umsatz welcher Mitarbeiter in welchem Monat tatsächlich erzielt hat. Benötigt wird eine Aufbereitung der Daten, mit deren Hilfe alle Fragen beantwortet werden können. Eine derartige Aufbereitung wird durch die *Pivot-Tabelle* geliefert.

Sehen wir uns schon einmal – bevor wir zur Herstellung kommen – in Abb. 2.13 das anzustrebende Ergebnis an: Diese *Pivot-Tabelle* (früher auch als *Kreuztabelle* bezeichnet) beantwortet alle Fragen. Sie interpretiert sich gewissermaßen von selbst.

Leicht zu erkennen sind die *Monats-Umsatz-Summen* der einzelnen Mitarbeiter, auch die Monate ohne Meldungen erkennt man sofort. Die *Jahres-Summen* der Mitarbeiter können in der Fußzeile abgelesen werden, die *Monatsumsätze* in der Bilanz-Spalte rechts, und der der *Gesamt-Jahresumsatz* in Höhe von 44085,60 steht ganz rechts unten.

| Summe von Umsatz in $ | Mitarbeiter ▼ | | | | |
|---|---|---|---|---|---|
| Monat ▼ | Meier_1 | Meier_2 | Meier_3 | Meier_4 | Gesamtergebnis |
| 1 | 964,19 | 4005,77 | 2344,7 | | 7314,66 |
| 2 | | 2214,46 | 886,97 | 2235,17 | 5336,6 |
| 3 | | 859,15 | 928,41 | | 1787,56 |
| 4 | 1337,44 | | 1296,71 | 1124,39 | 3758,54 |
| 5 | | 1316,83 | 1131,47 | | 2448,3 |
| 6 | | | 4442,26 | | 4442,26 |
| 7 | | 2208,24 | 4316,31 | | 6524,55 |
| 8 | | 2576,62 | | 1009,09 | 3585,71 |
| 9 | | 3337,23 | | | 3337,23 |
| 10 | | 1109,06 | | 1368,95 | 2478,01 |
| 11 | 1946,37 | | | | 1946,37 |
| 12 | | | | 1125,81 | 1125,81 |
| Gesamtergebnis | 4248 | 17627,36 | 15346,83 | 6863,41 | **44085,6** |

**Abb. 2.13**  Pivot-Tabelle

> Eine Pivot-Tabelle liefert Bilanzen in außerordentlich übersichtlicher Form.

Kommen wir nun zur Technologie – wie wird eine Pivot-Tabelle hergestellt?

### 2.3.3.2  Herstellung einer Pivot-Tabelle

Wenn der *Datenbestand*, wie schon häufig gefordert, durch *mindestens eine Leerzeile* und durch *mindestens eine Leerspalte* von möglicherweise anderen Einträgen in der Tabelle *separiert* ist, dann reicht es zur Erzeugung der Pivot-Tabelle aus, den Tabellenkursor *in irgendeine Zelle des Datenbestandes* (z. B. in eine Zelle der Überschriften) zu setzen. Anschließend wird der Pivot-Tabellen-Assistent benötigt.

Man findet den Pivot-Tabellen-Assistent in Excel in der in Registerkarte Einfügen in der Gruppe Tabellen:

Nach dem Start des Pivot-Tabellen-Assistenten muss man zuerst die Frage beantworten, in welchem Bereich sich der *gesamte Datenbestand* befindet:

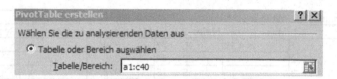

Danach ist es sehr einfach: Der Assistent bietet einerseits die drei Überschriften des Datenbestandes an:

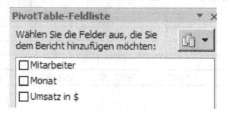

und andererseits kommt das Angebot, die passenden Überschriften in die gewünschte Position zu ziehen:

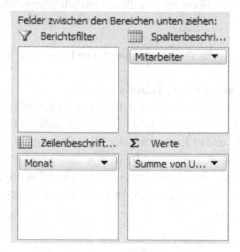

Hier wurde folglich festgelegt, dass die Namen der vier Mitarbeiter in der Kopfzeile (d. h. als Spaltenüberschriften) der Pivot-Tabelle erscheinen sollen, die Monatsnummern dagegen als Zeilenbeschriftungen. Und in das Feld `Werte` kommen die Umsätze, sie werden grundsätzlich aufsummiert (Änderungen sind aber möglich, siehe unten). Sollte die angezeigte Pivot-Tabelle den optischen Anforderungen nicht genügen, lassen sich problemlos die Überschriften vertauschen. Überhaupt kann man durch geschicktes Probieren schnell den Umgang mit dem Assistenten lernen.

### 2.3.3.3 Feldeinstellungen

> Durch einfachste Bedienhandlungen kann die *Anzeige der Pivot-Tabelle* so umgestaltet werden, dass eine Fülle weiterer Aussagen ablesbar ist.

Dazu setzt man den Tabellenkursor in irgendeine Zelle, die sich aber im Inneren der Pivot-Tabelle befinden muss, klickt auf die Neben-Maustaste (für Rechtshänder die rechte Maustaste, für Linkshänder die linke Maustaste) und wählt die Zeile `Daten zusammenfassen nach →` (auch „Werte zusammenfassen nach →") aus:

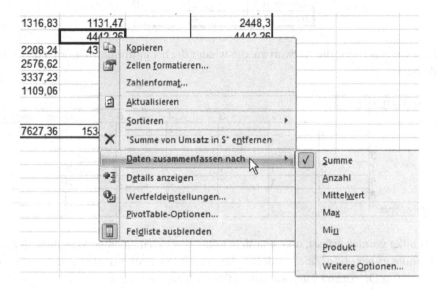

Die jetzt angezeigte Liste gibt die *vielfältigen Möglichkeiten* an, welche Informationen neben der Umsatzsumme pro Mitarbeiter und Monat noch einstellbar sind:

- Man kann sich die Anzahl der Meldungen pro Monat und pro Mitarbeiter anzeigen lassen.
- Weiter gibt es die Möglichkeit, sich die größte der jeweiligen Monats-Meldungen mittels Maximum anzeigen zu lassen.
- Analog dazu darf es auch die niedrigste Meldung im Monat (mittels Minimum) sein.
- Und schließlich kann auch das Mittel aller Meldungen im Monat angezeigt werden.

Da der Pivot-Tabellen-Assistent außerordentlich bedienfreundlich gestaltet ist und insbesondere die Möglichkeit bietet, jede Bedienhandlung sofort wieder rückgängig machen zu können, kann der Umgang mit diesem Excel-Werkzeug tatsächlich leicht erlernt werden.

### 2.3.3.4 Abzählen von Paaren mittels Pivot-Tabellen

Wieder soll von einer ganz einfachen Aufgabe ausgegangen werden: Für eine Menge von 39 Schülern sind Namen und die Zensuren in zwei Fächern in einer Excel-Tabelle erfasst. Zu beantworten ist die Frage, wie oft jede der 36 Zensurenkombinationen (1,1) bis (6,6) im Datenbestand auftritt.

| Name | Fach_1 | Fach_2 |
|------|--------|--------|
| Schüler_1 | 5 | 4 |
| Schüler_2 | 5 | 6 |
| Schüler_3 | 4 | 6 |
| Schüler_4 | 2 | 6 |
| Schüler_5 | 3 | 2 |
| Schüler_6 | 2 | 3 |
| Schüler_7 | 4 | 6 |

Sehen wir uns zuerst die Antwort an, die wieder die hochinformative Form einer Pivot-Tabelle hat:

| Anzahl von Fach_1 | Fach_2 ▼ | | | | | | |
|-------------------|----|----|----|----|----|----|----------------|
| Fach_1 ▼ | 1 | 2 | 3 | 4 | 5 | 6 | Gesamtergebnis |
| 1 | 2 | | 1 | 2 | 2 | | 7 |
| 2 | 1 | 1 | 3 | 2 | | 1 | 8 |
| 3 | | 1 | | 1 | | | 2 |
| 4 | 3 | 1 | 1 | | 1 | 2 | 8 |
| 5 | 1 | 1 | 1 | 3 | 2 | 2 | 10 |
| 6 | 3 | | 1 | | | | 4 |
| Gesamtergebnis | 10 | 4 | 7 | 8 | 5 | 5 | 39 |

39 Schüler wurden erfasst, und man sieht eine relativ gleichmäßige Verteilung der Zensurenkombinationen (ein Zeichen dafür, dass die Zahlen offensichtlich nicht real sind, sondern nur zu Demonstrationszwecken zufällig erzeugt wurden).

Bei der Herstellung der Tabelle wird es aber ein Problem geben: *Eine Überschrift ist zu wenig vorhanden.* Was soll denn nun in das Feld WERTE eingetragen werden?

*Die Lösung* Man zieht zuerst in das Feld WERTE noch einmal eine der beiden Überschriften Fach_1 oder Fach_2. Dann entsteht vorerst eine sehr unsinnige Pivot-Tabelle:

| Summe von Fach_1 | Fach_2 | | | | | | |
|---|---|---|---|---|---|---|---|
| Fach_1 | 1 | 2 | 3 | 4 | 5 | 6 | Gesamtergebnis |
| 1 | 2 | | 1 | 2 | 2 | | 7 |
| 2 | 2 | 2 | 6 | 4 | | 2 | 16 |
| 3 | | 3 | | 3 | | | 6 |
| 4 | 12 | 4 | 4 | | 4 | 8 | 32 |
| 5 | 5 | 5 | 5 | 15 | 10 | 10 | 50 |
| 6 | 18 | | 6 | | | | 24 |
| Gesamtergebnis | 39 | 14 | 22 | 24 | 16 | 20 | **135** |

Warum ist sie unsinnig? Man kann das in der Pivot-Tabelle in der Zelle A3 erkennen – dort steht *Summe-Fach_1*. Das bedeutet, es fand kein *Abzählen*, sondern ein (hier sinnloses) Aufsummieren von Zensuren statt.

Mit der Erinnerung an Abschn. 2.3.3.3 lässt sich der Übergang zur *Angabe der Vielfachheiten* beschreiben: Tabellenkursor in irgendeine Zelle der Pivot-Tabelle setzen → Neben-Mousetaste klicken → Daten/Werte zusammenfassen nach → auswählen → Anzahl einstellen. Dann liefert die Pivot-Tabelle in der Tat die erwünschten *absoluten Häufigkeiten*, so dass man die bereits dargestellte korrekte Übersicht erhält.

### 2.3.3.5 Variable Pivot-Tabellen

In den Datenbestand sei nun von den bereits betrachteten 39 Schülern neben den Zensuren in zwei Fächern zusätzlich in Spalte D unter der Überschrift Art das Geschlecht der Schüler aufgenommen worden:

| Name | Fach_1 | Fach_2 | Art |
|---|---|---|---|
| Schüler_1 | 5 | 4 | w |
| Schüler_2 | 5 | 6 | w |
| Schüler_3 | 4 | 6 | w |
| Schüler_4 | 2 | 6 | w |
| Schüler_5 | 3 | 2 | w |
| Schüler_6 | 2 | 3 | w |
| Schüler_7 | 4 | 6 | m |
| Schüler_8 | 2 | 2 | w |
| Schüler_9 | 6 | 3 | w |
| Schüler_10 | 4 | 1 | m |

Drei Fragen sollen nun mit Hilfe von drei Pivot-Tabellen schnell beantwortet werden:

- Wie ist die Situation aller Schüler,
- wie speziell der Schülerinnen,
- wie speziell der Schüler?

Eine recht umständliche Vorgehensweise wäre, den Datenbestand zuerst einmal nach dem Geschlecht sortieren zu lassen (Tabellenkursor in Spalte D, dann die Schaltfläche zum Sortieren drücken, dabei nichts markieren). Zwischen Schülern und Schülerinnen würde anschließend eine Leerzeile eingefügt – damit wären beide Datenbestände separiert. Anschließend könnten damit zwei verschiedene Pivot-Tabellen hergestellt werden.

Viel einfacher lässt sich das alles durchführen, wenn man nach der Herstellung der einfachen Pivot-Tabelle (eine Überschrift zusätzlich in das Feld `Werte` ziehen, auf `Anzahl` umstellen) die Überschrift `Art` in das bisher nicht beachtete Feld `Berichtsfilter` (oder kurz `Filter`) zieht.

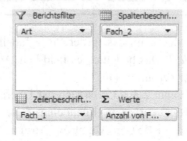

Dann erhält man eine Pivot-Tabelle mit einer *zusätzlichen Wahlmöglichkeit*, die sich auf alle Merkmalswerte bezieht, mit der das Feld `Berichtsfilter` belegt wurde. Denn nun erscheint ganz oben in der Pivot-Tabelle die Überschrift Art mit allen Auswahlmöglichkeiten:

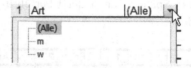

Je nach Einstellung erhält man jetzt per Mausklick die drei gewünschten Pivot-Tabellen: die Gesamtübersicht, die Übersicht für die Schülerinnen, die Übersicht für die Schüler.

### 2.3.3.6 Pivot-Tabellen mit Datumsangaben

In den vorigen Abschnitten wurde ersichtlich, dass der Pivot-Tabellen-Assistent sowohl Datenbestände mit *numerischen* als auch mit *nichtnumerischen* Merkmalswerten verarbeiten kann.

▶ **Wichtiger Hinweis** Falls *nichtnumerische* Merkmalswerte vorliegen, wird *grundsätzlich abgezählt*, bei *numerischen Werten* ist standardmäßig anfangs die *Summenbildung* eingestellt.

Falls im Datenbestand *Datumsangaben* auftreten, dann muss man stets daran denken, dass Excel nicht das Angezeigte speichert, sondern den *Datumswert* – wie schon im Abschn. 1.1.2 des Kap. 1 ausführlich beschrieben wurde. Ein ausführliches Beispiel mag das verdeutlichen. Eine Excel-Tabelle enthalte die Geburtsdaten von 39 Ehepaaren:

| Er | Sie |
|---|---|
| 13.01.1968 | 01.07.1968 |
| 26.01.1978 | 18.12.1978 |
| 12.03.1977 | 02.05.1978 |
| 07.02.1974 | 24.04.1974 |

Gesucht ist eine Zusammenstellung, aus der ersichtlich ist, wie viele Paare es gibt, bei denen beide Partner im Januar Geburtstag haben, er im Januar und sie im Februar usw. Insgesamt gibt es also 144 Kombinationen der Geburtsmonate.

Was tun? Nun, die Idee ist einleuchtend, da wird eben die Menge aller Geburtsdaten markiert und mittels [Strg] + [1] → ZAHLEN → BENUTZERDEFINIERT → MMM hinsichtlich des Anzeigemodus so umgestellt, dass *nur noch der Monatsname* angezeigt wird:

| Er | Sie |
|---|---|
| Jan | Jul |
| Jan | Dez |
| Mrz | Mai |
| Feb | Apr |

Das Ergebnis kann sich sehen lassen – die Tabelle zeigt tatsächlich nur noch die Monatsnamen.

Was spricht dagegen, nun den Pivot-Tabellen-Assistenten zu starten?

Doch dieser liefert ein sehr, sehr überraschendes und konfuses Bild, ein ganz kleiner Teil davon ist in Abb. 2.14 zu sehen! Diese „Pivot-Tabelle" besteht aus unsagbar vielen leeren Zellen, bisweilen findet sich eine verlorene Eins, und von sortierter Reihenfolge der Monate kann wohl auch nicht die Rede sein. Wie kann man diesen Misserfolg erklären?

*Erklärung* Der Pivot-Tabellenassistent hat *nicht* die *angezeigten Monatsnamen*, sondern die tatsächlich *gespeicherten Datumswerte* der ursprünglich eingetragenen Geburtsdaten analysiert. Und sieht man sich diese Datumswerte an (herzustellen über [Strg] + [1] → ZAHLEN → ZAHL), dann ist es klar, dass nur verschwindend wenige der Kombinationen dieser vielen, vielen Datumswerte eine Belegung haben werden.

Der Pivot-Tabellen-Assistent weiß das aber nicht, er stellt immer *alle möglichen Kombinationen der Merkmalswerte* zusammen. Was also ist zu tun?

| Anzahl von Sie | Sie | | | | | | | | | | | | | | |
| Er | Jul | Feb | Mrz | Mrz | Apr | Jul | Sep | Jan | Aug | Dez | Feb | Jul | Aug | Jan | Jul |
|---|---|---|---|---|---|---|---|---|---|---|---|---|---|---|---|
| Jan |  |  |  | 1 |  |  |  |  |  |  |  |  |  |  |  |
| Feb |  | 1 |  |  |  |  |  |  |  |  |  |  |  |  |  |
| Mai |  |  | 1 |  |  |  |  |  |  |  |  |  |  |  |  |
| Sep | 1 |  |  |  |  |  |  |  |  |  |  |  |  |  |  |
| Mai |  |  |  |  | 1 |  |  |  |  |  |  |  |  |  |  |
| Sep |  |  |  |  |  |  | 1 |  |  |  |  |  |  |  |  |
| Mrz |  |  |  |  |  | 1 |  |  |  |  |  |  |  |  |  |
| Jul |  |  |  |  |  |  | 1 |  |  |  |  |  |  |  |  |
| Nov |  |  |  |  |  |  |  |  | 1 |  |  |  |  |  |  |
| Jul |  |  |  |  |  |  |  |  | 1 |  |  |  |  |  |  |
| Dez |  |  |  |  |  |  |  |  |  | 1 |  |  |  |  |  |
| Jan |  |  |  |  |  |  |  |  |  |  |  | 1 |  |  |  |
| Sep |  |  |  |  |  |  |  |  |  |  |  |  | 1 |  |  |
| Jun |  |  |  |  |  |  |  |  |  |  |  |  |  |  | 1 |
| Aug |  |  |  |  |  |  |  |  |  |  |  |  | 1 |  |  |

**Abb. 2.14**  Ausschnitt (*links oben*) der großen Pivot-Tabelle

> Es muss dafür gesorgt werden, dass sich *nicht die Datumswerte*, sondern die *Monatsnamen* oder *-nummern* im Datenbestand befinden. Das erreicht man aber nicht durch *Veränderung der Anzeige*, sondern durch *Anwendung der Funktion* =MONAT(...).

Abbildung 2.15 illustriert das Vorgehen. In den Spalten A und B stehen noch einmal die *Geburtsdaten* in klassisch deutscher Anzeige. In den Spalten D und E finden sich die *zugehörigen Datumswerte*, die man nach Kopie und Formatumstellung erhielt. In den Spalten G und H schließlich werden mit Hilfe der Datumsfunktion =MONAT(...) aus den Datumswerten die *Monatsnummern* berechnet.

Nun kann man auf den neuen numerischen Datenbestand in den Spalten G und H (er ist durch die Leerspalte auch *separiert*) den Pivot-Tabellen-Assistenten anwenden. Wieder

| Er | Sie |
|---|---|
| 13.01.1968 | 01.07.1968 |
| 26.01.1978 | 18.12.1978 |
| 12.03.1977 | 02.05.1978 |

| Er | Sie |
|---|---|
| 24850 | 25020 |
| 28516 | 28842 |
| 28196 | 28612 |

| Er | Sie |
|---|---|
| =MONAT(D2) | =MONAT(E2) |
| =MONAT(D3) | =MONAT(E3) |
| =MONAT(D4) | =MONAT(E4) |

| Er | Sie |
|---|---|
| 13.01.1968 | 01.07.1968 |
| 26.01.1978 | 18.12.1978 |
| 12.03.1977 | 02.05.1978 |

| Er | Sie |
|---|---|
| 24850 | 25020 |
| 28516 | 28842 |
| 28196 | 28612 |

| Er | Sie |
|---|---|
| 1 | 7 |
| 1 | 12 |
| 3 | 5 |

**Abb. 2.15**  Anwendung der MONAT-Funktion: Formeln und Werte

wird, da eine *Abzählaufgabe* vorliegt, anfangs eine der beiden Überschriften in das Feld Werte gezogen und dann die Anzeige, wie oben beschrieben, auf Anzahl umgestellt. Sehen wir uns nun die die entstandene, richtige Pivot-Tabelle an:

| Anzahl von Sie | Sie ▾ | | | | | | | | | | | | |
|---|---|---|---|---|---|---|---|---|---|---|---|---|---|
| Er ▾ | 1 | 2 | 3 | 4 | 5 | 6 | 7 | 8 | 9 | 10 | 11 | 12 | Gesamtergebnis |
| 1 | | | 2 | | 1 | | 1 | | 1 | | | 1 | 6 |
| 2 | | 1 | | 1 | 1 | 1 | 1 | | | | | | 5 |
| 3 | | | | | 1 | 1 | 2 | | | | | | 4 |
| 4 | | | | | 1 | | | | 1 | | | | 2 |
| 5 | | | 1 | 1 | | | 1 | | | | | | 3 |
| 6 | | | | | | 1 | 1 | | | 1 | | | 3 |
| 7 | | | | | | | | 1 | 1 | 1 | | | 3 |
| 8 | 1 | | | | | 1 | | | | | 1 | | 3 |
| 9 | 1 | | | | | | 2 | 1 | | | | | 4 |
| 10 | | | | | 1 | | | | | | | | 1 |
| 11 | | 1 | | | | 1 | | | | | | | 2 |
| 12 | | 1 | | | | | | | | | | 2 | 3 |
| Gesamtergebnis | 2 | 3 | 3 | 2 | 5 | 5 | 8 | 2 | 3 | 2 | 1 | 3 | 39 |

Sie zeigt uns die Verteilung der Geburtsdaten der Ehepartner der erfassten 39 Ehepaare. Man kann zum Beispiel daraus erkennen, dass es dabei lediglich vier Paare gibt, deren Ehepartner im selben Monat geboren sind: Je ein Paar im Februar und Juni, und bei zwei Paaren haben „Er" und „Sie" gemeinsam im Dezember Geburtstag.

### 2.3.4   Absolute Summenhäufigkeiten

Die folgende Tabelle zeigt, wie man vorgehen muss, wenn man

- die *Summe von Erträgen* (Umsätzen o. ä.) angezeigt bekommen möchte und dazu
- *weiter* sehen will, wie sich diese Ertragssumme *schrittweise aus den Umsätzen der einzelnen Abteilungen* entwickelt.

| Abteilung | Umsatz | |
|---|---|---|
| Abt_1 | 2562,81 | =SUMME(B$2:B2) |
| Abt_2 | 2899,33 | =SUMME(B$2:B3) |
| Abt_3 | 2459,80 | =SUMME(B$2:B4) |
| Abt_4 | 2228,62 | =SUMME(B$2:B5) |
| Abt_5 | 2291,93 | =SUMME(B$2:B6) |
| Abt_6 | 2302,63 | =SUMME(B$2:B7) |
| Abt_7 | 2671,63 | =SUMME(B$2:B8) |
| Abt_8 | 2011,65 | =SUMME(B$2:B9) |
| Abt_9 | 2109,74 | =SUMME(B$2:B10) |
| Abt_10 | 2494,34 | =SUMME(B$2:B11) |
| | | |
| Summe | 24032,48 | |

| Abteilung | Umsatz | |
|---|---|---|
| Abt_1 | 2562,81 | 2562,81 |
| Abt_2 | 2899,33 | 5462,14 |
| Abt_3 | 2459,80 | 7921,94 |
| Abt_4 | 2228,62 | 10150,56 |
| Abt_5 | 2291,93 | 12442,49 |
| Abt_6 | 2302,63 | 14745,12 |
| Abt_7 | 2671,63 | 17416,75 |
| Abt_8 | 2011,65 | 19428,40 |
| Abt_9 | 2109,74 | 21538,14 |
| Abt_10 | 2494,34 | 24032,48 |
| | | |
| Summe | 24032,48 | |

Die Daten in Spalte C bezeichnet man dann als *absolute Summenhäufigkeiten*.

Sonderlich aussagekräftig sind diese Zahlen allerdings noch nicht. Das ändert sich schon ein wenig, wenn anfangs der Tabellenkursor in eine Zelle des Bereiches B2:B11 gesetzt wird (aber dabei nichts markieren) und die *Schaltfläche zum Sortieren* angeklickt wird. Das führt zum Umordnen des *gesamten* Datenbestandes, so dass die Einträge unter der Überschrift Umsatz aufsteigend sortiert erscheinen.

| Abteilung | Umsatz | |
|---|---|---|
| Abt_8 | 2011,65 | 2011,65 |
| Abt_9 | 2109,74 | 4121,39 |
| Abt_4 | 2228,62 | 6350,01 |
| Abt_5 | 2291,93 | 8641,94 |
| Abt_6 | 2302,63 | 10944,57 |
| Abt_3 | 2459,80 | 13404,37 |
| Abt_10 | 2494,34 | 15898,71 |
| Abt_1 | 2562,81 | 18461,52 |
| Abt_7 | 2671,63 | 21133,15 |
| Abt_2 | 2899,33 | 24032,48 |
| | | |
| Summe | 24032,48 | |

Wäre der Fehler gemacht worden, die Spalte B vor dem Sortieren zu markieren, dann wäre nur der Inhalt dieser Spalte in eine neue Reihenfolge gekommen – und der Datenbestand wäre zerstört.

Es sei hier ein weiteres Mal darauf hingewiesen, dass die Sortierung statisch ist – d. h. *bei Änderungen im Datenbestand* muss *stets neu sortiert werden*.

Wird nach richtigem Sortieren eine passende Grafik hergestellt, dann erkennt der Betrachter auf einen Blick den *Beitrag der einzelnen Abteilungen am Gesamtumsatz*.

Weil die absoluten Werte im Regelfall aber meist weniger interessieren und oft auch von geringer Aussagekraft sind, wird später – im Kap. 3 in den Abschn. 3.5.1 und 3.5.2 – ausführlich dargelegt, wie man zu den *relativen Häufigkeiten* und den *relativen Summenhäufigkeiten* kommen kann.

Vorher soll aber den Möglichkeiten, die Excel zur schnellen und attraktiven *grafischen Darstellung von Datenbeständen* bietet, ein besonderes Kapitel gewidmet werden.

# Literatur

1. Benker, H.: Wirtschaftsmathematik – Problemlösungen mit EXCEL. Vieweg-Verlag, Wiesbaden (2007)

2. Bourier, G.: Beschreibende Statistik. Gabler-Verlag, Wiesbaden (2013)

3. Duller, C.: Einführung in die Statistik mit EXCEL und SPSS: Ein anwendungsorientiertes Lehr- und Arbeitsbuch. Physica-Verlag, Heidelberg (2010)

4. Fahrmeir, L., Künstler, R., Pigeot, I., Tutz, G.: Statistik. Der Weg zur Datenanalyse. Springer-Verlag, Berlin (1997)

5. Fleischhauer, C.: EXCEL in Naturwissenschaft und Technik. Addison Wesley Verlag, München (1998)

6. Jeschke, E., Pfeifer, E., Reinke, H., Unverhau, S., Fienitz, B.: Excel: Formeln und Funktionen. O'Reilly-Verlag, Köln (2014)

7. Leiner, B.: Grundlagen statistischer Methoden. Oldenbourg-Verlag, München Wien (1995)

8. Monka, M., Schöneck, N., Voß, W.: Statistik am PC – Lösungen mit Excel. Hanser Fachbuchverlag, München (2008)

9. Sauerbier, T., Voss, W.: Kleine Formelsammlung Statistik. Carl Hanser Verlag, München (2008)

10. Schells, I.: Excel im Allgemeinen. O'Reilly-Verlag, Köln (2005)

11. Schira, J.: Statistische Methoden der VWL und BWL. Pearson-Verlag, München (2005)

12. Schnell, R.: Graphisch gestützte Datenanalyse. Oldenbourg- Verlag, München, Wien (1994)

13. Schuster, H.: Professionelle Datenauswertung mit Pivot. VNR-Verlag für die deutsche Wirtschaft, Bonn (2009)

14. Untersteiner, H.: Statistik – Datenauswertung mit Excel und SPSS. Verlag UTB, Stuttgart (2007)

15. Zwerenz, K.: Statistik verstehen mit EXCEL. Oldenbourg-Verlag, München Wien (2001)

# Beschreibende Statistik – Auskünfte über eine Datenreihe

**3**

## 3.1 Vorbemerkung: Skalierung statistischer Daten

### 3.1.1 Einführung

Führt man eine statistische Erhebung durch, befragt man z. B. die Bürgerinnen und Bürger einer Stadt, so erhält man eine Vielzahl von Auskünften unterschiedlicher Art. Man erfragt zum Beispiel

- das Alter und das Geschlecht, stellt fest, ob die Befragten
- Leser der Stadtbibliothek sind oder wie
- zufrieden die Befragten mit den Einkaufsmöglichkeiten in ihrer Stadt sind.

Die Befragten können die Arbeit der Stadtverwaltung bewerten, sie geben Auskunft über die Anzahl der im Haushalt lebenden Kinder sowie über die Entfernung zwischen Wohnung und Arbeitsort. Man erhält wohl auch Auskunft über

- den gefahrenen Autotyp, vielleicht sogar über
- das verfügbare Haushaltseinkommen und die
- Anzahl der betreuten Haustiere.

Auch kann man nach der Religionszugehörigkeit und nach dem erlernten Beruf fragen.

> All diese Daten sind *von unterschiedlicher Qualität*.

© Springer Fachmedien Wiesbaden 2016
H. Matthäus, W.-G. Matthäus, *Statistik und Excel*, DOI 10.1007/978-3-658-07689-4_3

Bei einer ersten groben Einteilung könnte man zwischen

- *quantitativen Daten*

und

- *qualitativen Daten*

unterscheiden:

Von den oben angeführten Daten gehören z. B. das Alter, die Anzahl der im Haushalt lebenden Kinder, die Entfernung zwischen Wohnung und Arbeitsort sowie das verfügbare Haushaltseinkommen zu den *quantitativen* Daten. Auch die Anzahl der betreuten Haustiere gehört zu diesem Datentyp. Alle anderen aufgeführten Daten sind *qualitative* Daten.

> Etwas genauer kann man Daten nach ihrem *Skalierungstyp* unterscheiden.

Diese Unterscheidung der Daten nach ihrer Skalierung ist wichtig, weil das *Datenniveau* den Kreis der möglichen sinnvollen Auswertungsmethoden bestimmt. So ist es z. B. durchaus sinnvoll, nach dem *durchschnittlichen verfügbaren Haushaltseinkommen* zu suchen, während eine mittlere, *durchschnittliche Religionszugehörigkeit* sinnlos ist.

Betrachten wir die *Skalen* etwas genauer.

## 3.1.2  Nominal skalierte Daten

▶  **Definition**  Das niedrigste Skalierungsniveau besitzen *nominal skalierte Daten.*
Hier bringen die Merkmalsausprägungen, die Merkmalswerte, lediglich die *Verschiedenartigkeit* zum Ausdruck.

Zulässige Relationen auf einer Nominalskala sind nur „gleich" oder „ungleich". Zwei Befragte hatten z. B. die gleiche Religionszugehörigkeit oder sie gaben unterschiedliche erlernte Berufe an.

▶  **Definition**  Weist ein Merkmal nur zwei *sich gegenseitig ausschließende Merkmalsausprägungen* auf, so nennt man es ein *dichotomes* oder *binäres* Merkmal.

Das Geschlecht der Befragten ist so ein Merkmal.

Dichotome Merkmale werden auch als *alternative Merkmale* bezeichnet.

### 3.1.3 Ordinal skalierte Daten

▶ **Definition** Bringen die Merkmalsausprägungen nicht nur eine Verschiedenartigkeit zum Ausdruck, sondern auch eine *natürliche Rangfolge der Merkmalsausprägungen*, so liegen *ordinal skalierte Daten* vor.

Neben der bereits auf der Nominalskala möglichen Relation „gleich" bzw. „ungleich" sind jetzt auch Aussagen der Form „größer als" (oder „besser als") und „kleiner als" (oder „schlechter als") möglich. Dabei sind die *Abstände zwischen den Merkmalsausprägungen* aber *nicht quantifizierbar*. Zu den *ordinal skalierten Daten* gehören von den oben angeführten Merkmalen z. B. die Zufriedenheit der Befragten mit den Einkaufsmöglichkeiten oder die Bewertung der Arbeit der Stadtverwaltung.

### 3.1.4 Metrisch skalierte Daten

#### 3.1.4.1 Definition

▶ **Definition** Bringen die Merkmalsausprägungen nicht nur Verschiedenartigkeit und Rangfolge zum Ausdruck, sondern lassen sich auch die *Unterschiede zwischen zwei Merkmalsausprägungen quantifizieren*, so liegen *metrisch skalierte* Daten vor. Man sagt auch, dass die Daten *kardinal skaliert* sind.

*Metrisch skalierte Daten* sind im Allgemeinen das Resultat eines *Zähl- oder Messvorgangs*.

Von den oben angeführten Merkmalen sind die Anzahl der im Haushalt lebenden Kinder, das Alter der Befragten oder die Entfernung zwischen Wohnung und Arbeitsort metrisch skalierte Daten. Auch das verfügbare Haushaltseinkommen und die Anzahl der betreuten Haustiere gehören zu den kardinal skalierten Merkmalen.

Metrische Skalen kann man weiter unterteilen in *Intervallskalen* und *Verhältnisskalen*.

### 3.1.4.2  Intervallskalen und Verhältnisskalen

▶  **Definition**  In einer *Intervallskala* lassen sich die Abstände zwischen den Merkmalsausprägungen sinnvoll interpretieren, Quotienten lassen sich dagegen nicht sinnvoll deuten.

Eine Temperatur von $10°$ Celsius ist um $10°$ geringer als eine Temperatur von $20°$ Celsius. Es ist aber nicht sinnvoll zu sagen, dass es bei einer Temperatur von $20°$ Celsius doppelt so warm ist, wie bei einer Temperatur von $10°$ Celsius.

▶  **Definition**  Sind auch *Quotienten von Merkmalsausprägungen* sinnvoll interpretierbar, so spricht man von einer *Verhältnisskala*.

Ein verfügbares Haushaltseinkommen von 4000 € ist doppelt so hoch wie eines von 2000 €, eine solche Aussage ist sinnvoll. In einer Familie mit vier Kindern leben doppelt so viele Kinder wie in einer Familie mit zwei Kindern.

Während Intervallskalen *keinen natürlichen Nullpunkt* und keine *natürliche Maßeinheit* besitzen, haben Verhältnisskalen einen natürlichen Nullpunkt. Sie besitzen aber keine natürliche Maßeinheit.

▶  **Definition**  Verhältnisskalen, die sowohl einen natürlichen Nullpunkt als auch eine natürliche Maßeinheit besitzen werden auch als *Absolutskalen* bezeichnet.

Die Anzahl der im Haushalt lebenden Kinder ist z. B. ein solches Merkmal, das auf einer Absolutskala gemessen wird. Im Folgenden werden wir immer von *metrisch (kardinal) skalierten Merkmalen* sprechen, ohne dabei weiter zu verfeinern, ob es sich um eine Intervall – oder Verhältnisskala handelt.

### 3.1.4.3  Diskrete und stetige Merkmale

▶  **Definition**  Kann ein metrisch skaliertes Merkmal nur *abzählbar viele Merkmalswerte* annehmen, so heißt es *diskretes Merkmal*.

Die Anzahl der im Haushalt lebenden Kinder ist z. B. ein solches diskretes Merkmal, genauso wie die Anzahl der in einer Sommernacht gezählten Sternschnuppen ein solches diskretes Merkmal ist.

▶  **Definition**  Wenn ein metrisch skaliertes Merkmal in jedem beliebig kleinen Intervall *mehr als abzählbar unendlich viele Werte* annehmen kann, so nennt man es *stetiges Merkmal*.

Bei Datenerhebungen können stetige Merkmale oft nur diskret beobachtet werden, da Messverfahren nicht beliebig genau sind. So ist z. B. das Lebensalter ein stetiges Merkmal, das aber häufig nur in ganzen Lebensjahren verwendet wird. Auch die Entfernung

| | Skala | Besonderheit | Daten |
|---|---|---|---|
| qualitative Merkmale | Nominalskala | nur 2 Merkmalsausprägungen | dichotom |
| | Nominalskala | mehr als 2 Merkmalsausprägungen | kategorial |
| | Ordinalskala | natürliche Ordnung der Ausprägungen | ordinal |
| quantitative Merkmale | Intervallskala | ohne natürlichen Nullpunkt | metrisch |
| | Verhältnisskala | mit natürlichem Nullpunkt | metrisch |

**Abb. 3.1** Begriffe zur Datenskalierung

zwischen Wohnung und Arbeitsort ist ein stetiges Merkmal, bei dem in der Regel aber nur von Metern gesprochen wird. Umgekehrt werden diskrete Merkmale für statistische Analysen manchmal wie stetige Merkmale behandelt, wenn z. B. in einem Intervall eine sehr große Anzahl von Merkmalsausprägungen zu beobachten ist.

### 3.1.5  Sinnfälligkeit arithmetischer Operationen

Erst für metrisch skalierte Daten sind *arithmetische Operationen* sinnvoll.

Auf einer *Nominalskala* oder einer *Ordinalskala* sind also z. B. Mittelwertbildungen *nicht sinnvoll*.

Der häufig verlangte *Zensurendurchschnitt* ist, statistisch gesehen, eine *unsinnige Zahlenangabe*, da Zensuren zu den ordinal skalierten Merkmalen gehören.

In Abb. 3.1 sind die Begriffe zur Datenskalierung noch einmal übersichtlich zusammengestellt.

## 3.2   Auskünfte mit Grafiken

### 3.2.1   Histogramme

Betrachten wir noch einmal den Datenbestand aus Kap. 2, Abschn. 2.3.2 mit den dort (willkürlich) festgelegten Klassengrenzen:

| Name | Gewicht (kg) | Klassengrenzen |
|------|--------------|----------------|
| Person_1 | 62,33 | 60 |
| Person_2 | 45,86 | 80 |
| Person_3 | 91,37 | 100 |
| Person_4 | 115,76 | 120 |
| Person_5 | 58,02 | |
| Person_6 | 77,16 | |
| Person_7 | 72,36 | |
| Person_8 | 56,32 | |

Und wenden wir uns noch einmal dem (leider statischen) Werkzeug HISTOGRAMM aus dem Abschn. 2.3.2.6 des Kap. 2 zu.

*Statisch* heißt, das Werkzeug aktualisiert die Ergebnisse bei *Änderungen im Datenbestand* nicht automatisch, sondern muss dann erneut aktiviert werden.

Das Werkzeug HISTOGRAMM liefert, wenn im Eingabefenster ein Haken bei Diagrammdarstellung angebracht wurde, zusätzlich sofort eine erste grafische Darstellung der Häufigkeit in Form eines *einfachen Säulendiagramms*:

Dieses Säulendiagramm beschreibt in einfacher Form die Verteilung der Daten auf die einzelnen Klassen.

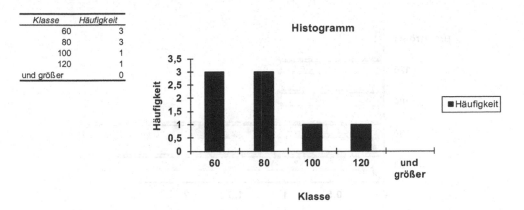

**Abb. 3.2**  Klassenhäufigkeiten, mitgeteilt mit absoluten Zahlen sowie durch ein Histogramm

Das in Abb. 3.2 gezeigte Säulendiagramm ist dann das *Histogramm*, das dem Werkzeug seinen Namen gab.

Auf die Form und Gestaltung der von dem Werkzeug angebotenen grafischen Darstellung kann man anschließend umfassend Einfluss nehmen: Dasjenige Diagrammelement, welches gestaltend verändert werden soll, wird mit der Neben-Maustaste angeklickt wird (liegt die Maus links von der Tastatur, benutzen Linkshänder die rechte Maustaste). Dann blättert jeweils ein *Leistungsangebot* zur Gestaltung des ausgewählten Elements der Grafik auf.

Sollen zum Beispiel die *Säulen* nicht einfarbig, sondern schräg gestreift zweifarbig dargestellt werden, dann wird mit der Neben-Maustaste eine Säule angeklickt und `Datenreihen formatieren` ausgewählt. Es erscheint ein reichhaltiges Angebot, wie die *Füllung*, die *Rahmenfarbe* und die *Rahmenart* gestaltet werden könnte. Auch *Schatten* können verlangt werden und verschiedene 3D-Darstellungen.

Auch ist es, um ein weiteres Beispiel vorzuführen, problemlos möglich, den *Diagrammtyp* zu verändern: Die Grundfläche des Histogramms wird mit der Neben-Maustaste angeklickt, anschließend wird aus dem Leistungsangebot die Leistung *Diagrammtyp* ausgewählt. Nun könnte man aus der Fülle des Angebots beispielsweise die *Balken* auswählen und anschließend weitere Gestaltungsmaßnahmen vornehmen. Wenn man insbesondere mit den reizvollen *Fülleffekten* nicht sparsam umgeht, dann lässt sich das ursprünglich recht hausbacken aussehende Histogramm in kurzer Zeit zu einer optisch viel attraktiveren Form umgestalten:

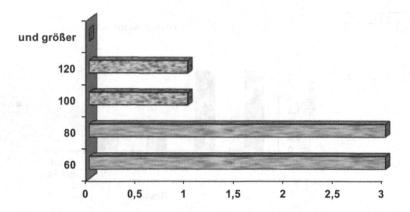

Für die Präsentation über *Bildschirm oder Beamer* setze man auf die Wirkung der Farben. Für den Fall aber, dass – wie in diesem Buch oder in üblichen Beleg- und Diplomarbeiten – für eine reine *Schwarz-Weiß-Wiedergabe* gestaltet werden muss, sollte man mehr auf entsprechende Angebote an *Mustern* zurückgreifen.

### 3.2.2 Die F11-Methode zur Herstellung von Grafiken

#### 3.2.2.1 Zusammenhängende Daten

In einer Spalte eines Datenbestandes mögen nichtnumerische Angaben stehen – hier sind es die Namen von Abteilungen, unmittelbar daneben stehen zugehörige Zahlenwerte – hier sind es Umsatzzahlen. Dieser Datenbestand soll *separiert* sein, das heißt, die nebenstehende Spalte C sowie die Zeile 11 müssen leer sein.

| Abteilung | Umsatz |
|---|---|
| Abt_1 | 50,8 |
| Abt_2 | 59,5 |
| Abt_3 | 59,6 |
| Abt_4 | 32,6 |
| Abt_5 | 34,7 |
| Abt_6 | 43,6 |
| Abt_7 | 38,4 |
| Abt_8 | 21,5 |
| Abt_9 | 43,1 |

Gesucht ist eine *grafische Darstellung* des zahlenmäßig präsentierten Zusammenhanges, und sie soll möglichst schnell und möglichst bequem herstellbar sein.

Das Vorgehen dafür ist denkbar einfach: Der Tabellenkursor wird in das *Innere des separierten Datenbestandes* gesetzt. Der anschließende Druck auf die [F11]-Taste liefert sofort ein neues Excel-Blatt mit einem großen, einfachen, zweidimensionalen *Säulendiagramm*, auch ein passender Diagrammtitel wird erzeugt:

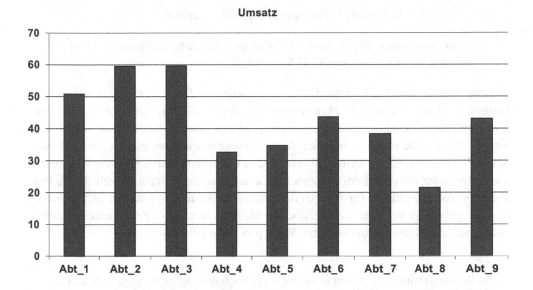

Der Nutzen der F11-Methode liegt in der Unkompliziertheit ihrer Anwendung, zum anderen in der stets vollen Ausnutzung des gesamten Bildschirms für die Grafik.

Mit Hilfe der Neben-Maustaste kann nun zuerst der *Diagrammtyp* gewechselt werden; die *Beschriftungen der Achsen* können in ihrer Gestaltung verändert werden. Schließlich könnte sogar (nach Doppelklick mit der Neben-Maustaste) jedes einzelne *Diagrammelement* mit einer anderen Farbe bzw. einem anderen Muster versehen werden.

Es dauert nur Sekunden, und aus dem Primitiv-Diagramm, das die F11-Methode lieferte, ist ein optisch anspruchsvolles Diagramm entstanden.

Will man zum Beispiel den Betrachtern der Grafik die erreichten Zahlenwerte ganz deutlich vor Augen führen und ihnen das Ablesen an der senkrechten Achse ersparen, dann wird mit der Neben-Maustaste eine Säule angeklickt und `Datenbeschriftungen` `hinzufügen` gewählt. Wenn die Schriftgröße nicht ausreichend ist, dann werden die Beschriftungen von *Rubrikenachse* (waagerechte Achse, *X*) bzw. *Größenachse* (senkrechte Achse, *Y*) markiert und größer oder in einer anderen Schriftart oder fett formatiert. Mit ein wenig Training erlernt man auch schnell die Umstellung auf andere Formen der Grafik, zum Beispiel auf eine dreidimensionale Säulengrafik mit Zylindern. Diese erinnert wegen des Musters sehr an eine Schornsteinlandschaft. Oder man stellt um auf eine zweidimensionale Balkengrafik, die sich immer durch sehr gute Lesbarkeit auszeichnet. Oder, oder, oder ...

Welche Art der Darstellung sollte eigentlich gewählt werden?

► **Wichtiger Hinweis** Die F11-Methode liefert grundsätzlich anfangs nur eine sehr einfache, primitiv aussehende 2-D-Säulengrafik.

Danach sollte entsprechend der *Art der darzustellenden Daten*, der *beabsichtigten Wirkung* auf die Betrachter und (nicht zu vergessen!) – den *Traditionen des jeweiligen Fachgebietes* genügend – ein *passender Diagrammtyp* ausgewählt und dieser weiter ausgestaltet werden. Man sollte jedoch – bei aller Wertschätzung des umfangreichen, und mit jeder neuen Version von Excel weiter aufgestockten Fundus an Darstellungsmöglichkeiten – die *Sehgewohnheiten der Betrachter* niemals unterschätzen. Bevor man sich für die Präsentation von Ergebnissen für eine Art der grafischen Darstellung entscheidet, sollte man deshalb unbedingt stets die fachspezifischen Medien (Zeitungen, Zeitschriften, Lehrbücher, aber auch Rechenschaftsberichte, Werbeprospekte usw.) ansehen.

> Im Regelfall wird es vom Betrachter nicht positiv honoriert, wenn er gewohnte Sichten verlassen muss.

### 3.2.2.2 Nicht zusammenhängende Daten
Wir wollen nun die folgende Tabelle betrachten:

| Abteilung | Januar | Februar | März | April | Mai | Juni |
|---|---|---|---|---|---|---|
| Abt_1 | 44,60 | 38,55 | 25,89 | 21,85 | 39,16 | 40,11 |
| Abt_2 | 22,28 | 45,24 | 31,89 | 31,09 | 36,80 | 29,72 |
| Abt_3 | 47,27 | 49,91 | 27,99 | 29,67 | 24,30 | 30,19 |
| Abt_4 | 29,04 | 48,17 | 21,30 | 21,45 | 34,27 | 49,52 |
| Abt_5 | 42,65 | 36,74 | 34,40 | 46,12 | 33,04 | 31,01 |
| Abt_6 | 23,46 | 29,63 | 38,45 | 28,61 | 36,75 | 49,28 |
| Abt_7 | 48,86 | 28,94 | 27,33 | 34,46 | 45,45 | 31,53 |
| Abt_8 | 43,45 | 41,48 | 49,59 | 39,59 | 26,47 | 26,78 |
| Abt_9 | 21,54 | 41,87 | 25,62 | 48,44 | 33,25 | 21,83 |

Sie enthält Umsatzzahlen für die einzelnen Abteilungen eines Unternehmens in den ersten Monaten eines Jahres.

> Gesucht ist eine spezielle Grafik aller Umsätze der Abteilungen *im Monat April*. Nur für den April.

Eine elementare Möglichkeit würde darin bestehen, die Spalten A in die Spalte I und die Spalte D in die Spalte J zu kopieren, dann hätte man dort einen separierten Datenbestand, und die F11-Methode wäre anwendbar.

Doch es geht *einfacher*. Wir müssen nur dafür sorgen, dass vor dem Start der F11-Methode die beiden *auseinander liegenden Bereiche* A1:A10 und E1:E10 markiert werden: Dazu markiert man zuerst auf übliche Weise mit der Maus und gedrückter Haupt-Maustaste den Bereich A1:A10. Dann wird die Haupt-Maustaste losgelassen. Anschließend markiert man mit gedrückter [Strg]-Taste mit der Maus den zweiten Bereich E1:E10. Damit sind *nicht zusammenhängende Teile* des Datenbestandes markiert.

Danach kann die Taste [F11] gedrückt werden, es entsteht die gewünschte Rohgrafik der Umsatzwerte im April, anschließend kann aus dieser Rohgrafik mit Gestaltungsmaßnahmen eine attraktive Präsentation entstehen.

### 3.2.3 Zeitreihen

Zeitreihen werden noch mehrfach Gegenstand gesonderter Behandlung sein.

Das ergibt sich aus der nicht oft genug zu betonenden Tatsache, dass *Datumswerte* von Excel als *numerische Werte* (siehe auch den Abschn. 1.1.2 im Kap. 1) gespeichert und behandelt werden.

Daraus ergeben sich regelmäßig überraschende Effekte. Das beginnt schon bei solch einer einfachen Aufgabe, wie sie sich aus der links stehenden Tabelle in Abb. 3.3 ergibt: Über mehrere Jahre hinweg hat ein Gewerbetreibender seinen Umsatz in eine Excel-Tabelle eingetragen und möchte nun eine grafische Darstellung sehen. Er glaubt nichts falsch zu machen – setzt also den Tabellenkursor in eine Zelle des Datenbestandes und drückt dann die Taste [F11].

Die Säulengrafik in Abb. 3.3 zeigt jedoch ein ziemlich überraschendes Ergebnis:

- Offenbar fehlen zuerst auf der waagerechten Achse, die in Excel als Rubrikenachse (*X*) bezeichnet wird, die *erwünschten Jahresangaben*.
- Und warum gibt es *Paare von jeweils zwei Säulen*, warum ist die eine Säulenreihe davon *scheinbar gleich hoch*?

| Jahr | Umsatz in Tsd |
|------|------|
| 1990 | 219,98 |
| 1991 | 185,24 |
| 1992 | 167,77 |
| 1993 | 192,48 |
| 1994 | 246,64 |
| 1995 | 183,77 |
| 1996 | 169,25 |
| 1997 | 237,25 |
| 1998 | 190,92 |
| 1999 | 161,63 |
| 2000 | 194,58 |
| 2001 | 155,00 |

**Abb. 3.3**  Jahresumsätze und Ergebnis der F11-Methode

Um den offensichtlichen Fehler zu erklären, sollte die links stehende Tabelle in der Abb. 3.3 noch einmal genauer betrachtet werden.

Dort sind nämlich die Jahreszahlen *rechtsbündig* eingetragen, weil diese Ziffernfolgen als *reine Zahlen* 1991, 1992 usw. eingegeben wurden. Erkennt Excel bei der Umsetzung der F11-Methode aber in einer Spalte *reine Zahlenwerte*, dann werden dafür *Säulen* in das Diagramm eingezeichnet.

Und zwischen 1991 und 2001 gibt es angesichts des Maßstabes faktisch keinen Unterschied – das erklärt die etwa gleiche Höhe der falschen „Jahressäulen". Wie kann man nun diesen unerwünschten Effekt verhindern? Dazu gibt es mindestens zwei Methoden.

► **Methode 1** Vor dem Eintragen der ersten Jahreszahl wird die gesamte Spalte für die Jahreszahlen markiert und *als Textspalte* für *nichtnumerische Daten* festgelegt.

Dann – das ist die Kontrolle – trägt Excel die Jahreszahlen *linksbündig* ein; die Eingabe 1990 wird folglich behandelt wie die reine *Zeichenfolge* Eins-Neun-Neun-Null. Dann stehen in der linken der beiden Spalten nur *Texteinträge*, das heißt *nichtnumerische Daten*. Excel beschriftet folglich mit diesem „Text" die Rubrikenachse. Das gewünschte Aussehen der Grafik kann dann durch *weitere Gestaltungsmaßnahmen* hergestellt werden. Man beachte aber erneut, dass die nachträgliche Formatierung einer Spalte als „Text" im Datenbestand nicht zum Erfolg führt.

► **Methode 2** (empfohlen bei Datumsspalten aller Art): Anstelle der Jahreszahl 1990 wird stets das *Datum des Jahresanfangs* eingegeben: 1/1/1990 oder 1.1.1990:
Anstelle der Jahreszahl 1991 wird 1/1/1991 oder 1.1.1991 eingegeben.

Weitere Eingaben sind nicht nötig, da Excel die Gesetzmäßigkeit jetzt erkennen und automatisch fortführen kann (vgl. Abschn. 1.2 im Kap. 1): Dazu markiert man beide Datumsangaben und zieht einfach mit der Maus das schwarze Quadrat entsprechend weit nach unten. Anschließend werden die Jahresanfänge markiert, und über

```
[Strg]+[1]→ZAHLEN→BENUTZERDEFINIERT→JJJJ
```

stellt man die Anzeige so ein, dass *nur noch die Jahreszahl zu sehen* ist:

> Damit wird nur die Anzeige, nicht aber der tatsächliche Datenbestand verändert.

Rein äußerlich liegt nun scheinbar dieselbe Situation wie in Abb. 3.3 vor, aber durch kontrollierende Umstellung auf Zahlenangaben eines der Einträge der Jahresspalte kann man sich schnell überzeugen, dass Excel die Einträge unter der Überschrift Jahr immer noch als *Datumsangaben* erkennen wird. Wird nun erneut die F11-Methode gestartet, dann entnimmt Excel aus dem Vergleich zwischen *gespeicherten Datumswerten* und *eingestellter Anzeigeform*, dass der Nutzer die Jahreszahlen an der *Rubrikenachse* (*X*) sehen möchte – und handelt entsprechend. Die Abb. 3.4 zeigt das gewünschte Ergebnis.

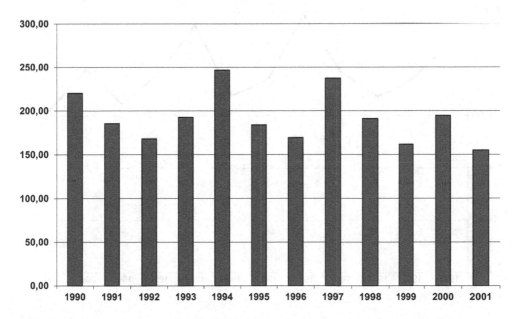

**Abb. 3.4**  Die Jahreszahlen sind nun an der Rubrikenachse (waagerechte Achse) aufgetragen

Die *Methode 2* wird generell empfohlen, wenn *Datumsangaben* (Jahre, Monate, Tage) als Beschriftungen der Rubrikenachse gewünscht werden.

Dabei kann es vorkommen, dass trotzdem in der Grafik noch die Monatsnamen und zwei Ziffern für das Jahr erscheinen. Dann muss man in der Grafik die *Rubrikenachse* (waagerechte Achse, *X*) mit einem Mausklick markieren und dort noch einmal die *benutzerdefinierte Formatierung* JJJJ der Schrift einstellen.

## 3.2.4  Skalierung

### 3.2.4.1  Bedeutung
Worin unterscheiden sich die drei Grafiken in der Abb. 3.5a–c? Wenn man genau hinsieht, stellt man fest, dass *rein inhaltlich* kein Unterschied besteht: Dargestellt ist in beiden Fällen exakt dieselbe Umsatzentwicklung aus der schon bekannten Tabelle aus Abb. 3.3 über den Zeitraum von zwölf Jahren, diesmal in Form von drei *verschieden skalierten Liniengrafiken* dargestellt.

a

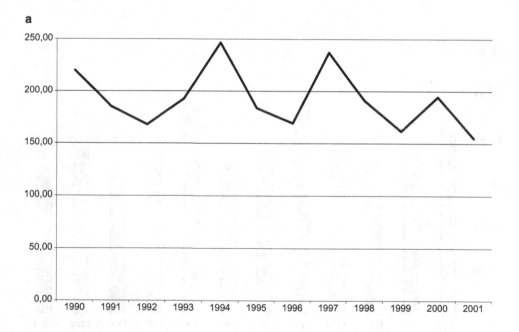

**b**

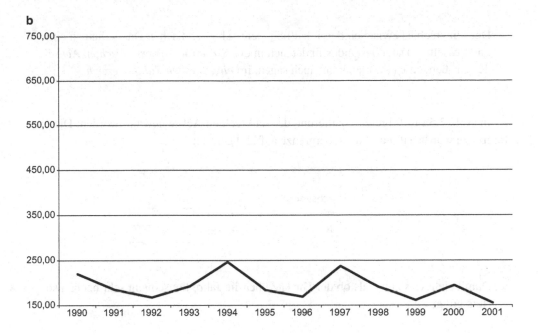

**c**

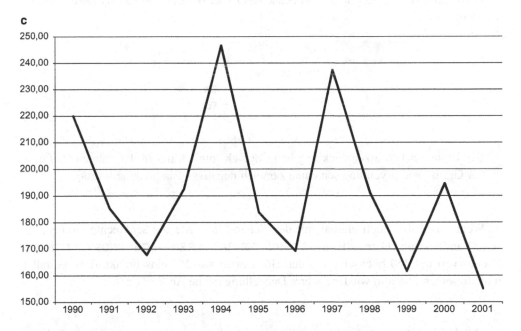

**Abb. 3.5** Liniengrafik zur Umsatzentwicklung. **a** stark optimistische Sicht, **b** stark pessimistische Sicht, **c** scheinbar starke Dynamik

Der Unterschied zwischen den inhaltlich identischen grafischen Darstellungen ein- und desselben Datenbestandes findet sich in der *Skalierung der senkrechten Achse*, der Größenachse (*Y*), man kann auch sagen, im *eingestellten Zahlenbereich*.

In Abb. 3.5a ist folgende Skalierung der senkrechten Achse gewählt worden: Die Untergrenze wurde auf 0 und die Obergrenze auf 250 gesetzt:

Damit sieht es so aus, als ob der Umsatz über die Jahre konsequent sehr hoch, also stets gut gewesen sei.

In Abb. 3.5b ist dagegen an der Größenachse (*Y*) der Bereich von 150 bis 750 eingestellt worden:

Die Linie der Umsatzentwicklung befindet sich folglich tief in der unteren Hälfte der Grafik, was psychologisch einen ziemlich negativen Eindruck hervorruft.

Wenn man aber noch einmal mit der Neben-Maustaste die senkrechte Größenachse (*Y*) anklickt und über ACHSE→ACHSE FORMATIEREN→ACHSENOPTIONEN den Kleinstwert auf 150 hochsetzt und den Höchstwert auf 250 einschränkt, dann gestaltet man dieselben Daten in wieder anderer Darstellung (siehe Abb. 3.5c):

Der Betrachter dieser Grafik muss annehmen, dass der Umsatz von Jahr zu Jahr ungeheuren Änderungen unterworfen gewesen sein muss.

▶  **Man beachte**  Die F11-Methode schließt grundsätzlich eine *optimale Skalierung*
ein, d. h. die Größenachse wird so eingeteilt, dass die Daten *möglichst gut dargestellt* werden.

Schaltet man die *automatische Skalierung* aus und wählt manuell den Kleinst- und den
Höchstwert sowie das Hauptintervall, dann kann man *interessante psychologische Wir-
kungen* erzielen, je nachdem, ob man beim Betrachter eine positive oder negative Haltung
zur Qualität des dargestellten Zusammenhangs hervorrufen möchte.

### 3.2.4.2  Logarithmische Skalierung

Nicht selten tritt insbesondere bei volkswirtschaftlichen und internationalen Daten, die
eine Entwicklung über *lange Zeiträume* beschreiben, ein besonderer Effekt auf. Diese
Daten können sich *extrem in ihren Größenordnungen unterscheiden*.

So ist z. B. in der Tabelle in Abb. 3.6a die Wechselkursentwicklung der Währung eines
Hochinflationslandes zum Euro über einen Zeitraum von einem knappen Dutzend Jahren

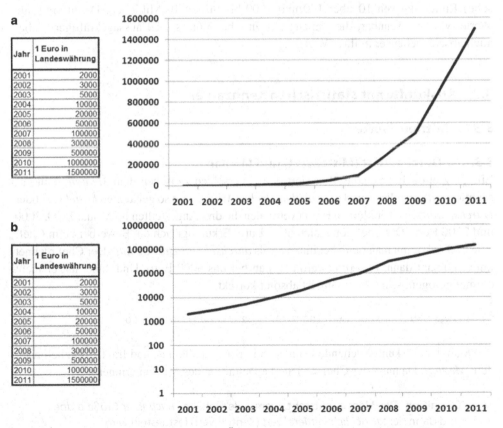

**Abb. 3.6**  Wechselkurs bei Hochinflation. **a** Übliche Darstellung, **b** Logarithmische Skalierung

dargestellt. Die automatische Skalierung muss sich nach dem größten Wert richten, folglich sorgt die F11-Methode dafür, dass die senkrechte Größenachse (*Y*) den Höchstwert von 1,6 Millionen erhält.

Dann allerdings, man erkennt es unschwer in der Liniengrafik in Abb. 3.6a, spielen alle Daten der ersten Jahre in der Grafik keine Rolle mehr, die Grafik verliert wesentlich an Aussagekraft.

► **Wichtiger Hinweis** Hier hilft die so genannte *logarithmische Skalierung* (Neben-Maustaste an der senkrechten Achse)→ACHSE FORMATIEREN→ LOGARITHMISCHE SKALIERUNG.

Die Größenachse bekommt bei logarithmischer Skalierung keine gleichabständige (arithmetische) Einteilung mehr, sondern eine *in Zehnerpotenzen steigende* (logarithmische) Einteilung von 10 über 100 und 1000 bis hin zu 10 Millionen. Damit sind alle Werte wieder erkennbar, die Liniengrafik in Abb. 3.6b ist viel aussagekräftiger – aber auch abschwächender in ihrer Wirkung.

## 3.3    Auskünfte mit statistischen Kennzahlen

### 3.3.1    Mittlere Werte

#### 3.3.1.1    Durchschnitt (Mittelwert) und Median

Ein ganz einfaches Beispiel illustriert den Unterschied zwischen dem *Median*, dem tatsächlich *mittleren Wert*, und dem *arithmetischen Mittel*, dem so genannten *Mittelwert* oder *Durchschnitt*: In einer kleinen Firma verdienen die drei Angestellten im Monat 1800, 2000 und 2200 Euro. Der Chef gönnt sich 6000 Euro. Erkundigt sich ein Bewerber beim Chef: Wie viel bekommt man denn bei ihnen so als *durchschnittliches Gehalt*? Der Chef rechnet kurz und sagt dann: *Im Mittel* verdient man bei uns 3000 Euro. Und dabei hat er nicht einmal gelogen; seine Rechnung ist absolut korrekt:

```
Mittelwert=Durchschnitt=(1800+2000+2200+6000)/4 = 3000
```

Doch der Auskunftssuchende kennt sich in der Statistik aus, und fragt zusätzlich nach dem *Median*. Da muss der Chef sich an die Definition des Median erinnern:

► **Definition** Der *Median* entsteht, wenn alle Gehälter *nach ihrer Größe ordnen* und dann der *tatsächlich mittlere Wert* (Zentralwert) festgestellt wird:
1800  2000  2200  6000

Da es bei einer geraden Anzahl von Werten keinen *sofort ablesbaren mittleren Wert* gibt, müssen in diesem Fall die beiden mittleren Werte addiert und durch zwei geteilt werden:

```
Median = (2000+2200)/2 = 2100
```

Danke sehr, sagt da der Bewerber, und geht nachdenklich nach Hause. Denn mit dem Wert des Medians hat er *sicher erfahren*, dass die *Hälfte aller Mitarbeiter* nur bis 2100 Euro verdient – das lässt ihn sein Anfangsgehalt ahnen.

▶ **Definition** Das *arithmetische Mittel* (auch bezeichnet als *Mittelwert* oder *Durchschnitt*) ist definiert als Summe aller Daten einer eindimensionalen numerischen Datenmenge, dividiert durch deren Anzahl:

$$\bar{x} = \frac{1}{n} \sum_{i=1}^{n} x_i. \tag{3.1}$$

Während das *arithmetische Mittel*, umgangssprachlich auch als *Durchschnitt* oder *Mittelwert* bezeichnet, jedem Schüler spätestens seit der Berechnung seiner ersten Durchschnittszensur vertraut ist, fristet der *Median* ein unverdientes Schattendasein.

Dabei ist die Anwendung des *Medians* bereits bei *ordinal skalierten Daten* (siehe Abschn. 3.1.3) sinnvoll, während das *arithmetische Mittel* erst bei höherem Datenniveau, nämlich bei *metrisch skalierten Daten*, sinnvoll wird. Die besten Informationen über die Situation in einem Datenbestand erhält man, wenn man sowohl den *Median* als auch den *Durchschnittswert* (Mittelwert) betrachtet. Sehen wir uns dazu zwei Tabellenpaare mit jeweils acht (zentriert eingetragenen) Zensuren an, die sich im Bereich A3 : H3 befinden:

| | A | B | C | D | E | F | G | H |
|---|---|---|---|---|---|---|---|---|
| 1 | Median: | =MEDIAN(3:3) | | | | | | |
| 2 | Mittelwert: | =MITTELWERT(3:3) | | | | | | |
| 3 | 1 | 5 | 1 | 5 | 1 | 1 | 1 | 1 |

| | A | B | C | D | E | F | G | H |
|---|---|---|---|---|---|---|---|---|
| 1 | Median: | 1 | | | | | | |
| 2 | Mittelwert: | 2,0 | | | | | | |
| 3 | 1 | 5 | 1 | 5 | 1 | 1 | 1 | 1 |

In den Formeln ist der Einfachheit halber nicht der konkrete Bereich A3:H3 angegeben, sondern gleich die ganze dritte Zeile 3:3. Damit braucht man nichts zu ändern, wenn weitere Daten in dieser Zeile hinzukommen. Während der *Durchschnittswert* (das *arithmetische Mittel*) von 2,0 überhaupt nichts darüber aussagt, wie er zustande kommt, ob sich beispielsweise im Datenbestand lauter Zweien tummeln oder gleichmäßig verteilt die Noten 1 bis 3 oder noch etwas anderes, teilt uns der Median dagegen zuverlässig mit, dass mehr als die Hälfte aller Zensuren *nur aus Einsen bestehen* muss:

$$1 \quad 1 \quad 1 \quad 1 \quad 1 \quad 1 \quad 5 \quad 5$$
$$\uparrow$$

Verdeutlichen wir uns dazu an dem zweiten Beispiel noch einmal, wie erst durch Median *und* Durchschnitt die Situation im Datenbestand wirklich transparent wird.

| | A | B | C | D | E | F | G | H |
|---|---|---|---|---|---|---|---|---|
| 1 | Median: | =MEDIAN(3:3) | | | | | | |
| 2 | Mittelwert: | =MITTELWERT(3:3) | | | | | | |
| 3 | 3 | 1 | 3 | 1 | 2 | 4 | 1 | 1 |

| | A | B | C | D | E | F | G | H |
|---|---|---|---|---|---|---|---|---|
| 1 | Median: | 1,5 | | | | | | |
| 2 | Mittelwert: | 2,0 | | | | | | |
| 3 | 3 | 1 | 3 | 1 | 2 | 4 | 1 | 1 |

Dem Zahlenwert des *Medians* kann man sofort entnehmen, dass der Datenbestand aus einer geraden Anzahl von Zensuren bestehen muss und dass links von der Mitte eine Eins und rechts von der Mitte eine Zwei stehen muss.

$$1 \quad 1 \quad 1 \quad 1 \quad 2 \quad 3 \quad 3 \quad 4$$
$$\uparrow$$

Also hat genau die Hälfte der Zensuren den Wert Eins. Da der *Durchschnittswert* aber trotzdem relativ gut ist, kann offensichtlich die restliche Zensurenhälfte keinesfalls die Negativdimensionen wie im vorigen Beispiel beinhalten.

▶ **Man beachte** *Bei Daten niedrigen Datenniveaus* ist der *Durchschnitt* sinnlos, aber der *Median* ist durchaus nützlich und brauchbar.

Ausgangspunkt sei eine Datenmenge, die die *Zufriedenheit mit der Arbeit der Stadtverwaltung* in vier Kategorien erfasst: sehr zufrieden (sz), finde ich gut (fi), genügend (ge) und unzumutbar (un). Da die Excel-Funktion =MEDIAN(...) nur mit Zahlen arbeiten kann, muss zuerst eine *Kodierung* vorgenommen werden. Dazu kann man die WENN-Funktion verwenden:

| Zufriedenheit mit der Arbeit der Stadtverwaltung | Kodiert | Median |
|:---:|:---:|:---:|
| sz | =WENN(A2="sz";1;WENN(A2="fi";2;WENN(A2="ge";3;4))) | =MEDIAN(B2:B13) |
| un | =WENN(A3="sz";1;WENN(A3="fi";2;WENN(A3="ge";3;4))) | |
| fi | =WENN(A4="sz";1;WENN(A4="fi";2;WENN(A4="ge";3;4))) | |
| ge | =WENN(A5="sz";1;WENN(A5="fi";2;WENN(A5="ge";3;4))) | |
| sz | =WENN(A6="sz";1;WENN(A6="fi";2;WENN(A6="ge";3;4))) | |
| un | =WENN(A7="sz";1;WENN(A7="fi";2;WENN(A7="ge";3;4))) | |
| ge | =WENN(A8="sz";1;WENN(A8="fi";2;WENN(A8="ge";3;4))) | |
| ge | =WENN(A9="sz";1;WENN(A9="fi";2;WENN(A9="ge";3;4))) | |
| sz | =WENN(A10="sz";1;WENN(A10="fi";2;WENN(A10="ge";3;4))) | |
| fi | =WENN(A11="sz";1;WENN(A11="fi";2;WENN(A11="ge";3;4))) | |
| fi | =WENN(A12="sz";1;WENN(A12="fi";2;WENN(A12="ge";3;4))) | |
| fi | =WENN(A13="sz";1;WENN(A13="fi";2;WENN(A13="ge";3;4))) | |

In der Spalte B erscheinen dann die kodierten Werte, und in C2 kann der Median abgelesen werden:

| Zufriedenheit mit der Arbeit der Stadtverwaltung | Kodiert | Median |
|:---:|:---:|:---:|
| sz | 1 | 2 |
| un | 4 | |
| fi | 2 | |
| ge | 3 | |
| sz | 1 | |
| un | 4 | |
| ge | 3 | |
| ge | 3 | |
| sz | 1 | |
| fi | 2 | |
| fi | 2 | |
| fi | 2 | |

Der *Median* liefert den Wert 2. Das bedeutet, dass bei sortierter Anordnung der kodierten Werte links von der Mitte nur Einsen und Zweien stehen können.

Also gehört *mindestens die Hälfte aller erfassten Werte* zu den Kategorien „sehr zufrieden" und „finde ich gut".

Mit der Funktion =MITTELWERT(...) könnte man nun zusätzlich unschwer herausfinden, dass der *Durchschnitt* der kodierten Werte 2,333 beträgt. Was aber, so fragen wir den geneigten Leser, hätte uns dieser eigenartige „Zufriedenheits-Mittelwert" von 2,333 hier wohl zu sagen? Noch dazu ist es schwer vorstellbar, wie man „finde ich gut" und „unzumutbar" addieren kann. Das aber verlangt die Durchschnittsbildung. Soweit zum grundsätzlichen Anliegen von Median und Durchschnitt (Mittelwert).

Beschäftigen wir uns nun mit weiteren Einzelheiten ihrer Berechnung: Hat man den vollen Datenbestand (d. h. eine *Urliste*) zur Verfügung, ist die Berechnung von Median und arithmetischem Mittel mit den Excel-Funktionen =MEDIAN(...) beziehungsweise =MITTELWERT(...) nur eine Frage des Eintragens; schlimmstenfalls muss vorher eine Kodierung erfolgen. Man beachte dabei immer, dass ordinal skalierte Daten keine Durchschnittsbildung erlauben!

> Wie soll man aber vorgehen, wenn nicht mehr der ursprüngliche, volle Datenbestand, sondern eine *Klasseneinteilung der metrisch skalierten Daten* vorhanden ist?

Dann bleibt nur der Ausweg, die *Klassenmitten* aus den *Klassengrenzen* zu berechnen. Diese Klassenmitten werden dann zur Grundlage weiterer Auswertungen gemacht:

| | A | B | C | D | E | F |
|---|---|---|---|---|---|---|
| 1 | von | bis unter | Anzahl | Klassenmitte | Anzahl*Klassenmitte | Mittelwert |
| 2 | 10 | 30 | 5 | =(A2+B2)/2 | =C2*D2 | =SUMME(E:E)/SUMME(C:C) |
| 3 | 30 | 40 | 8 | =(A3+B3)/2 | =C3*D3 | |
| 4 | 40 | 50 | 9 | =(A4+B4)/2 | =C4*D4 | |
| 5 | 50 | 60 | 12 | =(A5+B5)/2 | =C5*D5 | |
| 6 | 60 | 65 | 13 | =(A6+B6)/2 | =C6*D6 | |
| 7 | 65 | 70 | 23 | =(A7+B7)/2 | =C7*D7 | |
| 8 | 70 | 80 | 19 | =(A8+B8)/2 | =C8*D8 | |
| 9 | 80 | 90 | 10 | =(A9+B9)/2 | =C9*D92 | |
| 10 | 90 | 100 | 5 | =(A10+B10)/2 | =C10*D10 | |

| | A | B | C | D | E | F |
|---|---|---|---|---|---|---|
| 1 | von | bis unter | Anzahl | Klassenmitte | Anzahl*Klassenmitte | Mittelwert |
| 2 | 10 | 30 | 5 | 20,0 | 100 | 63,07692308 |
| 3 | 30 | 40 | 8 | 35,0 | 280 | |
| 4 | 40 | 50 | 9 | 45,0 | 405 | |
| 5 | 50 | 60 | 12 | 55,0 | 660 | |
| 6 | 60 | 65 | 13 | 62,5 | 812,5 | |
| 7 | 65 | 70 | 23 | 67,5 | 1552,5 | |
| 8 | 70 | 80 | 19 | 75,0 | 1425 | |
| 9 | 80 | 90 | 10 | 85,0 | 850 | |
| 10 | 90 | 100 | 5 | 95,0 | 475 | |

Hinsichtlich des *Median* scheint in diesem Falle die Situation kompliziert zu sein: Man müsste nämlich die 104 Ersatz-Werte geordnet aufschreiben – zuerst fünfmal die 20 (Mittelwert der ersten Klasse), dann achtmal die 35 (Mittelwert der zweiten Klasse), dann neunmal die 45 usw. Anschließend wäre die Mitte zwischen dem 52-ten und 53-ten

Klassenmittelwert festzustellen – damit käme man schließlich zu einer Aussage, bis zu welcher Klasse die Hälfte des Datenbestandes reicht. Muss dieser Aufwand für den Median getrieben werden? Nein. Denn wir können zur Ermittlung des Medians die *kumulierten absoluten Klassenhäufigkeiten* nutzen:

| | A | B | C | D |
|---|---|---|---|---|
| 1 | von | bis unter | Anzahl | kumulierte Anzahl |
| 2 | 10 | 30 | 5 | =C2 |
| 3 | 30 | 40 | 8 | =D2+C3 |
| 4 | 40 | 50 | 9 | =D3+C4 |
| 5 | 50 | 60 | 12 | =D4+C5 |
| 6 | 60 | 65 | 13 | =D5+C6 |
| 7 | 65 | 70 | 23 | =D6+C7 |
| 8 | 70 | 80 | 19 | =D7+C8 |
| 9 | 80 | 90 | 10 | =D8+C9 |
| 10 | 90 | 100 | 5 | =D9+C10 |

| | A | B | C | D |
|---|---|---|---|---|
| 1 | von | bis unter | Anzahl | kumulierte Anzahl |
| 2 | 10 | 30 | 5 | 5 |
| 3 | 30 | 40 | 8 | 13 |
| 4 | 40 | 50 | 9 | 22 |
| 5 | 50 | 60 | 12 | 34 |
| 6 | 60 | 65 | 13 | 47 |
| 7 | 65 | 70 | 23 | 70 |
| 8 | 70 | 80 | 19 | 89 |
| 9 | 80 | 90 | 10 | 99 |
| 10 | 90 | 100 | 5 | 104 |

Überlegen wir: Die fünf kleinsten Werte befinden sich im Intervall von 10 bis 30. Die nächsten 8 Werte befinden sich im Intervall von 30 bis 40, damit sind die ersten (kleinsten) 13 Werte der Zahlenmenge erfasst. Gehen wir so weiter vor, dann finden wir, dass sich – vom kleinsten Wert beginnend – 47 Werte unterhalb von 65 befinden. Weiter sehen wir weitere 23 (größere) Werte im nächsten Intervall hinzukommend, so dass sich insgesamt 70 Werte unterhalb der 70 befinden. Es gibt insgesamt 104 Werte, der Median würde sich aus dem Mittel vom Wert 52 und 53 ergeben. Diese beiden Werte liegen aber offensichtlich im Intervall von 65 bis 70.

Wo sie sich dort genau befinden, das weiß man zwar nicht – aber da behilft man sich damit, dass man die *Intervall-Mitte*, also hier 67,5, als *Median* benennt.

### 3.3.1.2    Weitere mittlere Werte für metrisch skalierte Daten

Excel stellt mit den beiden Funktionen =HARMITTEL(...) und =GEOMITTEL(...) die beiden Hilfsmittel zur Berechnung des *harmonischen* bzw. des *geometrischen* Mittels bereit.

Ausführliche Darlegungen zu diesen beiden Mittelwerten findet man in Abschn. 3.1.4 und 3.1.5 in [5].

### 3.3.2    Streuungsmaße

### 3.3.2.1    Spannweite

▶  **Definition**  Die *Spannweite* ist die Differenz aus dem größten und dem kleinsten beobachteten Merkmalswert.
Sie kann in einer Excel-Tabelle mit Hilfe der beiden Funktionen =MIN(...) und =MAX(...) berechnet werden:
Spannweite = Maximum minus Minimum

### 3.3.2.2    Mittlere absolute Abweichung

▶  **Definition**  Die *mittlere absolute Abweichung* beschreibt, wie weit die einzelnen Merkmalswerte *durchschnittlich* vom *arithmetischen Mittelwert* entfernt sind.

Dafür wird die *Summe der absoluten Abweichungen* der einzelnen Merkmalswerte vom arithmetischen Mittel gebildet und durch die *Anzahl der Merkmalswerte* dividiert:

|   | A | B | C | D |
|---|---|---|---|---|
| 1 | Daten | Mittelwert | Absolute Abweichung | Mittlere absolute Abweichung |
| 2 | 3 | =MITTELWERT(A:A) | =ABS(A2-B$2) | =MITTELWERT(C:C) |
| 3 | 1 | | =ABS(A3-B$2) | |
| 4 | 3 | | =ABS(A4-B$2) | |
| 5 | 1 | | =ABS(A5-B$2) | |
| 6 | 2 | | =ABS(A6-B$2) | |
| 7 | 4 | | =ABS(A7-B$2) | |
| 8 | 1 | | =ABS(A8-B$2) | |
| 9 | 1 | | =ABS(A9-B$2) | |

| | A | B | C | D |
|---|---|---|---|---|
| 1 | Daten | Mittelwert | Absolute Abweichung | Mittlere absolute Abweichung |
| 2 | 3 | 2,0 | 1,0 | 1,0 |
| 3 | 1 | | 1,0 | |
| 4 | 3 | | 1,0 | |
| 5 | 1 | | 1,0 | |
| 6 | 2 | | 0,0 | |
| 7 | 4 | | 2,0 | |
| 8 | 1 | | 1,0 | |
| 9 | 1 | | 1,0 | |

Es geht jedoch viel einfacher: Mit der Excel-Funktion =MITTELABW(...) erspart man sich sowohl die Berechnung des Mittelwertes der Daten als auch die Herstellung der Absolutbeträge.

### 3.3.2.3 Empirische Standardabweichung und Varianz

Diese beiden *Streuungsmaße* werden am häufigsten benutzt – das hängt mit ihrer Bedeutung in der *beurteilenden Statistik* zusammen.

▶ **Definition** Die *empirische Varianz* ist die Summe der quadrierten Abweichungen der Merkmalswerte vom arithmetischen Mittel, dividiert durch die Anzahl der Merkmalswerte minus 1 (oder dividiert durch die Anzahl der Merkmalswerte).

$$s^2 = \frac{1}{n-1} \sum_{1=1}^{n} (x_i - \bar{x})^2 \tag{3.2}$$

▶ **Definition** Die *empirische Standardabweichung* ist die Quadratwurzel aus der empirischen Varianz.

$$s = \sqrt{\frac{1}{n-1} \sum_{1=1}^{n} (x_i - \bar{x})^2} \tag{3.3}$$

In der folgenden Tabelle wird die *elementare Berechnung* von *empirischer Varianz* und *empirischer Standardabweichung* nachvollziehbar vorgeführt:

| | A | B | C | D | E |
|---|---|---|---|---|---|
| 1 | Daten | Differenzen | Quadrate | | |
| 2 | 3 | =A2-E$2 | =B2*B2 | Mittelwert | =MITTELWERT(A:A) |
| 3 | 1 | =A3-E$2 | =B3*B3 | Summe der Quadrate | =SUMME(C:C) |
| 4 | 3 | =A4-E$2 | =B4*B4 | Anzahl | =ANZAHL(A:A) |
| 5 | 1 | =A5-E$2 | =B5*B5 | Empirische Varianz | =E3/(E4-1) |
| 6 | 2 | =A6-E$2 | =B6*B6 | Empirische Standardabweichung | =WURZEL(E5) |
| 7 | 4 | =A7-E$2 | =B7*B7 | | |
| 8 | 1 | =A8-E$2 | =B8*B8 | | |
| 9 | 1 | =A9-E$2 | =B9*B9 | | |

|   | A | B | C | D | E |
|---|---|---|---|---|---|
| 1 | Daten | Differenzen | Quadrate | | |
| 2 | 3 | 1 | 1,0 | Mittelwert | 2,00 |
| 3 | 1 | -1,00 | 1,0 | Summe der Quadrate | 10,00 |
| 4 | 3 | 1,00 | 1,0 | Anzahl | 8 |
| 5 | 1 | -1,00 | 1,0 | Empirische Varianz | 1,428571429 |
| 6 | 2 | 0,00 | 0,0 | Empirische Standardabweichung | 1,195228609 |
| 7 | 4 | 2,00 | 4,0 | | |
| 8 | 1 | -1,00 | 1,0 | | |
| 9 | 1 | -1,00 | 1,0 | | |

Die empirische Varianz kann mit Excel sowohl elementar als auch mit Hilfe der Funktion `=VARIANZ(...)` ermittelt werden.

Für die *empirische Standardabweichung* gibt es die Excel-Funktion `=STABW(...)`.

### 3.3.3 Schiefe und Wölbung

Erinnern wir uns an den Abschn. 3.2.1, in dem das *Histogramm* als *Säulendiagramm der Klassenhäufigkeiten* eingeführt wurde. Für bestimmte Fachgebiete spielt es eine Rolle, ob das Histogramm eines Datenbestandes *symmetrisch*, *links-* oder *rechtsschief* ist. Dazu kann man natürlich das Histogramm selbst benutzen; man ermittelt zuerst die Spannweite, legt Klassengrenzen fest, und nutzt dann das Werkzeug `HISTOGRAMM`. Einfacher ist es jedoch, die Excel-Funktion `=SCHIEFE(...)` zu verwenden.

- Liefert die Excel-Funktion `=SCHIEFE(...)` einen Wert *nahe Null*, dann kann man (auch ohne Grafik) davon ausgehen, dass ein *symmetrisches Histogramm* entstehen würde.
- Liefert die Excel-Funktion `=SCHIEFE(...)` positive Werte, dann deutet das auf ein *rechtsschiefes Histogramm* hin.
- Liefert die Excel-Funktion `=SCHIEFE(...)` negative Werte, dann lassen diese ein *linksschiefes Histogramm* erwarten.

Die *Schiefe-Werte* werden dabei unter Verwendung von Mittelwert und Standardabweichung nach folgender Formel berechnet:

$$\gamma_1 = \frac{1}{(n-1)(n-2)} \sum_{i=1}^{n} \left( \frac{x_i - \bar{x}}{s} \right)^3. \tag{3.4}$$

Abbildung 3.7 zeigt links ein rechtsschiefes Histogramm mit dem Schiefe-Wert 0,6923 und rechts ein linksschiefes Histogramm mit dem Schiefe-Wert −0,3957.

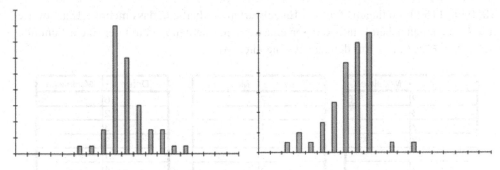

**Abb. 3.7** Links- und rechtsschiefes Histogramm

Gleichermaßen von Bedeutung ist bisweilen die Kennzahl für die *Wölbung* – die *Kurtosis* (Exzess, Steilheit) beschreibt mit einer Zahl, ob ein Histogramm flach oder steil verläuft.

Die dafür verwendbare Excel-Funktion heißt =KURT(...). Hier dient wieder die *Gauß'sche Glockenkurve* als Ideal. Für sie gibt die erwähnte Excel-Funktion =KURT den Zahlenwert −1,37026103 aus. Je ähnlicher die Histogramme der Glockenkurve werden, desto mehr nähert sich der Kurtosis-Wert dem der Glockenkurve an. Je flacher ein Histogramm verläuft, desto größer wird der von der Funktion =KURT(...) ausgegebene Zahlenwert.

Konstruiert man für den Extremfall ein Histogramm ohne jegliche Wölbung, d. h. mit vollständig *gleichen Merkmalswerten*, dann meldet die Funktion =KURT(...) eine Division durch Null; ändert man davon nur einen Wert ab, dann bekommt man genau die Anzahl der verbleibenden identischen Merkmalswerte.

### 3.3.4 Modalwert

▶ **Definition** Ein *Modalwert* ist ein Merkmalswert, der *am häufigsten* im Datenbestand auftritt.

Der Modalwert ist bei *nominal skalierten Daten* der einzig sinnvolle Lageparameter.

Für *metrisch skalierte Daten* ist es häufig sinnlos, aus den vorliegenden Einzelwerten den Modalwert bestimmen zu lassen: Der Erkenntnisgewinn, dass bei 1000 vorliegenden Angaben das Einkommen von 1082 Euro am häufigsten, nämlich sieben Mal, genannt wurde, wäre doch ziemlich gering. Teilt man jedoch die Einkommen in *Klassen* ein und sucht dann nach der *Klasse mit der größten Häufigkeit*, so erhält man weitaus wertvollere Informationen, zum Beispiel die Aussage, dass die meisten Einkommen im Bereich von

1050 bis 1150 Euro liegen. Tritt bei Einzelwerten der Fall ein, dass mehrere Einzelwerte mit der gleichen hohen Häufigkeit genannt werden, so erhält man mit der Excel-Funktion =MODALWERT(...) nur den zuerst genannten Wert:

| Daten | Modalwert |
|------:|----------:|
| 2 | 3 |
| 3 | |
| 3 | |
| 3 | |
| 1 | |
| 1 | |
| 1 | |
| 4 | |
| 5 | |
| 6 | |

| Daten | Modalwert |
|------:|----------:|
| 2 | 1 |
| 1 | |
| 1 | |
| 1 | |
| 3 | |
| 3 | |
| 3 | |
| 4 | |
| 5 | |
| 6 | |

| Daten | Modalwert |
|------:|----------:|
| 6 | 6 |
| 2 | |
| 3 | |
| 3 | |
| 4 | |
| 4 | |
| 5 | |
| 5 | |
| 6 | |
| 2 | |

In den Spalten A und D befindet sich offensichtlich dieselbe Datenmenge. In beiden Fällen treten sowohl die 1 als auch die 3 am häufigsten, nämlich dreimal, auf.

Folglich sind beide Werte, sowohl die 1 als auch die 3, Modalwerte dieses Datenbestandes.

In der Spalte A erscheint von den beiden Modalwerten zuerst die 3, also liefert die Excel-Funktion MODALWERT die 3. In Spalte D findet die Excel-Funktion bei der Analyse des Datenbestandes dagegen von den beiden Modalwerten zuerst die Eins, also wird sie angezeigt.

► **Wichtiger Hinweis** Die Anzeige eines einzigen Modalwertes bedeutet nicht, dass es nicht noch weitere Modalwerte geben kann.

In der Spalte G sind beispielsweise alle auftretenden Zahlen doppelt vorhanden – dort gibt es also die *fünf Modalwerte* 2, 3, 4, 5 und 6. Weil von all diesen Modalwerten die 6 zuerst steht, wird sie von der Excel-Funktion MODALWERT ausgegeben. Die Excel-Funktion MODALWERT verlangt *numerische Daten* als Eingangsdaten. Nominal oder ordinal skalierte Daten müssten also zunächst *geeignet kodiert* werden.

### 3.3.5 Zusammenfassung

Stellen wir abschließend noch einmal alle Excel-Funktionen entsprechend der Frequenz ihrer Nutzung zusammen, mit denen wir die bisher erwähnten statistischen Maßzahlen leicht ermitteln können, sofern der Datenbestand sich in einer Excel-Tabelle befindet:

| | |
|---|---|
| =MIN(...) | liefert den kleinsten Merkmalswert |
| =MAX(...) | liefert den größten Merkmalswert |
| =MEDIAN(...) | liefert den Merkmalswert, der sich genau in der Mitte der (geordneten) Daten befindet, sofern eine Ordnung möglich ist |
| =MITTELWERT(...) | liefert den Durchschnitt |
| =VARIANZ(...) | liefert die empirische Varianz |
| =STABW(...) | liefert die empirische Standardabweichung |
| =MITTELABW(...) | liefert die mittlere absolute Abweichung |
| =HARMITTEL(...) | liefert das harmonische Mittel |
| =GEOMITTEL(...) | liefert das geometrische Mittel |
| =SCHIEFE(...) | liefert eine Kennzahl für die Schiefe |
| =KURT(...) | liefert eine Kennzahl für die Wölbung |
| =MODALWERT(...) | liefert den (oder den erstgenannten) Modalwert eines Datenbestandes |

Mit diesen Funktionen kann man differenziert arbeiten, ihre Ergebnisse können weiterverarbeitet werden, *bei jeder Änderung im Datenbestand* werden sofort die Funktionswerte *neu berechnet*.

Eigentlich bleiben keine Wünsche mehr offen. Aber Excel denkt auch an diejenigen, die am liebsten gar keine Formeln eintragen möchten, die nur im äußersten Notfall die Tastatur bedienen, die mit einfachem Mausklick zu Auskünften über den Datenbestand kommen möchten. Für sie gibt es das Werkzeug POPULATIONSKENNGRÖßEN.

Es wird über die Registerkarte Daten in der Gruppe Analyse mit Klick auf Datenanalyse in gleicher Weise angefordert wie das Werkzeug HISTOGRAMM:

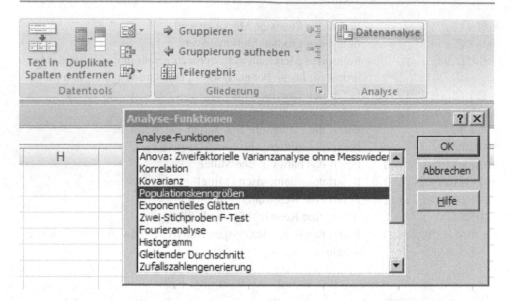

Setzt man nach Eingabe des *Datenbereiches* einen Haken in die Checkbox vor Statistische Kenngrößen, dann erhält man schnell alle oben genannten statistischen Kenngrößen eines Datenbestandes, sehr übersichtlich dargestellt:

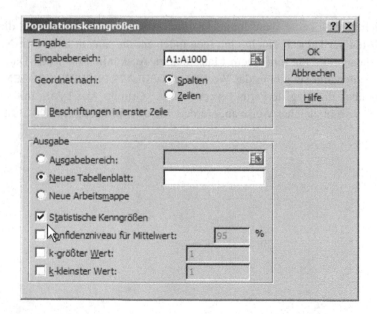

Allerdings – würde auch nur eine Zahl im Datenbestand *geändert*, dann ändern sich – anders als bei den oben beschriebenen Funktionen – die Ergebniswerte des Werkzeuges nicht automatisch mit.

Das Werkzeug müsste dann neu angefordert werden.

## 3.4  Zeitreihen: Trends und Analysen

### 3.4.1  Begriff und Erfassung

Eine *Zeitreihe* ist eine zeitlich geordnete Folge von Merkmalswerten.

Excel stellt zur Arbeit mit Zeitreihen eine beachtliche Menge von Hilfsmitteln bereit.

Voraussetzung für die Nutzbarkeit dieser Hilfsmittel ist allerdings in jedem Falle, dass die Datums- oder Zeitangaben als *numerische Werte* von Excel erkannt werden können.

Soll zum Beispiel eine *monatliche Entwicklung* dargestellt werden, dann ist die *nicht-numerische* Eingabe der Datumsangaben z. B. durch die Monatsabkürzungen *völlig unbrauchbar* für die weitere Verarbeitung. Vielmehr sollte man zuerst *numerische Datumsangaben* (z. B. „1.1.07", „1.2.07") usw. mit einer geeigneten Jahreszahl eintragen:

| Monat | 1.1.14 | 1.2.14 | 1.3.14 | 1.4.14 | 1.5.14 | 1.6.14 | 1.7.14 | 1.8.14 | 1.9.14 | 1.10.14 | 1.11.14 | 1.12.14 |
|-------|--------|--------|--------|--------|--------|--------|--------|--------|--------|---------|---------|---------|
| Umsatz | 586,8 | 377,4 | 591,5 | 260,8 | 394,1 | 576,0 | 460,6 | 289,8 | 300,8 | 342,2 | 335,8 | 367,8 |

Nach der Formatierung der Zellen B1:M1 mittels [Strg]+[1]→ZAHLEN→ BENUTZERDEFINIERT→MMM stehen dann dort wieder, wie eingangs gewünscht, die Abkürzungen der Monatsnamen:

| Monat | Jan | Feb | Mrz | Apr | Mai | Jun | Jul | Aug | Sep | Okt | Nov | Dez |
|-------|-----|-----|-----|-----|-----|-----|-----|-----|-----|-----|-----|-----|
| Umsatz | 586,8 | 377,4 | 591,5 | 260,8 | 394,1 | 576,0 | 460,6 | 289,8 | 300,8 | 342,2 | 335,8 | 367,8 |

Da die Abkürzungen der Monatsnamen jedoch nun *rechtsbündig* stehen, ist zu erkennen, dass tatsächlich *numerische Inhalte* in den Zellen stehen (denn wären die Monats-Kürzel als Zeichenfolgen eingegeben worden, hätte Excel sie als nichtnumerische Inhalte gespeichert und linksbündig in die Zellen eingetragen (siehe auch Abschn. 1.1.3 im Kap. 1)):

Da die Monatskürzel rechtsbündig stehen, sind sie als *numerische Werte* erfasst und können auch *numerisch weiterverarbeitet* werden.

Auch *Jahreszahlen* sollten nicht spontan eingetragen werden, sondern ebenfalls über den Umweg der *Datumsangaben von Jahresanfängen* mit der Formatierung [Strg]+[1] →ZAHLEN→BENUTZERDEFINIERT→JJJJ.

## 3.4.2 Experimentell-visuelle Trendermittlung

Fangen wir gleich mit einem *Beispiel* an: Die folgende Tabelle enthält Umsatzergebnisse in den Monaten von Januar bis Oktober eines Jahres:

| Monat | Jan | Feb | Mrz | Apr | Mai | Jun | Jul | Aug | Sep | Okt | Nov | Dez |
|-------|-----|-----|-----|-----|-----|-----|-----|-----|-----|-----|-----|-----|
| Umsatz | 18 | 18 | 18 | 19 | 18 | 18 | 19 | 18 | 18 | 19 | | |

Welche Werte kann man für die beiden Restmonate November und Dezember *prognostizieren?*

Sind die Monate, wie oben beschrieben, *numerisch* (über ihre Monatsanfänge) erfasst, dann setzt man den Tabellenkursor in eine Zelle des Bereiches A1:M2, und der Druck auf die [F11]-Taste liefert sofort ein erstes zweidimensionales *Säulendiagramm* dieser Zeitreihe. Danach sollte irgendeine Säule ausgewählt werden und mit der Neben-Maustaste (i. allg. rechts) die Umstellung auf den anderen *Diagrammtyp* Linie mit Datenpunkten erfolgen:

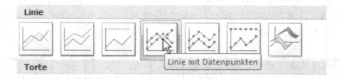

Anschließend trifft man mit dem Mauszeiger die entstandene *Linie mit den Datenpunkten* und sorgt dafür, dass nur noch die *Punkte* angezeigt werden, d. h. es wird bei *Linienfarbe* die Einstellung Keine Linie gewählt. Damit entsteht eine so genannte *Punktwolke*. Natürlich sind auch dort noch keine Werte für November und Dezember enthalten (siehe Abb. 3.8).

Klickt man jedoch irgendeinen Punkt der Punktwolke mit der Neben-Maustaste an, dann erhält man im aufblendenden Leistungsangebot auch das Angebot TRENDLINIE HINZUFÜGEN:

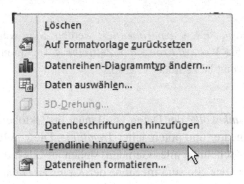

In Abb. 3.8 ist rechts das *Angebot an Trendlinien* aufgelistet, die ausgewählt werden können:

- *Exponential,*
- *Linear,*
- *Logarithmisch,*
- *Polynomisch,*
- *Potenz,*
- *Gleitender Durchschnitt* (bezüglich des Gleitenden Durchschnitts sei auf den Abschn. 3.4.4 verwiesen).

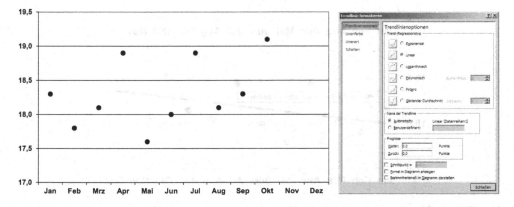

**Abb. 3.8**  Punktwolke und Trendlinien Angebot

Nun kann tatsächlich *mit Excel experimentiert* werden: Man wählt eine Trendlinie aus, die eine *plausible Weiterführung der Zeitreihe* vornehmen könnte, und liest dann die November- und Dezemberwerte ab.

Abb. 3.9 zeigt die *Punktwolke* der Daten von Januar bis Oktober mit jeweils eingetragener exponentieller, linearer und potenzieller *Trendlinie*. Die von Excel eingezeichneten *Trendlinien* (hier sind es scheinbar alles Geraden) stellen jeweils die Bilder der so genannten *Ausgleichsfunktionen* dar. Sie sind im Sinne der *Kleinsten Quadrat-Abweichung* optimal (siehe auch Abschn. 4.4 im Kap. 4 über *lineare Regression*). Auf den ersten Blick sieht

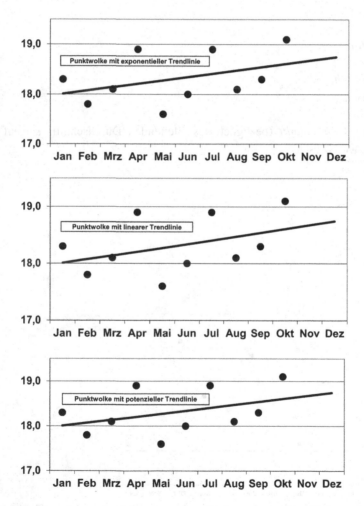

**Abb. 3.9** Punktwolke mit exponentieller, linearer und polynomischer Trendlinie

es tatsächlich so aus, als ob alle drei *Trendlinien* identische Geraden seien. Dass das aber keinesfalls so ist, erfährt man, wenn man die jeweilige Trendlinie mit der Neben-Maustaste anklickt. Dann kann man mittels TRENDLINIE FORMATIEREN→GLEICHUNG IM DIAGRAMM DARSTELLEN sogar die jeweilige *Ausgleichsformel* erfahren.

Für den *exponentialen Ausgleich* wird angezeigt:

$$y = 0{,}165e^{0{,}000x}. \tag{3.5}$$

Die *lineare Ausgleichsgerade* (auch als *Regressionsgerade* bezeichnet) erhält die folgende Formel:

$$y = 0{,}0002x - 68{,}51. \tag{3.6}$$

Und *polynomisch* liest man ab:

$$y = 5 \cdot 10^{-21} x^{4{,}702}. \tag{3.7}$$

Der Effekt aber ist – zumindest optisch – überzeugend: Mit allen drei Trendlinien erhält man für November und Dezember nahezu die gleichen Trendwerte. Man sollte dieses – *rein visuelle Ergebnis* – allerdings nicht überbewerten, eine statistische Legitimation für dieses Vorgehen steht noch aus. Betrachten wir noch ein zweites Beispiel: Die folgende Tabelle enthält Messergebnisse, die zu jeder halben Stunde abgelesen wurden:

| 8:30 | 9:00 | 9:30 | 10:00 | 10:30 | 11:00 | 11:30 | 12:00 | 12:30 | 13:00 | 13:30 | 14:00 |
|------|------|------|-------|-------|-------|-------|-------|-------|-------|-------|-------|
| 0,155 | 0,192 | 0,237 | 0,345 | 0,454 | 0,405 | 0,61 | 0,72 | 0,909 | 1,332 | | |

Welche Prognose könnte man daraus für 13:30 Uhr ableiten? Zur Kontrolle setzt man den Tabellenkursor in die Zelle A1 und formatiert mit [Strg]+[1]→ZAHLEN→ZAHL schnell einmal um. Sieht man dann, wenn man hinreichend viele Dezimalstellen einstellt, die Zahl 0,354166666666667 – dann hat Excel tatsächlich anstelle der *angezeigten Zeit* ihren *Uhrzeitwert* (so bezeichnet in Anlehnung an den früher schon im Abschn. 1.1.2 des Kap. 1 erwähnten *Datumswert*) gespeichert.

> Also ist die Voraussetzung erfüllt, der gesamte Datenbestand ist *numerisch gespeichert*, die Excel-Leistungen zur visuellen Prognose mit Hilfe von *Trendlinien* können in Anspruch genommen werden.

Die Anzeige der ersten Uhrzeit wird also vom *Uhrzeitwert* auf das *Uhrzeitformat* zurückgestellt, der Tabellenkursor in den Datenbereich A1:L2 gesetzt und mit der F11-Methode wird zum Datenbestand die *Linie mit Datenpunkten* erzeugt. Davon wird schließlich wieder die *Verbindungslinie entfernt*, so dass nur noch die *Datenpunkte* zu sehen

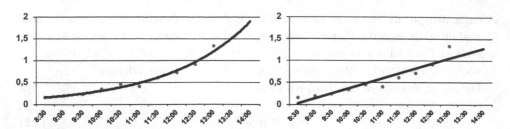

**Abb. 3.10**  Exponentielle und lineare Trendlinie für die Prognosen 13.30 und 14.00 Uhr

sind – es entsteht die *Punktwolke*. Abbildung 3.10 enthält die Zeitreihe mit den freien Positionen für 13:30 Uhr und 14:00 Uhr. Rechts ist die *lineare Trendlinie* eingetragen. Links sieht man die Zeitreihe mit *exponentieller Trendlinie*.

Hier scheint offensichtlich zu sein, dass die *exponentielle Trendlinie* den gemessenen Verlauf am besten wiedergibt und sie somit auch für die Prognose geeignet scheint.

### 3.4.3  Lineare Zeitreihen und die TREND-Funktion

> Ist der Datenbestand in den Datums- oder Zeitangaben numerisch erfasst, dann kann anhand der Punktwolke die *Linearität des Zusammenhanges* visuell geprüft werden.

Es sei hier jedoch schon darauf hingewiesen, dass im Abschn. 4.3.2 des Kap. 4 der *Korrelationskoeffizient* vorgestellt werden wird, der ohne Herstellung einer Grafik ebenfalls eine Aussage über eine *mögliche Linearität des Zusammenhanges* ermöglicht. Betrachten wir dazu ein Beispiel: Da die Datumswerte in der folgenden Tabelle *numerisch* erfasst sind (erkennbar an der *rechtsbündigen* Anordnung der Monatskürzel), kann die *Punktwolke* hergestellt werden. Sie wird zeigen: Man kann einen *linearen Zusammenhang* annehmen.

| | A | B | C | D | E | F | G | H | I | J | K | L |
|---|---|---|---|---|---|---|---|---|---|---|---|---|
| 1 | Jan | Feb | Mrz | Apr | Mai | Jun | Jul | Aug | Sep | Okt | Nov | Dez |
| 2 | 14,4 | 14,6 | 14,5 | 14,5 | 14,5 | 14,6 | 14,7 | 14,7 | 14,7 | 14,8 | | |

Nun gibt es mindestens zwei Möglichkeiten, um die *Prognosewerte für November und Dezember* zu erhalten:

▶ **Methode 1**  Man lässt Excel die *lineare Trendlinie* (die so genannte *Regressionsgerade*) eintragen und liest aus der Grafik ab. Mit entsprechender Unschärfe beim Ablesen erhält man den Novemberwert mit ca. 14,79 und den Dezemberwert mit ca. 14,92.

▶ **Methode 2** Man nutzt die für die *erkannte Linearität* brauchbare Funktion
=TREND(...;...;...):

An erster Stelle ist in die TREND-Funktion der Bereich der bisher beobachteten Werte A2:J2 einzutragen. An die zweite Stelle gehören die *zugehörigen Datumsangaben*. Dabei kann man tatsächlich den Bereich A1:J1 der Monatskürzel eingeben, weiß man doch, dass in Wirklichkeit *Datumswerte* gespeichert sind. Und an die dritte Stelle kommt der *Datumswert* des Monats, für den der Prognosewert gesucht wird. Tragen wir also die TREND-Funktion passend in die Zellen K2 und L2 ein:

| | A | B | C | D | E | F | G | H | I | J | K | L |
|---|---|---|---|---|---|---|---|---|---|---|---|---|
| 1 | Jan | Feb | Mrz | Apr | Mai | Jun | Jul | Aug | Sep | Okt | Nov | Dez |
| 2 | 14,4 | 14,6 | 14,5 | 14,5 | 14,5 | 14,6 | 14,7 | 14,7 | 14,7 | 14,8 | =TREND(A2:J2;A1:J1;K1) | =TREND(A2:J2;A1:J1;L1) |

Damit ergeben sich die beiden Prognose-Werte numerisch mit ausreichender Genauigkeit und bestätigen die abgelesenen Schätzwerte:

| | A | B | C | D | E | F | G | H | I | J | K | L |
|---|---|---|---|---|---|---|---|---|---|---|---|---|
| 1 | Jan | Feb | Mrz | Apr | Mai | Jun | Jul | Aug | Sep | Okt | Nov | Dez |
| 2 | 14,4 | 14,6 | 14,5 | 14,5 | 14,5 | 14,6 | 14,7 | 14,7 | 14,7 | 14,8 | 14,78761515 | 14,82129643 |

## 3.4.4 Gleitender Durchschnitt

Der gleitende Durchschnitt einer Zeitreihe eliminiert Schwankungen der Zeitreihe, indem auf dem Wege der Durchschnittsbildung relativ hohe Werte und relativ niedrige Werte auf ein durchschnittliches Niveau abgesenkt werden.

Im Gegensatz zur Methode des *linearen Ausgleichs* (der *linearen Regression*) bildet das Modell der gleitenden Durchschnitte den Trend nicht als Gerade ab, sondern *glättet* lediglich den Kurvenverlauf.

Dadurch werden Wendepunkte und Veränderungen in der Trendentwicklung für den Betrachter deutlicher sichtbar.

Für die Berechnung gleitender Durchschnitte muss man unterscheiden, ob die gleitenden Durchschnitte mit einer *ungeraden* oder einer *geraden Anzahl von Werten* berechnet werden sollen.

### 3.4.4.1 Ungerade Anzahl von Werten

Wir gehen aus von einer Zeitreihe über den Zeitraum von 11 Jahren, bei der die Jahres„zahlen" wiederum nicht als Ziffernfolgen 2000, 2001 usw., sondern als Datumsangaben der Jahresanfänge 1/1/2000, 1/1/2001 usw. eingegeben wurden. Denn dann ist auch die obere Reihe der folgenden Tabelle (auch nach Umformatierung „JJJJ") mit numerischen Inhalten belegt (erkennbar an der rechtsbündigen Ausrichtung der Jahres„zahlen"):

| | A | B | C | D | E | F | G | H | I | J | K |
|---|---|---|---|---|---|---|---|---|---|---|---|
| 1 | 2000 | 2001 | 2002 | 2003 | 2004 | 2005 | 2006 | 2007 | 2008 | 2009 | 2010 |
| 2 | 5 | 8 | 7 | 6 | 9 | 11 | 9 | 8 | 12 | 7 | 9 |

Jetzt muss man sich entscheiden, wie viele Werte in den gleitenden Durchschnitt einbezogen werden sollen. Beginnen wir, anfangs soll nur der *kleinste mögliche Durchschnittszeitraum* von *drei Werten* festgelegt werden.

Dazu wird unter dem Jahr 2001 der Mittelwert der drei Jahre 2000 bis 2002 eingetragen, unter 2002 wird der Mittelwert von 2001 bis 2003 eingetragen und so weiter, bis zum vorletzten Jahr 2009, dort wird der Mittelwert von 2008 bis 2010 eingetragen:

| | A | B | C | D | E | F | G | H | I | J | K |
|---|---|---|---|---|---|---|---|---|---|---|---|
| 1 | 2000 | 2001 | 2002 | 2003 | 2004 | 2005 | 2006 | 2007 | 2008 | 2009 | 2010 |
| 2 | 5 | 8 | 7 | 6 | 9 | 11 | 9 | 8 | 12 | 7 | 9 |
| 3 | | =MITTELWERT(A2:C2 | =MITTELWERT(B2:D2 | ... | ... | ... | ... | ... | ... | =MITTELWERT(I2:K2) | |

Danach enthält die Zeile 3 die geglätteten Werte, natürlich nur für die Jahre 2001 bis 2009:

| 2000 | 2001 | 2002 | 2003 | 2004 | 2005 | 2006 | 2007 | 2008 | 2009 | 2010 |
|---|---|---|---|---|---|---|---|---|---|---|
| 5 | 8 | 7 | 6 | 9 | 11 | 9 | 8 | 12 | 7 | 9 |
| | 6,666666667 | 7 | 7,333333333 | 8,666666667 | 9,666666667 | 9,333333333 | 9,666666667 | 9 | 9,333333333 | |

Soll der gleitende Durchschnitt mit jeweils *fünf Werten* ermittelt werden, dann kann natürlich erst in der Zelle C3 der erste und muss in der Zelle I3 der letzte der Mittelwerte – diesmal gebildet aus den fünf symmetrisch darüber stehenden Zahlen – eingetragen werden:

| | A | B | C | D | E | F | G | H | I | J | K |
|---|---|---|---|---|---|---|---|---|---|---|---|
| 1 | 2000 | 2001 | 2002 | 2003 | 2004 | 2005 | 2006 | 2007 | 2008 | 2009 | 2010 |
| 2 | 5 | 8 | 7 | 6 | 9 | 11 | 9 | 8 | 12 | 7 | 9 |
| 3 | | | =MITTELWERT(A2:E2) | =MITTELWERT(B2:F2) | ... | ... | ... | ... | =MITTELWERT(G2:K2) | | |

Damit findet man in den Zellen unter 2002 bis 2008 die Ergebnisse dieses gleitenden Durchschnitts:

| | A | B | C | D | E | F | G | H | I | J | K |
|---|---|---|---|---|---|---|---|---|---|---|---|
| 1 | 2000 | 2001 | 2002 | 2003 | 2004 | 2005 | 2006 | 2007 | 2008 | 2009 | 2010 |
| 2 | 5 | 8 | 7 | 6 | 9 | 11 | 9 | 8 | 12 | 7 | 9 |
| 3 | | | 7 | 8,2 | 8,4 | 8,6 | 9,8 | 9,4 | 9 | | |

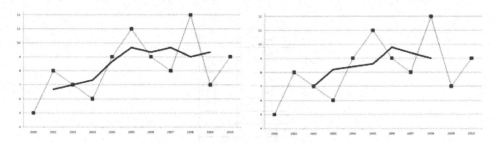

**Abb. 3.11** Gleitender Durchschnitt unter Berücksichtigung von drei bzw. fünf Werten

In Abb. 3.11 erkennt man den stärkeren *Glättungseffekt* bei Hinzunahme mehrerer Angaben in den gleitenden Durchschnitt.

### 3.4.4.2 Gerade Anzahl von Werten

Sollen gleitende Durchschnitte über Intervalle von 4, 6, 8 oder 10 oder mehr geraden Zeitreihenwerten bestimmt werden, dann kann die eben vorgestellte einfache Rechenvorschrift nicht beibehalten werden.

> Liegt eine *gerade Anzahl von Zeitreihenwerten* vor, dann dürfen der erste und letzte berücksichtigte Wert jeweils nur zur Hälfte in die Durchschnittsbildung eingehen, und es muss durch die um Eins verringerte Anzahl dividiert werden:

Die folgende Tabelle schildert das Vorgehen, falls im Datenbestand *zwölf Werte* vorliegen und davon jeweils *sechs Monatswerte* in den gleitenden Durchschnitt einbezogen werden sollen.

|  | A | B | C |
|---|---|---|---|
| 1 | Jan | 5 | |
| 2 | Feb | 8 | |
| 3 | Mrz | 7 | =(1/5)*(B1/2+SUMME(B2:B5)+B6/2) |
| 4 | Apr | 6 | =(1/5)*(B2/2+SUMME(B3:B6)+B7/2) |
| 5 | Mai | 9 | =(1/5)*(B3/2+SUMME(B4:B7)+B8/2) |
| 6 | Jun | 11 | =(1/5)*(B4/2+SUMME(B5:B8)+B9/2) |
| 7 | Jul | 9 | =(1/5)*(B5/2+SUMME(B6:B9)+B10/2) |
| 8 | Aug | 8 | =(1/5)*(B6/2+SUMME(B7:B10)+B11/2) |
| 9 | Sep | 12 | =(1/5)*(B7/2+SUMME(B8:B11)+B12/2) |
| 10 | Okt | 7 | |
| 11 | Nov | 9 | |
| 12 | Dez | 9 | |

| | A | B | C |
|---|---|---|---|
| 1 | Jan | 5 | |
| 2 | Feb | 8 | |
| 3 | Mrz | 7 | 7,60 |
| 4 | Apr | 6 | 8,30 |
| 5 | Mai | 9 | 8,50 |
| 6 | Jun | 11 | 9,20 |
| 7 | Jul | 9 | 9,60 |
| 8 | Aug | 8 | 9,20 |
| 9 | Sep | 12 | 9,00 |
| 10 | Okt | 7 | |
| 11 | Nov | 9 | |
| 12 | Dez | 9 | |

Die *Methode der gleitenden Durchschnitte* wird vereinzelt als eine „relativ anspruchslose Methode" bezeichnet, der deshalb gelegentlich geringe Aufmerksamkeit geschenkt wird.

Mit der Berechnung gleitender Durchschnitte beginnt aber im Regelfall die so genannte *Zeitreihenanalyse*, ein statistisches Verfahren, bei dem eine vorliegende Zeitreihe zerlegt wird in Trendentwicklung, zyklische Schwankungen, saisonale sowie irreguläre Schwankungen.

### 3.4.5 Grundlagen der Zeitreihenanalyse

Die Zeitreihenanalyse basiert im Wesentlichen auf dem *additiven Zeitreihenmodell*, das zunächst kurz vorgestellt werden soll, bevor auf die *Methoden der Zeitreihenanalyse* näher eingegangen wird.

#### 3.4.5.1 Aufbau des additiven Zeitreihenmodells

Das additive Zeitreihenmodell basiert auf der Vorstellung, dass sich Zeitreihenwerte in verschiedene Teilkomponenten zerlegen lassen.

Die Bezeichnung *additives* Zeitreihenmodell rührt daher, dass die Summe der Teilkomponenten im Endergebnis wieder die ursprüngliche Zeitreihe ergibt. Legt man eine Zeitreihe zugrunde, die sich über einen längeren Zeitraum erstreckt, z. B. über mehrere Jahre, und für die Werte für kleinere Intervalle, z. B. Monatswerte, zur Verfügung stehen, dann lassen sich daraus im Idealfall vier Komponenten „herausfiltern". Diese Komponenten sind im Einzelnen:

- Die *Trendkomponente T*: Die Trendkomponente *T* charakterisiert die *langfristige Entwicklung der Zeitreihe*; sie ist entweder monoton steigend oder fallend. Die Trendkomponente wird im Allgemeinen durch eine lineare Regression (mit der Zeit als Einflussgröße) berechnet.
- Die *zyklische Komponente Z*: Die zyklische Komponente *Z* hat im Idealfall einen wellenförmigen Verlauf und charakterisiert die *konjunkturellen Schwankungen* einer Zeitreihe.

Die Kenntnis des linearen Trends *T* und der konjunkturellen Entwicklung *Z* ist insbesondere bei volkswirtschaftlichen Analysen und bei langfristigen Prognosen (bis 10 Jahre voraus) von Interesse. Die zyklische Komponente errechnet sich durch Subtraktion des Trends von der glatten Komponente *G*, die durch den gleitenden 12-Monats-Durchschnitt errechnet wird.

- Die *Saisonkomponente S*: Der Verlauf der Saisonkomponente *S* ist ebenfalls wellenförmig und entspricht der *Veränderung der Zeitreihenwerte innerhalb einer Saison* (z. B. eines Jahres, Monats usw.).

Die Kenntnis der Saisonkomponente ermöglicht es, kurzfristige Prognosen (z. B. über die nächsten Monate) anzustellen und ist deshalb besonders für betriebswirtschaftliche Fragestellungen wichtig. Die Berechnungsweise zur Ermittlung der Saisonkomponente wird weiter unten vorgestellt.

- Die *irreguläre Komponente I*: Die *irreguläre Komponente I* entspricht den *unregelmäßigen Schwankungen* einer Zeitreihe.

Die irreguläre Komponente ist derjenige Rest an Veränderungen der Zeitreihe, der nicht durch Trend, Konjunktur oder saisonale Einflüsse erklärt werden kann. Hierbei handelt es sich um „einmalige Einbrüche" (z. B. Katastrophen) oder um „zufällige Störungen" (z. B. Stromausfälle), die nicht vorhersagbar sind.

Unter bestimmten Gesichtspunkten, z. B. der Suche nach Erklärungen für Ausreißerwerte, kann auch die Analyse der irregulären Komponente von Interesse sein. Die irreguläre Komponente *I* errechnet sich durch Subtraktion des Trends, der Konjunktur und der Saisonkomponente vom ursprünglichen Zeitreihenwert.

**Abb. 3.12** Komponenten $T$, $Z$, $S$, $I$ und wirkliche Werte

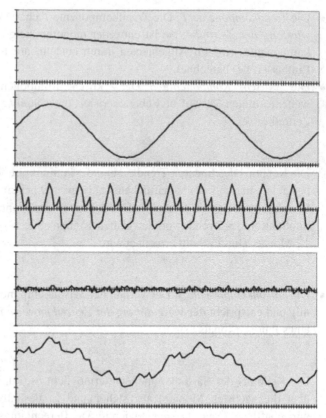

In Abb. 3.12 sind von oben nach unten die vier Komponenten Trendentwicklung, zyklische Schwankungen, saisonale Schwankungen und irreguläre Schwankungen einzeln aufgeführt, die Addition der vier Komponenten ergeben dann die ganz unten stehenden wirklichen Werte. In dieser Abbildung ist folglich dargestellt, wie sich die letztlich beobachtete Zeitreihe (die „wirklichen Werte") aus der *additiven Überlagerung der einzelnen Komponenten* zusammensetzt.

### 3.4.5.2   Gleitende Durchschnitte und das additive Zeitreihenmodell

Als wichtiges Einsatzgebiet der *Methode der gleitenden Durchschnitte* ist die Analyse von Zeitreihendaten zu nennen. Die Analyse von Zeitreihen verfolgt drei Ziele:

- langfristige Trends erkennbar machen,
- monatstypische Abweichungen berechnen,
- saisonbereinigte Zeitreihen berechnen.

Wir wollen die schrittweise Verfolgung dieser drei Ziele an einem Beispiel demonstrieren. Ausgangspunkt für das Beispiel sollen Monatswerte über die Umsätze eines Unternehmens in den Jahren 2010 bis 2013 in einer bestimmten Geldeinheit (z. B. Millionen US-$) sein:

| | 2010 | 2011 | 2012 | 2013 |
|---|---|---|---|---|
| Jan. | 187 | 222 | 207 | 219 |
| Feb. | 213 | 219 | 185 | 208 |
| März | 240 | 236 | 178 | 224 |
| April | 224 | 200 | 220 | 222 |
| Mai | 272 | 224 | 175 | 261 |
| Juni | 282 | 213 | 299 | 253 |
| Juli | 334 | 306 | 269 | 326 |
| Aug. | 363 | 304 | 318 | 307 |
| Sept. | 359 | 258 | 313 | 269 |
| Okt. | 301 | 233 | 265 | 216 |
| Nov. | 262 | 232 | 319 | 219 |
| Dez. | 288 | 254 | 326 | 239 |

Um die in dieser Tabelle enthaltenen „wirklichen Werte" grafisch dargestellt zu sehen, muss die Tabelle – bisher aus schreibtechnischen Gründen mehrspaltig dargestellt – in lediglich *zweispaltige Form* gebracht werden, die in Spalte A die Datumsangaben (Monat und Jahr in numerischer Form) und in Spalte B die Umsatzwerte enthält:

| | A | B |
|---|---|---|
| 1 | **Monat** | **Umsatz** |
| 2 | Jan.2010 | 187 |
| 3 | Feb.2010 | 213 |
| 4 | Mrz.2010 | 240 |

Nun kann mit Hilfe der F11-Methode die Grafik der „wirklichen Werte" hergestellt werden (siehe Abb. 3.13).

### 3.4.5.3 Langfristige Trends erkennbar machen

Die erste Zielsetzung besteht darin, aus den angegebenen Zeitreihenwerten den *langfristigen Trend* erkennbar zu machen.

Hierzu wird aus den insgesamt 48 monatlichen Werten zunächst der *gleitende 12-Monats-Durchschnitt* nach der Vorgehensweise, wie sie in Abschn. 3.4.4.2 beschrieben wurde, berechnet.

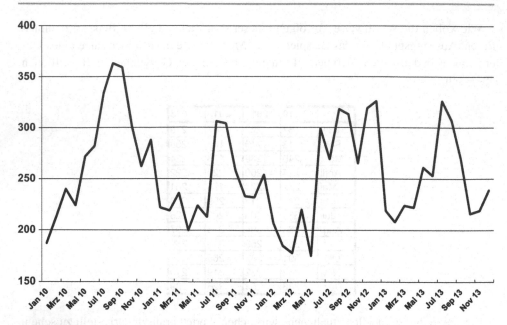

**Abb. 3.13**  Wirkliche Werte des Beispiels

> Der *gleitende 12-Monats-Durchschnitt* kann als eine „passable Schätzung" für den
> Trendverlauf (linearer Trend $T$ + zyklischer Trend $Z$) angesehen werden und wird
> auch als *glatte Komponente G* bezeichnet.

Man beachte, dass man die Berechnung des 12-Monats-Durchschnitts erst mit dem
Monat Juli 2010 beginnen kann; der letzte berechenbare Wert ist derjenige für den Monat
Juni 2013. Dies führt zu einer Verkürzung der 12-Monats-Durchschnitte an den beiden
Enden der Zeitreihe:

| | A | B | C |
|---|---|---|---|
| 1 | Monat | Umsatz | gleitender 12-Monats-Durchschnitt |
| 2 | Jan. 10 | 187 | |
| 3 | Feb. 10 | 213 | |
| 4 | Mrz. 10 | 240 | |
| 5 | Apr. 10 | 224 | |
| 6 | Mai. 10 | 272 | |
| 7 | Jun. 10 | 282 | |
| 8 | Jul. 10 | 334 | =(1/11)*(B2/2+SUMME(B3:B13)+B14/2) |
| 9 | Aug. 10 | 363 | =(1/11)*(B3/2+SUMME(B4:B14)+B15/2) |
| 10 | Sep. 10 | 359 | =(1/11)*(B4/2+SUMME(B5:B15)+B16/2) |

| | A | B | C |
|---|---|---|---|
| 1 | Monat | Umsatz | gleitender 12-Monats-Durchschnitt |
| 2 | Jan. 10 | 187 | |
| 3 | Feb. 10 | 213 | |
| 4 | Mrz. 10 | 240 | |
| 5 | Apr. 10 | 224 | |
| 6 | Mai. 10 | 272 | |
| 7 | Jun. 10 | 282 | |
| 8 | Jul. 10 | 334 | 279 |
| 9 | Aug. 10 | 363 | 280 |
| 10 | Sep. 10 | 359 | 280 |

In der Abb. 3.14 sind die Ursprungswerte und die gleitenden 12-Monats-Durchschnitte grafisch dargestellt.

Während der Kurvenverlauf der tatsächlichen Werte starke Schwankungen und Unregelmäßigkeiten aufweist, ist der Kurvenverlauf der gleitenden 12-Monats-Durchschnitte deutlich flacher und damit leichter zu deuten:

Es lassen sich in dem Kurvenverlauf konjunkturelle Zyklen erkennen: In dem Jahr 2011 findet ein konjunktureller Rückgang statt; in den Jahren 2010 und 2012/2013 sind dagegen konjunkturelle Erholungen festzustellen. Insgesamt scheint sich aber ein leicht abnehmender Trend abzuzeichnen. Wir werden es sehen.

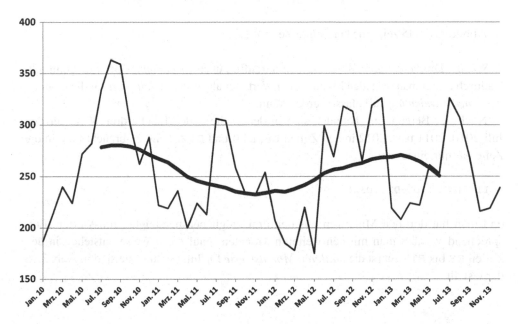

**Abb. 3.14** Wirkliche Werte und gleitender Durchschnitt

### 3.4.5.4  Monatstypische Abweichungen berechnen

Als monatstypische Abweichung bezeichnet man denjenigen Wert, um den sich die Zeitreihe in einem bestimmten Monat – aufgrund der Berechnung des Durchschnitts aus mehreren Jahren – nach oben oder unten ändert.

Es soll also für jeden Monat des Jahres eine *durchschnittliche typische Abweichung* errechnet werden. Die Berechnung der monatstypischen Abweichung erfolgt in vier Schritten:

*1. Schritt*  Es wird die *Differenz* aus den ursprünglichen *Zeitreihenwerten* und den Werten des *gleitenden 12-Monats-Durchschnitts* errechnet:

So wird in die Zelle D8 die Differenz zwischen dem *wirklichen Wert* von Zelle B8 und dem Wert des *gleitenden Durchschnitts* aus Zelle C8 erzeugt.

In Zelle D9 wird die Formel =B9-C9 eingetragen usw. bis zur letztmöglichen Zelle D43 mit der Formel =B43-C43 (denn danach gibt es ja keine Werte des gleitenden Durchschnitts mehr).

Die Zeitreihe wird damit um den zyklischen ($Z$) und den langfristigen Trend ($T$) *bereinigt.*

Abbildung 3.15 zeigt die bereinigte Zeitreihe.

*2. Schritt*  Die *bereinigten Werte* werden daraufhin über *gleichnamige Monate* gemittelt. Dadurch erhält man für jeden Monat einen Wert, der als *grober Schätzwert* für die *monatstypische Abweichung* aufgefasst werden kann.

Nach der Bereinigung befinden sich in der Spalte D der Tabelle drei Werte für den Juli 2010, 2011 bzw. 2012 in den Zellen D8, D20 und D32. Folglich braucht man in die Zelle E8 nur einzutragen

```
=MITTELWERT(D8;D20;D32)
```

und man hat dort den Mittelwert aus den drei möglichen bereinigten Juli-Werten. Entsprechend verfährt man mit den weiteren Monaten – auf diese Weise entstehen in den Zellen E8 bis E19 zuerst die *mittleren Monatswerte* für Juli bis Juni, sie sind in Abb. 3.15 dargestellt.

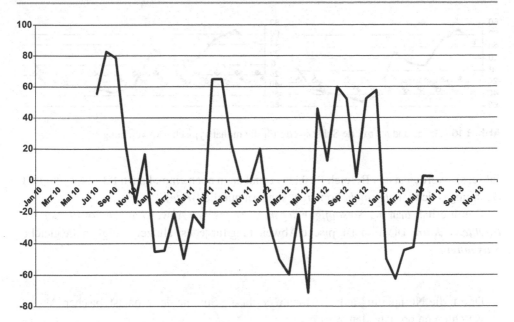

**Abb. 3.15** Bereinigte Zeitreihe: Monatliche Abweichungen vom gleitenden Durchschnitt

*3. Schritt* Der *endgültige Schätzwert* für die *monatstypische Abweichung* ergibt sich durch *Normierung* der groben monatstypischen Schätzwerte auf die Summe 0, indem von jedem Monatswert der Durchschnitt dieser Schätzwerte über alle 12 Monate abgezogen wird. Da sich in der Excel-Tabelle in den Zellen E8 bis E19 die soeben berechneten Schätzwerte für die monatstypische Abweichung befinden, errechnet sich der Durchschnitt daraus einfach nach der Formel =MITTELWERT(E$8: E$19) wobei die Dollarzeichen benutzt werden, um die Anpassung dieser Formel bei nachfolgender Verwendung zu verhindern.

Nun kann man in der Zelle F8 den endgültigen Schätzwert für die monatstypische Abweichung des Juli erzeugen durch Eintragen von =E8-MITTELWERT(E$8:E$19).

Zum Vergleichen seien hier alle bisher in Zeile 8 vorhandenen Formeln angegeben.

| Jul. 10 | 334 | =(1/12)*(B2/2+SUMME(B3:B13)+B14/2) | =B8-C8 | =MITTELWERT(D8;D20;D32) | =E8-MITTELWERT(E$8:E$19) |
|---|---|---|---|---|---|

Die Normierungs-Formel aus Zelle F8 wird dann kopiert in die darunter liegenden elf Zellen. Abbildung 3.16 zeigt die grobe und die normierte Schätzung für die monatstypische Abweichung. Da im vorliegenden Fall der Mittelwert nur 1,54 beträgt, gibt es nur geringe Unterschiede zwischen der *Kurve der groben Schätzwerte* und der *Kurve der endgültigen Schätzwerte*.

*4. Schritt* Die erhaltenen Werte der monatstypischen Abweichungen, die sich nun in den Zellen F8 bis F19 befinden, werden nun unverändert übernommen für die drei folgenden

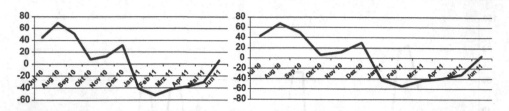

**Abb. 3.16**  Grobe und normierte Schätzwerte für die monatstypische Abweichung

Jahre, sie werden in den Bereich `F20:F31` und dann noch einmal nach `F32:F43` kopiert (Achtung: Nicht die *Formeln* kopieren, sondern nur die *Werte*).

Damit erhält man die *Saisonfigur der monatstypischen Abweichungen für die vier betrachteten Jahre*. Die monatstypische Abweichung für jedes Jahr zeigt folglich die gleiche *Saisonfigur*.

> Durch die Normierung auf 12 Monate ergibt die Summe der monatstypischen Abweichungen pro Jahr den Wert Null.

Wir können die *durchgehende Saisonfigur* unserer Umsatzwerte in Abbildung 3.17 deshalb wie folgt interpretieren:

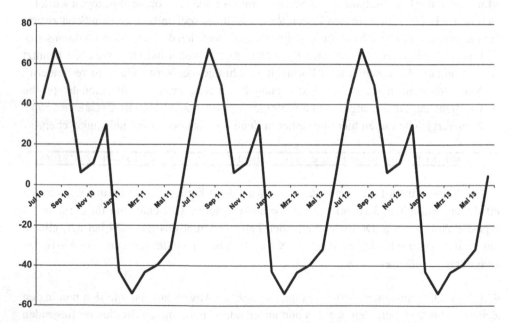

**Abb. 3.17**  Saisonfigur der monatstypischen Abweichung, übertragen auf alle Jahre

- Die Umsätze erfolgen nicht in jedem Monat in gleicher Höhe.
- Gegenüber dem Jahresmittel liegen die Umsätze der Monate Januar bis Mai unter dem Durchschnitt. Von Juni bis Dezember liegen sie über dem Jahresmittel.
- Es sind zwei *Saisonspitzen* zu erkennen, nämlich im August und im Dezember jeden Jahres.
- Demgegenüber ist in den Monaten Januar, Februar und März ein Tiefpunkt sowie ein partielles Tief im Monat Oktober zu erkennen.

### 3.4.5.5   Saisonbereinigte Zeitreihe berechnen

Die *saisonbereinigte Zeitreihe* erhält man, indem man von den ursprünglichen Monatswerten der Zeitreihe die monatstypischen Abweichungen subtrahiert.

Diese Rechenoperation wird in der Tabelle dadurch vorgenommen, dass man in der Zelle G8 die Formel =B8-F8 einträgt und dann in den Bereich G9 bis G43 kopiert. Damit erhält man im Bereich G8:G43 die *saisonbereinigte Zeitreihe*. Abbildung 3.18 zeigt beide Reihen – die ursprüngliche Zeitreihe mit den „wirklichen Werten" und die *saisonbereinigte Zeitreihe*. Letztere (dick ausgezogen) kann natürlich aufgrund der Konstruktionsvorschrift für den gleitenden Durchschnitt nur für den Zeitraum von Juli 2010 bis Juni 2013 angegeben werden.

Fassen wir zusammen: Wurde die Zeitreihe um die monatstypischen Abweichungen (*S*) bereinigt, dann verbleiben noch der langfristige Trend (*T*), der zyklische (konjunkturelle) Zyklus (*Z*) und die irregulären Schwankungen (*I*) in der bereinigten Zeitreihe.

Wenn wir nun zusätzlich den *gleitenden 12-Monats-Durchschnitt* und die *monatstypische Abweichung* abziehen, dann verbleibt die *irreguläre Schwankung* (*I*). Die Berechnung der *irregulären Komponente* ist dann sinnvoll, wenn man deren Einfluss auf die Zeitreihe getrennt untersuchen will. So können z. B. die Auswirkungen von Schocks in der Zeitreihe beobachtet werden.

Die *irreguläre Komponente* wird berechnet, indem von der *saisonbereinigten Zeitreihe* der gleitende 12-Monats-Durchschnitt subtrahiert wird.

Da sich die Werte der saisonbereinigten Zeitreihe im Bereich G8:G43 und die gleitenden Monatsdurchschnitte im Bereich C8:C43 befinden, können die Werte der irregu-

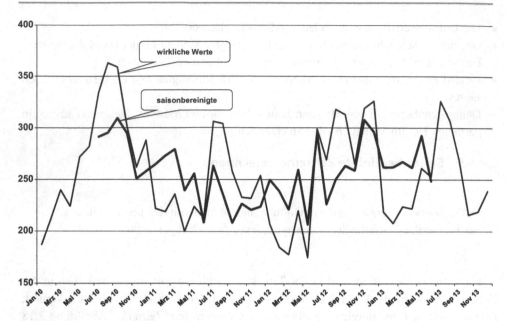

**Abb. 3.18**  Zeitreihe und saisonbereinigte Zeitreihe

lären Komponente (siehe Abb. 3.19) im Bereich `H8:H43` durch Differenzbildung (z. B. `H8=G8-C8`) erhalten werden.

### 3.4.5.6  Ausblick

Weitere Anwendungsmöglichkeiten für saisonbereinigte Zeitreihen sind: Man kann aktuelle Monatswerte sofort (saison-)bereinigen und dann mit den Vormonats- und Vorjahreswerten vergleichen. So kann man, ungestört durch die monatlichen Schwankungen, mögliche Trends und Trendumkehrungen rechtzeitig erkennen.

Man kann aufgrund bereits vorliegender saisonbereinigter Monatswerte das Jahresergebnis prognostizieren.

Man kann aus der saisonbereinigten Zeitreihe Prognosen für die nächsten Monate und Jahre (durchschnittliche Jahreswerte) mittels Trendanalyse und exponentieller Glättung berechnen.

Man kann ein vorausgeschätztes Jahresergebnis mit Hilfe der monatstypischen Abweichungen auf die einzelnen Monate aufteilen.

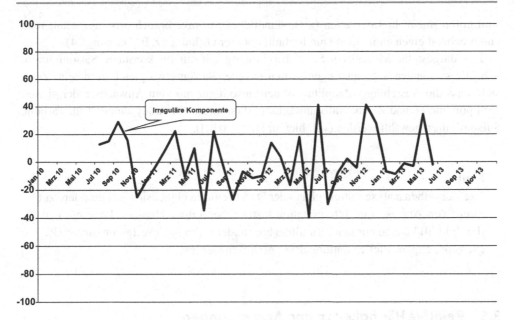

**Abb. 3.19**  Irreguläre Komponente

Auf diese Weise erhält man monatliche Prognosewerte. Selbstverständlich gibt es aber auch Grenzen der Anwendbarkeit der Methode der gleitenden Durchschnitte:

Anhand der obigen Ausführungen wurden bereits einige Schwächen der Zeitreihenanalyse mit Hilfe der Methode der gleitenden Durchschnitte sichtbar. Die Anwendungsschwächen des Modells und der Berechnungsmethode zeigen sich in folgenden Punkten:

Trendberechnung: Für die beiden Enden der Zeitreihe (Anfang und Schluss) können keine gleitenden Durchschnitte berechnet werden. Deshalb kann der Trend auch nicht weit über den aktuellen Stand hinaus interpretiert werden. Hierbei zeigt sich ein deutlicher Nachteil gegenüber der Trendberechnung mittels linearer Regression oder der Methode des exponentiellen Glättens (siehe z. B. in [15]), die aktuelle Werte besser berücksichtigen.

*Zukunftsprojektionen* können nur mit Hilfe weiterer Methoden (lineare Regression oder exponentielle Glättung) errechnet werden. Monatstypische Abweichungen: Auch die *Saisonfigur* wird nur aus historischen Daten errechnet. Aktuelle Daten werden hier ebenfalls nur unzureichend berücksichtigt und mit historischen Daten gleichgewichtig verrechnet.

Das Modell ist desto besser, je kleiner die irreguläre Komponente ist und je regelmäßiger sich die Veränderungen den langfristigen, konjunkturellen und monatstypischen Bewegungen anpassen.

Abschließend sind noch zwei methodische Anmerkungen zu machen:

Für kürzere Saisonfiguren (z. B. Quartalsdaten) muss das Intervall zur Berechnung der gleitenden Durchschnitte entsprechend der vorliegenden Saisondauer angepasst werden. So ist bei Quartalsdaten der gleitende Durchschnitt der Ordnung 4 zu wählen. Bei Saisonfiguren mit mehr Intervallen (z. B. stündlicher Stromverbrauch pro Tag) wählt man entsprechend einen gleitenden Durchschnitt höherer Ordnung (z. B. Ordnung 24).

Das dargestellte Modell zur Saisonbereinigung gilt nur für konstante Saisonfiguren, d. h. die saisonalen Schwankungen sollten in jeder Saison etwa gleich groß sein. Zeigt sich, dass die Ausschläge (Amplituden) der Saisonfigur mit dem Anwachsen der glatten Komponente ($T$ und $Z$) ebenfalls anwachsen, dann muss ein Analysemodell für variable Saisonfiguren gewählt werden (vgl. hierzu: [1, S. 70 ff.]).

---

**Fazit**

Die Zeitreihenanalyse mittels gleitender Durchschnitte eignet sich insbesondere zur intensiven Analyse und Interpretation historischer Entwicklungen. Prognosen für die Zukunft können nur unter Zuhilfenahme anderer Prognoseverfahren (lineare Regression, exponentielle Glättung usw.) getroffen werden.

---

## 3.5 Relative Häufigkeiten und Anwendungen

### 3.5.1 Absolute und relative Häufigkeiten

Wiederholen wir zuerst den Begriff der *absoluten Häufigkeit*. In der linken Tabelle besteht die Datenreihe in Spalte A aus vielen Werten, die aber nur *einige wenige Merkmalsausprägungen* besitzen – es handelt sich also um *diskrete Daten*. Die *absolute Häufigkeit* erhält man in diesem Fall mit der Excel-Funktion =ZÄHLENWENN(...;...):

| Daten | Ausprägungen | absolute Häufigkeit | relative Häufigkeit | kumulierte relative Häufigkeit |
|---|---|---|---|---|
| 6 | 1 | 74 | 0,074 | 0,074 |
| 6 | 2 | 132 | 0,132 | 0,206 |
| 4 | 3 | 141 | 0,141 | 0,347 |
| 3 | 4 | 121 | 0,121 | 0,468 |
| 7 | 5 | 160 | 0,160 | 0,628 |
| 2 | 6 | 144 | 0,144 | 0,772 |
| 3 | 7 | 146 | 0,146 | 0,918 |
| 7 | 8 | 82 | 0,082 | 1,000 |
| 3 | Gesamt | 1000 | | |
| 4 | | | | |

Anders verhält es sich dagegen, wenn sich in der Datenreihe der rechts stehenden Tabelle in Spalte A *unüberschaubar viele Merkmalsausprägungen* befinden. Dann muss man *Klassen* bilden und anschließend abzählen lassen, wie viele Werte sich in den einzelnen

Klassen befinden. Dazu verwendet man zweckmäßig das Werkzeug HISTOGRAMM (siehe auch Abschn. 2.3.2.6 im Kap. 2):

| Daten | Klasse | von | bis unter | absolute Häufigkeit |
|---|---|---|---|---|
| 38,09 | 1 | 1 | 5 | 2000 |
| 21,37 | 2 | 5 | 15 | 1200 |
| 3,43 | 3 | 15 | 25 | 800 |
| 85,90 | 4 | 25 | 50 | 700 |
| 253,24 | 5 | 50 | 100 | 200 |
| 10,10 | 6 | 100 | 395 | 100 |
| 2,97 | | | Gesamt | 5000 |

Kommen wir nun zum Begriff der *relativen Häufigkeiten*: Die *relativen Häufigkeiten* ergeben sich durch *Division der absoluten Häufigkeiten* durch die *Gesamtzahl der Daten*. Das bedeutet, dass in den beiden obigen Tabellen jeweils noch eine zusätzliche Spalte D bzw. F mit diesen *Quotienten* angefügt wird:

| Daten | Ausprägungen | absolute Häufigkeit | relative Häufigkeit |
|---|---|---|---|
| 6 | 1 | 74 | =C2/$C$10 |
| 6 | 2 | 132 | =C3/$C$10 |
| 4 | 3 | 141 | =C4/$C$10 |
| 3 | 4 | 121 | =C5/$C$10 |
| 7 | 5 | 160 | =C6/$C$10 |
| 2 | 6 | 144 | =C7/$C$10 |
| 3 | 7 | 146 | =C8/$C$10 |
| 7 | 8 | 82 | =C9/$C$10 |
| 3 | Gesamt | 1000 | |

| Daten | Ausprägungen | absolute Häufigkeit | relative Häufigkeit |
|---|---|---|---|
| 6 | 1 | 74 | 0,074 |
| 6 | 2 | 132 | 0,132 |
| 4 | 3 | 141 | 0,141 |
| 3 | 4 | 121 | 0,121 |
| 7 | 5 | 160 | 0,160 |
| 2 | 6 | 144 | 0,144 |
| 3 | 7 | 146 | 0,146 |
| 7 | 8 | 82 | 0,082 |
| 3 | Gesamt | 1000 | |

| Daten | Klasse | von | bis unter | absolute Häufigkeit | relative Häufigkeit |
|---|---|---|---|---|---|
| 38,09 | 1 | 1 | 5 | 2000 | =E2/$E$8 |
| 21,37 | 2 | 5 | 15 | 1200 | =E3/$E$8 |
| 3,43 | 3 | 15 | 25 | 800 | =E4/$E$8 |
| 85,90 | 4 | 25 | 50 | 700 | =E5/$E$8 |
| 253,24 | 5 | 50 | 100 | 200 | =E6/$E$8 |
| 10,10 | 6 | 100 | 395 | 100 | =E7/$E$8 |
| 2,97 | | | Gesamt | 5000 | |

| Daten | Klasse | von | bis unter | absolute Häufigkeit | relative Häufigkeit |
|---|---|---|---|---|---|
| 38,09 | 1 | 1 | 5 | 2000 | 0,40 |
| 21,37 | 2 | 5 | 15 | 1200 | 0,24 |
| 3,43 | 3 | 15 | 25 | 800 | 0,16 |
| 85,90 | 4 | 25 | 50 | 700 | 0,14 |
| 253,24 | 5 | 50 | 100 | 200 | 0,04 |
| 10,10 | 6 | 100 | 395 | 100 | 0,02 |
| 2,97 | | | Gesamt | 5000 | |

## 3.5.2 Kumulierte relative Häufigkeiten

Zur Berechnung der *kumulierten relativen Häufigkeiten* wird in einer weiteren Spalte E bzw. G wie folgt vorgegangen:

- Die *erste relative Häufigkeit* wird als *erste kumulierte relative Häufigkeit* übernommen.
- Die folgenden kumulierten relativen Häufigkeiten entstehen aus dem schon *vorhandenen kumulierten Wert* plus der jeweilig nebenstehenden *relativen Häufigkeit*, so dass zum Schluss stets 1 (oder 100 Prozent) erscheinen muss.

| Daten | Ausprägungen | absolute Häufigkeit | relative Häufigkeit | kumulierte relative Häufigkeit |
|---|---|---|---|---|
| 6 | 1 | 74 | 0,074 | =D2 |
| 6 | 2 | 132 | 0,132 | =E2+D3 |
| 4 | 3 | 141 | 0,141 | =E3+D4 |
| 3 | 4 | 121 | 0,121 | =E4+D5 |
| 7 | 5 | 160 | 0,160 | =E5+D6 |
| 2 | 6 | 144 | 0,144 | =E6+D7 |
| 3 | 7 | 146 | 0,146 | =E7+D8 |
| 7 | 8 | 82 | 0,082 | =E8+D9 |
| 3 | Gesamt | 1000 | | |

| Daten | Ausprägungen | absolute Häufigkeit | relative Häufigkeit | kumulierte relative Häufigkeit |
|---|---|---|---|---|
| 6 | 1 | 74 | 0,074 | 0,074 |
| 6 | 2 | 132 | 0,132 | 0,206 |
| 4 | 3 | 141 | 0,141 | 0,347 |
| 3 | 4 | 121 | 0,121 | 0,468 |
| 7 | 5 | 160 | 0,160 | 0,628 |
| 2 | 6 | 144 | 0,144 | 0,772 |
| 3 | 7 | 146 | 0,146 | 0,918 |
| 7 | 8 | 82 | 0,082 | 1,000 |
| 3 | Gesamt | 1000 | | |

| Daten | Klasse | von | bis unter | absolute Häufigkeit | relative Häufigkeit | kumulierte relative Häufigkeit |
|---|---|---|---|---|---|---|
| 38,09 | 1 | 1 | 5 | 2000 | 0,40 | =F2 |
| 21,37 | 2 | 5 | 15 | 1200 | 0,24 | =G2+F3 |
| 3,43 | 3 | 15 | 25 | 800 | 0,16 | =G3+F4 |
| 85,90 | 4 | 25 | 50 | 700 | 0,14 | =G4+F5 |
| 253,24 | 5 | 50 | 100 | 200 | 0,04 | =G5+F6 |
| 10,10 | 6 | 100 | 395 | 100 | 0,02 | =G6+F7 |
| 2,97 | | | Gesamt | 5000 | | |

| Daten | Klasse | von | bis unter | absolute Häufigkeit | relative Häufigkeit | kumulierte relative Häufigkeit |
|---|---|---|---|---|---|---|
| 38,09 | 1 | 1 | 5 | 2000 | 0,40 | 0,40 |
| 21,37 | 2 | 5 | 15 | 1200 | 0,24 | 0,64 |
| 3,43 | 3 | 15 | 25 | 800 | 0,16 | 0,80 |
| 85,90 | 4 | 25 | 50 | 700 | 0,14 | 0,94 |
| 253,24 | 5 | 50 | 100 | 200 | 0,04 | 0,98 |
| 10,10 | 6 | 100 | 395 | 100 | 0,02 | 1,00 |
| 2,97 | | | Gesamt | 5000 | | |

Beachten wir z. B. in der rechten Tabelle den wichtigen Unterschied: Der Wert 0,16 der *relativen Häufigkeit* in der Klasse 3 (von 15 bis unter 25 – siehe Zelle F4) sagt aus, dass 16 % der Daten zwischen 15 und 25 liegen.

Dagegen besagt die *kumulierte relative Häufigkeit* mit dem Zahlenwert 0,8 in der Zelle G4, dass der Anteil der Daten, die eine Höhe von 25 nicht übersteigen, bei 80 % liegt. Das heißt, 80 Prozent der Daten haben einen Wert unter 25.

### 3.5.3 Schnelle Alternative: 100-Prozent-Diagramme

#### 3.5.3.1 Erzeugung von gestapelten 100-Prozent-Diagrammen

Excel liefert eine ausgezeichnete Möglichkeit, die aufwändige Berechnung von relativen und kumulierten relativen Häufigkeiten zu vermeiden und trotzdem schnell zu visuellen Informationen über die jeweiligen Anteile zu kommen. Dazu benötigt man lediglich die *absoluten Häufigkeiten*.

Das wird möglich, wenn man ein so genanntes *gestapeltes 100-Prozent-Diagramm* erzeugt.

Zuerst müssen die *Liste der Merkmalsausprägungen* (bzw. der Klassen-Nummern) und dazu die *absoluten Häufigkeiten* in *zwei neuen Spalten* erzeugt werden. Die *absoluten Häufigkeiten* werden dabei *als Werte kopiert*.

Die *neue linke Spalte* (d. h. die Spalte mit den *Merkmalsausprägungen*) muss aber jetzt grundsätzlich *nichtnumerischen Inhalts* sein, das heißt, anstelle der Zahl 1 müsste das Zeichen „1" eingetragen werden.

Falls die Merkmalsausprägungen vorher *numerisch* waren (d. h. reine *Ziffernfolgen*), dann gibt es drei Möglichkeiten der Erzeugung der zugehörigen Spalte mit entsprechendem *nichtnumerischem Inhalt*: Die neue linke Spalte wird *zuerst* als *Textspalte* formatiert, die Ziffernfolgen werden danach neu eingegeben. Oder jede Ziffernfolge wird mit vorgestelltem Hochkomma neu eingegeben. Oder man verwendet (wie unten gezeigt) die Excel-Funktion =TEXT(...;...) mit einem geeigneten Textmuster. Oder man sorgt für einen *nichtnumerischen Inhalt* durch Verwendung von mindestens einem alphanumerischen Zeichen (wie rechts):

| | A | B | C | D | E |
|---|---|---|---|---|---|
| 1 | Ausprägungen | absolute Häufigkeit | | Ausprägungen | absolute Häufigkeit |
| 2 | 1 | 74 | | =TEXT(A2;"0") | 74 |
| 3 | 2 | 132 | | =TEXT(A3;"0") | 132 |
| 4 | 3 | 141 | | =TEXT(A4;"0") | 141 |
| 5 | 4 | 121 | | =TEXT(A5;"0") | 121 |
| 6 | 5 | 160 | | =TEXT(A6;"0") | 160 |
| 7 | 6 | 144 | | =TEXT(A7;"0") | 144 |
| 8 | 7 | 146 | | =TEXT(A8;"0") | 146 |
| 9 | 8 | 82 | | =TEXT(A9;"0") | 82 |

| | A | B | C | D | E |
|---|---|---|---|---|---|
| 1 | Klasse | absolute Häufigkeit | | Klasse | absolute Häufigkeit |
| 2 | 1 | 2000 | | Klasse 1 | 2000 |
| 3 | 2 | 1200 | | Klasse 2 | 1200 |
| 4 | 3 | 800 | | Klasse 3 | 800 |
| 5 | 4 | 700 | | Klasse 4 | 700 |
| 6 | 5 | 200 | | Klasse 5 | 200 |
| 7 | 6 | 100 | | Klasse 6 | 100 |

Anschließend wird irgendeine Zelle der neu geschaffenen Tabelle ausgewählt und die F11-Taste gedrückt. Es entsteht – wie üblich – eine *einfache zweidimensionale Säulengrafik*, an der *waagerechten Achse* müssen die Merkmalsausprägungen abgetragen sein, die *Säulenhöhen* entsprechen den absoluten Häufigkeiten.

Nach Klick mit der Neben-Maustaste auf den neutralen Hintergrund muss zuerst auf den Diagrammtyp „Gestapelte 3D-Säulen (100 %)" umgestellt werden. Dabei entsteht zuerst eine Reihe gleich hoher Säulen.

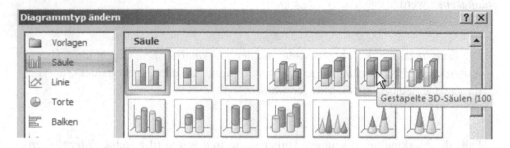

Das allerdings ändert sich, wenn nach „Datenquelle auswählen" die Schaltfläche „Zeile/Spalte wechseln" ausgewählt wird.

Dann erscheint – wie in Abb. 3.20 zu sehen, eine aufgeschichtete Säule, wobei die Dicke jeder Schicht dem jeweiligen prozentualen Anteil für den beobachteten Merkmalswert bzw. die Klasse entspricht. Man erkennt damit sofort, dass in der linken Grafik eine *ungefähre Gleichverteilung* stattfindet, während die rechte Säule zeigt, dass die Klassen 1 und 2 mehr als die Hälfte des Gesamtvolumens ausmachen.

Wer ein solches 100 %-Stapeldiagramm für den Schwarz-Weiß-Druck publizieren will oder muss, sollte sich allerdings auf jeden Fall die Mühe eines Probedrucks machen. Wenn dieser unbefriedigend ausfällt, die Schichten nicht richtig auseinander zu halten sind, dann sollten die einzelnen Schichten nacheinander mit der Neben-Maustaste ausgewählt werden, anschließend können sie mit DATENREIHEN FORMATIEREN→FÜLLUNG anderweitig prägnant dargestellt werden.

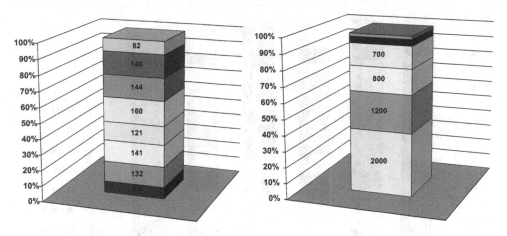

**Abb. 3.20** Gestapelte 100-Prozent-Diagramme

### 3.5.3.2 100-Prozent-Diagramme im Zeitablauf

Besonders reizvoll ist die Verwendung von 100-Prozent-Diagrammen, wenn, wie in der folgenden Tabelle zu sehen, beispielsweise die Umsätze mehrerer Abteilungen über den Verlauf eines Halbjahres in einer Tabelle zusammengestellt sind:

| Abteilung | Jan | Feb | Mrz | Apr | Mai | Jun |
|---|---|---|---|---|---|---|
| Abt_1 | 5501,01 | 5355,25 | 5314,40 | 5442,69 | 5430,67 | 5617,80 |
| Abt_2 | 8857,32 | 9151,95 | 8929,07 | 9123,73 | 12011,23 | 15126,89 |
| Abt_3 | 2459,80 | 2234,01 | 2318,78 | 2277,33 | 2638,20 | 2143,50 |
| Abt_4 | 2228,62 | 2366,44 | 2318,84 | 2300,37 | 2222,75 | 2210,92 |
| Abt_5 | 2291,93 | 2018,59 | 2637,35 | 2094,17 | 2229,01 | 2178,52 |
| Abt_6 | 2302,63 | 2365,31 | 2209,67 | 2207,85 | 2278,62 | 2255,20 |
| Abt_7 | 8756,12 | 8810,47 | 8917,61 | 8677,34 | 8734,68 | 8802,53 |
| Abt_8 | 1102,12 | 1158,26 | 1057,29 | 1167,18 | 1071,07 | 1093,21 |
| Abt_9 | 1515,56 | 1440,57 | 1594,21 | 1581,28 | 1519,72 | 1486,09 |
| Abt_10 | 2494,34 | 2617,13 | 2465,19 | 2603,22 | 2407,58 | 2539,25 |

Mit diesen Zahlenmengen kann wohl niemand sofort etwas anfangen, und präsentabel sind sie deshalb mit Sicherheit nicht.

Wenn einerseits sicher ist, dass

- der Datenbestand *separiert* ist, d. h. durch mindestens eine Leerzeile und Leerspalte von anderen Daten der Tabelle getrennt ist und andererseits
- die Monatsnamen durch Eingabe und Umformatierung von Datumswerten tatsächlich *numerisch* gespeichert sind,

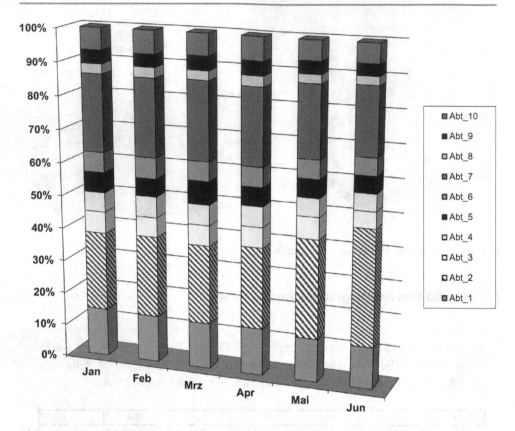

**Abb. 3.21**  Dreidimensionales 100-Prozent-Diagramm im Zeitablauf

dann kann der Tabellenkursor in eine Zelle im Inneren des Datenbestandes gesetzt werden und mit der Taste [F11] eine *Rohgrafik in Säulenform* angefordert werden. Sie muss auf der waagerechten Achse die Monatsnamen enthalten, ansonsten ist der Tabellenkopf noch einmal zu überarbeiten.

Wenn anschließend mit Hilfe der rechten (Neben-)Maustaste und DIAGRAMMTYP ÄNDERN auf „Gestapelte 3D-Säulen (100 %)" umgestellt wird, dann stehen plötzlich, wie in Abb. 3.21 zu sehen, tatsächlich sechs 100 %-Diagramme nebeneinander. Und man erkennt zum Beispiel sofort, dass die Abteilung 02 im Mai und Juni ihren prozentualen Anteil beachtlich vergrößern konnte.

Die Einzelheiten der gestaltenden Maßnahmen, wie die Formatierung der Achsenbeschriftungen, die Formatierung der Legende oder die Umwandlung der hässlich grauen Rückwand in einen fließenden Übergang – sie sollen hier nicht im Einzelnen geschildert werden; mit etwas Übung kann jeder Nutzer dieses Buches die Grafik selbst in die gezeigte Form bringen.

### 3.5.4 Anwendung: ABC-Analyse

Die kumulierten relativen Häufigkeiten werden insbesondere bei der so genannten *ABC-Analyse* eingesetzt.

> Die *ABC-Analyse* geht davon aus, dass verschiedene Produkte im Produktionsprogramm einer Unternehmung eine unterschiedliche Bedeutung für den Unternehmenserfolg haben.

Der Erfolg für die Unternehmung kann dabei z. B. am Umsatz gemessen werden:

- Produkte, die zusammen einen hohen Anteil, z. B. 50 % Anteil am Gesamtumsatz, am Unternehmenserfolg (Gesamtumsatz) haben, werden in die *Kategorie der A-Produkte* aufgenommen.
- In die *Kategorie der B-Produkte* nimmt man die Produkte auf, die zusammen einen mittleren Anteil, z. B. 40 %, am Gesamtumsatz haben.
- In die *Kategorie der C-Produkte* kommen die Produkte mit einem nur geringen Anteil, hier 10 %, am Gesamtumsatz.

Für die Einordnung der Produkte ordnet man sie *zuerst* nach ihrem relativen Anteil am Gesamtumsatz *abfallend*. Erst danach werden die *zugehörigen kumulierten relativen Häufigkeiten* bestimmt.

In einem Koordinatensystem trägt man dann auf der waagerechten Achse die Produkte und auf der senkrechten Achse die *zugehörigen kumulierten relativen Häufigkeiten* ab. Im Koordinatensystem entstehen geradlinig verbundene Punkte.

Betrachten wir ein kleines Beispiel: Ein Handelsunternehmen verkauft ausgewählte Bekleidungsartikel, z. B. Pullover, Blusen. Hemden, Hosen, Mützen, Schals und Handschuhe. Die Umsatzanteile der einzelnen Artikel sind der folgenden Tabelle zu entnehmen, wobei bereits *nach abfallenden Umsatzanteilen geordnet* wurde:

| Artikel | Umsatzanteil in % | Kumulierte Umsatzanteile in % |
|---|---|---|
| Blusen | 30 | =B2 |
| Hemden | 25 | =C2+B3 |
| Pullover | 24 | =C3+B4 |
| Hosen | 16 | =C4+B5 |
| Handschuhe | 2 | =C5+B6 |
| Mützen | 1,8 | =C6+B7 |
| Schals | 1,2 | =C7+B8 |

| Artikel | Umsatzanteil in % | Kumulierte Umsatzanteile in % |
|---|---|---|
| Blusen | 30 | 30 |
| Hemden | 25 | 55 |
| Pullover | 24 | 79 |
| Hosen | 16 | 95 |
| Handschuhe | 2 | 97 |
| Mützen | 1,8 | 98,8 |
| Schals | 1,2 | 100 |

In der Darstellung der kumulierten relativen Häufigkeiten in Abb. 3.22 ist zu erkennen, dass Blusen und Hemden bereits 55 % des Gesamtumsatzes erbringen. Diese Artikel werden als *A-Produkte* klassifiziert. Weitere 40 % des Gesamtumsatzes erbringen die Pullover und Hosen, sie werden in die Klasse der *B-Produkte* eingeteilt. Die verbleibenden Artikel (Handschuhe, Mützen und Schals) erbringen insgesamt nur 5 % des Gesamtumsatzes und fallen deshalb unter die *C-Produkte*.

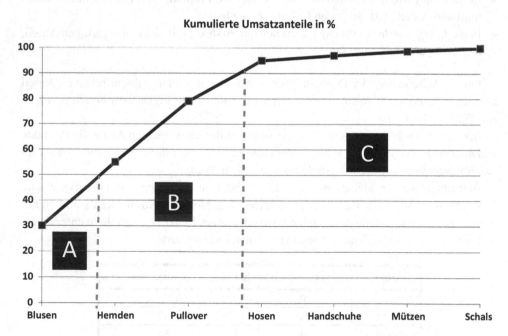

**Abb. 3.22** Kumulierte Umsatzanteile und ABC-Klassifikation

## 3.5.5 Anwendung: Empirische Verteilungsfunktion

### 3.5.5.1 Definition

Betrachtet wird ein *metrisch skaliertes Merkmal X* mit den Merkmalsausprägungen $a_1$, $a_2$, ..., $a_k$. Für jede Merkmalsausprägung wurde aus einer Stichprobe die zugehörige relative Häufigkeit $f(a_i)$ bestimmt. Aus den dann berechneten *kumulierten relative Häufigkeiten* wird die *empirische Verteilungsfunktion* wie folgt bestimmt:

$$
F(x) = \begin{cases} 0 & x < a_1 \\ \sum_{a_i \leq x} f(a_i) & \\ 1 & a_k \leq x \end{cases}. \tag{3.8}
$$

Die Merkmalsausprägungen $a_1$, $a_2$, ..., $a_k$ müssen dazu geordnet sein, d. h. es gilt $a_1 < a_2 < \ldots < a_k$.

### 3.5.5.2 Empirische Verteilungsfunktion bei diskreten Daten

Für nichtklassierte *diskrete Merkmale* ist das Bild der empirischen Verteilungsfunktion eine *Treppenfunktion*, deren Funktionswerte nichtnegativ sind, die konstant ist zwischen zwei Ausprägungen und deren Sprunghöhen genau *an den Ausprägungen des Merkmals* liegen. Die *Höhe eines Sprunges* entspricht genau der *relativen Häufigkeit* der zugehörigen Ausprägung.

*Beispiel* Wir betrachten eine *Tabelle diskreter Daten* mit bereits berechneten relativen und kumulierten relativen Häufigkeiten. Zur Erzeugung der zugehörigen *empirischen Verteilungsfunktion* müssen zuerst die Merkmalswerte (numerisch oder numerisch durch Kodierung entstanden) in eine besondere Spalte (hier ist es Spalte G) kopiert werden. Rechts daneben, in Spalte H, müssen dazu die *Werte* der kumulierten relativen Häufigkeiten stehen (also nicht einfach von Spalte E kopieren, sondern beschaffen mit Kopieren→Einfügen→Werte):

| Daten | Ausprägungen | absolute Häufigkeit | relative Häufigkeit | kumulierte relative Häufigkeit | | Ausprägungen | kumulierte relative Häufigkeit |
|---|---|---|---|---|---|---|---|
| 6 | 1 | 74 | 0,074 | 0,074 | | 1 | 0,0740 |
| 6 | 2 | 132 | 0,132 | 0,206 | | 2 | 0,2060 |
| 4 | 3 | 141 | 0,141 | 0,347 | | 3 | 0,3470 |
| 3 | 4 | 121 | 0,121 | 0,468 | | 4 | 0,4680 |
| 7 | 5 | 160 | 0,160 | 0,628 | | 5 | 0,6280 |
| 2 | 6 | 144 | 0,144 | 0,772 | | 6 | 0,7720 |
| 3 | 7 | 146 | 0,146 | 0,918 | | 7 | 0,9180 |
| 7 | 8 | 82 | 0,082 | 1,000 | | 8 | 1,0000 |
| 3 | Gesamt | 1000 | | | | | |
| 4 | | | | | | | |

Setzt man nun den Tabellenkursor in eine beliebige Zelle des Bereiches G2:H9 und wählt Einfügen→ Diagramme→Punkt (ohne Linien!) dann entsteht zuerst nur eine Punktwolke. Die waagerechte Fortführung von jedem Punkt bis an den nächsten Punkt heran erzeugt dann die empirische Verteilungsfunktion, so wie sie in Abb. 3.23 zu sehen ist.

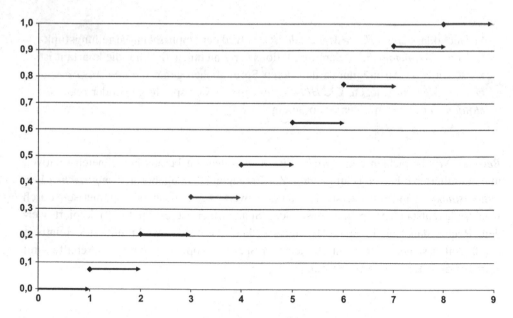

**Abb. 3.23** Treppenfunktion als empirische Verteilungsfunktion diskreter Daten

### 3.5.5.3 Empirische Verteilungsfunktion bei stetigen Daten

Sind die Daten klassiert (das Merkmal ist z. B. ein *stetiges Merkmal*), so verwendet man zur grafischen Darstellung der empirischen Verteilungsfunktion ein so genanntes Summenpolygon: Auf der *waagerechten Achse* werden dazu die *Klassen* abgetragen, auf der *senkrechten Achse* die *kumulierten relativen Häufigkeiten*. Im Koordinatensystem trägt man dann über den *oberen Klassengrenzen* den Wert der zugehörigen kumulierten relativen Häufigkeit ab. Die dabei entstehenden Punkte werden *geradlinig* verbunden.

Auch dazu soll ein Beispiel die Vorgehensweise illustrieren: Gegeben sei in der Spalte A einer Tabelle eine Datenmenge mit *unüberschaubar vielen verschiedenen Merkmalswerten*, man spricht dabei von *stetigen Daten*. Es seien getätigte Umsätze von 5000 Einkäufen. Die Spalten C und D enthalten die Unter- und Obergrenzen von sinnvoll festgelegten Klassen, und in Spalte E befinden sich die – mit dem Werkzeug HISTOGRAMM beschafften – *absoluten Häufigkeiten*. In den weiteren Spalten F und G befinden sich dazu die *relativen Häufigkeiten* und die *kumulierten relativen Häufigkeiten*.

Zur Erzeugung der *zugehörigen empirischen Verteilungsfunktion* wird in einer neuen Spalte I zuerst die *linke Grenze der ersten Klasse* eingetragen, darunter folgen alle *rechten Klassengrenzen*. In der rechts daneben befindlichen Spalte J folgen dann auf eine *Null* die Werte der *kumulierten relativen Häufigkeiten*:

| Daten | Klasse | von | bis unter | absolute Häufigkeit | relative Häufigkeit | kumulierte relative Häufigkeit | bis unter | kumulierte relative Häufigkeit |
|---|---|---|---|---|---|---|---|---|
| 38,09 | 1 | 1 | 5 | 2000 | 0,40 | 0,40 | 0 | 0,00 |
| 21,37 | 2 | 5 | 15 | 1200 | 0,24 | 0,64 | 5 | 0,40 |
| 3,43 | 3 | 15 | 25 | 800 | 0,16 | 0,80 | 15 | 0,64 |
| 85,9 | 4 | 25 | 50 | 700 | 0,14 | 0,94 | 25 | 0,80 |
| 253,24 | 5 | 50 | 100 | 200 | 0,04 | 0,98 | 50 | 0,94 |
| 10,1 | 6 | 100 | 395 | 100 | 0,02 | 1,00 | 100 | 0,98 |
| 2,97 | | | Gesamt | 5000 | | | 395 | 1,00 |

Dann wird der Tabellenkursor in irgendeine Zelle des Bereiches I2:J6 gesetzt, und nach Einfügen→Diagramme→Punkt entsteht dann zuerst wieder eine *Punktwolke*. Wählt man einen der Punkte aus und formatiert die *Hinzufügung von Verbindungslinien*, dann entsteht der *streng monoton ansteigende Streckenzug* von Abb. 3.24: Das ist das *Bild der zugehörigen empirischen Verteilungsfunktion*.

Aus diesem Bild kann man ohne Rückgriff auf die einzelnen Umsätze z. B. die Frage beantworten, wie viel Prozent der Umsätze unter 175 € lagen. Dazu geht man vom

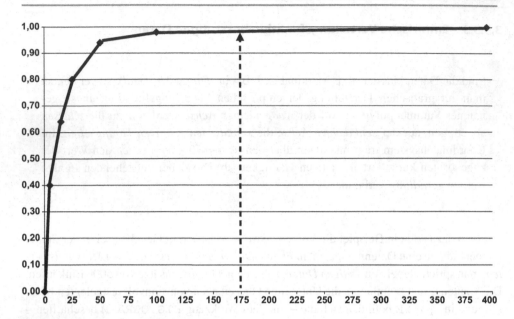

**Abb. 3.24** Streckenzug als empirische Verteilungsfunktion stetiger Daten

Wert 175 auf der waagerechten Achse aus und liest den resultierenden Wert auf der senkrechten Achse ab. In Abb. 3.24 wird mit den beiden gestrichelten Linien ein ungefährer Wert von 0,98 zu erkennen sein – also finden sich ca. 98 Prozent aller Umsätze unter 175 Euro.

Doch das Ablesen ist – gerade in diesem Bereich – recht ungenau. Deshalb kann man mit den Mitteln der Elementarmathematik, unter Verwendung der so genannten *Zweipunkte-Gleichung*, genau rechnen: Der Umsatz von 175 Euro liegt im Bereich von 100 Euro bis unter 395 Euro. Wir betrachten dort das Geradenstück zwischen den Punkten (100; 0,98) und (395; 1) sowie das Teilstück zwischen den Punkten (175; $x$) und (395; 1). Da die Anstiege die gleichen sind, gilt

$$\frac{1 - 0,98}{395 - 100} = \frac{x - 0,98}{175 - 100}. \tag{3.9}$$

Diese Beziehung wird nach $x$ umgestellt und liefert einen Wert

$$x = 0,98 + 0,02 \cdot 75/295 \Rightarrow x = 0,985. \tag{3.10}$$

Damit hat man errechnet, dass 98,5 Prozent aller Umsätze unter 175 € liegen. Und man erhält sofort: Über 175 Euro liegen damit 100 % − 98,5 % = 1,5 % der Umsätze.

# 3.6   Konzentrationsrechnung

## 3.6.1   Einführung

Die *Konzentration* ist eine Erscheinung, die in modernen Volkswirtschaften beobachtet werden kann. Veränderungen des Konzentrationsgrades einzelner Zweige der Volkswirtschaft werden regelmäßig in der Öffentlichkeit diskutiert, sie werden von den Kartellbehörden kontinuierlich beobachtet.

Wie lässt sich eine solche Konzentration messen? Dazu betrachtet man ein *metrisch skaliertes Merkmal* wie z. B. das Produktivvermögen, die Höhe der Spareinlagen oder den Grundbesitz, der sich im Besitz einer Person befindet bzw. den Umsatz, den Gewinn oder die Beschäftigtenzahl, die auf eine Unternehmung entfallen. Mit den Worten der Statistik:

Man betrachtet die *Verteilung der Summe aller Merkmalswerte* auf die Merkmalsträger. Dabei kann diese Merkmalswertsumme gleichmäßig auf alle Merkmalsträger verteilt sein oder sich auf nur wenige Merkmalsträger konzentrieren.

Man untersucht also Fragen wie z. B.:

- Wie verteilt sich das Einkommen (Merkmalswertsumme) auf die Haushalte (Merkmalsträger) oder wie verteilen sich die Marktanteile (Merkmalswertsumme) auf die Unternehmungen (Merkmalsträger).
- Wie lassen sich jetzt Aussagen zur Konzentration gewinnen? Wir benötigen dazu die *kumulierten relativen Häufigkeiten*.

## 3.6.2   Absolute Konzentration

### 3.6.2.1   Grundlagen
Ähnliche Ansätze wie bei der ABC-Analyse werden bei der *Messung der absoluten Konzentration* gewählt.

Hierbei wird untersucht, ob ein Großteil einer Merkmalswertsumme (z. B. des Gesamtumsatzes) auf eine geringe Anzahl von Merkmalsträgern (z. B. Filialen einer Handelskette) konzentriert ist, oder ob eine eher gleichmäßige Verteilung der Merkmalswertsumme auf alle Merkmalsträger vorliegt.

Die Vorgehensweise entspricht zunächst der bei der ABC-Analyse:

- Auflisten aller Merkmalsträger (z. B. Nummer der Filiale),
- *Sortieren* der Urliste in absteigender Reihenfolge der Merkmalswerte (Umsatzhöhen),
- Ermitteln der Merkmalswertsumme (Gesamtumsatz),
- Ermitteln der Anteile der einzelnen Merkmalswerte an der Merkmalswertsumme (das ist die Bestimmung der *relativen Häufigkeiten*),
- Ermitteln der kumulierten Anteile der Merkmalswerte (das ist die Bestimmung der *kumulierten relativen Häufigkeiten*).

Betrachten wir auch hier ein *Beispiel*: Eine große Fast-Food-Kette betreibt in einer Region 10 Filialen. Die dort erzielten Umsätze wurden ermittelt und entsprechend der oben angeführten Arbeitsschritte wurde folgende Tabelle erzeugt.

| Filiale | Umsatz (in 1000 €) | Umsatzanteil am Gesamtumsatz in % | Kumulierte Umsatzanteile |
|---------|--------------------|-----------------------------------|--------------------------|
| A       | 2400               | 48,0                              | 48,0                     |
| B       | 1200               | 24,0                              | 72,0                     |
| C       | 750                | 15,0                              | 87,0                     |
| D       | 250                | 5,0                               | 92,0                     |
| E       | 150                | 3,0                               | 95,0                     |
| F       | 85                 | 1,7                               | 96,7                     |
| G       | 75                 | 1,5                               | 98,2                     |
| H       | 35                 | 0,7                               | 98,9                     |
| I       | 30                 | 0,6                               | 99,5                     |
| J       | 25                 | 0,5                               | 100,0                    |
| Gesamt: | 5000               |                                   |                          |

Stellt man die *kumulierten Umsatzanteile* wie in Abb. 3.25 grafisch dar, so erhält man einen *Kurvenzug*, der üblicherweise noch durch eine *Gerade* ergänzt wird, die bei einer *gleichmäßigen Verteilung der Umsatzanteile auf die einzelnen Filialen* entstehen würde.

Die ersten beiden Filialen erreichen bereits 72 % des Gesamtumsatzes, es lässt sich eine *hohe Konzentration des Umsatzes auf nur wenige Filialen* feststellen. Für den Kurvenzug kann man formulieren: Je schneller die Konzentrationskurve die 100 % erreicht, desto höher ist die Konzentration.

### 3.6.2.2   Der Herfindahl-Index

Bei der *Messung der absoluten Konzentration* kann es von Vorteil sein, wenn man versucht, die Konzentrationsaussagen in einer *Kennzahl* zu erhalten. Der *Index von Herfindahl* ist eine solche Kennzahl.

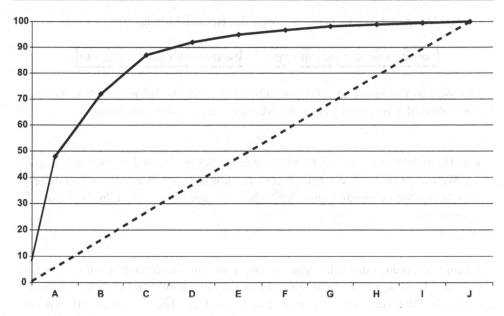

**Abb. 3.25** Umsatzanteile – Praxis und Theorie

Seine Berechnung erfolgt gemäß der Formel

$$C_H = \frac{\sum\limits_{i=1}^{n} x_i^2}{\left(\sum\limits_{i=1}^{n} x_i\right)^2}. \tag{3.11}$$

Betrachten wir dazu ein kleines *Beispiel*: Ein Spielwarenversandhändler führt in seinem Sortiment die folgenden Artikel: Puppen, Plüschtiere, ferngesteuerte Fahrzeuge, Eisenbahnen, Puzzles und Kartenspiele, Holzfahrzeuge, Modellbaukästen, Plastikbausteine, Brettspiele und Spielkonsolen. Die Umsätze $x_i$ sind folgender Tabelle zu entnehmen, in der bereits auch die benötigten Quadrate der Umsätze $x_i^2$ enthalten sind.

| Artikel | Umsatz $x_i$ (in T €) | $x_i^2$ |
|---|---|---|
| Puppen | 2.800 | 7.840.000 |
| Plüschtiere | 2.100 | 4.410.000 |
| Ferngesteuerte Fahrzeuge | 70 | 4.900 |
| Eisenbahnen | 15 | 225 |
| Puzzles und Kartenspiele | 5 | 25 |
| Holzfahrzeuge | 3 | 9 |
| Modellbaukästen | 2 | 4 |
| Plastebausteine | 2 | 4 |
| Brettspiele | 2 | 4 |
| Spielkonsolen | 1 | 1 |
| Summen | 5.000 | 12.255.172 |

Für das Beispiel errechnet man einen Wert des Herfindahl-Index von

| Herfindal-Index $C_H=$ | =C12/(B12*B12) |     | Herfindal-Index $C_H=$ | 0,49020688 |

Der Wert ist überraschend klein, ein größerer Wert würde sich nur ergeben, wenn *ein Artikel* nahezu den *gesamten Umsatz* des Versandhändlers erbringen würde.

Der Herfindahl-Index ist nicht völlig normiert. Bei *fehlender Konzentration* liegt der Wert nicht bei Null, wie man es erwarten könnte, sondern bei $1/n$, wobei $n$ die Anzahl der Merkmalsträger (hier die Anzahl der unterschiedlichen Spielzeugkategorien) ist.

Sehen wir uns auch dazu ein kleines Beispiel an: Ein Autohändler hat in seinem Sortiment fünf Versionen eines PKW: Drei-Türer mit Automatik (1), Drei-Türer ohne Automatik (2), Fünf-Türer mit Automatik (3), Fünf-Türer ohne Automatik (4) und eine Sportversion (5). Die Umsätze mögen für alle fünf Versionen die gleichen sein, nämlich jeweils 100 000 €. Für die Berechnung des Herfindahl-Index ergibt sich dann die folgende Tabelle:

| PKW-Version | Umsatz $x_i$ (in T €) | $x_i^2$ |
|---|---|---|
| 1 | 100 | 10.000 |
| 2 | 100 | 10.000 |
| 3 | 100 | 10.000 |
| 4 | 100 | 10.000 |
| 5 | 100 | 10.000 |
| Summen | 500 | 50.000 |

Für den Herfindahl-Index erhält man damit $C_H = 50.000/250.000 = 0{,}2$: Obwohl ersichtlich keinerlei Konzentration der Umsatzzahlen auf eine einzige Version stattgefunden hat, wird der Herfindahl-Index *nicht Null*.

Der Herfindahl-Index ist eben nur der Versuch, eine Situation, die grafisch schnell erkennbar wird, mit Hilfe einer einzigen Zahl prägnant auszudrücken. Ganz ist dieser Versuch leider nicht geglückt...

### 3.6.3 Relative Konzentration

#### 3.6.3.1 Grundbegriffe

Wie können wir zur Entstehung von Aussagen der Form kommen, wie man sie gelegentlich in der Zeitung liest: „Die 10 % der reichsten Einwohner des Landes besitzen 90 % des gesamten Sparvermögens."

> Hier handelt es sich um Aussagen zur *relativen Konzentration*, die man *weder aus der empirischen Verteilungsfunktion* noch aus den Aussagen zur *absoluten Konzentration* erhält.

Dazu muss noch etwas mehr getan werden. Wir gehen beispielhaft aus von der folgenden Tabelle, die angibt, wie viele Kaufaktivitäten für Waren innerhalb bestimmter Preisklassen stattgefunden haben. Die Spalten B und C enthalten die Preisgrenzen (in Euro):

| Klasse | von | bis unter | absolute Häufigkeit | relative Häufigkeit | kumulierte relative Häufigkeit |
|---|---|---|---|---|---|
| 1 | 1 | 5 | 2000 | 0,40 | 0,40 |
| 2 | 5 | 15 | 1200 | 0,24 | 0,64 |
| 3 | 15 | 25 | 800 | 0,16 | 0,80 |
| 4 | 25 | 50 | 700 | 0,14 | 0,94 |
| 5 | 50 | 100 | 200 | 0,04 | 0,98 |
| 6 | 100 | 395 | 100 | 0,02 | 1,00 |
| | Gesamt | | 5000 | | |

Dazu benutzen wir zuerst für bessere Kommunikation mathematische Formelzeichen für die Inhalte der einzelnen Zellen. Im *1. Schritt* müssten die Merkmalswerte (hier sind es die Klassen-Nummern) aufsteigend sortiert werden, das ist schon erfolgt.

Nun sind *vier neue Spalten* anzufügen: Im *2. Schritt* wird in einer neuen Spalte die *Klassenmitte* für jede Klasse eingetragen. Dabei vertritt die *Mitte der Klasse* die jeweilige Klasse für die Rechnungen. Man unterstellt also, dass die Werte über und unter der Klassenmitte gleich häufig sind und bestimmt den Umsatzwert der Klasse.

Im *3. Schritt* werden die so bestimmten Klassenmitten mit den ursprünglichen absoluten Häufigkeiten pro Klasse multipliziert und die so genannte Merkmalswertsumme $H^*$ ermittelt.

Im *4. Schritt* erfolgen dann neue *Relativ-Berechnungen* unter Verwendung der Produkte aus Klassenmitten und absoluten Häufigkeiten, bezogen auf die Merkmalswertsumme $H^*$.

Im *5. und letzten Schritt* werden diese neuen Relativwerte $f_j^*$ kumuliert, es entsteht eine neue Spalte mit neuen kumulierten relativen Häufigkeiten $F_j^*$.

| Klasse j | von | bis unter | absolute Häufigkeit $h_j$ | relative Häufigkeit $f_j$ | kumulierte relative Häufigkeit $F_j$ | Klassenmitte $x_j$ | Klassenmitte mal absolute Häufigkeit $x_j*h_j$ | relativ bezüglich H* $f_j*$ | kumuliert relativ $F_j*$ |
|---|---|---|---|---|---|---|---|---|---|
| 1 | 1 | 5 | 2.000 | 0,4 | 0,40 | 3,0 | 6.000 | 0,0600 | 0,0600 |
| 2 | 5 | 15 | 1.200 | 0,24 | 0,64 | 10,0 | 12.000 | 0,1200 | 0,1800 |
| 3 | 15 | 25 | 800 | 0,16 | 0,80 | 20,0 | 16.000 | 0,1600 | 0,3400 |
| 4 | 25 | 50 | 700 | 0,14 | 0,94 | 37,5 | 26.250 | 0,2625 | 0,6025 |
| 5 | 50 | 100 | 200 | 0,04 | 0,98 | 75,0 | 15.000 | 0,1500 | 0,7525 |
| 6 | 100 | 395 | 100 | 0,02 | 1,00 | 247,5 | 24.750 | 0,2475 | 1,0000 |
| | Summe H--> | | 5.000 | | | Summe H*--> | 100.000 | | |

Zuerst wollen wir die neue Merkmalswertsumme $H*$ erklären: Sie kann man ansehen als den *Gesamtumsatz* mit dem Wert von 100.000 Euro.

Folglich haben die 5000 Kunden insgesamt 100.000 Euro ausgegeben.

Da wir nun sowohl die *Anzahl der Kaufhandlungen pro Preisklasse* als auch die *Umsätze pro Preisklasse* kennen, ergeben sich neue Möglichkeiten der Interpretation:

Aus $f_3* = 0,16$ lässt sich zum Beispiel ablesen, dass 16 % des Gesamtumsatzes auf Umsätze *von 15 bis 25 Euro* entfallen. $F_3* = 0,34$ besagt dagegen, dass 34 % des Gesamtumsatzes auf Umsätze *bis zu 25 Euro* entfallen. Für die Konzentrationsaussage stellt man nun $F_3$ mit $F_3*$ gegenüber, denn $F_3$ beschreibt den Anteil der bis zur Klassengrenze getätigten Kaufaktivitäten, wogegen $F_3*$ die bis dahin getätigten Umsätze erklärt:

Mit $F_3 = 0,8$ und $F_3* = 0,34$ ergibt sich auf diese Weise: Auf 80 % aller Umsätze entfallen (nur) 34 % des Gesamtumsatzes.

### 3.6.3.2 Lorenzkurve

Die *Lorenzkurve* dient zur grafischen Umsetzung der in der Tabelle enthaltenen Konzentrationsaussagen.

Dazu werden in einem Koordinatensystem die Abszisse mit den $F_j$ und die Ordinate mit den $F_j*$ versehen. In diesem Koordinatensystem werden jetzt die Punkte (0,0) und $(F_j, F_j*)$ eingetragen. Diese Punkte werden geradlinig verbunden, wie man es auch von der empirischen Verteilungsfunktion kennt. Die so entstehende Kurve, die Lorenzkurve, wird durch die sog. Gleichheitsgerade oder auch Gleichgewichtsgerade flankiert, für die die Punkte (0,0) und (1,1) geradlinig verbunden werden. Mit Excel geht man so vor, dass die beiden Spalten der $F_j$- und $F_j*$-Werte nebeneinander erzeugt werden:

| $F_j$ | $F_j^*$ |
|---|---|
| 0,40 | 0,0600 |
| 0,64 | 0,1800 |
| 0,80 | 0,3400 |
| 0,94 | 0,6025 |
| 0,98 | 0,7525 |
| 1,00 | 1,0000 |

Mit Einfügen→Diagramme→Punkt ergibt sich eine *Punktwolke*, die anschließend noch so formatiert wird, dass die Punkte mit Geraden verbunden werden (siehe Abb. 3.26). Außerdem wird mit einer weiteren Gerade (in Abb. 3.26 gestrichelt dargestellt) der Koordinatenursprung mit dem Punkt (1,1) verbunden – diese Linie erhält den Namen *Gleichgewichtsgerade*.

Aus der Lorenzkurve können relativ bequem Konzentrationsaussagen abgelesen werden.

Zum Beispiel suchen wir Antwort auf die Frage „Welcher Anteil des Gesamtumsatzes entfällt auf die 85 % der wertniedrigsten Umsätze?" Man kann sofort ablesen (siehe eingezeichnete Pfeile), dass dieser Anteil bei etwa 43 % liegt.

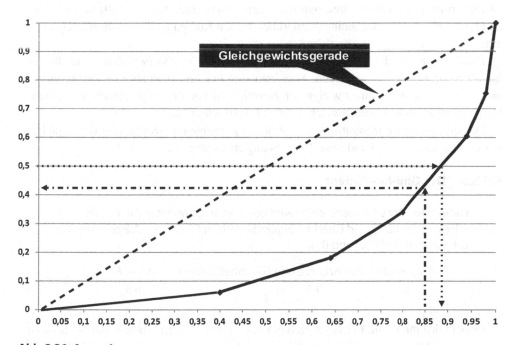

**Abb. 3.26** Lorenzkurve

Nächste Frage: Welcher *Anteil der wertniedrigsten Umsätze* entfällt auf die *Hälfte des Gesamtumsatzes*? Hier findet man die Antwort, indem das Geradenstück aus der Lorenzkurve zwischen den Punkten (0,8; 0,34) und (0,94; 0,6) betrachtet wird und mit der Zweipunkt-Gleichung gerechnet wird.

Oder man lässt in der Excel-Grafik Abb. 3.26 den punktierten Pfeil an der senkrechten Achse bei 0,5 beginnen: Man erhält 0,886, das heißt, auf 88,6 % der wertniedrigsten Umsätze entfällt (nur) die Hälfte des Gesamtumsatzes. Kehren wir zur *Auswertung der Lorenzkurve* zurück:

Je näher die Lorenzkurve zur Gleichheitsgeraden liegt, desto geringer ist die Konzentration. Je entfernter die Lorenzkurve zur Gleichheitsgeraden liegt, desto größer ist die Konzentration.

Liegt gar keine Konzentration vor, d. h., auf 10 % der Merkmalsträger entfallen 10 % der Merkmalswertsumme, auf 20 % der Merkmalsträger entfallen 20 % der Merkmalswertsumme, auf 75 % der Merkmalsträger entfallen 75 % der Merkmalswertsumme usw., dann fallen Lorenzkurve und Gleichheitsgerade zusammen, die Fläche zwischen beiden Kurven ist Null.

Bei *maximaler Konzentration*, wenn also ein Merkmalsträger die gesamte Merkmalswertsumme auf sich vereinigt, auf die restlichen $n-1$ Merkmalsträger entfällt nichts, dann ist die Lorenzkurve nahezu identisch mit einem Kurvenzug, der von (0,0) über (1,0) bis zu (1,1) verläuft. Der Flächeninhalt zwischen beiden Kurven ist dann nahezu gleich dem eines Dreiecks.

Damit könnte es doch möglich sein, aus der *Größe des Flächeninhaltes* auf die *Höhe der Konzentration* zu schließen. Man kann den *Flächeninhalt* als *Konzentrationsmaß* auffassen, wobei durch einen geeigneten Normierungskoeffizienten versucht wird, dieses Konzentrationsmaß auf den Bereich $0 \leq G < 1$ einzuschränken.

Das errechnete Konzentrationsmaß ist der so genannte *Gini-Koeffizient G*. Betrachten wir diesen Koeffizienten und seine Berechnung etwas genauer.

### 3.6.3.3  Der Gini-Koeffizient

▶   **Definition**  Der *Gini-Koeffizient G* wird definiert als Quotient aus der Fläche zwischen Lorenzkurve und Gleichheitsgerade und der Fläche des Dreiecks mit den Eckpunkten (0,0); (1,0) und (1,1).

$$G = \frac{\text{Fläche zwischen Lorenzkurve und Gleichheitsgerade}}{0,5} = \frac{0,5 - F'}{0,5} = 1 - 2 \cdot F'$$

Dabei wird mit $F'$ die Fläche zwischen Lorenzkurve und der Abszissenachse bezeichnet, also die Fläche *unter* der Lorenzkurve. Zur Berechnung dieses Flächeninhaltes müssen eine *Dreiecksfläche* und einige *Trapezflächen* addiert werden. Wenn die Anzahl der Trapeze nicht zu groß ist, lässt sich dies leicht bewerkstelligen. Schauen wir das für das Beispiel der 5000 Umsätze an.

Bestimmen wir zunächst die Fläche unter der Lorenzkurve.

$$F' = \frac{0,4 \cdot 0,06}{2} + \frac{0,06 + 0,18}{2} \cdot 0,24 + \frac{0,18 + 0,34}{2} \cdot 0,16 + \frac{0,34 + 0,6}{2} \cdot 0,14$$
$$+ \frac{0,6 + 0,75}{2} \cdot 0,04 + \frac{0,75 + 1}{2} \cdot 0,02$$
$$F' = 0,1927$$

Damit ergibt sich ein Gini-Koeffizient $G = 1 - 2 \cdot 0,1927 = 1 - 0,3854 = 0,6146$. Dieser spricht für eine *mittlere Konzentration* der Umsätze.

## Literatur

1. Bamberg, G., Baur, F., Krapp, M.: Statistik. Oldenbourg-Verlag, München (2006)

2. Bartsch, H.-J.: Taschenbuch Mathematischer Formeln. Carl Hanser Verlag, München (2007)

3. Benninghaus, H.: Einführung in die sozialwissenschaftliche Datenanalyse. Oldenbourg-Verlag, München (2005)

4. Bortz, J., Schuster, C.: Statistik für Human- und Sozialwissenschaftler. Springer-Verlag, Berlin, Heidelberg (2010)

5. Bourier, G.: Beschreibende Statistik. Gabler-Verlag, Wiesbaden (2013)

6. Clauß, G., Finze, F.-R., Partzsch, L.: Statistik. Für Soziologen, Pädagogen, Psychologen und Mediziner. Verlag Harri Deutsch, Frankfurt a. M. (2002)

7. Duller, C.: Einführung in die Statistik mit EXCEL und SPSS: Ein anwendungsorientiertes Lehr- und Arbeitsbuch. Physica-Verlag, Heidelberg (2010)

8. Fahrmeir, L., Künstler, R., Pigeot, I., Tutz, G.: Statistik. Der Weg zur Datenanalyse. Springer-Verlag, Berlin (1997)

9. Gehring, U., Weins, C.: Grundkurs Statistik für Politologen und Soziologen. VS Verlag, Wiesbaden (2009)

10. Krämer, W.: So lügt man mit Statistik. Campus-Verlag, Frankfurt/New York (1991)

11. Krämer, W.: So überzeugt man mit Statistik. Campus-Verlag, Frankfurt/New York (1994)

12. Matthäus, H., Matthäus, W.-G.: Mathematik für BWL-Bachelor. Springer-Gabler-Verlag, Wiesbaden (2015)

13. Monka, M., Schöneck, N., Voß, W.: Statistik am PC – Lösungen mit Excel. Hanser Fachbuchverlag, München (2008)

14. Papula, L.: Mathematik für Ingenieure und Naturwissenschaftler. Vieweg+Teubner-Verlag, Wiesbaden (2008)

15. Reiter, G., Matthäus, W.-G.: Marktforschung und Datenanalyse mit EXCEL. Oldenbourg-Verlag, München (1996)

16. Schira, J.: Statistische Methoden der VWL und BWL. Pearson-Verlag, München (2005)

17. Schnell, R.: Graphisch gestützte Datenanalyse. Oldenbourg-Verlag, München, Wien (1994)

18. Untersteiner, H.: Statistik – Datenauswertung mit Excel und SPSS. Verlag UTB, Stuttgart (2007)

19. Wewel, M.: Statistik im Bachelor-Studium der BWL und VWL. Pearson-Verlag, München (2006)

20. Zwerenz, K.: Statistik verstehen mit EXCEL. Oldenbourg-Verlag, München Wien (2001)

# Beschreibende Statistik – Auskünfte über mehrere Datenreihen

**4**

## 4.1 Begriffe für zwei Datenreihen

### 4.1.1 Numerische Datenreihen ungleicher Länge

Wenn wir zwei numerische *Datenreihen ungleicher Länge* betrachten, dann ist es ausgeschlossen, dass diese – wie Wikipedia schreibt – „bei wiederholten Messungen an dem gleichen Untersuchungsobjekt auftreten" könnten. Oder – wie in [2] definiert wird, dass sie „bei jedem aus einer Grundgesamtheit entnommenen Objekt zu zwei relevanten Untersuchungsmerkmalen $X$ und $Y$ die beiden zusammen gehörigen Merkmalsausprägungen registrieren".

▶ **Man beachte** Zwei numerische Datenreihen *unterschiedlicher Länge* können also niemals *gepaart* sein, oder – mit anderen Worten – sie können niemals *verbunden* sein, auch von *Abhängigkeit* kann in diesem Fall niemals die Rede sein.

### 4.1.2 Numerische Datenreihen gleicher Länge

Anders sieht es aus, wenn wir zwei numerische Datenreihen gleicher Länge betrachten. Hier muss man unterscheiden zwischen *gepaarten* (*verbundenen*) und *nicht verbundenen* Datenreihen. Sehen wir uns diesen wichtigen Unterschied an einem *Beispiel* an: Betrachten wir zuerst alle Schüler einer Schule und notieren wir zu jedem Schüler nebeneinander seine Mathematik-Endnote des laufenden Schuljahres und danach die Physik-Endnote:

© Springer Fachmedien Wiesbaden 2016

H. Matthäus, W.-G. Matthäus, *Statistik und Excel*, DOI 10.1007/978-3-658-07689-4_4

| | A | B | C | D |
|---|---|---|---|---|
| 1 | Name | Vorname | Mathematik | Physik |
| 2 | Xarut | Buvu | 2 | 4 |
| 3 | Vubyweba | Poyo | 6 | 3 |
| 4 | Eoeijuk | Ouguh | 5 | 6 |
| 5 | Dufuyan | Yugx | 1 | 3 |
| 6 | Quwukae | Qefu | 5 | 2 |
| 7 | Kawybix | Bihiv | 4 | 1 |
| 8 | Wuruzoua | Yapu | 5 | 5 |
| 9 | Kuayeuf | Nukut | 5 | 5 |
| 10 | Jugulub | Hufi | 2 | 1 |
| 11 | Garub | Eicu | 5 | 4 |
| 12 | Reeuluba | Zeqy | 5 | 4 |
| 13 | Jumxxu | Kury | 5 | 3 |
| 14 | Wotieun | Muouq | 4 | 5 |

Offensichtlich sind hier von jedem Schüler die Merkmalswerte der beiden Merkmale „Mathematik" und „Physik" zusammengestellt. Betrachten wir nun nur die beiden numerischen Datenreihen in den Spalten C und D, so können wir diese ohne Zweifel als gepaart (verbunden) betrachten.

Nehmen wir dagegen 13 Schüler einer Schule und erfassen deren Mathematik-Noten, und erfassen von 13 Schülern einer anderen Schule deren Physik-Noten und kopieren beide numerischen Datenreihen nebeneinander, so haben wir in den Spalten I und J wiederum zwei gleichlange Datenreihen:

| | A | B | C | D | E | F | G | H | I | J |
|---|---|---|---|---|---|---|---|---|---|---|
| 1 | Name | Vorname | Mathematik | | Name | Vorname | Physik | | Mathematik | Physik |
| 2 | Xarut | Buvu | 2 | | Xieu | Uisui | 4 | | 2 | 4 |
| 3 | Vubyweba | Poyo | 6 | | Nepxz | Soju | 3 | | 6 | 3 |
| 4 | Eoeijuk | Ouguh | 5 | | Hunixux | Eokyh | 6 | | 5 | 6 |
| 5 | Dufuyan | Yugx | 1 | | Iuboc | Iajx | 3 | | 1 | 3 |
| 6 | Quwukae | Qefu | 5 | | Koruq | Saax | 2 | | 5 | 2 |
| 7 | Kawybix | Bihiv | 4 | | Qido | Xiyu | 1 | | 4 | 1 |
| 8 | Wuruzoua | Yapu | 5 | | Qihuxo | Wuyu | 5 | | 5 | 5 |
| 9 | Kuayeuf | Nukut | 5 | | Basue | Qoi | 5 | | 5 | 5 |
| 10 | Jugulub | Hufi | 2 | | Finxcug | Eue | 1 | | 2 | 1 |
| 11 | Garub | Eicu | 5 | | Havuqus | Ier | 4 | | 5 | 4 |
| 12 | Reeuluba | Zeqy | 5 | | Momuy | Euhii | 4 | | 5 | 4 |
| 13 | Jumxxu | Kury | 5 | | Euiome | Iaw | 3 | | 5 | 3 |
| 14 | Wotieun | Muouq | 4 | | Guvxcu | Wuo | 5 | | 4 | 5 |

Doch aus der Entstehung dieser beiden, nebeneinander stehenden und zweifelsohne *gleichlangen Datenreihen* ist sofort zu folgern, dass diese Daten nichts, aber auch gar nichts miteinander zu tun haben!

So dass wir formulieren müssen:

▶ **Wichtiger Hinweis** Gleichlange numerische Datenreihen können offensichtlich auch durch *rein formales Nebeneinander-Schreiben* entstehen. Sie sind dann natürlich *nicht gepaart* (*nicht verbunden*), es handelt sich also um *völlig unabhängige Daten*.

Weit verbreitet sind so genannte Vorher-Nachher-Studien. Zum Beispiel besteht eine erste Datenreihe aus Werten von Personen vor der Behandlung mit einem bestimmten Medikament, und die zweite Stichprobe aus Werten derselben Personen nach der Behandlung. Hier können die Elemente von zwei Datenreihen einander jeweils *paarweise zugeordnet* werden. Es handelt sich offensichtlich um *verbundene* Datenreihen.

Bei unabhängigen (nicht verbundenen) Datenreihen besteht *kein Zusammenhang* zwischen ihnen. Dies ist beispielsweise der Fall, wenn die Werte der Datenreihen jeweils aus unterschiedlichen Population kommen. Die erste Datenreihe besteht beispielsweise aus Frauen, und die zweite Datenreihen aus Männern, oder wenn Personen nach dem Zufallsprinzip in zwei oder mehrere Gruppen aufgeteilt werden.

### 4.1.3 Missbrauch der Statistik

Stellt man zwei numerische Datenreihen nebeneinander und sind die beiden Datenreihen gleich lang, dann ist *lediglich aus dem sachlichen Hintergrund* ersichtlich, ob es sich um *verbundene* oder *nicht verbundene* Daten handelt.

Man kann sich leicht Beispiele dafür überlegen, wie gleich lange, aber überhaupt nicht verbundene Datenreihen entstehen können. Wie es zu *sinnlosen Zusammenstellungen* kommen kann: Betrachten wir nur über einen Zeitraum von 20 Jahren die Anzahl der jährlich in einem deutschen Bundesland gezählten Störche und parallel dazu die Anzahl der im jeweiligen Jahr in demselben Bundesland geborenen Kinder …

Beide Datenreihen sind offensichtlich gleichlang – aber sind sie auch *verbunden*? Ist es in diesem Fall überhaupt sinnvoll, nach einem Zusammenhang, womöglich nach einer Abhängigkeit zu fragen?

Ja, hier liegt wohl ein Grund dafür vor, dass die Statistik bisweilen einen recht schlechten Ruf genießt.

Weil sich mit den Mitteln der Statistik – die aufgrund der Zahlenwerte nicht unterscheiden kann, ob *Paarungen* oder *keine Paarungen* betrachtet werden – bisweilen sinnlose Zusammenhänge konstruieren lassen. Man betrachte nur das eben zitierte Beispiel.

Deswegen sei an die Nutzer statistischer Methoden appelliert, ihrer *Verantwortung* gerecht zu werden und nur dann, wenn gleichlange Datenreihen zweifelsohne als *verbunden* angesehen werden können, weiterführende Untersuchungen anzustellen.

Derartige weiterführende Untersuchungen bestehen dann zuerst in der Berechnung von bestimmten Zusammenhangs-Maßzahlen. Weiter wäre zu untersuchen, ob es gewisse Abhängigkeiten zwischen den beiden betrachteten Merkmalen geben kann. Im Ergebnis dieser Untersuchung kann es weiterhin zur Ermittlung von Zusammenhangsformeln kommen.

### 4.1.4  Mehr als zwei Datenreihen

Nun lässt sich leicht beschreiben, wann man bei mehr als zwei numerischen Datenreihen die Begriffe „verbunden" und „nicht verbunden" benutzt:

Sind *n* numerische Datenreihen *nicht alle gleich lang*, dann können sie *niemals verbunden* sein, sie können niemals angesehen werden als gleichzeitige Beobachtung verschiedener Merkmale an ein- und demselben Objekt.

▶ **Wichtiger Hinweis**  Haben *n* numerische Datenreihen alle die gleiche Länge, dann *können* sie verbunden sein. Das ist dann der Fall, wenn sie entstanden sind als gleichzeitige Beobachtung verschiedener Merkmale an ein- und demselben Objekt.

Gleichlange Datenreihen können also verbunden sein, sie können aber – wenn sie aus sachlich verschiedenem Hintergrund stammen – auch nicht verbunden sein.

Alle Statistik-Programm, auch Excel, sind bei gleichlangen Datenreihen aber nicht in der Lage zu unterscheiden, ob diese als *verbunden* oder als *nicht verbunden* anzusehen sind. Die Nutzung entsprechender statistischer Funktionen und Werkzeuge obliegt daher grundsätzlich der *Verantwortung des Bearbeiters*.

## 4.2  Auskünfte mit Grafiken

### 4.2.1  Grafische Darstellung von Pivot-Tabellen

Im Abschn. 2.3.3 des Kap. 2 wurde geschildert, wie mittels einer Pivot-Tabelle die absolute Häufigkeit des Auftretens von – beispielsweise – Zensurenkombinationen ermittelt werden kann.

Ausgangspunkt ist zumeist eine Tabelle mit *zwei numerischen, gleichlangen Datenreihen*, von denen man *aus dem sachlichen Hintergrund* erfahren hat, dass sie als *verbunden* (gepaart) anzusehen sind:

| Name | Fach_1 | Fach_2 |
|------|--------|--------|
| Schüler_1 | 5 | 4 |
| Schüler_2 | 5 | 6 |
| Schüler_3 | 4 | 6 |
| Schüler_4 | 2 | 6 |
| Schüler_5 | 3 | 2 |
| Schüler_6 | 2 | 3 |
| Schüler_7 | 4 | 6 |
| Schüler_8 | 2 | 2 |
| Schüler_9 | 6 | 3 |
| Schüler_10 | 4 | 1 |
| Schüler_11 | 1 | 4 |

Zur Erzeugung der *Pivot-Tabelle* (früher auch Kreuztabelle genannt) wird der Tabellenkursor in irgendeine Zelle des Datenbestandes gesetzt und im Registerblatt `Einfügen` wird `Pivot-Tabelle` angefordert. Dann wird aus der Feldliste (rechts oben) die Überschrift `Fach_1` nach unten in das Fenster `Zeilenbeschriftung` und die Überschrift `Fach_2` nach unten in das Fenster `Spaltenbeschriftung` gezogen. Anschließend wird eine der beiden Überschriften zusätzlich noch in das Fach `Werte` gezogen:

Es entsteht zuerst eine unsinnige Tabelle. Doch wird mit der rechten (Neben-)Maustaste irgendein Feld der Pivot-Tabelle angeklickt und `Daten zusammenfassen nach→ Anzahl` eingestellt, dann ergibt sich die gewünschte Übersicht, die angibt, wie oft die 36 möglichen Zensurenkombinationen von (1,1) bis (6,6) im Datenbestand auftreten:

| Anzahl von Fach_1 | Fach_2 ▼ | | | | | | |
|---|---|---|---|---|---|---|---|
| Fach_1    ▼ | 1 | 2 | 3 | 4 | 5 | 6 | Gesamtergebnis |
| 1 | 2 | | 1 | 2 | 2 | | 7 |
| 2 | 1 | 1 | 3 | 2 | | 1 | 8 |
| 3 | | 1 | | 1 | | | 2 |
| 4 | 3 | 1 | 1 | | 1 | 2 | 8 |
| 5 | 1 | 1 | 1 | 3 | 2 | 2 | 10 |
| 6 | 3 | | 1 | | | | 4 |
| Gesamtergebnis | 10 | 4 | 7 | 8 | 5 | 5 | 39 |

Will man diese Übersicht visualisieren, dann sollten zuerst alle Angaben aus dieser Pivot-Tabelle in einem besonderen Tabellenblatt gespeichert werden – das ist nötig, weil die originalen Tabellenwerte noch *mit der ursprünglichen Datenbasis zusammenhängen.*

►    **Man beachte**   Nach dem Kopieren der Tabelle muss unbedingt Einfügen→ Werte gewählt werden!

Ist somit eine von der Datenbasis getrennte *Kopie der Pivot-Tabelle* entstanden, dann muss sie *auf das Wesentliche reduziert* werden: In der *Kopfzeile* dürfen nur noch die *Zensurenwerte der ersten Datenreihe* und in der ersten Spalte nur noch die *Zensurenwerte der zweiten Datenreihe* zu sehen sein:

| | A | B | C | D | E | F | G |
|---|---|---|---|---|---|---|---|
| 1 | | 1 | 2 | 3 | 4 | 5 | 6 |
| 2 | 1 | 2 | | 1 | 2 | 2 | |
| 3 | 2 | 1 | 1 | 3 | 2 | | 1 |
| 4 | 3 | | 1 | | 1 | | |
| 5 | 4 | 3 | 1 | 1 | | 1 | 2 |
| 6 | 5 | 1 | 1 | 1 | 3 | 2 | 2 |
| 7 | 6 | 3 | | 1 | | | |

Setzt man den Tabellenkursor in diese Tabelle und drückt man danach die Taste [F11], so ergibt sich zuerst eine unübersichtliche zweidimensionale Säulenhäufung. Diese wandelt sich aber nach Umstellung des *Diagrammtyps* auf 3D-Säulen in ein so genanntes *Manhattan-Diagramm.* Zur besseren Übersicht kann man die Achsenbeschriftungen noch formatieren und vor allem bei einer Achse Kategorien in umgekehrter Reihenfolge einstellen. Abbildung 4.1 zeigt ein mögliches Ergebnis.

## 4.2.2   Punktwolken

Enthält ein Datenbestand zwei gleichlange numerische Datenreihen und ist aus dem sachlichen Hintergrund erklärt, dass diese Datenreihen als verbunden (gepaart) anzusehen sind, dann empfiehlt sich zur Visualisierung dieser Daten eine *Punktwolke*, die mit Excel (ab der Version 2007) überaus leicht herzustellen ist.

**Abb. 4.1** Grafik auf Basis der
entkoppelten Pivot-Tabelle

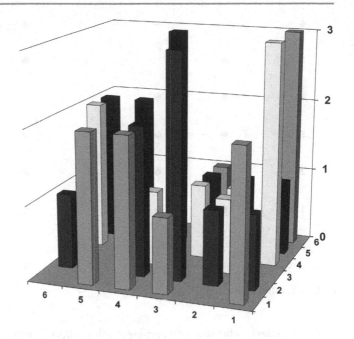

Dazu müssen die beiden numerischen Spalten lediglich *separiert* werden – das heißt, sie müssen durch mindestens eine Leerspalte und/oder Leerzeile vom Rest des Datenbestandes getrennt werden. Das ist nötig, damit Excel die *Grenzen der beiden Datenreihen* selbsttätig erkennen kann:

| Name | | Fach_1 | Fach_2 |
|------|--|--------|--------|
| Schüler_1 | | 5 | 4 |
| Schüler_2 | | 5 | 6 |
| Schüler_3 | | 4 | 6 |
| Schüler_4 | | 2 | 6 |

Anschließend wird der Tabellenkursor in irgendeine Zelle der Spalten C oder D gesetzt und im Registerblatt Einfügen wird in der Gruppe Diagramme das einfache *Punktdiagramm* ausgewählt. Dann entsteht die Punktwolke, wie sie in Abb. 4.2 zu sehen ist.

Wer diese Punktwolke mit der obigen Pivot-Tabelle vergleicht, wird den *inhaltlichen Unterschied* feststellen: Während die Punktwolke nur mitteilt, welche Zensurenkombinationen *überhaupt im Datenbestand vorhanden* sind, informiert die Pivot-Tabelle darüber hinaus auch noch über die *Anzahl der vorhandenen Kombinationen*.

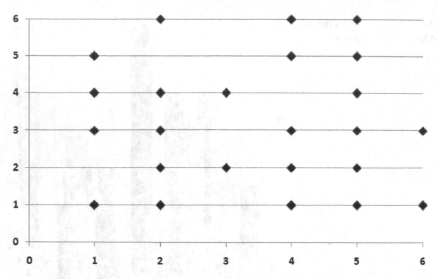

**Abb. 4.2**　Punktwolke

Ganz anders sieht es aus, wenn *metrisch skalierte*, verbundene Daten vorliegen, wie zum Beispiel die Messergebnisse von Gewicht und Körpergröße von vielen Personen:

| Name | Vorname | Gewicht in kg | Körpergröße in cm |
|---|---|---|---|
| Jagutub | Nuvy | 50,865 | 160 |
| Ookxlu | Fudx | 73,004 | 162 |
| Yibiouy | Uufu | 97,804 | 195 |
| Musobun | Deouu | 43,914 | 150 |
| Wojytuq | Buroy | 73,525 | 169 |
| Leii | Sevyf | 60,115 | 173 |
| Jueu | Dueu | 56,408 | 148 |
| Tuzoy | Yab | 41,899 | 147 |
| Wurxcug | Giey | 54,637 | 161 |
| Suoueu | Jero | 47,86 | 145 |
| Qusuve | Huw | 95,279 | 198 |
| Puhi | Bugu | 73,039 | 167 |
| Fukuku | Lahx | 48,342 | 156 |

In solch einem Fall versagt die schnelle Erzeugung der Pivot-Tabelle – sie wäre näm-lich erst dann sinnvoll, wenn sowohl für das Körpergewicht als auch für die Körpergröße gewisse *Klassen* gebildet worden wären und die Anzahl der Merkmalsausprägungen pro Klasse mit dem Werkzeug HISTOGRAMM ermittelt worden wäre. Die *Punktwolke* zur an-schaulichen Information, welche Gewichts-Größen-Paare überhaupt auftreten, ist dagegen wiederum schnell hergestellt. Nur zwei kleine Vorarbeiten sind nötig. Bevor die beiden Spalten mit den numerischen Inhalten separiert werden, sollte man sich überlegen, was als Ursache und was als Wirkung anzusehen ist: Bestimmt das Körpergewicht eines Menschen seine Körpergröße – oder ist vielmehr die Körpergröße ursächlich für das Gewicht? Die Antwort ist klar – die Körpergröße ist als *Ursache* anzusehen, das Gewicht als *Wirkung*.

Neben einer *Leerspalte* (zum Separieren der beiden numerischen Spalten) wird die *Spalte mit den Ursachenwerten* und daneben rechts die *Spalte mit den Wirkungswerten* angeordnet:

| Name | Vorname | Gewicht in kg | Körpergröße in cm | | Körpergröße in cm | Gewicht in kg |
|------|---------|--------------|-------------------|---|-------------------|--------------|
| Jagutub | Nuvy | 50,865 | 160 | | 160 | 50,865 |
| Ookxlu | Fudx | 73,004 | 162 | | 162 | 73,004 |
| Yibiouy | Uufu | 97,804 | 195 | | 195 | 97,804 |
| Musobun | Deouu | 43,914 | 150 | | 150 | 43,914 |
| Wojytuq | Buroy | 73,525 | 169 | | 169 | 73,525 |
| Leii | Sevyf | 60,115 | 173 | | 173 | 60,115 |
| Jueu | Dueu | 56,408 | 148 | | 148 | 56,408 |
| Tuzoy | Yab | 41,899 | 147 | | 147 | 41,899 |
| Wurxcug | Giey | 54,637 | 161 | | 161 | 54,637 |
| Suoueu | Jero | 47,86 | 145 | | 145 | 47,86 |
| Qusuve | Huw | 95,279 | 198 | | 198 | 95,279 |
| Puhi | Bugu | 73,039 | 167 | | 167 | 73,039 |
| Fukuku | Lahx | 48,342 | 156 | | 156 | 48,342 |

Anschließend wird der Tabellenkursor in irgendeine Zelle der Spalten F oder G gesetzt und im Registerblatt Einfügen wird in der Gruppe Diagramme das einfache *Punktdiagramm* ausgewählt. Dann entsteht die Punktwolke, wie sie in Abb. 4.3 zu sehen ist.

Die Punktwolke in Abb. 4.3 zeigt eine *klare Bandstruktur*, schon auf den ersten Blick kann man sagen, dass der hier ausgewertete Datenbestand (er ist allerdings künstlich entstanden) durchaus den folgenden Schluss zulässt:

Je größer eine der untersuchten Personen ist, desto höher ist in der Regel auch ihr Körpergewicht.

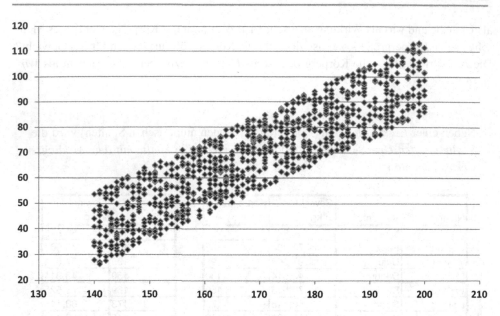

**Abb. 4.3** Punktwolke für den Zusammenhang zwischen Körpergröße (in cm) und Gewicht (in kg)

## 4.3   Zusammenhangsmaße bei zwei verbundenen Datenreihen

### 4.3.1   Einführung, Skalierungsunterschiede

Häufig erwecken die erhobenen Daten den Eindruck, dass es zwischen zwei Merkmalen einen *Zusammenhang* geben könnte. Doch wie kann man prüfen, ob es tatsächlich so ist,

- dass ein höheres Einkommen zu einer größeren Zufriedenheit mit der Arbeit führt, oder
- dass ein dicker Mensch in der Regel weniger verdient als ein dünner Mensch gleicher Qualifikation?
- Sind blonde Menschen tatsächlich glücklicher mit ihrer Umgebung? Und
- führt eine größere Anzahl von besetzten Storchennestern tatsächlich zu mehr Geburten in der Region?

Zunächst muss klar sein, dass es notwendig ist, die so genannten *Nonsensrelationen* als solche zu erkennen und aus den Betrachtungen auszusondern, wie es auch im Abschn. 4.1 erläutert wurde. Das ist der Teil der Untersuchungen, den niemand überspringen kann.

Dann bleiben die Beziehungen, die, wenn sie denn bestätigt werden, vom Durchführenden der Untersuchung *vernünftig interpretiert* werden müssen.

Eine Möglichkeit, solche Beziehungen nachzuweisen, liefern die so genannten *Zusammenhangsmaße* oder *Korrelationskoeffizienten*.

Mit ihnen lässt sich die Stärke eines Zusammenhangs zwischen zwei Merkmalen bestimmen.

Bei der Betrachtung von *Korrelationskoeffizienten* muss zunächst festgestellt werden, dass sie nur möglich ist, wenn beide Merkmale auf dem gleichen Datenniveau betrachtet werden.

Wir benötigen also Merkmale, die entweder *beide metrisch skaliert* sind, oder *beide sind ordinal skaliert* oder *beide sind nominal skaliert*. Ist das nicht der Fall, muss das höher skalierte Merkmal „abgewertet" werden. Man verzichtet also auf die höhere Qualität des Merkmals, um überhaupt eine Prüfung vornehmen zu können. Das Abwerten des Merkmals folgt der angeführten Tabelle:

| X \ Y | Metrisch skaliert | Ordinalskaliert | Nominal skaliert |
|---|---|---|---|
| Metrisch skaliert | Korrelationskoeffizient nach Bravais - Pearson | X abwerten | X abwerten |
| Ordinal skaliert | Y abwerten | Rangkorrelationskoeffizient nach Spearman Rangkorrelationskoeffizient nach Kendall | X abwerten |
| Nominal skaliert | Y abwerten | Y abwerten | Kontingenzkoeffizient |

Betrachten wir das erste der oben angeführten *Beispiele*: Gibt es einen Zusammenhang zwischen der Höhe des Einkommens (metrisch skaliertes Merkmal) und der Zufriedenheit mit der Arbeit (ordinal skaliertes Merkmal)?

Entsprechend der Tabelle heißt das, dass bei der Einkommenshöhe auf eine Ordinalskala abgewertet werden muss. Die konkreten Unterschiede zwischen den Einkommen werden ignoriert, man betrachtet nur noch die Relationen „mehr oder weniger". Sehen wir uns jetzt diese *Zusammenhangsmaße* im Einzelnen an.

## 4.3.2 Metrisch skalierte Merkmale – der Korrelationskoeffizient nach Bravais-Pearson

Betrachten wir zunächst den Fall, dass beide Merkmale *metrisch skaliert* sind. Hier kann man sich zunächst mit dem Werkzeug EXCEL die zugehörige *Punktwolke* (für Einzelheiten siehe Abschn. 4.2.2) ansehen.

Ist die Punktwolke völlig *regellos*, dann wird die Suche nach einem Zusammenhangsmaß *sinnlos* sein.

Spricht aber die Punktwolke für einen Zusammenhang, dann ist die Frage nach einem *geeigneten Korrelationskoeffizienten* sinnvoll. Man kann dann sogar noch weiter gehen und nach einem nachgewiesenen Zusammenhang sogar nach einer *Formel* suchen, mit der man dann auch Werte vorhersagen kann. Allerdings muss man beachten, dass es bei der hier angegebenen Vorgehensweise nur um einen eventuell existierenden *linearen Zusammenhang* zwischen zwei *metrisch skalierten Merkmalen* gehen wird.

▶ **Wichtiger Hinweis** Das geeignete Zusammenhangsmaß zur Messung eines *linearen Zusammenhangs* zwischen zwei metrisch skalierten Merkmalen ist der *Korrelationskoeffizient nach Pearson.*

Es liegen für unsere Betrachtungen $n$ Punktepaare $(x_i, y_i)$ zweier metrisch skalierter Merkmale $X$ und $Y$ vor. Betrachten wir dazu folgendes *Beispiel*: 14 Haushalte werden nach ihrem monatlichen Einkommen und den monatlichen Konsumausgaben befragt.

In der Abb. 4.4 sind die erhobenen *Daten* und die zugehörige *Punktwolke* dargestellt, wobei auf der waagerechten Achse die Einkommenshöhen und auf der senkrechten Achse die Konsumausgaben abgetragen sind. Das entspricht auch der sachlichen Annahme, dass die Ausgaben von den Einnahmen abhängig sind (wäre es umgekehrt, dann müssten die Spalten vertauscht werden): Es sieht auf den ersten Blick doch sehr stark nach einem *linearen Zusammenhang* zwischen beiden Merkmalen *Einkommen (x)* und *Konsumausgaben (y)* aus. Wie lässt sich das bestätigen?

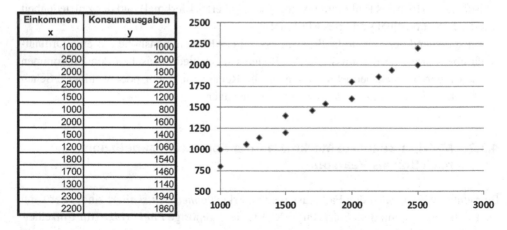

| Einkommen x | Konsumausgaben y |
|---|---|
| 1000 | 1000 |
| 2500 | 2000 |
| 2000 | 1800 |
| 2500 | 2200 |
| 1500 | 1200 |
| 1000 | 800 |
| 2000 | 1600 |
| 1500 | 1400 |
| 1200 | 1060 |
| 1800 | 1540 |
| 1700 | 1460 |
| 1300 | 1140 |
| 2300 | 1940 |
| 2200 | 1860 |

**Abb. 4.4** Einkommen und Konsumausgaben: Tabelle und Punktwolke

Dazu betrachten wir den *Korrelationskoeffizienten nach Pearson*. Der *Pearson'sche Korrelationskoeffizient* ist auf das folgende Intervall beschränkt: $-1 \leq r \leq 1$.

- Für $r = +1$ folgt die Punktwolke exakt einer *Geraden mit positivem Anstieg*.
- Für $r = -1$ folgt die Punktwolke exakt einer *Geraden mit negativem Anstieg*.
- Für $r = 0$ kann es zwei Ursachen geben: entweder ist *überhaupt kein Zusammenhang* zwischen den beiden Merkmalen erkennbar (die Punktwolke ist ein regelloser Haufen) oder der Zusammenhang ist *nicht linear*.

Man beachte stets: Dieser Korrelationskoeffizient ist nur ein Maß für die Stärke eines *linearen* Zusammenhanges.

Im Fall $r = 0$ kann nur das Aussehen der Punktwolke einen Hinweis geben, ob nicht vielleicht eine Parabel oder eine Exponentialfunktion den Zusammenhang zwischen den Merkmalen besser beschreibt.

Zur Ermittlung des *Pearson'schen Korrelationskoeffizienten* gibt es drei Methoden:

▶ **Methode 1** Man verwendet die Excel-Funktion =KORREL(...;...) oder die gleichwertige Funktion =PEARSON(...;...):

| =KORREL(A:A;B:B) | 0,98267973 | =PEARSON(A:A;B:B) | 0,98267973 |
|---|---|---|---|

Beide Funktionen erkennen die Überschriften sowie die Grenzen des zweidimensionalen Datenbestandes, so dass es nicht notwendig ist, konkrete Grenzen des Datenbestandes eingeben zu müssen.

▶ **Methode 2** Im Registerblatt Daten findet man in der Gruppe Analyse das Angebot Datenanalyse, dort wird das Werkzeug Korrelation ausgewählt. Abbildung 4.5 zeigt die Eingabemaske dieses Werkzeugs – wichtig ist hierbei, dass nur die Grenzen des numerischen Datenbestandes eingetragen werden, sofern die Checkbox Beschriftungen in erster Zeile nicht angeklickt ist.

▶ **Methode 3** Man berechnet den Pearson'schen-Korrelationskoeffizienten auf klassische Art unter Verwendung eines Taschenrechners.

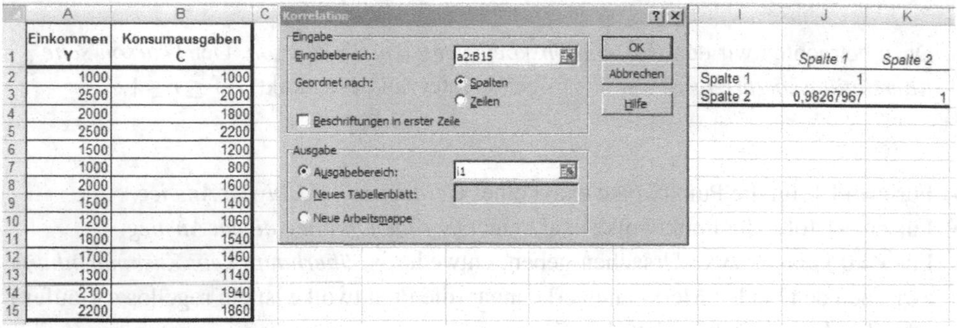

**Abb. 4.5**  Anwendung des Werkzeugs Korrelation

Ausgangspunkt ist dafür die Formel

$$r = \frac{\sum_{i=1}^{n}(x_i - \bar{x})(y_i - \bar{y})}{\sqrt{\sum_{i=1}^{n}(x_i - \bar{x})^2 \sum_{i=1}^{n}(y_i - \bar{y})^2}}.$$  (4.1)

Bereitet man diese Formel etwas auf, so lässt sie sich auch in der folgenden Form schreiben.

$$r = \frac{n\sum_{i=1}^{n}x_i y_i - \sum_{i=1}^{n}x_i \sum_{i=1}^{n}y_i}{\sqrt{\left(n\sum_{i=1}^{n}x_i^2 - (\bar{x})^2\right)\cdot\left(n\sum_{i=1}^{n}y_i^2 - (\bar{y})^2\right)}}$$  (4.2)

Die als erste angegebene Formel lässt sich unter Verwendung der bekannten statistischen Kennzahlen „Mittelwert (Durchschnitt)" und „Standardabweichung" auch in der Form

$$r = \frac{\sum_{i=1}^{n}(x_i - \bar{x})(y_i - \bar{y})}{n \cdot s_x \cdot s_y}$$  (4.3)

schreiben. Da die Berechnung der statistischen Kennzahlen „Mittelwert" und „empirische Standardabweichung" schon mit dem Taschenrechner möglich ist, ist diese Darstellung sehr bequem. Man beachte jedoch, dass zur *Berechnung der empirischen Standardabweichung* die in der deskriptiven Statistik verwendete Beziehung

$$s_x = \sqrt{\frac{1}{n}\sum_{i=1}^{n}(x_i - \bar{x})^2}$$  (4.3a)

zu verwenden ist (d. h. die Summe wird nicht wie bisher durch $n-1$, sondern durch $n$ dividiert). Bei Nutzung von Excel ist deshalb die Funktion =STABWN(...;...) zu verwenden.

Bestimmen wir diese Kennzahlen: Für das Einkommen erhält man als Mittelwert 1750 (€) und als empirische Standardabweichung 501,07 (€). Für die Konsumausgaben entstehen 1500 (€) als Mittelwert und 407,92 (€) als empirische Standardabweichung. Im Zähler muss folglich nur noch die Summe

$$(1000 - 1750) \cdot (1000 - 1500) + (2500 - 1750) \cdot (2000 - 1500) + \cdots + (2200 - 1750) \cdot (1860 - 1500)$$

bereitgestellt werden, und man kann dann mit $n = 14$ und den beiden empirischen Standardabweichungen den *Korrelationskoeffizienten nach Pearson* bestimmen. Es ergibt sich ein Wert von $r = 0{,}9826797$.

> Dieser Wert liegt sehr nahe an 1 und spricht damit für einen *sehr starken linearen Zusammenhang* zwischen dem *Einkommen* und den *Konsumausgaben* der Haushalte.

Demzufolge wäre es nun tatsächlich sinnvoll, eine *Zusammenhangsformel* zwischen Einkommen (als Ursache, Einflussgröße, $x$) und den Konsumausgaben (als Wirkung, Zielgröße, $y$) zu finden. Dazu gibt es die *lineare Regressionsrechnung*, die im Abschn. 4.4.1 näher erläutert wird.

### 4.3.3  Ordinal skalierte Merkmale – der Rangkorrelationskoeffizient

Macht ein höheres Einkommen tatsächlich glücklicher? Kann tatsächlich ein besseres Gefühl nach einer Klausur ein Indiz für eine bessere Bewertung sein?

> Oder anders: Kann man überhaupt zwischen *zwei ordinal skalierten Merkmalen* einen Zusammenhang feststellen?

Wir betrachten zwei ordinal skalierte Merkmale $X$ und $Y$. Nach der Datenerhebung liegen $n$ Paare mit den konkreten Merkmalsausprägungen $(x_i, y_i)$ vor. So wie in dem folgenden *Beispiel*: Die ersten 10 Teilnehmer an einer Mathematikklausur wurden unmittelbar nach der Klausur um eine Einschätzung ihrer in der Klausur gezeigten Leistung gebeten. Dabei sollten sie ihr Gefühl nach der Klausur auf einer Skala von 0 – „sehr schlechtes Gefühl" bis 10 – „ausgezeichnetes Gefühl" einordnen. Nach der Korrektur wurden dazu die tatsächlich erzielten Noten festgehalten. Es ergab sich folgendes Bild:

| Teilnehmer | 1 | 2 | 3 | 4 | 5 | 6 | 7 | 8 | 9 | 10 |
|---|---|---|---|---|---|---|---|---|---|---|
| Einschätzung | 2 | 1 | 7 | 6 | 0 | 9 | 10 | 4 | 8 | 3 |
| Note | 5 | 3,7 | 3,3 | 3 | 4 | 2,3 | 1,3 | 2,7 | 2 | 1,7 |

Kann man wirklich sagen, dass ein besseres Gefühl nach der Klausur auch für eine bessere Note spricht oder nicht?

Bestimmen wir dazu den *Rangkorrelationskoeffizienten nach Spearman*. Dieser ist geeignet, sowohl die Stärke des Zusammenhangs zwischen den beiden ordinal skalierten Merkmalen als auch die Richtung des Zusammenhangs deutlich zu machen.

Unter der *Richtung des Zusammenhangs* muss man hier die Umsetzung des Prinzips „Gleich und gleich gesellt sich gern." (gleichgerichteter Zusammenhang) oder „Die Letzten werden die Ersten sein." (gegensinniger Zusammenhang) verstehen. Man geht dabei wie folgt vor:

Den direkten Merkmalsausprägungen werden Rangnummern $R_i$ (für $X$) und $R_i'$ (für $Y$) zugeordnet. Dabei dürfen bei keinem der Merkmale zwei gleiche Rangnummern vergeben werden! Gemeint ist damit, dass es bei keinem Merkmal z. B. zwei zweite oder drei dritte Plätze geben darf. Zur Vorgehensweise bei Vorliegen von so genannten verbundenen Rängen kann man in [7] nachlesen.

Die Berechnung des *Spearman'schen Rangkorrelationskoeffizienten* folgt dann der Formel

$$r_{sp} = 1 - \frac{6 \cdot \sum_{i=1}^{n} \left( R_i - R_i' \right)^2}{n \left( n^2 - 1 \right)}. \tag{4.4}$$

Für unser Beispiel bedeutet das: Wir vergeben die Rangplätze nach der Vermutung: „Je besser das Gefühl, desto besser die Klausurnote." Das heißt für unser Beispiel: Der Teilnehmer mit der Gefühlsbewertung „10" belegt Rang 1 beim Merkmal $X$ und der Teilnehmer mit der besten Klausurnote belegt Rang 1 beim Merkmal $Y$. Damit erhält man folgende *Verteilung der Rangplätze*:

| Teilnehmer | 1 | 2 | 3 | 4 | 5 | 6 | 7 | 8 | 9 | 10 |
|---|---|---|---|---|---|---|---|---|---|---|
| Einschätzung | 2 | 1 | 7 | 6 | 0 | 9 | 10 | 4 | 8 | 3 |
| Note | 5 | 3,7 | 3,3 | 3 | 4 | 2,3 | 1,3 | 2,7 | 2 | 1,7 |

| Teilnehmer | 1 | 2 | 3 | 4 | 5 | 6 | 7 | 8 | 9 | 10 |
|---|---|---|---|---|---|---|---|---|---|---|
| $R_i$ | 8 | 9 | 4 | 5 | 10 | 2 | 1 | 6 | 3 | 7 |
| $R'_i$ | 10 | 8 | 7 | 6 | 9 | 4 | 1 | 5 | 3 | 2 |

Jetzt können die *Differenzen* für die Berechnung gebildet werden und man erhält:

$$r_{sp} = 1 - \frac{6 \cdot (4 + 1 + 9 + 1 + 1 + 4 + 1 + 25)}{10 \cdot (10^2 - 1)}.$$

Man errechnet den Wert $r_{sp} = 0{,}7212$.

Was sagt dieser Wert? Der *Spearman'sche Rangkorrelationskoeffizient* ist normiert, d. h. er liegt immer im Bereich $-1 \leq r_{sp} \leq +1$.

Dabei gilt für

- $r_{sp} = 1 \rightarrow$ es gibt ein *völlig gleichsinnig* verlaufendes Verhalten, d. h. $R_i = R'_i$,
- $r_{sp} = -1 \rightarrow$ es gibt ein *völlig gegensinniges* Verhalten in beiden Rangreihen.

Der errechnete Wert liegt eher in der Nähe von 1, d. h. es gibt einen *bemerkenswerten Zusammenhang in der unterstellten Richtung*. Die Daten sprechen für einen Zusammenhang der Form „Je besser das Gefühl nach der Klausur, desto besser war in der Regel auch die erzielte Note", die Daten sprechen recht gut für ein *gleichsinniges Verhalten* in beiden Rangreihen.

> Klausurteilnehmer, die ein gutes Gefühl nach der Klausur hatten, erzielten in der Regel auch bessere Noten als diejenigen, die ein schlechtes Gefühl nach der Klausur hatten.

Was geschieht aber, wenn man eine „falsche" Vermutung bei der Vergabe der Rangplätze unterstellt? Wenn man in unserem kleinen Beispiel die Rangplätze so vergibt, dass man der Vermutung „Je schlechter das Gefühl nach der Klausur war, desto besser waren die tatsächlich erreichten Klausurnoten."

Prüfen wir das für unser kleines Beispiel nach.

| Teilnehmer | 1 | 2 | 3 | 4 | 5 | 6 | 7 | 8 | 9 | 10 |
|---|---|---|---|---|---|---|---|---|---|---|
| Einschätzung | 2 | 1 | 7 | 6 | 0 | 9 | 10 | 4 | 8 | 3 |
| Note | 5 | 3,7 | 3,3 | 3 | 4 | 2,3 | 1,3 | 2,7 | 2 | 1,7 |

| Teilnehmer | 1 | 2 | 3 | 4 | 5 | 6 | 7 | 8 | 9 | 10 |
|---|---|---|---|---|---|---|---|---|---|---|
| $R_i$ | 3 | 2 | 7 | 6 | 1 | 9 | 10 | 5 | 8 | 4 |
| $R'_i$ | 10 | 8 | 7 | 6 | 9 | 4 | 1 | 5 | 3 | 2 |

Jetzt errechnet man einen Rangkorrelationskoeffizienten von

$$r_{sp} = 1 - \frac{6 \cdot (49 + 36 + 64 + 25 + 81 + 25 + 4)}{10 \cdot (10^2 - 1)} = -0{,}7212.$$

An der *Stärke des Zusammenhangs* hat sich nichts geändert, aber durch das *entgegengesetzte Vorzeichen* wird man darauf hingewiesen, dass die *Richtung des Zusammenhangs* tatsächlich doch *anders* ist.

Man sollte also seine (falsche) Vermutung in obiger Weise korrigieren: „Je besser das Gefühl, desto besser die Note." wird *durch die vorliegenden Daten gestützt*.

In der Literatur findet man auch noch einen *Rangkorrelationskoeffizienten nach Kendall* (siehe dazu auch [7]). Während der *Rangkorrelationskoeffizient nach Spearman* die Stärke des Zusammenhangs etwas überschätzt, ist der *Rangkorrelationskoeffizient nach Kendall* etwas schwächer beim Ausweisen der Stärke des Zusammenhangs, er ist gewissermaßen etwas „vorsichtiger". Kritisch zu sehen ist beim Rangkorrelationskoeffizienten nach Spearman auch, dass bei der Berechnung äquidistante Rangplätze unterstellt werden. Man tut also so, als ob die Unterschiede zwischen zwei Rängen jeweils die gleichen wären. Damit wäre man eigentlich auf einer metrischen Skala.

Der Vorteil des Rangkorrelationskoeffizienten nach Spearman ist jedoch, dass seine Interpretation direkt mit der des *Pearson'schen Korrelationskoeffizienten* übereinstimmt.

## 4.3.4  Nominal skalierte Merkmale – der Kontingenzkoeffizient

Wir betrachten das folgende kleine *Beispiel*: 500 Studierende einer Hochschule wurden nach ihrer Einstellung zu einer Verlängerung der Pause zwischen zwei Vorlesungen von bisher 15 Minuten auf 30 Minuten befragt. Von den Befragten waren 200 weiblich und 300 männlich. Als Antwortmöglichkeiten waren „positiv" (für eine Pausenverlängerung), „negativ" (gegen eine Pausenverlängerung) und „mir egal" vorgegeben.

Man erhielt die folgenden Ergebnisse, die bereits in einer so genannten *Kontingenztabelle* bereitgestellt wurden.

|          | positiv | mir egal | negativ |
|----------|---------|----------|---------|
| weiblich | 85      | 41       | 74      |
| männlich | 150     | 52       | 98      |

Kann man sagen, dass die *Einstellung zur Pausenverlängerung* vom *Geschlecht der Befragten* abhängt, dass ein *Zusammenhang zwischen beiden Merkmalen* besteht?

Auskunft darüber kann der *Kontingenzkoeffizient* geben, dessen Berechnung eine Aufbereitung der Daten in einer *Kontingenztabelle* (oder *Kreuztabelle*) verlangt, deren allgemeine Form so gestaltet ist:

|           | $b_1$    | $b_2$    | ...  | $b_k$    | Rand-häufig-keiten ↓ |
|-----------|----------|----------|------|----------|----------------------|
| $a_1$     | $h_{11}$ | $h_{12}$ | ...  | $h_{1k}$ | $h_{1\bullet}$       |
| $a_2$     | $h_{21}$ | $h_{22}$ | ...  | $h_{2k}$ | $h_{2\bullet}$       |
| ...       | ...      | ...      | ...  | ...      | ...                  |
| $a_m$     | $h_{m1}$ | $h_{m2}$ | ...  | $h_{mk}$ | $h_{m\bullet}$       |
| Rand-häufig- --> keiten | $h_{\bullet 1}$ | $h_{\bullet 2}$ | ... | $h_{\bullet k}$ |  |

Dabei sind $a_1$, $a_2$, ... $a_m$ die Ausprägungen des Merkmals $X$, $b_1$, $b_2$, ..., $b_k$ sind die Ausprägungen des Merkmals $Y$, $h_{ij}$ sind die absoluten Häufigkeiten, mit denen die Kombination $(a_i, b_j)$ beobachtet wurde.

Diese Tabelle liegt hier bereits vor, allerdings fehlen in der oben angegebenen Tabelle noch die *Randhäufigkeiten*.

Tragen wir sie noch nach.

|                          | positiv | mir egal | negativ | Rand-häufig-keiten |
|--------------------------|---------|----------|---------|--------------------|
| weiblich                 | 94      | 37,2     | 68,8    | 200                |
| männlich                 | 141     | 55,8     | 103,2   | 300                |
| Rand-häufig-keiten       | 235     | 93       | 172     | 500                |

Sind die Merkmale unabhängig, so wären alle Informationen über die Verteilung in den *Randhäufigkeiten* enthalten.

Bei Unabhängigkeit der beiden Merkmale muss gelten:

$$f(a_i/b_j) = \frac{h_{ij}}{h_{\bullet j}} = f(a_i) = \frac{h_{i\bullet}}{n}. \qquad (4.5)$$

Mit $h_{i\bullet}$ wurde die *Randhäufigkeit der i-ten Zeile*, mit $h_{\bullet j}$ die *Randhäufigkeit der j-ten Spalte* bezeichnet (man vergleiche auch mit der oben angegebenen Kontingenztabelle)

Damit kann die Häufigkeit für das Auftreten der Kombination $(a_i, b_j)$ für unabhängige Merkmale $X$ und $Y$ bei *bekannten Randhäufigkeiten* leicht berechnet werden:

$$\tilde{h}_{ij} = \frac{h_{\bullet j} \, h_{i\bullet}}{n}. \qquad (4.6)$$

Dieser Sachverhalt wird bei der *Berechnung des Kontingenzkoeffizienten* ausgenutzt: Man berechnet zunächst eine Größe, die die Abweichungen zwischen den *beobachteten Häufigkeiten* und den im Falle der Unabhängigkeit aus den Randhäufigkeiten zu berechnenden *theoretischen Häufigkeiten* verarbeitet nach der Beziehung:

$$\chi^2 = \sum_{i=1}^{m} \sum_{j=1}^{k} \frac{\left(h_{ij} - \tilde{h}_{ij}\right)^2}{\tilde{h}_{ij}}. \qquad (4.7)$$

Man normiert dann weiter, um die Abhängigkeit des Kontingenzkoeffizienten vom Stichprobenumfang und von der Tabellengröße zu beseitigen nach folgender Vorgehensweise:

$$K = \sqrt{\frac{\chi^2}{n + \chi^2}}. \qquad (4.8)$$

Mit $M = \min\{k, m\}$ berechnet man danach den korrigierten Kontingenzkoeffizienten $K^*$. Dabei ist $k$ die Spaltenzahl und $m$ die Zeilenzahl der verwendeten Kontingenztabelle:

$$K^* = K \sqrt{\frac{M}{M - 1}}. \qquad (4.9)$$

Dieser *korrigierte Kontingenzkoeffizient* ist normiert, d. h. er kann sich nur im Intervall $0 \leq K^* \leq 1$ bewegen.

> Im Falle $K^* = 1$ liegt eine „perfekte" Abhängigkeit beider Merkmale vor, d. h. die Kenntnis der Ausprägung eines Merkmals erlaubt den absolut sicheren Schluss auf die Ausprägung des anderen Merkmals.

Für unabhängige Merkmale ist bereits $\chi^2 = 0$, d. h. die ausgezählten Häufigkeiten stimmen mit den theoretischen Häufigkeiten in allen Tabellenfeldern überein. Je stärker die beobachteten Häufigkeiten von den theoretischen Werten abweichen, umso größer ist der *Grad der Abhängigkeit* zwischen den beiden Merkmalen.

Führen wir die notwendigen Berechnungen für das oben angeführte Beispiel durch: Zunächst stellen wir den *beobachteten Häufigkeiten* die *theoretischen Häufigkeiten* gegenüber. Für die *Berechnung der theoretischen Häufigkeiten* kann man sich die einfache Formel merken:

(Randhäufigkeit mal Randhäufigkeit) durch Gesamtzahl:

| | positiv | mir egal | negativ | Rand-häufig-keiten |
|---|---|---|---|---|
| weiblich | 85 | 41 | 74 | 200 |
| männlich | 150 | 52 | 98 | 300 |
| Rand-häufig-keiten | 235 | 93 | 172 | 500 |

| | positiv | mir egal | negativ | Rand-häufig-keiten |
|---|---|---|---|---|
| weiblich | 94 | 37,2 | 68,8 | 200 |
| männlich | 141 | 55,8 | 103,2 | 300 |
| Rand-häufig-keiten | 235 | 93 | 172 | 500 |

Nun können beide Tabellen nebeneinander aufgeschrieben werden – die linke Tabelle enthält im hervorgehobenen Bereich die sechs *beobachteten Häufigkeiten*, die rechte Tabelle dagegen enthält die sechs – aus den Randhäufigkeiten „von außen nach innen" berechneten – *theoretischen Häufigkeiten*:

| | positiv | mir egal | negativ | Rand-häufig-keiten |
|---|---|---|---|---|
| weiblich | 85 | 41 | 74 | 200 |
| männlich | 150 | 52 | 98 | 300 |
| Rand-häufig-keiten | 235 | 93 | 172 | 500 |

| | positiv | mir egal | negativ | Rand-häufig-keiten |
|---|---|---|---|---|
| weiblich | 94 | 37,2 | 68,8 | 200 |
| männlich | 141 | 55,8 | 103,2 | 300 |
| Rand-häufig-keiten | 235 | 93 | 172 | 500 |

Jetzt sind die notwendigen Vorarbeiten abgeschlossen und wir können mit den jeweils an gleicher Position stehenden Häufigkeiten die Berechnung von $\chi^2$ vornehmen:

$$\chi^2 = \frac{(85 - 94)^2}{94} + \frac{(41 - 37,2)^2}{37,2} + \cdots + \frac{(98 - 103,2)^2}{103,2} = 2,73816. \tag{4.10}$$

Jetzt wird diese Größe normiert. Zunächst berechnen wir $K$ nach der Formel (4.8):

$$K = \sqrt{\frac{2{,}73816}{500 + 2{,}73816}} = 0{,}0738. \qquad (4.11)$$

Mit dem Wert $M = \min(2{,}3) = 2$ lässt sich schließlich der Wert des korrigierten Kontingenzkoeffizienten $K^*$ bestimmen. Nach (4.9) erhält man

$$K^* = 0{,}0738 \cdot \sqrt{2} = 0{,}10437. \qquad (4.12)$$

Dieser Wert liegt nahe Null, es lässt sich aus den vorliegenden Daten keine Abhängigkeit zwischen dem Geschlecht der Befragten und ihrer Einstellung zur Pausenverlängerung erkennen.

## 4.4   Regression

### 4.4.1   Einfache lineare Regression

Wir gehen zuerst aus von zwei *gleich langen numerischen Datenreihen*, beide sollen *metrisch skaliert* sein.

Weiter sei bekannt, dass sie als *verbunden* betrachtet werden können – d. h. als *gepaarte Daten*, die zum Beispiel aus der Beobachtung von je zwei Merkmalen an ein- und demselben Objekt entstanden sein können.

▶    **Wichtiger Hinweis**   Hat die Punktwolke eine *klare Bandstruktur*, ist also der *Wert des Korrelationskoeffizienten nahe 1 oder −1*, dann kann man einen *linearen Zusammenhang* zwischen den beiden beobachteten Merkmalen vermuten.

In diesem Falle entsteht natürlich auch der Wunsch, diesen linearen Zusammenhang *formelmäßig* darzustellen.

Es wird also eine *Funktionsformel* gesucht, diese Funktionsformel wird als *Regressionsgleichung* bezeichnet.

Bevor jedoch begonnen wird, solch eine Funktionsformel zu finden, muss zuerst die Frage nach *Ursache* und *Wirkung* (nach *Einflussgröße* und *Zielgröße*, nach *unabhängiger* und *abhängiger Variable*) geklärt werden. Denn in der Regel entstehen zwei verbundene numerische Datenreihen tatsächlich durch *Beobachtungen von Ursache und Wirkung*. Hat diese Klärung stattgefunden, dann strebt man also eine Funktionsgleichung der Form

```
Wirkungswert = a₁ * Ursachenwert + a₀
```

an.

Oder, um stärker mathematisch zu werden, man wählt wie üblich den Buchstaben x als Platzhalter für den Ursachenwert und y als Platzhalter für den abhängigen Wirkungswert und strebt folglich eine Zusammenhangsformel der Form

```
y = a₁ * x + a₀
```

an.

Die Zahl $a_1$, der Faktor, der vor der unabhängigen Veränderlichen $x$ steht, wird als *Steigung* bezeichnet. Die andere Zahl $a_0$ heißt dagegen *Achsenabschnitt*. Beide Zahlen werden als *Regressionskonstanten* bezeichnet.

Es sei aber noch einmal betont, dass das *Streben nach einer solchen linearen Zusammenhangsformel* grundsätzlich nur dann sinnvoll ist, wenn

- es sich um zwei numerische Datenreihen handelt, die metrisch skaliert sind,
- beide Datenreihen als verbunden anzusehen sind,
- die Punktwolke eine Bandstruktur zeigt, oder – gleichwertig – der Wert des Pearson'schen Korrelationskoeffizienten nahe 1 oder −1 liegt,
- sich eine Datenreihe als *Ursachenreihe (x)* und die andere Datenreihe als *Wirkungsreihe (y)* erklären lässt.

Es gibt heutzutage mindestens *vier Möglichkeiten*, diese beiden Zahlen $a_1$ und $a_0$ zu ermitteln und damit eine *lineare Zusammenhangsformel* anzugeben.

Betrachten wir dazu für jeden Fall das Beispiel aus dem vorigen Abschn. 4.3.2 mit den beiden Datenreihen für Einkommen und Konsumausgaben:

Offensichtlich ist das Einkommen hier als *Ursache* ($x$) anzusehen und der zugehörige Wert für Konsumausgaben als *Wirkung* ($y$) – die Umkehrung kann wohl sachlich nicht richtig sein.

Abbildung 4.6 zeigt die Datenbasis, in der linken Spalte befinden sich die Ursachenwerte, in der rechten Spalte die Wirkungswerte. Diese Anordnung wird grundsätzlich empfohlen.

Weiter enthält die Abbildung den Wert des *Pearson'schen Korrelationskoeffizienten*. Aufgrund der Anordnung der beiden Datenreihen in linker und rechter Spalte ist die Punktwolke mit den Ursachenwerten auf der *waagerechten Achse* und den Wirkungswerten auf der *senkrechten Achse* erzeugt worden.

Sowohl der nahe bei +1 liegende Wert des Korrelationskoeffizienten als auch die klare Bandstruktur der Punktwolke lassen es als sinnvoll erscheinen, nach einer *linearen Zusammenhangsformel* zu fragen.

▶     **Methode 1**  Die erste, zugleich *einfachste und schnellste Methode*, um zur *linearen Regressionsfunktion* zu kommen, kann sofort starten, wenn bereits die *Punktwolke* erzeugt worden ist.

Denn dann braucht man nur einen der Punkte mit der Neben-Maustaste (i. allg. ist das die rechte Maustaste) anzuklicken und `Trendlinie hinzufügen` auszuwählen:

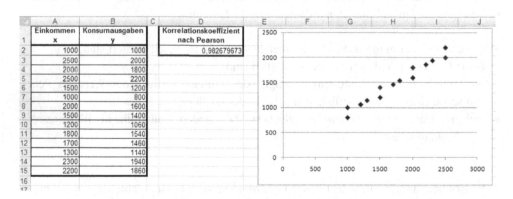

**Abb. 4.6**  Beobachtete Werte, Korrelationskoeffizient und Punktwolke

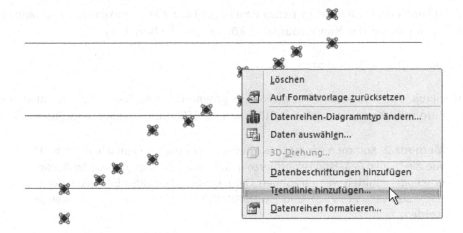

Es öffnet sich das Fenster Trendlinie formatieren (Abb. 4.7 links), dort wird zuerst das Angebot Linear zur Kenntnis genommen (Excel hat also auch einen *linearen Zusammenhang* erkannt), und dann muss noch ein Haken in die Checkbox vor Formel im Diagramm anzeigen gesetzt werden.

Das ist schon alles, und schon erscheint in der Punktwolke eine eingezeichnete *Gerade* mit ihrer *Geradengleichung*.

Diese Gerade wird auch als *Ausgleichsgerade* bezeichnet, sie wird von Excel intern nach der *Methode der kleinsten Quadrate* (siehe auch [17]) berechnet.

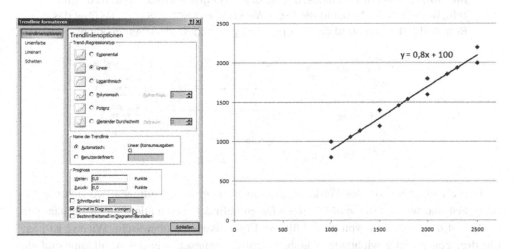

**Abb. 4.7** Fenster „Trendlinie formatieren" und lineare Trendlinie mit Regressionsfunktion

Also kann man feststellen: Zwischen dem in der Datenbasis beobachteten Einkommen und den entsprechenden Konsumausgaben könnte man die Beziehung

```
Ausgabe ≈ 0,8 * Einnahme + 100
```

formulieren. Somit ließe sich beispielsweise prognostizieren, dass einer Einnahme von 3000 Euro wohl Konsumausgaben in Höhe von ca. 2500 Euro entsprechen würden.

▶  **Methode 2**  Kommen wir nun zur *zweiten*, nicht ganz so einfachen Methode, wie die beiden *Regressionskonstanten* $a_1$ (also die *Steigung*) und $a_0$ (der *Achsenabschnitt*) ermittelt werden können. Dafür können die beiden Excel-Funktionen =STEIGUNG(...;...) und =ACHSENABSCHNITT(...;...) verwendet werden.

Dabei ist bei beiden Funktionen unbedingt zu beachten ist, dass an *erster* Stelle die *abhängige* Datenreihe (Wirkungsreihe, Reihe der Zielgrößen) und an zweiter Stelle die *unabhängige* Datenreihe (Ursachenreihe, Reihe der Einflussgrößen) einzutragen ist:

| Steigung $a_1$ --> | =STEIGUNG(B:B;A:A) |  | Steigung $a_1$ --> | 0,8 |
| Achsenabschnitt $a_0$ --> | =ACHSENABSCHNITT(B:B;A:A) |  | Achsenabschnitt $a_0$ --> | 100 |

▶  **Methode 3**  Die *dritte Methode*, um die beiden Regressionskonstanten zu ermitteln, besteht in der Nutzung des Excel-Werkzeuges REGRESSION, das über das Registerblatt Daten und die Gruppe Analyse angefordert werden kann:

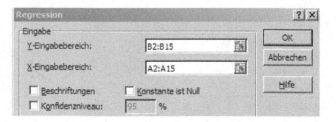

In die Eingabemaske des Werkzeuges braucht man nur einzutragen, wo sich die *abhängigen* und wo sich die *unabhängigen Daten* befinden. Dann allerdings wird man, wie in Abb. 4.8 zu sehen ist, von einer Fülle an Ergebniswerten überrascht. Wichtig ist hier, die drei gegenwärtig wichtigen Angaben richtig abzulesen – in der Abbildung sind sie deshalb hervorgehoben.

AUSGABE: ZUSAMMENFASSUNG

| Regressions-Statistik | |
|---|---|
| Multipler Korrelationskoeffizient | 0,98267967 |
| Bestimmtheitsmaß | 0,96565934 |
| Adjustiertes Bestimmtheitsmaß | 0,96279762 |
| Standardfehler | 81,6496581 |
| Beobachtungen | 14 |

ANOVA

| | Freiheitsgrade | (dratsummen | QuadratsumnPrüfgröße (F) | F krit |
|---|---|---|---|---|
| Regression | 1 | 2249600 | 2249600 | 337,44 | 3,7554E-10 |
| Residue | 12 | 80000 | 6666,66667 | | |
| Gesamt | 13 | 2329600 | | | |

| | Koeffizienten | Standardfehle | t-Statistik | P-Wert | Untere 95% | Obere 95% | Untere 95,0% | Obere 95,0% |
|---|---|---|---|---|---|---|---|---|
| Schnittpunkt | 100 | 79,2756614 | 1,2614212 | 0,23112743 | -72,726828 | 272,726828 | -72,726828 | 272,726828 |
| X Variable 1 | 0,8 | 0,04355036 | 18,36954 | 3,7554E-10 | 0,70511193 | 0,89488807 | 0,70511193 | 0,89488807 |

**Abb. 4.8** Ausgaben des Werkzeuges Regression

▶ **Methode 4** Kommen wir nun noch zur *klassischen Methode,* wie die Regressionskonstanten früher (und wohl auch heute noch in manchen Übungen) elementar aus den beiden Datenreihen berechnet werden können:
Zuerst wird nach der folgenden Formel die Steigung $a_1$ berechnet:

$$a_1 = \frac{\sum\limits_{i=1}^{n} (x_i - \bar{x})(y_i - \bar{y})}{\sum\limits_{i=1}^{n} (x_i - \bar{x})^2} = r \cdot \frac{s_y}{s_x}. \tag{4.13}$$

Dann ergibt sich in einfacherer Rechnung der Zahlenwert für den Achsenabschnitt $a_0$:

$$a_0 = \bar{y} - a_1 \cdot \bar{x}. \tag{4.14}$$

## 4.4.2 Nichtlineare Regression

Wir gehen wieder aus von zwei *gleich langen numerischen Datenreihen,* beide sollen *metrisch skaliert* sein.

Weiter sei bekannt, dass sie als *verbunden* betrachtet werden können – d. h. als *gepaarte Daten,* die zum Beispiel aus der Beobachtung von je zwei Merkmalen an ein- und
demselben Objekt entstanden sein können.

Nun soll die Situation betrachtet werden, dass die Punktwolke keine *klare Band-struktur* zeigt, oder dass der *Wert des Korrelationskoeffizienten nicht nahe 1 oder −1* liegt. Dann kann man einen *linearen Zusammenhang* zwischen den beiden be-obachteten Merkmalen *ausschließen.*

In diesem Falle entsteht natürlich die Frage, ob es einen *anderen als linearen Zusam-menhang* gibt und ob dieser dann ebenfalls *formelmäßig* darstellbar sein kann.

Es wird also wieder eine *Funktionsformel* gesucht, diese Funktionsformel wird dann jedoch als *nichtlineare Regressionsgleichung* bezeichnet.

Bevor jedoch begonnen wird, solch eine Funktionsformel zu finden, muss zuerst die Frage nach *Ursache* und *Wirkung* (nach *Einflussgröße* und *Zielgröße*, nach *unabhängiger* und *abhängiger Variable*) geklärt werden. Denn in der Regel entstehen zwei verbundene numerische Datenreihen tatsächlich durch *Beobachtungen von Ursache und Wirkung*. Wir wollen dazu folgendes formale *Beispiel* betrachten: Gegeben seien zwei Datenreihen, die linke Datenreihe sei als Reihe der Einflussgrößen (Ursachenwerte, unabhängige Verän-derliche $x$), die rechte Datenreihe als Reihe der Zielgrößen (Wirkungswerte, abhängige Veränderliche $y$) bekannt.

Sehen wir uns den *Datenbestand*, den *Korrelationskoeffizient nach Pearson* sowie die zugehörige *Punktwolke* an:

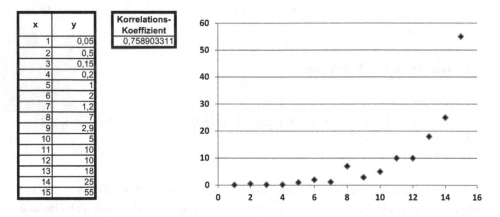

| x | y |
|---|---|
| 1 | 0,05 |
| 2 | 0,5 |
| 3 | 0,15 |
| 4 | 0,2 |
| 5 | 1 |
| 6 | 2 |
| 7 | 1,2 |
| 8 | 7 |
| 9 | 2,9 |
| 10 | 5 |
| 11 | 10 |
| 12 | 10 |
| 13 | 18 |
| 14 | 25 |
| 15 | 55 |

| Korrelations-Koeffizient |
|---|
| 0,758903311 |

Man sollte sich hier vom *Wert des Korrelationskoeffizienten* nicht zu sehr beeinflussen lassen – da die Masse der Punkte (mit Ausnahme der letzten fünf) doch fast linear ver-läuft, entsteht dieser recht hohe Wert. Aber die *Punktwolke* lässt erkennen, dass es hier tatsächlich verfehlt wäre, einen *linearen Zusammenhang* zu vermuten.

Vielmehr scheint ein *exponentieller Zusammenhang* denkbar. Probieren wir es aus, lassen wir uns von Excel eine *exponentielle Ausgleichs-Kurve* in die Punktwolke legen und die *Zusammenhangsformel* anzeigen:

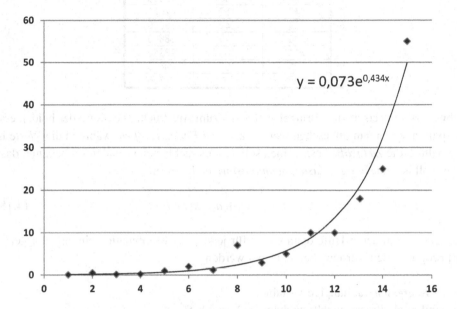

Fassen wir zusammen: Lässt der Wert des Korrelationskoeffizienten eine *schwache Korrelation* erkennen und/oder zeigt die Punktwolke *keine lineare Struktur*, dann kann man sich von Excel wahlweise verschiedene *Ausgleichs-Kurven* in die Punktwolke eintragen lassen, diese werden von Excel als *Trendlinien* bezeichnet.

Hat man eine passende Trendlinie gefunden, dann lässt man sich die Formel anzeigen. Auf diese Art kann visuell mit Hilfe der Punktwolke die so genannte *nichtlineare Regression* sehr einfach umgesetzt werden.

### 4.4.3 Multiple lineare Regression

In der folgenden Tabelle befinden sich in den Spalten A, B und C drei gleichlange Datenreihen:

| | A | B | C |
|---|---|---|---|
| 1 | $x_1$ | $x_2$ | $y$ |
| 2 | 406 | 120 | 340000 |
| 3 | 184 | 160 | 328000 |
| 4 | 742 | 157 | 420000 |
| 5 | 900 | 240 | 580000 |
| 6 | 390 | 144 | 388000 |
| 7 | 211 | 106 | 239000 |
| 8 | 320 | 105 | 298000 |
| 9 | 239 | 96 | 247000 |

Ihre Spaltenüberschriften bringen es bereits zum Ausdruck: Die Werte der beiden ersten Spalten sollen nun angesehen werden als *zwei Einflussgrößen*, während die Werte in der Spalte C die *Zielgröße* beschreiben sollen. Aus sachlichen Gründen sei bekannt, dass es sinnvoll ist, eine *lineare Zusammenhangsformel* der Form

$$y = a_1 \cdot x_1 + a_2 \cdot x_2 + b \qquad (4.15)$$

anzustreben, mit deren Hilfe dann später für jede $x_1$-$x_2$-Kombination ein zugehöriger $y$-Wert prognostiziert werden könnte. Dabei werden

- $y$ als *Regressant* (abhängige Variable),
- $x_1$ und $x_2$ als *Regressoren* (unabhängige Variablen),
- $a_1$ und $a_2$ als Regressionskoeffizienten von $x_1$ und $x_2$ und
- $b$ als konstantes Glied

bezeichnet.

Die Umsetzung des Gauß'schen Vorschlags der *Minimierung der Fehlerquadrate* führt zu einem Rechenverfahren, das als *multiple lineare Regression* bezeichnet wird.

► **Wichtiger Hinweis** Für die *multiple lineare Regression* stellt EXCEL kein Werkzeug bereit, sondern nur eine *Funktion*. Diese Funktion heißt RGP und ist eine so genannte *Matrixfunktion* – denn sie gibt nicht nur einen einzigen Zahlenwert, sondern mehrere Zahlen zurück.

Wenn wir für unser Problem *drei Spalten* benutzen (zwei Spalten für die *unabhängigen Variablen* und eine Spalte für die *abhängige Variable*), dann liefert RGP insgesamt 3 mal 5, also fünfzehn Werte. In Abb. 4.9a ist dieser Bereich von A11 bis C15 bereits hervorgehoben.

Anschließend wird in die linke obere Zelle A11 des vorgesehenen Ausgabe-Bereiches die Funktionsformel =RGP(C2:C9;A2:B9;WAHR;WAHR) eingetragen (siehe Abb. 4.9b). Diese Formel teilt zuerst den Bereich der abhängigen Variablen C2:C9 mit, dazu den gesamten Bereich der beiden unabhängigen Variablen A2:B9, und sie verlangt

**a**

| | A | B | C |
|---|---|---|---|
| 1 | $x_1$ | $x_2$ | y |
| 2 | 406 | 120 | 340000 |
| 3 | 184 | 160 | 328000 |
| 4 | 742 | 157 | 420000 |
| 5 | 900 | 240 | 580000 |
| 6 | 390 | 144 | 388000 |
| 7 | 211 | 106 | 239000 |
| 8 | 320 | 105 | 298000 |
| 9 | 239 | 96 | 247000 |
| 10 | | | |
| 11 | | | |
| 12 | | | |
| 13 | | | |
| 14 | | | |
| 15 | | | |

**b**

| | A | B | C |
|---|---|---|---|
| 1 | $x_1$ | $x_2$ | y |
| 2 | 406 | 120 | 340000 |
| 3 | 184 | 160 | 328000 |
| 4 | 742 | 157 | 420000 |
| 5 | 900 | 240 | 580000 |
| 6 | 390 | 144 | 388000 |
| 7 | 211 | 106 | 239000 |
| 8 | 320 | 105 | 298000 |
| 9 | 239 | 96 | 247000 |
| 10 | | | |
| 11 | =RGP(C2:C9;A2:B9;WAHR;WAHR) | | |
| 12 | | | |
| 13 | | | |
| 14 | | | |
| 15 | | | |

**c**

| | A | B | C |
|---|---|---|---|
| 1 | $x_1$ | $x_2$ | y |
| 2 | 406 | 120 | 340000 |
| 3 | 184 | 160 | 328000 |
| 4 | 742 | 157 | 420000 |
| 5 | 900 | 240 | 580000 |
| 6 | 390 | 144 | 388000 |
| 7 | 211 | 106 | 239000 |
| 8 | 320 | 105 | 298000 |
| 9 | 239 | 96 | 247000 |
| 10 | | | |
| 11 | 1390,793987 | 189,0277751 | 78750,2712 |
| 12 | 315,6912165 | 56,7380635 | 30804,9813 |
| 13 | 0,965637938 | 24206,52048 | #NV |
| 14 | 70,25465502 | 5 | #NV |
| 15 | 82332221830 | 2929778170 | #NV |

**Abb. 4.9** **a** Vorgesehener Bereich für die Ausgabe, **b** Eingetragene RGP-Funktion, **c** Ergebnisse

weiter bestimmte statistische Kenngrößen, auf die hier nicht weiter eingegangen werden kann.

Nach Betätigen der Enter-Taste [↵] erscheint erst einmal nur in der Zelle A11 ein Ergebnis. Zum Ausfüllen des vollständigen Ergebnis-Bereiches muss anschließend der dafür vorgesehene Bereich von A11 bis C15 markiert werden. Ist das erfolgt, dann ist zuerst die Taste [F2] zu drücken, und der vorher eingetippte Text der Matrix-Funktion RGP erscheint erneut in der Zelle A11.

Mit der Tastenkombination ([Strg]+[⇑])+[↵] wird die Matrixfunktion RGP schließlich veranlasst, ihre 15 Ergebniswerte in den markierten Bereich zu verteilen. Abbildung 4.9c zeigt die fünfzehn ausgegebenen Werte. Nun können *in der ersten Zeile des Ergebnisbereiches* von rechts nach links die Koeffizienten $b$, $a_1$ und $a_2$ abgelesen werden: $b = 78750{,}27$, $a_1 = 189{,}03$, $a_2 = 1390{,}79$.

> Zu beachten ist hierbei, dass der Regressionskoeffizient $a_1$ nicht unter $x_1$ und der Regressionskoeffizient $a_2$ nicht unter $x_2$ steht.

Die Zuordnung zu den beiden unabhängigen Variablen liefert dann die gesuchte Regressionsfunktion:

$$y = 189{,}03 \cdot x_1 + 1391{,}79 \cdot x_2 + 78750{,}27. \tag{4.16}$$

Mit der so gefundenen Funktion kann nun für jede denkbare und sinnvolle $x_1$-$x_2$-Kombination ein resultierender Prognosewert $y$ schnell ausgerechnet werden.

Die Tabelle

| | A | B | C |
|---|---|---|---|
| 1 | $x_1$ | $x_2$ | $y$ |
| 2 | 100 | 100 | =C$11+B$11*A2+A$11*B2 |
| 3 | 150 | 100 | =C$11+B$11*A3+A$11*B3 |
| 4 | 200 | 100 | =C$11+B$11*A4+A$11*B4 |
| 5 | 100 | 200 | =C$11+B$11*A5+A$11*B5 |
| 6 | 150 | 200 | =C$11+B$11*A6+A$11*B6 |
| 7 | 200 | 200 | =C$11+B$11*A7+A$11*B7 |
| 8 | 300 | 300 | =C$11+B$11*A8+A$11*B8 |
| 9 | 400 | 400 | =C$11+B$11*A9+A$11*B9 |
| 10 | | | |
| 11 | 1390,793987 | 189,0277751 | 78750,2712 |

| | A | B | C |
|---|---|---|---|
| 1 | $x_1$ | $x_2$ | $y$ |
| 2 | 100 | 100 | 236732,4474 |
| 3 | 150 | 100 | 246183,8362 |
| 4 | 200 | 100 | 255635,2249 |
| 5 | 100 | 200 | 375811,8461 |
| 6 | 150 | 200 | 385263,2349 |
| 7 | 200 | 200 | 394714,6236 |
| 8 | 300 | 300 | 552696,7998 |
| 9 | 400 | 400 | 710678,976 |
| 10 | | | |
| 11 | 1390,793987 | 189,0277751 | 78750,2712 |

zeigt einige solche Rechnungen.

# Literatur

1. Backhaus, K., Erichson, B., Plinke, W., Weiber, R.: Multivariate Analysemethoden. Springer-Verlag, Berlin, Heidelberg, New York (2003)

2. Bamberg, G., Baur, F., Krapp, M.: Statistik. Oldenbourg-Verlag, München (2006)

3. Benninghaus, H.: Einführung in die sozialwissenschaftliche Datenanalyse. Oldenbourg-Verlag, München (2005)

4. Bortz, J., Schuster, C.: Statistik für Human- und Sozialwissenschaftler. Springer-Verlag, Berlin, Heidelberg (2010)

5. Bourier, G.: Beschreibende Statistik. Gabler-Verlag, Wiesbaden (2013)

6. Bronstein, I.N., Semendjajaew, K.A.: Taschenbuch der Mathematik. Verlag Harri Deutsch, Thun und Frankfurt am Main (2000)

7. Clauß, G., Finze, F.-R., Partzsch, L.: Statistik. Für Soziologen, Pädagogen, Psychologen und Mediziner. Verlag Harri Deutsch, Frankfurt a. M. (2002)

8. Duller, C.: Einführung in die Statistik mit EXCEL und SPSS: Ein anwendungsorientiertes Lehr- und Arbeitsbuch. Physica-Verlag, Heidelberg (2010)

9. Fahrmeir, L., Künstler, R., Pigeot, I., Tutz, G.: Statistik. Der Weg zur Datenanalyse. Springer-Verlag, Berlin (1997)

10. Gehring, U., Weins, C.: Grundkurs Statistik für Politologen und Soziologen. VS Verlag, Wiesbaden (2009)

11. Krämer, W.: So lügt man mit Statistik. Campus-Verlag, Frankfurt/New York (1991)

12. Krämer, W.: So überzeugt man mit Statistik. Campus-Verlag, Frankfurt/New York (1994)

13. Kühnel, S., Krebs, D.: Statistik für die Sozialwissenschaften. Rowohlt-Verlag, Reinbek bei Hamburg (2001)

14. Leiner, B.: Grundlagen statistischer Methoden. Oldenbourg-Verlag, München Wien (1995)

15. Matthäus, H., Matthäus, W.-G.: Mathematik für BWL-Bachelor. Springer-Gabler-Verlag, Wiesbaden (2015)

16. Monka, M., Schöneck, N., Voß, W.: Statistik am PC – Lösungen mit Excel. Hanser Fachbuchverlag, München (2008)

17. Papula, L.: Mathematik für Ingenieure und Naturwissenschaftler. Vieweg+Teubner-Verlag, Wiesbaden (2008)

18. Reiter, G., Matthäus, W.-G.: Marketing-Management mit EXCEL. Oldenbourg-Verlag, München (1998)

19. Reiter, G., Matthäus, W.-G.: Marktforschung und Datenanalyse mit EXCEL. Oldenbourg-Verlag, München (1996)

20. Schira, J.: Statistische Methoden der VWL und BWL. Pearson-Verlag, München (2005)

21. Schnell, R.: Graphisch gestützte Datenanalyse. Oldenbourg- Verlag, München, Wien (1994)

22. Schuster, H.: Professionelle Datenauswertung mit Pivot. VNR-Verlag für die deutsche Wirtschaft, Bonn (2009)

23. Untersteiner, H.: Statistik – Datenauswertung mit Excel und SPSS. Verlag UTB, Stuttgart (2007)

24. Wewel, M.: Statistik im Bachelor-Studium der BWL und VWL. Pearson-Verlag, München (2006)

25. Zwerenz, K.: Statistik verstehen mit EXCEL. Oldenbourg-Verlag, München Wien (2001)

# Zufall, Wahrscheinlichkeit, Verteilungsfunktionen 5

## 5.1 Wahrscheinlichkeit

### 5.1.1 Zufällige Ereignisse

#### 5.1.1.1 Zufallsexperimente

▶ **Definition** Versuche, die unter Beibehaltung eines festen Komplexes von Bedingungen beliebig oft wiederholbar sind und deren Ergebnis im Bereich gewisser Möglichkeiten ungewiss ist, werden als *Zufallsexperimente* bezeichnet.

Das Ergebnis eines Zufallsexperimentes ist ein *zufälliges Ereignis*.

*Beispiel* Beim Zufallsexperiment „Werfen eines idealen Würfels" sind folgende Ereignisse denkbar:

- *A* – die Augenzahl ist gerade,
- *B* – die geworfene Augenzahl ist 3,
- *C* – die geworfene Augenzahl ist größer als 2,
- und so weiter.

#### 5.1.1.2 Sicheres und unmögliches Ereignis
Zwei Ereignisse werden besonders herausgehoben, das sichere und das unmögliche Ereignis:

▶ **Definition** Ein Ereignis, das im Ergebnis jeder Wiederholung eines Zufallsexperiments notwendigerweise eintritt, wird als *sicheres Ereignis* bezeichnet.

Das sichere Ereignis wird meist mit $S$ (oder $\Omega$) bezeichnet.

© Springer Fachmedien Wiesbaden 2016
H. Matthäus, W.-G. Matthäus, *Statistik und Excel*, DOI 10.1007/978-3-658-07689-4_5

▶ **Definition** Ein Ereignis, das im Ergebnis jeglicher Wiederholung eines Zufallsexperiments niemals eintreten kann, wird als *unmögliches Ereignis* bezeichnet.

Das unmögliche Ereignis wird meist mit $\varnothing$ bezeichnet.

*Beispiel* Für das oben angeführte Zufallsexperiment gilt zum Beispiel

- die geworfene Augenzahl ist kleiner als 7 $\rightarrow$ sicheres Ereignis $S$,
- die geworfene Augenzahl ist größer als 6 $\rightarrow$ unmögliches Ereignis $\varnothing$.

### 5.1.1.3 Relationen zwischen zufälligen Ereignissen

▶ **Definition** Das Ereignis $A$ ist Teilereignis des Ereignisses $B$ (in Zeichen $A \subseteq B$),
wenn mit dem Eintreten von $A$ stets auch das Ereignis $B$ eintritt

*Beispiel* Beim – hier und auch in den folgenden Beispielen stets betrachteten – Zufallsexperiment „Werfen eines idealen Würfels" ist mit

- $A$ – es wurde eine 3 oder eine 4 geworfen,
- $B$ – es wurde mindestens eine gerade Zahl geworfen

die Relation $A \subseteq B$ erfüllt.

▶ **Definition** Gilt $A \subseteq B$ und $B \subseteq A$, dann werden die beiden Ereignisse als gleich
bezeichnet, $A = B$.

*Beispiel* Beim Zufallsexperiment „Werfen eines idealen Würfels" sind die Ereignisse

- $A$ – es wurde eine durch 3 teilbare Augenzahl geworfen,
- $B$ – es wurde eine 3 oder eine 6 geworfen,

gleiche Ereignisse.

### 5.1.1.4 Operationen mit zufälligen Ereignissen

▶ **Definition** Das Ereignis $C$ heißt *Summe der Ereignisse A und B*, wenn gilt: $C$ tritt
genau dann ein, wenn mindestens eines der beiden Ereignisse $A$ oder $B$ eintritt.
Man schreibt: $C = A \cup B$.

*Beispiel*
- $A$ – es wurde eine 2 oder eine 4 geworfen.
- $B$ – es wurde eine 4 oder eine 6 geworfen.
- $C$ – es wurde eine gerade Zahl geworfen.

▶ **Definition** Das Ereignis $D$ heißt *Produkt der Ereignisse A und B*, wenn gilt: $D$ tritt
genau dann ein, wenn sowohl $A$ als auch $B$ eintreten. Man schreibt: $D = A \cap B$.

*Beispiel*

- $A$ – es wurde eine 2 oder eine 4 geworfen.
- $B$ – es wurde eine 4 oder eine 6 geworfen.
- $D$ – es wurde eine 4 geworfen.

▶  **Definition**  Zwei Ereignisse heißen unverträglich (oder disjunkt), wenn ihr gleichzeitiges Eintreten unmöglich ist.

*Beispiel*

- $G$ – es wurde eine gerade Zahl geworfen.
- $U$ – es wurde eine ungerade Zahl geworfen.
- $G \cap U = \varnothing$ – beide Ereignisse sind unverträglich (disjunkt).

▶  **Definition**  Das Ereignis $F$ heißt *Differenz der Ereignisse A und B*, wenn gilt: $F$ tritt genau dann ein, wenn $A$, aber nicht gleichzeitig $B$ eintritt. Man schreibt: $F = A \setminus B$.

*Beispiel*

- $A$ – es wurde eine 2 oder eine 4 geworfen.
- $B$ – es wurde eine 4 oder eine 6 geworfen.
- $F = A \setminus B$ – es wurde eine 2 geworfen.

▶  **Definition**  Das Ereignis $S \setminus A$ nennt man das *entgegengesetzte (oder komplementäres) Ereignis zu A* und bezeichnet es mit $A'$.

Das Ereignis $A'$ tritt also genau dann ein, wenn $A$ nicht eintritt.

*Beispiel*

- $G$ – es wurde eine gerade Zahl geworfen.
- $U$ – es wurde eine ungerade Zahl geworfen.

$G$ ist entgegengesetzt zu $U$.

## 5.1.2   Das Ereignisfeld

### 5.1.2.1   Definition

Enthält ein System von Ereignissen eines zufälligen Versuchs alle in Verbindung mit diesem Versuch interessierenden Ereignisse und führt die Anwendung der Operationen aus dem vorigen Abschnitt mit diesen Ereignissen immer wieder auf ein zufälliges Ereignis dieses Systems, dann wird das System mit $\Omega$ bezeichnet und *Ereignisfeld* genannt.

$A$ heißt *Elementarereignis des Ereignisfeldes* $\Omega$, wenn es in $\Omega$ kein Ereignis $B$ mit den Eigenschaften $B \neq \Omega$, $B \neq A$ und $B \subseteq A$ gibt.

### 5.1.2.2   Eigenschaften des Ereignisfeldes

Das sichere Ereignis und das unmögliche Ereignis sind Ereignisse des Ereignisfeldes.

- Sind $A$ und $B$ Ereignisse des Ereignisfeldes, so sind es auch $A \cup B$ und $A \cap B$.
- Mit $A$ ist auch $A'$ Ereignis des Ereignisfeldes.

Zur Darstellung der Ereignisse eines Ereignisfeldes verwendet man oft die *Elementarereignisse* (oder „atomaren Ereignisse").

Ein Elementarereignis ist *nicht als Summe von Ereignissen* eines Ereignisfeldes darstellbar.

Ereignisse, die sich als *Summe von Ereignissen eines Ereignisfeldes* darstellen lassen, heißen dagegen *zusammengesetzte Ereignisse*.

### 5.1.3 Wahrscheinlichkeitsbegriffe

#### 5.1.3.1 Klassische Definition

Gegeben sei ein Ereignis $A$ eines Zufallsexperiments und die Anzahl der „für $A$ günstigen Fälle", d. h. der zu $A$ gehörigen Elementarereignisse. Dann wird der Quotient

$$P(A) = \frac{\text{Anzahl der für } A \text{ günstigen Fälle}}{\text{Anzahl der möglichen Fälle}} \qquad (5.1)$$

nach P. S. Laplace als *Wahrscheinlichkeit für das Eintreten von $A$* (kurz: Wahrscheinlichkeit von $A$) bezeichnet. Als „Fälle" werden dabei die Versuchsausgänge (Elementarereignisse) angesehen.

*Beispiel* Wie groß ist die Wahrscheinlichkeit für das Ereignis $A$ – „Ziehen eines Ass aus einem Skatblatt mit 32 Karten"?

- Anzahl der günstigen Elementarereignisse für $A$ (ein Ass wird gezogen): 4
- Anzahl aller Elementarereignisse (eine Karte wird gezogen): 32
- $P$(„Ziehen eines Asses aus einem Skatblatt") $= 4/32 = 1/8 = 0{,}125 = 12{,}5\,\%$

#### 5.1.3.2 Mängel der klassischen Definition

Wesentliche Voraussetzung dieser Wahrscheinlichkeitsdefinition ist die Gleichmöglichkeit (oder Gleichwahrscheinlichkeit) der Elementarereignisse: Jedes Elementarereignis hat bei der Durchführung des Zufallsexperiments die gleiche Chance, realisiert zu werden. Wegen dieser Eigenschaft ist die klassische Definition für viele Fragestellungen ungeeignet, da die Gleichwahrscheinlichkeit aller Elementarereignisse häufig nicht gegeben ist. Außerdem setzt die Definition von Laplace noch voraus, dass die Anzahl der Elementarereignisse *endlich* ist.

Der klassische Wahrscheinlichkeitsbegriff ist für Probleme aus Wirtschaft und Technik kaum tragfähig, weil es dort praktisch unmöglich ist, die Ereignisse (siehe Abschn. 5.1.1) so festzulegen, dass sie als „gleichwahrscheinlich" erscheinen. Einen Ausweg bot die axiomatische Begründung der Wahrscheinlichkeitsrechnung nach A. N. Kolmogorow. Bei dieser Definition werden Wahrscheinlichkeiten als *Zuordnungen reeller Zahlen zu den Ereignissen* definiert.

### 5.1.3.3  Axiomatischer Wahrscheinlichkeitsbegriff

Es sei $\Omega$ ein Ereignisfeld, d. h. ein System von Ereignissen, bei dem mit jeweils zwei Ereignissen $A$ und $B$ sowohl Summe $A \cup B$ als auch Produkt $A \cap B$ im System enthalten sind, und das zu jedem Ereignis $A$ auch das entgegengesetzte Ereignis $A'$ enthält.

Dann heißt eine Funktion $P$, die jedem $A$ aus $\Omega$ eine reelle Zahl zuordnet, Wahrscheinlichkeit von $A$, wenn sie folgende Eigenschaften (Axiome) erfüllt:

1. $P$ ist nichtnegativ: $0 \leq P \leq 1$.
2. $P$ ist normiert: $P(S) = 1$.
3. $P$ ist additiv: $P(A \cup B) = P(A) + P(B)$, falls $A \cap B = \varnothing$.

Diese Festlegung des Wahrscheinlichkeitsbegriffes enthält den klassischen Begriff und verallgemeinert ihn. Die drei Axiome (1), (2) und (3) reichen dabei aus, um wichtige Eigenschaften der Wahrscheinlichkeit ableiten zu können.

Zum Beispiel kann nun danach gefragt werden, wie groß die Wahrscheinlichkeit $P(A')$ des entgegengesetzten Ereignisse von $A$ ist, wenn $P(A)$ bekannt ist:

Da $A$ und $A'$ einerseits unverträglich sind ($A \cap A' = \varnothing$), andererseits aber die Summe von $A$ und $A'$ das sichere Ereignis ist ($A \cup A' = S$), gilt wegen Axiom (2) $P(S) = P(A \cup A') = 1$ und mit Axiom (3) folgt weiter

$$1 = P(S) = P(A \cup A') = P(A) + P(A'), \tag{5.2a}$$

woraus folgt

$$P(A') = 1 - P(A). \tag{5.2b}$$

Jetzt kann weiter untersucht werden, wie die Wahrscheinlichkeit $P(A \cup B)$ für den Fall, dass die beiden Ereignisse $A$ und $B$ nicht unverträglich sind (d. h. $A \cap B \neq \varnothing$), berechnet wird. Es ergibt sich der *Additionssatz für Wahrscheinlichkeiten*

$$P(A \cup B) = P(A) + P(B) - P(A \cap B). \tag{5.3}$$

*Beispiel* In einer Urne befinden sich 200 Kugeln, von denen 70 blau, die übrigen gelb sind. Auf 20 blaue und 30 gelbe Kugeln ist ein Stern gemalt. Wie groß ist die Wahrscheinlichkeit, dass eine zufällig gezogene Kugel blau oder mit einem Stern bemalt ist?

- $P(\text{„eine blaue Kugel wird gezogen"}) = 70/200$
- $P(\text{„eine Kugel mit einem Stern wird gezogen"}) = 50/200$
- $P(\text{„eine blaue Kugel mit einem Stern wird gezogen"}) = 20/200$

Daraus folgt: $P(\text{„eine blaue Kugel oder eine mit einem Stern wird gezogen"}) = 70/200 + 50/200 - 20/200 = 1/2$.

### 5.1.4 Bedingte Wahrscheinlichkeiten und unabhängige Ereignisse

Beginnen wir mit einem *Beispiel*: In einer Schachtel liegen 6 gleich aussehende Batterien, davon sind zwei unbrauchbar. Zwei Batterien werden zufällig eine nach der anderen entnommen, ohne dass die erste vor der Entnahme der zweiten wieder in die Schachtel zurückgelegt wird. Wie groß ist die Wahrscheinlichkeit dafür, bei der zweiten Entnahme eine brauchbare Batterie zu entnehmen?

Hier müssen wir zwei Fälle unterscheiden: Angenommen, die zuerst entnommene Batterie war brauchbar, dann befinden sich unter den restlichen fünf Batterien nur noch drei brauchbare. Folglich ergibt sich

- $P(\text{„brauchbar bei zweiter Entnahme, falls erste Entnahme brauchbar"}) = 3/5$.

Andererseits kann es möglich sein, dass bei der ersten Entnahme eine unbrauchbare Batterie gezogen wurde, dann befinden sich unter den fünf verbleibenden Batterien noch alle vier brauchbaren:

- $P(\text{„brauchbar bei zweiter Entnahme, falls erste Entnahme unbrauchbar"}) = 4/5$.

Das Ergebnis der ersten Entnahme bedingt die Wahrscheinlichkeit für das Ergebnis der zweiten Entnahme. Man spricht deshalb von *bedingter Wahrscheinlichkeit*.

Zur Symbolik: Sind $B1$ bzw. $U1$ die beiden möglichen Ereignisse der Erstentnahme:

- $B1$ – die erste Entnahme liefert eine brauchbare Batterie: $P(B1) = 4/6$,
- $U1$ – die erste Entnahme liefert eine unbrauchbare Batterie: $P(U1) = 2/6$,

dann werden die beiden möglichen Ereignisse bei der zweiten Entnahme in folgender Weise bezeichnet:

- $B2/B1$ – die zweite Entnahme liefert eine brauchbare Batterie unter der Voraussetzung, dass bei der ersten Entnahme eine brauchbare Batterie gezogen wurde,
- $B2/U1$ – die zweite Entnahme liefert eine brauchbare Batterie unter der Voraussetzung, dass bei der ersten Entnahme eine unbrauchbare Batterie gezogen wurde

und man schreibt kurz

- $P(B2/B1) = 3/5$,
- $P(B2/U1) = 4/5$.

Unter der *bedingten Wahrscheinlichkeit P(B/A)* versteht man die Wahrscheinlichkeit für das Eintreten des Ereignisses $B$ unter der Voraussetzung, dass das Ereignis $A$ bereits eingetreten ist. Es gilt

$$P(B/A) = \frac{P(A \cap B)}{P(A)}, \quad P(A) > 0. \tag{5.4}$$

Wenden wir diese Formel der bedingten Wahrscheinlichkeit auf unser Batterie-Beispiel an, indem wir die Wahrscheinlichkeit $P(B2/B1)$ nachrechnen, d. h. die Wahrscheinlichkeit, dass nach der Erstentnahme einer brauchbaren Batterie bei der anschließenden Zweitentnahme ebenfalls eine brauchbare Batterie gezogen wird. Mit $A = B1$ und $B = B2$ benötigen wir die beiden Wahrscheinlichkeiten $P(B1 \cap B2)$ und $P(B1)$, die sich beide nach der klassischen Formel als Quotienten ermitteln lassen (zur Berechnung der Binomialkoeffizienten vergleiche man z. B. [4], Abschn. 4.2.5):

$$P(B1 \cap B2) = \frac{\binom{4}{2}}{\binom{6}{2}} = \frac{2}{5}, P(B1) = \frac{4}{6}. \tag{5.5}$$

Beide Brüche sind durcheinander zu dividieren, woraus sich die schon bekannte Wahrscheinlichkeit $P(B2/B1) = 3/5$ ergibt. Verändern wir die Bedingungen in unserem *Beispiel*: Nach der Entnahme der ersten Batterie legen wir diese wieder zurück, bevor wir die zweite Batterie entnehmen.

Wie groß ist jetzt die Wahrscheinlichkeit dafür, bei der zweiten Entnahme eine brauchbare Batterie zu entnehmen? Wenn wir für beide Fälle (Erstentnahme brauchbar, Erstentnahme unbrauchbar) formal die Formel der bedingten Wahrscheinlichkeit anwenden, ergibt sich nun – logisch nachvollziehbar – für beide Fälle derselbe Wert:

$$P(B2/B1) = \frac{\frac{4}{6} \cdot \frac{4}{6}}{\frac{4}{6}} = \frac{2}{3}, P(B2/U1) = \frac{\frac{4}{6} \cdot \frac{2}{6}}{\frac{2}{6}} = \frac{2}{3}. \tag{5.6}$$

Die Wahrscheinlichkeit der Entnahme einer brauchbaren Batterie beim zweiten Zugreifen hängt nicht mehr vom Ergebnis der ersten Entnahme ab.

Man sagt dann auch, die beiden Ereignisse sind *stochastisch unabhängig*.

Die Ereignisse $A$ und $B$ sind *genau dann stochastisch unabhängig*, wenn gilt

$$P(B/A) = P(B/A') \quad \text{oder} \quad P(A/B) = P(A/B').$$ (5.7a)

Für stochastisch unabhängige Ereignisse gilt

$$P(B/A) = P(B) \quad \text{oder} \quad P(A/B) = P(A).$$ (5.7b)

Aus der Definition der bedingten Wahrscheinlichkeit folgen die so genannten *Multiplikationssätze*:

Gegeben seien die Ereignisse $A$ und $B$ sowie $P(A)$, $P(B)$, $P(A/B)$ und $P(B/A)$. Für die Wahrscheinlichkeit von $A \cap B$ gilt dann

$$P(A \cap B) = P(B/A) \cdot P(A) = P(A/B) \cdot P(B).$$ (5.8a)

Für stochastisch unabhängige Ereignisse $A$ und $B$ gilt

$$P(A \cap B) = P(A) \cdot P(B).$$ (5.8b)

*Beispiel* Ein Fußballspieler hat mit Wahrscheinlichkeit von 0,5 bei jedem Schuss auf das gegnerische Tor Erfolg. Weiterhin wird angenommen, dass die Ergebnisse der einzelnen Schüsse voneinander unabhängig sind. Wie oft muss der betreffende Schütze mindestens auf das gegnerische Tor schießen, um mit einer Wahrscheinlichkeit von 0,99 mindestens ein Tor zu erzielen?

Lösung: Zuerst gehen wir zum entgegengesetzten Ereignis über:

- $P(\text{„mindestens ein Tor“}) = 1 - P(\text{„kein Tor“})$.

Bezeichnen wir die (noch unbekannte) Anzahl der Schüsse mit $n$. Da die $n$ Fehlschüsse unabhängig sind und jeder Fehlschuss die Wahrscheinlichkeit 1/2 besitzt, gilt nach (5.8b)

- $P(\text{„kein Tor“}) = P(\text{„}n\text{-mal daneben geschossen“}) = (1/2)^n$.

Damit ergibt sich, dass die Ungleichung

- $1 - (1/2)^n \geq 0{,}99$

zu lösen ist. Durch Umformen und anschließendes Logarithmieren beider Seiten (siehe z. B. [13], Abschn. 2.2) ergibt sich die Lösung:

- $n \geq 6{,}64$.

Der Spieler muss also mindestens sieben Mal auf das Tor schießen.

Verallgemeinern wir unsere Überlegungen. Sie führen einmal zum *Satz von der totalen Wahrscheinlichkeit*:

Es seien $B, A_1, A_2, \ldots, A_n$ Ereignisse eines Ereignisfeldes $\Omega$ mit

$$P(B) > 0. \qquad (5.9\text{a})$$

$$A_i \cap A_k = \emptyset \text{ für } i \neq k, \qquad (5.9\text{b})$$

$$A_1 \cup A_2 \cup \ldots \cup A_n = S, \qquad (5.9\text{c})$$

Dann gilt:

$$P(B) = \sum_{i=1}^{n} P(B/A_i) \cdot P(A_i). \qquad (5.9\text{d})$$

Den folgenden Satz, den *Satz von Bayes*, verwendet man, um aus den A-priori-Wahrscheinlichkeiten $P(A_i)$ die A-posteriori-Wahrscheinlichkeiten $P(A_k/B)$ zu bestimmen. Dazu benötigt man aus den Realisationen von Zufallsexperimenten die Wahrscheinlichkeiten $P(B/A_k)$:

Es seien $B, A_1, A_2, \ldots, A_n$ Ereignisse eines Ereignisfeldes $\Omega$ mit

$$P(B) > 0, \qquad (5.10\text{a})$$

$$A_i \cap A_k = \emptyset \text{ für } i \neq k, \qquad (5.10\text{b})$$

$$A_1 \cup A_2 \cup \ldots \cup A_n = S. \qquad (5.10\text{c})$$

Dann gilt:

$$P(A_k/B) = \frac{P(B/A_k) \cdot P(A_k)}{\sum_{i=1}^{n} P(B/A_i) \cdot P(A_i)}. \qquad (5.10\text{d})$$

Beispiel zur Anwendung der Sätze: In einem Betrieb werden täglich 1000 Stück eines Produktes hergestellt. Davon liefert die Maschine

- $M1$: 100 Stück mit 5 % Ausschussanteil,
- $M2$: 400 Stück mit 4 % Ausschussanteil,
- $M3$: 500 Stück mit 2 % Ausschussanteil.

a) Aus der Tagesproduktion wird ein Stück zufällig ausgewählt. Mit welcher Wahrscheinlichkeit ist das Stück fehlerhaft?

b) Aus der Tagesproduktion wird ein Stück zufällig entnommen. Dieses Stück ist fehlerhaft. Mit welcher Wahrscheinlichkeit stammt es von der Maschine $M3$?

Stellen wir zuerst zusammen, was wir der Aufgabenstellung entnehmen können:

- $P(M1) = P(\text{„Stück wird auf Maschine } M1 \text{ produziert"}) = 0,1$
- $P(M2) = P(\text{„Stück wird auf Maschine } M2 \text{ produziert"}) = 0,4$
- $P(M3) = P(\text{„Stück wird auf Maschine } M3 \text{ produziert"}) = 0,5$
- $P(F/M1) = P(\text{„Stück ist fehlerhaft, produziert auf Maschine } M1\text{"}) = 0,05$
- $P(F/M2) = P(\text{„Stück ist fehlerhaft, produziert auf Maschine } M2\text{"}) = 0,04$
- $P(F/M3) = P(\text{„Stück ist fehlerhaft, produziert auf Maschine } M3\text{"}) = 0,02$

Lösung der Aufgabe a): Gesucht ist die Wahrscheinlichkeit

$$P(F) = (\text{„Stück ist fehlerhaft"})$$

Wegen $F = (F \cap M1) \cup (F \cap M2) \cup (F \cap M3)$ ergibt sich

$$P(F) = P((F1 \cap M1) \cup (F1 \cap M2) \cup (F1 \cap M3))$$
$$= P(F/M1) \cdot P(M1) + P(F/M2) \cdot P(M2) + P(F/M3) \cdot P(M3)$$
$$P(F) = 0,05 \cdot 0,01 + 0,04 \cdot 0,4 + 0,02 \cdot 0,5 = 0,031$$

Lösung der Aufgabe b): Gesucht ist nun die Wahrscheinlichkeit

$$P(M3/F) = P(\text{„Das fehlerhaft Stück stammt von Maschine M3"})$$

Nach (5.4) und dann nach (5.8a) gilt dazu:

$$P(M3/F) = P(M3 \cap F)/P(F) = P(F/M3) \cdot P(M3)/P(F) = 0,02 \cdot 0,5/0,031$$
$$= 0,32$$

## 5.2 Zufallsgrößen und Verteilungen

### 5.2.1 Zufallsgrößen

#### 5.2.1.1 Definition

Beginnen wir den Zugang zum Begriff der *Zufallsgröße* mit drei Beispielen.

*Beispiel 1* Eine Münze wird auf beiden Seiten mit Papier beklebt, darauf wird auf einer Seite eine Null geschrieben und auf der anderen Seite eine Eins. Wird das Zufallsexperiment *Münzwurf* jetzt zehntausend Mal wiederholt, dann entsteht eine zufällige Datenmenge, die nur aus den beiden Zahlen Null und Eins besteht.

*Beispiel 2* Das Zufallsexperiment *Werfen eines idealen Würfels* wird zehntausend Mal wiederholt. Es entsteht eine zufällige Datenmenge, die nur aus den sechs ganzen Zahlen Eins bis Sechs besteht.

*Beispiel 3* Auf dem Bahnhofsvorplatz von Hamlinfurt wird eine digitale Waage, die das Körpergewicht von Personen bis auf das Milligramm genau erfassen kann, aufgestellt. Werden nun zehntausend zufällig ausgewählte Passanten gebeten, auf diese Waage zu steigen und wird das jeweils angezeigte Gewicht notiert, dann entsteht eine zufällige Datenmenge, die sehr viele verschiedene Zahlenwerte aus einem gewissen Zahlenbereich enthält.

► **Definition** Ab jetzt wollen wir speziell nur noch von solchen Zufallsexperimenten sprechen, die entweder aus sich selbst heraus zufällige *Zahlen-Ereignisse* liefern oder deren Ereignisse sich auf sinnvolle Art *als Zahlen kodieren* lassen. Diese speziellen Zufallsexperimente nennt man *Zufallsgrößen*.

Tatsächlich ist eine Zufallsgröße eine *Funktion über der Menge aller Ereignisse*:

► **Definition** Sei $\Omega$ ein Ereignisfeld (siehe Abschn. 5.1.2). Unter einer Zufallsgröße $X$ versteht man eine Funktion

$$X = X(\omega) : \Omega \to \Re^1, \tag{5.11}$$

die jedem Ereignis $\omega \in \Omega$ eine reelle Zahl zuordnet.

Das Zufallsexperiment „Würfeln" liefert ebenso wie das Zufallsexperiment „Gewichtsbestimmung auf dem Bahnhofsvorplatz" sofort zufällige *Zahlen*werte – damit handelt es sich bei beiden Zufallsexperimenten um *Zufallsgrößen*, und es braucht keine Kodierungs-Überlegungen zu geben.

Wenn dagegen beim Zufallsexperiment „Münzwurf" das verbal formulierte Ereignis „Rückseite" mit einer *Zahl* (zum Beispiel mit der Null) und das gegenteilige Ereignis

„Vorderseite" auch mit einer *Zahl* (zum Beispiel mit der Eins) kodiert wird, dann können wir folglich auch in diesem Fall von einer *Zufallsgröße* sprechen, weil *zufällige Zahlenereignisse* geliefert werden.

Ebenso könnte man bei der Qualitätskontrolle das in Worten formulierte Zufallsereignis „Produkt ist brauchbar" mit der *Zahl Eins* kodieren. Zählt das Produkt aber zum Ausschuss, dann kann das beispielsweise mit der *Zahl Null* kodiert werden. So kommen wir auch dort zu einer zahlenmäßigen Beschreibung des Ergebnisses des Zufallsexperiments und können wieder von einer Zufallsgröße sprechen.

Jede zufällige Messung liefert mit dem *Messwert* als Ereignis eine *zufällige Zahl*. Jede andere zufällige Zahlen-Beobachtung (z. B. die Anzahl der in einer bestimmten Stunde an einer Mautstelle ankommenden Fahrzeuge) lässt uns, da stets eine *Zahl* geliefert wird, auch hier von einer *Zufallsgröße* sprechen.

Für Zufallsgrößen benutzt man große lateinische Buchstaben $X, Y, Z, \ldots$, für die konkreten zahlenmäßigen Ereignisse dieser „Zufallsexperimente, die Zahlen liefern" benutzt man dagegen zugehörige kleine, mit Hilfe eines tief gestellten Index nummerierte Buchstaben:

$$X = \text{„Ergebnisse beim Würfeln mit einem idealen Würfel"}:$$
$$x_1 = 1, \ x_2 = 2, \ x_3 = 3, \ x_4 = 4, \ x_5 = 5, \ x_6 = 6. \tag{5.12}$$

Wenn wir im folgenden also nicht mehr ganz allgemeine, beliebige, in Worten formulierte zufällige Ereignisse betrachten, sondern nur noch *zufällige Zahlenereignisse* (also Ergebnisse von *Zufallsgrößen*), dann entfernen wir uns von der mathematischen Disziplin Wahrscheinlichkeitsrechnung und nähern uns mathematischen Teilgebieten, die grundsätzlich *nur mit Zahlen* umgehen.

### 5.2.1.2 Drei Arten von Zufallsgrößen

▶ **Definition** Eine Zufallsgröße $X$ heißt *dichotom* (oder *alternativ* oder *binär*), wenn sie nur zwei verschiedene Werte $x_1$ und $x_2$ annehmen kann.

Eine *dichotome Zufallsgröße* tritt dann auf, wenn ein Zufallsexperiment mit *genau zwei verschiedenen Zahlenereignissen* durchgeführt wird (zum Beispiel der kodierte Münzwurf oder die kodierte Qualitätskontrolle).

Die Symbolik $P(X = x_1)$ bezeichnet dabei abkürzend die Wahrscheinlichkeit, dass das Zufallsexperiment den Zahlenwert $x_1$ liefert, entsprechend bezeichnet $P(x = x_2)$ die Wahrscheinlichkeit, dass das Zufallsexperiment den Zahlenwert $x_2$ liefert.

Da bei solchen *Alternativ-Zufallsexperimenten* stets eines der beiden Zahlenereignisse $x_1$ oder $x_2$ eintreten muss, gilt die Beziehung

$$P(X = x_1) + P(X = x_2) = 1. \tag{5.13}$$

Anders formuliert: Wenn das eine Zahlenereignis $x_1$ mit der Wahrscheinlichkeit $p_1$ eintritt, dann besitzt das andere (das alternative) Zahlenereignis $x_2$ immer die Wahrschein-

lichkeit $p_2 = 1 - p_1$. Die beiden Ereignisse sind *komplementär zueinander* (vergleiche auch
Abschn. 5.1.1).

▶   **Definition**  Eine Zufallsgröße $X$ heißt *diskret*, wenn sie endlich viele oder abzählbar unendlich viele Werte $x_1, x_2, \ldots, x_n$ annehmen kann.

Eine diskrete Zufallsgröße tritt z. B. dann auf, wenn ein Zufallsexperiment mit *wenigen verschiedenen zufälligen Zahlenereignissen* durchgeführt wird (zum Beispiel das
Würfeln). Die Symbolik $P(X = x_k)$ $(k = 1, \ldots, n)$ bezeichnet dabei abkürzend die Wahrscheinlichkeit, dass das Zufallsexperiment gerade den Zahlenwert $x_k$ $(k = 1, \ldots, n)$ liefert.

Da stets eines der zufälligen Zahlenereignisse $x_1, x_2, \ldots, x_n$ eintreten wird, muss die
Summe aller Einzelwahrscheinlichkeiten gleich Eins werden:

$$P(X = x_1) + P(X = x_2) + \ldots + P(X = x_n) = 1. \qquad (5.14)$$

Wir wollen hier aber noch nicht – was eigentlich folgerichtig wäre – sofort die Definition einer *stetigen Zufallsgröße* folgen lassen. Diese wird ab Abschn. 5.4 in anderer Weise
erklärt und behandelt.

## 5.2.2  Zugang zur Verteilungsfunktion

### 5.2.2.1  Verteilungsfunktion beim Würfeln
Betrachten wir die in (5.12) definierte Zufallsgröße $X$ mit den sechs möglichen Zahlenereignissen „1" oder „2" oder „3" oder „4" oder „5" oder „6".

Alle zufälligen Zahlenereignisse beim Würfeln haben dieselbe Wahrscheinlichkeit, also muss diese gleich 1/6 sein: Die Würfel-Zufallsgröße $X$ nimmt ihre sechs möglichen
Werte 1 bis 6 mit jeweils gleicher Wahrscheinlichkeit 1/6 an.

$$P(X = 1) = \frac{1}{6}, \; P(X = 2) = \frac{1}{6}, \ldots, \; P(X = 6) = \frac{1}{6} \qquad (5.15)$$

Da der Ausgang des Zufallsexperiments hier auf natürliche Weise durch Zahlen beschrieben wird, kann uns niemand hindern, eine (vorerst rein akademische) Frage zu
stellen:

● Wie groß wird die Wahrscheinlichkeit sein, dass der Zahlenwert des Zufallsereignisses
  *gleich Minus 1* oder sogar noch *kleiner als Minus 1* wird?

Wir suchen also, mit anderen Worten, die Wahrscheinlichkeit, dass beim Würfeln nach
einem Wurf der Wert *Minus 1* oder *ein noch kleinerer Wert* auf dem Würfel zu lesen ist.
Formelmäßig wird die Fragestellung so beschrieben:

- Wir suchen $P(X \leq -1)$.

Natürlich muss diese Wahrscheinlichkeit gleich Null sein, denn es wird wohl nie jemandem gelingen, nach einem Wurf mit einem handelsüblichen Würfel auf diesem Würfel die Beschriftung *Minus Eins* oder *eine noch kleinere Zahl* zu lesen:

$$P(X \leq -1) = 0. \tag{5.16}$$

Auch die Wahrscheinlichkeit, dass „Minus ein Halb" oder eine noch kleinere Zahl auf dem Würfel zu sehen sein wird, ist wieder Null:

$$P\left(X \leq -\frac{1}{2}\right) = 0. \tag{5.17}$$

Weiter ergibt sich auch die Wahrscheinlichkeit, dass wir auf dem Würfel $-1/4$ oder noch weniger lesen, zu Null.

Wie lange wird das aber so weiter gehen? Nun, diese Null-Wahrscheinlichkeit bleibt solange bestehen, wie wir die Frage nach einem *Würfelergebnis kleiner als Eins* stellen:

$$P(X \leq x) = 0, \quad \text{falls} \quad x < 1. \tag{5.18}$$

Erst dann, wenn wir die Frage nach der Wahrscheinlichkeit dafür stellen, dass auf dem Würfel *die Eins oder eine Zahl, die kleiner als die Eins* ist, zu sehen sein wird (d. h. also die Frage nach einem Würfelergebnis kleiner oder gleich Eins), dann fragen wir erstmalig nach einem Ereignis, das tatsächlich mit einer gewissen Wahrscheinlichkeit eintreten kann:

Denn in dieser Frage ist die Frage nach der Wahrscheinlichkeit des Zahlenereignisses Eins enthalten – also erhalten wir dafür den bekannten Zahlenwert 1/6:

$$P(X \leq 1) = \frac{1}{6}. \tag{5.19}$$

Dieselbe Wahrscheinlichkeit erhalten wir weiter, wenn wir die Frage stellen, wie groß die Wahrscheinlichkeit ist, dass auf dem Würfel die Zahl 1,5 *oder eine beliebige kleinere Zahl* zu lesen sein wird:

$$P(X \leq 1{,}5) = \frac{1}{6}. \tag{5.20}$$

Wie lange wird das so weiter gehen? Überlegen wir: Solange wir bei unserer Fragestellung nach rechts auf dem Zahlenstrahl weiter schreiten, aber die Zwei noch nicht erreichen, bleiben wir bei der immer gleichen Wahrscheinlichkeit 1/6:

$$P(X \leq x) = \frac{1}{6}, \quad \text{falls} \quad 1 \leq x < 2. \tag{5.21}$$

Erst wenn wir die Frage stellen, wie groß die Wahrscheinlichkeit ist, dass wir als Würfelergebnis *die Zwei oder eine kleinere Zahl* sehen – dann müssen wir neu mit 2/6 (= 1/3) antworten: Denn dieses Ereignis tritt ja ein, wenn die *Eins oder die Zwei* zu sehen ist. Dann ergeben sich zwei günstige Elementarereignisse gegen eine Gesamtzahl von sechs Elementarereignissen (siehe die klassische Definition der Wahrscheinlichkeit im Abschn. 5.1.3.1):

$$P(X \leq 2) = \frac{2}{6} = \frac{1}{3}. \tag{5.22}$$

Nun können wir die Überlegungen im gleichen Sinne fortführen: Solange die Drei nicht erreicht wird, bleibt es bei der Wahrscheinlichkeit 1/3:

$$P(X \leq x) = \frac{1}{3}, \quad \text{falls} \quad 2 \leq x < 3. \tag{5.23}$$

Fragen wir dagegen nach der Wahrscheinlichkeit, dass bei einem Wurf *die Drei oder eine kleinere Zahl* erscheinen wird, dann steigt der Wert auf 3/6 (gleich 1/2):

$$P(X \leq 3) = \frac{3}{6} = \frac{1}{2}. \tag{5.24}$$

Diese Wahrscheinlichkeit bleibt anschließend wieder solange erhalten, solange wir die Vier nicht erreicht haben. Machen wir jetzt einen gedanklichen Sprung und fragen nach der Wahrscheinlichkeit, dass wir bei einem Wurf *die Sechs oder eine kleinere Zahl* sehen. Diese Wahrscheinlichkeit ist nun offensichtlich gleich Eins – denn eine der Zahlen Eins bis Sechs werden wir beim Würfeln sicher erleben:

$$P(X \leq 6) = \frac{6}{6} = 1. \tag{5.25}$$

Nun könnten wir beliebig weiter mit immer größeren Zahlen fortfahren – an der Wahrscheinlichkeit Eins wird sich nichts mehr ändern, ganz gleich, ob wir sieben oder hundert oder zehntausend in unsere Frage einsetzen. Wie wir auch würfeln werden, wir werden mit Sicherheit eine Augenzahl des Würfels sehen, die kleiner als jede Zahl ist, die auf dem Zahlenstrahl rechts von der Sechs liegt. Daraus folgt:

$$P(X \leq x) = 1, \quad \text{falls} \quad x \geq 6. \tag{5.26}$$

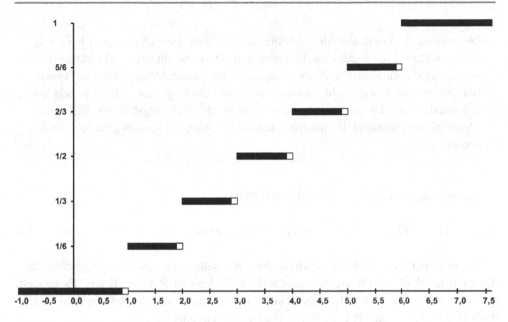

**Abb. 5.1** Funktion $P(X \leq x)$ der Zufallsgröße $X = $ „Würfeln"

Nun ist der Zeitpunkt gekommen, wo wir unsere gefundenen Wahrscheinlichkeiten für die Würfelergebnis-Zufallsgröße $X$ formelmäßig zusammenstellen können:

$$P(X \leq x) = \begin{cases} 0, & \text{falls} \quad x < 1 \\ \frac{1}{6}, & \text{falls} \quad 1 \leq x < 2 \\ \frac{1}{3}, & \text{falls} \quad 2 \leq x < 3 \\ \frac{1}{2}, & \text{falls} \quad 3 \leq x < 4 \\ \frac{2}{3}, & \text{falls} \quad 4 \leq x < 5 \\ \frac{5}{6}, & \text{falls} \quad 5 \leq x < 6 \\ 1, & \text{falls} \quad 6 \leq x. \end{cases} \tag{5.27}$$

Anschaulicher dagegen ist die grafische Darstellung in Abb. 5.1, die sich in typischer Treppenform zeigt. An dieser Treppenfunktion kann man sofort ablesen, welche Wahrscheinlichkeit $P(X \leq x)$ sich für jede beliebige Zahl $x$ für die Zufallsgröße $X = $ „Würfeln" ergibt. Die rechten Enden der Geradenstücken sind stets leer dargestellt, um deutlich zu machen, dass an den Sprungstellen bei $x = 1, 2, 3, 4, 5$ und $6$ die jeweils *nächst höhere Linie* den Wahrscheinlichkeitswert, d. h. den Funktionswert dieser Funktion liefert.

Diese sechs *Sprungstellen* sind deutlich zu erkennen, sie befinden sich bei $x = 1$, $x = 2$, $x = 3$, $x = 4$, $x = 5$ und $x = 6$. Das aber sind gerade die einzigen sechs Merkmalswerte, die die Zufallsgröße $X$ überhaupt annehmen kann. Andere Merkmalswerte (Ausprägungen) gibt es nicht. Die jeweilige *Sprunghöhe* gibt dazu die Wahrscheinlichkeit dafür an, dass die Zufallsgröße $X$ den durch die Sprungstelle beschriebenen Merkmalswert annimmt. Deutlich erkennbar ist in Abb. 5.1 die stets gleiche Sprunghöhe von 1/6.

Daraus folgt, wie schon in (5.15) festgehalten:

$$P(X = 1) = P(X = 2) = P(X = 3) = P(X = 4) = P(X = 5) = P(X = 6) = 1/6.$$

Sowohl die Formel (5.27) als auch die Abb. 5.1 stellen eine *Zuordnungsvorschrift* dar, die zu jeder Zahl $x$ eindeutig den zugehörigen Zahlenwert $P(X \leq x)$ liefert. Es handelt sich also um eine *Funktion*. Es handelt sich hier um eine besondere Art von Funktionen, deshalb wird für sie das Symbol $P(X \leq x) = F_X(x)$ verwendet:

▶    **Definition**  Die Funktion $F_X(x) = P(X \leq x)$ heißt *Verteilungsfunktion* der Zufallsgröße $X$.

Bevor wir uns im kommenden großen Abschn. 5.3 weiter mit dem wichtigen Begriff und der immensen Bedeutung von *Verteilungsfunktionen diskreter Zufallsgrößen* beschäftigen, wollen wir uns in gleicher Weise wie oben die *Verteilungsfunktion einer dichotomen (alternativen) Zufallsgröße* am Beispiel erarbeiten.

### 5.2.2.2  Verteilungsfunktion der Zufallsgröße „Münzwurf"

Betrachten wir nun das Zufallsexperiment „Münzwurf", bei dem die Zufallsgröße $X$ dann vorliegt, wenn die beiden Zufallsergebnisse „Zahl" und „Wappen" durch zwei geeignete Zahlen, z. B. durch Null und Eins, kodiert sind. Am einfachsten ist es dazu sich vorzustellen, dass die eine Seite der Münze mit einem Papier, beschriftet mit einer großen Null, und die andere Seite der Münze mit einem Papier mit einer großen Eins beklebt wird. Dann können wir uns von der Kodierung lösen und gleich formulieren, dass uns die Münze entweder die *Zahl Null* oder die *Zahl Eins* zeigen wird.

Wir sind damit bei zufälligen *Zahlen*ereignissen angekommen, und dürfen vom Münzwurf als einer *Zufallsgröße* $X$ sprechen. Beide Zahlenereignisse (Merkmalswerte) Null und Eins des Münzwurfs sind offensichtlich (eine ideale Münze vorausgesetzt) gleichwahrscheinlich. Die Zufallsgröße $X$ des Zahlen-Zufallsexperiments Münzwurf mit dieser Null-Eins-Münze nimmt die Werte Null und Eins mit gleicher Wahrscheinlichkeit an:

$$P(X = 0) = \frac{1}{2}, \quad P(X = 1) = \frac{1}{2}. \tag{5.28}$$

Da der Ausgang des Zufallsexperiments nun wieder durch eine Zahl beschrieben wird, kann uns niemand hindern, wiederum die akademische Frage zu stellen, wie groß die Wahrscheinlichkeit ist, dass der Zahlenwert des Zufallsereignisses *Minus Eins* oder *noch kleiner* sein wird: Wir suchen also die Wahrscheinlichkeit, dass wir nach dem Wurf auf der Münze die Minus Eins oder eine noch kleinere Zahl sehen. Das kann jedoch niemals eintreten – denn die Münze hat ja nur die beiden Beschriftungen Null und Eins:

$$P(X \leq -1) = 0. \tag{5.29}$$

Wie weit können wir zu größeren Zahlen bewegen, ohne dass sich die Null-Wahrscheinlichkeit von $P(X \leq x)$ ändert? Offenbar wird sich solange nichts ändern, solange wir nicht die Null erreichen:

$$P(X \leq x) = 0, \quad \text{falls} \quad x < 0. \tag{5.30}$$

Fragen wir aber, wie groß die Wahrscheinlichkeit ist, dass als Ergebnis unseres zahlenmäßigen Münzwurf-Experiments das Ereignis *Null oder eine kleinere Zahl* eintritt, dann ist das doch gleichbedeutend damit, dass wir danach fragen, ob es möglich ist, dass die Münze nach dem Wurf die *Null oder eine kleinere Zahl* zeigt.

Dieses Ereignis kann aber mit einer Wahrscheinlichkeit von 0,5 eintreten, denn die Null ist ja eine der beiden Beschriftungen der Münze:

$$P(X \leq 0) = \frac{1}{2}. \tag{5.31}$$

Gehen wir nun weiter zu $x = 0,1$, $x = 0,2$, $x = 0,3$ usw., so ändert sich nichts an der Wahrscheinlichkeit $P(X \leq x) = 1/2$:

Solange wir rechts von der Null, aber links von der Eins bleiben, ist die Wahrscheinlichkeit, dass wir den angegebenen oder einen kleineren Wert sehen, immer gleich dem genannten Wert 0,5:

$$P(X \leq x) = \frac{1}{2}, \quad \text{falls} \quad 0 \leq x < 1. \tag{5.32}$$

Führen wir diese Überlegungen fort, dann kommen wir schließlich zusammenfassend zu der folgenden Formel der Verteilungsfunktion unserer Münzwurf-Zufallsgröße $X$:

$$P(X \leq x) = \begin{cases} 0, & \text{falls} \quad x < 0 \\ \frac{1}{2}, & \text{falls} \quad 0 \leq x < 1 \\ 1, & \text{falls} \quad 1 \leq x. \end{cases} \tag{5.33}$$

Auch hier ergibt sich als Bild der Verteilungsfunktion $F_X(x) = P(X \leq x)$ wieder die typische Form einer Treppe (siehe Abb. 5.2). Der Funktionsgraph kommt mit der waagerechten Achse links ins Bild, erklimmt dann in einigen Stufen (hier sind es nur zwei)

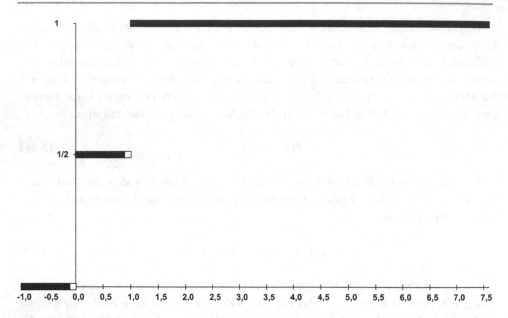

**Abb. 5.2** Verteilungsfunktion der Münzwurf-Zufallsgröße $X$

die Höhe bis zur Eins und verschwindet dann auf dieser Höhe nach rechts in das positive Unendliche.

Die beiden *Sprungstellen* befinden sich bei $x = 0$ und $x = 1$, also wieder genau bei den Werten der beiden Zahlen-Ereignisse, die unsere Münzwurf-Zufallsgröße $X$ annehmen kann. Die *Sprunghöhen* betragen jeweils 1/2, damit kann man ablesen: $P(X = 0) = P(X = 1) = 1/2$.

### 5.2.3   Eigenschaften von Verteilungsfunktionen dichotomer Zufallsgrößen

Hat ein Zufallsexperiment die spezielle Eigenschaft, dass nur genau zwei mögliche zufällige Zahlenereignisse $x_1$ und $x_2$ eintreten können, dann sprechen wir davon, dass es durch eine *dichotome* (auch: *binäre*, *alternative*) Zufallsgröße beschrieben wird.

Ist die Wahrscheinlichkeit $P(X = x_1)$ des Eintretens des einen Zahlenereignisses $x_1$ bekannt, dann ergibt sich die Wahrscheinlichkeit $P(X = x_2)$ des Eintretens des anderen Zahlenereignisses $x_2$ immer aus

$$P(X = x_2) = 1 - P(X = x_1). \tag{5.34}$$

Jede Verteilungsfunktion $F_X(x) = P(X \leq x)$ einer dichotomen Zufallsgröße $X$ hat genau zwei Sprünge. Diese befinden sich stets an den Stellen $x = x_1$ und $x = x_2$, den so genannten *Sprungstellen*. Die an den beiden Sprungstellen abzulesenden *Sprunghöhen* entsprechen den Wahrscheinlichkeiten $P(X = x_1)$ und $P(X = x_2)$. Für jede Verteilungsfunktion $F_X(x) = P(X \leq x)$ einer dichotomen (alternativen) Zufallsgröße gelten offensichtlich immer vier grundsätzliche Eigenschaften:

$$
\begin{aligned}
&\text{(I)} && 0 \leq F_X(x) \leq 1, && -\infty < x < \infty \\
&\text{(II)} && x < y \Rightarrow F_X(x) \leq F_X(y) && -\infty < x, y < \infty \\
&\text{(III)} && \lim_{x \to -\infty} F_X(x) = 0 \\
&\text{(IV)} && \lim_{x \to +\infty} F_X(x) = 1.
\end{aligned}
\tag{5.35}
$$

Alle vier Eigenschaften ergeben sich zwangsläufig daraus, dass jede Verteilungsfunktion einer Zufallsgröße stets und ausschließlich eine *Wahrscheinlichkeit* liefert.

- Jede Wahrscheinlichkeit ist immer eine *Zahl zwischen Null und Eins*: Daraus ergibt sich die Eigenschaft (I).
- Wird zuerst die Wahrscheinlichkeit $F_X(x) = P(X \leq x)$ für einen Zahlenwert $x$ gesucht und anschließend ein rechts von $x$ liegender, also größerer Wert $z$ betrachtet, dann kann die Wahrscheinlichkeit $F_X(x) = P(X \leq x)$ niemals kleiner als die vorige Wahrscheinlichkeit sein. Sie muss stets gleich groß oder sogar größer sein. Das wird durch die Eigenschaft (II) zum Ausdruck gebracht: Die Verteilungsfunktion einer alternativen Zufallsgröße ist stets *monoton nicht fallend* (monoton wachsend).
- Werden immer kleinere $x$-Werte betrachtet, so stellt man fest, dass links vom kleinsten $x$-Wert der Graph der Verteilungsfunktion mit der $x$-Achse zusammenfällt. Rechts vom größten $x$-Wert fällt der Graph der Verteilungsfunktion einer alternativen Zufallsgröße mit der Geraden $y = 1$ zusammen. Diese Sachverhalte werden durch die Grenzwerte (III) und (IV) mathematisch beschrieben.

Während wir diese vier Eigenschaften, die bis jetzt nur als Eigenschaften dichotomer Zufallsgrößen festgestellt wurden, später wieder finden werden, soll nun noch die Spezialität von Verteilungsfunktionen dichotomer Zufallsgrößen hervorgehoben werden:

Jedes Zufallsexperiment mit genau zwei möglichen Zahlenereignissen, d. h. eine *dichotome* (alternative) Zufallsgröße, wird durch eine Verteilungsfunktion mit *genau zwei Sprüngen* beschrieben. Man spricht dann auch davon, dass die Zufallsgröße eine *Zweipunktverteilung* besitzt.

### 5.2.4   Eigenschaften von Verteilungsfunktionen diskreter Zufallsgrößen

Hat ein Zufallsexperiment die spezielle Eigenschaft, dass nur endlich viele (oder abzählbar unendlich viele) zufällige Zahlenereignisse $x_1, x_2, \ldots, x_n$ eintreten können, dann wird es durch eine diskrete Zufallsgröße beschrieben.

Die Summe aller Wahrscheinlichkeiten $P(X = x_1)$, $P(X = x_2)$, $\ldots$, $P(X = x_n)$ für das Eintreten der einzelnen Zahlenereignisse $x_1, x_2, \ldots, x_n$ beträgt stets Eins.

Jede Verteilungsfunktion $F_X(x) = P(X \leq x)$ einer *diskreten* Zufallsgröße $X$ mit den $n$ möglichen Zahlenereignissen $x_1, x_2, \ldots, x_n$ hat genau $n$ Sprünge. Diese befinden sich stets an den Stellen $x = x_1, x = x_2, \ldots, x = x_n$.

Die an den $n$ *Sprungstellen* jeweils abzulesenden *Sprunghöhen* geben die Wahrscheinlichkeiten $P(X = x_1)$, $P(X = x_2)$, $\ldots$, $P(X = x_n)$ an.

Auch für Verteilungsfunktionen $F_X(x) = P(X \leq x)$ *diskreter Zufallsgrößen* gelten die bei den dichotomen Zufallsgrößen bereits festgestellten vier grundsätzlichen Eigenschaften:

$$
\begin{array}{lll}
\text{(I)} & 0 \leq F_X(x) \leq 1, & -\infty < x < \infty \\[2mm]
\text{(II)} & x < y \Rightarrow F_X(x) \leq F_X(y) & -\infty < x, y < \infty \\[2mm]
\text{(III)} & \lim_{x \to -\infty} F_X(x) = 0 & \\[2mm]
\text{(IV)} & \lim_{x \to +\infty} F_X(x) = 1. &
\end{array}
\tag{5.36}
$$

Alle vier Eigenschaften ergeben sich wieder zwangsläufig daraus, dass jede Verteilungsfunktion einer diskreten Zufallsgröße stets und ausschließlich *Wahrscheinlichkeiten* liefert.

### 5.2.5   Vertiefendes Beispiel

Setzen wir uns anhand eines Beispiels abschließend noch einmal mit der folgenden Behauptung auseinander:

Wenn von einem beliebigen *Zufallsexperiment* mit zwei oder mehr, aber nicht unüberschaubar vielen *Zahlenereignissen*, das heißt also von einer Zufallsgröße $X$,

- die Anzahl der möglichen Zahlenereignisse $n$,
- deren Werte $x_1, x_2, \ldots, x_n$
- und dazu mindestens $n - 1$ Wahrscheinlichkeiten $P(X = x_1)$, $P(X = x_2)$, $\ldots$, $P(X = x_{n-1})$

bekannt sind, dann lässt sich sofort die zugehörige Verteilungsfunktion $F_X(x) = P(X \leq x)$ in formelmäßiger Darstellung und/oder als Bild angeben.

*Beispiel* Von einem Zufallsexperiment soll folgendes bekannt sein:

- das zufällige Zahlenergebnis $x_1 = 3$ wird mit der Wahrscheinlichkeit 0,25 geliefert,
- das zufällige Zahlenergebnis $x_2 = 5$ tritt mit der Wahrscheinlichkeit von 0,5 ein,
- das dritte (und letztmögliche) Zahlenergebnis ist $x_3 = 8$.

Lösen wir uns als Erstes von dem vielen Text und benutzen die Sprache und den Formalismus der Statistik, dann formulieren wir die gleiche Gegebenheit kürzer und prägnanter mit der diskreten Zufallsgröße $X$ und den drei Wahrscheinlichkeiten:

$$
\begin{aligned}
P(X = 3) &= 0{,}25 \\
P(X = 5) &= 0{,}5 \\
P(X = 8) &= 1 - P(X = 3) - P(X = 5) = 1 - 0{,}25 - 0{,}5 = 0{,}25.
\end{aligned}
\tag{5.37}
$$

Die formelmäßige Darstellung der Verteilungsfunktion (ihre Herleitung wird noch einmal als Übung empfohlen) lautet dann:

$$
F_X(x) = P(X \leq x) = \begin{cases} 0 & x < 3 \\ 0{,}25 & 3 \leq x < 5 \\ 0{,}75 & 5 \leq x < 8 \\ 1 & x \geq 8. \end{cases} \quad \text{falls}
\tag{5.38}
$$

Das Bild der Verteilungsfunktion ist – wie zu erwarten – wieder eine nach rechts ansteigende Treppe, die diesmal in drei Stufen von der Null bis zur Eins ansteigt.

In Abb. 5.3 sind zur Verdeutlichung einige zusätzliche Angaben eingetragen, die begriffliche und inhaltliche Unterschiede deutlich machen sollen.

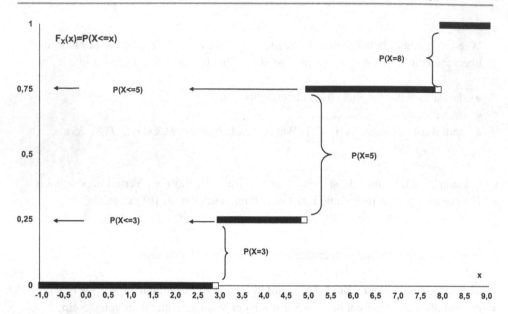

**Abb. 5.3** Bild der Verteilungsfunktion nach (5.37)

Der Funktionswert $F_X(3)$ der Verteilungsfunktion, der für $x = 3$ auf der senkrechten Achse abgelesen wird (auf ihn deuten die Pfeile nach links), das ist die *Wahrscheinlichkeit*, dass die Zufallsgröße *X diesen Wert x = 3* oder auch *jeden kleineren Wert* annimmt: $P(X \leq 3)$. Die *Sprunghöhe* an der *Sprungstelle X = 3* gibt dagegen nur die Wahrscheinlichkeit an, mit der die Zufallsgröße *X genau* diesen einen konkreten Wert $X = 3$ annimmt: $P(X = 3)$.

An der nächsten *Sprungstelle x = 5* wird der Unterschied zwischen Funktionswert der Verteilungsfunktion und Sprunghöhe noch deutlicher: Hier beträgt die *Sprunghöhe* 0,5 – sie gibt die Wahrscheinlichkeit für das Eintreten des Zahlenereignisses $X = 5$ an. Doch der Funktionswert $F_X(5)$ der Verteilungsfunktion an der Stelle $x = 5$ liefert die Wahrscheinlichkeit dafür, dass das Ereignis $X \leq 5$ eintritt, beträgt schon 0,75 – denn es können ja nun die zwei Ereignisse $X = 3$ oder $X = 5$ eintreten.

An der dritten *Sprungstelle x = 8* beträgt die *Sprunghöhe* 0,25: Das ist die Einzel-Wahrscheinlichkeit für das Eintreten des Zahlenereignisses $X = 8$. Aber die Wahrscheinlichkeit dafür, dass die Zufallsgröße $X$ den Wert 8 *oder einen kleineren Wert* annimmt, beträgt nun Eins – denn eines der drei möglichen Zahlenereignisse $X = 3$, $X = 5$ oder $X = 8$ tritt ja mit Sicherheit ein. Folglich erreicht der Graph der Verteilungsfunktion $F_X(x) = P(X \leq x)$ an der Stelle $X = 8$ schon seinen größtmöglichen Wert, die Eins.

Das ist kein Widerspruch zu der Grenzwert-Eigenschaft (IV) aus Formel (5.36). Denn ein späterer, noch größerer Wert als die Eins wäre für die Verteilungsfunktion $F_X(x)$ nicht möglich – wegen der grundlegenden Eigenschaft (I).

Eine spätere Verringerung, das wäre anschaulich eine „Treppenstufe nach unten", ist andererseits wegen der Eigenschaft (II) auch nicht möglich. Also muss die letzte Stufe der Treppe bis zum Unendlichen auf dem Funktionswert Eins verharren. Folglich ist der entsprechende Grenzwert der Verteilungsfunktion auch Eins.

In gleicher Weise lässt sich überlegen, dass links von $x = 3$ weder eine weitere Verringerung des Funktionswertes der Verteilungsfunktion $F_X(x)$ stattfinden kann (der Graph müsste dann ja in den Negativ-Bereich unter der waagerechten Achse eintauchen) noch wegen Bedingung (II) eine spätere Erhöhung („Treppe links aufwärts") vorstellbar ist.

Also muss die unterste Stufe der Treppe bis zum negativen Unendlichen auf dem Funktionswert Null verharren. Folglich ist der entsprechende Grenzwert der Verteilungsfunktion auch Null.

## 5.3 Verteilungen dichotomer und diskreter Zufallsgrößen

### 5.3.1 Von der Verteilung zu den Eigenschaften der Zufallsgröße

#### 5.3.1.1 Fragestellung

Wenn wir das vorige Kapitel mit dem abschließenden Beispiel richtig verstanden haben, dann können wir für Zufallsexperimente mit zwei oder einigen möglichen Zahlen-Ergebnissen die folgende Aussage bestätigen:

> Wenn von einer *dichotomen* (d. h. alternativen) oder *diskreten Zufallsgröße* $X$ bekannt ist,
>
> - welche Zahlenwerte (Merkmalswerte) $x_1, x_2, \ldots, x_n$ sie annehmen kann ($n = 2$: dichotom, $n > 2$: diskret)
>   und
> - mit welchen Wahrscheinlichkeiten $P(X = x_1), P(X = x_2), \ldots, P(X = x_n)$ diese Werte angenommen werden,
>
> dann kann ihre Verteilungsfunktion sofort *formelmäßig* und *grafisch* angegeben werden.

Das Bild der Verteilungsfunktion (der Graph der Verteilungsfunktion) ist dann eine von Null bis Eins ansteigende *Treppenfunktion* mit *Sprungstellen* bei $x_1, x_2, \ldots, x_n$. An allen *Sprungstellen* gilt stets der obere Wert, d. h. jede Verteilungsfunktion ist rechtsseitig stetig.

Die *Sprunghöhen* geben dann die Wahrscheinlichkeiten $P(X = x_1)$, $P(X = x_2)$, ...,
$P(X = x_n)$ für das Eintreten der jeweiligen Zahlenergebnisse an.

Kurz gesagt: Wenn die (zahlenmäßigen) Ereignisse eines Zufallsexperiments und deren Wahrscheinlichkeiten bekannt sind, bereitet es keine Schwierigkeiten, die zugehörige Verteilungsfunktion formelmäßig aufzuschreiben und grafisch darzustellen.

Allerdings ist diese Fragestellung „Von den Wahrscheinlichkeiten zur Verteilungsfunktion" für Anwendungen der Statistik ziemlich unwichtig, sie wurde nur einleitend verwendet, um den Begriff der Verteilungsfunktion zu erklären.

Viel interessanter und von großer praktischer Bedeutung dagegen ist die Beschäftigung mit der umgekehrten Fragestellung:

▶   Wenn nur die *Verteilungsfunktion* einer Zufallsgröße $X$ bekannt ist – wie können aus ihr die *Merkmalswerte* und deren *Wahrscheinlichkeiten* erhalten werden?

### 5.3.1.2   Von der Verteilungsfunktion zur Beschreibung der Zufallsgröße
Wir wollen also jetzt annehmen, dass wir über das Zufallsexperiment und seine Zufallsgröße $X$ im Detail nichts wissen, jedoch die *Verteilungsfunktion der Zufallsgröße* kennen.

**Behauptung**
Ist die Verteilungsfunktion $F_X(x) = P(X \leq x)$ einer dichotomen (alternativen) oder diskreten Zufallsgröße $X$ bekannt, dann sind damit alle *Merkmalswerte*, d.h. die Werte $x_1$, $x_2$, ..., $x_n$, die die Zufallsgröße $X$ annehmen kann, bekannt (im dichotomen Fall ist $n = 2$, sonst $n > 2$). Weiter sind dann alle *zugehörigen Wahrscheinlichkeiten* $P(X = x_1)$, ..., $P(X = x_n)$ bekannt. Denn alle diese Angaben können stets von den *Sprungstellen* und *Sprunghöhen* aus dem Bild der Verteilungsfunktion abgelesen werden.

Alles, was uns an einer Zufallsgröße $X$ interessieren könnte, also *Werte und Wahrscheinlichkeiten*, können wir ihrer Verteilungsfunktion $F_X(x)$ entnehmen. So lautet die Behauptung. Sehen wir uns dazu ein *Beispiel* an:

Eine Zufallsgröße $X$ besitze die folgende Verteilungsfunktion:

$$F_X(x) = P(X \leq x) = \begin{cases} 0 & x < 0 \\ 0{,}5 & 0 \leq x < 1 \\ 0{,}8 & 1 \leq x < 2 \\ 0{,}85 & \text{falls} \quad 2 \leq x < 3 \\ 0{,}9 & 3 \leq x < 4 \\ 0{,}95 & 4 \leq x < 5 \\ 1 & x \geq 5. \end{cases} \tag{5.39}$$

Da die nüchterne Formel verhältnismäßig wenig aussagt, sollte das *Bild der Verteilungsfunktion von X* gezeichnet werden.

Dafür bietet sich Excel an. Zuerst wird in einer Excel-Tabelle in Spalte A mit ausreichender Feinheit der Bereich eingetragen, der von Interesse ist – hier sollte man bei $-1$ beginnen und bei 6 enden, um auch mögliche Sprünge an den Randwerten sehen zu können.

| | A | B |
|---|---|---|
| 1 | x | $F_X(x)=P(X<=x)$ |
| 2 | -1 | 0 |
| 3 | -0,9 | 0 |
| 4 | -0,8 | 0 |

Daneben, in Spalte B, müssen dann die vorgegebenen Funktionswerte eingetragen werden, zuerst von $-1$ bis $-0{,}1$ die Null, dann von 0 bis 1 der Wert 0,5 und so weiter. Anschließend wird der Tabellenkursor in irgendeine Zelle der Wertetabelle gesetzt, dabei ist keine Markierung nötig. In der Registerkarte Einfügen wird danach in der Gruppe Diagramme das einfache *Punktdiagramm* ausgewählt:

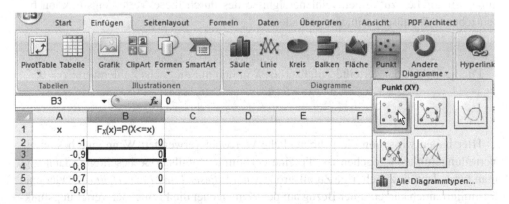

Anschließend kann die entstandene Grafik ein wenig bearbeitet werden, so dass eine Treppenfunktion wie in Abb. 5.4 entsteht. Wobei stets zu beachten ist, dass im Zweifelsfall

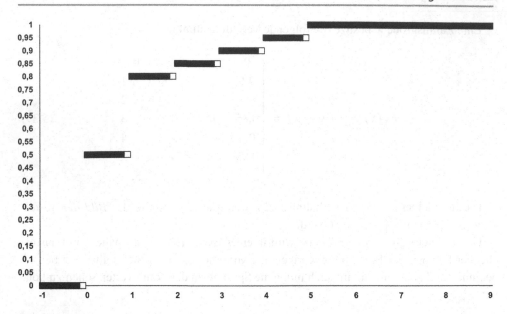

**Abb. 5.4**   Bild der Verteilungsfunktion, die mit (5.39) formelmäßig gegeben ist

die obere Linie entscheidend ist, auch wenn die Grafik das nicht so deutlich zum Ausdruck bringt. Was kann nun aus der Abb. 5.4 abgelesen werden?

*Erste Erkenntnis*: Die Treppenfunktion steigt in sieben Stufen mit *sechs Sprüngen* von der Null bis zur Eins an: Die Zufallsgröße $X$ nimmt also *genau sechs verschiedene Merkmalswerte* an, es gibt genau *sechs verschiedene Zahlenereignisse*. Also ist $n = 6$. Somit liegt eine *diskrete Zufallsgröße* vor.

*Zweite Erkenntnis*: Die sechs Sprünge finden an den Sprungstellen 0, 1, 2, 3, 4 und 5 statt. Also gilt $x_1 = 0$, $x_2 = 1$, $x_3 = 2$, $x_4 = 3$, $x_5 = 4$ und $x_6 = 5$. Damit sind also die sechs einzig möglichen zufälligen Zahlenereignisse des durch diese Verteilungsfunktion beschriebenen Zufallsexperiments gefunden.

> Die nach Abb. 5.4 verteilte Zufallsgröße $X$ nimmt nur die sechs Zahlenwerte $x_1 = 0$, $x_2 = 1$, $x_3 = 2$, $x_4 = 3$, $x_5 = 4$ und $x_6 = 5$ an.

Hier haben wir schon die gebräuchliche Wortwahl verwendet: Wenn eine bestimmte Verteilungsfunktion gegeben ist, die eine bestimmte Zufallsgröße beschreibt, dann sagt man kurz, dass die zugehörige Zufallsgröße $X$ *nach dieser Funktion verteilt* sei. Oder man formuliert, noch kürzer, unter Bezug auf den Namen oder die Formel der Verteilungsfunktion:

Die Zufallsgröße $X$ ist nach (5.39) verteilt.

Aus der Abb. 5.4 der Verteilungsfunktion $F_X(x)$ von $X$ können wir unmittelbar die weitere, wohl wichtigste Erkenntnis ableiten:

*Dritte Erkenntnis*: Bei $x = 0$ beträgt die Sprunghöhe 0,5, also ist $P(X = 0) = 0,5$. Bei $x = 1$ lesen wir die Sprunghöhe 0,3 ab, folglich gilt $P(X = 1) = 0,3$. Die weiteren Sprunghöhen betragen jeweils 0,05, so dass sich daraus die Wahrscheinlichkeiten $P(X = 2) = 0,05$, $P(X = 3) = 0,05$, $P(X = 4) = 0,05$ und $P(X = 5) = 0,05$ ergeben. Mit den gewonnen Erkenntnissen können wir jetzt alle sechs Merkmalswerte und deren Wahrscheinlichkeiten übersichtlich zusammenstellen:

$$
\begin{aligned}
P(X = 0) &= 0,5 \\
P(X = 1) &= 0,3 \\
P(X = 2) &= 0,05 \\
P(X = 3) &= 0,05 \\
P(X = 4) &= 0,05 \\
P(X = 5) &= 0,05.
\end{aligned}
\tag{5.40}
$$

Mit (5.40) haben wir eine zweite Art der formelmäßigen Beschreibung der Eigenschaften einer Zufallsgröße gefunden. Sie wird als *Wahrscheinlichkeitsfunktion* bezeichnet.

Anschließend könnten weitere Fragen beantwortet werden: Wie groß ist zum Beispiel die Wahrscheinlichkeit, dass die Zufallsgröße $X$ einen Wert zwischen 1 und 4 annimmt? Die Antwort: Infrage kommen nun nur die zufälligen Zahlenereignisse $x_3 = 2$ und $x_4 = 3$, addieren wir also deren Wahrscheinlichkeiten, abzulesen anhand der Sprunghöhen bei 2 und 3:

$$
P(1 < X < 4) = P(X = 2) + P(X = 3) = 0,05 + 0,05 = 0,1. \tag{5.41}
$$

Diese wenigen Beispiele sollten noch einmal die grundsätzliche Aussage illustrieren:

Kennen wir die Verteilung der Zufallsgröße, können wir *alle Werte und Wahrscheinlichkeiten* liefern.

Die meiste Information erhält man dann, wenn aus der Funktionsformel $y = F_X(x)$ einer Verteilungsfunktion der Graph erzeugt werden kann. Dann nämlich gilt: Besitzen wir das

*Bild einer Verteilungsfunktion* $F_X(x)$ (mathematisch gesprochen: den *Graph* dieser Funktion), dann können wir daraus sofort

- an den *Sprungstellen* die *Merkmalswerte*

und

- an den Sprunghöhen die zugehörigen Wahrscheinlichkeiten

ablesen.

Bleibt nun noch zu klären, ob man ausschließlich über die Verteilungsfunktion und deren Bild zu Erkenntnissen kommen kann.

Oder gibt es noch andere grafische Möglichkeiten?

## 5.3.2 Diskrete Verteilungen: Verteilungsfunktion und Stabdiagramme

### 5.3.2.1 Begriff des Stabdiagramms

Im vorigen Abschnitt wurde beschrieben, wie aus der Funktionsformel einer Verteilungsfunktion der *Graph der Verteilungsfunktion* mittels Excel leicht erhalten werden kann. Dort lassen sich *Werte und Wahrscheinlichkeiten* ablesen.

Nehmen wir jetzt aber an, dass diese Informationen bereits vorliegen, dass wir also schon die *Wahrscheinlichkeitsfunktion*, also eine Zusammenstellung in Form von (5.40) zur Information über eine Zufallsgröße besitzen. Ist es dann sinnvoll, zur Veranschaulichung wieder zur *Treppenfunktion der Verteilung* überzugehen?

Nicht immer. Häufig empfiehlt sich zur Veranschaulichung ein so genanntes *Stabdiagramm*. Es wird auf folgende Weise hergestellt. Zuerst werden in einer Excel-Tabelle nur die Werte und deren Wahrscheinlichkeiten eingetragen:

|   | A | B |
|---|---|---|
| 1 | x | P(X=x) |
| 2 | 0 | 0,5 |
| 3 | 1 | 0,3 |
| 4 | 2 | 0,05 |
| 5 | 3 | 0,05 |
| 6 | 4 | 0,05 |
| 7 | 5 | 0,05 |

Dann wird der Tabellenkursor wieder in irgendeine Zelle der Wertetabelle gesetzt und – wie oben beschrieben – in dem Registerblatt Einfügen wird in der Gruppe Diagramme das Punktdiagramm ausgewählt. Zu Stabdiagramm schließlich kommt man, indem danach Diagrammtyp ändern gewählt wird, es wird auf 2D-Säulen umgestellt:

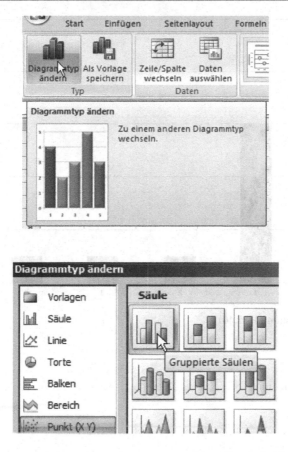

Damit entsteht das so genannte *Stabdiagramm* (Abb. 5.5), das offensichtlich sehr an-schaulich alle Eigenschaften der beschriebenen Zufallsgröße präsentiert: An der waage-rechten Achse erkennt man die angenommenen *Merkmalswerte*, und die *Höhe der Stäbe* entspricht genau den zugehörigen *Wahrscheinlichkeiten*.

### 5.3.2.2   Zusammenhang zwischen Treppenfunktion und Stabdiagramm

Gibt es einen Zusammenhang zwischen Treppenfunktion und Stabdiagramm? Natürlich muss es ihn geben, denn beide Grafiken dienen ja zur optischen Information über ein und dieselbe Zufallsgröße.

Aber wie sieht dieser Zusammenhang aus? Er ist leicht herauszufinden. Sehen wir uns dafür in Abb. 5.6 gemeinsam die Treppenfunktion und das Stabdiagramm für die nach (5.40) verteilte Zufallsgröße an. Man erkennt sofort, dass die *Stablängen des Stabdia-gramms* nichts anderes darstellen als die *jeweiligen Sprunghöhen* in der Treppenfunktion. Damit können wir den Zusammenhang in beiden Richtungen beschreiben:

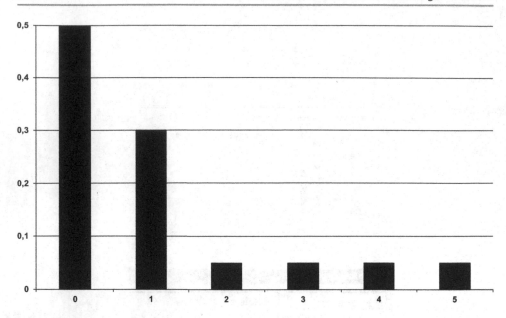

**Abb. 5.5**  Stabdiagramm für (5.40)

**Abb. 5.6**  Treppenfunktion
und Stabdiagramm

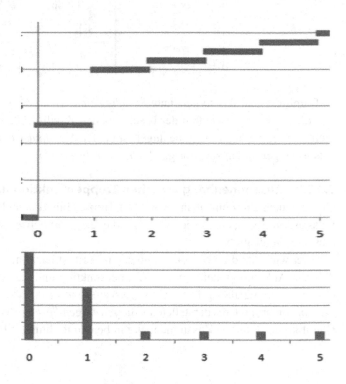

- Ist die *Treppenfunktion* einer diskreten Zufallsgröße $X$ gegeben, dann erhält man das *zugehörige Stabdiagramm*, indem in den durch die Sprungstellen der Treppenfunktion gegebenen Werten die *Sprunghöhen als Stablängen* aufgetragen werden.
- Ist das *Stabdiagramm* einer diskreten Zufallsgröße $X$ gegeben, dann erhält man die *zugehörige Treppenfunktion*, indem an den durch das Stabdiagramm gegebenen Werten jeweils ein Sprung in der passenden Höhe eingezeichnet wird.

Da sich mit jedem Stabdiagramm einer diskreten Zufallsgröße die Treppenfunktion, also der Graph der beschreibenden Verteilungsfunktion, erzeugen lässt, werden Stabdiagramme gern als „Erzeugende" bezeichnet. Wir werden später im Zusammenhang mit dem Begriff der Dichtefunktion darauf zurück kommen.

### 5.3.2.3  Zusammenfassung

Wir betrachten nur solche Zufallsexperimente, die entweder sofort zufällige Zahlenereignisse liefern oder deren zufällige Ereignisse sich sinnvoll durch Zahlen kodieren lassen.

> Wir betrachten also *Zufallsgrößen*. Jede Zufallsgröße wird durch ihre *Verteilung* vollständig beschrieben.

Es gibt insgesamt vier Arten der Information über die Verteilung einer Zufallsgröße:

- Die *Verteilungsfunktion* kann *formelmäßig* gegeben sein – wie zum Beispiel mit der FunktionsFormel (5.39).
- Die *Verteilungsfunktion* kann *grafisch* (in Form einer Treppenfunktion) gegeben sein – wie zum Beispiel mit der Abb. 5.4.
- Es kann auch die *Wahrscheinlichkeitsfunktion* formelmäßig gegeben sein – wie zum Beispiel in (5.40).
- Es kann auch der Graph der Wahrscheinlichkeitsfunktion in Form eines *Stabdiagramms* gegeben sein – wie zum Beispiel in der Abb. 5.5.

> Aus jeder *Verteilungsfunktion* lässt sich die zugehörige *Wahrscheinlichkeitsfunktion* ableiten, wie ebenso umgekehrt aus der *Wahrscheinlichkeitsfunktion* die *Verteilungsfunktion* hergestellt werden kann.

Jede Art der Information über eine Verteilung hat ihre Berechtigung, deshalb werden wir im Folgenden oft alle vier Informationsmöglichkeiten nutzen.

Letztlich geht es ja, wie in früheren Abschnitten herausgearbeitet wurde, immer um *Werte und Wahrscheinlichkeiten.*

Davon werden auch die nächsten Abschnitte handeln. Sie werden zeigen, wie mit Hilfe von Verteilungen zur Lösung vieler Aufgaben aus der Praxis vorgegangen werden kann. Denn in den drei Jahrhunderten, in denen inzwischen mathematische Statistik betrieben wurde, hat sich nämlich herausgestellt, dass keinesfalls jedes Zufallsexperiment seine eigene Verteilung hat.

Vielmehr stellte man fest, dass Zufallsexperimente verwandter Art durch gleiche Verteilungen, höchstens mit unterschiedlichen Parameterwerten, beschrieben werden.

Wir werden exemplarisch drei solcher Familien von Zufallsexperimenten und ihre zugehörigen Verteilungen kennen lernen:

- Zufallsexperimente vom *Ankunfts-Typ* werden durch die *Poisson-Verteilung* beschrieben.
- Zufallsexperimente vom *Wettkampf-Typ* dagegen werden durch die *Binomial-Verteilung* beschrieben.
- Zufallsexperimente vom *Entnahme-Typ* werden durch die *hypergeometrische Verteilung* beschrieben.

Beginnen wir, indem wir uns mit *Zufalls-Experimenten vom Ankunfts-Typ* beschäftigen.

### 5.3.3  Poisson-Verteilung

#### 5.3.3.1  Ausgangspunkt: Das Telefonzentralen-Beispiel

Betrachten wir die folgende Aufgabenstellung: In einer Telefonzentrale kommen üblicherweise fünf Anrufe pro Minute an. Das sei das *langjährige Mittel*, durch einfaches Registrieren festgestellt. Zwei Fragen sollen nun beantwortet werden:

- Wie groß ist die Wahrscheinlichkeit, dass in einer Minute plötzlich einmal acht Anrufer anklingeln?
- Wie groß ist die Wahrscheinlichkeit, dass es tatsächlich einmal eine Minute absoluter Stille geben kann, keiner greift zum Telefon und wählt die Nummer dieser Zentrale?

Die Situation in der Telefonzentrale – das ist das *Zufallsexperiment*, das wir also nun betrachten wollen. Seine zufälligen Ereignisse, das sind die jeweiligen *Anzahlen der Anrufe pro Minute*: kein Anruf in einer Minute, ein Anruf pro Minute oder zwei oder drei usw. Wir erkennen zufällige *Zahlen*ereignisse, also können wir von der Telefonzentralen-Anrufs-*Zufallsgröße* $X$ sprechen, die die Werte $x_1 = 0$, $x_2 = 1$, $x_3 = 2$, $x_4 = 3$, $x_5 = 4$, $x_6 = 5$, $x_7 = 6$, $x_8 = 7$, $x_9 = 8$ und so weiter mit gewissen Wahrscheinlichkeiten annimmt. Negative Anrufszahlen sind offensichtlich sinnlos, aber eine obere Grenze für die $x_i$ existiert nicht (auch wenn fünfzig oder hundert oder tausend Anrufe pro Minute extrem unwahrscheinlich sind).

Unsere Aufgabenstellung lässt sich nun in der Sprache der mathematischen Statistik formulieren:

- Wie groß sind die Wahrscheinlichkeiten $P(X = 8)$ und $P(X = 0)$ ?

Hier hilft die folgende gesicherte Aussage der mathematischen Statistik:

> Die Telefonzentralen-Anrufs-Zufallsgröße $X$ ist *Poisson-verteilt* mit dem *Parameter* $\lambda$.

Für den Parameter $\lambda$ der Poisson-Verteilung ist dabei das langjährige Mittel der Zahl der Anrufe pro Minute einzusetzen. Was ist also zu tun? Wenn wir geeignete Informationen über die Poisson-Verteilung mit $\lambda = 5$ zur Verfügung hätten, brauchten wir nur bei $x_1 = 0$ und $x_9 = 8$ die beiden *Sprunghöhen* abzulesen – damit wäre die Aufgabe gelöst.

### 5.3.3.2 Poisson-Verteilung: Verteilungsfunktion mit grafischer Darstellung

Die Funktionsformel der Poisson-Verteilungsfunktion lautet

$$P(X \leq x) = \sum_{k=0}^{x} \frac{e^{-\lambda} \cdot \lambda^k}{k!}. \tag{5.42}$$

Sie kann jedem Statistik-Lehrbuch entnommen werden, zum Beispiel [1]. Während früher diese Formel mühsam manuell ausgewertet werden musste, gibt es heutzutage viele einfachere Möglichkeiten.

> So bietet insbesondere Excel die Funktion =POISSON(...;...;...) an, mit der sowohl der Graph der Verteilungsfunktion (d. h. die Treppenfunktion) als auch der Graph der Wahrscheinlichkeitsfunktion (d. h. das Stabdiagramm) schnell und einfach hergestellt werden können.

Sehen wir uns zuerst den *Weg zur Treppenfunktion* für unser Beispiel an, gesucht ist die grafische Darstellung der Poisson-Verteilungsfunktion mit dem Parameterwert $\lambda = 5$. Dafür sollte zuerst in die Zelle A1 der Parameterwert eingetragen und durch passenden Text in der Zelle B1 erklärt werden. Die Spalte C sollte frei gelassen werden, damit der Datenbestand, d. h. die Wertetabelle, auf jeden Fall separiert wird.

Dann folgen in den Zellen D1 und E1 die beiden Überschriften x und $F_X(x) =$ P(X<=x) für eine Wertetabelle. Für diese Wertetabelle ist zuerst die Spalte D mit geeigneten *x*-Werten zu füllen – für die hier zu lösende Aufgabe sollte der Bereich von $-1$ bis 11 in ausreichend kleinen Schritten gewählt werden. Schließlich ist im Bereich ab E2 die passenden Excel-Formel =POISSON(...;...;WAHR) für die Funktionswerte der Poisson-Verteilung einzutragen, wobei für das erste Argument der jeweilige *x*-Wert und das zweite Argument der Parameterwert $\lambda$ einzutragen ist:

| | A | B | C | D | E |
|---|---|---|---|---|---|
| 1 | 5 <-- Parameter λ | | | x | $F_X(x)=P(X<=x)$ |
| 2 | | | | -1 | =POISSON(D2;A$1;WAHR) |
| 3 | | | | -0,9 | =POISSON(D3;A$1;WAHR) |
| 4 | | | | -0,8 | =POISSON(D4;A$1;WAHR) |

| | A | B | C | D | E |
|---|---|---|---|---|---|
| 1 | 5 <-- Parameter λ | | | x | $F_X(x)=P(X<=x)$ |
| 2 | | | | -1 | #ZAHL! |
| 3 | | | | -0,9 | #ZAHL! |
| 4 | | | | -0,8 | #ZAHL! |

Natürlich gibt es für die negativen *x*-Werte eine Fehlermeldung – erst ab $x = 0$ erscheinen Zahlenwerte. Doch die Fehlermeldungen können ignoriert werden, wer will, kann dafür auch die Wahrscheinlichkeit Null einsetzen.

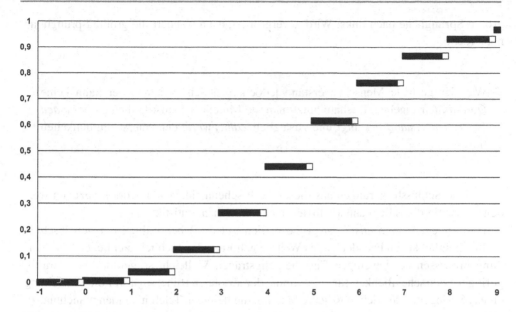

**Abb. 5.7**  Bild der Poisson-Verteilungsfunktion mit $\lambda = 5$: Treppenfunktion

Weiter geht es, indem der Tabellen-Kursor in *irgendeine Zelle der entstandenen Werte-tabelle* gesetzt wird (dabei ist *keine Markierung* nötig!) und im Registerblatt Einfügen wird eine Punkt-Grafik angefordert:

Nachdem die entstandene Grafik ein wenig verbessert wurde (z. B. durch kleine Qua-drate als Markierungen) entsteht in Abb. 5.7, wie zu erwarten, eine *Treppe* mit den *Sprung-stellen* an den Stellen 0, 1, 2 und so weiter. Die zugehörigen *Sprunghöhen* – das sind die Wahrscheinlichkeiten, mit denen der jeweilige Wert zu erwarten ist. Schon jetzt könnten wir durch Ablesen unsere beiden Fragen beantworten, und die Aufgabe wäre damit gelöst:

Die Sprunghöhe bei $x_1 = 0$ beträgt ungefähr 0,01, das heißt, die Wahrscheinlichkeit, dass es in dieser der Telefonzentrale einmal eine Minute geben wird, in der über-haupt kein Anruf ankommt, beträgt weniger als ein Prozent. Nicht viel größer ist die Sprunghöhe bei $x_9 = 8$, ungefähr 0,06 liest man ab. Also beträgt die Wahrscheinlich-keit, dass es in dieser Telefonzentrale einmal eine Minute geben wird, in der genau acht Anrufe ankommen, ungefähr sechs Prozent.

Betrachten wir noch einmal die Abb. 5.7: Die größte Sprunghöhe findet sich bei $x = 5$. Und das ist auch logisch – das langjährige Mittel besitzt natürlich die höchste Wahrschein-lichkeit. Das sagt auch schon der gesunde Menschenverstand – und die Statistik bestätigt es. Man kann es experimentell beobachten: Wird der $\lambda$-Wert verkleinert, dann wandert die größte Sprunghöhe nach links. Wird $\lambda$ vergrößert, dann wandert die größte Sprunghöhe nach rechts.

Was der gesunde Menschenverstand jedoch nicht leisten kann – er kann keine *Quantitäten* angeben. Deshalb nutzt man die Mittel der Statistik, die *den gesunden Menschenverstand bestätigt* und zusätzlich *Zahlenwerte* der Wahrscheinlichkeiten liefert.

Welche Schlussfolgerungen aus diesen Wahrscheinlichkeits-Antworten gezogen werden – das allerdings liegt außerhalb der mathematischen Statistik.

Das *Anliegen der Statistik* ist grundsätzlich mit der Übermittlung der gewünschten Wahrscheinlichkeiten beendet – alles Weitere gehört zu den sachlich-fachlichen Entscheidungsprozessen der jeweiligen Entscheidungsträger. Vielleicht sorgen sie, bei derartig geringer Wahrscheinlichkeit für eine Minute der absoluten Ruhe, sogar für die Einstellung eines „Springers", der sich in Reserve hält, um die fleißigen Telefonistinnen manchmal zu entlasten?

### 5.3.3.3 Poisson-Verteilung: Wahrscheinlichkeitsfunktion mit grafischer Darstellung

Für die Wahrscheinlichkeitsfunktion der Poisson-Verteilung findet man zum Beispiel in [1] die Formel

$$P(X = x) = \frac{e^{-\lambda} \cdot \lambda^x}{x!} \quad x = 0,1,2,\dots \tag{5.43}$$

Auch diese Formel muss heutzutage nicht mehr mühsam manuell ausgewertet werden. Diese Zeiten sind vorbei. Alle bessere Taschenrechner und alle Statistik-Programme bieten die Möglichkeit zur *Beschaffung von Poisson-Wahrscheinlichkeiten*. Sehen wir uns nun den *Weg zum Stabdiagramm* für unser *Beispiel* an.

Dafür sollte zuerst in die Zelle A1 der Parameterwert eingetragen und durch passenden Text in der Zelle B1 erklärt werden. Die Spalte C sollte frei gelassen werden, damit der Datenbestand, d. h. die Wertetabelle, auf jeden Fall separiert wird. Dann folgen in den Zellen D1 und E1 die beiden Überschriften x und P(X=x) für die Wertetabelle. Für diese Wertetabelle ist zuerst die Spalte D mit den richtigen x-Werten zu füllen – für die hier zu lösende Aufgabe sind es die Merkmalswerte 0, 1, 2, usw., die gemäß der Aufgabenstellung auftreten können (und die auch in der Treppenfunktion als Sprungstellen ablesbar wären).

Schließlich ist im Bereich ab E2 die passenden Excel-Formel =POISSON(...;...; FALSCH) für die Werte der Wahrscheinlichkeitsfunktion einzutragen, wobei für das erste Argument der jeweilige x-Wert und das zweite Argument der Parameterwert $\lambda$ einzutragen ist:

| | A | B | C | D | E |
|---|---|---|---|---|---|
| 1 | 5 | <-- Parameter λ | | x | P(X=x) |
| 2 | | | | 0 | =POISSON(D2;A$1;FALSCH) |
| 3 | | | | 1 | =POISSON(D3;A$1;FALSCH) |
| 4 | | | | 2 | =POISSON(D4;A$1;FALSCH) |

| | A | B | C | D | E |
|---|---|---|---|---|---|
| 1 | 5 | <-- Parameter λ | | x | P(X=x) |
| 2 | | | | 0 | 0,006737947 |
| 3 | | | | 1 | 0,033689735 |
| 4 | | | | 2 | 0,084224337 |

Danach wird wieder zuerst die Punktgrafik hergestellt, sie muss aber anschließend zur zweidimensionalen Säulengrafik verändert werden (siehe Abschn. 5.3.2.1). Abbildung 5.8 zeigt das Stabdiagramm. Aus dem Stabdiagramm kann noch leichter als aus der Funktionstreppe in Abb. 5.7 abgelesen werden, dass die Werte 4 und 5 die größten Wahrscheinlichkeiten besitzen – die Normalität, also das, was das langfristige Mittel angibt, ist eben am wahrscheinlichsten ...

Nebenbei bemerkt erlebt man während der Herstellung des Stabdiagramms in der Spalte E der Wertetabelle die Wahrscheinlichkeitswerte mit viel größerer Genauigkeit, als man sie in der Funktionstreppe als Sprunghöhe ablesen könnte. Es empfiehlt sich deshalb grundsätzlich, wenn möglich den *Weg zum Stabdiagramm* zu beschreiten.

### 5.3.3.4 Intervall-Wahrscheinlichkeiten

Wird eine Kleiner-Gleich-Wahrscheinlichkeit $P(X \leq x)$ einer Poisson-verteilten Zufallsgröße gesucht, dann wird sie nach Definition einer Verteilungsfunktion $F_X(x) = P(X \leq x)$ durch Bestimmung des Funktionswertes der Poisson-Verteilungsfunktion an der Stelle $x$ erhalten: In Microsoft-Excel wird =POISSON(...;...;...) verwendet. In die Mitte

**Abb. 5.8** Stabdiagramm für das Telefonzentralen-Beispiel

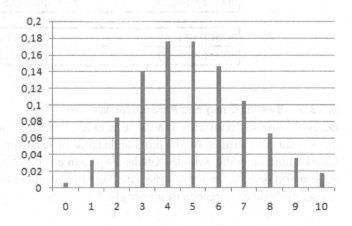

kommt der Wert für den Parameter $\lambda$, an der ersten Stelle wird das interessierende Argument $x$ eingetragen, und an die letzte Position kommt der Eintrag WAHR.

| P(X=0)=Sprunghöhe bei x=0: | =POISSON(0;5;FALSCH) |
|---|---|
| P(X<=0)=Funktionswert bei x=0: | =POISSON(0;5;WAHR) |

| P(X=0)=Sprunghöhe bei x=0: | 0,00673795 |
|---|---|
| P(X<=0)=Funktionswert bei x=0: | 0,00673795 |

| P(X=8)=Sprunghöhe bei x=8: | =POISSON(8;5;FALSCH) |
|---|---|
| P(X<=8)=Funktionswert bei x=8: | =POISSON(8;5;WAHR) |

| P(X=8)=Sprunghöhe bei x=8: | 0,06527804 |
|---|---|
| P(X<=8)=Funktionswert bei x=8: | 0,93190637 |

Sehr deutlich wird der Unterschied bei $x = 8$: Mit FALSCH erhält man die *Wert-Wahrscheinlichkeit $P(X = 8)$*, aber mit WAHR ergibt sich die *Kleiner-Gleich-Wahrscheinlichkeit $P(X \leq 8)$*.

Werden Größer-Wahrscheinlichkeiten $P(X > x)$ einer Poisson-verteilten Zufallsgröße gesucht, dann kommt die Regel $P(A') = 1 - P(A)$ aus Abschn. 5.1.3.3 zum Einsatz, denn das Größer-Ereignis ist das entgegengesetzte Ereignis zum Kleiner-Gleich-Ereignis.

Damit lässt sich sofort die Formel angeben, mit der die Wahrscheinlichkeit eines Größer-Gleich-Ereignisses mit Hilfe der Verteilungsfunktion der Poisson-Verteilung berechnet werden kann:

$$P(X \geq x) = P(X > x-1) = P\left((X \leq x-1)'\right) = 1 - P(X \leq x-1) = 1 - F_X(x-1).$$
$$(5.44)$$

Sehen wir uns die Berechnung der beiden Wahrscheinlichkeiten $P(X > 8)$ und $P(X \geq 8)$ durch richtige Verwendung der zutreffenden Excel-Statistik-Funktion an:

| P(X>8)=1-F$_X$(8): | =1-POISSON(8;5;WAHR) |
|---|---|
| P(X>=8)=1-F$_X$(7): | =1-POISSON(7;5;WAHR) |

| P(X>8)=1-F$_X$(8): | 0,068093635 |
|---|---|
| P(X>=8)=1-F$_X$(7): | 0,133371674 |

### 5.3.3.5 Beschaffung des Parameter-Wertes

Ob es die Anzahl der an einer Mautstelle an einem Tag ankommenden Fahrzeuge ist, ob es die Anzahl der Patienten ist, die pro Stunde Hilfe suchend zur Aufnahme in ein Krankenhaus kommt, ob es die Zahl der Kunden ist, die in einer bestimmten Zeiteinheit in einem Supermarkt bedient werden möchte – die Verteilung heißt immer *Poisson-Verteilung,* und das grundsätzliche Vorgehen ist immer gleich.

> Nach Poisson verteilt sind auch die Zufallsgrößen der vielen anderen Ankunfts-Modelle.

Lediglich der Wert für den Parameter $\lambda$ wird benötigt, den Rest erledigt dann schon die Beschaffung der Poisson-Wahrscheinlichkeiten mit passenden Rechenhilfsmitteln (empfohlen wird hier Microsoft Excel) oder (mit einer gewissen Ungenauigkeit beim Ablesen) das Bild der Poisson-Verteilungsfunktion.

Es bleibt aber noch die wichtige Frage zu klären:

- Was ist zu tun, wenn es keine Erfahrungswerte gibt? Wie erhält man dann einen Zahlenwert für den unbedingt notwendigen Parameter $\lambda$?

Hier hilft die mathematische Statistik mit einem bewährten Vorschlag:

> Wenn über die Größe des Parameters $\lambda$ keine Angaben (Erfahrungswerte) vorliegen, dann ziehe man zuerst eine Zufallsstichprobe.

Für unser Telefonzentralen-Beispiel würde das bedeuten, dass ein paar Tage lang in unsystematisch und zufällig ausgewählten Minuten der Arbeitszeit die Zahl der Anrufe registriert wird. Weiter empfiehlt die mathematische Statistik:

> Von der gezogenen Zufallsstichprobe ist der Stichproben-Mittelwert zu berechnen.

Sehen wir uns beispielhaft an, wie eine zufällig gezogene Stichprobe vom Umfang 20 aussehen könnte:

| Stichprobe: Anzahl der Anrufe pro Minute | 5 | 3 | 2 | 4 | 8 | 7 | 3 | 2 | 5 | 2 | 5 | 5 | 1 | 8 | 7 | 5 | 3 | 11 | 6 | 4 |
|---|---|---|---|---|---|---|---|---|---|---|---|---|---|---|---|---|---|---|---|---|
| Stichproben-Mittelwert | | | | | | | | | | | | | | | | | | | | |
| 4,80 | | | | | | | | | | | | | | | | | | | | |

Insgesamt wurden bei den 20 Beobachtungen 96 Anrufe gezählt, damit ergibt sich ein *Mittelwert* (Durchschnitt) von 4,8 Anrufen pro Minute.

Man beachte aber, dass es sich um einen *zufällig erhaltenen Zahlenwert* handelt. Deshalb wird in der *Sprache der Statistik* der Zusammenhang zwischen dem Stichprobenmittelwert und dem (unbekannten) Parameter $\lambda$ in folgender Weise formuliert:

Der Stichproben-Mittelwert kann dann als *Schätzung* für $\lambda$ verwendet werden.

▶   **Wichtiger Hinweis**   Man beachte hier die extrem vorsichtige Wortwahl: Es wird
keinesfalls formuliert, dass der Stichproben-Mittelwert „für $\lambda$ einzusetzen" oder
„für $\lambda$ zu verwenden" ist.

Denn ein Ergebnis einer *Zufallsstichprobe* kann niemals einen tatsächlichen Ersatz
für einen langjährig beobachteten Erfahrungswert darstellen.

Es kann hier eben nur als *Schätzung* zur Anwendung kommen – aus zufälligen Beobachtungen erhalten. Möglicherweise ist diese Schätzung ganz falsch. Der Zufall ist
unberechenbar.

Doch wer soll wissen, was richtig ist?

Es ist beispielsweise einmal die extrem hohe Zahl von 11 Anrufen pro Minute notiert
worden. Das passiert eben – bei solch einer Zufallsstichprobe.

Doch was soll man machen – eine Zufallsstichprobe und ihr Stichproben-Mittelwert
sind immer noch besser als gar keine Möglichkeit, für $\lambda$ einen Zahlenwert einsetzen
zu können. Ohne einen konkreten Wert für den Parameter $\lambda$ einer Poisson-Verteilung
lassen sich eben keine Wahrscheinlichkeiten beschaffen.

## 5.3.4   Binomial-Verteilung

### 5.3.4.1   Ausgangspunkt: Das Wettkampf-Beispiel

Ein Schütze beim Wurftaubenschießen trifft, das sei aufgrund langjähriger Beobachtungen bekannt, bei hundert Schüssen durchschnittlich achtzig Mal. Ein Wettkampf
beginnt, der Schütze muss in diesem Wettkampf nacheinander und unabhängig voneinander zehn Schüsse auf das Ziel abgeben.

Zwei Fragen sollen beantwortet werden:

- Wie groß ist die Wahrscheinlichkeit, dass der Schütze bei diesem Zehner-Wettkampf doch deutlich unter seinen Möglichkeiten bleibt, zum Beispiel *nur vier Erfolge* erzielt?
- Wie groß ist andererseits die Wahrscheinlichkeit, dass er über sich hinauswächst und in einem solchen Zehner-Wettkampf einmal *alle zehn Schuss* mit einem Treffer krönt?

Der Schütze im Wettkampf – das ist das nächste *Zufallsexperiment*, das wir betrachten wollen. Die zufälligen Ereignisse, das sind die *Trefferzahlen* im Wettkampf, von null bis zehn ist alles möglich.

Wir erkennen zufällige Zahlenereignisse, also können wir von der Wettkampf-Zufallsgröße $X$ sprechen, die die Werte 0, 1, 2, 3, 4, 5, 6, 7, 8, 9 oder 10 mit gewissen Wahrscheinlichkeiten annimmt (negative Trefferzahlen sind offensichtlich sinnlos, und mehr als zehn Treffer bei zehn Schuss sind auch nicht möglich).

Doch wie groß sind die gesuchten Wahrscheinlichkeiten?

Hier hilft die folgende grundsätzliche Aussage der mathematischen Statistik:

> Jede Wettkampf-Erfolgs-Zufallsgröße $X$ ist binomialverteilt mit den Parametern $n$ und $p$.

Für den Parameter $n$ der Binomialverteilung ist dabei die Anzahl der in dem Wettkampf abzugebenden Schüsse einzusetzen. An die Stelle des Parameters $p$ kommt die bekannte Qualität des Schützen, aus langjährigen Beobachtungen als seine mittlere Erfolgswahrscheinlichkeit bekannt, für unseren Schützen also $n = 10$ und $p = 0{,}8$. Was ist nun noch zu tun? Wir brauchen lediglich den *Graphen der Binomialverteilung*, wobei für die Parameter $n = 10$ und $p = 0{,}8$ einzusetzen ist.

Aus dem Graphen der Verteilungsfunktion, der Treppenfunktion, können wir dann bei $x = 4$ und $x = 10$ die Sprunghöhen ablesen. Damit wäre die Aufgabe gelöst.

> Oder wir könnten, wenn wir die Wahrscheinlichkeitsfunktion zur Verfügung hätten, im Stabdiagramm die Länge der Stäbe bei 4 und 10 ablesen.

Beides ist mit Excel möglich.

### 5.3.4.2 Binomial-Verteilung: Verteilungsfunktion mit grafischer Darstellung

Die Funktionsformel der Binomial-Verteilungsfunktion lautet

$$P(X \leq x) = \sum_{k=0}^{x} \binom{n}{k} p^k (1 - p)^{n-k}. \tag{5.45}$$

Sie kann jedem Statistik-Lehrbuch entnommen werden, zum Beispiel [1]. Während früher diese Formel mühsam manuell ausgewertet werden musste, gibt es heutzutage viele einfachere Möglichkeiten.

So bietet insbesondere Excel die Funktion =BINOMVERT(...;...;...;...) an, mit der sowohl der Graph der Verteilungsfunktion (d. h. die Treppenfunktion) als auch der Graph der Wahrscheinlichkeitsfunktion (d. h. das Stabdiagramm) schnell und einfach hergestellt werden können.

Sehen wir uns zuerst den *Weg zur Treppenfunktion* für unser Beispiel an, gesucht ist die grafische Darstellung der Binomial-Verteilungsfunktion mit den Parameterwerten $n = 10$ und $p = 0,8$. Dafür sollte zuerst in die Zelle A1 der Parameterwert $n$ (hier ist es $n = 10$) eingetragen und durch passenden Text in der Zelle B1 erklärt werden. Darunter kommt nach A2 der andere Parameterwert $p$ (hier 0,8). Die Spalte C sollte frei gelassen werden, damit der Datenbestand, d. h. die Wertetabelle, auf jeden Fall separiert wird.

Dann folgen in den Zellen D1 und E1 die beiden Überschriften x und $F_X(x) =$ P(X<=x) für die Wertetabelle. Für die Wertetabelle ist zuerst die Spalte D mit geeigneten $x$-Werten zu füllen – für die hier zu lösende Aufgabe sollte der Bereich von $-1$ bis $11$ in ausreichend kleinen Schritten gewählt werden. Schließlich ist im Bereich ab E2 die passenden Excel-Formel =BINOMVERT(...;...;...;WAHR) für die Funktionswerte der Binomial-Verteilung einzutragen, wobei für das erste Argument der jeweilige $x$-Wert, für das zweite Argument der Parameterwert $n$ und für das dritte Argument der Parameterwert $p$ einzutragen ist:

| | A | B | C | D | E |
|---|---|---|---|---|---|
| 1 | 10 | <-- Parameter n | | x | $F_X(x)=P(X<=x)$ |
| 2 | 0,8 | <-- Parameter p | | -1 | =BINOMVERT(D2;A$1;A$2;WAHR) |
| 3 | | | | -0,9 | =BINOMVERT(D3;A$1;A$2;WAHR) |
| 4 | | | | -0,8 | =BINOMVERT(D4;A$1;A$2;WAHR) |

| | A | B | C | D | E |
|---|---|---|---|---|---|
| 1 | 10 | <-- Parameter n | | x | $F_X(x)=P(X<=x)$ |
| 2 | 0,8 | <-- Parameter p | | -1 | #ZAHL! |
| 3 | | | | -0,9 | #ZAHL! |
| 4 | | | | -0,8 | #ZAHL! |

Natürlich gibt es für die negativen $x$-Werte eine Fehlermeldung – erst ab $x = 0$ erscheinen Zahlenwerte. Doch die Fehlermeldungen können ignoriert werden, wer will, kann dafür auch die Wahrscheinlichkeit Null einsetzen.

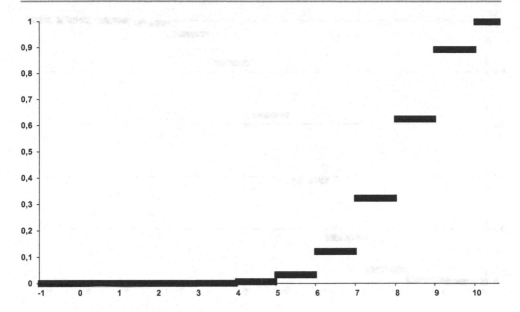

**Abb. 5.9**  Bild der Binomial-Verteilung mit $n = 10$ und $p = 0,8$

Weiter geht es, indem der Tabellen-Kursor in *irgendeine Zelle der entstandenen Wertetabelle* gesetzt wird (dabei ist *keine Markierung* nötig!) und danach, wie schon im Abschn. 5.3.1.2 beschrieben, wird im Registerblatt Einfügen eine Punkt-Grafik angefordert.

Nachdem die entstandene Grafik ein wenig verbessert wurde (z. B. durch kleine Quadrate als Markierungen) entsteht in Abb. 5.9, wie zu erwarten, eine *Treppe* mit den *Sprungstellen* an den Stellen 0, 1, 2 und so weiter. Die zugehörigen *Sprunghöhen* – das sind die Wahrscheinlichkeiten, mit denen der jeweilige Wert zu erwarten ist. Schon könnten wir durch Ablesen unsere beiden Fragen beantworten, und die Aufgabe wäre damit gelöst:

- Die Wahrscheinlichkeit, dass dieser (doch recht gute) Schütze in einem 10-Schuss-Wettkampf gleichsam versagt, indem er nur viermal trifft, liegt weit unter einem Prozent, abzulesen an der kaum zu erkennenden Sprunghöhe bei $x = 4$.
- Demgegenüber kann doch immerhin mit einer Wahrscheinlichkeit von ca. 11 Prozent angenommen werden, dass er in diesem Wettkampf über sich hinauswächst und mit allen zehn Schuss trifft.

Experimentieren wir noch ein wenig mit der Binomialverteilung: Lassen wir uns mit Excel die Verteilungsfunktionen für die Zehn-Schuss-Wettkampfergebnisse eines sehr schwachen Schützen ($p = 0,4$) anzeigen:

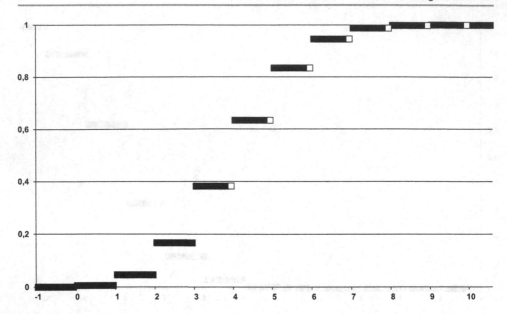

Wenn die Qualität des Schützen besser wird (zum Beispiel mit $p = 0,6$), dann verringert sich offensichtlich die Wahrscheinlichkeit für vollständiges Versagen (Sprunghöhe bei Null), es gibt sogar schon eine geringe Wahrscheinlichkeit, dass alle Schüsse treffen (Sprunghöhe bei 10):

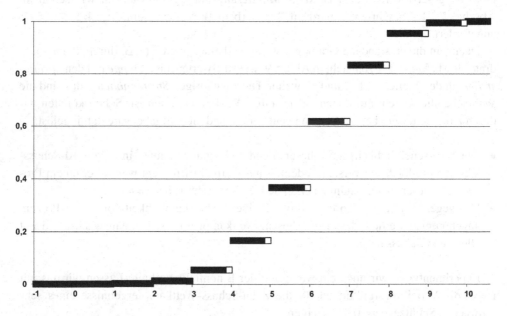

Haben wir schließlich einen sehr exzellenten Schützen ($p = 0,9$) , dann ist es sehr unwahrscheinlich, dass er schlechter als mit sechs Treffern abschneiden wird:

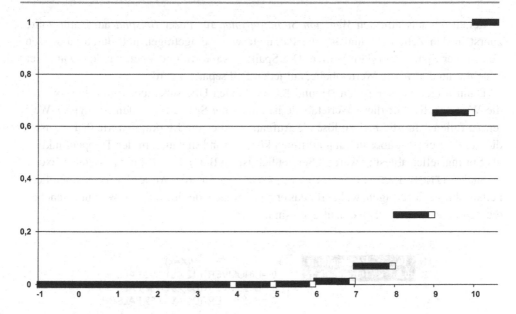

Denn die Sprunghöhen geben ja die Wahrscheinlichkeiten für die einzelnen Wettkampf-
ergebnisse an. Damit lässt sich sofort ablesen:

- Am wahrscheinlichsten ist in jedem Falle, dass der Schütze seinen guten oder schlech-
  ten Ruf bestätigt, der sich in dem Wert für $n \cdot p$ ausdrückt.
- Aber es ist auch nicht ausgeschlossen, dass er schlechtere oder bessere Ergebnisse vom
  Wettkampf nach Hause trägt.

Wie schon gesagt – das weiß man auch ohne Statistik, das sagt uns bereits der gesunde Menschenverstand. Was er uns aber nicht sagen kann, das sind die Quantitäten,
die Zahlenwerte für die Wahrscheinlichkeiten.

### 5.3.4.3 Binomial-Verteilung: Wahrscheinlichkeitsfunktion mit grafischer Darstellung

Für die Wahrscheinlichkeitsfunktion der Binomial-Verteilung findet man in [1] die Formel

$$P(X = x) = \binom{n}{x} p^x (1 - p)^{n-x}. \tag{5.46}$$

Auch diese Formel muss heutzutage nicht mehr mühsam manuell ausgewertet werden.
Diese Zeiten sind vorbei. Alle bessere Taschenrechner und alle Statistik-Programme bieten die Möglichkeit zur *Beschaffung von Wahrscheinlichkeiten der Binomialverteilung*.

Sehen wir uns nun den *Weg zum Stabdiagramm* für unser *Beispiel* an. Dafür sollte zuerst in den Zellen A1 und A2 die Parameterwerte eingetragen und durch passenden Text in der Spalte B erklärt werden. Die Spalte C sollte frei gelassen werden, damit der Datenbestand, d. h. die Wertetabelle, auf jeden Fall separiert wird.

Dann folgen in den Zellen D1 und E1 die beiden Überschriften x und P(X=x) für die Wertetabelle. Für diese Wertetabelle ist zuerst die Spalte D mit den richtigen *x*-Werten zu füllen – für die hier zu lösende Aufgabe sind es die Merkmalswerte 0, 1, 2, usw., die gemäß der Aufgabenstellung auftreten können (und die auch in der Treppenfunktion als Sprungstellen ablesbar wären). Schließlich ist im Bereich ab E2 die passende Excel-Formel =BINOMVERT(...;...;...;FALSCH) für die Werte der Wahrscheinlichkeitsfunktion einzutragen, wobei für das erste Argument der jeweilige *x*-Wert und daneben die beiden Parameterwerte einzutragen sind:

| | A | B | C | D | E |
|---|---|---|---|---|---|
| 1 | 10 | <-- Parameter n | | x | P(X=x) |
| 2 | 0,8 | <-- Parameter p | | 0 | =BINOMVERT(D2;A$1;A$2;FALSCH) |
| 3 | | | | 1 | =BINOMVERT(D3;A$1;A$2;FALSCH) |
| 4 | | | | 2 | =BINOMVERT(D4;A$1;A$2;FALSCH) |

| | A | B | C | D | E |
|---|---|---|---|---|---|
| 1 | 10 | <-- Parameter n | | x | P(X=x) |
| 2 | 0,8 | <-- Parameter p | | 0 | 1,024E-07 |
| 3 | | | | 1 | 0,000004096 |
| 4 | | | | 2 | 7,3728E-05 |

Danach wird wieder zuerst die Punktgrafik hergestellt, sie muss aber anschließend zur zweidimensionalen Säulengrafik verändert werden (siehe Abschn. 5.3.2.1). Abbildung 5.10 zeigt das Stabdiagramm.

Aus dem Stabdiagramm kann noch leichter als aus der Funktionstreppe in Abb. 5.9 abgelesen werden, dass der Wert 8 die größte Wahrscheinlichkeit besitzt – die Normalität, also das, was das langfristige Mittel angibt, ist eben am wahrscheinlichsten ... Nebenbei bemerkt erlebt man während der Herstellung des Stabdiagramms in der Spalte E der Wertetabelle die Wahrscheinlichkeitswerte mit viel größerer Genauigkeit, als man sie in der Funktionstreppe als Sprunghöhe ablesen könnte.

Also empfiehlt es sich auch hier, den Weg über die Wahrscheinlichkeitsfunktion zum *Stabdiagramm* zu beschreiten.

### 5.3.4.4  Intervall-Wahrscheinlichkeiten

Wird eine Kleiner-Gleich-Wahrscheinlichkeit $P(X \leq x)$ einer Binomial-verteilten Zufallsgröße gesucht, dann wird sie nach Definition einer Verteilungsfunktion $F_X(x) = P(X \leq x)$

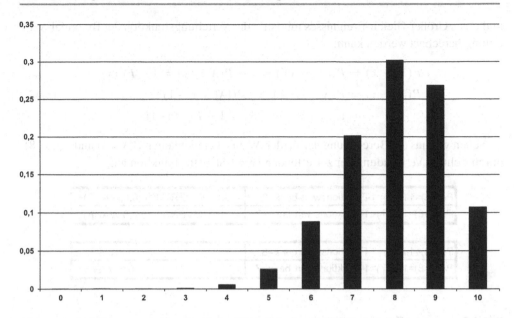

**Abb. 5.10** Stabdiagramm für das Wettkampf-Beispiel mit $n = 10$ und $p = 0,8$

durch Bestimmung des Funktionswertes der Binomial-Verteilungsfunktion an der Stelle $x$ erhalten. Nutzer von Excel können die Funktion =BINOMVERT( ; ; ; ) benutzen: In die Mitte kommen die beiden Werte der Parameter $n$ und $p$, an der ersten Stelle wird das interessierende Argument $x$ eingetragen, und an die letzte Position kommt nun der Eintrag WAHR.

| P(X=4)=Sprunghöhe bei x=4: | =BINOMVERT(4;10;0,8;FALSCH) |
|---|---|
| P(X<=4)=Funktionswert bei x=4: | =BINOMVERT(4;10;0,8;WAHR) |

| P(X=4)=Sprunghöhe bei x=4: | 0,005505024 |
|---|---|
| P(X<=4)=Funktionswert bei x=4: | 0,006369382 |

Machen wir uns noch einmal den Unterschied deutlich: In der oberen Zeile wird *allein die Sprunghöhe bei 4* berechnet – die Wahrscheinlichkeit, dass der Schütze, der im allgemeinen ein 80-Prozent-Schütze ist, nur viermal trifft, beträgt also 0,55 Prozent. In der unteren Zeile wird dagegen die Wahrscheinlichkeit berechnet, dass der Schütze 4 *oder weniger* Treffer erzielt – diese Wahrscheinlichkeit ist mit 0,64 Prozent natürlich höher, denn sie umfasst ja 4 *oder 3 oder 2 oder einen oder keinen* Treffer.

Werden Größer-Wahrscheinlichkeiten $P(X > x)$ einer Binomial-verteilten Zufallsgröße gesucht, dann kommt die Regel $P(A') = 1 - P(A)$ aus Abschn. 5.1.3.3 zum Einsatz, denn das Größer-Ereignis ist das entgegengesetzte Ereignis zum Kleiner-Gleich-Ereignis. Damit lassen sich sofort die Formeln angeben, mit der die Wahrscheinlichkeit eines Größer-

und eines Größer-Gleich-Ereignisses mit Hilfe der Verteilungsfunktion der Binomial-Verteilung berechnet werden kann:

$$P(X > x) = P((X \leq x)') = 1 - P(X \leq x) = 1 - F_X(x)$$
$$P(X \geq x) = P(X > x - 1) = P((X \leq x - 1)')$$
$$= 1 - P(X \leq x - 1) = 1 - F_X(x - 1).$$
(5.47)

Sehen wir uns die Berechnung der beiden Wahrscheinlichkeiten $P(X > 8)$ und $P(X \geq 8)$ durch richtige Verwendung der zutreffenden Excel-Statistik-Funktion an:

| | |
|---|---|
| P(X>8)=1-$F_X$(8)=1-Funktionswert bei x=8 | =1-BINOMVERT(8;10;0,8;WAHR) |
| P(X>=8)=1-$F_X$(7)=1-Funktionswert bei x=7 | =1-BINOMVERT(7;10;0,8;WAHR) |

| | |
|---|---|
| P(X>8)=1-$F_X$(8)=1-Funktionswert bei x=8 | 0,375809638 |
| P(X>=8)=1-$F_X$(7)=1-Funktionswert bei x=7 | 0,677799526 |

### 5.3.4.5  Beschaffung des Parameter-Wertes *p*

Was ist zu tun, wenn es keine Erfahrungswerte für den Parameter *p* gibt? Wie erhält man dann einen Zahlenwert? Wieder hilft die mathematische Statistik mit einem fundierten Vorschlag:

> Wenn über die Größe des Parameters *p* keine Angaben (Erfahrungswerte) vorliegen, dann ziehe man zuerst eine Zufallsstichprobe.

Für unser Schützen-Beispiel würde das bedeuten, dass der Schütze über einen gewissen Zeitraum hinweg zufällig beobachtet wird und dass die Anzahl der Schüsse und die jeweiligen Trefferzahlen notiert werden. Sehen wir uns eine solche zufällige Beobachtung unseres Schützen bei zwanzig verschiedenen Wettkämpfen an:

| Wettkampf | 1 | 2 | 3 | 4 | 5 | 6 | 7 | 8 | 9 | 10 | 11 | 12 | 13 | 14 | 15 | 16 | 17 | 18 | 19 | 20 | |
|---|---|---|---|---|---|---|---|---|---|---|---|---|---|---|---|---|---|---|---|---|---|
| Zahl der Schüsse | 10 | 10 | 20 | 20 | 10 | 50 | 10 | 10 | 10 | 10 | 50 | 50 | 20 | 10 | 50 | 10 | 10 | 20 | 50 | 20 | **450** |
| Zahl der Treffer | 5 | 5 | 13 | 6 | 6 | 23 | 5 | 6 | 4 | 7 | 29 | 26 | 11 | 6 | 30 | 6 | 4 | 16 | 30 | 13 | **251** |

Weiter empfiehlt die mathematische Statistik:

> Von der gezogenen Zufallsstichprobe ist die Gesamtzahl der Treffer durch die Gesamtzahl der abgegebenen Schüsse zu dividieren.

Bei uns bedeutet das, dass 251 durch 450 zu dividieren sind – wir erhalten 0,56 (= 56 %).

Schließlich wird der Zusammenhang zwischen diesem Quotienten und dem (noch unbekannten) Parameter $p$ hergestellt:

> Der erhaltene Quotient Trefferzahl durch Anzahl aller Schüsse kann dann als *Schätzung* für den unbekannten Parameter $p$ verwendet werden.

► **Wichtiger Hinweis** Man beachte auch hier wieder unbedingt die Verwendung der statistischen Fachvokabel *Schätzung*. Damit wird zum Ausdruck gebracht, dass die verwendeten zufälligen Beobachtungen durchaus falsch sein könnten und dem wahren Können des Schützen nicht gerecht werden.

Doch wer soll das wissen, wenn niemand das Richtige kennt?

### 5.3.5 Hypergeometrische Verteilung

#### 5.3.5.1 Ausgangspunkt: Das Entnahme-Beispiel

Betrachten wir die folgende Aufgabenstellung: Im Lager eines Supermarktes befinden sich $N = 20$ Packungen Waschpulver der Sorte UNDICHTPACKSIL. Davon sind, das weiß man, $M = 8$ Packungen undicht.

Die folgende Frage soll beantwortet werden:

- Wie groß ist die Wahrscheinlichkeit, dass ein Kunde, der $n = 4$ Packungen erwirbt, gleich zwei undichte erwischt?

Diese Entnahme-Situation – das ist das *Zufallsexperiment*, das wir also nun betrachten wollen. Der Kauf ist ein Zufallsexperiment, die Zufallsgröße $X$ zählt hier die undichten Packungen unter den vier gekauften – es können alle vier sein, aber auch drei, zwei, eine oder keine. Wir erkennen zufällige *Zahlen*ereignisse, also können wir von der Entnahme-*Zufallsgröße* $X$ sprechen, die die Werte $x_1 = 0$, $x_2 = 1$, $x_3 = 2$, $x_4 = 3$, $x_5 = 4$ mit gewissen Wahrscheinlichkeiten annimmt. Negative Zahlen sind offensichtlich sinnlos, ebenso sinnlos ist die Frage, ob bei vier entnommenen Packungen fünf oder mehr undicht sein können …

Unsere Aufgabenstellung lässt sich nun in der Sprache der mathematischen Statistik formulieren:

- Wie groß ist die Wahrscheinlichkeit $P(X = 2)$?

Hier hilft die folgende gesicherte Aussage der mathematischen Statistik:

> Die Entnahme-Zufallsgröße X ist *hypergeometrisch verteilt* mit den *Parametern N, M und n*.

Dabei sind alle drei Parameter durch die Aufgabenstellung gegeben.

Was ist also zu tun? Wenn wir geeignete Informationen über die Verteilungsfunktion der hypergeometrische Verteilung mit $N = 20$, $M = 8$ und $n = 4$ zur Verfügung hätten, brauchten wir nur deren *Graph* (die Treppenfunktion) zu beschaffen und dort bei $x = 4$ die *Sprunghöhe* abzulesen – damit wäre die Aufgabe gelöst.

Oder gleichwertig: Wenn wir die Wahrscheinlichkeitsfunktion der hypergeometrischen Verteilung mit $N = 20$, $M = 8$ und $n = 4$ zur Verfügung hätten, brauchten wir nur deren *Graph* (das Stabdiagramm) zu beschaffen und dort bei $x = 4$ die Stablänge abzulesen.

Informieren wir uns bei Excel – wird Excel uns, wie bei den vorigen beiden Aufgabenstellungen, sowohl die Möglichkeiten bieten, den Graph der Verteilungsfunktion (die Treppenfunktion) zu beschaffen, als auch den Graph der Wahrscheinlichkeitsfunktion (das Stabdiagramm)? Was erfahren wir, wenn wir im Funktionsassistenten in der Rubrik Statistik nachsehen?

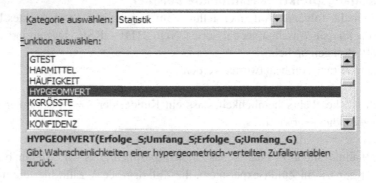

Richtig – in dieser Excel-Funktion fehlt die Möglichkeit, mit WAHR oder FALSCH wahlweise *Verteilungsfunktion* oder *Wahrscheinlichkeitsfunktion* auszuwählen. Excel bietet hier nur die *Wahrscheinlichkeitsfunktion* an. Ist das tragisch? Nein, denn eine der beiden Möglichkeiten reicht ja aus.

### 5.3.5.2  Hypergeometrische Verteilung: Wahrscheinlichkeitsfunktion mit grafischer Darstellung

Arbeiten wir also mit der *Wahrscheinlichkeitsfunktion* und deren Graph, dem *Stabdiagramm*.

Für die Wahrscheinlichkeitsfunktion der hypergeometrischen Verteilung findet man z. B. in [1] die Formel

$$P(X = x) = \frac{\binom{M}{x}\binom{N-M}{n-x}}{\binom{N}{n}} \quad x = 1,2,\ldots,M. \tag{5.48}$$

Auch diese Formel muss heutzutage nicht mehr mühsam manuell ausgewertet werden. Diese Zeiten sind vorbei. Alle bessere Taschenrechner und alle Statistik-Programme bieten die Möglichkeit zur *Beschaffung von hypergeometrischen Wahrscheinlichkeiten*.

Sehen wir uns nun den *Weg zum Stabdiagramm* für unser *Beispiel* an. Dafür sollte zuerst in der Zelle A1 der Parameterwert $n$ eingetragen und durch passenden Text in der Spalte B erklärt werden. A2 bekommt den Umfang $N$, und in A3 wird eingetragen, was man über die Anzahl der allgemein fehlerhaften Packungen weiß, also der Wert des Parameters $M$. Die Spalte C sollte frei gelassen werden, damit der Datenbestand, d. h. die Wertetabelle, auf jeden Fall separiert wird.

Dann folgen in den Zellen D1 und E1 die beiden Überschriften x und P(X=x) für die Wertetabelle. Für diese Wertetabelle ist zuerst die Spalte D mit den richtigen $x$-Werten zu füllen – für die hier zu lösende Aufgabe sind es die Merkmalswerte 0, 1, 2, 3 und 4, die gemäß der Aufgabenstellung auftreten können.

Im Bereich ab E2 ist die Excel-Formel =HYPGEOMVERT(...;...;...;...) für die Werte der Wahrscheinlichkeitsfunktion einzutragen, wobei für das erste Argument der jeweilige $x$-Wert und daneben die drei Parameterwerte einzutragen sind:

| | A | B | C | D | E |
|---|---|---|---|---|---|
| 1 | 4 <-- Parameter n | | | x | P(X=x) |
| 2 | 20 <-- Parameter N | | | 0 | =HYPGEOMVERT(D2;A$1;A$3;A$2) |
| 3 | 8 <-- Parameter M | | | 1 | =HYPGEOMVERT(D3;A$1;A$3;A$2) |
| 4 | | | | 2 | =HYPGEOMVERT(D4;A$1;A$3;A$2) |
| 5 | | | | 3 | =HYPGEOMVERT(D5;A$1;A$3;A$2) |
| 6 | | | | 4 | =HYPGEOMVERT(D6;A$1;A$3;A$2) |

| | A | B | C | D | E |
|---|---|---|---|---|---|
| 1 | 4 <-- Parameter n | | | x | P(X=x) |
| 2 | 20 <-- Parameter N | | | 0 | 0,10216718 |
| 3 | 8 <-- Parameter M | | | 1 | 0,36326109 |
| 4 | | | | 2 | 0,38142415 |
| 5 | | | | 3 | 0,13869969 |
| 6 | | | | 4 | 0,01444788 |

Danach wird wieder zuerst die Punktgrafik hergestellt, sie muss aber anschließend zur zweidimensionalen Säulengrafik verändert werden (siehe Abschn. 5.3.2.1). Abbildung 5.11 zeigt das Stabdiagramm. Damit können wir zur Lösung der Aufgabe kommen.

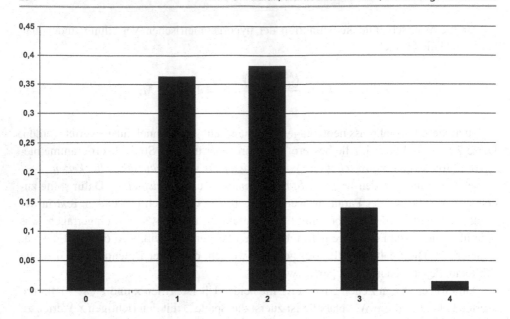

**Abb. 5.11**  Stabdiagramm für das Entnahme-Beispiel mit $n = 4$, $N = 20$ und $M = 8$

Die Wahrscheinlichkeit, dass man aus einer Lieferung von 20 Packungen, in der im allgemeinen 8 Stück fehlerhaft sind, bei der Entnahme von 4 Packungen zwei undichte Packungen bekommt, beträgt ca. 38 Prozent.

Aus dem Stabdiagramm kann abgelesen werden, dass die Werte 1 und 2 die größte Wahrscheinlichkeit besitzen – die Normalität, dass ungefähr die Hälfte fehlerhaft ist (nämlich 8 von 20) wiederholt sich also mit der größten Wahrscheinlichkeit bei der Entnahme.

## 5.4  Stetige Verteilungen und stetige Zufallsgrößen

### 5.4.1  Einführung

Bisher war unser Verständnis einer Verteilungsfunktion begleitet vom Bild einer *Treppe*, die sich von der waagerechten Achse in zwei oder mehr Stufen bis zur Höhe Eins der obersten Stufe entwickelt.

Sehen wir uns nun in Abb. 5.12 den Graphen einer Funktion an, der mit dieser bisherigen Treppenform offensichtlich nichts, aber auch gar nichts mehr zu tun hat. Die Bildunterschrift formuliert die Frage, die nun zu klären ist:

**Abb. 5.12** Kann diese Funktion eine Verteilungsfunktion sein

Könnte auch eine Funktion, deren Graph diese „Nicht-Treppen-Art" besitzt, eine *Verteilungsfunktion* $F_X(x) = P(X \leq x)$ sein?

Erinnern wir uns und schlagen wir zurück zum Abschn. 5.2.4: Dort hatten wir doch schon einmal zusammengestellt, welche vier Eigenschaften eine Verteilungsfunktion auszeichnen:

$$
\begin{aligned}
&\text{(I)} \quad && 0 \leq F_X(x) \leq 1, && -\infty < x < \infty \\
&\text{(II)} \quad && x < y \Rightarrow F_X(x) \leq F_X(y) && -\infty < x, y < \infty \\
&\text{(III)} \quad && \lim_{x \to -\infty} F_X(x) = 0 && \\
&\text{(IV)} \quad && \lim_{x \to +\infty} F_X(x) = 1.
\end{aligned}
\tag{5.49}
$$

Überprüfen wir an der Abb. 5.12, ob diese vier Eigenschaften auch dort zutreffen könnten.

- Die Eigenschaft (I) ist offensichtlich erfüllt – die Linie der Funktion verlässt den Bereich zwischen der waagerechten Achse und der Eins nicht, ihr Wertebereich besteht gerade aus dem Intervall [0,1].
- Die Funktion ist offensichtlich monoton wachsend – die Funktionslinie wächst oder stagniert, aber sie fällt niemals. Also ist die Eigenschaft (II) auch erfüllt.

- Die angedeutete Entwicklung nach links und rechts deutet weiter darauf hin, dass für extreme $x$-Werte, die über alle Grenzen wachsen oder unter alle Grenzen fallen, also für die beiden Ränder der unendlichen Zahlengeraden, das Grenzverhalten aus (III) und (IV) anzunehmen ist.

Schlussfolgerung: Die Funktionskurve in Abb. 5.12 darf als *Graph einer Verteilungsfunktion* angesehen werden, aus der – so war es bisher – die Eigenschaften einer durch sie beschriebenen Zufallsgröße $X$ vollständig entnommen werden können.

Doch welche Eigenschaften der Zufallsgröße $X$ könnte man hier erkennen und ablesen? Was ist neu und anders als bei den bisher betrachteten Verteilungsfunktionen aus Abschn. 5.3?

Neu ist: Es fehlen die Sprünge.

Diese Funktion $F_X(x)$ kann von links nach rechts ohne abzusetzen durchgezeichnet werden – sie ist also *stetig* (man vergleiche dazu auch [13], Abschn. 7.1).

Die Verteilungsfunktion in Abb. 5.12 ist stetig.

Erinnern wir uns weiter an das, was bisher galt:

- An den *Sprungstellen* $x_1, x_2, \ldots, x_n$ der Verteilungsfunktion $F_X(x) = P(X \leq x)$ konnten wir erkennen, dass die Zufallsgröße die Werte $x_1, x_2, \ldots, x_n$ annimmt.
- An den *Sprunghöhen* konnten wir die Wahrscheinlichkeiten $P(X = x_1)$, $P(X = x_2)$, \ldots, $P(X = x_n)$ für die zufälligen Zahlenereignisse ablesen.

Doch nun? Bei dieser Verteilungsfunktion aus Abb. 5.12 gibt es *keine Sprungstellen*, demzufolge auch *keine Sprunghöhen*. Nimmt die so beschriebene Zufallsgröße $X$ also folglich überhaupt nicht einen einzigen einzelnen Wert $x$ mit einer gewissen Wahrscheinlichkeit $P(X = x)$ an? So ist es. Die durch die Verteilungsfunktion von Abb. 5.12 beschriebene Zufallsgröße $X$ nimmt nicht nur einige diskrete Werte an, sondern sie nimmt *unüberschaubar viele* (theoretisch: überabzählbar unendlich viele) Werte aus einem gewissen Bereich an.

Man sagt auch gern, die durch die Funktion von Abb. 5.12 beschriebene Zufallsgröße X besitzt unendlich viele Merkmalswerte. Sie wird deshalb als *stetige Zufallsgröße* bezeichnet. Jede *stetige Verteilungsfunktion* beschreibt eine *stetige Zufallsgröße X*, die *unüberschaubar viele* Merkmalswerte annehmen kann.

Die *Abwesenheit von Sprüngen* im Bild stetiger Verteilungsfunktionen könnte man auch so erklären, dass es eben *unendlich viele Sprünge der Sprunghöhe Null* gibt. Unter diesen unendlich vielen Merkmalswerten spielt *ein einzelner Wert* offensichtlich *keine Rolle*, so dass er nicht – wie bisher – durch eine Sprungstelle in der Verteilungsfunktion hervorgehoben wird.

► **Wichtiger Hinweis** Die Wahrscheinlichkeit, dass eine *stetige Zufallsgröße X* einen einzelnen bestimmten Merkmalswert $x$ annimmt, ist folglich Null: $P(X = x) = 0$.

Machen wir uns die Situation an einem *Beispiel* klar: Angenommen, wir stehen vor einem stark frequentierten Bahnhof und bitten hunderte von Passanten, auf eine Präzisions-Waage zu steigen und notieren deren Körpergewicht bis auf das Milligramm genau. Es ist wohl anzunehmen, dass bei dieser Aktion kaum zweimal der gleiche Wert aufgeschrieben wird – das Zufallsexperiment liefert zwar nicht unendlich viele, aber doch wohl unüberschaubar viele verschiedene Merkmalswerte. Welche Fragestellungen wären nun sinnlos, welche sinnvoll?

Sinnlos wäre die Frage, wie groß die Wahrscheinlichkeit ist, dass ein Passant mit einem Körpergewicht von genau 83,234 Kilogramm auf die Waage steigen würde. Der einzelne Wert verliert seine Bedeutung. Sinnvoll dagegen wären die drei *Intervall-Fragen*:

- Wie groß ist die Wahrscheinlichkeit, dass ein Passant mit mehr als 80 Kilogramm Gewicht auf die Waage steigt?
- Wie groß ist die Wahrscheinlichkeit, dass ein Passant mit weniger als 50 Kilogramm Gewicht auf die Waage steigt?
- Wie groß ist die Wahrscheinlichkeit, dass ein Passant mit einem Körpergewicht zwischen 60 und 90 Kilogramm auf die Waage steigt?

Anstelle der bisherigen Fragestellungen nach den Wahrscheinlichkeiten für das Eintreffen bestimmter Merkmalswerte treten nun die drei Intervall-Fragestellungen. Die Abb. 5.13 zeigt, wie die drei Intervall-Wahrscheinlichkeiten

- *Links-Wahrscheinlichkeit* $P(X \leq x_1) = P(X < x_1)$,
- *Rechts-Wahrscheinlichkeit* $P(X \geq x_2) = P(X > x_2)$,
- *Dazwischen-Wahrscheinlichkeit* $P(x_1 \leq X \leq x_2) = P(x_1 < X < x_2)$

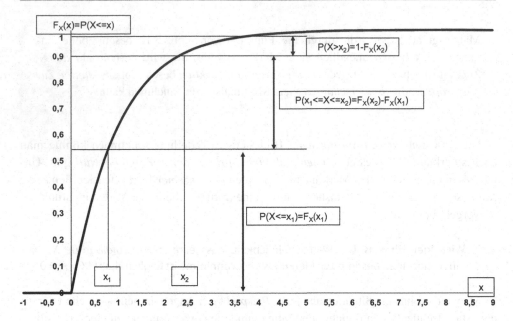

**Abb. 5.13** Ablesen der drei Intervall-Wahrscheinlichkeiten aus dem Graph einer stetigen Verteilungsfunktion

vom Graph einer stetigen Verteilungsfunktion abgelesen werden können (da der einzelne Wert $x_1$ bzw. $x_2$ keine Rolle mehr spielt, ist es gleichgültig, ob die Ungleichung mit oder ohne Gleichheitszeichen geschrieben wird).

- Die *Links-Wahrscheinlichkeit* $P(X \leq x_1)$ ergibt sich aus dem Funktionswert der Verteilungsfunktion.
- Die *Rechts-Wahrscheinlichkeit* $P(X \geq x_2)$ findet man durch die Differenz zwischen der Linie 1 und dem Funktionswert der Verteilungsfunktion.
- Die *Dazwischen-Wahrscheinlichkeit* $P(x_1 \leq X \leq x_2)$ ergibt sich aus der Differenz der Funktionswerte der Verteilungsfunktion.

Abbildung 5.13 zeigt, wie man entsprechend der gestellten Aufgabe ablesen muss: Ihr können wir beispielsweise sofort entnehmen, dass die Wahrscheinlichkeit dafür, dass die durch diese Verteilungsfunktion beschriebene Zufallsgröße $X$ einen nichtpositiven Wert annimmt, gleich Null ist. Denn es kann sofort abgelesen werden: $P(X < x) = F_X(x) = 0$ für $x \leq 0$.

Ebenso kann man ablesen $P(X > x) \approx 0$ für $x > 6$, denn ab $x = 6$ scheint sich (im Rahmen der Zeichengenauigkeit) die Linie der Verteilungsfunktion der oberen Grenze Eins fast völlig angenähert zu haben. Folglich können wir davon ausgehen, dass unsere nach Abb. 5.13 verteilte Zufallsgröße $X$ vorrangig Zahlenwerte zwischen 0 und 5 annehmen wird.

Wenn wir nun die Frage beantworten wollen, welche zufälligen Zahlenergebnisse vom Zufallsexperiment, das durch diese Verteilungsfunktion beschrieben wird, am wahrscheinlichsten sind, dann dürfen wir nur nach *Intervallwahrscheinlichkeiten* fragen (da der einzelne Wert bedeutungslos ist).

Dafür können wir zum Beispiel in die Grafik der Verteilungsfunktion jeweils ein Rechteck der Breite 1 einzeichnen, dessen linke untere und rechte obere Ecke die Linie der Funktion trifft. Die Rechteckhöhe gibt dann die *gesuchte Intervallwahrscheinlichkeit* an. Im Intervall [0,1] findet sich ein Rechteck der Höhe von ca. 0,63.

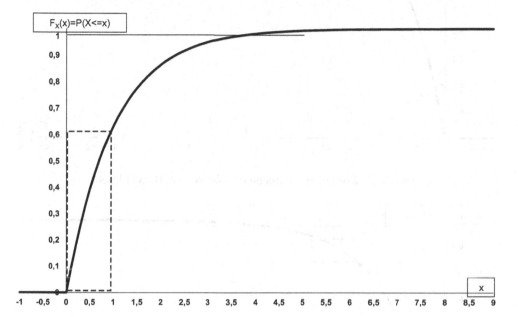

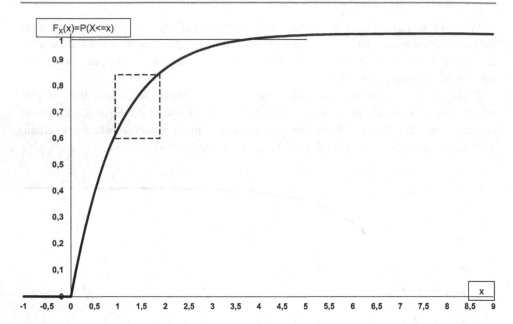

Für das Intervall [1,2] kann man die Rechteckhöhe von ca. 0,23 ablesen.

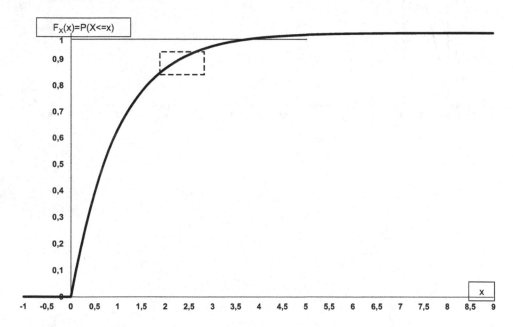

Legt man das Rechteck in das Intervall [2,3], so reduziert sich dessen Höhe weiter auf ca. 0,1.

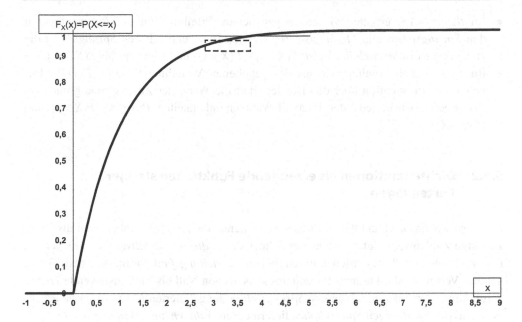

Und schließlich ist mit ca. 0,03 die Rechteckhöhe im Intervall [3,4] am geringsten. Formelmäßig lassen sich die abgelesenen Erkenntnisse demnach in folgender Weise formulieren:

$$P(0 < X \leq 1) \approx 0{,}63, \; P(1 < X \leq 2) \approx 0{,}23, \; P(2 < X \leq 3) \approx 0{,}1 \quad \text{und}$$

$$P(3 < X \leq 4) \approx 0{,}03.$$

Hier ist also ganz deutlich zu sehen, dass mit überwältigender Wahrscheinlichkeit Werte aus dem Intervall [0,1] zu erwarten sind – für das Intervall [3,4] ergibt sich schon ein Rechteck mit ganz geringer Höhe – die Wahrscheinlichkeit, dass das Zufallsexperiment also Werte zwischen 3 und 4 liefern wird, ist ausgesprochen gering.

Zusammenfassung: Es bleibt also nach wie vor bei der allgemein gültigen Aussage von großer praktischer Bedeutung:

> Ist die Verteilungsfunktion $F_X(x) = P(X \leq x)$ einer Zufallsgröße $X$ gegeben, dann liefert sie uns alle interessanten und nötigen Informationen über diese Zufallsgröße.

Dabei müssen wir jetzt *drei Fälle* unterscheiden:

- Im *dichotomen* (d. h. alternativen) Fall erhalten wir aus der gegebenen Verteilungsfunktion $F_X(x)$ sofort die beiden Merkmalswerte $x_1$ und $x_2$ mit den beiden Wahrscheinlichkeiten $P(X = x_1)$ und $P(X = x_2)$.

- Im *diskreten* Fall erhalten wir aus der gegebenen Verteilungsfunktion $F_X(x)$ sofort mit den *Sprungstellen* alle *Merkmalswerte* $x_1$, $x_2$, $\ldots$, $x_n$ und mit den *Sprunghöhen* die zugehörigen *Wahrscheinlichkeiten* $P(X = x_1)$, $P(X = x_2)$ und so weiter bis $P(X = x_n)$.
- Im *stetigen* Fall erhalten wir aus der gegebenen Verteilungsfunktion $F_X(x)$ sofort neben der Information über den Bereich, den die Werte der Zufallsgröße grundsätzlich überstreichen, jede der Intervall-Wahrscheinlichkeiten $P(X \leq x)$, $P(X > x)$ und $P(x_1 < X \leq x_2)$.

## 5.4.2 Dichtefunktionen als erzeugende Funktionen stetiger Verteilungen

Erinnern wir uns noch einmal an Zufallsexperimente, die nur einige (aber mehr als zwei) zufällige Zahlenwerte liefern – man bezeichnet sie als *diskrete Zufallsgrößen*. Ihr Verhalten wird bekanntlich beschrieben durch *diskrete Verteilungsfunktionen*. Aus dem Graph solcher Verteilungsfunktionen, der sich uns stets als von Null bis Eins ansteigende *Treppe* zeigt, kann man bekanntlich an den *Sprungstellen* die gelieferten *Merkmalswerte* erkennen, und die *zugehörigen Sprunghöhen* liefern deren *Wahrscheinlichkeiten*.

> Also ist erst einmal die *Verteilungsfunktion* diskreter Zufallsgrößen die Lieferantin für umfassende Erkenntnisse über das beschriebene Zufallsexperiment.

Doch es gibt bei diskreten Zufallsgrößen noch eine *zweite Quelle für Erkenntnisse*. Das ist die *Wahrscheinlichkeitsfunktion*, deren Graph sich uns als *Stabdiagramm* zeigt. Dem Stabdiagramm kann man ebenfalls die *Merkmalswerte* und ihre *Wahrscheinlichkeiten* entnehmen, es arbeitet sich sogar viel leichter mit dem Stabdiagramm als mit der Treppe der Verteilungsfunktion.

Fragt man nach dem Zusammenhang zwischen einerseits dem Stabdiagramm (als Graph der Wahrscheinlichkeitsfunktion) und andererseits der Treppe (als Graph der Verteilungsfunktion), so ergibt sich die folgende Aussage:

> Die *Stablängen* – das sind gerade die *Sprunghöhen* der Treppenfunktion.

Das bedeutet: Kennt man (über die Wahrscheinlichkeitsfunktion) das *Stabdiagramm einer diskreten Verteilung*, so kann daraus sofort und auf einfache Weise die *Treppenfunktion* (also der Graph der Verteilungsfunktion) erzeugt werden.

Man sagt deshalb: Jede Wahrscheinlichkeitsfunktion ist die *Erzeugende der Verteilungsfunktion*. Und umgekehrt gilt natürlich: Jede Verteilungsfunktion *besitzt eine Erzeugende*, das ist die *zugehörige Wahrscheinlichkeitsfunktion*.

Nun ist wohl legitim, bei der Beschäftigung mit *stetigen Verteilungen* die Frage zu stellen, ob es auch dort neben der Verteilungsfunktion als Quelle für Erkenntnisse eine zweite, gleichwertige Möglichkeit dafür gibt.

Das heißt, wir stellen die Frage, ob auch jede *stetige Verteilungsfunktion* eine *Erzeugende* besitzt.

Die Antwort lautet:

Ja, auch jede stetige Verteilungsfunktion hat eine Erzeugende. Sie heißt *Dichtefunktion*.

Abbildung 5.14 zeigt oben den Graph einer stetigen Verteilungsfunktion und unten den Graph der zugehörigen Dichtefunktion.

Es ergeben sich sofort zwei Fragen, die sich aus der Erinnerung an Treppe und Stabdiagramm logisch ergeben:

*Frage 1* Bei stetigen Verteilungen interessieren bekanntlich keine Werte und Wahrscheinlichkeiten, sondern nur *Intervall-Wahrscheinlichkeiten*. Sie können gemäß Abb. 5.13 aus dem *Graph der Verteilungsfunktion* (ansteigende Linie) abgelesen werden. Lassen sich auch aus dem *Graph einer Dichtefunktion* die drei Arten von Intervallwahrscheinlichkeiten ablesen – und das vielleicht sogar leichter?

Die Antwort lautet: JEIN. Intervall-Wahrscheinlichkeiten lassen sich zwar theoretisch aus dem Graph der Dichtefunktion ablesen, aber praktisch geht das nicht so einfach. Das verlangt eine Erklärung.

Jede gesuchte Intervall-Wahrscheinlichkeit könnte sich ablesen lassen als *Flächeninhalt* zwischen der waagerechten Achse und der *Funktionslinie der Dichtefunktion*.

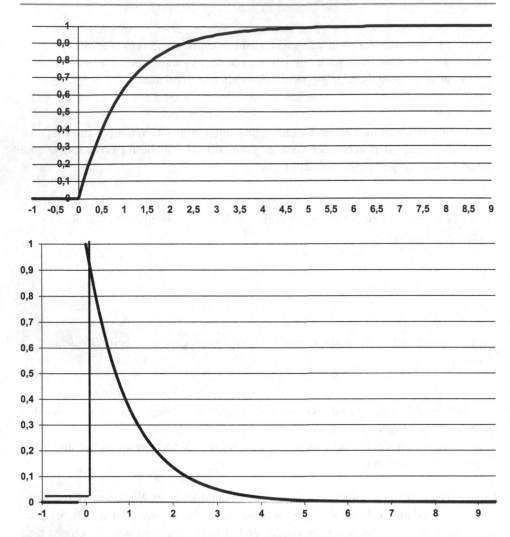

**Abb. 5.14** Graphen von Verteilungs- und zugehöriger Dichtefunktion

So ergibt sich zum Beispiel die Dazwischen-Wahrscheinlichkeit $P(2 < X \le 3)$ aus dem Inhalt dieses hervorgehobenen Flächenstücks:

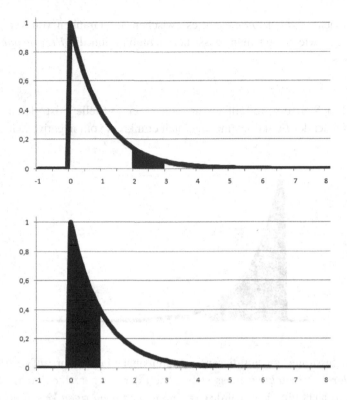

Offensichtlich wäre das Flächenstück für das Intervall [2,3] um Vieles kleiner als das Flächenstück für [0,1] – das entspricht unseren früheren Erkenntnissen über die Dazwischen-Wahrscheinlichkeiten. So weit, so gut.

Aber wer kann so gut zeichnen, um mit ausreichender Genauigkeit diesen Flächeninhalt *ablesen* zu können? Deshalb also die NEIN-Komponente der Antwort.

Halten wir also die fehlgeschlagene Analogie fest: Während bei *diskreten Verteilungen* das *Stabdiagramm* als Graph der *Wahrscheinlichkeitsfunktion* sehr gut geeignet ist, Werte und Wahrscheinlichkeiten abzulesen, kann man bei stetigen Verteilungen aus dem *Graph der Dichtefunktion* die Intervall-Wahrscheinlichkeiten, die sich dort als *Flächeninhalte* darstellen, leider nicht ablesen.

Während der *Graph der Wahrscheinlichkeitsfunktion* wegen seiner praktischen Bedeutung einen speziellen Namen bekam, nämlich *Stabdiagramm*, gibt es für den Graphen der Dichtefunktion keinen besonderen Namen. Der praktische Wert der Dichtefunktion scheint damit weit geringer zu sein als der praktische Wert von Wahrscheinlichkeitsfunktionen. Allerdings wird sich das im Abschn. 5.7 noch ändern.

*Frage 2* Welchen *Zusammenhang* gibt es zwischen den Graphen von Verteilungs- und Dichtefunktion – wieso sagt man, dass die Dichtefunktion die *Erzeugende* der Verteilungsfunktion sei?

Antwort: Der Wert der Verteilungsfunktion an einer Stelle $x$ ist gleich dem Flächeninhalt unter der Funktionslinie der Dichtefunktion vom negativen Unendlichen bis $x$:

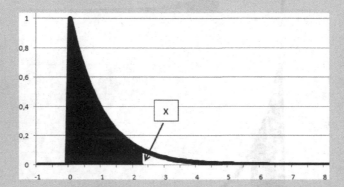

Eine Schlussfolgerung aus diesem Zusammenhang liegt sofort auf der Hand: Der *Graph jeder Dichtefunktion* muss sich schnell der waagerechten Achse nähern – würde er das nicht tun, dann würde der *Graph der zugehörigen Verteilungsfunktion* die Eins überschreiten, und das darf nicht sein. Der Gesamt-Flächeninhalt unter dem Graph jeder Dichtefunktion muss folglich auch *gleich Eins* sein.

Das kann natürlich auch mathematisch mit Hilfe der *Funktionsformeln* erklärt werden: Sei $y = F_X(x)$ die Funktionsformel der Verteilungsfunktion einer stetigen Verteilung, und sei $y = f_X(x)$ die Funktionsformel der zugehörigen Dichtefunktion. Dann gilt

$$F_X(x) = \int\limits_{-\infty}^{x} f_X(t)\mathrm{d}t. \tag{5.50}$$

Fassen wir Gleiches und Verschiedenes noch einmal zusammen:

Bei *diskreten Verteilungen* gibt es *Verteilungsfunktionen* und *Wahrscheinlichkeits-funktionen*. Der Graph jeder Verteilungsfunktion ist eine *ansteigende Treppe*, der Graph jeder Wahrscheinlichkeitsfunktion ist ein *Stabdiagramm*.

Jede Wahrscheinlichkeitsfunktion *erzeugt* eine diskrete Verteilungsfunktion.

Anschaulich ist das dadurch zu erkennen, dass sich aus den *Stablängen im Stab-diagramm* die *Sprunghöhen der Treppenfunktion* ergeben.

Bei *stetigen Verteilungen* gibt es dagegen *Verteilungsfunktionen* und *Dichtefunk-tionen*. Der Graph jeder Verteilungsfunktion ist eine von Null bis Eins *ansteigende Linie ohne Sprünge*, der Graph jeder Dichtefunktion ist eine Linie, die in einem In-tervall $(x_1, x_2)$ positive Werte annimmt, außerhalb dieses Intervalls sich aber schnell der waagrechten Achse annähert oder sogar dort gleich Null ist.

Jede Dichtefunktion erzeugt eine *stetige* Verteilungsfunktion.

Anschaulich ist das dadurch zu erkennen, dass sich aus dem *Flächeninhalt unter der Linie der Dichtefunktion* vom negativen Unendlichen bis zu einem Wert $x$ der *Wert der Verteilungsfunktion* an dieser Stelle ergibt.

Die bekanntesten und wichtigsten stetigen Verteilungen sind die *Exponentialverteilung* und die *Normalverteilung*. In den folgenden Abschnitten werden sie vorgestellt.

## 5.4.3   Die Exponentialverteilung

### 5.4.3.1   Definition, Berechnung von Wahrscheinlichkeiten

Die Exponentialverteilung besitzt den Parameter $\lambda$.

Ist $X$ eine exponential verteilte Zufallsgröße, so berechnet sich der Funktionswert ihrer Verteilungsfunktion $F_X(x) = P(X \leq x)$ nach der Formel

$$F_X(x) = \begin{cases} 0 & x < 0 \\ 1 - e^{-\lambda x} & x \geq 0. \end{cases} \tag{5.51}$$

Obwohl, wie oben bemerkt, der praktische Nutzen der zugehörigen Erzeugenden, der Dichtefunktion, gering zu sein scheint, soll ihre Funktionsformel der Vollständigkeit halber hier angegeben werden:

$$f_X(x) = \begin{cases} 0 & x < 0 \\ \lambda e^{-\lambda x} & x \geq 0. \end{cases} \tag{5.52}$$

Ist der Wert des Parameters $\lambda$ einer exponential verteilten Zufallsgröße $X$ bekannt, dann kann folglich durch Auswertung der Formel (5.51) und unter Berücksichtigung der in Abb. 5.13 dargestellten Zusammenhänge jede der drei Intervall-Wahrscheinlichkeiten $P(X < x)$, $P(X > x)$ oder $P(x_1 < X \leq x_2)$ mit Hilfe der Funktionswerte der Verteilungsfunktion $F_X(x)$ auf klassische Weise berechnet werden. Es geht aber heutzutage noch einfacher. Mit Hilfe der Excel-Funktion =EXPONVERT(...;...;...) können auf einfachste Art die drei Intervall-Wahrscheinlichkeiten erhalten werden.

| | A | B | C |
|---|---|---|---|
| 1 | Parameterwert--> | 1 | |
| 2 | | | |
| 3 | x* | | P(X<=x*)=F_X(x*) |
| 4 | 2 | | =EXPONVERT(A4;B1;WAHR) |
| 5 | | | |
| 6 | x* | | P(X>x*)=1-F_X(x*) |
| 7 | 3 | | =1-EXPONVERT(A7;B1;WAHR) |
| 8 | | | |
| 9 | x_1 | x_2 | P(x_1<X<=x_2)=F_X(x_2)-F_X(x_1) |
| 10 | 1 | 3 | =EXPONVERT(B10;B1;WAHR)-EXPONVERT(A10;B1;WAHR) |

| | A | B | C |
|---|---|---|---|
| 1 | Parameterwert--> | 1 | |
| 2 | | | |
| 3 | x* | | P(X<=x*)=F_X(x*) |
| 4 | 2 | | 0,864664717 |
| 5 | | | |
| 6 | x* | | P(X>x*)=1-F_X(x*) |
| 7 | 3 | | 0,049787068 |
| 8 | | | |
| 9 | x_1 | x_2 | P(x_1<X<=x_2)=F_X(x_2)-F_X(x_1) |
| 10 | 1 | 3 | 0,318092373 |

Der einzige Parameter, den die Exponentialverteilung besitzt (und dessen Bedeutung im folgenden Beispiel erläutert wird) hat selbstverständlich auch eine Auswirkung auf das Bild der Verteilungsfunktion, den Graph:

Je größer der Wert von $\lambda$, desto steiler steigt die Funktionskurve ab $x = 0$ an.

### 5.4.3.2 Anwendungsbeispiel

Die Exponentialverteilung kommt immer dann zur Anwendung, wenn es um Zeitmessungen geht, zum Beispiel um die Lebensdauer von Bauelementen, um die Dauer von Telefongesprächen, die täglich in einer Telefonzentrale registriert werden, um den Atomzerfall bei radioaktiven Stoffen u. ä.

*Beispiel* Die in Stunden gemessene Zeit für die Reparatur eines Fernsehgerätes sei exponential verteilt mit $\lambda = 0{,}5$. Es werde angenommen, dass unmittelbar nach der Abgabe des Gerätes mit der Reparatur begonnen wird.

- Mit welcher Wahrscheinlichkeit ist das Gerät innerhalb der ersten 2 Stunden nach Abgabe fertig?
- Mit welcher Wahrscheinlichkeit kann das Gerät erst nach 3 oder mehr Stunden abgeholt werden?
- Mit welcher Wahrscheinlichkeit kann das reparierte Gerät zwischen einer und drei Stunden nach der Abgabe wieder in Empfang genommen werden?

Betrachten wir zur Lösung der Aufgabe, wie die gesuchten Wahrscheinlichkeiten mit Excel ermittelt werden:

| | A | B | C |
|---|---|---|---|
| 1 | Parameterwert--> | 0,5 | |
| 2 | | | |
| 3 | $x^*$ | | $P(X<=x^*)=F_X(x^*)$ |
| 4 | 2 | | =EXPONVERT(A4;B1;WAHR) |
| 5 | | | |
| 6 | $x^*$ | | $P(X>x^*)=1-F_X(x^*)$ |
| 7 | 3 | | =1-EXPONVERT(A7;B1;WAHR) |
| 8 | | | |
| 9 | $x_1$ | $x_2$ | $P(x_1<X<=x_2)=F_X(x_2)-F_X(x_1)$ |
| 10 | 1 | 3 | =EXPONVERT(B10;B1;WAHR)-EXPONVERT(A10;B1;WAHR) |

| | A | B | C |
|---|---|---|---|
| 1 | Parameterwert--> | 0,5 | |
| 2 | | | |
| 3 | $x^*$ | | $P(X<=x^*)=F_X(x^*)$ |
| 4 | 2 | | 0,632120559 |
| 5 | | | |
| 6 | $x^*$ | | $P(X>x^*)=1-F_X(x^*)$ |
| 7 | 3 | | 0,22313016 |
| 8 | | | |
| 9 | $x_1$ | $x_2$ | $P(x_1<X<=x_2)=F_X(x_2)-F_X(x_1)$ |
| 10 | 1 | 3 | 0,3834005 |

Wir lesen die Antworten ab:

- Mit 63-prozentiger Wahrscheinlichkeit ist das Gerät innerhalb der ersten zwei Stunden nach Abgabe abholbereit.
- Nur 22 Prozent beträgt die Wahrscheinlichkeit, dass das Gerät drei und mehr Stunden in der Werkstatt verbleiben muss.
- Mit 38-prozentiger Wahrscheinlichkeit ist das Gerät nach frühestens einer und spätestens drei Stunden nach Abgabe abholbereit.

### 5.4.3.3 Schätzung des Parameters

Offensichtlich ist die Berechnung der drei interessanten Intervall-Wahrscheinlichkeiten von exponential verteilten Zufallsgrößen eine reine Formsache, wenn man den *Wert des Parameters* kennt. Doch was ist zu tun, wenn man zwar weiß, dass eine stetige Zufallsgröße, also ein Zufallsexperiment mit unüberschaubar vielen möglichen Zahlenergebnissen, exponential verteilt ist, aber der Parameterwert $\lambda$ unbekannt ist?

Wieder hilft die mathematische Statistik mit einem fundierten Vorschlag:

> Wenn über die Größe des Parameters $\lambda$ keine Angaben (Erfahrungswerte) vorliegen, dann ziehe man zuerst eine Zufallsstichprobe.

Für unser Beispiel würde das bedeuten, dass bei einer zufällig ausgesuchten Anzahl von Geräten beobachtet wird, welche Zeit von der Abgabe bis zur Fertigstellung vergeht. Betrachten wir zum Beispiel eine zufällige Beobachtung bei zwanzig verschiedenen Geräten (in Stunden).

| Gerät | 1 | 2 | 3 | 4 | 5 | 6 | 7 | 8 | 9 | 10 | 11 | 12 | 13 | 14 | 15 | 16 | 17 | 18 | 19 | 20 |
|---|---|---|---|---|---|---|---|---|---|---|---|---|---|---|---|---|---|---|---|---|
| Dauer zwischen Abgabe und Abholung | 1,8 | 3,3 | 3,1 | 3,9 | 2,6 | 3,5 | 2,5 | 1,6 | 2,3 | 3,2 | 3,5 | 2,5 | 3,5 | 1,8 | 3,2 | 2,7 | 3,6 | 3,9 | 3,1 | 2,8 |

Weiter empfiehlt die mathematische Statistik:

> Von der gezogenen Zufallsstichprobe ist der Mittelwert (Durchschnittswert) zu bilden.

Bei uns bedeutet das, dass 58,4 durch 20 zu dividieren sind – wir erhalten 2,92.

Schließlich wird der Zusammenhang zwischen diesem Mittelwert und dem (unbekannten) Parameter $\lambda$ hergestellt:

Der Reziprokwert des erhaltenen Mittelwertes, also der Quotient 1/Mittelwert kann dann als *Schätzung* für den unbekannten Parameter $\lambda$ verwendet werden.

In unserem Beispiel ergibt sich folglich die Schätzung von $1/2{,}92 = 0{,}342$ für $\lambda$.

► **Wichtiger Hinweis** Man beachte auch hier wieder die Verwendung des Wortes *Schätzung*. Damit wird zum Ausdruck gebracht, dass die verwendeten zufälligen Beobachtungen durchaus falsch sein und der wahren durchschnittlichen Reparaturzeit nicht gerecht werden könnten.

## 5.5 Normalverteilung

### 5.5.1 Einführung zur „Normalität"

In der Fußgängerzone einer alten Kleinstadt im Herzen Deutschlands hat ein privater Optikerladen die Stürme der Zeit überdauert. In Familientradition geführt, bewahrt er sein schönes altes Geschäft bis in die Gegenwart. Wie damals, zur Eröffnung in der Gründerzeit üblich, befindet sich noch heute außen, rechts neben der Eingangstür, ein großes Thermometer, feine weiße Emaille enthält die Celsiusskala, davor, von Drahtschlaufen sorgsam gehalten, die lange Kapillare mit dem Quecksilber. Sie befindet sich ein paar Millimeter vor der Skala, so dass nur derjenige, der im rechten Winkel abliest, die genaue Temperatur erkennt – kleinwüchsige Menschen sehen eine zu große Temperatur, sehr große Menschen dagegen lesen zu geringe Werte ab. Natürlich wurde das Thermometer so angebracht, dass die Masse der daran vorbeilaufenden Menschen richtig ablesen soll, also befinden sich die zwanzig Grad etwa in Augenhöhe eines durchschnittlichen Erwachsenen.

Stellen wir uns nun vor, dass an einem schönen Spätsommer-Wochenende alle am Thermometer vorbeispazierenden Erwachsenen des Städtchens befragt werden, welche Temperatur sie erkannten. Die genannten Temperaturwerte, sie mögen bis auf das Zehntel angegeben werden können, das sind offensichtlich *zufällige Daten*. Das Ablesen des Thermometers ist folglich ein *Zufallsexperiment mit zufälligen Zahlenereignissen*. Da nicht nur einige wenige Angaben zu erwarten sind, können wir von einer *stetigen Zufallsgröße* sprechen.

Angenommen, wir hätten eintausend Passanten befragt und ihre Antworten notiert. Welche Eigenschaft wird die erfasste Datenmenge haben?

• Die Daten werden sich natürlich in der Umgebung des richtigen Temperaturwertes häufen.

• Ungefähr gleich viele Daten werden nach unten und nach oben vom richtigen Temperaturwert abweichen.

• Außerhalb eines gewissen Intervalls wird es faktisch keine Beobachtungen mehr geben.

Natürlich, wird wohl jede Leserin und jeder Leser zustimmen, wenn alles „normal" zugegangen ist, wird es so sein.

Damit sind wir beim Begriff der „Normalität" von zufälligen stetigen Daten.

Rein gefühlsmäßig würden wir zufällige Daten dann als „normal" bezeichnen, wenn sie diese drei Kriterien erfüllen – die Häufung um einen bestimmten Wert, die ungefähr gleiche Anzahl von Abweichungen nach oben und unten von diesem Wert, und die faktische Nichtexistenz von Daten außerhalb eines bestimmten Intervalls.

Eine derartige „Normalität" von zufälligen Daten tritt in Natur, Technik und Gesellschaft außerordentlich häufig auf. So dass es notwendig wurde, eine mathematisch klare Definition dieser „Normalität" zu erarbeiten.

Dem großen Mathematiker Carl Friedrich Gauß gelang dies zu Beginn des 19. Jahrhunderts; er entwickelte sie aus der Theorie der Beobachtungsfehler. Dabei löste er sich bewusst davon, die umgangssprachlich verbrauchte Vokabel „normal" zu verwenden, denn jeder Mensch hat ja seine eigene Vorstellung von Normalität. Vielmehr prägte Carl Friedrich Gauß den Begriff der *Normalverteilung*.

### 5.5.2  Normalverteilte Zufallsgrößen

#### 5.5.2.1  Verteilungs- und Dichtefunktion

Eine stetige Zufallsgröße $X$ heißt normalverteilt mit den Parametern $\mu$ und $\sigma$ (abkürzend gesprochen: $X$ ist $N(\mu,\sigma)$-verteilt), wenn ihre *Verteilungsfunktion* $F_X(x) = P(X \le x)$ die Form

$$P(X \le x) = F_X(x) = \frac{1}{\sigma\sqrt{2\pi}} \int\limits_{-\infty}^{x} e^{-\frac{(t-\mu)^2}{2\sigma^2}}\, dt \qquad (5.53)$$

hat. Der Parameter $\mu$ heißt Erwartungswert der normalverteilten Zufallsgröße, der Parameter $\sigma$ wird als ihre Standardabweichung bezeichnet.

Gilt speziell für den Erwartungswert $\mu = 0$ und für die Standardabweichung $\sigma = 1$, dann spricht man von der *Standard-Normalverteilung*. Ihre Verteilungsfunktion vereinfacht sich zu

$$P(X \leq x) = F_X(x) = \frac{1}{\sqrt{2\pi}} \int\limits_{-\infty}^{x} e^{-\frac{t^2}{2}}\, dt. \tag{5.54}$$

Die *Dichtefunktion* der Normalverteilung mit den Parametern $\mu$ und $\sigma$ hat die Form

$$f_X(x) = \frac{1}{\sigma\sqrt{2\pi}} e^{-\frac{(x-\mu)^2}{2\sigma^2}}. \tag{5.55}$$

Mit $\mu = 0$ und $\sigma = 1$ ergibt sich daraus die *Dichtefunktion der Standard-Normalverteilung*

$$f_X(x) = \frac{1}{\sqrt{2\pi}} e^{-\frac{x^2}{2}}. \tag{5.56}$$

*Bemerkung* Die Funktionsformel der Normalverteilung (und auch der Standard-Normalverteilung) sieht nicht nur kompliziert aus – sie ist es auch. Auf gewöhnliche Weise lassen sich keine Funktionswerte (also Intervall-Wahrscheinlichkeiten) ausrechnen. Früher mussten dafür Tabellen zu Hilfe genommen werden. Heutzutage gibt es vielfältige und einfach zu handhabende Rechenhilfsmittel – zum Beispiel Excel ...

Das *Bild der Dichtefunktion* ist, wie auch in Abschn. 5.5.2.3 beschrieben, eine so genannte Glockenkurve. Diese ist relativ leicht zu skizzieren, so dass sie gern verwendet wird, um Probleme der Normalverteilung zu illustrieren.

### 5.5.2.2  Excel für die Berechnung von Werten der Verteilungsfunktion

Mit Hilfe der Excel-Funktion =NORMVERT( ; ; ; ) kann jede gesuchte *Intervall-wahrscheinlichkeit einer normalverteilten Zufallsgröße* leicht ermittelt werden. Dazu ist an der zweiten Stelle der *Erwartungswert* $\mu$ und an die dritte Stelle die *Standardabweichung* $\sigma$ einzutragen. Der vierte Eintrag in die Excel-Formel muss WAHR heißen. Sehen wir uns dazu im *Beispiel* die Antwort auf drei typische Fragestellungen an:

- Wie groß ist die Wahrscheinlichkeit, dass ein „normal arbeitendes Zufallsexperiment" mit Erwartungswert $\mu = 100$ und Standardabweichung $\sigma = 20$ einen Wert kleiner als 120 liefert?
- Wie groß ist die Wahrscheinlichkeit, dass ein „normal arbeitendes Zufallsexperiment" mit Erwartungswert $\mu = 100$ und Standardabweichung $\sigma = 20$ einen Wert größer als 70 liefert?

| | A | B | C | D | E | F |
|---|---|---|---|---|---|---|
| 1 | Parameterwert μ—> | 100 | | x* | | P(X<=x*)=F$_X$(x*) |
| 2 | Parameterwert σ—> | 20 | | 120 | | =NORMVERT(D2;B1;B2;WAHR) |
| 4 | | | | x* | | P(X>x*)=1-F$_X$(x*) |
| 5 | | | | 70 | | =1-NORMVERT(D5;B1;B2;WAHR) |
| 7 | | | | x$_1$ | x$_2$ | P(x$_1$<X<=x$_2$)=F$_X$(x$_2$)-F$_X$(x$_1$) |
| 8 | | | | 40 | 160 | =NORMVERT(E8;B1;B2;WAHR)-NORMVERT(D8;B1;B2;WAHR) |

**Abb. 5.15**  Excel-Formeln für drei typische Fragestellungen der Normalverteilung

- Wie groß ist die Wahrscheinlichkeit, dass ein „normal arbeitendes Zufallsexperiment" mit Erwartungswert $\mu = 100$ und Standardabweichung $\sigma = 20$ einen Wert zwischen 40 und 160 liefert?

In Abb. 5.15 ist zu sehen, wie die Excel-Funktion für die jeweilige Fragestellung zu nutzen ist. Excel zeigt uns die folgenden zahlenmäßigen Ergebnisse.

| | A | B | C | D | E | F |
|---|---|---|---|---|---|---|
| 1 | Parameterwert μ—> | 100 | | x* | | P(X<=x*)=F$_X$(x*) |
| 2 | Parameterwert σ—> | 20 | | 120 | | 0,841344746 |
| 4 | | | | x* | | P(X>x*)=1-F$_X$(x*) |
| 5 | | | | 70 | | 0,933192799 |
| 7 | | | | x$_1$ | x$_2$ | P(x$_1$<X<=x$_2$)=F$_X$(x$_2$)-F$_X$(x$_1$) |
| 8 | | | | 40 | 160 | 0,997300204 |

So also lauten die Antworten auf die drei Fragen:

- Die Wahrscheinlichkeit, dass ein „normal arbeitendes Zufallsexperiment" mit Erwartungswert $\mu = 100$ und Standardabweichung $\sigma = 20$ einen Wert kleiner als 120 liefert, beträgt 84,13 Prozent.
- Die Wahrscheinlichkeit, dass ein „normal arbeitendes Zufallsexperiment" mit Erwartungswert $\mu = 100$ und Standardabweichung $\sigma = 20$ einen Wert größer als 70 liefert, beträgt 93,32 Prozent.
- Die Wahrscheinlichkeit, dass ein „normal arbeitendes Zufallsexperiment" mit Erwartungswert $\mu = 100$ und Standardabweichung $\sigma = 20$ einen Wert zwischen 40 und 160 liefert, beträgt 99,7 Prozent.

### 5.5.2.3  Excel für den Graph von Verteilungs- und Dichtefunktion

Um den *Graph der Verteilungsfunktion einer Normalverteilung* mit einem gegebenen Erwartungswert $\mu$ und gegebener Standardabweichung $\sigma$ zu erhalten, sollten zuerst die beiden Parameterwerte in die Zellen B1 und B2 mit entsprechenden Erklärungen eingetragen werden. Spalte C sollte wieder frei bleiben, um die Wertetabelle zu separieren. In Zelle D1 und E1 kommen die Überschriften. Nun ist die Frage zu klären, mit welchem *x*-

Wert die Wertetabelle beginnen und mit welchem $x$-Wert die Wertetabelle enden soll. Hier gilt die (später begründete) Regel:

Der erste $x$-Wert sollte links von $\mu - 3\sigma$ liegen, und der letzte $x$-Wert rechts von $\mu + 3\sigma$.

Für unsere Beispiel wurde $\mu = 100$ und $\sigma = 20$ gewählt, $\mu - 3\sigma$ ist 40, $\mu + 3\sigma$ ist 160, also tragen wir in der Spalte D Werte von 30 bis 170 ein. In die Spalte E kommt dann die passende Excel-Formel:

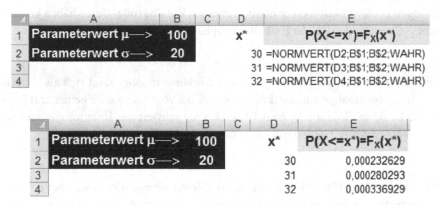

Nun wird – wie schon mehrfach, zum Beispiel im Abschn. 5.3.2.1 beschrieben, der Tabellenkursor in irgendeine Zelle der Wertetabelle gesetzt und zuerst eine Punktgrafik angefordert, die dann zur Liniengrafik umgestellt wird.

Nur eine Änderung ist anzubringen, um den Graph der zugehörigen *Dichtefunktion* zu erhalten – nun muss anstelle von WAHR im letzten Argument der Excel-Formel FALSCH eingetragen werden:

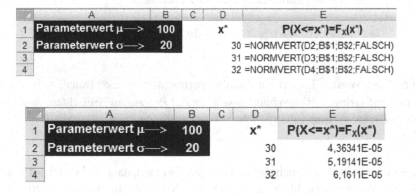

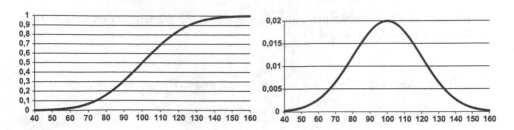

**Abb. 5.16**   Verteilungs- und Dichtefunktion einer Normalverteilung mit $\mu = 100$ und $\sigma = 20$

Abbildung 5.16 zeigt nebeneinander die Graphen einer Verteilungsfunktion und der zugehörigen Dichtefunktion einer normalverteilten Zufallsgröße. Beide haben jeweils das typische, sehr charakteristische Bild aller Graphen bei Normalverteilung.

Der *Graph jeder Verteilungsfunktion einer Normalverteilung* zeigt sich als „liegendes, streng rotationssymmetrisches S", wobei der *Rotationspunkt* genau dort liegt, wo die Funktionslinie die *Höhe 0,5* hat. Der Achsenwert des Rotationspunktes auf der waagerechten Achse – das ist stets der *Erwartungswert* $\mu$.

Die Funktionslinie löst sich (im Rahmen der Zeichengenauigkeit) stets bei $\mu - 3\sigma$ von der waagerechten Achse und erreicht bei $\mu + 3\sigma$ die obere Asymptote bei Eins. Warum ist das so? Weil erstens die Ergebnisse von normalverteilten Zufallsgrößen mit gleichen Wahrscheinlichkeiten links und rechts vom Erwartungswert auftreten:

$$P(X \leq \mu) = P(X > \mu) = 0{,}5. \tag{5.57a}$$

Und weil zweitens die Wahrscheinlichkeit, dass Werte innerhalb des so genannten $3\sigma$-Intervalls $[\mu - 3\sigma, \mu + 3\sigma]$ auftreten, gleich 99,7 Prozent ist:

$$P(\mu - 3\sigma \leq X < \mu + 3\sigma) = 0{,}997300204. \tag{5.57b}$$

Mit anderen Worten: Liefert ein Zufallsexperiment „normale" Daten, so ist nur mit der *äußerst geringen Wahrscheinlichkeit von 0,3 Prozent* zu befürchten, dass Daten *außerhalb* des $3\sigma$-Intervalls $[\mu - 3\sigma, \mu + 3\sigma]$ auftreten.

Diese Feststellung kann auch dadurch überprüft werden, dass die in Abb. 5.15 verlangte Dazwischen-Wahrscheinlichkeit für $\mu = 100$, $\sigma = 20$ gerade die Aufgabe $P(40 \leq X < 160)$ löst.

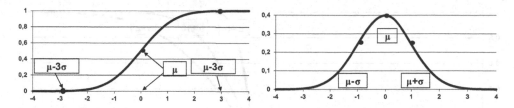

**Abb. 5.17** Graphen von Verteilungs- und Dichtefunktion der Standard-Normalverteilung

Der Graph der *Dichtefunktion* bekommt jetzt, wegen seiner typischen Gestalt, sogar einen Namen: Man spricht von einer *Glockenkurve*.

*Bemerkung* Die beiden Wendepunkte jeder Glockenkurve befinden sich an den Stellen $[\mu - \sigma, \mu + \sigma]$. In der Abb. 5.17 wird anhand der beiden Graphen von Verteilungs- und Dichtefunktion für $\mu = 0$ und $\sigma = 1$ (also für die Standard-Normalverteilung) deutlich gemacht, wie jeweils die Parameterwerte vom Graphen abgelesen werden können.

Wird der *Graph der Verteilungsfunktion* (das liegende „S") betrachtet, dann findet man den *Erwartungswert* $\mu$ beim *Rotationspunkt*, an der Stelle, an der die Funktionslinie die waagerechte Achse verlässt, kann man den Wert $\mu - 3\sigma$ ablesen. Ebenso kann man an der Stelle, an der die Funktionslinie die Höhe Eins erreicht, den Wert $\mu + 3\sigma$ ablesen. Wird der *Graph der Dichtefunktion* (die Glockenkurve) betrachtet, dann findet man den *Erwartungswert* $\mu$ beim *Scheitelpunkt*, am linken Wendepunkt kann man den Wert $\mu - \sigma$ ablesen. Ebenso kann man am rechten Wendepunkt den Wert $\mu + \sigma$ ablesen

### 5.5.2.4 Bedeutung der Parameter

Die Bedeutung des Erwartungswertes $\mu$ ist intuitiv klar – er ist der zentrale Wert jeder Normalverteilung, jedes Zufallsexperiment, das „normale" Daten liefert, liefert sie mit gleicher Wahrscheinlichkeit links oder rechts vom Erwartungswert.

Doch welche Bedeutung hat die *Standardabweichung* $\sigma$? Abbildung 5.18 zeigt nebeneinander die Graphen der Normalverteilung $N(100,5)$, $N(100,15)$ und $N(100,25)$ – also alle mit dem gleichen Erwartungswert $\mu = 100$, aber mit drei verschiedenen Standardabweichungen 5, 15 und 25.

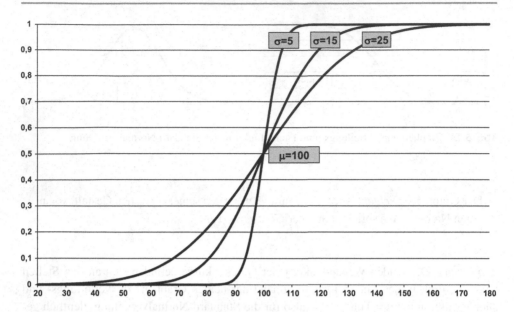

**Abb. 5.18**  Gleicher Erwartungswert, aber Standardabweichungen $\sigma = 5$, $\sigma = 15$ und $\sigma = 25$

Wie oben ausgesagt, befinden sich 99,7 Prozent der Daten im so genannten $3\sigma$-Intervall $[\mu - 3\sigma,\ \mu + 3\sigma]$. Folglich löst sich im Fall $\sigma = 5$ die Funktionslinie erst bei $100 - 3 \cdot 5 = 85$ von der waagerechten Achse und erreicht symmetrisch dazu bei 115 die Einser-Linie. Im Fall $\sigma = 15$ löst sich die Funktionslinie früher, bei $100 - 3 \cdot 15 = 55$ von der waagerechten Achse und erreicht symmetrisch dazu bei 145 die Einser-Linie. Und im Fall $\sigma = 25$ geht es sogar von 25 bis 175.

> Je *kleiner* der Wert der Standardabweichung ist, desto *steiler* zeigt sich – bei gleichem Erwartungswert – das „liegende S" des Graphen der Verteilungsfunktion.

Der Bereich, in dem sich mit 99,7-prozentiger Wahrscheinlichkeit die Daten befinden werden, *vergrößert sich mit wachsender Standardabweichung*. Stellen wir uns nun vor, dass wir einen Streifen der Breite 20 über den Bereich von 90 bis 110 legen und jeweils die Höhendifferenz betrachten zwischen dem linken Eintrittspunkt der Funktionslinie in den Streifen und dem rechten Austrittspunkt der Funktionslinie aus dem Streifen. Sicher ist diese Höhendifferenz am größten bei $\sigma = 5$ und am kleinsten bei $\sigma = 25$. Doch welche Bedeutung hat diese Höhendifferenz? Es ist jeweils gerade die Dazwischen-Wahrscheinlichkeit $P(90 \leq X < 110)$, die sich entsprechend verändert. Somit können wir feststellen:

▶ **Man beachte** Je kleiner die Standardabweichung $\sigma$ ist, desto größer wird die Wahrscheinlichkeit, dass das Zufallsexperiment Werte in der *Nähe des Erwartungswertes* $\mu$ liefert.

Oder gleichwertig: Je größer der Wert des Parameters $\sigma$ ist, desto breiter streuen die Werte einer normalverteilten Zufallsgröße $X$ um den Erwartungswert $\mu$.

### 5.5.2.5 Schätzung der Parameter

Wie sich im Abschn. 5.5.2.2 gezeigt hat, ist die Berechnung der drei interessanten Intervall-Wahrscheinlichkeiten von normalverteilten Zufallsgrößen eine reine Formsache, wenn man die Werte der beiden Parameter $\mu$ und $\sigma$ kennt.

Doch was ist zu tun, wenn man zwar weiß, dass eine *stetige Zufallsgröße*, also ein Zufallsexperiment mit unüberschaubar vielen möglichen Zahlenergebnissen, normalverteilt ist, aber die Zahlenwerte für $\mu$ oder $\sigma$ oder für beide nicht verfügbar sind?

Wieder hilft die mathematische Statistik mit einem fundierten Vorschlag:

Wenn über den Zahlenwert eines Parameters einer normalverteilten Zufallsgröße keine Angaben (Erfahrungswerte) vorliegen, dann ziehe man zuerst eine Zufallsstichprobe.

Weiter empfiehlt die mathematische Statistik:

Von der gezogenen Zufallsstichprobe ist der Stichproben-Mittelwert (Durchschnittswert) zu bilden. Er kann dann als *Schätzung* für den Erwartungswert $\mu$ verwendet werden.

Wird eine Schätzung für die Standardabweichung $\sigma$ benötigt, dann ist die so genannte *empirische Standardabweichung* (oder auch *Stichproben-Standardabweichung*)

$$s = \sqrt{\frac{\sum\limits_{k=1}^{n} (x_k - \bar{x})^2}{n-1}} \tag{5.58}$$

zu bilden. Diese *Stichproben-Standardabweichung* kann als *Schätzung für* $\sigma$ verwendet werden.

Dabei werden die Quadrate der Differenzen der einzelnen Werte der Zufalls-Stichprobe aufsummiert, und *n* ist der Stichproben-Umfang. Sowohl für den Stichproben-Mittelwert als auch für die Stichproben-Standardabweichung gibt es im Statistik-Modus handelsüblicher Taschenrechner entsprechende Tasten.

Mit Excel kann der Stichproben-Mittelwert mit Hilfe der Funktion =MITTELWERT( : ) berechnet werden, für die Stichproben-Standardabweichung steht die Funktion =STABW( : ) zur Verfügung.

## 5.6   Quantile

### 5.6.1   Die Standardnormalverteilung

Wiederholen wir: Für die *Normalverteilung N(0,1;x),* die den speziellen Erwartungswert $\mu = 0$ und die spezielle Standardabweichung $\sigma = 1$ besitzt, gibt es eine *besondere Bezeichnung*:

Die Normalverteilung *N(0,1;x)* mit $\mu = 0$ und $\sigma = 1$ wird als *Standardnormalverteilung* bezeichnet. Für ihre Verteilungsfunktion wird das *besondere Symbol $\Phi(x)$* verwendet.

Für die Funktionsgleichung der *Verteilungsfunktion* der Standardnormalverteilung ergibt sich aus (5.54) von Abschn. 5.5.2.1 mit $\mu = 0$ und $\sigma = 1$:

$$\Phi(x) = \frac{1}{\sqrt{2\pi}} \int\limits_{-\infty}^{x} e^{-\frac{t^2}{2}} \, dt, \qquad\qquad (5.59)$$

woraus für ihre *Dichtefunktion* folgt:

$$\varphi(x) = \frac{1}{\sqrt{2\pi}} e^{-\frac{x^2}{2}}. \qquad\qquad (5.60)$$

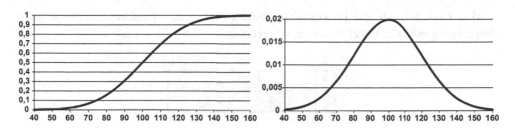

**Abb. 5.19** Verteilungs- und Dichtefunktion der Standardnormalverteilung $N(0,1;x) = \Phi(x)$

Abbildung 5.19 zeigt die Funktionskurve und die Dichtefunktion der Standardnormalverteilung. Es ist leicht abzulesen:

> Eine nach der Standardnormalverteilung $\Phi(x)$ verteilte Zufallsgröße $X$ nimmt faktisch nur Werte zwischen $-3$ und $+3$ an. Lediglich mit einer Wahrscheinlichkeit von 0,3 Prozent wären Werte außerhalb dieses Intervalls zu erwarten, das lässt sich jedoch zeichnerisch fast nicht mehr umsetzen.

Das folgt aus der bekannten *3σ-Regel der Normalverteilung*, die auch für diesen Spezialfall natürlich ihre Gültigkeit behält (siehe Abschn. 5.5.2.3). Im vorigen Abschn. 5.5.2.2 lernten wir: Sind Funktions- und/oder Dichtewerte einer *beliebigen Normalverteilung* zu ermitteln, so kann dafür stets die Excel-Funktion =NORMVERT( ; ; ; ) verwendet werden. An der letzten Position ist WAHR einzusetzen, wenn ein Funktionswert der *Verteilungsfunktion* gesucht ist. FALSCH ist einzusetzen, wenn ein Wert der *Dichtefunktion* gesucht wird.

Mit $\mu = 0$ und $\sigma = 1$ erhalten wir folglich mit der Excel-Funktion =NORMVERT( ;0;1; ) insbesondere jeden gewünschten Wert der *Standardnormalverteilungsfunktion* oder ihrer *Dichtefunktion*.

> Wegen der besonderen Bedeutung der *Standardnormalverteilung* $N(0,1;x)$ besitzt Excel für deren Funktionswerte zusätzlich die Funktion =STANDNORMVERT( ). Als Argument wird hier natürlich nur der $x$-Wert benötigt.

Man kann folglich alle Intervallwahrscheinlichkeiten der Standardnormalverteilung gleichwertig mit zwei Excel-Funktionen berechnen:

| | A | B |
|---|---|---|
| 1 | x | P(X<=x) |
| 2 | 2 | =NORMVERT(A2;0;1;WAHR) |
| 3 | 2 | =STANDNORMVERT(A3) |

| | A | B |
|---|---|---|
| 1 | x | P(X<=x) |
| 2 | 2 | 0,977249868 |
| 3 | 2 | 0,977249868 |

## 5.6.2   Quantile stetiger Verteilungen

### 5.6.2.1   Aufgabenstellung

Wiederholen wir: Zur Ermittlung der ersten der drei Intervallwahrscheinlichkeiten $P(X \leq x)$ war ein bestimmter $x$-Wert $x = x^*$ vorgegeben, und es wurde nach der *Wahrscheinlichkeit* gefragt, dass die Zufallsgröße $X$ einen Wert *kleiner oder gleich $x^*$* annimmt:

> Die Lösung war einfach – wir brauchten dafür nur den *Funktionswert der Verteilungsfunktion* zu beschaffen: $P(X \leq x^*) = F_X(x^*)$.

Oder – anschaulicher, aber rechnerisch unbrauchbar – wir benötigten den *Flächeninhalt unter der Dichtefunktion* von links bis zu $x = x^*$. Denn letztendlich kann auch solch ein *Flächeninhalt unter der Dichtefunktion* nur *mit Hilfe der Verteilungsfunktion*, entweder durch Anwendung einer Excel-Statistik-Funktion oder durch Auswertung der Funktionsformel (bei der Exponentialverteilung) beziehungsweise durch Nutzung einer Tafel (bei der Normalverteilung) beschafft werden.

### 5.6.2.2   Quantile der Standardnormalverteilung

Nun wollen wir – zuerst nur für die Standardnormalverteilung – eine *umgekehrte Fragestellung* formulieren:

> Die Zufallsgröße $X$ sei standardnormalverteilt. Gegeben sei jetzt eine (Links-)Wahrscheinlichkeit $\alpha$, und gesucht ist derjenige Wert $z_\alpha$, für den $P(X \leq z_\alpha) = \alpha$ gilt.

▶    **Definition**   Die Zahl $z_\alpha$ bezeichnet man dann als *$\alpha$-Quantil der Standardnormalverteilung*.

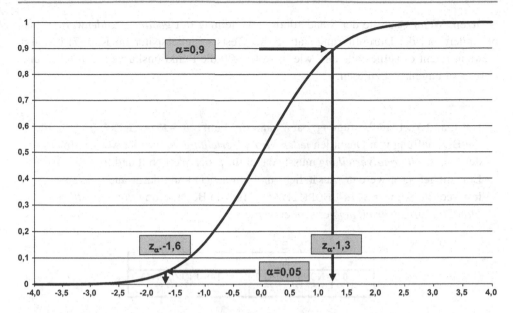

**Abb. 5.20** Ablesen von $\alpha$-Quantilen vom Graph der Standardnormalverteilung

*Bemerkung* In einigen Statistik-Büchern wird anstelle der Vokabel „Quantil" die Bezeichnung „Fraktil" verwendet, beispielsweise in [1]. Abbildung 5.20 zeigt, wie zu $\alpha = 0,9$ das $\alpha$-Quantil $z_{0,9}$ und zu $\alpha = 0,05$ das $\alpha$-Quantil $z_{0,05}$ am Bild der Standardnormalverteilungsfunktion abgelesen werden kann. Das Vorgehen ist leicht zu beschreiben:

> Man geht auf der senkrechten Achse vom vorgegebenen $\alpha$-Wert aus, trifft die Funktions-Linie der Standardnormalverteilung und findet senkrecht darunter auf der waagerechten Achse das zugehörige $\alpha$-Quantil $z_\alpha$.

An diesem Bild kann man weiter sofort erkennen:

> - Das $\alpha$-Quantil der Standardnormalverteilung für $\alpha = 0,5$ ist $z_{0,5} = 0$.
> - Jedes $\alpha$-Quantil der Standardnormalverteilung für $\alpha < 0,5$ ist negativ.
> - Jedes $\alpha$-Quantil der Standardnormalverteilung für $\alpha > 0,5$ ist positiv.

Weiter ist aufgrund der Rotationssymmetrie der Funktions-Linie erkennbar, dass die Quantile für $\alpha$ und für $1 - \alpha$ stets *gleiche Zahlenwerte*, aber *unterschiedliche Vorzeichen* besitzen. Wenn Quantile der Standardnormalverteilung mit *genauen Zahlenwerten* (insbesondere bei der Durchführung statistischer Tests – siehe später im Kap. 7) benötigt werden, reicht es keinesfalls aus, wie in Abb. 5.20 die Funktionskurve herzustellen und dort recht ungenau abzulesen.

Hat man Excel zur Verfügung, dann kann die Funktion =NORMINV( ; ; ) für die Beschaffung von Quantilen *jeder Normalverteilung* verwendet werden. Im Fall der *Standardnormalverteilung* müsste dabei für $\mu$ der Wert Null und für $\sigma$ der Wert Eins eingetragen werden. Zusätzlich (und einfacher) kann dafür auch die spezielle Excel-Funktion =STANDNORMINV( ) für die Beschaffung von *Quantilen der Standardnormalverteilung* verwendet werden:

| | A | B | C |
|---|---|---|---|
| 1 | $\alpha$ | $z_\alpha$ | $z_\alpha$ |
| 2 | 0,9 | =NORMINV(A2;0;1) | =STANDNORMINV(A2) |
| 3 | 0,05 | =NORMINV(A3;0;1) | =STANDNORMINV(A3) |

| | A | B | C |
|---|---|---|---|
| 1 | $\alpha$ | $z_\alpha$ | $z_\alpha$ |
| 2 | 0,9 | 1,28155157 | 1,28155157 |
| 3 | 0,05 | -1,64485363 | -1,64485363 |

### 5.6.2.3 Quantile von Normalverteilungen mit $\mu \neq 0$ und/oder $\sigma \neq 1$

Es sei vorausgeschickt, dass Quantile beliebiger Normalverteilungen mit $\mu \neq 0$ und/oder $\sigma \neq 1$ in der beurteilenden Statistik keine besondere Rolle spielen. Wir wollen uns trotzdem mit ihnen beschäftigen, um den Quantilsbegriff noch einmal zu vertiefen. Abbildung 5.21 zeigt beispielhaft das Bild einer Normalverteilung mit $\mu = 100$ und $\sigma = 20$.

Es ist leicht zu sehen, dass das grundsätzliche Vorgehen genau so abläuft wie bei der Quantilsbestimmung der Standardnormalverteilung:

Ausgehend von dem vorgegebenen $\alpha$-Wert auf der senkrechten Achse lässt sich auf der waagerechten Achse der zugehörige Quantilswert ablesen.

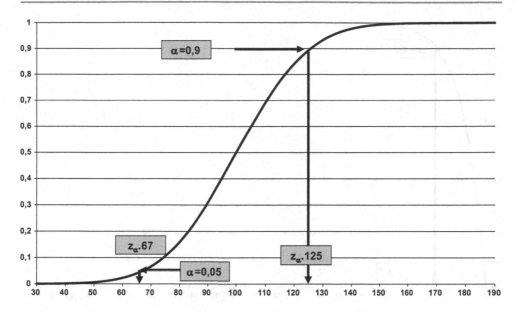

**Abb. 5.21**  Zwei $\alpha$-Quantile einer Normalverteilung mit $\mu = 100$ und $\sigma = 20$

Folgende Eigenschaften sind auch hier zu erkennen:

- Das $\alpha$-Quantil jeder Normalverteilung für $\alpha = 0,5$ ist $\mu$.
- Jedes $\alpha$-Quantil einer Normalverteilung für $\alpha < 0,5$ ist kleiner als $\mu$.
- Jedes $\alpha$-Quantil einer Normalverteilung für $\alpha > 0,5$ ist größer als $\mu$.

Will man einen Quantilswert einer beliebigen Normalverteilung zahlenmäßig genau erhalten, dann muss die Excel-Funktion =NORMINV(...;...;...) verwendet werden:

|   | A | B | C | D | E |
|---|---|---|---|---|---|
| 1 | $\mu$—> | 100 | | | |
| 2 | $\sigma$—> | 20 | | | |
| 3 | | | | $\alpha$ | $z_\alpha$ |
| 4 | | | | 0,9 | =NORMINV(D4;B$1;B$2) |
| 5 | | | | 0,05 | =NORMINV(D5;B$1;B$2) |

|   | A | B | C | D | E |
|---|---|---|---|---|---|
| 1 | $\mu$—> | 100 | | | |
| 2 | $\sigma$—> | 20 | | | |
| 3 | | | | $\alpha$ | $z_\alpha$ |
| 4 | | | | 0,9 | 125,6310313 |
| 5 | | | | 0,05 | 67,10292746 |

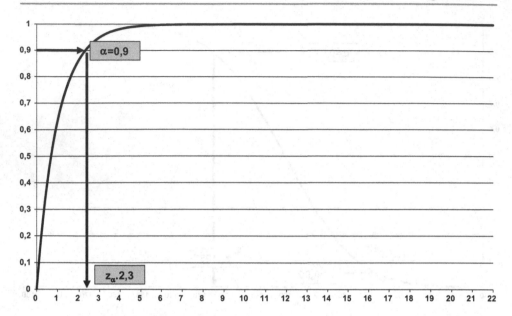

**Abb. 5.22** Quantile der Exponentialverteilung ablesen

#### 5.6.2.4    Quantile anderer stetiger Verteilungen
Sehen wir uns dazu beispielhaft in Abb. 5.22 das Bild einer Exponentialverteilung mit $\lambda = 1$ an. Am grundsätzlichen Vorgehen ändert sich nichts.

> Ausgehend von dem vorgegebenen $\alpha$-Wert auf der senkrechten Achse lässt sich auf der waagerechten Achse der zugehörige Quantilswert ablesen.

Es tritt jedoch – im Unterschied zu den Normalverteilungen – bei der Exponentialverteilung die Situation auf, dass alle Quantile positiv werden.

### 5.6.3    Quantile diskreter Verteilungen

#### 5.6.3.1    Besonderheit
Gegeben sei eine diskrete Zufallsgröße $X$ und eine (Links-)Wahrscheinlichkeit $\alpha$. Gesucht ist der Wert $q_\alpha$, für den gilt

$$P(X \leq q_\alpha) = \alpha. \tag{5.61}$$

Um diese Aufgabe zu lösen, könnte man doch eigentlich auch, analog zum stetigen Fall, das Bild der Verteilungsfunktion der diskreten Zufallsgröße erzeugen, auf der senkrechten Achse den Wert $\alpha$ suchen und dazu auf der waagerechten Achse den zugehörigen Wert, das Quantil $q_\alpha$, ablesen.

Betrachten wir ein *Beispiel*: Die Zufallsgröße $X$ sei binomialverteilt mit $n = 3$ und $p = 0,1$. Das Bild dieser Verteilungsfunktion ist, wie in Abschn. 5.3.4 beschrieben wurde, eine Treppenfunktion mit Sprüngen an den Stellen $k = 0,1,2$ und 3.

Die zugehörigen Sprunghöhen lassen sich entweder unter Verwendung der Formel

$$P(X = k) = \binom{3}{k} \cdot 0,1^k \cdot 0,9^{3-k} \tag{5.62}$$

oder – wie im Abschn. 5.3.4.3 beschrieben wurde, unter Verwendung der Excel-Funktion =BINOMVERT berechnen:

| | A | B |
|---|---|---|
| 1 | x | P(X=x) |
| 2 | 0 | =BINOMVERT(A2;3;0,1;FALSCH) |
| 3 | 1 | =BINOMVERT(A3;3;0,1;FALSCH) |
| 4 | 2 | =BINOMVERT(A4;3;0,1;FALSCH) |
| 5 | 3 | =BINOMVERT(A5;3;0,1;FALSCH) |

| | A | B |
|---|---|---|
| 1 | x | P(X=x) |
| 2 | 0 | 0,729 |
| 3 | 1 | 0,243 |
| 4 | 2 | 0,027 |
| 5 | 3 | 0,001 |

Abbildung 5.23 zeigt das Bild dieser Verteilungsfunktion, der letzte Sprung bei $x = 3$ mit der Sprunghöhe 0,001 ist aufgrund der Zeichengenauigkeit leider nicht zu erkennen. Die jeweiligen Höhen der einzelnen Treppen dieser Treppenfunktion ergeben sich entweder durch Addition der Sprunghöhen oder durch Beschaffung der Werte der Verteilungsfunktion.

| | A | B |
|---|---|---|
| 1 | x | P(X<=x) |
| 2 | 0 | =BINOMVERT(A2;3;0,1;WAHR) |
| 3 | 1 | =BINOMVERT(A3;3;0,1;WAHR) |
| 4 | 2 | =BINOMVERT(A4;3;0,1;WAHR) |
| 5 | 3 | =BINOMVERT(A5;3;0,1;WAHR) |

| | A | B |
|---|---|---|
| 1 | x | P(X<=x) |
| 2 | 0 | 0,729 |
| 3 | 1 | 0,972 |
| 4 | 2 | 0,999 |
| 5 | 3 | 1,000 |

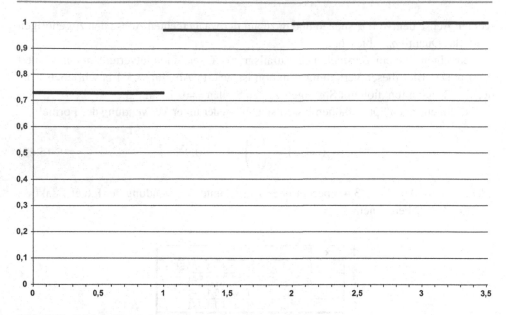

**Abb. 5.23**   Bild der Binomialverteilung mit $n = 3$ und $p = 0,1$

Folglich haben die einzelnen Stufen der Treppenfunktion die Höhen von der Null ansteigend auf 0,729, dann kommt der zweite Sprung auf 0,972, ein weiterer Sprung zu 0,999 und dann zur Eins.

### 5.6.3.2   Definition

Wählen wir nun zum Beispiel $\alpha = 0,95$ und versuchen eine Stelle zu finden, für die $P(X \leq q_\alpha) = 0,95$ ist, so müssen wir feststellen, dass es auf der Höhe 0,95 keinen Funktionsgraphen der Verteilungsfunktion gibt.

> Die Bestimmung des Quantils muss also anders erfolgen als bisher bei den stetigen Verteilungen.

Folgende Regel gilt nun:

> Man wählt als $\alpha$-Quantil denjenigen Wert, bei dem die Verteilungsfunktion *das erste Mal den Wert $\alpha$ erreicht* oder ihn *das erste Mal überschreitet*, das heißt also
>
> $$q_\alpha = k \quad \text{mit} \quad F_X(k) \geq \alpha \quad \text{und} \quad F_X(k-1) < \alpha. \qquad (5.63)$$

Für unser Beispiel bedeutet das:

- Der Funktionswert der Verteilungsfunktion von 0 bis 1 beträgt 0,729 und ist kleiner als $\alpha = 0{,}95$.
- Der Funktionswert der Verteilungsfunktion von 1 bis 2 liegt bei 0,972 und ist größer als $\alpha = 0{,}95$.
- Folglich liegt das Quantil $q_{0,95}$, der Formel (5.63) folgend, bei $q_{0,95} = 1$.

## 5.7 Erwartungswert, Varianz und Momente von Verteilungen

### 5.7.1 Einführung

Bisher hatten wir bei *diskreten Verteilungen* entweder

- das *Stabdiagramm* oder, gleichwertig,
- die einzelnen *Werte*, die die Zufallsgröße annehmen kann mit ihren zugehörigen Eintrittswahrscheinlichkeiten oder
- die *Verteilungsfunktion* als Quelle für die Berechnung von Wahrscheinlichkeiten verwendet.

Im *stetigen Fall* konnte man entweder

- die Dichtefunktion der Verteilung oder
- die Verteilungsfunktion

zur Suche von Wahrscheinlichkeiten verwenden.

Wir wollen jetzt *Kenngrößen der Verteilungen* betrachten, die geeignet sind, *weitere Informationen* über die Verteilung zu liefern. Dies sind, als einfachste Kenngrößen, der *Erwartungswert* und die *Varianz* einer Verteilung.

### 5.7.2 Erwartungswert

#### 5.7.2.1 Erwartungswert diskreter Verteilungen

▶ **Definition** Unter dem *Erwartungswert EX* einer diskreten Zufallsgröße *X* versteht man das *gewichtete Mittel der Realisierungen* dieser Zufallsgröße.

Für eine *diskrete Zufallsgröße* $X$ mit den Realisierungen $x_i$ und den Eintrittswahrscheinlichkeiten $p_i = P(X = x_i)$ heißt das:

$$EX = \sum_i x_i \cdot p_i = \sum_i x_i \cdot P(X = x_i), \qquad (5.64)$$

falls die rechts stehende Reihe absolut konvergiert.

Diese Forderung klingt sehr einschränkend, für die oft gebrauchten diskreten Verteilungen (Binomialverteilung und Poisson-Verteilung) ist sie aber erfüllt. Bei der Binomialverteilung ist diese Summe sogar endlich, für die Poisson-Verteilung wäre diese Summe eine unendliche Reihe, deren Konvergenz sich zeigen lässt.

*Behauptung* Der Erwartungswert der Poisson-Verteilung ist gleich dem Parameter $\lambda$.

*Beweis* Eine Poisson-verteilte Zufallsgröße $X$ liefert mit gewissen Wahrscheinlichkeiten die ganzen Zahlen $i = 0$, 1, 2, usw. Das ergibt sich aus dem sachlichen Hintergrund – bekanntlich führt die Betrachtung zufälliger Ankunftsprozesse stets zur Poisson-Verteilung.
Im Abschn. 5.3.3.3 haben wir die Formel für die Wahrscheinlichkeiten einer Poisson-Verteilung festgehalten:

$$P(X = x_i) = P(X = i) = \frac{\lambda^i}{i!} \cdot e^{-\lambda}. \qquad (5.65)$$

Nach dem Einsetzen in die Formel (5.64) ergibt sich mit $x_i = i$ die Formel für den Erwartungswert der Poisson-Verteilung:

$$EX = \sum_{i=0}^{\infty} i \cdot \frac{\lambda^i}{i!} \cdot e^{-\lambda}. \qquad (5.66a)$$

Nun ist ein wenig Mathematik gefragt:

$$EX = \sum_{i=0}^{\infty} i \cdot \frac{\lambda^i}{i!} \cdot e^{-\lambda} = \sum_{i=1}^{\infty} i \cdot \frac{\lambda^i}{i!} \cdot e^{-\lambda} = \sum_{k=0}^{\infty} (k+1) \frac{\lambda^{k+1}}{(k+1)!} \cdot e^{-\lambda}. \qquad (5.66b)$$

Weiter ergibt sich nach dem Kürzen von $(k+1)$ und dem Ausklammern von $\lambda$ der Ausdruck

$$EX = \lambda \cdot \sum_{k=0}^{\infty} \frac{\lambda^k}{k!} \cdot e^{-\lambda}. \qquad (5.67)$$

Betrachten wir nun zweiten Faktor von (5.67), die unendliche Reihe $\sum\limits_{k=0}^{\infty} \frac{\lambda^k}{k!} \cdot \mathrm{e}^{-\lambda}$ und stellen den Zusammenhang mit (5.42) her: Offensichtlich handelt es sich um die komplette Summe aller denkbaren Poisson-Wahrscheinlichkeiten, oder – anschaulich gesprochen – es ist die Summe aller Sprunghöhen im Graph der Poisson-Verteilung. Und diese Summe aller Sprunghöhen ist bekanntlich gleich Eins. Damit ergibt sich schließlich die Behauptung

$$EX = \lambda \cdot \sum_{k=0}^{\infty} \frac{\lambda^k}{k!} \cdot \mathrm{e}^{-\lambda} = \lambda \cdot 1 = \lambda \tag{5.68}$$

und der Beweis ist beendet.

### 5.7.2.2   Erwartungswert stetiger Verteilungen

Für eine stetige Zufallsgröße $X$ mit der Dichtefunktion $f(x)$ ist der *Erwartungswert* in folgender Weise definiert:

$$EX = \int_{-\infty}^{\infty} x \cdot f(x)\mathrm{d}x, \tag{5.69}$$

falls das uneigentliche Integral absolut konvergiert.

Auch diese Forderung ist für die praktisch wichtigen stetigen Verteilungen wie die Normalverteilung und die Exponentialverteilung immer erfüllt.

*Behauptung*  Der Erwartungswert der Normalverteilung $N(\mu,\sigma;x)$ ist gleich dem Parameter $\mu$.

Der *Beweis* ist zu führen, indem man die Gleichheit

$$EX = \frac{1}{\sqrt{2\pi} \cdot \sigma} \int_{-\infty}^{\infty} x \cdot \mathrm{e}^{-\frac{(x-\mu)^2}{2\sigma^2}} \mathrm{d}x = \mu \tag{5.70}$$

nachweist. Dazu werden jedoch anspruchsvolle mathematische Hilfsmittel benötigt, die hier aus Platzgründen nicht vorgeführt werden können.

*Bemerkung*  Der Parameter $\mu$ wurde bereits bei der Vorstellung der Normalverteilung im Abschn. 5.5.2 als „Erwartungswert" bezeichnet. Nun hat sich also nachträglich gezeigt, dass diese Bezeichnung durchaus korrekt war ...

### 5.7.3 Varianz

#### 5.7.3.1 Definition

Betrachten wir noch die *Varianz* einer Verteilung. Sie wird wie folgt definiert:

▶ **Definition** Unter der Varianz $D^2 X$ einer Zufallsgröße mit dem Erwartungswert *EX* versteht man die mittlere quadratische Abweichung der Realisierungen vom Erwartungswert *EX*, d. h.,

$$D^2 X = E(X - EX)^2. \tag{5.71}$$

#### 5.7.3.2 Varianz diskreter Verteilungen

Für eine *diskrete Zufallsgröße* $X$ mit den Realisierungen $x_i$ und den Eintrittswahrscheinlichkeiten $p_i = P(X = x_i)$ heißt das:

$$D^2 X = \sum_i (x_i - EX)^2 \cdot p_i, \tag{5.72}$$

falls die rechts stehende Reihe absolut konvergiert.

Für die praktisch wichtigen Verteilungen gelten die oben getroffenen Aussagen weiter.

#### 5.7.3.3 Varianz stetiger Verteilungen

Für eine *stetige Zufallsgröße* $X$ mit der Dichtefunktion $f(x)$ gilt für die Varianz $D^2 X$

$$D^2 X = \int\limits_{-\infty}^{\infty} (x - EX)^2 \cdot f(x)\mathrm{d}x, \tag{5.73}$$

falls das rechts stehende uneigentliche Integral absolut konvergiert.

Auch diese Forderung ist für die praktisch wichtigen stetigen Verteilungen erfüllt. Sehen wir uns die Definition etwas genauer an:

$$
\begin{aligned}
D^2 X = E\,(X - EX)^2 &= E\left[X^2 - 2X \cdot EX + (EX)^2\right] \\
&= E\left(X^2\right) - 2 \cdot (EX)^2 + (EX)^2 \\
&= E\left(X^2\right) - (EX)^2 .
\end{aligned} \tag{5.74}
$$

Die Berechnung der Varianz lässt sich auf *zwei Erwartungswertberechnungen* zurückführen.

Die Beziehung

$$D^2 X = E(X^2) - (EX)^2 \qquad (5.75)$$

wird häufig auch als *Verschiebungssatz* bezeichnet.

Für eine Normalverteilung mit den Parametern $\mu$ und $\sigma$ lässt sich nachweisen, dass ihre Varianz gleich $\sigma^2$ ist. Zieht man die *Wurzel aus der Varianz*, so erhält man die *Standardabweichung* der Verteilung. Diese ist ein Maß für die Streuung der Realisierungen der Verteilung.

### 5.7.4 Momente einer Verteilung

#### 5.7.4.1 Definition

Momente einer Verteilung sind Parameterwerte dieser Verteilung und dienen der besseren Charakteristik der Verteilung. Sie sind geeignet, eine Zufallsgröße zu charakterisieren und für die Verteilung Aussagen z. B. über die Schiefe und die Wölbung zu bestimmen.

Mit dem *Erwartungswert* und der *Varianz* aus den vorigen Abschnitten haben wir bereits zwei Parameter kennen gelernt, die ebenfalls der *Charakteristik einer Zufallsgröße* dienten. Definieren wir zunächst, was unter dem *k-ten Moment* zu verstehen ist.

Sei $X$ eine Zufallsgröße und $k$ eine natürliche Zahl. Dann bezeichnet man als $k$-tes Moment von $X$ den Erwartungswert der $k$-ten Potenz von $X$

$$m_k = E(X^k), \qquad (5.76)$$

falls dieser Erwartungswert existiert.

### 5.7.4.2 Momente diskreter Verteilungen

Für eine *diskrete Zufallsgröße* $X$ mit den Realisierungen $x_1, x_2, x_3, \ldots, x_n, \ldots$ und den zugehörigen Eintrittswahrscheinlichkeiten $p_i = P(X = x_i)$ heißt das

$$m_k = \sum_i x_i^k \cdot p_i \qquad (5.77)$$

### 5.7.4.3 Momente stetiger Verteilungen

Liegt eine stetige Zufallsgröße $X$ vor, deren Verteilung durch die Dichtefunktion $f_X(x)$ beschrieben ist, so erhält man

$$m_k = \int_{-\infty}^{\infty} x^k \cdot f_X(x) \mathrm{d}x \qquad (5.78)$$

### 5.7.4.4 Spezielle Momente

Wie man sich überlegen kann, ist das *erste Moment einer Verteilung* der Erwartungswert $E_X$.

Denn hier gilt für den *diskreten Fall*

$$m_1 = \sum_i x_i^1 \cdot p_i = EX, \qquad (5.79)$$

beziehungsweise für den *stetigen Fall*

$$m_1 = \int_{-\infty}^{\infty} x^1 \cdot f_X(x) \mathrm{d}x = EX. \qquad (5.80)$$

Erinnert man sich an die Berechnung der *Varianz* unter Verwendung des Verschiebungssatzes $D^2 X = E(X^2) - (EX)^2$, dann erkennt man in dem ersten Summanden $E(X^2)$ das *zweite Moment* der Verteilung.

Betrachtet man die *Verteilung der Zufallsgröße um ihren Erwartungswert EX*, so lassen sich *k-te zentrale Momente* für diese Zufallsgröße definieren:

$$\mu_k = E\left[ (X - EX)^k \right] \quad k - \text{natürliche Zahl.} \qquad (5.81)$$

Zur *Berechnung* der $k$-ten zentralen Momente entsteht für eine *diskrete Zufallsgröße* mit den Realisierungen $x_1, x_2, \ldots, x_n$, und den zugehörigen Eintrittswahrscheinlichkeiten $p_i = P(X = x_i)$

$$\mu_k = \sum_i (x_i - EX)^k \cdot p_i. \qquad (5.82)$$

Für eine *stetige Zufallsgröße X* mit der Dichtefunktion $f_X(x)$ entsteht

$$\mu_k = \int\limits_{-\infty}^{\infty} (x - EX)^k \cdot f_X(x)\mathrm{d}x. \tag{5.83}$$

*Behauptung* Das *erste zentrale Moment einer Verteilung* ist immer gleich Null.

*Beweis* Es gilt

$$\mu_1 = E\,(X - EX) = EX - EX = 0. \tag{5.84}$$

*Behauptung* Das *zweite zentrale Moment einer Verteilung* ist die *Varianz* dieser Verteilung

*Beweis* Es gilt

$$\mu_2 = E\left[(X - EX)^2\right] = E\left(X^2\right) - (EX)^2. \tag{5.85}$$

Damit ist der Beweis beendet.

*Dritte und vierte zentrale Momente* einer Verteilung werden genutzt, um eine Aussage über die *Schiefe* bzw. die *Wölbung* einer Verteilung zu treffen. Dazu werden diese Momente geeignet normiert.

Die *Schiefe* kann zur Charakterisierung der *Symmetrie einer Verteilung* genutzt werden.

- Ist die Schiefe gleich Null, so ist die Verteilung symmetrisch bezüglich ihres Erwartungswertes.
- Ist die Schiefe positiv, bezeichnet man die Verteilung als rechtsschief.
- Bei einer negativen Schiefe nennt man die Verteilung auch linksschief.

Um eine grafische Darstellung zu charakterisieren, sei es durch das Stabdiagramm bei einer diskreten Verteilung oder durch die Dichtefunktion bei einer stetigen Verteilung, verwendet man auch den Begriff *linkssteil* für eine *rechtsschiefe* Verteilung bzw. *rechtssteil* für eine *linksschiefe* Verteilung (siehe auch Abschn. 3.3.3 im Kap. 3).

Um die Abweichung der *Wölbung* einer Verteilung von der *Wölbung der Glockenkurve* für die Dichte einer Normalverteilung mit gleichem Erwartungswert und gleicher Varianz zu charakterisieren, verwendet man den so genannten *Exzess*. Die Berechnung dieser Kennzahl stützt sich auf das geeignet normierte vierte zentrale Moment.

Für die Normalverteilung ist die Wölbung oder auch Kurtosis gleich 3, hier ist der Exzess gleich Null.

Ist der Exzess positiv, so verläuft die Kurve der Dichtefunktion der Verteilung steiler als eine vergleichbare Glockenkurve der Normalverteilung, sie ist deutlich spitzer.

Ist der Exzess negativ, so ist die Kurve der Dichtefunktion der betrachteten Verteilung im Vergleich zur Dichtefunktion der Normalverteilung flachgipfliger.

Bei der Definition der Begriffe Schiefe und Exzess muss natürlich die Existenz der benötigten Momente gegeben sein, ähnlich wie es bereits beim Erwartungswert und der Varianz verlangt wurde.

## Weiterführende und ergänzende Literatur zum Kapitel 5

1. Bamberg, G., Baur, F., Krapp, M.: Statistik. Oldenbourg-Verlag, München (2006)

2. Bartsch, H.-J.: Taschenbuch Mathematischer Formeln. Carl Hanser Verlag, München (2007)

3. Beyer, G., Hackel, H., Pieper, V., Tiedge, J.: Wahrscheinlichkeitsrechnung und mathematische Statistik. Teubner-Verlag, Stuttgart, Leipzig (1999)

4. Bortz, J., Schuster, C.: Statistik für Human- und Sozialwissenschaftler. Springer-Verlag, Berlin, Heidelberg (2010)

5. Bourier, G.: Wahrscheinlichkeitsrechnung und schließende Statistik. Gabler-Verlag, Wiesbaden (2002)

6. Christoph, G., Hackel, H.: Starthilfe Stochastik. Teubner-Verlag, Stuttgart, Leipzig, Wiesbaden (2002)

7. Clauß, G., Finze, F.-R., Partzsch, L.: Statistik. Für Soziologen, Pädagogen, Psychologen und Mediziner. Verlag Harri Deutsch, Frankfurt a. M. (2002)

8. Gehring, U., Weins, C.: Grundkurs Statistik für Politologen und Soziologen. VS Verlag, Wiesbaden (2009)

9. Göhler, W.: Höhere Mathematik – Formeln und Hinweise. Verlag Harri Deutsch, Thun und Frankfurt am Main (2011)

10. Kühnel, S., Krebs, D.: Statistik für die Sozialwissenschaften. Rowohlt-Verlag, Reinbek bei Hamburg (2001)

11. Leiner, B.: Grundlagen statistischer Methoden. Oldenbourg-Verlag, München Wien (1995)

12. Luderer, B., Nollau, V., Vetters, K.: Mathematische Formeln für Wirtschaftswissenschaftler. Vieweg-Verlag, Wiesbaden (2011)

13. Matthäus, H., Matthäus, W.-G.: Mathematik für BWL-Bachelor. Springer-Gabler-Verlag, Wiesbaden (2015)

14. Monka, M., Schöneck, N., Voß, W.: Statistik am PC – Lösungen mit Excel. Hanser Fachbuchverlag, München (2008)

15. Papula, L.: Mathematik für Ingenieure und Naturwissenschaftler. Vieweg+Teubner-Verlag, Wiesbaden (2008)

16. Sauerbier, T., Voss, W.: Kleine Formelsammlung Statistik. Carl Hanser Verlag, München (2008)

17. Schira, J.: Statistische Methoden der VWL und BWL. Pearson-Verlag, München (2005)

18. Storm, R.: Wahrscheinlichkeitsrechnung, mathematische Statistik und statistische Qualitätskontrolle. Hanser-Verlag, München (2007)

19. Untersteiner, H.: Statistik – Datenauswertung mit Excel und SPSS. Verlag UTB, Stuttgart (2007)

20. Wewel, M.: Statistik im Bachelor-Studium der BWL und VWL. Pearson-Verlag, München (2006)

21. Zwerenz, K.: Statistik. Oldenbourg-Verlag, München, Wien (2001)

# Beurteilende Statistik – Prüfen von Verteilungen 6

## 6.1 Einführung

### 6.1.1 Ein Meinungsstreit

Krause_1, Krause_2 und Krause_3 unterhalten sich über ein Zufallsexperiment, bei dessen Ausführung nur nichtnegative ganze Zahlen 0, 1, 2 usw. zu erwarten sind. So viel wissen sie.

Sie sprechen also über eine *diskrete Zufallsgröße X.*

Krause_1 *behauptet*, dass sich die Wahrscheinlichkeiten des Auftretens der genannten Zahlenwerte 0, 1, 2, usw. mit Hilfe der *Poisson-Verteilung* berechnen lassen, er will sogar den Wert des Parameters $\lambda$ wissen: $\lambda$ sei gleich 1.

Es wird also die *Hypothese* aufgestellt, dass die Zufallsgröße $X$ nach Poisson mit $\lambda = 1$ verteilt ist.

Krause_2 bezweifelt das.

Als *Gegenhypothese* wird von ihm formuliert: Diese Verteilung trifft nicht zu.

Da macht Krause_3 einen Vorschlag: Wie wäre es, wenn wir unser *Zufallsexperiment* einige Male durchführen und die Ergebnisse betrachten – vielleicht kann man daraus

© Springer Fachmedien Wiesbaden 2016
H. Matthäus, W.-G. Matthäus, *Statistik und Excel*, DOI 10.1007/978-3-658-07689-4_6

schließen, wer recht hat? Gesagt – getan. Man nimmt sich die Zeit und führt das Zufallsexperiment dreihundertmal durch und notiert die erhaltenen Zahlen. Die Null wird 131-mal beobachtet, die Eins 95-mal, die Zwei 46-mal, die Drei 20-mal und der größte beobachtete Wert ist die Vier, sie wurde achtmal notiert.

Es wird also *eine Zufalls-Stichprobe* vom Umfang $n = 300$ gezogen.

Denn natürlich spielt der *Zufall* bei dieser Aktion eine entscheidende Rolle – würden zu einem anderen Zeitpunkt dreihundert Beobachtungen notiert, sähe das Ergebnis sicher anders aus. Das Ergebnis der Abzählaktion wird in eine Excel-Tabelle eingetragen:

| i | Merkmalswert $x_i$ | Beobachtete Häufigkeit $h_i$ |
|---|---|---|
| 1 | 0 | 131 |
| 2 | 1 | 95 |
| 3 | 2 | 46 |
| 4 | 3 | 20 |
| 5 | 4 | 8 |
| Gesamt | | 300 |

Nun will Krause_1 triumphieren: Nach meiner Kenntnis der Poisson-Verteilung sieht es ganz so aus, als ob diese Daten sehr gut zu ihr passen.

Und er präsentiert mit Abb. 6.1 das Bild der Verteilungsfunktion der Poisson-Verteilung mit $\lambda = 1$ und spricht:

Die größte Wahrscheinlichkeit hat die Null mit rund 38 Prozent – und sie tritt auch in unserer Zufalls-Stichprobe ganz überwiegend auf. Die Vier besitzt gerade einmal die Wahrscheinlichkeit von einem Prozent, bei uns ist das ähnlich. Ich bleibe bei meiner Hypothese:

Wir werden es wohl mit einer *Poisson-verteilten Zufallsgröße* zu tun haben. Es wird wohl so sein, dass hier ein zufälliger Ankunftsprozess beobachtet wurde, der im langjährigen Mittel eine Ankunft pro Zeiteinheit haben wird.

Da hält Krause_2 dagegen: Ein Prozent von 300 ist drei, aber wir haben achtmal die Vier – so ganz passen unsere Daten wohl nicht so recht auf diese Poisson-Verteilung. Krause_3 macht erneut einen Vorschlag: Wie wäre es, wenn wir uns mit Hilfe der Wahrscheinlichkeiten, die wir als Sprunghöhen aus dem Bild der Poisson-Verteilungsfunktion ablesen können, eine *theoretische Stichprobe* beschaffen und diese dann mit unserer *beobachteten Stichprobe* vergleichen? Vielleicht kommen wir dann weiter. Ja, stimmt Krause_2

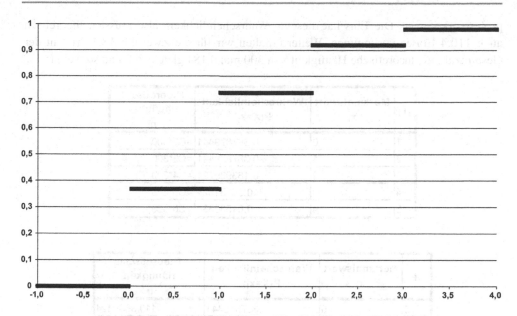

**Abb. 6.1** Poisson-Verteilung mit $\lambda = 1$

zu, aber, so sagt er, wir sollten doch mit den *exakten Wahrscheinlichkeits-Werten* arbeiten, die wir uns beispielsweise mit Excel beschaffen können:

| i | Merkmalswert $x_i$ | Wahrscheinlichkeit $P(X=x_i)$ |
|---|---|---|
| 1 | 0 | =POISSON(B2;1;FALSCH) |
| 2 | 1 | =POISSON(B3;1;FALSCH) |
| 3 | 2 | =POISSON(B4;1;FALSCH) |
| 4 | 3 | =POISSON(B5;1;FALSCH) |
| 5 | 4 | =POISSON(B6;1;FALSCH) |

| i | Merkmalswert $x_i$ | Wahrscheinlichkeit $P(X=x_i)$ |
|---|---|---|
| 1 | 0 | 0,367879441 |
| 2 | 1 | 0,367879441 |
| 3 | 2 | 0,183939721 |
| 4 | 3 | 0,06131324 |
| 5 | 4 | 0,01532831 |

Fangen wir an, spricht Krause_3 und diskutiert die erhaltenen Wahrscheinlichkeiten: Die Wahrscheinlichkeit für das Auftreten der Null beträgt nach unserer Tabelle 36,8 Prozent. Also müssten theoretisch 300 mal 0,368 = 110,4 Nullen in unserer Stichprobe vorkommen. Die Eins hat dieselbe Wahrscheinlichkeit, also müssten theoretisch auch 110,4 Einsen vorkommen. Weiter erhalten wir für die Zwei mit 18,4 Prozent der Gesamtzahl die theoretische Häufigkeit von 300 mal 0,184 gleich 55,2 und so weiter:

| i | Merkmalswert $x_i$ | Wahrscheinlichkeit $P(X=x_i)$ | Theoretische Häufigkeit $n_i$ |
|---|---|---|---|
| 1 | 0 | 0,367879441 | =C2*300 |
| 2 | 1 | 0,367879441 | =C3*300 |
| 3 | 2 | 0,183939721 | =C4*300 |
| 4 | 3 | 0,06131324 | =C5*300 |
| 5 | 4 | 0,01532831 | =C6*300 |

| i | Merkmalswert $x_i$ | Wahrscheinlichkeit $P(X=x_i)$ | Theoretische Häufigkeit $n_i$ |
|---|---|---|---|
| 1 | 0 | 0,367879441 | 110,3638324 |
| 2 | 1 | 0,367879441 | 110,3638324 |
| 3 | 2 | 0,183939721 | 55,18191618 |
| 4 | 3 | 0,06131324 | 18,39397206 |
| 5 | 4 | 0,01532831 | 4,598493015 |

Nach der Berechnung der *theoretischen Häufigkeiten*, die auftreten müssten, wenn die Hypothese stimmen sollte, können diese nun mit den *tatsächlich beobachteten Häufigkeiten* verglichen werden:

| i | Merkmalswert $x_i$ | Beobachtete Häufigkeit $h_i$ | Theoretische Häufigkeit $n_i$ |
|---|---|---|---|
| 1 | 0 | 131 | 110,4 |
| 2 | 1 | 95 | 110,4 |
| 3 | 2 | 46 | 55,2 |
| 4 | 3 | 20 | 18,4 |
| 5 | 4 | 8 | 4,6 |
| | Gesamt | 300 | |

Nun beginnt ein heftiger Meinungsstreit zwischen Krause 1 und Krause_2: Entspricht die beobachtete Zufalls-Stichprobe den Erwartungen, verhält sie sich ungefähr so wie die Poisson-verteilten Werte, oder ist das nicht der Fall? Krause_1 ist dafür, Krause_2 dagegen. Beide urteilen *gefühlsmäßig*.

Wer will das *gefühlsmäßig* entscheiden? Ist das *wissenschaftlich*? Ist das *objektiv*?

Hier meldet sich Krause_3 zu Wort und erklärt den beiden Streithähnen, dass es seit zweihundert Jahren eine Wissenschaft gibt, die ihnen hilft, zu einer *objektiven Entscheidung* zu kommen. Es ist die *mathematische Statistik*:

▶ **Wichtiger Hinweis** Die *mathematische Statistik* ist ein Angebot an die Praxis, um *Meinungsstreit* und *individuelle Ansicht* hinsichtlich von statistischen Sachverhalten durch ein *begründetes objektives Rechenverfahren* zu ersetzen, das völlig *unabhängig vom persönlichen Gefühl* ist und das nur zwei Ergebnisse kennt:

- Entweder wird festgestellt, dass die Zufalls-Stichprobe *gegen die Hypothese* spricht, dann ist sie *abzulehnen*.
- Oder es wird festgestellt, dass die Zufalls-Stichprobe *nicht gegen die Hypothese* spricht, dann *gibt es keinen Grund zur Ablehnung*.

Dieses Angebot wird seit weit über hundert Jahren in der Praxis verwendet, es hat sich millionenfach bewährt und gilt deshalb heute als gesichert. Derart motiviert, lenken Krause_1 und Krause_2 ein: Wir sollten uns von Krause_3 einmal erklären lassen, wie in unserem Fall die Entscheidung zustande kommen wird. Wer hat denn nun Recht?

Um es vorwegzunehmen – die *objektive statistische Testrechnung* wird Krause_2 recht geben, die gezogene Zufalls-Stichprobe spricht *gegen die Hypothese* der Poisson-Verteilung mit $\lambda = 1$, damit ist diese zugunsten der Gegenhypothese abzulehnen.

## 6.1.2 Prüfgröße

So beginnt Krause_3 seine Erklärung:

Das Angebot der mathematischen Statistik, den unproduktiven Meinungsstreit über die Verteilung einer diskreten Zufallsgröße $X$ durch ein *objektives Rechenverfahren* zu ersetzen, beginnt mit der Vorschrift, wie eine so genannte *Prüfgröße* (bisweilen auch *Teststatistik* genannt) aus den *beobachteten* und den *theoretischen* Häufigkeiten zu berechnen ist.

Für unsere Aufgabenstellung – es ist die *Prüfung einer diskreten Verteilung mit vorgegebenem Parameter* – findet man im Regelwerk der Statistik (zum Beispiel in [1, 6, 19]) folgende Vorschrift:

Wenn die beobachtete Anzahl jedes der $m$ Merkmalswerte mit $h_1, h_2, \ldots, h_m$ und die jeweils theoretische Anzahl mit $n_1, n_2, \ldots, n_m$ bezeichnet wird, dann ist die *Prüfgröße* nach der Formel

$$\text{CHI} = \sum_{i=1}^{m} \frac{(h_i - n_i)^2}{n_i} \tag{6.1}$$

zu berechnen.

Die Verwendung des Symbols *CHI* für den Wert der Prüfgröße wird später erklärt. In der Tat, stimmen Krause_1 und Krause_2 zu, beginnt jetzt die Objektivität, schließlich wird mit dieser klaren Rechenvorschrift *jeder Bearbeiter genau denselben Wert* herausbekommen. Und sie nutzen die bereits begonnene Excel-Tabelle zur Berechnung der *Prüfgröße*:

| i | Merkmalswert $x_i$ | Beobachtete Häufigkeit $h_i$ | Wahrscheinlichkeit $P(X=x_i)$ | Theoretische Häufigkeit $n_i$ | $(h_i-n_i)^2$ | $(h_i-n_i)^2/n_i$ |
|---|---|---|---|---|---|---|
| 1 | 0 | 131 | 0,367879441 | 110,4 | =(C2-E2)^2 | =F2/E2 |
| 2 | 1 | 95 | 0,367879441 | 110,4 | =(C3-E3)^2 | =F3/E3 |
| 3 | 2 | 46 | 0,183939721 | 55,2 | =(C4-E4)^2 | =F4/E4 |
| 4 | 3 | 20 | 0,06131324 | 18,4 | =(C5-E5)^2 | =F5/E5 |
| 5 | 4 | 8 | 0,01532831 | 4,6 | =(C6-E6)^2 | =F6/E6 |
| Gesamt | | 300 | | | | =SUMME(G2:G6) |

| i | Merkmalswert $x_i$ | Beobachtete Häufigkeit $h_i$ | Wahrscheinlichkeit $P(X=x_i)$ | Theoretische Häufigkeit $n_i$ | $(h_i-n_i)^2$ | $(h_i-n_i)^2/n_i$ |
|---|---|---|---|---|---|---|
| 1 | 0 | 131 | 0,367879441 | 110,4 | 425,8514152 | 3,858613879 |
| 2 | 1 | 95 | 0,367879441 | 110,4 | 236,0473445 | 2,138810691 |
| 3 | 2 | 46 | 0,183939721 | 55,2 | 84,30758466 | 1,527811836 |
| 4 | 3 | 20 | 0,06131324 | 18,4 | 2,579325749 | 0,140226686 |
| 5 | 4 | 8 | 0,01532831 | 4,6 | 11,57024977 | 2,516095976 |
| Gesamt | | 300 | | | | 10,18155907 |

Sehr schön, stellen alle fest, doch was sollen wir nun mit der Prüfgröße anfangen?

Überlegen wir doch erst einmal, wie die Prüfgröße zustande kommt, bremst Krause_3: Was wäre beispielsweise, wenn die *beobachteten Häufigkeitswerte* der Zufalls-Stichprobe – was in der Praxis niemals vorkommen würde – hundertprozentig mit den *theoretischen Häufigkeitswerten* übereinstimmen würden? Dann, so stellen seine Gesprächspart-

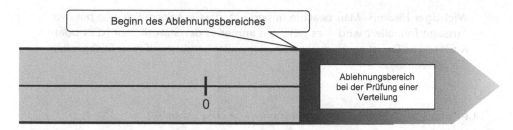

**Abb. 6.2** Ablehnungsbereich

ner fest, ständen in der Spalte F nur Nullen, in der Spalte G auch, und die *Prüfgröße würde Null* werden.

Richtig, und damit haben wir eine populäre Erklärung dafür, was die Schöpfer der mathematischen Statistik sich dachten, als sie genau diese Vorschrift für die Berechnung der Prüfgröße entwickelten:

- Im Idealfall, wenn die Zufalls-Stichprobe genau der Hypothese folgen würde, dann wäre die Prüfgröße Null.
- Je stärker sich die *beobachteten Häufigkeiten* von den *theoretischen Häufigkeiten* unterscheiden (je „schlechter also die Stichprobe ist"), desto größer wird der Wert der Prüfgröße.
- Ist also der Wert der Prüfgröße *zu groß*, hat die Zufalls-Stichprobe offenbar mit der Hypothese nichts zu tun, sie spricht dagegen, die *Hypothese wäre zugunsten der Gegenhypothese abzulehnen.*
- Nur wenn die Prüfgröße *klein genug* ist, dann gäbe es *keinen Grund zur Ablehnung der Hypothese.*

Anschaulich kann man sich das wie in Abb. 6.2 so vorstellen, dass es einen *Ablehnungsbereich* gibt, der mit einem bestimmten Zahlenwert beginnt und von dort bis in das positive Unendlich reicht. Damit werden folgende Entscheidungsregeln formuliert:

- Liegt die *Prüfgröße im Ablehnungsbereich*, dann spricht die gezogene Zufalls-Stichprobe gegen die Hypothese, sie ist *zugunsten der Gegenhypothese* abzulehnen.
- Liegt die Prüfgröße *nicht im Ablehnungsbereich*, dann gibt es mit dieser gezogenen Zufalls-Stichprobe *keinen Grund zur Ablehnung der Hypothese.*

► **Wichtiger Hinweis**  Man beachte unbedingt, dass *in keinem Fall* eine *positive*
Aussage formuliert wird – es gibt, wie immer in der Statistik, nur NEIN oder
NICHT NEIN. Das ist auch verständlich, denn alles beruht ja auf einer Stichprobe,
die *rein zufällig* ist.

> Mit Zufalls-Stichproben kann *niemals etwas bewiesen werden*!

### 6.1.3  Ablehnungsbereich

Doch kommen wir zurück zur Prüfgröße. Es ist logisch, dass nun die folgende Frage
gestellt wird: Gibt es im Regelwerk mathematischen Statistik einen für alle Anwender
gültigen, ganz bestimmten, *festen Zahlenwert* für den *Beginn des Ablehnungsbereiches*?

> Die Antwort ist ein klares NEIN. Es gibt *keinen klar vorgegebenen festen Zah-*
> *lenwert*, bei dessen Überschreitung die Ablehnung der Hypothese zugunsten der
> Gegenhypothese erfolgen muss.

### 6.1.4  Quantil

Der Beginn des Ablehnungsbereiches ist in Abhängigkeit von der Aufgabenstellung mit
Hilfe eines *Quantils* (siehe auch Abschn. 5.6 im Kap. 5) zu berechnen. Welche Verteilungsfunktion als *Lieferantin für das benötigte Quantil* zu verwenden ist, das findet man
im *Regelwerk der Statistik*:

> Für unsere Aufgabenstellung – es ist die *Prüfung einer diskreten Verteilung mit*
> *vorgegebenem Parameter* – findet man im Regelwerk der Statistik (zum Beispiel in
> [1, 6, 19]) die Vorschrift, dass für den Beginn des Ablehnungsbereiches ein Quantil
> der so genannten *CHI-Quadrat-Verteilung mit m − 1 Freiheitsgraden* zu beschaffen
> ist.

Das ist jedoch noch nicht alles. Das Quantil hängt zusätzlich vom so genannten *Signi-*
*fikanzniveau* ab.

### 6.1.5 Signifikanzniveau

Wenn wir uns an die einleitende Diskussion über die vermuteten Eigenschaften der diskreten Zufallsgröße $X$ erinnern, so führte sie dazu, dass das Zufallsexperiment dreihundertmal durchgeführt wurde, dass dreihundert *zufällige* Zahlenereignisse beobachtet und als Stichprobe aufgeschrieben wurden.

> Genauer gesprochen – alle Überlegungen basieren auf einer gezogenen *Zufalls*-Stichprobe.

Folglich kann es bei der Entscheidung, ob die Zufallsgröße $X$ Poisson-verteilt mit $\lambda = 1$ sei oder nicht, zu *zwei Arten von Fehlern* kommen:

- *Fehler 1. Art*: Aufgrund der gezogenen Zufalls-Stichprobe wird im Ergebnis der objektiven statistischen Testrechnung die Hypothese abgelehnt, obwohl sie in Wirklichkeit (die niemand kennt) zutreffend wäre. Das wäre die *versehentliche Ablehnung*.
- *Fehler 2. Art*: Aufgrund der gezogenen Zufalls-Stichprobe wird durch die objektive statistische Testrechnung die Hypothese nicht abgelehnt, obwohl sie in Wirklichkeit abzulehnen wäre. Das wäre die *versehentliche Nichtablehnung*.

► **Wichtiger Hinweis** Der Zufall ist unberechenbar, also *lassen sich beide Fehler nicht vermeiden.* Leider. Man muss mit dem *Risiko einer Fehlentscheidung* leben.

Immerhin bietet die mathematische Statistik jedoch die Möglichkeit, dass der Auftraggeber eines statistischen Tests durch *Vorgabe einer Wahrscheinlichkeit für einen Fehler erster Art* seine *Sorge vor einer versehentliche Ablehnung* in die Rechnung einbringen kann.

> Die Wahrscheinlichkeit für einen Fehler 1. Art nennt man *Signifikanzniveau* oder *Irrtumswahrscheinlichkeit*.

Das *Signifikanzniveau* wird mit dem griechischen Buchstaben $\alpha$ bezeichnet. In der Regel wird $\alpha = 0,05 = 5\,\%$ gewählt. Bei „großer Sorge vor einer vorschnellen Falschablehnung" wird ein Auftraggeber diesen Wert auf $\alpha = 0,01 = 1\,\%$ reduzieren, bisweilen wird sogar ein Test mit $\alpha = 0,001 = 0,1\,\%$ in Auftrag gegeben.

Nehmen wir an, dass bei der Diskussion der drei Herren Krause über ihre Vermutung der Poisson-Verteilung ihrer Zufallsgröße $X$ eine versehentliche Falschablehnung keine dramatischen Folgen hätte – also gehen wir mit $\alpha = 0,05 = 5\,\%$ in den nächsten Abschnitt und erfahren, wie das Signifikanzniveau bei der Quantils-Berechnung berücksichtigt wird und welche Konsequenzen das hat.

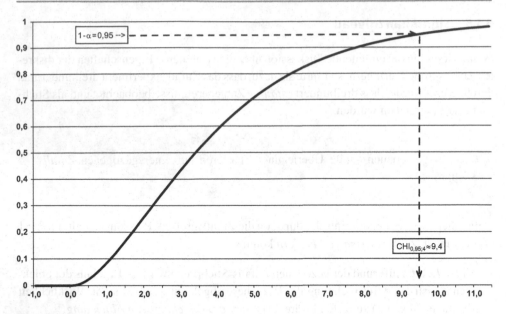

**Abb. 6.3**  Bild der CHI-Quadrat-Verteilung mit 4 Freiheitsgraden

## 6.1.6  CHI-Quadrat-Verteilung

Ein Blick in das Regelwerk der mathematischen Statistik (z. B. in [1, 19]) informiert uns:

> Bei unserer Aufgabenstellung ist der Beginn des Ablehnungsbereiches durch das $(1-\alpha)$-Quantil $CHI_{1-\alpha;\,m-1}$ der CHI-Quadrat-Verteilung mit $m-1$ Freiheitsgraden zu bestimmen.

Da in unserem Beispiel die Anzahl der Merkmalswerte $m$ gleich fünf ist und das gewählte Signifikanzniveau 5 % beträgt, benötigen wir folglich das Quantil $Chi_{0,95\,;\,4}$ der Chi-Quadrat-Verteilung. Um dieses zu beschaffen, gibt es grundsätzlich drei Methoden:

▶  **Methode 1**  Das Bild der Verteilungsfunktion der CHI-Quadrat-Verteilung mit vier Freiheitsgraden wird besorgt, und ausgehend vom Wert 0,95 an der senkrechten Achse wird der Wert des Quantils $CHI_{0,95;4}$ an der waagerechten Achse abgelesen. Abbildung 6.3 zeigt uns das Vorgehen – man liest ungefähr einen Wert von 9,4 ab.

► **Methode 2** Heutzutage bietet Excel die komfortable Möglichkeit, durch Anwendung der Excel-Funktion =CHIINV(...;...) sofort den Wert des Quantils zu erhalten.

Man beachte dabei die Besonderheit, dass nicht $1 - \alpha$, sondern nur $\alpha$ an die erste Stelle der Funktion =CHIINV(...;...) zu übergeben ist;

| Signifikanz-niveau $\alpha$ | $1-\alpha$ | Zahl der Merkmal-werte m | Zahl der Freiheits-grade m-1 | Quantil $chi_{1-\alpha,m-1}$ |
|---|---|---|---|---|
| 0,05 | 0,95 | 5 | 4 | =CHIINV(A2;D2) |

| Signifikanz-niveau $\alpha$ | $1-\alpha$ | Zahl der Merkmal-werte m | Zahl der Freiheits-grade m-1 | Quantil $chi_{1-\alpha,m-1}$ |
|---|---|---|---|---|
| 0,05 | 0,95 | 5 | 4 | 9,487729037 |

► **Methode 3** Das ist die klassische, aber auch heutzutage immer noch praktizierte Variante: Der Lehrende teilt eine Kopie der Tabelle der Quantile der CHI-Quadrat-Verteilung aus, die er zum Beispiel aus [1, 6, 8, 19] kopiert hat, und fordert auf, das passende Quantil abzulesen.

Abbildung 6.4 nennt dazu Beispiele, wobei für unsere gegenwärtige Aufgabenstellung nur von Bedeutung ist, dass für das gesuchte Quantil $CHI_{1-\alpha;\,m-1}$ die $\alpha$-Spalte zu nutzen ist.

## 6.1.7   Entscheidung

Fassen wir zusammen: Für unsere Aufgabenstellung – es ist die *Prüfung einer diskreten Verteilung mit vorgegebenem Parameter* – hatten wir gemäß der Rechenvorschrift im Regelwerk der mathematischen Statistik den *Wert der Prüfgröße* mit 10,18 ermittelt. Wiederum gemäß dem Regelwerk der mathematischen Statistik haben wir für den *Beginn des Ablehnungsbereiches* bei vorgegebenem Signifikanzniveau von 5 Prozent das passende Quantil der CHI-Quadrat-Verteilung mit dem Wert 9,49 erhalten. Skizzieren wir die Situation:

| Anzahl der Freiheitsgrade m | Signifikanzniveau α | | | | | |
|---|---|---|---|---|---|---|
| | 0,99 | 0,975 | 0,95 | 0,05 | 0,025 | 0,01 |
| 1 | 0,00016 | 0,00098 | 0,0039 | 3,8 | 5,0 | 6,6 |
| 2 | 0,020 | 0,051 | 0,103 | 6,0 | 7,4 | 9,2 |
| 3 | 0,115 | 0,216 | 0,352 | 7,8 | 9,3 | 11,3 |
| 4 | 0,297 | 0,484 | 0,711 | 9,5 | 11,1 | 13,3 |
| 5 | 0,554 | 0,831 | 1,145 | 11,1 | 12,8 | 15,1 |
| 6 | 0,872 | 1,24 | 1,64 | 12,6 | 14,4 | 16,8 |
| 7 | 1,2 | 1,7 | 2,2 | 14,1 | 16,0 | 18,5 |
| 8 | 1,6 | 2,2 | 2,7 | 15,5 | 17,5 | 20,1 |
| 9 | 2,1 | 2,7 | 3,3 | 16,9 | 19,0 | 21,7 |
| 10 | 2,6 | 3,2 | 3,9 | 18,3 | 20,5 | 23,2 |
| 11 | 3,1 | 3,8 | 4,6 | 19,7 | 21,9 | 24,7 |
| 12 | 3,6 | 4,4 | 5,2 | 21,0 | 23,3 | 26,2 |
| 13 | 4,1 | 5,0 | 5,9 | 22,4 | 24,7 | 27,7 |
| 14 | 4,7 | 5,6 | 6,6 | 23,7 | 26,1 | 29,1 |
| 15 | 5,2 | 6,3 | 7,3 | 25,0 | 27,5 | 30,6 |
| 16 | 5,8 | 6,9 | 8,0 | 26,3 | 28,8 | 32,0 |
| 17 | 6,4 | 7,6 | 8,7 | 27,6 | 30,2 | 33,4 |
| 18 | 7,0 | 8,2 | 9,4 | 28,9 | 31,5 | 34,8 |
| 19 | 7,6 | 8,9 | 10,1 | 30,1 | 32,9 | 36,2 |
| 20 | 8,3 | 9,6 | 10,9 | 31,4 | 34,2 | 37,6 |
| 21 | 8,9 | 10,3 | 11,6 | 32,7 | 35,5 | 38,9 |
| 22 | 9,5 | 11,0 | 12,3 | 33,9 | 36,8 | 40,3 |
| 23 | 10,2 | 11,7 | 13,1 | 35,2 | 38,1 | 41,6 |
| 24 | 10,9 | 12,4 | 13,8 | 36,4 | 39,4 | 43,0 |
| 25 | 11,5 | 13,1 | 14,6 | 37,7 | 40,6 | 44,3 |
| 26 | 12,2 | 13,8 | 15,4 | 38,9 | 41,9 | 45,6 |
| 27 | 12,9 | 14,6 | 16,2 | 40,1 | 43,2 | 47,0 |
| 28 | 13,6 | 15,3 | 16,9 | 41,3 | 44,5 | 48,3 |
| 29 | 14,3 | 16,0 | 17,7 | 42,6 | 45,7 | 49,6 |
| 30 | 15,0 | 16,8 | 18,5 | 43,8 | 47,0 | 50,9 |

Hinweise (Annotationen rechts):
- $= \text{chi}_{1-\alpha}$ für $\alpha = 0{,}05$ und $m = 4$
- $= \text{chi}_{1-\alpha/2}$ für $\alpha = 0{,}05$ und $m = 12$
- $= \text{chi}_{\alpha}$ für $\alpha = 0{,}05$ und $m = 12$
- $= \text{chi}_{\alpha/2}$ für $\alpha = 0{,}05$ und $m = 16$

**Abb. 6.4** Tabelle der CHI-Quadrat-Verteilung und Hinweise zum richtigen Ablesen

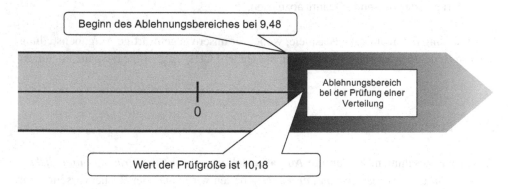

Beginn des Ablehnungsbereiches bei 9,48

0

Ablehnungsbereich bei der Prüfung einer Verteilung

Wert der Prüfgröße ist 10,18

Es ist deutlich zu erkennen: Die Prüfgröße liegt im Ablehnungsbereich. Folglich gilt die Testentscheidung:

Die gezogene Zufalls-Stichprobe spricht *signifikant gegen die Hypothese*. Sie ist *zugunsten der Gegenhypothese abzulehnen.*

▶ **Wichtiger Hinweis** Man beachte zuerst, dass mit dieser Formulierung der Entscheidung keinesfalls gesagt wird, dass die *Gegenhypothese richtig* sein muss. Auch, dass die Hypothese *tatsächlich falsch* ist, wird nicht zum Ausdruck gebracht.

Denn – es sei unbedingt noch einmal wiederholt – alles basiert lediglich auf einer *zufällig gezogenen Stichprobe*. Und alles könnte (leider) auch falsch sein ...

Andererseits – seit Hunderten von Jahren werden auf diese Weise Entscheidungen getroffen für Vorgänge, bei denen der unberechenbare *Zufall* eine Rolle spielt. Und dieses Vorgehen hat sich millionenfach bewährt, und gilt deshalb inzwischen als gesichertes Lehrbuchwissen.

## 6.1.8 Signifikanz

Weiter beachte man aber in der formulierten Entscheidung die neu hinzugekommene Vokabel *signifikant*. Sie bringt sowohl zum Ausdruck, dass

- die Entscheidung nach den Regeln der mathematischen Statistik *objektiv berechnet* wurde,

als auch,

- dass diese Entscheidung *für ein gewisses Signifikanzniveau* $\alpha$ getroffen wurde.

Was wäre nämlich, wenn die Entscheidung mit derselben Stichprobe getroffen würde, aber wenn aus größerer Sorge vor einer Falschablehnung das Signifikanzniveau (die Irrtumswahrscheinlichkeit) auf $\alpha = 0{,}01$, also auf ein Prozent, abgesenkt würde. Offensichtlich bleibt die Prüfgröße von 10,18 unverändert, denn sie entsteht *nur aus den Stichprobenwerten*. Doch das Quantil wird sich wegen $\alpha = 0{,}01$ natürlich zu $CHI_{0{,}99;4}$ ändern:

| Signifikanz-niveau $\alpha$ | 1-$\alpha$ | Zahl der Merkmal-werte m | Zahl der Freiheits-grade m-1 | Quantil chi$_{1-\alpha, m-1}$ |
|---|---|---|---|---|
| 0,01 | 0,99 | 5 | 4 | **13,27670414** |

Folglich beginnt der Ablehnungsbereich *jetzt bei 13,28*:

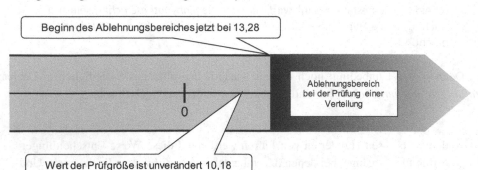

Das Ergebnis: Bei einem Signifikanzniveau von einem Prozent führt die Zufalls-Stichprobe nun *nicht* zur Ablehnung der Hypothese.

▶ **Man beachte**  Wenn das Signifikanzniveau sinkt, dann wandert der Beginn des Ablehnungsbereiches nach rechts.

Das entspricht auch dem, was der gesunde Menschenverstand sagen würde:

Wenn der Auftraggeber seine *Angst vor einer Falschablehnung* durch eine *kleinere Irrtumswahrscheinlichkeit* α in die Rechnung einbringt, dann wird es – das ist logisch – erst später, also bei größerer Signifikanz der Zufalls-Stichprobe, zur Ablehnung kommen.
   Dann muss – populär gesprochen – die Zufalls-Stichprobe also „noch schlechter" sein, um zur Ablehnung zu kommen.

## 6.2   Ablehnungsbereich und *P*-Wert

Im vorigen Kapitel lernten wir eine neue Komponente der mathematischen Statistik kennen – die *beurteilende Statistik* (*induktive Statistik*).

Die beurteilende Statistik enthält Regeln für objektive Rechenverfahren, mit denen man anhand einer gezogenen Zufalls-Stichprobe eine Hypothese gegenüber einer ausgesprochenen Gegenhypothese prüfen kann.

Dafür gilt die folgende Sprachregelung:

- Ergibt die objektive Rechnung, dass die Zufalls-Stichprobe *signifikant gegen die Hypothese* spricht, dann ist *die Hypothese zugunsten der Gegenhypothese abzulehnen.*
- Ergibt die objektive Rechnung, dass die Zufalls-Stichprobe *nicht signifikant gegen die Hypothese* spricht, dann gibt es (mit dieser Stichprobe!) *keinen Grund zur Ablehnung der Hypothese.*

▶ **Wichtiger Hinweis** Man beachte noch einmal, dass in keinem Fall eine *positive Aussage* formuliert wird – denn ein Testergebnis, das auf einer *Zufalls-Stichprobe* beruht, kann niemals etwas beweisen. Es kann nur etwas infrage stellen:

In der beurteilenden Statistik gibt es prinzipiell nur NEIN oder NICHT NEIN. Es wird niemals JA formuliert.

Insofern ist die (leider zu oft benutzte) Bezeichnung dieses Wissenschaftsgebietes als „schließende Statistik" grundsätzlich abzulehnen, denn mit einer solchen Formulierung wird suggeriert, dass man aus einer Zufalls-Stichprobe „etwas schlussfolgern" könnte. Dass man mit einer Zufalls-Stichprobe sogar etwas „beweisen" könne. Und das ist eben nicht der Fall!

## 6.2.1 Testentscheidung mit Prüfgröße und Ablehnungsbereich

Fassen wir nun noch einmal das eben kennen gelernte prinzipielle Vorgehen der *beurteilenden Statistik* zusammen:

- Es wird eine *Hypothese* formuliert.
- Es wird eine *Gegenhypothese* formuliert.
- Es wird ein *Signifikanzniveau* $\alpha$ vom Auftraggeber des Tests vorgegeben, mit dem er seine „Sorge vor einer versehentlichen Falschablehnung" in die Rechnung einbringen kann.
- Es wird eine *Zufalls-Stichprobe* gezogen.
- Aus den Werten der Zufalls-Stichprobe wird nach den – für diese Aufgabe formulierten – Regeln der beurteilenden Statistik die *Prüfgröße* berechnet.
- Es wird über die *Form des Ablehnungsbereiches* nachgedacht.

- In Abhängigkeit von der Aufgabenstellung und dem Signifikanzniveau $\alpha$ wird ein passendes *Quantil* beschafft, mit dem die *Grenze des Ablehnungsbereiches* numerisch ermittelt wird.
- Schließlich wird festgestellt, ob die *Prüfgröße im Ablehnungsbereich* liegt. Liegt sie im Ablehnungsbereich, dann erfolgt eine *Ablehnung der Hypothese zugunsten der Gegenhypothese*. Liegt sie nicht im Ablehnungsbereich, dann gibt es zum vorgegebenen Signifikanzniveau mit dieser Zufalls-Stichprobe *keinen Grund zur Ablehnung der Hypothese*.


## 6.2.2   Testentscheidung mit Überschreitungswahrscheinlichkeit

Sicher, das eben beschriebene Vorgehen ist zwar sehr einsichtig und leicht zu erklären, es ist aber recht aufwändig, insbesondere muss man rechnerischen Aufwand treiben für die

- Ermittlung der Prüfgröße

und nicht geringen geistigen Aufwand für die

- Beschaffung des passenden Quantils.

Letzteres ist vor allem mühsam, wenn noch das klassische Vorgehen mit den Tabellen verlangt wird.

Deshalb haben sich die Programmierer von Statistik-Programmen eine zweite, gleichwertige Rechenmethode ausgedacht, mit der auf ganz einfachem Weg die objektive Testentscheidung möglich wird:

Viele (fast alle) Statistik-Programm berechnen intern nach einer nicht einfachen Rechenvorschrift aus der *Zufalls-Stichprobe* und der für das Quantil zuständigen *Verteilungsfunktion* eine so genannte *Überschreitungswahrscheinlichkeit*, die im allgemeine mit dem Symbol $P$ bezeichnet wird und oft unter der Bezeichnung *P-Wert* mitgeteilt wird.

Dann kann – einfacher als mit Prüfgröße, Quantil und Ablehnungsbereich – durch einfachen Vergleich des $P$-Wertes (der *Überschreitungswahrscheinlichkeit*) mit dem *Signifikanzniveau* $\alpha$ ebenfalls die Testentscheidung getroffen werden:

- Gilt $P < \alpha$, liegt der *Wert der Überschreitungswahrscheinlichkeit P unter dem Signifikanzniveau* $\alpha$, dann spricht die Zufalls-Stichprobe *signifikant gegen die Hypothese*. Die Hypothese ist zugunsten der Gegenhypothese abzulehnen.

- Gilt $P > \alpha$, liegt der *Wert der Überschreitungswahrscheinlichkeit P über dem Signifikanzniveau* $\alpha$, dann spricht die Zufalls-Stichprobe *nicht signifikant gegen die Hypothese*. Es gibt keinen Grund, mit dieser Stichprobe die Hypothese abzulehnen.

Wer also schnellen Erfolg bei der Durchführung eines statistischen Tests sucht und nicht so sehr am Hintergrundwissen interessiert ist, sollte sich stets informieren, ob ihm ein Statistik-Programm zur Verfügung steht, das den *P*-Wert (die Überschreitungswahrscheinlichkeit) liefert.

Dann ist die Aufgabe schnell gelöst:

Auch Excel liefert für viele Aufgabenstellungen den *P*-Wert (die Überschreitungswahrscheinlichkeit).

Betrachten wir zum Beispiel noch einmal unsere Aufgabe – es ist die *Prüfung einer diskreten Verteilung mit vorgegebenem Parameter*.

Sie kann auch mit Hilfe der Excel-Funktion =CHITEST(...;...) behandelt werden: Die Funktion CHITEST benötigt lediglich die *beobachteten* und die dazu berechneten *theoretischen Häufigkeiten*. Das ist alles, die Berechnung der Prüfgröße und die anstrengende Suche nach dem Quantil kann jetzt entfallen:

| i | Merkmalswert $x_i$ | Beobachtete Häufigkeit $h_i$ | Wahrscheinlichkeit $P(X=x_i)$ | Theoretische Häufigkeit $n_i$ |
|---|---|---|---|---|
| 1 | 0 | 131 | 0,367879441 | 110,4 |
| 2 | 1 | 95 | 0,367879441 | 110,4 |
| 3 | 2 | 46 | 0,183939721 | 55,2 |
| 4 | 3 | 20 | 0,06131324 | 18,4 |
| 5 | 4 | 8 | 0,01532831 | 4,6 |
| | Gesamt | 300 | | |

| =CHITEST(C2:C6;E2:E6) | <-- Überschreitungswahrscheinlichkeit |
|---|---|

| i | Merkmalswert $x_i$ | Beobachtete Häufigkeit $h_i$ | Wahrscheinlichkeit $P(X=x_i)$ | Theoretische Häufigkeit $n_i$ |
|---|---|---|---|---|
| 1 | 0 | 131 | 0,367879441 | 110,4 |
| 2 | 1 | 95 | 0,367879441 | 110,4 |
| 3 | 2 | 46 | 0,183939721 | 55,2 |
| 4 | 3 | 20 | 0,06131324 | 18,4 |
| 5 | 4 | 8 | 0,01532831 | 4,6 |
| | Gesamt | 300 | | |

| 0,037477915 | <-- Überschreitungswahrscheinlichkeit |
|---|---|

Die Excel-Funktion CHITEST liefert für die Überschreitungswahrscheinlichkeit den Wert $P = 0{,}037$. Damit können sofort die *Testentscheidungen* getroffen werden:

- Nehmen wir zuerst den Auftraggeber, der für die Prüfung der Hypothese das Signifikanzniveau $\alpha = 0{,}05$ vorgegeben hatte (der also nicht zu viel „Sorge vor einer versehentlichen Falschablehnung" hatte). Wegen $P < \alpha$ lautet die Entscheidung hier: Die Zufalls-Stichprobe spricht *signifikant gegen die Hypothese*. Die Hypothese ist *zugunsten der Gegenhypothese abzulehnen*.

- Nun kommen wir zum zweiten Auftraggeber, der für die Prüfung vorsorglich das Signifikanzniveau $\alpha = 0{,}01$ gewählt hat. Wegen $P > \alpha$ lautet die Entscheidung jetzt: Die Zufalls-Stichprobe spricht *nicht signifikant gegen die Hypothese*. Es gibt keinen Grund, mit dieser Stichprobe die Hypothese abzulehnen.

Wie gesagt, es sind *gleichwertige Rechenverfahren*, da die Berechnung des *P-Wertes* (der Überschreitungswahrscheinlichkeit) jedoch recht kompliziert ist, soll sie hier nicht im Einzelnen dargelegt werden. Aber natürlich wird es ab jetzt stets erwähnt werden, wenn Excel für eine Aufgabenstellung auch den *P*-Wert liefern wird.

### 6.2.3   Achtung – Missbrauch möglich

Hat man für die Durchführung eines statistischen Tests ein Programm zur Verfügung, das den *P*-Wert (die Überschreitungswahrscheinlichkeit) liefert, dann sollte man damit sehr *verantwortungsvoll* umgehen.

Denn – das obige Beispiel hat es schon gezeigt – nach Kenntnis des *P*-Wertes könnte man nachträglich das Signifikanzniveau $\alpha$ so manipulieren, dass ein angestrebtes Testergebnis auch tatsächlich zustande kommen würde. Hierin liegt ein beachtliches *Missbrauchspotential*, nicht zuletzt deshalb hat die Statistik einen nicht so guten Ruf ...

## 6.3 Prüfung von diskreten Verteilungen mit bekannten Parametern

### 6.3.1 Aufgabenstellung

Gegeben ist eine Stichprobe aus einer diskreten Grundgesamtheit, es treten also $m$ verschiedene Merkmalswerte $x_1, x_2, \ldots, x_m$ $(m > 2)$ auf. Die Verteilung soll geprüft werden.

Gegeben sei die *Nullhypothese* $H_0$: $F_X(x) = F_0(x)$, mit der die Vermutung formuliert wird, dass die Stichprobe aus einer $F_0$-verteilten Grundgesamtheit stammt.

Hier gibt es naturgemäß nur die eine *Gegenhypothese* $H_1$: $F_X(x) \neq F_0(x)$.

Ein *Signifikanzniveau* $\alpha$ muss vorgegeben sein. Damit wird die *Wahrscheinlichkeit eines Fehlers 1. Art* gesteuert:

Ein Fehler 1. Art tritt dann auf, wenn die Nullhypothese $H_0$ tatsächlich zutrifft, aber aufgrund der Zufalls-Stichprobe zu Unrecht zugunsten der betrachteten Gegenhypothese abgelehnt wird.

Eine *Zufalls-Stichprobe* mit $n$ Stichprobenwerten $x_1, x_2, \ldots, x_n$ wird gezogen. Die Zahl $n$ heißt dann Umfang der Stichprobe.

### 6.3.2 Vorbereitung

Grundsätzlich: Zuerst muss stets eine *Häufigkeitstabelle* der Stichprobe zusammengestellt werden:

| i | Merkmal- wert $x_i$ | Tatsächliche Anzahl ($n_i$) |
|---|---|---|
| 1 | $x_1$ | $n_1$ |
| 2 | $x_2$ | $n_2$ |
| 3 | $x_3$ | $n_3$ |
| 4 | $x_4$ | $n_4$ |
| 5 | $x_5$ | $n_5$ |
| ... | ... | ... |
| k | $x_k$ | $n_k$ |
| | | $n$ |

Als Nächstes bestimmt man mit der angenommenen diskreten Verteilung die Wahrscheinlichkeiten $p_1$, $p_2$, ..., $p_m$ für das Auftreten jedes Merkmalswertes. Diese Wahrscheinlichkeiten werden jeweils mit der *Gesamtzahl n aller Stichprobenwerte* multipliziert. Es entstehen die Werte für die jeweils *theoretische Anzahl* $e_1$, ..., $e_m$, mit der die Merkmalswerte auftreten würden, wäre die Grundgesamtheit tatsächlich gemäß der Behauptung verteilt:

| i | Merkmal-wert $x_i$ | Tatsächliche Anzahl ($n_i$) | theoretische Wahrscheinlichkeit $P(X=x_i)$ | theoretische Anzahl $e_i=n*P(X=x_i)$ |
|---|---|---|---|---|
| 1 | $x_1$ | $n_1$ | $P(X=x_1)$ | $e_1$ |
| 2 | $x_2$ | $n_2$ | $P(X=x_2)$ | $e_2$ |
| 3 | $x_3$ | $n_3$ | $P(X=x_3)$ | $e_3$ |
| 4 | $x_4$ | $n_4$ | $P(X=x_4)$ | $e_4$ |
| 5 | $x_5$ | $n_5$ | $P(X=x_5)$ | $e_5$ |
| ... | ... | ... | ... | ... |
| k | $x_k$ | $n_k$ | $P(X=x_k)$ | $e_k$ |
|   |   | n |   |   |

Wenn die *vermutete Verteilung* zutreffen würde, dann müssten sich für jeden Merkmalswert ungefähr gleiche Werte für die tatsächliche und die theoretische Anzahl einstellen. Stimmen die Anzahlwerte $h_i$ und $e_i$ in der dritten und fünften Spalte nicht überein – was aufgrund des Zufalls-Charakters der Stichprobe immer zu erwarten ist – dann muss *anstelle der gefühlsmäßigen Entscheidung* gegen die Hypothese (oder nicht gegen die Hypothese) die *objektive Rechnung* nach den *Regeln der mathematischen Statistik* kommen.

## 6.3.3 Schneller Weg zur Entscheidung

### 6.3.3.1 Allgemein

Steht ein *Statistik-Programm* zur Verfügung, das aus den *tatsächlichen Werten* und den *theoretischen Werten* intern den *P-Wert* (die *Überschreitungswahrscheinlichkeit*) berechnet, dann kann sofort die *Entscheidung* formuliert werden:

- Gilt $P < \alpha$, liegt der *Wert der Überschreitungswahrscheinlichkeit P unter dem Signifikanzniveau* $\alpha$, dann spricht die Zufalls-Stichprobe *signifikant gegen die Hypothese*. Die Hypothese ist zugunsten der Gegenhypothese abzulehnen.
- Gilt $P > \alpha$, liegt der *Wert der Überschreitungswahrscheinlichkeit P über dem Signifikanzniveau* $\alpha$, dann spricht die Zufalls-Stichprobe *nicht signifikant gegen die Hypothese*. Es gibt keinen Grund, mit dieser Stichprobe die Hypothese abzulehnen.

### 6.3.3.2 Excel

Mit der Excel-Funktion =CHITEST(...;...) kann der $P$-Wert berechnet werden: Dazu ist an der ersten Stelle der *Bereich der beobachteten Häufigkeiten* und an der zweiten Stelle der Bereich der mit Hilfe der Hypothese-Verteilung berechneten *theoretischen Häufigkeiten* einzutragen.

### 6.3.4 Entscheidung mit Prüfgröße und Quantil

#### 6.3.4.1 Prüfgröße

Die *Prüfgröße CHI* wird nach der folgenden Formel berechnet:

$$\text{CHI} = \sum_{i=1}^{m} \frac{(h_i - e_i)^2}{e_i}. \tag{6.2}$$

#### 6.3.4.2 Ablehnungsbereich

Der *Ablehnungsbereich* hat bei dieser Aufgabe die folgende *Form*: Er beginnt bei einem bestimmten positiven Wert und erstreckt sich von dort aus bis in das positive Unendlich:

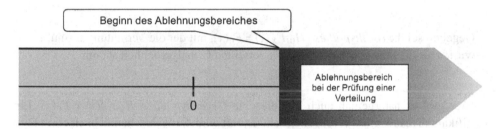

Entsprechend der gegebenen Fragestellung muss das $1-\alpha$-Quantil der CHI-Quadrat-Verteilung mit $m-1$ Freiheitsgraden $\text{CHI}_{1-\alpha,m-1}$ beschafft werden. Es kann mit Hilfe der Excel-Funktion =CHIINV(...;...) beschafft werden, wobei in die Klammern an die erste Position der Zahlenwert von $\alpha$ (!) einzutragen ist. Rechts neben dem Semikolon muss stets die *Anzahl der Freiheitsgrade* stehen. Sie ergibt sich hier aus $m-1$, wobei $m$ die Anzahl der auftretenden Merkmalswerte angibt. Das benötigte Quantil kann auch auf klassische Weise aus einer Tabelle der CHI-Quadrat-Verteilung abgelesen werden.

Der *Ablehnungsbereich* beginnt beim Quantil $\text{CHI}_{1-\alpha,\,m-1}$ und erstreckt sich von dort nach rechts weiter bis in das positive Unendliche.

### 6.3.4.3    Entscheidung mit dem Ablehnungsbereich

- Fällt die Prüfgröße CHI in den Ablehnungsbereich, dann ist die *Nullhypothese zugunsten der Gegenhypothese abzulehnen*: Die Zufalls-Stichprobe spricht dann signifikant gegen die Nullhypothese.
- Andernfalls gibt es *keinen Grund zur Ablehnung der Nullhypothese*: Die Zufalls-Stichprobe spricht nicht signifikant gegen die Hypothese.

### 6.3.4.4    Beispiel

Der Abschn. 6.1 kann als ausführliches Beispiel für diese Aufgabenstellung dienen.

## 6.4    Prüfung einer stetigen Verteilung mit bekannten Parametern

### 6.4.1    Aufgabenstellung

Gegeben ist eine Stichprobe aus einer *stetigen Grundgesamtheit*, es treten also unendlich oder unüberschaubar viele verschiedene Merkmalswerte auf. Die Verteilung soll geprüft werden.

Gegeben sei die *Nullhypothese* $H_0 : F_X(x) = F_0(x)$, mit der die Vermutung formuliert wird, dass die Stichprobe aus einer $F_0$-verteilten Grundgesamtheit stammt.

Hier gibt es naturgemäß auch nur die eine *Gegenhypothese* $H_1 : F_X(x) \neq F_0(x)$. Ein Signifikanzniveau $\alpha$ muss vorgegeben sein. Damit wird die Wahrscheinlichkeit eines Fehlers 1. Art gesteuert:

Ein Fehler 1. Art tritt dann auf, wenn die Nullhypothese $H_0$ tatsächlich zutrifft, aber aufgrund der Zufalls-Stichprobe zu Unrecht zugunsten der betrachteten Gegenhypothese abgelehnt wird.

Eine Zufalls-Stichprobe mit $n$ Stichprobenwerten $x_1, x_2, \ldots, x_n$ wird gezogen. Die Zahl $n$ heißt dann *Umfang der Stichprobe*.

### 6.4.2    Vorbereitung

Man geht nun aus von einer *Häufigkeitstabelle* der Stichprobe, die in diesem Fall angibt, wie viele Werte der Stichprobe in ein jeweils vorgegebenes Intervall fallen. Die Abb. 6.5

| von | bis unter | beobachtete Anzahl | Intervall | $P(m_{i-1} \leq x < m_i)$ $= F_0(m_i) - F_0(m_{i-1})$ | theoretische Anzahl |
|---|---|---|---|---|---|
| $m_0$ | $m_1$ | $n_1$ | $m_0 \leq x < m_1$ | $p_1$ | $e_1 = n * p_1$ |
| $m_1$ | $m_2$ | $n_2$ | $m_1 \leq x < m_2$ | $p_2$ | $e_2 = n * p_2$ |
| $m_2$ | $m_3$ | $n_3$ | $m_2 \leq x < m_3$ | $p_3$ | $e_3 = n * p_3$ |
| $m_3$ | $m_4$ | $n_4$ | $m_3 \leq x < m_4$ | $p_4$ | $e_4 = n * p_4$ |
| $m_4$ | $m_5$ | $n_5$ | $m_4 \leq x < m_5$ | $p_5$ | $e_5 = n * p_5$ |
| ............ | ............ | ............ | ............ | ............ | ............ |
| $m_{k-1}$ | $m_k$ | $n_k$ | $m_{k-1} \leq x < m_k$ | $p_k$ | $e_k = n * p_k$ |
|  |  | $n$ |  |  |  |

**Abb. 6.5** Theoretische Wahrscheinlichkeiten und Intervallhäufigkeiten

enthält in den beiden linken Spalten die *Intervallgrenzen* (auch als *Klassengrenzen* bezeichnet). Diese Häufigkeitstabelle kann mit dem Excel-Werkzeug HISTOGRAMM einfach erzeugt werden. Man beachte dabei jedoch, dass diesem Werkzeug stets die *oberen Klassengrenzen* zu übergeben sind (siehe auch Abschn. 2.3.2.6 im Kap. 2).

> Die dritte Spalte in der Tabelle von Abb. 6.5 enthält dann die *beobachtete Anzahl* der Stichprobenwerte $n_1, n_2, \ldots, n_k$, die in das jeweilige Intervall fallen.

Als Nächstes bestimmt man *mit der angenommenen Verteilungsfunktion* die Wahrscheinlichkeiten dafür, dass die Zufallsgröße einen Wert aus dem Intervall $(m_{i-1}, m_i]$ annimmt. Anschließend multipliziert man die erhaltene Wahrscheinlichkeit jeweils mit der Gesamtzahl $n$ aller Stichprobenwerte. In Abb. 6.5 ist in den drei rechten Spalten das Vorgehen dargestellt.

> Es entstehen die Werte $e_1, e_2, \ldots, e_k$ für die jeweils *theoretische Anzahl*, mit der die Intervalle belegt würden, wäre die Grundgesamtheit tatsächlich gemäß der Behauptung verteilt.

► **Wichtiger Hinweis** Wenn sich für eine oder mehrere Klassen eine theoretische Anzahl von weniger als 5 ergibt, müssen Klassen zusammengefasst und die Rechnung noch einmal wiederholt werden.

Wenn die *vermutete Verteilung* zutreffen würde, dann müssten sich für jedes Intervall ungefähr gleiche Werte für die tatsächliche und die theoretische Anzahl einstellen. Stimmen die Anzahlwerte in der *dritten* und *sechsten Spalte* nicht überein – was aufgrund des

Zufalls-Charakters der Stichprobe zu erwarten ist – dann muss anstelle der *gefühlsmäßigen Entscheidung* gegen die Hypothese (oder nicht gegen die Hypothese) die objektive Rechnung nach den *Regeln der mathematischen Statistik* kommen.

### 6.4.3 Schneller Weg zur Entscheidung

#### 6.4.3.1 Allgemein
Steht ein *Statistik-Programm* zur Verfügung, das aus den *tatsächlichen Werten* und den *theoretischen Werten* intern den *P*-Wert (die Überschreitungswahrscheinlichkeit) berechnet, dann kann sofort die *Entscheidung* formuliert werden:

- Gilt $P < \alpha$, liegt der *Wert der Überschreitungswahrscheinlichkeit P unter dem Signifikanzniveau* $\alpha$, dann spricht die Zufalls-Stichprobe *signifikant gegen die Hypothese*. Die Hypothese ist zugunsten der Gegenhypothese abzulehnen.
- Gilt $P > \alpha$, liegt der *Wert der Überschreitungswahrscheinlichkeit P über dem Signifikanzniveau* $\alpha$, dann spricht die Zufalls-Stichprobe *nicht signifikant gegen die Hypothese*. Es gibt keinen Grund, mit dieser Stichprobe die Hypothese abzulehnen.

#### 6.4.3.2 Excel
Mit der Excel-Funktion =CHITEST(...;...) kann der *P*-Wert berechnet werden: Dazu ist an der ersten Stelle der *Bereich der beobachteten Anzahlwerte* und an der zweiten Stelle der Bereich der mit Hilfe der Hypothese-Verteilung berechneten *theoretischen Anzahlwerte* einzutragen.

### 6.4.4 Entscheidung mit Prüfgröße und Quantil

#### 6.4.4.1 Prüfgröße
Die *Prüfgröße CHI* wird nach der folgenden Formel berechnet:

$$\text{CHI} = \sum_{i=1}^{m} \frac{(h_i - e_i)^2}{e_i} \tag{6.3}$$

#### 6.4.4.2 Ablehnungsbereich
Der *Ablehnungsbereich* hat bei dieser Aufgabe die folgende *Form*: Er beginnt bei einem bestimmten positiven Wert und erstreckt sich von dort aus bis in das positive Unendliche:

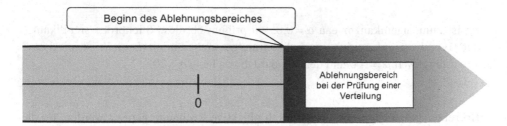

Entsprechend der gegebenen Fragestellung muss das $1 - \alpha$-Quantil der CHI-Quadrat-Verteilung mit $m - 1$ Freiheitsgraden $\text{CHI}_{1-\alpha,\, m-1}$ beschafft werden. Es kann mit Hilfe der Excel-Funktion =CHIINV(...;...) beschafft werden, wobei in die Klammern an die erste Position der Zahlenwert von $\alpha$ (!) einzutragen ist. Rechts neben dem Semikolon muss stets die *Anzahl der Freiheitsgrade* stehen. Sie ergibt sich hier aus $m - 1$, wobei $m$ die Anzahl der Intervalle mit $e_i \geq 5$ angibt. Das benötigte Quantil kann auch auf klassische Weise aus einer Tabelle der CHI-Quadrat-Verteilung abgelesen werden.

Der *Ablehnungsbereich* beginnt beim Quantil $\text{CHI}_{1-\alpha,\, m-1}$ und erstreckt sich von dort nach rechts weiter bis in das positive Unendliche.

### 6.4.4.3 Entscheidung mit dem Ablehnungsbereich

- Fällt die Prüfgröße CHI in den Ablehnungsbereich, dann ist die *Nullhypothese zugunsten der Gegenhypothese abzulehnen*: Die Zufalls-Stichprobe spricht dann signifikant gegen die Nullhypothese.
- Andernfalls gibt es *keinen Grund zur Ablehnung der Nullhypothese*: Die Zufalls-Stichprobe spricht nicht signifikant gegen die Hypothese.

### 6.4.4.4 Beispiel
Die Eintragungen der folgenden Tabelle zeigen, wie die 200 Werte einer Stichprobe über den Bereich von 60 bis 140 verteilt sind:

| von | bis unter | Anzahl ($n_i$) |
|-----|-----------|------------|
| 60 | 70 | 2 |
| 70 | 80 | 15 |
| 80 | 90 | 30 |
| 90 | 100 | 44 |
| 100 | 110 | 52 |
| 110 | 120 | 25 |
| 120 | 130 | 20 |
| 130 | 140 | 12 |
| | | **200** |

> Es ist zum Signifikanzniveau $\alpha = 0,05$ zu prüfen, ob diese Stichprobe signifikant der Hypothese widerspricht, dass die Grundgesamtheit *normalverteilt* ist mit dem Erwartungswert $\mu = 100$ und der Standardabweichung $\sigma = 20$.

Korrekter gesprochen – es muss durch objektive Rechnung geprüft werden, ob diese Stichprobe signifikant gegen die *Hypothese der Normalverteilung* spricht. Natürlich braucht die Gegenhypothese jetzt nicht explizit formuliert zu werden – es ist offensichtlich, dass sie die Normalverteilung mit den gegebenen Parametern verneint.

Zur Vorbereitung werden in ein Excel-Arbeitsblatt in die Zellen A2 bis A9 die linken Intervallgrenzen und in B2 bis B9 die rechten Intervallgrenzen sowie in C2 bis C9 die *tatsächlichen (beobachteten) Anzahlen* eingetragen. Die *Intervall-Wahrscheinlichkeiten* $P(m_i < X \leq m_{i+1})$ $(i = 0, \ldots, m-1)$ für die theoretische Belegung der neun Intervalle müssen nun mit Hilfe der *Normalverteilung* mit den gegebenen Parametern $\mu = 100$ und $\sigma = 20$ gemäß $P(m_i < X \leq m_{i+1}) = P(X \leq m_{i+1}) - P(X \leq m_i)$ berechnet werden.

Also trägt man in die Zelle D2 ein

```
=NORMVERT(B2;100;20;WAHR)-NORMVERT(A2;100;20;WAHR)
```

Mit B2 bzw. A2 wird der Bezug auf die linke und rechte Intervallgrenze hergestellt, die 100 ist der Wert für $\mu$, die 20 steht für $\sigma$, und WAHR muss man eintragen, weil nun der *Wert der Verteilungsfunktion* gesucht ist (siehe Abschn. 5.5 im Kap. 5). Durch Kopieren werden anschließend die Einträge in D3 bis D9 erzeugt. Zur Erzeugung der *theoretischen (hypothetischen) Anzahlen* trägt man anschließend in E2 die Formel =D2*C\$10 ein, nach E3 kommt =D3*C\$10 und so weiter:

| von | bis unter | Anzahl $(n_i)$ | hypothetische Wahrscheinlichkeit | hypothetische Anzahl $(e_i)$ |
|---|---|---|---|---|
| 60 | 70 | 2 | =NORMVERT(B2;100;20;WAHR)-NORMVERT(A2;100;20;WAHR) | =D2*C\$10 |
| 70 | 80 | 15 | =NORMVERT(B3;100;20;WAHR)-NORMVERT(A3;100;20;WAHR) | =D3*C\$10 |
| 80 | 90 | 30 | =NORMVERT(B4;100;20;WAHR)-NORMVERT(A4;100;20;WAHR) | =D4*C\$10 |
| 90 | 100 | 44 | =NORMVERT(B5;100;20;WAHR)-NORMVERT(A5;100;20;WAHR) | =D5*C\$10 |
| 100 | 110 | 52 | =NORMVERT(B6;100;20;WAHR)-NORMVERT(A6;100;20;WAHR) | =D6*C\$10 |
| 110 | 120 | 25 | =NORMVERT(B7;100;20;WAHR)-NORMVERT(A7;100;20;WAHR) | =D7*C\$10 |
| 120 | 130 | 20 | =NORMVERT(B8;100;20;WAHR)-NORMVERT(A8;100;20;WAHR) | =D8*C\$10 |
| 130 | 140 | 12 | =NORMVERT(B9;100;20;WAHR)-NORMVERT(A9;100;20;WAHR) | =D9*C\$10 |

**200**

Es ergeben sich die folgenden Zahlenwerte, und in den beiden hervorgehobenen Bereichen befinden sich die konkurrierenden Angaben – die beobachteten Intervallhäufigkeiten und die theoretischen Intervallhäufigkeiten:

| von | bis unter | Anzahl ($n_i$) | hypothetische Wahrscheinlichkeit | hypothetische Anzahl ($e_i$) |
|---|---|---|---|---|
| 60 | 70 | 2 | 0,0441 | 8,8114 |
| 70 | 80 | 15 | 0,0918 | 18,3696 |
| 80 | 90 | 30 | 0,1499 | 29,9765 |
| 90 | 100 | 44 | 0,1915 | 38,2925 |
| 100 | 110 | 52 | 0,1915 | 38,2925 |
| 110 | 120 | 25 | 0,1499 | 29,9765 |
| 120 | 130 | 20 | 0,0918 | 18,3696 |
| 130 | 140 | 12 | 0,0441 | 8,8114 |
| | | **200** | | |

Wie hier zu sehen ist – eine Identität in den Spalten C und E ist nicht zu erwarten, immerhin basiert alles auf einer *Zufalls*-Stichprobe.

Aber wer will nun *gefühlsmäßig* entscheiden, ob die sichtbaren Unterschiede ausreichend sind, um die Hypothese der Normalverteilung mit dieser Stichprobe zu verwerfen? Oder reichen sie nicht aus?

Nein – hier muss *objektiv* nach den Regeln der mathematischen Statistik gerechnet werden. Steht ein Statistik-Programm zur Verfügung, das aus den Zahlen in den beiden hervorgehobenen Bereichen den *P*-Wert sofort liefert, dann kann sofort die Entscheidung getroffen werden.

Excel kann mit Hilfe der Funktion CHITEST den *P*-Wert sofort liefern:

| =CHITEST(C2:C9;E2:E9) ---> | 0,05550781 |
|---|---|

Schon kann die *Entscheidung* formuliert werden: Mit dem vorgegebenen Signifikanzniveau von 5 Prozent ($\alpha = 0,05$) ergibt sich $P > \alpha$. Also spricht die Stichprobe nicht signifikant gegen die Hypothese.

Es gibt mit dieser Stichprobe keinen Grund zur Ablehnung der Hypothese „Normalverteilung mit $\mu = 100$ und $\sigma = 20$".

Führen wir nun aber für alle, die nicht mit dem *P*-Wert arbeiten können (oder wollen), die Rechnung weiter: Um die Prüfgröße CHI zu ermitteln, müssen an die Tabelle jetzt noch zwei weitere Spalten angefügt werden:

| von | bis unter | beobachtete Anzahl ($n_i$) | hypothetische Wahrscheinlichkeit | hypothetische Anzahl ($e_i$) | $(n_i\text{-}e_i)^2$ | $(n_i\text{-}e_i)^2 / e_i$ |
|---|---|---|---|---|---|---|
| 60 | 70 | 2 | 0,0441 | 8,8114 | 46,3954 | 5,2654 |
| 70 | 80 | 15 | 0,0918 | 18,3696 | 11,3543 | 0,6181 |
| 80 | 90 | 30 | 0,1499 | 29,9765 | 0,0006 | 0,0000 |
| 90 | 100 | 44 | 0,1915 | 38,2925 | 32,5756 | 0,8507 |
| 100 | 110 | 52 | 0,1915 | 38,2925 | 187,8958 | 4,9069 |
| 110 | 120 | 25 | 0,1499 | 29,9765 | 24,7651 | 0,8262 |
| 120 | 130 | 20 | 0,0918 | 18,3696 | 2,6582 | 0,1447 |
| 130 | 140 | 12 | 0,0441 | 8,8114 | 10,1671 | 1,1539 |
| | | **200** | | | | **13,7658** |

Rechts unten erscheint der Wert der Prüfgröße: 13,8. Nun muss nach den Regeln der mathematischen Statistik das Quantil CHI-Quadrat-Verteilung für $\alpha = 0{,}05$ und $m - 1 = 7$ Freiheitsgrade bestimmt werden.

Dazu wird in die Zelle A12 noch einmal die Prüfgröße eingetragen, A13 bekommt das Signifikanzniveau, und in A14 soll dann durch Anwendung der Excel-Funktion CHIINV das Quantil $\text{CHI}_{0{,}95;7}$ erscheinen:

| | |
|---|---|
| 13,7658 | <--Prüfgröße (chi) |
| 0,05 | <-- Signifikanzniveau $\alpha$ |
| =CHIINV(A2;7) | <-- Quantil $\text{chi}_{1\text{-}\alpha,7}$ |

| | |
|---|---|
| 13,7658 | <--Prüfgröße (chi) |
| 0,05 | <-- Signifikanzniveau $\alpha$ |
| 14,06714045 | <-- Quantil $\text{chi}_{1\text{-}\alpha,7}$ |

Somit finden sich in den Zeilen 12 bis 14 alle Angaben, die für die Entscheidung mit Hilfe des Ablehnungsbereiches benötigt werden – die *Prüfgröße*, dazu das *Signifikanzniveau* und das *passende Quantil* gemäß der Entscheidungsvorschrift. Für die Entscheidung kann abgelesen werden:

> Die Prüfgröße liegt *links vom Quantil*, also befindet sie sich *nicht im Ablehnungsbereich*. Die Stichprobe spricht *nicht signifikant* gegen die Hypothese. Es spricht nichts dagegen, die Grundgesamtheit als *normalverteilt* mit dem Erwartungswert $\mu = 100$ und der Standardabweichung $\sigma = 20$ anzusehen.

Welche Entscheidung würde sich jedoch ergeben, wenn das kleinere Signifikanzniveau $\alpha = 0{,}01$ gewählt worden wäre? Erinnern wir uns zuerst an den oben angegebenen Wert der Überschreitungswahrscheinlichkeit $P$ – er beträgt 0,055 und ist wesentlich größer als 0,01. Also ist auch bei diesem Signifikanzniveau keine Ablehnung zu erwarten.

Und wie wäre es, wenn mit Prüfgröße und Quantil entschieden würde?

| 13,7658 | <--Prüfgröße (chi) |
|---|---|
| 0,01 | <-- Signifikanzniveau $\alpha$ |
| 18,47530691 | <-- Quantil chi$_{1-\alpha,7}$ |

Der Beginn des Ablehnungsbereiches wandert – wie nicht anders zu erwarten – nach rechts, so dass nun *erst recht keine Ablehnung der Hypothese* erfolgt. Was wiederum auch logisch ist:

Formulieren wir es populär mit dem gesunden Menschenverstand: Wenn eine Zufalls-Stichprobe bei *normalem Signifikanzniveau* schon nicht in der Lage ist, eine Hypothese zu Fall zu bringen, wie sollte sie es dann bei einem *noch schwächerem Signifikanzniveau*, wenn der Auftraggeber noch mehr Sorge vor einer *vorschnellen Falschablehnung* in die Rechnung einbringt?

## 6.5 Prüfung einer stetigen Verteilung mit unbekannten Parametern

### 6.5.1 Aufgabenstellung

Gegeben ist eine Stichprobe aus einer *stetigen Grundgesamtheit*, es treten also unendlich oder unüberschaubar viele verschiedene Merkmalswerte auf. Die Verteilung soll geprüft werden.

Gegeben sei die *Nullhypothese* $H_0$:$F_X(x) = F_0(x)$, mit der die Vermutung formuliert wird, dass die Stichprobe aus einer $F_0$-verteilten Grundgesamtheit stammt. Dabei sind die *Parameter der Verteilung* aber *nicht bekannt*.

Hier gibt es naturgemäß auch nur die eine *Gegenhypothese* $H_1$:$F_X(x) \neq F_0(x)$. Ein *Signifikanzniveau* $\alpha$ muss vorgegeben sein. Damit wird die Wahrscheinlichkeit eines Fehlers 1. Art gesteuert:

Ein Fehler 1. Art tritt dann auf, wenn die Nullhypothese $H_0$ tatsächlich zutrifft, aber aufgrund der Zufalls-Stichprobe zu Unrecht zugunsten der betrachteten Gegenhypothese abgelehnt wird.

Eine *Zufalls-Stichprobe* mit $n$ Stichprobenwerten $x_1, x_2, \ldots, x_n$ wird gezogen. Die Zahl $n$ heißt dann Umfang der Stichprobe.

## 6.5.2   Vorbereitung

Man benötigt zuerst *Schätzungen* für den/die *unbekannten Parameter*. Diese lassen sich mit Excel-Funktionen leicht aus der kompletten Stichprobe ermitteln. Dann ist eine *Häufigkeitstabelle* der Stichprobe anzufertigen, die angibt, wie viele Werte der Stichprobe in ein jeweils vorgegebenes Intervall fallen.

Als Nächstes bestimmt man *mit der angenommenen Verteilungsfunktion* und den *geschätzten Parametern* die Wahrscheinlichkeiten dafür, dass die Zufallsgröße einen Wert aus dem Intervall $(m_{i-1}, m_i]$ annimmt und multipliziert die erhaltene Wahrscheinlichkeit jeweils mit der Gesamtzahl $n$ aller Stichprobenwerte.

> Es entstehen die Werte $e_1, e_2, \ldots, e_m$ für die jeweils *theoretische Anzahl*, mit der die Intervalle belegt würden, wäre die Grundgesamtheit tatsächlich gemäß der Behauptung verteilt.

Wenn die *vermutete Verteilung* zutreffen würde, dann müssten sich für jedes Intervall ungefähr gleiche Werte für die tatsächliche und die theoretische Anzahl einstellen. Stimmen die beobachteten und theoretischen Anzahlwerte nicht überein – was aufgrund des Zufalls-Charakters der Stichprobe zu erwarten ist – dann muss anstelle der *gefühlsmäßigen Entscheidung* gegen die Hypothese (oder nicht gegen die Hypothese) die objektive Rechnung nach den *Regeln der mathematischen Statistik* kommen.

## 6.5.3   Schneller Weg zur Entscheidung

### 6.5.3.1   Allgemein

Nun benötigt man ein *Statistik-Programm*, das den *besonderen Umstand* berücksichtigen kann, dass in der formulierten Hypothese *keine Parameterwerte* vorgegeben waren, sondern dass bei der Berechnung der theoretischen Anzahlen nur deren *Schätzungen* berücksichtigt wurden.

- Gilt $P < \alpha$, liegt der *Wert der Überschreitungswahrscheinlichkeit P unter dem Signifikanzniveau* $\alpha$, dann spricht die Zufalls-Stichprobe *signifikant gegen die Hypothese*. Die Hypothese ist zugunsten der Gegenhypothese abzulehnen.
- Gilt $P > \alpha$, liegt der *Wert der Überschreitungswahrscheinlichkeit P über dem Signifikanzniveau* $\alpha$, dann spricht die Zufalls-Stichprobe *nicht signifikant gegen die Hypothese*. Es gibt keinen Grund, mit dieser Stichprobe die Hypothese abzulehnen.

### 6.5.3.2   Excel

Die Excel-Funktion =CHITEST(...;...) kann in diesem Fall nicht verwendet werden.

### 6.5.4 Entscheidung mit Prüfgröße und Quantil

#### 6.5.4.1 Prüfgröße
Die *Prüfgröße CHI* wird wie bisher nach der folgenden Formel berechnet:

$$\text{CHI} = \sum_{i=1}^{m} \frac{(h_i - e_i)^2}{e_i}. \tag{6.4}$$

#### 6.5.4.2 Ablehnungsbereich
Der *Ablehnungsbereich* hat bei dieser Aufgabe die folgende *Form*: Er beginnt bei einem bestimmten positiven Wert und erstreckt sich von dort aus bis in das positive Unendlich:

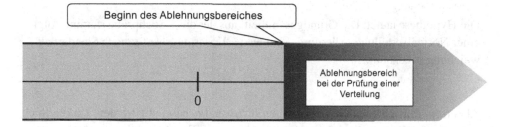

Entsprechend der gegebenen Fragestellung muss ein $1 - \alpha$-Quantil der CHI-Quadrat-Verteilung beschafft werden.

> Die Anzahl der Freiheitsgrade, die bisher gleich der Klassenanzahl minus Eins war, verringert sich jetzt weiter um die *Anzahl der geschätzten Parameter*.

Das Quantil kann wieder mit Hilfe der Excel-Funktion =CHIINV(...;...) beschafft werden, wobei in die Klammern an die erste Position der *Zahlenwert von* $\boldsymbol{\alpha}$ (!) einzutragen ist. Rechts neben dem Semikolon muss stets die *Anzahl der Freiheitsgrade* stehen. Sie ergibt sich jetzt aus $m - 1 - k$, wobei $m$ die *Anzahl der Intervalle* mit $e_i > 5$ angibt und $k$ die *Anzahl der geschätzten Parameter*. Das benötigte Quantil könnte auch auf klassische Weise aus einer Tabelle der CHI-Quadrat-Verteilung abgelesen werden.

> Der *Ablehnungsbereich* beginnt beim Quantil $\text{CHI}_{1 - \alpha,\, m - 1 - k}$ und erstreckt sich von dort nach rechts weiter bis in das positive Unendliche.

### 6.5.4.3   Entscheidung mit dem Ablehnungsbereich

- Fällt die Prüfgröße CHI in den Ablehnungsbereich, dann ist die *Nullhypothese zugunsten der Gegenhypothese abzulehnen*: Die Zufalls-Stichprobe spricht dann signifikant gegen die Nullhypothese.
- Andernfalls gibt es *keinen Grund zur Ablehnung der Nullhypothese*: Die Zufalls-Stichprobe spricht nicht signifikant gegen die Hypothese.

### 6.5.4.4   Beispiel

Betrachten wir eine Excel-Tabelle, bei der in der Spalte A 200 zufällige Beobachtungen eingetragen sind – dort befindet sich also eine *Zufalls-Stichprobe*.

Die Hypothese lautet: Die Grundgesamtheit, aus der diese Stichprobe stammt, folgt einer Normalverteilung. Allerdings sind weder Erwartungswert $\mu$ noch Standardabweichung $\sigma$ bekannt.

Als erstes müssen folglich Schätzungen für $\mu$ und $\sigma$ beschafft werden. Da die Stichprobe in der Spalte A vorliegt, kann das mit den beiden Excel-Funktionen MITTELWERT und STABW erfolgen:

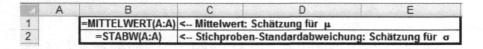

Anschließend wird mit dem Excel-Werkzeug HISTOGRAMM die Abzählarbeit geleistet. Danach müssen die Intervall-Wahrscheinlichkeiten beschafft werden – anstelle von vorgegebenen Parameterwerten müssen die Schätzungen aus den Zellen B1 und B2 verwendet werden:

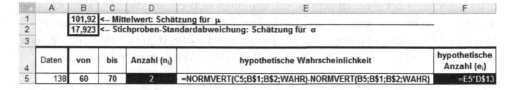

Die weitere Rechnung folgt dem Vorgehen aus Abschn. 6.4.2: Es müssen wieder die zwei Spalten für Hilfsrechnungen angefügt werden, um letztendlich den *Wert der Prüfgröße* zu erhalten. Ob die Prüfgröße mit ihrem Wert von 8,28 ausreicht, um die Hypothese zu Fall zubringen, das entscheidet sich beim Vergleich mit dem passenden Quantil:

| 8,2835 | <--Prüfgröße (chi) |
|---|---|
| 8 | <--Zahl der Klassen (m) |
| 2 | <-- Zahl der geschätzten Parameter |
| 5 | <-- Zahl der Freiheitsgrade |
| 0,05 | <-- Signifikanzniveau $\alpha$ |
| =CHIINV(A5;5) | <-- Quantil $chi_{1-\alpha,5}$ |

| 8,2835 | <--Prüfgröße (chi) |
|---|---|
| 8 | <--Zahl der Klassen (m) |
| 2 | <-- Zahl der geschätzten Parameter |
| 5 | <-- Zahl der Freiheitsgrade |
| 0,05 | <-- Signifikanzniveau $\alpha$ |
| 11,0704977 | <-- Quantil $chi_{1-\alpha,5}$ |

Die Testentscheidung lautet: Die Prüfgröße liegt *links vom Quantil*, also befindet sie sich *nicht im Ablehnungsbereich*. Die Stichprobe spricht *nicht signifikant* gegen die Hypothese. Es spricht nichts dagegen, die Grundgesamtheit als *normalverteilt* anzusehen.

## Literatur

1. Bamberg, G., Baur, F., Krapp, M.: Statistik. Oldenbourg-Verlag, München (2006)

2. Beyer, G., Hackel, H., Pieper, V., Tiedge, J.: Wahrscheinlichkeitsrechnung und mathematische Statistik. Teubner-Verlag, Stuttgart, Leipzig (1999)

3. Bortz, J., Schuster, C.: Statistik für Human- und Sozialwissenschaftler. Springer-Verlag, Berlin, Heidelberg (2010)

4. Bourier, G.: Wahrscheinlichkeitsrechnung und schließende Statistik. Gabler-Verlag, Wiesbaden (2002)

5. Christoph, G., Hackel, H.: Starthilfe Stochastik. Teubner-Verlag, Stuttgart, Leipzig, Wiesbaden (2002)

6. Clauß, G., Finze, F.-R., Partzsch, L.: Statistik. Für Soziologen, Pädagogen, Psychologen und Mediziner. Verlag Harri Deutsch, Frankfurt a. M. (2002)

7. Gehring, U., Weins, C.: Grundkurs Statistik für Politologen und Soziologen. VS Verlag, Wiesbaden (2009)

8. Göhler, W.: Höhere Mathematik – Formeln und Hinweise. Verlag Harri Deutsch, Thun und Frankfurt am Main (2011)

9. Kühnel, S., Krebs, D.: Statistik für die Sozialwissenschaften. Rowohlt-Verlag, Reinbek bei Hamburg (2001)

10. Leiner, B.: Grundlagen statistischer Methoden. Oldenbourg-Verlag, München Wien (1995)

11. Luderer, B., Nollau, V., Vetters, K.: Mathematische Formeln für Wirtschaftswissenschaftler. Vieweg-Verlag, Wiesbaden (2011)

12. Matthäus, H., Matthäus, W.-G.: Mathematik für BWL-Bachelor. Springer-Gabler-Verlag, Wiesbaden (2015)

13. Monka, M., Schöneck, N., Voß, W.: Statistik am PC – Lösungen mit Excel. Hanser Fachbuchverlag, München (2008)

14. Papula, L.: Mathematik für Ingenieure und Naturwissenschaftler. Vieweg+Teubner-Verlag, Wiesbaden (2008)

15. Reiter, G., Matthäus, W.-G.: Marketing-Management mit EXCEL. Oldenbourg-Verlag, München (1998)

16. Reiter, G., Matthäus, W.-G.: Marktforschung und Datenanalyse mit EXCEL. Oldenbourg-Verlag, München (1996)

17. Sauerbier, T., Voss, W.: Kleine Formelsammlung Statistik. Carl Hanser Verlag, München (2008)

18. Schira, J.: Statistische Methoden der VWL und BWL. Pearson-Verlag, München (2005)

19. Storm, R.: Wahrscheinlichkeitsrechnung, mathematische Statistik und statistische Qualitätskontrolle. Hanser-Verlag, München (2007)

20. Untersteiner, H.: Statistik – Datenauswertung mit Excel und SPSS. Verlag UTB, Stuttgart (2007)

21. Wewel, M.: Statistik im Bachelor-Studium der BWL und VWL. Pearson-Verlag, München (2006)

22. Zwerenz, K.: Statistik. Oldenbourg-Verlag, München, Wien (2001)

# Beurteilende Statistik – Parameterprüfung mit einer Stichprobe

**7**

## 7.1 Einführung

### 7.1.1 Das Problem

Im Kap. 6 beschäftigten wir uns mit *qualitativen Fragestellungen*: Wir betrachteten eine *Zufalls-Stichprobe*, das heißt, eine gewisse, zufällig beobachtete Anzahl von *Zahlen-Ergebnissen* eines *Zufallsexperiments*. Und wir prüften zuerst die anfangs nahe liegende Hypothese, *welche Verteilung* überhaupt anzunehmen sei:

> Ausgehend von einer *Hypothese über die Verteilung* wurde *mit objektiver Rechnung* nach den Regeln der mathematischen Statistik herausgefunden, ob mit der vorliegenden Stichprobe die Hypothese zugunsten der Gegenhypothese („Diese Verteilung ist es nicht") *abzulehnen* sei oder ob es – mit dieser Stichprobe – *keinen Grund für die Ablehnung* der Hypothese gibt.

Oft jedoch ist es in der Praxis so, dass die *qualitative Aussage* schon vorhanden ist – man *kennt bereits die Verteilung*.

> Was man aber nicht kennt, das ist bzw. das sind die *Werte der Parameter*.

Sehen wir uns die Grafik in Abb. 7.1 an: Sie beschreibt offensichtlich ein Zufallsexperiment, das nur die beiden Zahlenergebnisse Null und Eins liefert. Es handelt sich also um eine *dichotome (alternative) Zufallsgröße*, die hier beobachtet wird. Betrachten wir zum

© Springer Fachmedien Wiesbaden 2016
H. Matthäus, W.-G. Matthäus, *Statistik und Excel*, DOI 10.1007/978-3-658-07689-4_7

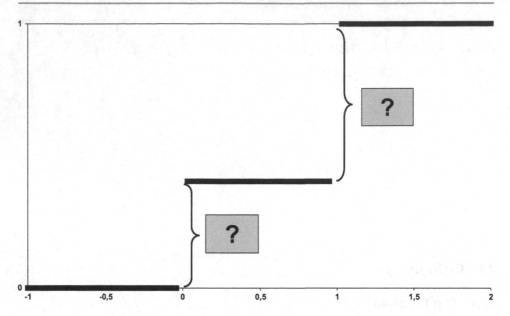

**Abb. 7.1**  Die Art der Verteilung ist bekannt, Parameterwerte aber nicht

Beispiel als *Zufallsexperiment* die Beobachtung der *Einhaltung der Anschnallpflicht* für Fahrer von Kraftfahrzeugen. Hier gibt es nur zwei Möglichkeiten:

- Der Fahrer hat den Gurt angelegt
  oder
- er hat ihn nicht angelegt.

Wenn das Zufalls-Ereignis „Gurt angelegt" mit der *Zahl Eins kodiert* wird und das andere Ereignis „Gurt nicht angelegt" mit der *Zahl Null kodiert* wird, dann folgt die Zufallsgröße $X = $ „Anschnallpflicht beobachten" einer *Zweipunkt-Verteilung*, wie sie in Abb. 7.1 skizziert ist. Kennt man die beiden Sprunghöhen, dann kann man sofort erfahren, mit welcher Wahrscheinlichkeit ein aktuell beobachteter Fahrer den Gurt angelegt hat. In Deutschland ist diese Wahrscheinlichkeit gegenwärtig sicher sehr hoch ...

Wir werden später auf dieses Beispiel zurückkommen. Gehen wir nun jedoch davon aus, dass – wie im Bild – zwar die Art der Verteilung, aber *nicht die Sprunghöhen* bekannt seien. Was zur vollständigen Beschreibung dieser Zufallsgröße dann noch fehlen wird, das ist mit den beiden großen Fragezeichen angedeutet:

Es fehlen die beiden *Sprunghöhen*, das sind die *Wahrscheinlichkeiten* für das *Auftreten der Null und der Eins*. Wobei eigentlich nur *eine Sprunghöhe* fehlt, denn die andere ergibt sich hier als Differenz zur Eins.

Angenommen, ein Auftraggeber formuliert eine *Hypothese über die Sprunghöhe bei der Eins* (also über die Wahrscheinlichkeit $P(X = 1)$) und gibt ein Signifikanzniveau vor.

Wie kann mit Hilfe einer *Zufalls-Stichprobe* entschieden werden, ob *kein Grund zur Ablehnung dieser Hypothese* besteht oder ob sie *zugunsten einer Gegenhypothese abzulehnen* ist?

## 7.1.2  Besonderheit – drei Gegenhypothesen

Welche Gegenhypothese kann aber gemeint sein?

▶ **Wichtiger Hinweis**  Bei der Parameterprüfung gibt es nicht „die Gegenhypothese" wie bisher, sondern es gibt immer *drei verschiedene Gegenhypothesen*:

- Auftraggeber 1 könnte formulieren: Man prüfe mit einer Zufalls-Stichprobe, ob die Hypothese bestehen bleiben kann oder ob sie dahingehend abzulehnen ist, dass der Parameterwert *in Wirklichkeit kleiner* ist.
- Auftraggeber 2 könnte formulieren: Man prüfe mit einer Zufalls-Stichprobe, ob die Hypothese bestehen bleiben kann oder ob sie dahingehend abzulehnen ist, dass der Parameterwert *in Wirklichkeit größer* ist.
- Und Auftraggeber 3 könnte formulieren: Man prüfe mit einer Zufalls-Stichprobe, ob die Hypothese bestehen bleiben kann oder ob sie dahingehend abzulehnen ist, dass der Parameterwert *in Wirklichkeit ganz anders* ist.

Sehen wir uns dazu drei ausführliche Beispiele an.

## 7.1.3  Beispiel für eine links einseitige Fragestellung

### 7.1.3.1  Aufgabenstellung

Im Lande Erewhon ist die Gurtpflicht für Autofahrer eingeführt worden. Langsam spricht sich die neue gesetzliche Regelung herum, und nach vier Wochen vermuten die offiziellen Stellen aufgrund der ihnen zugegangenen Informationen, dass sich immerhin 50 Prozent der Autofahrer jetzt anschnallen. Die Polizei bezweifelt das. Weil aber die Kräfte nicht ausreichen, ausnahmslos alle Autos im Lande bei jeder Fahrt überprüfen zu können, entschließt man sich in den Chefetagen der Ordnungshüter, der *Hypothese von den 50 Prozent* die *Gegenhypothese* entgegenzustellen, dass dieser Prozentsatz *in Wirklichkeit viel geringer* wäre.

▶ **Man beachte**  Wird diese Gegenhypothese formuliert, dann spricht man von der *links-einseitigen Fragestellung*.

In den Ferien werden Schüler beauftragt, 500 Autos an verschiedenen Stellen des Landes und zu verschiedenen Zeiten zu beobachten. Sie zählen 240 Autofahrer mit Gurt, 260 ohne Gurt. In Prozent ausgedrückt: 48 Prozent fahren mit Gurt, 52 Prozent ohne. Rein *gefühlsmäßig* könnte man den Polizisten Recht geben:

> Die Stichprobe *scheint* gegen die Hypothese zugunsten der formulierten Gegenhypothese zu sprechen.

Doch von *Gefühlen* kann man sich in diesem Fall natürlich nicht leiten lassen.

> Schließlich gibt es ja die mathematische Statistik, die uns auf objektive, vom Gefühl völlig unabhängige Weise rein rechnerisch ermitteln lässt, ob die Stichprobe nicht nur gefühlsmäßig, sondern *signifikant* gegen die Hypothese spricht oder nicht.

Bevor wir aber zur Entscheidungsrechnung kommen, müssen wir uns noch die Tragweite einer vorschnellen Fehlentscheidung vor Augen führen. Wird es sehr dramatisch sein, wird es viel Geld kosten, wenn die Polizei zu Unrecht Recht bekommt? Wenn ein Fehler 1. Art auftritt? Wenn die zufällig beobachtete Stichprobe eine Situation vorspiegelt, die der Wirklichkeit nicht entspricht? Wenn die Hypothese der Gurt-Anlegequote von 50-Prozent verworfen wird zugunsten der Gegenhypothese, dass diese Quote geringer sei – wenn dieses Verwerfen aber falsch wäre?

Nun, so sehr dramatisch und kostenintensiv wird eine solche Fehlentscheidung nicht sein, also wählen wir das *übliche Signifikanzniveau von 5 Prozent*. Damit kann man leben. So wird auch in der Praxis oft überlegt. Das Signifikanzniveau wird wieder mit dem Buchstaben $\alpha$ beschrieben und absolut als Teil der Eins angegeben.

> Wir formulieren also: $\alpha = 0{,}05$.

Nun ist alles vorbereitet, wir verfügen über *Hypothese, Gegenhypothese, Stichproben-Ergebnis* und *Signifikanzniveau*:

- Hypothese: $H_0$: $p_0 = 50\,\%$,
- Gegenhypothese: $H_1$: $p < p_0$,
- Stichprobe: Umfang $n = 500$, beobachteter Prozentsatz $p^* = 48\,\%$,
- Signifikanzniveau $\alpha = 0{,}05$.

Suchen wir nun danach, wie wir die *Prüfgröße, Form* und *Grenzen des Ablehnungsbereiches* erhalten können. Für unsere Aufgabenstellung müssen wir im *Fundus der mathematischen Statistik* die Rechenregeln für die „Prüfung des Anteilwertes bei großen Stichproben" finden und anwenden. Sie sind oft auch zu finden unter der Überschrift „Gauß-Tests".

### 7.1.3.2 Prüfgröße

Die Rechenvorschrift für die Prüfgröße bei dieser Aufgabenstellung (*Prüfung des Anteilwertes bei großen Stichproben*) findet man z. B. in [1] und [19]:

$$z = \frac{p^* - p_0}{\sqrt{p_0 \frac{(100-p_0)}{n}}}. \tag{7.1}$$

Mit den gegebenen Zahlenwerten ergibt sich

$$z = \frac{48 - 50}{\sqrt{50 \frac{(100-50)}{500}}} = -0{,}89. \tag{7.2}$$

Auch hier kann man die Sinnfälligkeit dieser Rechenvorschrift diskutieren: Wäre das Stichprobenergebnis ausnahmsweise identisch mit dem Hypothesenwert, dann würde sich als *Prüfgrößenwert* die *Zahl Null* ergeben. Je „schlechter" jedoch die Zufalls-Stichprobe ist, desto weiter entfernt sich der Wert der Prüfgröße von der Null. Das bedeutet: Ist der beobachtete Prozentsatz kleiner als der Hypothesenwert (wie in unserem Beispiel), dann entfernt sich der Prüfgrößenwert von der Null hinweg nach links in den *Negativbereich* der Zahlengeraden.

Zu klären wäre somit, ab welchem negativem Wert der Prüfgröße eine *Ablehnung der Hypothese* erfolgen soll.

Einen festen, starr vorgegebenen Wert wird es auch hier nicht geben.

Vielmehr wird der Beginn des Ablehnungsbereiches wieder durch ein bestimmtes *Quantil* in Abhängigkeit vom *Signifikanzniveau* festgelegt werden.

### 7.1.3.3 Form des Ablehnungsbereiches

Wie soeben festgestellt, wird der Ablehnungsbereich bei dieser Aufgabenstellung *und der Gegenhypothese „kleiner"* (also der *links einseitigen Fragestellung*) die folgende Form bekommen:

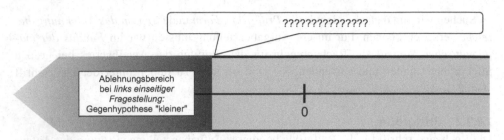

### 7.1.3.4  Grenze des Ablehnungsbereiches

Der Ablehnungsbereich *beginnt im negativen Unendlichen* und endet bei *einem bestimmten negativen Wert*. Gesucht ist demzufolge für die links einseitige Fragestellung der rechte Rand dieses Ablehnungsbereiches. Schlagen wir dafür zum Thema *Test des Anteilwertes bei einer großen Stichprobe* zum Beispiel in [1] im Abschn. 14.4 nach:

> Der rechte Randwert des Ablehnungsbereiches ergibt sich bei dieser Aufgabenstellung durch das $\alpha$-*Quantil* $z_\alpha$ der *Standardnormalverteilung N(0,1;x)* für das gewählte $\alpha$.

Erinnern wir uns an den Abschn. 5.6.2.2 in Kap. 5, wie wir uns das $0{,}05$-Quantil $z_{0{,}05}$ der Standardnormalverteilung beschaffen können:

▶ **Methode 1**  Das Quantil $z_{0{,}05}$ kann, wie in Abb. 7.2 gezeigt wird, durch *Ablesen aus dem Graph der Standardnormalverteilung* erfolgen. Man geht vom Wert 0,05 auf der senkrechten Achse aus und bekommt damit an der waagerechten Achse den ungefähren Wert −1,6 für das Quantil.

▶ **Methode 2**  Wer den Zahlenwert des Quantils $z_{0{,}05}$ genauer haben möchte, kann ihn mit Hilfe der Excel-Funktionen STANDNORMINV oder NORMINV anfordern:

| Signifikanzniveau $\alpha$ | $z_\alpha$ | $z_\alpha$ |
|---|---|---|
| 0,05 | =STANDNORMINV(A2) | =NORMINV(A2;0;1) |

| Signifikanzniveau $\alpha$ | $z_\alpha$ | $z_\alpha$ |
|---|---|---|
| 0,05 | -1,644853627 | -1,644853627 |

▶ **Methode 3**  Die so genannte klassische Methode besteht im *Ablesen des Quantils* in einer *Tafel der Standardnormalverteilung*, wie sie zum Beispiel in [8] und vielen anderen Formelsammlungen zur Statistik zu finden ist.

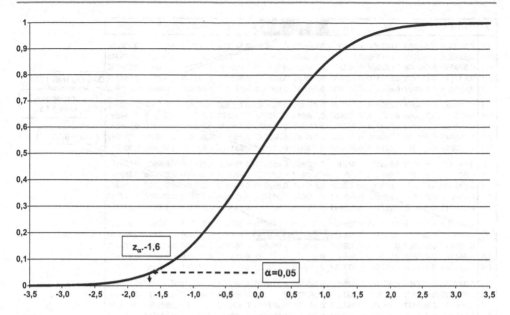

**Abb. 7.2** Ablesen von $z_{0,05}$ am Graph der Standardnormalverteilung

Abbildung 7.3 zeigt eine solche Tafel und lässt sofort ein Problem erkennen: Wir suchen das 0,05-Quantil, aber diese Tafel (wie viele andere auch) scheint uns erst Quantile für $\alpha$ ab 0,5 zu ermöglichen. Was ist zu tun? Sehen wir uns in Abb. 7.2 den Graph der Standardnormalverteilung an. Er ist *streng rotationssymmetrisch* um den Nullpunkt.

Folglich können wir erkennen, dass $z_{0,05}$ gleich dem negativen Wert von $z_{0,95}$ ist:

$$z_{0,05} = -z_{0,95}. \tag{7.3}$$

Wie das Quantil $z_{0,95}$ abgelesen wird, das ist in der Tafel hervorgehoben: Man sucht zuerst im Inneren der Tafel den Wert 0,95 – oder den Bereich, in dem 0,95 liegen wird. Dann kann man links und oben das Quantil ablesen, gegebenenfalls wäre zu interpolieren: Es ergibt sich $z_{0,95}$ mit dem ungefähren Wert von 1,65, oder – wenn man genauer hinsieht – der Mitte zwischen −1,64 und 1,65. Folglich wird $z_{0,05}$ zu −1,645.

| x | 0,00 | 0,01 | 0,02 | 0,03 | 0,04 | 0,05 | 0,06 | 0,07 | 0,08 | 0,09 |
|---|------|------|------|------|------|------|------|------|------|------|
| 0,0 | 0,500000 | 0,503989 | 0,507978 | 0,511966 | 0,515953 | 0,519939 | 0,523922 | 0,527903 | 0,531881 | 0,535856 |
| 0,1 | 0,539828 | 0,543795 | 0,547758 | 0,551717 | 0,555670 | 0,559618 | 0,563559 | 0,567495 | 0,571424 | 0,575345 |
| 0,2 | 0,579260 | 0,583166 | 0,587064 | 0,590954 | 0,594835 | 0,598706 | 0,602568 | 0,606420 | 0,610261 | 0,614092 |
| 0,3 | 0,617911 | 0,621720 | 0,625516 | 0,629300 | 0,633072 | 0,636831 | 0,640576 | 0,644309 | 0,648027 | 0,651732 |
| 0,4 | 0,655422 | 0,659097 | 0,662757 | 0,666402 | 0,670031 | 0,673645 | 0,677242 | 0,680822 | 0,684386 | 0,687933 |
| 0,5 | 0,691462 | 0,694974 | 0,698468 | 0,701944 | 0,705401 | 0,708840 | 0,712260 | 0,715661 | 0,719043 | 0,722405 |
| 0,6 | 0,725747 | 0,729069 | 0,732371 | 0,735653 | 0,738914 | 0,742154 | 0,745373 | 0,748571 | 0,751748 | 0,754903 |
| 0,7 | 0,758036 | 0,761148 | 0,764238 | 0,767305 | 0,770350 | 0,773373 | 0,776373 | 0,779350 | 0,782305 | 0,785236 |
| 0,8 | 0,788145 | 0,791030 | 0,793892 | 0,796731 | 0,799546 | 0,802337 | 0,805105 | 0,807850 | 0,810570 | 0,813267 |
| 0,9 | 0,815940 | 0,818589 | 0,821214 | 0,823814 | 0,826391 | 0,828944 | 0,831472 | 0,833977 | 0,836457 | 0,838913 |
| 1,0 | 0,841345 | 0,843752 | 0,846136 | 0,848495 | 0,850830 | 0,853141 | 0,855428 | 0,857690 | 0,859929 | 0,862143 |
| 1,1 | 0,864334 | 0,866500 | 0,868643 | 0,870762 | 0,872857 | 0,874928 | 0,876976 | 0,879000 | 0,881000 | 0,882977 |
| 1,2 | 0,884930 | 0,886861 | 0,888768 | 0,890651 | 0,892512 | 0,894350 | 0,896165 | 0,897958 | 0,899727 | 0,901475 |
| 1,3 | 0,903200 | 0,904902 | 0,906582 | 0,908241 | 0,909877 | 0,911492 | 0,913085 | 0,914657 | 0,916207 | 0,917736 |
| 1,4 | 0,919243 | 0,920730 | 0,922196 | 0,923641 | 0,925066 | 0,926471 | 0,927855 | 0,929219 | 0,930563 | 0,931888 |
| 1,5 | 0,933193 | 0,934478 | 0,935745 | 0,936992 | 0,938220 | 0,939429 | 0,940620 | 0,941792 | 0,942947 | 0,944083 |
| **1,6** | 0,945201 | 0,946301 | 0,947384 | 0,948449 | **0,949497** | **0,950529** | 0,951543 | 0,952540 | 0,953521 | 0,954486 |
| 1,7 | 0,955435 | 0,956367 | 0,957284 | 0,958185 | 0,959070 | 0,959941 | 0,960796 | 0,961636 | 0,962462 | 0,963273 |
| 1,8 | 0,964070 | 0,964852 | 0,965620 | 0,966375 | 0,967116 | 0,967843 | 0,968557 | 0,969258 | 0,969946 | 0,970621 |
| 1,9 | 0,971283 | 0,971933 | 0,972571 | 0,973197 | 0,973810 | 0,974412 | 0,975002 | 0,975581 | 0,976148 | 0,976705 |
| 2,0 | 0,977250 | 0,977784 | 0,978308 | 0,978822 | 0,979325 | 0,979818 | 0,980301 | 0,980774 | 0,981237 | 0,981691 |
| 2,1 | 0,982136 | 0,982571 | 0,982997 | 0,983414 | 0,983823 | 0,984222 | 0,984614 | 0,984997 | 0,985371 | 0,985738 |
| 2,2 | 0,986097 | 0,986447 | 0,986791 | 0,987126 | 0,987455 | 0,987776 | 0,988089 | 0,988396 | 0,988696 | 0,988989 |
| 2,3 | 0,989276 | 0,989556 | 0,989830 | 0,990097 | 0,990358 | 0,990613 | 0,990863 | 0,991106 | 0,991344 | 0,991576 |
| 2,4 | 0,991802 | 0,992024 | 0,992240 | 0,992451 | 0,992656 | 0,992857 | 0,993053 | 0,993244 | 0,993431 | 0,993613 |
| 2,5 | 0,993790 | 0,993963 | 0,994132 | 0,994297 | 0,994457 | 0,994614 | 0,994766 | 0,994915 | 0,995060 | 0,995201 |
| 2,6 | 0,995339 | 0,995473 | 0,995604 | 0,995731 | 0,995855 | 0,995975 | 0,996093 | 0,996207 | 0,996319 | 0,996427 |
| 2,7 | 0,996533 | 0,996636 | 0,996736 | 0,996833 | 0,996928 | 0,997020 | 0,997110 | 0,997197 | 0,997282 | 0,997365 |
| 2,8 | 0,997445 | 0,997523 | 0,997599 | 0,997673 | 0,997744 | 0,997814 | 0,997882 | 0,997948 | 0,998012 | 0,998074 |
| 2,9 | 0,998134 | 0,998193 | 0,998250 | 0,998305 | 0,998359 | 0,998411 | 0,998462 | 0,998511 | 0,998559 | 0,998605 |
| 3,0 | 0,998650 | 0,998694 | 0,998736 | 0,998777 | 0,998817 | 0,998856 | 0,998893 | 0,998930 | 0,998965 | 0,998999 |
| x | 0,00 | 0,01 | 0,02 | 0,03 | 0,04 | 0,05 | 0,06 | 0,07 | 0,08 | 0,09 |

*Annotationen:* Das Quantil liegt zwischen 1,64 und 1,65 · $1-\alpha = 0{,}95$

**Abb. 7.3** Suche nach dem 0,05-Quantil in einer Tabelle der Standardnormalverteilung

Mit dem so beschafften Quantil $z_{0,05}$ kennen wir den Ablehnungsbereich genau, er beginnt (von links gesehen) im negativen Unendlichen und endet bei $-1{,}645$:

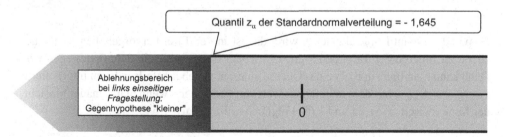

Quantil $z_\alpha$ der Standardnormalverteilung = - 1,645

Ablehnungsbereich bei *links einseitiger Fragestellung:* Gegenhypothese "kleiner"

0

### 7.1.3.5 Entscheidung

Damit können wir das Ergebnis feststellen: Die Prüfgröße liefert den Wert $z = -0{,}8944$. Sie liegt *nicht im Ablehnungsbereich*. Das Testergebnis ist also NICHT NEIN.

Die Zufallsstichprobe spricht *nicht signifikant gegen die Hypothese*. Es gibt aufgrund dieser Zufallsstichprobe keinen Anlass, der 50-Prozent-Annahme zu widersprechen.

### 7.1.3.6 Diskussion

Etwas überraschend ist dieses Ergebnis schon: Die Zufalls-Stichprobe liefert mit immerhin *48 Prozent* Gurtanleger-Quote ein beachtlich von der *50-Prozent Hypothese* abweichendes Ergebnis. Sie spricht *gefühlsmäßig* sehr gegen die Hypothese, vom *Gefühl* her hätte man den Polizisten mit ihrer Gegenhypothese gern Recht gegeben. Aber die *objektive statistische Rechnung* lieferte ein anderes Ergebnis:

Wohl spricht die Zufalls-Stichprobe gefühlsmäßig gegen die Hypothese, aber sie spricht nicht signifikant gegen die Hypothese. Die Vokabel *signifikant* macht den Unterschied!

Woran mag das liegen? Überlegen wir: Es kann doch wohl nur an dem bescheidenen Umfang der Stichprobe liegen. Ist die Stichprobe klein, dann hat sie eben „nicht die Kraft", eine Hypothese aus dem Feld zu schlagen. Überprüfen wir das: Stellen wir uns vor, dass der Stichprobenumfang schrittweise wachsen würde, und beobachten wir dabei, wie sich dann die Prüfgröße verändert:

| Umfang der Stichprobe n | Wert der Prüfgröße |
|---|---|
| 500 | -0,8944 |
| 600 | -0,9798 |
| 700 | -1,0583 |
| 800 | -1,1314 |
| 900 | -1,2000 |
| 1000 | -1,2649 |
| 1100 | -1,3266 |
| 1200 | -1,3856 |
| 1300 | -1,4422 |
| 1400 | -1,4967 |
| 1500 | -1,5492 |
| 1600 | -1,6000 |
| 1700 | -1,6492 |
| 1800 | -1,6971 |
| 1900 | -1,7436 |

$\Longleftarrow$ ------ Quantil $z_{0,05}$=-1,645

Hier zeigt es sich: Erst wenn mehr als 1600 Fahrzeuge mit der Anschnallquote von 48 Prozent beobachtet worden wären, wäre es zum *signifikanten Widerspruch* gekommen, dann wäre die 50-Prozent-Hypothese tatsächlich zugunsten der Gegenhypothese „es sind weniger" abzulehnen gewesen. Nutzen wir Excel aber noch einmal, um ein Gedankenexperiment durchzuführen: Wie klein hätte die Anschnallquote denn eigentlich sein müssen, damit bei den 500 Beobachtungen bereits ein signifikanter Widerspruch entstehen würde? Sehen wir es uns an:

| Beobachtete Anschnallquote p* | Wert der Prüfgröße |
|---|---|
| 48,0 | -0,8944 |
| 47,5 | -1,1180 |
| 47,0 | -1,3416 |
| 46,5 | -1,5652 |
| | |
| 46,0 | -1,7889 |
| 45,5 | -2,0125 |
| 45,0 | -2,2361 |

$\longleftarrow$ - - - - - Quantil $z_{0,05}$=-1,645 (bei Wert -1,7889)

Mit einer Anschnallquote von weniger als 46 Prozent hätten die 500 Beobachtungen ausgereicht, um die 50-Prozent-Hypothese zugunsten der Gegenhypothese „es sind weniger" zu Fall zu bringen.

### 7.1.4   Beispiel für eine rechts einseitige Fragestellung

#### 7.1.4.1   Aufgabenstellung
Drei Monate später. Der Verband der Autofahrer des Landes hat seine eigenen Untersuchungen angestellt und behauptet seinerseits, dass die ursprünglich formulierten 50 Prozent längst überholt seien; ein viel größerer Prozentsatz der Fahrzeugführer lege nun den Gurt an. Der Verband formuliert seine Gegenhypothese: Der Prozentsatz der gesetzestreuen Autofahrer ist entschieden *höher als fünfzig Prozent*.

▶    **Man beachte**  Wird diese Gegenhypothese formuliert, dann spricht man von der *rechts-einseitigen Fragestellung*.

Wieder werden Schüler an die Kreuzungen gesetzt und beobachten die Autofahrer. Diesmal wird bei $n = 1000$ Piloten festgestellt, dass 530 von ihnen den Gurt anlegten. Da frohlockt die Interessenvertretung, denn mit den beobachteten 53 Prozent bei immerhin 1000 Fahrzeugen scheint sie ihr Anliegen deutlich unterstreichen zu können. Sicher, die Stichprobe spricht wohl *rein gefühlsmäßig* gegen die Hypothese. Aber – spricht sie auch *signifikant* dagegen? Was sagt die objektive Entscheidungsrechnung? Weil der Verband sich seiner Sache sehr sicher sein will, beauftragt er ein Testbüro, die Entscheidungsrechnung mit dem Signifikanzniveau $\alpha = 0,01$ durchzuführen. Man will sicher gehen, dass nicht vielleicht aufgrund zufälliger Einflüsse auf die Stichprobe eine vorschnelle Falsch-Ablehnung der Hypothese erfolgt.

Wir formulieren also: $\alpha = 0{,}01$.

Nun ist alles vorbereitet, wir verfügen über *Hypothese*, *Gegenhypothese*, *Stichproben-Ergebnis* und *Signifikanzniveau*:

- Hypothese: $H_0$: $p_0 = 50\%$,
- Gegenhypothese: $H_1$: $p > p_0$,
- Stichprobe: Umfang $n = 1000$, beobachteter Prozentsatz $p^* = 53\%$,
- Signifikanzniveau $\alpha = 0{,}01$.

Suchen wir nun danach, wie wir die *Prüfgröße, Form* und *Grenzen des Ablehnungsbereiches* erhalten können. Für unsere Aufgabenstellung müssen wir im *Fundus der mathematischen Statistik* wieder die Rechenregeln für die „Prüfung des Anteilwertes bei großen Stichproben" finden und anwenden.

### 7.1.4.2 Prüfgröße

Die Rechenvorschrift für die Prüfgröße bei dieser Aufgabenstellung (Prüfung des Anteilwertes bei großen Stichproben) ist dieselbe wie im vorigen Abschnitt:

$$z = \frac{p^* - p_0}{\sqrt{p_0 \frac{(100 - p_0)}{n}}}. \tag{7.4}$$

Mit den gegebenen Zahlenwerten ergibt sich

$$z = \frac{53 - 50}{\sqrt{50 \frac{(100 - 50)}{500}}} = 1{,}897. \tag{7.5}$$

Auch hier kann man die Sinnfälligkeit dieser Rechenvorschrift diskutieren: Wäre das Stichprobenergebnis ausnahmsweise identisch mit dem Hypothesenwert, dann würde sich als *Prüfgrößenwert* die *Zahl Null* ergeben. Je „schlechter" jedoch die Zufalls-Stichprobe ist, desto weiter entfernt sich der Wert der Prüfgröße von der Null. Ist der beobachtete Prozentsatz größer als der Hypothesenwert (wie in unserem jetzigen Beispiel), dann entfernt sich der Prüfgrößenwert von der Null hinweg nach rechts in den *Positivbereich* der Zahlengeraden. Zu klären wäre somit, ab welchem positiven Wert der Prüfgröße eine *Ablehnung der Hypothese* erfolgen soll.

Einen festen, starr vorgegebenen Wert wird es auch hier nicht geben. Vielmehr wird der Beginn des Ablehnungsbereiches wieder durch ein bestimmtes *Quantil* in Abhängigkeit vom *Signifikanzniveau* festgelegt werden.

### 7.1.4.3 Form des Ablehnungsbereiches

Wie soeben festgestellt, wird der Ablehnungsbereich bei dieser Aufgabenstellung *und der Gegenhypothese „größer"* (also der *rechts einseitigen Fragestellung*) die folgende Form bekommen:

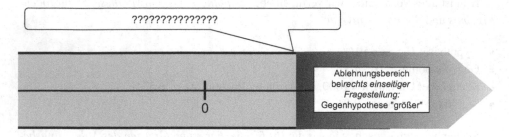

### 7.1.4.4 Grenze des Ablehnungsbereiches

Der Ablehnungsbereich beginnt jetzt *bei einem bestimmten positiven Wert* und endet *im positiven Unendlichen.*

> Gesucht ist demzufolge für die *rechts einseitige Fragestellung* der linke Rand (der Anfang) dieses Ablehnungsbereiches.

Schlagen wir dafür zum Thema *Test des Anteilwertes bei einer großen Stichprobe* zum Beispiel in [1] im Abschn. 14.4 nach:

> Der linke Randwert des Ablehnungsbereiches ergibt sich bei dieser Aufgabenstellung durch das *$1-\alpha$-Quantil $z_{1-\alpha}$ der Standardnormalverteilung $N(0,1;x)$* für das gewählte $\alpha$.

Der Auftraggeber, der Automobilclub, hatte bekanntlich $\alpha = 0{,}01$ gewählt. Mit $1-\alpha = 0{,}99$ ergibt sich, dass der Ablehnungsbereich beim 0,99-Quantil $z_{0,99}$ beginnt. Wieder könnten wir dieses Quantil aus dem Graph der Standardnormalverteilung in Abb. 7.2 ablesen. Wir könnten auch klassisch vorgehen und im Inneren der Tafel in Abb. 7.3 den Wert 0,99 finden und an Kopfspalte und -zeile das Quantil finden. Am schnellsten und bequemsten ist jedoch die Nutzung der Excel-Funktionen STANDNORMINV oder NORMINV:

| Signifikanzniveau $\alpha$ | $1-\alpha$ | $z_{1-\alpha}$ | $z_{1-\alpha}$ |
|---|---|---|---|
| 0,01 | 0,99 | =STANDNORMINV(B2) | =NORMINV(B2;0;1) |

| Signifikanzniveau $\alpha$ | $1-\alpha$ | $z_{1-\alpha}$ | $z_{1-\alpha}$ |
|---|---|---|---|
| 0,01 | 0,99 | 2,32634787 | 2,32634787 |

Mit dem so beschafften Quantil $z_{0,99}$ kennen wir jetzt den Ablehnungsbereich genau, er beginnt bei 2,326 und endet im positiven Unendlichen:

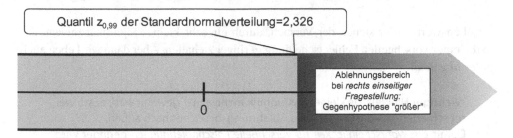

### 7.1.4.5 Entscheidung

Damit können wir das Ergebnis feststellen: Die Prüfgröße liefert den Wert $z = 1,897$. Sie liegt *nicht im Ablehnungsbereich*. Das Testergebnis ist also NICHT NEIN.

> Bei dem vorgegebenen Signifikanzniveau von einem Prozent spricht die Zufalls-stichprobe *nicht signifikant gegen die Hypothese*. Es gibt aufgrund dieser Zufalls-stichprobe keinen Anlass, der 50-Prozent-Annahme zu widersprechen.

### 7.1.4.6 Diskussion

Auch dieses Ergebnis überrascht: Die Zufalls-Stichprobe, jetzt doppelt so groß wie im vorigen Beispiel, liefert mit immerhin *53 Prozent* Gurtanleger-Quote doch ein recht gutes Ergebnis. Woran liegt es, dass trotzdem keine Ablehnung der 50-Prozent-Hypothese zugunsten der Autoklub-Gegenhypothese „die Quote ist größer" erfolgte? Natürlich, es kann wieder die zu geringe Größe der Stichprobe sein. Aber auch eine andere Tatsache für das „Scheitern" des Automobilklubs soll hier nicht verschwiegen werden: Es ist die Festlegung des Signifikanzniveaus auf nur 1 Prozent. Wenn der Autoklub die *üblichen 5 Prozent* gewählt hätte, dann würde der Ablehnungsbereich bereits bei 1,645 beginnen:

| Signifikanzniveau $\alpha$ | $1-\alpha$ | $z_{1-\alpha}$ | $z_{1-\alpha}$ |
|---|---|---|---|
| 0,05 | 0,95 | 1,64485363 | 1,64485363 |

Erkenntnis: Mit einem Signifikanzniveau von 5 Prozent würde die Prüfgröße mit ihrem Wert von 1,897 im Ablehnungsbereich liegen. Dann spräche die beobachtete Zufalls-Stichprobe tatsächlich nicht nur *gefühlsmäßig*, sondern auch *signifikant* gegen die Hypothese, sie wäre zugunsten der Gegenhypothese abzulehnen ...

Lobenswert war er sicher, der Versuch, durch ein sehr kleines Signifikanzniveau das Risiko einer vorschnellen Fehlentscheidung geringer zu halten. Aber dann wird eben auch *später abgelehnt*.

► **Wichtiger Hinweis** Je kleiner das Signifikanzniveau $\alpha$ gewählt wird, desto weiter schieben sich die Grenzen des Ablehnungsbereiches nach außen: Damit die *Wahrscheinlichkeit für vorschnelle Falschablehnungen* geringer wird, wird bei kleinerem Signifikanzniveau $\alpha$ später abgelehnt.

### 7.1.5    Beispiel für eine zweiseitige Fragestellung

#### 7.1.5.1    Aufgabenstellung

Ein paar Monate später. Es sind wieder Schulferien. Der Gesetzgeber will nun selbst prüfen, ob seine ursprüngliche Annahme überhaupt noch stimmen kann. Dabei ist er auf alles gefasst – dass sich nun sowohl ein *geringerer* als auch ein *höherer Prozentsatz* herausstellen kann. Die Prüfer werden also beauftragt, der Hypothese „*50 % der Autofahrer legen den Gurt an*" diesmal die Gegenhypothese „*Dieser Wert stimmt nicht, der Prozentsatz ist anders*" gegenüberzustellen. Wieder werden an zufällig ausgewählten Standorten zu zufälligen Zeiten die Autofahrer beobachtet. In 2000 beobachteten Fahrzeugen sieht man nun 1046 angeschnallte Fahrer sitzen. Prozentual ausgedrückt sind es also 52,3 Prozent.

► **Man beachte** Diese Aufgabenstellung wird als Prüfung des Anteilwertes bei großen Stichproben mit *zweiseitiger Fragestellung* bezeichnet.

Als *Irrtumswahrscheinlichkeit* werden diesmal die üblichen 5 Prozent vorgegeben, also wird $\alpha = 0,05$ festgelegt.

Wir formulieren also: $\alpha = 0,05$.

Nun ist alles vorbereitet, wir verfügen über *Hypothese*, *Gegenhypothese*, *Stichproben-Ergebnis* und *Signifikanzniveau*:

- Hypothese: $H_0$: $p_0 = 50\%$,
- Gegenhypothese: $H_1$: $p \neq p_0$,
- Stichprobe: Umfang $n = 2000$, beobachteter Prozentsatz $p^* = 52,3\%$,
- Signifikanzniveau $\alpha = 0,05$.

Suchen wir nun danach, wie wir die *Prüfgröße, Form* und *Grenzen des Ablehnungsbereiches* erhalten können: Wir verwenden wieder die uns aus den beiden vorhergehenden Abschnitten bekannten Beziehungen für die Prüfgröße und ihre Verteilung, so wie sie bei der „Prüfung des Anteilswertes bei großen Stichproben" vorgegeben sind.

### 7.1.5.2 Prüfgröße

Die Rechenvorschrift für die Prüfgröße bei dieser Aufgabenstellung (Prüfung des Anteilwertes bei großen Stichproben) ist wiederum dieselbe wie im vorigen Abschnitt:

$$z = \frac{p^* - p_0}{\sqrt{p_0 \frac{(100 - p_0)}{n}}}. \tag{7.6}$$

Mit den gegebenen Zahlenwerten ergibt sich

$$z = \frac{52,3 - 50}{\sqrt{50 \frac{(100 - 50)}{500}}} = 2,057. \tag{7.7}$$

Wieder kann man die *Sinnfälligkeit* dieser Rechenvorschrift diskutieren: Wäre das Stichprobenergebnis ausnahmsweise identisch mit dem Hypothesenwert, dann würde sich als *Prüfgrößenwert* die *Zahl Null* ergeben. Je „schlechter" jedoch die Zufalls-Stichprobe ist, desto weiter entfernt sich der Wert der Prüfgröße von der Null. Ist der beobachtete Prozentsatz *wesentlich größer* oder *wesentlich kleiner* als der Hypothesenwert (wie in unserem jetzigen Beispiel), dann entfernt sich der Prüfgrößenwert von der Null hinweg nach links oder nach rechts in den *Negativ- oder Positivbereich* der Zahlengeraden.

Zu klären wäre somit, wo der linke bzw. der rechte Teil des Ablehnungsbereiches beginnen wird?

Feste, starr vorgegebene Werte wird es auch hier nicht geben.

Vielmehr wird der Ablehnungsbereich wieder durch ein bestimmtes *Quantil* in Abhängigkeit vom *Signifikanzniveau* festgelegt werden.

### 7.1.5.3    Form des Ablehnungsbereiches

Wie soeben festgestellt wurde, wird der Ablehnungsbereich bei dieser Aufgabenstellung *und der Gegenhypothese „ungleich"* (also der *zweiseitigen Fragestellung*) die folgende Form bekommen:

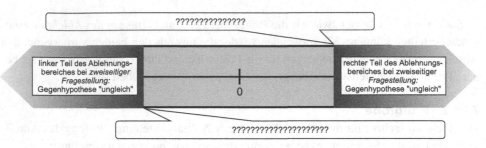

### 7.1.5.4    Grenzen des Ablehnungsbereiches

In den Lehrbüchern der Statistik (z. B. [1] und [19]) wird mitgeteilt:

> Der Randwert des *linken Teils des Ablehnungsbereiches* ergibt sich bei vorgegebenem $\alpha$ aus dem Quantil $z_{\alpha/2}$ der Standardnormalverteilung. Der Randwert des *rechten Teils des Ablehnungsbereiches* ergibt sich aus dem Quantil $z_{1-\alpha/2}$ derselben Verteilung.

Mit dem vorgegeben $\alpha = 0,05$ sind also die Quantile $z_{0,025}$ und $z_{0,975}$ zu ermitteln, am einfachsten ist dafür die Nutzung der Excel-Funktion STANDNORMINV:

| Signifikanzniveau $\alpha$ | $\alpha/2$ | $z_{\alpha/2}$ | $1-\alpha/2$ | $z_{1-\alpha/2}$ |
|---|---|---|---|---|
| 0,05 | 0,025 | -1,95996398 | 0,975 | 1,95996398 |

Machen wir uns mit einer Skizze den nun *zweigeteilten Ablehnungsbereich* klar:

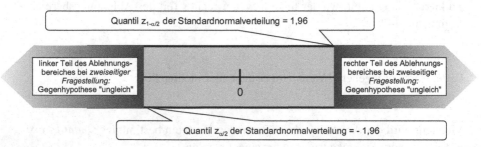

### 7.1.5.5 Entscheidung

Wir erkennen: Offensichtlich liegt die Prüfgröße deutlich im rechten Teil des Ablehnungsbereiches, denn der Prüfgrößen-Wert 2,057 ist größer als 1,96. Demnach lautet nun das Ergebnis der Entscheidungsrechnung: NEIN. Anders formuliert: Diese Zufallsstichprobe spricht *signifikant gegen die Hypothese*.

> Folglich ist die *Hypothese zugunsten der Gegenhypothese abzulehnen*.

Der Gesetzgeber sollte sich also von den 50 Prozent trennen, dieser Zahlenwert ist wahrscheinlich überholt.

### 7.1.5.6 Diskussion

Übrigens ist mit dem Test nur diese Aussage gegen die 50-Prozent-Hypothese gefunden worden. Welcher neue Zahlenwert für den aktuellen Prozentsatz der Gurtanleger nun tatsächlich gilt – dazu hat der Test keinerlei Aussage geliefert.

Der neue Prozentsatz müsste aus einer Zufallsstichprobe geschätzt werden; wie man dazu vorzugehen hat, das wird zum Beispiel in [1] oder [19] geschildert.

> Oder – wie es in der Praxis oft gemacht wird – ein neuer Prozentsatz wird als *Hypothese* formuliert, dann wird eine neue Stichprobe gezogen und erneut mit der zweiseitigen *Gegenhypothese* geprüft.

## 7.2 Prüfung des Anteilwertes bei großen Stichproben

### 7.2.1 Drei Fragestellungen

Gegeben ist eine Stichprobe aus einer dichotomen (alternativen) Grundgesamtheit – in der Stichprobe treten folglich nur *zwei verschiedene Merkmalswerte* auf. Wir wollen der Einfachheit halber davon ausgehen, dass es die beiden Werte *Null* und *Eins* sind.

> Die Stichprobe umfasse nicht weniger als $n = 36$ Werte (dann bezeichnet man sie hier bereits als groß).

Aufgabenstellung: Wir wollen den Anteilswert $p_0 = P(X = 1)$ der Grundgesamtheit prüfen. Dazu gehen wir von der Nullhypothese $H_0: p = p_0$ aus. Mit ihr wird behauptet, dass der Anteilswert in der Grundgesamtheit gleich $p_0$ sei. Folgende *drei Fragestellungen für die Gegenhypothese* sind – entsprechend der Interessenlage des Auftraggebers – möglich:

- Links einseitige Fragestellung: $H_{1,\text{links}}$: $p < p_0$,

(Falls als Behauptung formuliert wird: Der Anteilswert ist *kleiner* als durch die Nullhypothese vorgegeben.)

- Rechts einseitige Fragestellung: $H_{1,\text{rechts}}$: $p > p_0$,

(Falls als Behauptung formuliert wird: Der Anteilswert ist *größer* als durch die Nullhypothese vorgegeben.)

- Zweiseitige Fragestellung: $H_{1,\text{zweiseitig}}$: $p \neq p_0$.

(Falls als Behauptung formuliert wird: Der Anteilswert ist *anders* als durch die Nullhypothese vorgegeben.)

Weiter muss ein Signifikanzniveau $\alpha$ vorgegeben sein.

Mit dem *Signifikanzniveau* (der *Irrtumswahrscheinlichkeit*) steuert der Auftraggeber des Tests die *Wahrscheinlichkeit eines Fehlers 1. Art*: Ein *Fehler 1. Art* tritt dann auf, wenn die Nullhypothese $H_0$ tatsächlich zutrifft, aber aufgrund der Zufallsstichprobe zu Unrecht zugunsten der jeweils formulierten Gegenhypothese abgelehnt wird.

Eine *Zufallsstichprobe* mit $n$ Stichprobenwerten $x_1, x_2, \ldots, x_n$ wird gezogen. Die Zahl $n$ heißt dann Umfang der Stichprobe. Der *prozentuale Anteil der Einsen* in der Stichprobe liefert den beobachteten Prozentsatz $p^*$.

Nun ist alles vorbereitet, wir verfügen über *Hypothese, Gegenhypothese, Stichproben-Ergebnis* und *Signifikanzniveau*:

- Hypothese: $H_0$: $p = p_0$,
- mögliche Gegenhypothesen:
  $H_1$: $p < p_0$ (links einseitige Fragestellung) oder
  $H_1$: $p > p_0$ (rechts einseitige Fragestellung) oder
  $H_1$: $p \neq p_0$ (zweiseitige Fragestellung),
- Stichprobe vom Umfang $n$, $n \geq 36$, beobachteter Prozentsatz $p^*$,
- Signifikanzniveau $\alpha$.

## 7.2.2 Prüfgröße

Unabhängig davon, ob es sich um die links einseitige, die rechts einseitige oder die zwei-seitige Fragestellung handelt, ist aus

- dem Hypothesenwert $p_0$, dem
- beobachteten Prozentsatz $p^*$ und dem
- Stichprobenumfang $n$

nach folgender Vorschrift die Prüfgröße $z$ zu berechnen:

$$z = \frac{p^* - p_0}{\sqrt{p_0 \frac{(100 - p_0)}{n}}}. \tag{7.8}$$

## 7.2.3 Formen der Ablehnungsbereiche

In Abhängigkeit von der formulierten Gegenhypothese gibt es *drei Formen für den Ablehnungsbereich*:

*Links einseitige Aufgabenstellung*: Hat der Auftraggeber des Tests die Gegenhypothese $H_1$: $p < p_0$ formuliert, behauptet er also, dass der Anteilwert *in Wirklichkeit geringer sei als durch die Hypothese vorgegeben*, dann beginnt der Ablehnungsbereich im negativen Unendlichen und endet bei einer bestimmten negativen Zahl:

*Rechts einseitige Aufgabenstellung*: Hat der Auftraggeber des Tests die Gegenhypothese $H_1$: $p > p_0$ formuliert, behauptet er also, dass der Anteilwert *in Wirklichkeit größer sei als durch die Hypothese vorgegeben*, dann beginnt der Ablehnungsbereich bei einer bestimmten positiven Zahl und endet im positiven Unendlichen:

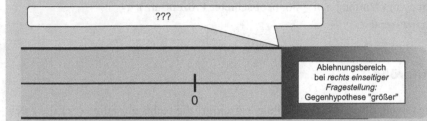

*Zweiseitige Aufgabenstellung*: Hat der Auftraggeber des Tests die Gegenhypothese $H_1$: $p \neq p_0$ formuliert, behauptet er also, dass der Anteilwert *in Wirklichkeit völlig anders sei als durch die Hypothese vorgegeben*, dann beginnt der *linke Teil des Ablehnungsbereiches* im negativen Unendlichen und endet bei einer bestimmten negativen Zahl, der *rechte Teil des Ablehnungsbereiches* beginnt bei einer positiven Zahl und endet im positiven Unendlichen:

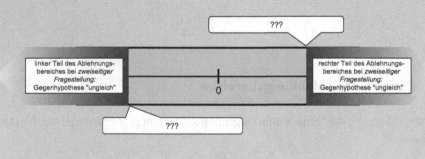

## 7.2.4   Grenzen der Ablehnungsbereiche

Bei dieser Aufgabenstellung werden die Grenzen des Ablehnungsbereiches in jedem Fall durch *Quantile der Standardnormalverteilung* bestimmt. Aus diesem Grunde gehört diese Aufgabenstellung (Prüfung des Anteilwertes bei großen Stichproben) zu den so genannten *Gauß-Tests*.

Entsprechend der gegebenen Fragestellung müssen verschiedene *Quantile der Standardnormalverteilung* beschafft werden, um die Grenzen der jeweiligen Ablehnungsbereiche erkennen zu können:

- *Links einseitige Fragestellung (Gegenhypothese „kleiner"):* Hier wird das $\alpha$-Quantil $z_\alpha$ der *Standardnormalverteilung* benötigt. Es kann aus der Tabelle der Standardnormalverteilung abgelesen oder mit Hilfe der Excel-Funktion STANDNORMINV beschafft werden, wobei in die Klammern der Zahlenwert von $\alpha$ einzutragen ist. Das ermittelte Quantil bildet dann den rechten Rand des Ablehnungsbereiches.
- *Rechts einseitige Fragestellung (Gegenhypothese „größer"):* Hier wird das $1-\alpha$-Quantil $z_{1-\alpha}$ der *Standardnormalverteilung* benötigt. Es kann aus der Tabelle der Standardnormalverteilung abgelesen oder mit Hilfe der Excel-Funktion STANDNORMINV beschafft werden, wobei in die Klammern der Zahlenwert von $1-\alpha$ einzutragen ist. Das ermittelte Quantil bildet dann den linken Rand des Ablehnungsbereiches.
- *Zweiseitige Fragestellung (Gegenhypothese „ungleich"):* Hier werden die Quantile $z_{\alpha/2}$ und $z_{1-\alpha/2}$ der *Standardnormalverteilung* benötigt. Sie können aus der Tabelle der Standardnormalverteilung abgelesen oder mit Hilfe der Excel-Funktion STANDNORMINV beschafft werden, wobei in die Klammern die Zahlenwerte von $\alpha/2$ bzw. $1-\alpha/2$ einzutragen sind (man kann hierbei auch nutzen, dass $z_{\alpha/2} = -z_{1-\alpha/2}$ gilt). Das ermittelte *negative Quantil* bildet dann den *rechten Rand des linken Teils des Ablehnungsbereiches*, das ermittelte *positive Quantil* bildet den *linken Rand des rechten Teils des Ablehnungsbereiches*.

## 7.2.5   Entscheidung

- Fällt die Prüfgröße $z$ in den Ablehnungsbereich der betrachteten Fragestellung, dann ist die *Nullhypothese zugunsten der betrachteten Gegenhypothese* abzulehnen: Die Zufallsstichprobe spricht bei dieser Gegenhypothese signifikant gegen die Nullhypothese.
- Andernfalls gibt es keinen Grund zur Ablehnung der Nullhypothese: Die Zufallsstichprobe spricht *nicht signifikant gegen die Hypothese.*

## 7.2.6   Beispiel

Im Abschn. 7.1 dieses Kapitels ist eine Aufgabenstellung dieser Art mit allen drei möglichen Gegenhypothesen ausführlich vorgerechnet worden.

## 7.3  Prüfung von Erwartungswerten mit großen Stichproben

### 7.3.1  Grundsätzliches

In der bekannten Brauerei „SchaumBremsBräu" arbeitet eine Abfüllmaschine, die in jede Flasche genau einen halben Liter des wohlschmeckenden Gerstensaftes hineinlassen soll, keinen Milliliter mehr oder weniger. Das aber ist unsere Grundgesamtheit:

> Die Grundgesamtheit ist die *Menge aller interessierenden Merkmalsträger* (hier die Bierflaschen), die das Merkmal (das abgefüllte Biervolumen) tragen.

Bei der Abfüllmaschine handelt sich jedoch um Technik, und Technik ist wohl nie ganz fehlerfrei. Der *Zufall* schlägt zu: Also gelangt manchmal etwas mehr, manchmal etwas weniger Bier in die Flaschen. Man kann wohl davon ausgehen, dass die Maschine gewissermaßen „normal" arbeitet, die Abfüllmengen sind *normalverteilt*, sie schwanken um einen zentralen Wert, den *Erwartungswert* und werden mit zunehmendem Abstand vom Erwartungswert immer unwahrscheinlicher. Wollten wir sichere Ergebnisse für diesen Erwartungswert, dann müssten wir die *komplette Tagesproduktion* aufwändig daraufhin prüfen, welchen Inhalt *jede Flasche* hat. Die Überprüfung der gesamten Tagesproduktion – das wäre eine *Totalerhebung*, sie würde uns *sichere Ergebnisse* über den tatsächlichen Füllungsgrad liefern. Wenn dann der Durchschnittswert von 0,5 Litern herauskäme, könnten wir zufrieden sein, die Tagesproduktion wäre freizugeben.

Aber wer soll das bezahlen? Wie lange soll das dauern? Wer soll die vielen Messungen durchführen? Stattdessen wird also nur eine Hypothese über die Eigenschaft der Grundgesamtheit formuliert.

> $H_0$: Die Flaschen der Tagesproduktion enthalten im Mittel 0,5 Liter. Die Hypothese (oft auch als Nullhypothese bezeichnet) ist der erste Bestandteil jedes Parametertests.

Damit kommen wir zum zweiten Schritt: Ein Mitarbeiter greift mit verbundenen Augen in die Kästen und entnimmt eine Anzahl von Flaschen aus der Tagesproduktion. Rein zufällig.

> Als zweites wird eine Zufallsstichprobe vom Umfang $n$ gezogen.

Bevor nun aber nach den Regeln der beurteilenden Statistik gerechnet wird, muss zunächst unbedingt die *zutreffende Gegenhypothese* erkundet werden.

Der dritte Bestandteil jedes statistischen Tests ist die Gegenhypothese.

Denn es ist grundsätzlich davon auszugehen, dass eine Prüfung einer Hypothese stets *aus einem gewissen Grund* erfolgt. Eine Prüfung einer Hypothese hat immer einen Auftraggeber. Und dieser hat seine Interessenlage.

► **Wichtiger Hinweis** Die Entscheidung über Ablehnung oder Nichtablehnung einer Hypothese kann nur erfolgen, wenn man die Interessen des Auftraggebers kennt.

Es gibt also nie eine Prüfung einer Hypothese „an sich", sondern immer unter Berücksichtigung der jeweiligen Interessenlage. Stellen wir uns beispielsweise drei verschiedene Auftraggeber für unsere Bierflaschen-Prüfung vor:

Zuerst nehmen wir den *Verband der Biertrinker*. Er wird die Hypothese sicher nur daraufhin prüfen lassen, ob *im Mittel zu wenig Bier* abgefüllt wird. Er will anhand der Stichprobe nachgewiesen haben, dass die Trinker betrogen werden. Das ist seine Interessenlage. Folglich formuliert er seine *Gegenhypothese* so: Die Flaschen dieser Tagesproduktion enthalten *im Mittel weniger als 0,5 Liter Bier*. Wird in seinem Sinne der Test durchgeführt, dann spricht man von der *links einseitigen Fragestellung*.

Nehmen wir nun aber den *Besitzer der Brauerei*. Ihn stört es sicher, wenn im Mittel zu viel in die Flaschen kommt – schließlich ist es sein Geld. Er wird also seine *Gegenhypothese* so formulieren: Die Flaschen dieser Tagesproduktion enthalten *im Mittel mehr als 0,5 Liter Bier*. Wird in seinem Sinne der Test durchgeführt, dann spricht man von der *rechts einseitigen Fragestellung*.

Als dritten Auftraggeber betrachten wir den *Produzenten der Abfüllmaschine*. Ihn interessiert natürlich, ob die Maschine überhaupt genau arbeitet; er wird seine Gegenhypothese so formulieren: Die Flaschen dieser Tagesproduktion enthalten im Mittel entweder mehr oder weniger als 0,5 Liter Bier. Der Zahlenwert *stimmt einfach nicht*. In der Sprache der Statistik spricht man bei dieser Gegenhypothese von der *zweiseitigen Fragestellung*.

Der vierte Bestandteil jedes Tests besteht in der Vorgabe eines Signifikanzniveaus.

Was ist darunter zu verstehen? Erinnern wir uns – ganz gleich, wie der Test ausgeht, er basiert ja nur auf einer *zufällig gezogenen Stichprobe*. Also kann die Entscheidung, die damit aufgrund der Testrechnung gefällt wird, durchaus *falsch* sein:

Aufgrund der gezogenen Zufallsstichprobe könnte die Hypothese zugunsten der Gegenhypothese abgelehnt werden, obwohl sie *in Wirklichkeit nicht abzulehnen* wäre. Dieser Fehler (man bezeichnet ihn als *Fehler 1. Art*) ist unvermeidlich, aber durch Vorgabe eines *Signifikanzniveaus*, einer Irrtumswahrscheinlichkeit, kann dafür gesorgt werden, dass nicht zu schnell und zu voreilig abgelehnt wird.

Nun liegen Hypothese und Gegenhypothese, Signifikanzniveau und Stichprobe vor. Nun kann gerechnet werden, nach einem von der *mathematischen Statistik vorgeschlagenen objektiven* und *allgemein anerkannten* und *bewährten Rechenverfahren*. Dieses liefert genau zwei mögliche Ergebnisse: NEIN und NICHT NEIN.

Die Art der Durchführung dieser Entscheidungsrechnung hängt dabei von der Aufgabenstellung und von der jeweiligen Gegenhypothese ab. Stichprobe und Signifikanzniveau werden dabei nach fest vorgegebenen Regeln in die Rechnung einbezogen.

- Liefert die Entscheidungsrechnung des Tests das Ergebnis NEIN, dann spricht die Stichprobe *signifikant gegen die Hypothese*. Die Hypothese wird *zugunsten der Gegenhypothese abgelehnt*.
- Liefert die Entscheidungsrechnung das Ergebnis NICHT NEIN, dann spricht die Stichprobe *nicht signifikant gegen die Hypothese* – es gibt *keinen Grund, die Hypothese abzulehnen*.

In beiden Fällen muss der Auftraggeber damit leben, dass die getroffene Entscheidung trotzdem falsch sein kann, da sie ja nur auf einer Zufallsstichprobe beruht. Doch die Erfahrungen von über hundert Jahren der Anwendung statistischer Tests in der Praxis sind positiv. Sie haben sich bewährt. Dazu trägt auch viel die *diplomatische Sprache* bei, die vorgegeben ist:

▶ **Man beachte** In der beurteilenden Statistik gibt es niemals ein JA: Entweder gibt es keinen Grund zur Ablehnung der Hypothese („Freispruch aus Mangel an Beweisen") oder die Hypothese wird zugunsten der Gegenhypothese abgelehnt. Aber auch hier wird keinesfalls formuliert, dass damit die Gegenhypothese angenommen sei.

Überaus wichtig ist auch die Vokabel *signifikant*. Wird sie verwendet, dann weiß jeder Kundige, dass hier die bekannten und weltweit einheitlichen, objektiven Rechenmethoden der beurteilenden Statistik zur Anwendung kamen. Denn erst nach Durchführung der Entscheidungsrechnung weiß man, ob eine Stichprobe *signifikant* oder *nicht signifikant* gegen die Hypothese spricht – bezogen auf die formulierte Gegenhypothese.

Da die Methoden der beurteilenden Statistik breite Anwendung finden, hat sich im Sprachgebrauch inzwischen viel Unkorrektheit eingeschlichen. Da liest man schon einmal davon, dass eine Hypothese durch die Stichprobe untermauert oder sogar „bewiesen" wäre. Oder auch „die Stichprobe hätte die Gegenhypothese bewiesen".

Alles Unsinn – eine Zufallsstichprobe kann niemals etwas beweisen.

Im folgenden Abschnitt wird an einer konkreten Aufgabe der komplette Ablauf einer *Prüfung des Erwartungswertes* vorgeführt.

## 7.3.2 Rechts einseitige Prüfung des Erwartungswertes mit großer Stichprobe

### 7.3.2.1 Die Situation
Vor einer Schule ist die Geschwindigkeit auf 30 km/h eingeschränkt. Natürlich halten sich nicht alle Autofahrer an diese Festlegung, manche fahren zu schnell, andere wiederum betont langsam an der Schule vorbei. Die gemessenen Geschwindigkeiten häufen sich um die verlangten 30 km/h, und man kann annehmen, dass in gleichem Maße zu schnell oder zu langsam gefahren wird. In der Sprache der Statistik heißt das, dass man annehmen kann, dass *die Fahrgeschwindigkeiten normalverteilt* sind (siehe auch Abschn. 5.5.1 im Kap. 5).

### 7.3.2.2 Hypothese, Gegenhypothese, Stichprobe und Signifikanzniveau
Zuerst melden sich die Elternvertreter. Sie setzen der *Hypothese*, dass im Mittel mit 30 km/h an der Schule vorbei gefahren wird, die Behauptung entgegen, dass die Masse der Autos zu schnell ist.

- Notieren wir: Hypothese $H_0$: $\mu_0 = 30$, Gegenhypothese $H_1$: $\mu > \mu_0$.

Für das Signifikanzniveau einigt man sich auf den üblichen Prozentsatz von 5 Prozent.

- Notieren wir: Signifikanzniveau $\alpha = 0{,}05$.

Dann wird die Untersuchung durchgeführt – es gelingt, zufällig die Geschwindigkeit von 200 Fahrzeugen zu messen. Der Durchschnittswert aller Geschwindigkeiten wird mit 30,27 km/h festgestellt. *Gefühlsmäßig* scheint das nicht auszureichen, um die 30-km/h-Hypothese zu Fall zu bringen zugunsten der Elternvertreter mit ihrer Behauptung „es wird schneller gefahren". Wir behandeln also die *rechts einseitige Fragestellung*. Doch was sagt die *objektive Rechnung* nach den Regeln der mathematischen Statistik?

### 7.3.2.3 Prüfgröße
Informiert man sich in einer Zahlentafel zur Statistik im Kapitel „Prüfung des Erwartungs-wertes mit großen Stichproben", so findet man die folgende Formel für die *Prüfgröße*:

$$z = \sqrt{n} \cdot \frac{\bar{x} - \mu_0}{\sigma}. \tag{7.9}$$

Für den Fall, dass die Standardabweichung $\sigma$ nicht bekannt ist, darf dafür als *Schätzung* die *Stichproben-Standardabweichung s* (beschaffbar mit der Excel-Funktion STABW) benutzt werden:

$$z = \sqrt{n} \cdot \frac{\bar{x} - \mu_0}{s}. \qquad (7.10)$$

Auch hier sollte eine kurze Beschäftigung mit der *Formel für die Prüfgröße* folgen: Natürlich wird die Prüfgröße *Null*, wenn der Mittelwert der Zufalls-Stichprobe – was in der Praxis wahrscheinlich nie eintreten wird – gleich dem Hypothesen-Wert wäre. Je „schlechter" die Stichprobe ist, desto weiter entfernt sich die Prüfgröße von der Null. Auch wenn der Stichprobenumfang wächst oder die Standardabweichung kleiner wird, wandert die Prüfgröße weg von der Null.

Es ergibt sich also die Frage, ab wann die Prüfgröße so groß ist, dass man die Hypothese ablehnen muss? Gibt es dafür einen bestimmten, festen Zahlenwert?

Natürlich nicht. Der *Beginn des Ablehnungsbereiches* bei dieser rechts einseitigen Fragestellung hängt ganz offensichtlich ab von einem zur Aufgabe passenden *Quantil*, und das wiederum hängt ab vom *Signifikanzniveau*. Sehen wir es uns an und berechnen zuerst den Prüfgrößenwert mit Excel:

| 27,44 | 30 | <-- Hypothesenwert $\mu_0$ |
|---|---|---|
| 25,76 | =MITTELWERT(A:A) | <--Mittelwert x_quer |
| 30,49 | =STABW(A:A) | <--Standardabweichung s |
| 32,55 | =ANZAHL(A:A) | <-- Stichprobenumfang n |
| 32,40 | =WURZEL(C4)*(C2-30)/C3 | <--Prüfgröße z |

| 27,44 | 30 | <-- Hypothesenwert $\mu_0$ |
|---|---|---|
| 25,76 | 30,27 | <--Mittelwert x_quer |
| 30,49 | 2,17070279 | <--Standardabweichung s |
| 32,55 | 200 | <-- Stichprobenumfang n |
| 32,40 | 1,75644486 | <--Prüfgröße z |

Nun gibt es zwei Möglichkeiten, um zur Entscheidung zu kommen.

- Die erste und schnellste Möglichkeit besteht in der Verwendung der so genannten *Überschreitungswahrscheinlichkeit*, deren Wert wird allgemein als *P-Wert* bezeichnet.
- Die zweite Möglichkeit besteht zuerst in der Ermittlung des *Ablehnungsbereiches*. Danach wird geprüft, ob die Prüfgröße *außerhalb oder innerhalb des Ablehnungsbereiches* liegt.

Sehen wir uns zuerst eine schnelle Möglichkeit an, die sofort zur Entscheidung führt.

#### 7.3.2.4  Schnelle Entscheidung mit dem *P*-Wert

Der *P*-Wert wird mit Hilfe der Excel-Funktion =GTEST (...;...;...) berechnet aus der *Stichprobe*, dem *Hypothesenwert* und der *Standardabweichung* (bzw. ihrer Schätzung):

| | | |
|---|---|---|
| 27,44 | 30 | <-- Hypothesenwert $\mu_0$ |
| 25,76 | =MITTELWERT(A:A) | <--Mittelwert x_quer |
| 30,49 | =STABW(A:A) | <--Standardabweichung s |
| 32,55 | =ANZAHL(A:A) | <-- Stichprobenumfang n |
| 32,40 | =WURZEL(C4)*(C2-30)/C3 | <--Prüfgröße z |
| 33,47 | | |
| 25,63 | =GTEST(A1:A200;C1;C3) | <-- P-Wert |

| | | |
|---|---|---|
| 27,44 | 30 | <-- Hypothesenwert $\mu_0$ |
| 25,76 | 30,27 | <--Mittelwert x_quer |
| 30,49 | 2,17070279 | <--Standardabweichung s |
| 32,55 | 200 | <-- Stichprobenumfang n |
| 32,40 | 1,75644486 | <--Prüfgröße z |
| 33,47 | | |
| 25,63 | 0,03950624 | <-- P-Wert |

Entscheidungsregeln:

- Gilt $P < \alpha$, dann spricht die Stichprobe *signifikant gegen die Hypothese*. Die Hypothese ist *zugunsten der Gegenhypothese abzulehnen*.
- Gilt $P > \alpha$, dann spricht die Stichprobe *nicht signifikant gegen die Hypothese*. Es gibt mit dieser Stichprobe *keinen Grund zur Ablehnung* der Hypothese.

Unser Beispiel führt wegen $P = 0{,}0395$ bei dem vorgegebenen Signifikanzniveau von $\alpha = 0{,}05$ zur *Ablehnung* – die Hypothese von den 30 km/h ist hier *zugunsten der Gegenhypothese* der Eltern, dass im Mittel doch schneller gefahren wird, abzulehnen.

#### 7.3.2.5  Entscheidung mit Ablehnungsbereich und Prüfgröße

Offensichtlich hat der Ablehnungsbereich wieder die Form, dass er bei einem bestimmten *positiven Wert* beginnt und von dort aus bis in das *positive Unendlich* reicht:

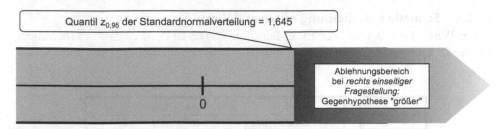

Dem Regelwerk der Statistik ist für diese Aufgabenstellung (d. h. *Prüfung des Erwartungswertes mit großer Stichprobe, rechts einseitige Fragestellung*) zu entnehmen, dass der Ablehnungsbereich beim $1 - \alpha$-Quantil der Standardnormalverteilung beginnt. Deswegen spricht man auch hier von einem *Gauß-Test*:

| | |
|---|---|
| 0,05 | <-- Signifikanzniveau $\alpha$ |
| =1-A1 | <-- $1-\alpha$ |
| =STANDNORMINV(A2) | <-- Quantil: Beginn des Ablehnungsbereiches |

| | |
|---|---|
| 0,05 | <-- Signifikanzniveau $\alpha$ |
| 0,95 | <-- $1-\alpha$ |
| 1,64485363 | <-- Quantil: Beginn des Ablehnungsbereiches |

Treffen wir die *Entscheidung*: Der Ablehnungsbereich beginnt bei 1,645. Die Prüfgröße hat jedoch den Wert 1,756 – sie liegt damit *im Ablehnungsbereich*:

Die Hypothese von den 30 km/h ist zugunsten der *Gegenhypothese der Eltern*, dass im Mittel doch schneller gefahren wird, abzulehnen.

### 7.3.3  Links einseitige Prüfung des Erwartungswertes mit großer Stichprobe

#### 7.3.3.1  Die Situation
Vor einer Schule ist die Geschwindigkeit immer noch auf 30 km/h eingeschränkt. Natürlich halten sich immer noch nicht alle Autofahrer an diese Festlegung, manche fahren zu schnell, andere wiederum betont langsam an der Schule vorbei. Man kann also immer noch davon ausgehen, dass in gleichem Maße zu schnell oder zu langsam gefahren wird. Man kann immer noch davon ausgehen, dass *die Fahrgeschwindigkeiten normalverteilt* sind.

### 7.3.3.2 Hypothese, Gegenhypothese, Stichprobe und Signifikanzniveau

Nun melden sich die Vertreter des Automobilklubs und legen ein gutes Wort für ihre Fahrer ein. Sie setzen der *Hypothese*, dass im Mittel mit 30 km/h an der Schule vorbei gefahren wird, die Behauptung entgegen, dass die Masse der Autos eigentlich langsamer fährt.

- Notieren wir: Hypothese $H_0$: $\mu_0 = 30$, Gegenhypothese $H_1$: $\mu < \mu_0$.

Für das Signifikanzniveau einigt man sich auf den üblichen Prozentsatz von 5 Prozent.

- Notieren wir: Signifikanzniveau $\alpha = 0{,}05$.

Dann wird die Untersuchung durchgeführt – es gelingt erneut, die Geschwindigkeit von 200 zufällig beobachteten Fahrzeugen zu messen. Der Durchschnittswert aller Geschwindigkeiten wird mit 29,74 km/h festgestellt. *Gefühlsmäßig* scheint das nicht auszureichen, um die 30-km/h-Hypothese zu Fall zu bringen zugunsten der Automobilisten mit ihrer Behauptung „es wird eigentlich im Mittel langsamer gefahren". Wir behandeln also die *links einseitige Fragestellung*. Doch was sagt die objektive Rechnung nach den Regeln der mathematischen Statistik?

### 7.3.3.3 Prüfgröße

An der Formel für die *Prüfgröße* hat sich nichts geändert:

$$z = \sqrt{n} \cdot \frac{\bar{x} - \mu_0}{s}. \tag{7.11}$$

Auch hier sollte eine kurze Beschäftigung mit der *Formel für die Prüfgröße* folgen: Natürlich wird die Prüfgröße *Null*, wenn der Mittelwert der Zufalls-Stichprobe – was in der Praxis wahrscheinlich nie eintreten wird – gleich dem Hypothesen-Wert wäre. Je „schlechter" diesmal die Stichprobe ist, desto weiter entfernt sich die Prüfgröße von der Null in den Negativbereich. Auch wenn der Stichprobenumfang wächst oder die Standardabweichung kleiner wird, wandert die Prüfgröße nach links weg von der Null. Berechnen wir wieder zuerst den Prüfgrößenwert mit Excel:

| | | |
|---|---|---|
| 28,71 | 30 | <-- Hypothesenwert $\mu_0$ |
| 26,78 | =MITTELWERT(A:A) | <--Mittelwert x_quer |
| 29,15 | =STABW(A:A) | <--Standardabweichung s |
| 30,02 | =ANZAHL(A:A) | <-- Stichprobenumfang n |
| 33,84 | =WURZEL(C4)*(C2-30)/C3 | <--Prüfgröße z |

| 28,71 | 30 | <-- Hypothesenwert $\mu_0$ |
| 26,78 | 29,7415 | <--Mittelwert x_quer |
| 29,15 | 2,27021278 | <--Standardabweichung s |
| 30,02 | 200 | <-- Stichprobenumfang n |
| 33,84 | -1,61030811 | <--Prüfgröße z |

Wieder gibt es zwei Möglichkeiten, um zur Entscheidung zu kommen.

- Die erste und schnellste Möglichkeit besteht in der Verwendung der so genannten *Überschreitungswahrscheinlichkeit*, deren Wert wird allgemein als *P-Wert* bezeichnet.
- Die zweite Möglichkeit besteht zuerst in der Ermittlung des *Ablehnungsbereiches*. Danach wird geprüft, ob die Prüfgröße außerhalb oder innerhalb des Ablehnungsbereiches liegt.

Sehen wir uns zuerst eine schnelle Möglichkeit an, die sofort zur Entscheidung führt.

### 7.3.3.4    Schnelle Entscheidung mit dem *P*-Wert

Der *P*-Wert wird mit Hilfe der Excel-Funktion =GTEST(...;...;...) berechnet aus der *Stichprobe*, dem *Hypothesenwert* und der *Standardabweichung* (bzw. ihrer Schätzung). Zur Entscheidung bei der links einseitigen Fragestellung wird jetzt aber die Differenz *1 − P-Wert* benötigt:

| 28,71 | 30 | <-- Hypothesenwert $\mu_0$ |
| 26,78 | 29,74 | <--Mittelwert x_quer |
| 29,15 | 2,270212783 | <--Standardabweichung s |
| 30,02 | 200 | <-- Stichprobenumfang n |
| 33,84 | -1,610308111 | <--Prüfgröße z |
| 29,83 | | |
| 28,95 | =GTEST(A1:A200;C1;C3) | <-- P-Wert |
| 31,35 | =1-GTEST(A1:A299;C1;C3) | <-- 1-P-Wert |

| 28,71 | 30 | <-- Hypothesenwert $\mu_0$ |
| 26,78 | 29,7415 | <--Mittelwert x_quer |
| 29,15 | 2,27021278 | <--Standardabweichung s |
| 30,02 | 200 | <-- Stichprobenumfang n |
| 33,84 | -1,61030811 | <--Prüfgröße z |
| 29,83 | | |
| 28,95 | 0,9463347 | <-- P-Wert |
| 31,35 | 0,0536653 | <-- 1-P-Wert |

Entscheidungsregeln:

- Gilt $1 - P < \alpha$, dann spricht die Stichprobe signifikant gegen die Hypothese. Die Hypothese ist zugunsten der Gegenhypothese abzulehnen.
- Gilt $1 - P > \alpha$, dann spricht die Stichprobe nicht signifikant gegen die Hypothese. Es gibt mit dieser Stichprobe keinen Grund zur Ablehnung Hypothese.

Unser Beispiel führt wegen $1 - P = 0{,}0537$ bei dem vorgegebenen Signifikanzniveau von $\alpha = 0{,}05$ *nicht zur Ablehnung* – diese Stichprobe führt *nicht zu signifikantem Widerspruch* zur Hypothese von den im Mittel gefahrenen 30 km/h.

### 7.3.3.5  Entscheidung mit Ablehnungsbereich und Prüfgröße

Offensichtlich hat der *Ablehnungsbereich* bei dieser links einseitigen Aufgabenstellung die Form, dass er im *negativen Unendlichen* beginnt und von dort nach rechts bis zu einem gewissen *negativen Wert* reicht:

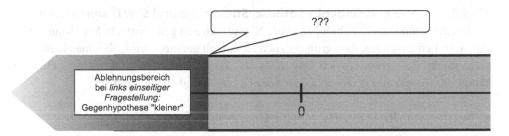

Dem Regelwerk der Statistik ist für diese Aufgabenstellung (d. h. *Prüfung des Erwartungswertes mit großer Stichprobe, rechts einseitige Fragestellung*) zu entnehmen, dass der Ablehnungsbereich beim $\alpha$-Quantil der Standardnormalverteilung beginnt. Deswegen spricht man auch hier von einem *Gauß-Test*:

| | |
|---:|---|
| 0,05 | <-- Signifikanzniveau $\alpha$ |
| =STANDNORMINV(0,05) | <-- Quantil |

| | |
|---:|---|
| 0,05 | <-- Signifikanzniveau $\alpha$ |
| -1,644853627 | <-- Quantil |

Treffen wir die *Entscheidung*: Der Ablehnungsbereich erstreckt sich, beginnend bei $-1{,}645$ nach links bis in das negative Unendliche. Die Prüfgröße hat den rechts davon liegenden größeren Wert $-1{,}610$ und liegt damit noch nicht *im Ablehnungsbereich*: Die Stichprobe unseres Beispiels führt bei dem vorgegebenen Signifikanzniveau von

$\alpha = 0,05$ *nicht zur Ablehnung* – diese Stichprobe führt *nicht zu signifikantem Widerspruch* zur Hypothese von den im Mittel gefahrenen 30 km/h.

> Es scheint nicht gerechtfertigt zu sein, von *im Mittel langsameren* Fahrern sprechen zu können ...

### 7.3.4  Zweiseitige Prüfung des Erwartungswertes mit großer Stichprobe

#### 7.3.4.1  Die Situation
Vor einer Schule ist die Geschwindigkeit immer noch auf 30 km/h eingeschränkt. Natürlich halten sich nicht alle Autofahrer an diese Festlegung, manche fahren zu schnell, andere wiederum betont langsam an der Schule vorbei. Man kann annehmen, dass in gleichem Maße zu schnell oder zu langsam gefahren wird. Man kann immer noch annehmen, dass *die Fahrgeschwindigkeiten normalverteilt* sind.

#### 7.3.4.2  Hypothese, Gegenhypothese, Stichprobe und Signifikanzniveau
Schließlich kommen die Schüler zu Wort. Sie formulieren ganz einfach: Man kann weder sagen, so behaupten sie, dass grundsätzlich zu schnell gefahren wird, aber man kann auch nicht sagen, dass grundsätzlich langsamer als 30 km/h gefahren wird. Es wird eben im Mittel *mit irgendeiner anderen als der 30er Geschwindigkeit* gefahren.

- Notieren wir: *Hypothese $H_0$*: $\mu_0 = 30$, *Gegenhypothese $H_1$*: $\mu \neq \mu_0$.

  Für das *Signifikanzniveau* einigt man sich auf den üblichen Prozentsatz von 5 Prozent.

- Notieren wir: Signifikanzniveau $\alpha = 0,05$.

Dann wird die Untersuchung durchgeführt – es gelingt erneut, die Geschwindigkeit von 200 zufällig ausgewählten Fahrzeugen zu messen. Der Durchschnittswert aller Geschwindigkeiten wird mit 30,48 km/h festgestellt. *Gefühlsmäßig* scheint das nicht auszureichen, um die 30-km/h-Hypothese zu Fall zu bringen zugunsten der Behauptung der Schüler „es wird eigentlich im Mittel eine andere Geschwindigkeit gefahren". Wir behandeln also die *zweiseitige Fragestellung*. Doch was sagt die objektive Rechnung nach den Regeln der mathematischen Statistik?

#### 7.3.4.3  Prüfgröße
An der Formel für die *Prüfgröße* hat sich nichts geändert:

$$z = \sqrt{n} \cdot \frac{\bar{x} - \mu_0}{s}. \tag{7.12}$$

Berechnen wir wieder zuerst den Prüfgrößenwert mit Excel:

| 31,00 | 30 | <-- Hypothesenwert $\mu_0$ |
|---|---|---|
| 32,93 | =MITTELWERT(A:A) | <--Mittelwert x_quer |
| 28,69 | =STABW(A:A) | <--Standardabweichung s |
| 31,80 | =ANZAHL(A:A) | <-- Stichprobenumfang n |
| 30,52 | =WURZEL(C4)*(C2-30)/C3 | <--Prüfgröße z |

| 31,00 | 30 | <-- Hypothesenwert $\mu_0$ |
|---|---|---|
| 32,93 | 30,48 | <--Mittelwert x_quer |
| 28,69 | 3,44896341 | <--Standardabweichung s |
| 31,80 | 200 | <-- Stichprobenumfang n |
| 30,52 | 1,949331 | <--Prüfgröße z |

Wieder gibt es zwei Möglichkeiten, um zur Entscheidung zu kommen.

- Die erste und schnellste Möglichkeit besteht in der Verwendung der so genannten *Überschreitungswahrscheinlichkeit*, deren Wert wird allgemein als *P-Wert* bezeichnet.
- Die zweite Möglichkeit besteht zuerst in der Ermittlung des *Ablehnungsbereiches*. Danach wird geprüft, ob die Prüfgröße außerhalb oder innerhalb des Ablehnungsbereiches liegt.

Sehen wir uns zuerst eine schnelle Möglichkeit an, die sofort zur Entscheidung führt.

### 7.3.4.4   Schnelle Entscheidung mit dem P-Wert

Der *P*-Wert wird mit Hilfe der Excel-Funktion =GTEST(...;...;...) berechnet aus der *Stichprobe*, dem *Hypothesenwert* und der *Standardabweichung* (bzw. ihrer Schätzung).

Zur Entscheidung bei der zweiseitigen Fragestellung wird eine Hilfsgröße $P^*$ benötigt, die sich

- bei *positiver Prüfgröße z* nach $P^* = 2 \cdot P$ berechnet,
- bei *negativer Prüfgröße z* nach $P^* = 1 - P/2$ berechnet.

Unsere Prüfgröße $z = 1,949$ ist positiv, also müssen wir zur Entscheidung den doppelten *P*-Wert heranziehen:

| 31 | 30 | <-- Hypothesenwert $\mu_0$ |
|---|---|---|
| 32,93 | 30,4754 | <--Mittelwert x_quer |
| 28,69 | 3,448963407 | <--Standardabweichung s |
| 31,8 | 200 | <-- Stichprobenumfang n |
| 30,52 | 1,949330997 | <--Prüfgröße z |
| 25 | | |
| 31,57 | =GTEST(A1:A200;C1;C3) | <-- P-Wert |
| 30,91 | =2*GTEST(A1:A200;C1;C3) | <-- 2*-P-Wert |

| | | |
|---:|---:|:---|
| 31 | 30 | <-- Hypothesenwert $\mu_0$ |
| 32,93 | 30,4754 | <--Mittelwert x_quer |
| 28,69 | 3,44896341 | <--Standardabweichung s |
| 31,8 | 200 | <-- Stichprobenumfang n |
| 30,52 | 1,949331 | <--Prüfgröße z |
| 25 | | |
| 31,57 | 0,02562795 | <-- P-Wert |
| 30,91 | 0,05125591 | <-- 2*-P-Wert |

Entscheidungsregeln:

- Gilt $P^* < \alpha$, dann spricht die Stichprobe signifikant gegen die Hypothese. Die Hypothese ist zugunsten der Gegenhypothese abzulehnen.
- Gilt $P^* > \alpha$, dann spricht die Stichprobe nicht signifikant gegen die Hypothese. Es gibt mit dieser Stichprobe keinen Grund zur Ablehnung Hypothese.

Unser Beispiel führt wegen $P^* = 0{,}0513$ bei dem vorgegebenen Signifikanzniveau von $\alpha = 0{,}05$ *nicht zur Ablehnung* – diese Stichprobe führt *nicht zu signifikantem Widerspruch* zur Hypothese von den im Mittel gefahrenen 30 km/h.

### 7.3.4.5 Entscheidung mit Ablehnungsbereich und Prüfgröße

Der *Ablehnungsbereich* bei zweiseitiger Aufgabenstellung besteht aus zwei Teilen:

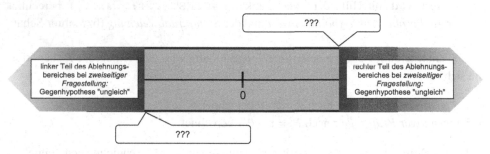

Dem Regelwerk der Statistik ist für diese Aufgabenstellung (d. h. *Prüfung des Erwartungswertes mit großer Stichprobe, zweiseitige Fragestellung*) zu entnehmen, dass der linke Teil des Ablehnungsbereiches beim $\alpha/2$-Quantil der Standardnormalverteilung endet und der rechte Teil des Ablehnungsbereiches beim $1 - \alpha/2$-Quantil beginnt. Deswegen spricht man auch hier von einem *Gauß-Test*:

| | |
|---|---|
| 0,05 | <-- Signifikanzniveau $\alpha$ |
| =A1/2 | <-- $\alpha/2$ |
| =STANDNORMINV(A2) | <-- Quantil |
| =1-A2 | <-- 1-$\alpha/2$ |
| =STANDNORMINV(A4) | <-- Quantil |

| | |
|---|---|
| 0,05 | <-- Signifikanzniveau $\alpha$ |
| 0,025 | <-- $\alpha/2$ |
| -1,959963985 | <-- Quantil |
| 0,975 | <-- 1-$\alpha/2$ |
| 1,959963985 | <-- Quantil |

Treffen wir die *Entscheidung*: Der linke Teil des Ablehnungsbereiches endet bei $-1,96$, der rechte Teil beginnt bei 1,96. Die Prüfgröße hat den Wert 1,949 und liegt damit weder im linken noch im rechten Teil des *Ablehnungsbereiches*:

> Die Stichprobe unseres Beispiels führt bei dem vorgegebenen Signifikanzniveau von $\alpha = 0,05$ *nicht zur Ablehnung* – diese Stichprobe führt *nicht zu signifikantem Widerspruch* zur Hypothese von den im Mittel gefahrenen 30 km/h.

## 7.3.5   Zusammenfassung

Wir betrachten eine *normalverteilte Zufallsgröße* mit *unbekanntem Erwartungswert* $\mu$ und *bekannter oder unbekannter Standardabweichung* $\sigma$.

> Mit Hilfe einer *großen Stichprobe* (deren Umfang mindestens 36 Werte überschreitet) soll die Hypothese
>
> $$H_0: \quad \mu = \mu_0$$
>
> geprüft werden.

*Bemerkung*  Ist die Stichprobe groß (d. h. hat sie einen Umfang von mehr als 36 Werten), dann kann auf die Voraussetzung der Normalverteilung auch verzichtet werden.

> Ein Signifikanzniveau $\alpha$ muss vorgegeben sein.
> Eine Zufalls-Stichprobe mit $n$ Werten $x_1, x_2, \ldots, x_n$ wird gezogen.

Der Auftraggeber des statistischen Tests formuliert die *Gegenhypothese*, die seine Interessenlage zum Ausdruck bringt (und, populär gesprochen, seine Behauptung enthält, die er gern bestätigt haben möchte). Es können *drei verschiedene Gegenhypothesen* ausgesprochen werden:

- Wird die Gegenhypothese „kleiner" formuliert (in Zeichen $H_1$: $\mu < \mu_0$), dann spricht man von der *links einseitigen Fragestellung*.
- Wird die Gegenhypothese „größer" formuliert (in Zeichen $H_1$: $\mu > \mu_0$), dann spricht man von der *rechts einseitigen Fragestellung*.
- Wird die Gegenhypothese „ungleich" formuliert (in Zeichen $H_1$: $\mu \neq \mu_0$), dann spricht man von der *zweiseitigen Fragestellung*.

▶ **Wichtiger Hinweis** Sollte keine Gegenhypothese explizit ausgesprochen werden (zum Beispiel bei der gern formulierten Aufgabenstellung „man prüfe $\mu = 30$"), dann ist davon auszugehen, dass die *zweiseitige Fragestellung* zur Anwendung kommt.

Unabhängig von der jeweiligen Fragestellung ist die *Prüfgröße* nach der Formel

$$z = \sqrt{n} \cdot \frac{\bar{x} - \mu_0}{s} \qquad (7.13)$$

zu berechnen. Ist die Standardabweichung $\sigma$ bekannt, dann wird sie für die Berechnung der Prüfgröße verwendet:

$$z = \sqrt{n} \cdot \frac{\bar{x} - \mu_0}{\sigma}. \qquad (7.14)$$

Um zur Testentscheidung nach den Regeln der beurteilenden Statistik zu kommen, kann mit Hilfe der Excel-Funktion =GTEST(...;...;...) der *P*-Wert ausgerechnet werden. Dabei ist an der ersten Stelle der Bereich mit den Daten der Stichprobe, an der zweiten Stelle der Hypothesenwert und an der dritten Stelle die Standardabweichung der Grundgesamtheit $\sigma$ oder deren Schätzung $s$ einzutragen.

Entscheidungsregeln unter Verwendung des *P*-Wertes:

- Bei *links einseitiger Fragestellung* ist mit dieser Stichprobe die *Hypothese zugunsten der Gegenhypothese abzulehnen*, wenn $1 - P < \alpha$ gilt. Ist andererseits $1 - P > \alpha$, dann spricht die Stichprobe nicht signifikant gegen die Hypothese, es gibt keinen Grund zur Ablehnung der Hypothese.

- Bei *rechts einseitiger Fragestellung* ist mit dieser Stichprobe die *Hypothese zugunsten der Gegenhypothese abzulehnen*, wenn $P < \alpha$ gilt. Ist andererseits $P > \alpha$, dann spricht die Stichprobe nicht signifikant gegen die Hypothese, es gibt keinen Grund zur Ablehnung der Hypothese.

- Bei *zweiseitiger Fragestellung* ist zuerst anhand des Vorzeichens der Prüfgröße ein Wert $P^*$ zu berechnen: Ist die Prüfgröße $z$ negativ, dann gilt $P^* = 1 - P/2$, ist die Prüfgröße positiv, dann gilt $P^* = 2 \cdot P$. Die *Hypothese ist zugunsten der Gegenhypothese abzulehnen*, wenn $P^* < \alpha$ gilt. Ist andererseits $P^* > \alpha$, dann spricht die Stichprobe nicht signifikant gegen die Hypothese, es gibt keinen Grund zur Ablehnung der Hypothese.

Entscheidungsregeln unter Verwendung von Prüfgröße und Ablehnungsbereich:

In Abhängigkeit von der formulierten Gegenhypothese bekommt der Ablehnungsbereich jeweils seine spezifische Form:

- Bei der *links einseitigen Fragestellung* beginnt der Ablehnungsbereich im negativen Unendlichen und endet bei einer negativen Zahl, dem $\alpha$-Quantil der Standardnormalverteilung.

- Bei der *rechts einseitigen Fragestellung* beginnt der Ablehnungsbereich bei einer positiven Zahl, dem $1 - \alpha$-Quantil der Standardnormalverteilung, und endet im positiven Unendlichen.

- Bei der *zweiseitigen Fragestellung* beginnt der *linke Teil* des Ablehnungsbereiches im negativen Unendlichen und endet bei einer negativen Zahl, dem $\alpha/2$-Quantil der Standardnormalverteilung, der *rechte Teil* beginn dann bei einer positiven Zahl, dem $1 - \alpha/2$-Quantil der Standardnormalverteilung, und endet im positiven Unendlichen.

Fällt die Prüfgröße in den Ablehnungsbereich, dann ist mit dieser Stichprobe die *Hypothese zugunsten der Gegenhypothese abzulehnen*. Ansonsten spricht die Stichprobe *nicht signifikant gegen die Hypothese*, es gibt keinen Grund zur Ablehnung der Hypothese.

## 7.4    Prüfung von Erwartungswerten mit kleinen Stichproben

### 7.4.1    Vorbemerkung

Grundsätzliches: Für diesen gesamten Abschn. 7.4 wird vorausgesetzt, dass das Wahrscheinlichkeitsgesetz der Grundgesamtheit eine *Normalverteilung* $N(\mu,\sigma;x)$ *mit dem Erwartungswert* $\mu$ *und der Standardabweichung* $\sigma$ ist.

Das bedeutet, wir nehmen jetzt an, dass die zufälligen Zahlenwerte der Grundgesamtheit (die wir niemals alle erleben können) sich zu gleichen Teilen links und rechts vom Wert $\mu$ befinden sollen und sich in der Nähe von $\mu$ häufen, so dass faktisch außerhalb des $3\sigma$-Intervalls $[\mu - 3\sigma, \mu + 3\sigma\,]$ keine Werte mehr zu beobachten wären (siehe auch Abschn. 5.5.1 im Kap. 5). Diese Voraussetzung müsste in jedem Fall praktisch nachgeprüft werden (zum Beispiel mit dem Chi-Quadrat-Anpassungstest nach Kap. 6). Da es sich aber in der Praxis oft um die Betrachtung von Beobachtungs- und Messwerten handelt, die sich aus einer großen Summe zufälliger Ursachen ergeben, ist *häufig die Annahme einer normalverteilten Grundgesamtheit* gerechtfertigt.

### 7.4.2    Prüfung des Erwartungswertes bei bekannter Standardabweichung

#### 7.4.2.1    Aufgabenstellung

Gegeben ist eine Stichprobe, von der wir annehmen können, dass sie *aus einer normalverteilten Grundgesamtheit* stammt. Geprüft wird also ein stetiges Merkmal.

Die Stichprobe kann klein sein (weniger als 30 Werte umfassen), aber die *Standardabweichung* $\sigma$ *sei bekannt.* Wir wollen auch für diesen Fall den Erwartungswert $\mu$ der Grundgesamtheit prüfen.

#### 7.4.2.2    Hypothese, Gegenhypothesen und Fragestellungen

Wir gehen von der Nullhypothese $H_0$: $\mu = \mu_0$ aus. Damit wird behauptet, dass der Erwartungswert der Grundgesamtheit gleich $\mu_0$ sei. Folgende drei Fragestellungen für die *Gegenhypothese* sind – entsprechend der Interessenlage des Auftraggebers – möglich:

- *Links einseitige Fragestellung*: $H_{1,\text{links}}$: $\mu < \mu_0$ (Behauptung: Der Erwartungswert der Grundgesamtheit ist *kleiner* als durch die Nullhypothese vorgegeben.),
- *Rechts einseitige Fragestellung*: $H_{1,\text{rechts}}$: $\mu > \mu_0$ (Behauptung: Der Erwartungswert der Grundgesamtheit ist *größer* als durch die Nullhypothese vorgegeben.),
- *Zweiseitige Fragestellung*: $H_{1,\text{zweiseitig}}$: $\mu \neq \mu_0$ (Behauptung: Der Erwartungswert der Grundgesamtheit ist *anders* als durch die Nullhypothese vorgegeben.).

### 7.4.2.3 Signifikanzniveau und Stichprobe

Ein Signifikanzniveau $\alpha$ muss vorgegeben sein. Damit wird die *Wahrscheinlichkeit eines Fehlers 1. Art* gesteuert:

Ein Fehler 1. Art tritt dann auf, wenn die Nullhypothese $H_0$ tatsächlich zutrifft, aber aufgrund der Zufallsstichprobe zu Unrecht zugunsten der betrachteten Gegenhypothese abgelehnt wird.

Eine Zufallsstichprobe mit $n$ Stichprobenwerten $x_1$, $x_2$, ..., $x_n$ wird gezogen. Die Zahl $n$ heißt dann Umfang der Stichprobe.

### 7.4.2.4 Prüfgröße

Zuerst benötigt man den Mittelwert (das arithmetische Mittel, den Durchschnittswert) der Stichprobe:

$$\bar{x} = \frac{1}{n} \sum_{i=1}^{n} x_i.$$ (7.15)

Mit der als bekannt vorausgesetzten Standardabweichung $\sigma$ berechnet man die Prüfgröße $z$ nach der Formel

$$z = \sqrt{n} \cdot \frac{\bar{x} - \mu_0}{\sigma}.$$ (7.16)

### 7.4.2.5 Schnelle Entscheidung mit dem P-Wert

Mit Hilfe der Excel-Funktion =GTEST(...;...;...) kann der *P*-Wert ausgerechnet werden. Dabei ist an der *ersten Stelle* der Bereich mit den *Daten der Stichprobe*, an der zweiten Stelle der *Hypothesenwert* $\mu_0$ und an der *dritten Stelle* die Standardabweichung der Grundgesamtheit $\sigma$ einzutragen.

- Bei *links einseitiger Fragestellung* ist mit dieser Stichprobe die *Hypothese zugunsten der Gegenhypothese abzulehnen*, wenn $1 - P < \alpha$ gilt. Ist andererseits $1 - P > \alpha$, dann spricht die Stichprobe *nicht signifikant* gegen die Hypothese, es gibt keinen Grund zur Ablehnung der Hypothese.

- Bei *rechts einseitiger Fragestellung* ist mit dieser Stichprobe die *Hypothese zugunsten der Gegenhypothese abzulehnen*, wenn $P < \alpha$ gilt. Ist andererseits $P > \alpha$, dann spricht die Stichprobe *nicht signifikant* gegen die Hypothese, es gibt keinen Grund zur Ablehnung der Hypothese.

- Bei *zweiseitiger Fragestellung* ist zuerst anhand des Vorzeichens der Prüfgröße ein Wert $P^*$ zu berechnen: Ist die Prüfgröße $z$ negativ, dann gilt $P^* = 1 - P/2$, ist die Prüfgröße positiv, dann gilt $P^* = 2 \cdot P$. Die *Hypothese ist zugunsten der Gegenhypothese abzulehnen*, wenn $P^* < \alpha$ gilt. Ist andererseits $P^* > \alpha$, dann spricht die Stichprobe nicht signifikant gegen die Hypothese, es gibt keinen Grund zur Ablehnung der Hypothese.

### 7.4.2.6  Entscheidung mit Prüfgröße und Ablehnungsbereichen

In Abhängigkeit von der formulierten Gegenhypothese bekommt der Ablehnungsbereich jeweils seine spezifische Form:

- Bei der *links einseitigen Fragestellung* beginnt der Ablehnungsbereich im negativen Unendlichen und endet bei einer negativen Zahl, dem *α-Quantil der Standardnormalverteilung*.

- Bei der *rechts einseitigen Fragestellung* beginnt der Ablehnungsbereich bei einer positiven Zahl, dem *1 − α-Quantil der Standardnormalverteilung*, und endet im positiven Unendlichen.

- Bei der *zweiseitigen Fragestellung* beginnt der *linke Teil* des Ablehnungsbereiches im negativen Unendlichen und endet bei einer negativen Zahl, dem *α/2-Quantil der Standardnormalverteilung*, der *rechte Teil* beginn dann bei einer positiven Zahl, dem *1 − α/2-Quantil der Standardnormalverteilung*, und endet im positiven Unendlichen.

> Fällt die Prüfgröße in den Ablehnungsbereich, dann ist mit dieser Stichprobe die *Hypothese zugunsten der Gegenhypothese abzulehnen*. Ansonsten spricht die Stichprobe *nicht signifikant gegen die Hypothese*, es gibt keinen Grund zur Ablehnung der Hypothese.

### 7.4.2.7  Beispiele

*Beispiel 1* Von der Stichprobe mit den Werten 3/2/3/1/5/2/4/2/4/1 weiß man, dass sie aus einer normalverteilten Grundgesamtheit mit der bekannten Standardabweichung $\sigma = 2{,}6$ stammt. Zu prüfen ist, ob diese Stichprobe auf dem Niveau $\alpha = 0{,}05$ signifikant gegen den Erwartungswert $\mu_0 = 4$ spricht. Es wird die linksseitige Fragestellung betrachtet, das heißt, die Gegenhypothese lautet $\mu < \mu_0$. Für das Signifikanzniveau wird $\alpha$ mit 5 Prozent gewählt. Der Mittelwert der Stichprobe beträgt 2,7, damit ergibt aus der Formel (7.16) für Prüfgröße der Wert $-1,58113883$.

Die Funktion GTEST liefert den Wert $P = 0,943076851$, damit wird $1 - P$ zu 0,056923149. Dieser Wert ist größer als das Signifikanzniveau, folglich gibt es *keinen Grund zur Ablehnung der Hypothese*. Der Ablehnungsbereich erstreckt sich vom Quantil $z_\alpha = -1,644853627$ nach links bis in das negative Unendliche. Die Prüfgröße liegt rechts vom Beginn des Ablehnungsbereiches, also ergibt sich auch auf diese Weise, dass mit dieser Stichprobe *kein Grund zur Ablehnung der Hypothese* gegeben ist.

*Beispiel 2*  Von der Stichprobe mit den Werten 4/9/5/7/5/5/4/4/2/9 weiß man, dass sie aus einer normalverteilten Grundgesamtheit mit der bekannten Standardabweichung $\sigma = 2,6$ stammt. Zu prüfen ist, ob diese Stichprobe auf dem Niveau $\alpha = 0,05$ signifikant gegen den Erwartungswert $\mu_0 = 4$ spricht. Es wird die rechtsseitige Fragestellung betrachtet, das heißt, die Gegenhypothese lautet $\mu > \mu_0$. Für das Signifikanzniveau wird $\alpha$ mit 5 Prozent gewählt.

Der Mittelwert der Stichprobe beträgt 5,4, damit ergibt sich aus der Formel (7.16) für die Prüfgröße der Wert 1,702764894. Die Funktion GTEST liefert den Wert $P = 0,044306038$. Dieser Wert ist kleiner als das Signifikanzniveau, folglich ist *die Hypothese zugunsten der Gegenhypothese abzulehnen*. Der Ablehnungsbereich erstreckt sich vom Quantil $z_\alpha = 1,644853627$ nach rechts bis in das positive Unendliche. Die Prüfgröße 1,702764894 liegt rechts vom Beginn des Ablehnungsbereiches, also ergibt sich auch auf diese Weise, dass mit dieser Stichprobe *die Hypothese zugunsten der Gegenhypothese abzulehnen* ist.

*Beispiel 3*  Von der Stichprobe mit den Werten 3/8/6/6/6/5/7/4/2/9 weiß man, dass sie aus einer normalverteilten Grundgesamtheit mit der bekannten Standardabweichung $\sigma = 2,6$ stammt. Zu prüfen ist, ob diese Stichprobe auf dem Niveau $\alpha = 0,05$ signifikant gegen den Erwartungswert $\mu_0 = 4$ spricht. Es wird die zweiseitige Fragestellung betrachtet, das heißt, die Gegenhypothese lautet $\mu \neq \mu_0$. Für das Signifikanzniveau wird $\alpha$ mit 5 Prozent gewählt.

Der Mittelwert der Stichprobe beträgt 5,6, damit ergibt sich aus der Formel (7.16) für die Prüfgröße der Wert 1,946017022. Die Funktion GTEST liefert den Wert $P = 0,025826347$. Da die Prüfgröße positiv ist, wird die Untersuchung mit $P^* = 2 \cdot P = 0,051652695$ weitergeführt. Dieser Wert $P^*$ ist größer als das Signifikanzniveau, folglich gibt es *keinen Grund zur Ablehnung der Hypothese*. Der Ablehnungsbereich erstreckt sich vom Quantil $z_{1-\alpha/2} = 1,959963985$ nach rechts bis in das positive Unendliche. Die Prüfgröße 1,946017022 liegt links vom Beginn des Ablehnungsbereiches, also ergibt sich auch auf diese Weise, dass mit dieser Stichprobe *kein Grund zur Ablehnung der Hypothese* gegeben ist.

### 7.4.3 Prüfung des Erwartungswertes bei unbekannter Standardabweichung

#### 7.4.3.1 Aufgabenstellung

Gegeben ist eine Stichprobe, von der wir annehmen können, dass sie aus einer *normalverteilten Grundgesamtheit* stammt, es wird also ein stetiges Merkmal betrachtet. Die Stichprobe kann klein sein (weniger als 30 Werte umfassen).

Die Standardabweichung $\sigma$ sei nun *nicht bekannt*.

Wir wollen auch für diesen Fall den *Erwartungswert der Grundgesamtheit prüfen*. Leider versagt in diesem Fall das Vorgehen mit Hilfe der Funktion GTEST. Auch die *Quantile der Standardnormalverteilung* können nicht mehr zur Bestimmung der Grenzen der Ablehnungsbereiche genutzt werden. Dem Mathematiker William S. Gosset, der stets bescheiden unter dem Pseudonym „student" auftrat („Wir sind immer nur Lernende") ist es zu verdanken, dass auch für diesen wichtigen Fall eine Testmethode entwickelt wurde. Schließlich ist es nicht selten, dass man außer der Normalverteilungs-Aussage nichts weiter weiß und aus verschiedenen Gründen keine großen Stichproben ziehen kann . . .

#### 7.4.3.2 Hypothese, Gegenhypothesen und Fragestellungen

Wir gehen von der Nullhypothese $H_0$: $\mu = \mu_0$ aus. Damit wird behauptet, dass der Erwartungswert der Grundgesamtheit gleich $\mu_0$ sei. Folgende drei Fragestellungen für die *Gegenhypothese* sind – entsprechend der Interessenlage des Auftraggebers – möglich:

- *Links einseitige Fragestellung*: $H_{1,\text{links}}$: $\mu < \mu_0$ (Behauptung: Der Erwartungswert der Grundgesamtheit ist *kleiner* als durch die Nullhypothese vorgegeben.),
- *Rechts einseitige Fragestellung*: $H_{1,\text{rechts}}$: $\mu > \mu_0$ (Behauptung: Der Erwartungswert der Grundgesamtheit ist *größer* als durch die Nullhypothese vorgegeben.),
- *Zweiseitige Fragestellung*: $H_{1,\text{zweiseitig}}$: $\mu \neq \mu_0$ (Behauptung: Der Erwartungswert der Grundgesamtheit ist *anders* als durch die Nullhypothese vorgegeben.).

#### 7.4.3.3 Signifikanzniveau und Stichprobe

Ein Signifikanzniveau $\alpha$ muss vorgegeben sein. Damit wird die *Wahrscheinlichkeit eines Fehlers 1. Art* gesteuert:

Ein Fehler 1. Art tritt dann auf, wenn die Nullhypothese $H_0$ tatsächlich zutrifft, aber aufgrund der Zufallsstichprobe zu Unrecht zugunsten der betrachteten Gegenhypothese abgelehnt wird.

Eine Zufallsstichprobe mit $n$ Stichprobenwerten $x_1, x_2, \ldots, x_n$ wird gezogen. Die Zahl $n$ heißt dann Umfang der Stichprobe.

### 7.4.3.4 Schnelle Entscheidung mit der Überschreitungswahrscheinlichkeit

Die Excel-Funktion =TTEST(...;...;...;...) ist grundsätzlich dafür bestimmt, die Erwartungswerte zweier Grundgesamtheiten zu vergleichen, wenn zwei Zufalls-Stich-proben aus den beiden Grundgesamtheiten gezogen worden sind. Sie kann jedoch, richtig angewandt, auch für die hier beschriebene Aufgabenstellung den $P$-Wert liefern. Man braucht nur in einer Excel-Tabelle neben die $n$ Stichprobenwerte die gleiche Anzahl der Hypothesenwerte zu schreiben, sozusagen eine scheinbare zweite Stichprobe zu erzeugen.

| Stichprobe | Hypothesenwert |
|------------|----------------|
| $x_1$ | $\mu_0$ |
| $x_2$ | $\mu_0$ |
| $x_3$ | $\mu_0$ |
| ... | ... |
| ... | ... |
| ... | ... |
| $x_n$ | $\mu_0$ |

Dann wird entsprechend in die Funktion =TTEST(...;...;...;...) eingetragen: An die *erste Stelle* kommt der *Bereich mit den Werten der gegebenen Stichprobe*. An die *zweite Stelle* kommt der *Bereich mit den vervielfältigten Hypothesenwerten*. An die *dritte Stelle* kommt eine 1, wenn eine der beiden *einseitigen* Fragestellungen behandelt werden soll. Für *zweiseitige* Fragestellungen ist an der dritten Stelle der Funktion TTEST eine 2 einzutragen. An der *letzten Position* ist schließlich bei jeder Aufgabenstellung eine Eins einzutragen.

Dann liefert die Funktion TTEST stets den $P$-Wert, mit dem sofort die *Testentscheidung* formuliert werden kann:

- Ist $P < \alpha$, dann spricht die Stichprobe signifikant gegen die Hypothese, sie ist zugunsten der Gegenhypothese abzulehnen.
- Ist $P > \alpha$, dann spricht die Stichprobe nicht signifikant gegen die Hypothese, es gibt keinen Grund, mit dieser Stichprobe die Hypothese zu verwerfen.

### 7.4.3.5   Prüfgröße

Zuerst benötigt man den Mittelwert (das arithmetische Mittel, den Durchschnittswert) der Stichprobe:

$$\bar{x} = \frac{1}{n} \sum_{i=1}^{n} x_i. \tag{7.17}$$

Anschließend muss die Stichproben-Standardabweichung $s$ berechnet werden:

$$s = \sqrt{\frac{1}{n-1} \sum_{i=1}^{n} (x_i - \bar{x})^2}. \tag{7.18}$$

Damit berechnet man die Prüfgröße $t$ nach der Formel

$$t = \sqrt{n} \cdot \frac{\bar{x} - \mu_0}{s}. \tag{7.19}$$

### 7.4.3.6   Formen des Ablehnungsbereiches

- Bei der *links einseitigen Fragestellung* beginnt der Ablehnungsbereich im negativen Unendlichen und endet bei einer negativen Zahl, dem *α-Quantil der t-Verteilung mit n − 1 Freiheitsgraden*.
- Bei der *rechts einseitigen Fragestellung* beginnt der Ablehnungsbereich bei einer positiven Zahl, dem *1 − α-Quantil der t-Verteilung mit n − 1 Freiheitsgraden*, und endet im positiven Unendlichen.
- Bei der *zweiseitigen Fragestellung* beginnt der *linke Teil* des Ablehnungsbereiches im negativen Unendlichen und endet bei einer negativen Zahl, dem *α/2-Quantil der t-Verteilung mit n − 1 Freiheitsgraden*, der *rechte Teil* beginnt dann bei einer positiven Zahl, dem *1 − α/2-Quantil der t-Verteilung mit n − 1 Freiheitsgraden*, und endet im positiven Unendlichen.

### 7.4.3.7   Student'sche t-Verteilung

Bisher wurden als Formelzeichen für die Prüfgröße die Buchstabenfolge CHI oder der Buchstabe $z$ verwendet. Damit wurde darauf hin gedeutet, dass zur Bestimmung der Grenzen des Ablehnungsbereiches die Chi-Quadrat-Verteilung (siehe Kap. 6) oder die Standardnormalverteilung (Abschn. 5.5 und 5.6 im Kap. 5) zur Anwendung kommt. Die Verwendung des neuen Buchstabens $t$ für die Prüfgröße lässt es vermuten – nun kommt eine Situation, in der Quantile einer weiteren, bisher nicht verwendeten Verteilungsfunktion benötigt werden.

Es handelt sich um die so genannte Student'sche t-Verteilung.

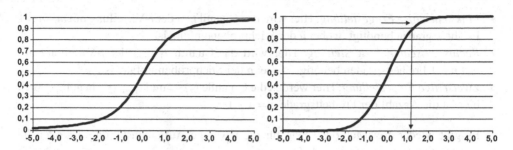

**Abb. 7.4**  *t*-Verteilung mit 2 und 200 Freiheitsgraden

▶   **Man beachte**  Die *Student'sche t-Verteilung* ist genau genommen eine *unend-liche Schar einzelner Verteilungsfunktionen*, die sich voneinander nur in einem Parameter, dem so genannten *Freiheitsgrad*, unterscheiden.

In Abb. 7.4 sind für die beiden Freiheitsgrade $m = 2$ und $m = 200$ die Funktionskur-ven der Verteilungsfunktionen der *t*-Verteilung dargestellt. Wie leicht zu sehen ist, besitzt auch die Funktionskurve jeder *t*-Verteilung die typische Gestalt des streng symmetrischen liegenden „S", die schon von der Normalverteilung und insbesondere von der Standard-normalverteilung bekannt ist.

In der Tat ist es so, dass sich die *t*-Verteilung *mit wachsender Zahl der Freiheitsgra-de* der *Standardnormalverteilung* immer mehr annähert.

Nicht zuletzt deshalb dürfen auch bei *großem Stichprobenumfang* die *Quantile der Standardnormalverteilung* verwendet werden.

Bei *kleinem Stichprobenumfang* und vorausgesetzter *normalverteilter Grundge-samtheit*, aber mit *unbekannter Standardabweichung*, wird aber nun die *t*-Verteilung zur Anwendung kommen.

Das wird im nächsten Abschnitt genauer erklärt.

Neu gegenüber dem Bisherigen wird jetzt, dass neben dem *Signifikanzniveau* auch der *Umfang n* der (kleinen) Stichprobe für die Ermittlung der Quantile wichtig wird.

### 7.4.3.8   Drei Methoden für die Beschaffung der Quantile

Entsprechend der gegebenen Fragestellung müssen nun verschiedene Quantile einer *t*-Verteilung beschafft werden, um die jeweiligen Ablehnungsbereiche erkennen zu können:

- *Links einseitige Fragestellung*: Hier wird das Quantil $t_{\alpha,m}$ der $t$-Verteilung mit $m = n - 1$ Freiheitsgraden benötigt, wobei $n$ der Stichprobenumfang ist.
- *Rechts einseitige Fragestellung*: Hier wird das Quantil $t_{1-\alpha,m}$ der $t$-Verteilung mit $m = n - 1$ Freiheitsgraden benötigt, wobei $n$ der Stichprobenumfang ist.
- *Zweiseitige Fragestellung*: Hier werden die Quantile $t_{\alpha/2,m}$ und $t_{1-\alpha/2,m}$ benötigt. Auch hier ist die Anzahl der Freiheitsgrade $m = n - 1$.

Es gibt wieder drei Methoden, wie für die jeweilige Aufgabenstellung das oder die benötigten Quantile erhalten werden können.

▶    **Methode 1** Der Graph der Verteilungsfunktion mit passendem Freiheitsgrad $m$ wird gezeichnet, auf der senkrechten Achse wird der Wert des Signifikanzniveaus $\alpha$ gesucht, dann kann auf der waagerechten Achse das Quantil $t_{\alpha,m}$ abgelesen werden. In Abb. 7.4 ist im Graph der $t$-Verteilung mit 200 Freiheitsgraden (rechts) beispielhaft vorgeführt, wie ein 0,95-Quantil abgelesen werden kann.

▶    **Methode 2** (empfohlene Methode) Mit Hilfe der Excel-Funktion `=TINV(...; ...)`, richtig verwendet, können die vier genannten Quantile mit ausreichender Genauigkeit zahlenmäßig bestimmt werden. Dabei ist an die zweite Position stets die *Anzahl der Freiheitsgrade* einzutragen.

▶    **Wichtiger Hinweis** Trägt man jedoch an die erste Position das *Signifikanzniveau* $\alpha$ ein, so liefert die Funktion `TINV` nicht $t_{\alpha,m}$, sondern überraschend das Quantil $t_{1-\alpha/2,m}$ für den Beginn des rechten Teils des Ablehnungsbereiches bei zweiseitiger Fragestellung – offenbar waren die Programmierer von Excel der Meinung, dass dieses Quantil das meistgebrauchte Quantil sei.

Dies berücksichtigend, muss man für die anderen Quantile die Excel-Funktion `TINV` richtig nutzen: Will man ein $\alpha$-Quantil, dann muss man $2\alpha$ an die erste Position eintragen, will man die *negativen Quantile* bekommen, muss man das Ergebnis von `TINV` mit $(-1)$ multiplizieren (es gilt für die $t$-Verteilung ähnlich wie für die Standardnormalverteilung $t_{\alpha;m} = -t_{1-\alpha;m}$):

| Signifikanzniveau $\alpha$ —> | 0,05 |
|---|---|
| Zahl der Freiheitsgrade—> | 9 |

| gesuchtes Quantil | richtige Formel |
|---|---|
| $t_{\alpha/2,m}$ | = - TINV(B1;B2) |
| $t_{\alpha,m}$ | = - TINV(2*B1;B2) |
| $t_{1-\alpha,m}$ | = TINV(2*B1;B2) |
| $t_{1-\alpha/2,m}$ | = TINV(B1;B2) |

| Signifikanzniveau $\alpha \longrightarrow$ | 0,05 |
|---|---|
| Zahl der Freiheitsgrade--> | 9 |

| gesuchtes Quantil | richtige Formel |
|---|---|
| $t_{\alpha/2,m}$ | -2,262157163 |
| $t_{\alpha,m}$ | -1,833112933 |
| $t_{1-\alpha,m}$ | 1,833112933 |
| $t_{1-\alpha/2,m}$ | 2,262157163 |

▶ **Methode 3** Das Quantil wird aus einer *Tabelle der Quantile der t-Verteilung* abgelesen (das ist die klassische Methode)

Sehr vielfältig ist die Menge der Tabellen in Lehrbüchern und Formelsammlungen, mit deren Hilfe man, angeblich schnell und leicht, das für die betrachtete Aufgabenstellung notwendige Quantil (oder die beiden Quantile bei zweiseitiger Fragestellung) ablesen kann. Abbildung 7.5 zeigt eine solche Tabelle, sie ist [19] entnommen und findet sich aber auch in [1], [8] und vielen anderen Büchern. Hilfreich für das Herausfinden des passenden Quantils aus einer solchen Tabelle ist die *Erinnerung an die Standardnormalverteilung*: Bekanntlich ist die *t*-Verteilung der Standardnormalverteilung $N(0,1;x)$ sehr ähnlich und nähert sich ihr mit wachsender Zahl der Freiheitsgrade immer mehr an.

Insbesondere besitzt die *t*-Verteilung die gleichen Symmetrie-Eigenschaften wie die Standardnormalverteilung.

Deshalb findet sich in einer Tabelle der Quantile der *t*-Verteilung oft in der Spalte für die Anzahl der Freiheitsgrade ganz unten das Symbol $\infty$ – in der zugehörigen letzten Zeile befinden sich dann nämlich die hinreichend bekannten Quantile der Standardnormalverteilung. In Abb. 7.5 ist gezeigt, wo und wie man die beiden oft verwendeten Quantile $z_{0,95}$ und $z_{0,975}$ findet. Damit sind gleichzeitig aber die zutreffenden Spalten für $t_{0,95}$ und $t_{0,975}$ gefunden, die Zeile ergibt sich jeweils aus der zutreffenden Anzahl der Freiheitsgrade.

Es ist leicht zu merken: Wenn man unsicher ist, ob man das richtige Quantil der *t*-Verteilung gefunden bzw. abgelesen hat, dann denke man an das entsprechende Quantil der Standardnormalverteilung.

| Anzahl der Freiheitsgrade m | Signifikanzniveau α (zweiseitige Fragestellung) | | | | | |
|---|---|---|---|---|---|---|
| | 0,1 | 0,05 | 0,02 | 0,01 | 0,002 | 0,001 |
| 1 | 6,31 | 12,71 | 31,82 | 63,66 | 318,31 | 636,62 |
| 2 | 2,92 | 4,30 | 6,96 | 9,92 | 22,33 | 31,60 |
| 3 | 2,35 | 3,18 | 4,54 | 5,84 | 10,21 | 12,92 |
| 4 | 2,13 | 2,78 | 3,75 | 4,60 | 7,17 | 8,61 |
| 5 | 2,02 | 2,57 | 3,36 | 4,03 | 5,89 | 6,87 |
| 6 | 1,94 | 2,45 | 3,14 | 3,71 | 5,21 | 5,96 |
| 7 | 1,89 | 2,36 | 3,00 | 3,50 | 4,79 | 5,41 |
| 8 | 1,86 | 2,31 | 2,90 | 3,36 | 4,50 | 5,04 |
| 9 | 1,83 | 2,26 | 2,82 | 3,25 | 4,30 | 4,78 |
| 10 | 1,81 | 2,23 | 2,76 | 3,17 | 4,14 | 4,59 |
| 11 | 1,80 | 2,20 | 2,72 | 3,11 | 4,02 | 4,44 |
| 12 | 1,78 | 2,18 | 2,68 | 3,05 | 3,93 | 4,32 |
| 13 | 1,77 | 2,16 | 2,65 | 3,01 | 3,85 | 4,22 |
| 14 | 1,76 | 2,14 | 2,62 | 2,98 | 3,79 | 4,14 |
| 15 | 1,75 | 2,13 | 2,60 | 2,95 | 3,73 | 4,07 |
| 16 | 1,75 | 2,12 | 2,58 | 2,92 | 3,69 | 4,01 |
| 17 | 1,74 | 2,11 | 2,57 | 2,90 | 3,65 | 3,97 |
| 18 | 1,73 | 2,10 | 2,55 | 2,88 | 3,61 | 3,92 |
| 19 | 1,73 | 2,09 | 2,54 | 2,86 | 3,58 | 3,88 |
| 20 | 1,72 | 2,09 | 2,53 | 2,85 | 3,55 | 3,85 |
| 21 | 1,72 | 2,08 | 2,52 | 2,83 | 3,53 | 3,82 |
| 22 | 1,72 | 2,07 | 2,51 | 2,82 | 3,50 | 3,79 |
| 23 | 1,71 | 2,07 | 2,50 | 2,81 | 3,48 | 3,77 |
| 24 | 1,71 | 2,06 | 2,49 | 2,80 | 3,47 | 3,75 |
| 25 | 1,71 | 2,06 | 2,49 | 2,79 | 3,45 | 3,73 |
| 26 | 1,71 | 2,06 | 2,48 | 2,78 | 3,43 | 3,71 |
| 27 | 1,70 | 2,05 | 2,47 | 2,77 | 3,42 | 3,69 |
| 28 | 1,70 | 2,05 | 2,46 | 2,76 | 3,41 | 3,67 |
| 29 | 1,70 | 2,05 | 2,46 | 2,76 | 3,40 | 3,66 |
| 30 | 1,70 | 2,04 | 2,46 | 2,75 | 3,39 | 3,65 |
| 40 | 1,68 | 2,02 | 2,42 | 2,70 | 3,31 | 3,55 |
| 60 | 1,67 | 2,00 | 2,39 | 2,66 | 3,23 | 3,46 |
| 120 | 1,66 | 1,98 | 2,36 | 2,62 | 3,16 | 3,37 |
| ∞ | 1,65 | 1,96 | 2,24 | 2,58 | 2,81 | 3,29 |
| | 0,05 | 0,025 | 0,010 | 0,005 | 0,001 | 0,0005 |
| | Signifikanzniveau α (einseitige Fragestellung) | | | | | |

$= Z_{1-\alpha}$ für $\alpha=0{,}05$

$= Z_{1-\alpha/2}$ für $\alpha=0{,}05$

**Abb. 7.5**　Tafel mit Quantilen der $t$-Verteilung

Sind Vorzeichen und Größenordnung (außer für $m < 10$) extrem verschieden, dann besteht die Gefahr, falsch abgelesen zu haben.

Wenn es möglich und erlaubt ist, sollte deshalb am besten die Funktion =TINV(...;...) von Excel zur Beschaffung der Quantile verwendet werden.

### 7.4.3.9　Entscheidung mit Prüfgröße und Ablehnungsbereichen

In *Abhängigkeit von der formulierten Gegenhypothese* bekommt der Ablehnungsbereich jeweils seine spezifische Form:

- Bei der *links einseitigen Fragestellung* beginnt der Ablehnungsbereich im negativen Unendlichen und endet bei einer negativen Zahl, dem $\alpha$-*Quantil der t-Verteilung mit n − 1 Freiheitsgraden.*
- Bei der *rechts einseitigen Fragestellung* beginnt der Ablehnungsbereich bei einer positiven Zahl, dem *1 − $\alpha$-Quantil der t-Verteilung mit n − 1 Freiheitsgraden,* und endet im positiven Unendlichen.
- Bei der *zweiseitigen Fragestellung* beginnt der *linke Teil* des Ablehnungsbereiches im negativen Unendlichen und endet bei einer negativen Zahl, dem *$\alpha$/2-Quantil der t-Verteilung mit n − 1 Freiheitsgraden,* der *rechte Teil* beginnt dann bei einer positiven Zahl, dem *1 − $\alpha$/2-Quantil der t-Verteilung mit n − 1 Freiheitsgraden,* und endet im positiven Unendlichen.

Fällt die Prüfgröße in den Ablehnungsbereich, dann ist mit dieser Stichprobe die *Hypothese zugunsten der Gegenhypothese abzulehnen.* Andererseits spricht die Stichprobe *nicht signifikant gegen die Hypothese,* es gibt keinen Grund zur Ablehnung der Hypothese.

### 7.4.3.10 Beispiele

*Beispiel 1* Von der Stichprobe mit den Werten 88,6/89,3/90,7/89,2/86,5/90,5/82,4/88,8/ 91,7/89,3 weiß man, dass sie aus einer normalverteilten Grundgesamtheit stammt. Die Standardabweichung $\sigma$ ist unbekannt. Zu prüfen ist, ob diese Stichprobe auf dem Niveau $\alpha = 0{,}05$ signifikant gegen den Erwartungswert $\mu_0 = 90$ spricht. Es wird die linksseitige Fragestellung betrachtet, das heißt, die Gegenhypothese lautet $\mu < \mu_0$. Für das Signifikanzniveau wird, wie häufig üblich, $\alpha$ mit 5 Prozent gewählt. Zur Vorbereitung der zwei Methoden der Entscheidungsrechnung wird zuerst neben die Stichprobe eine gleichlange „Hilfs-Stichprobe" geschrieben, die zehnmal den Hypothesenwert enthält:

| 88,6 | 90 | =ANZAHL(A:A) | <-- Umfang der Stichprobe (n) |
| 89,3 | 90 | 90 | <-- Hypothesenwert |
| 90,7 | 90 | =MITTELWERT(A:A) | <-- Mittelwert der Stichprobe |
| 89,2 | 90 | =STABW(A:A) | <-- Stichprobenstandardabweichung (s) |
| 86,5 | 90 | | |
| 90,5 | 90 | =WURZEL(D1)*(D3-D2)/D4 | <-- Prüfgröße (t) |
| 82,4 | 90 | 0,05 | <-- Signifikanzniveau ($\alpha$) |
| 88,8 | 90 | =D1-1 | <-- Zahl der Freiheitsgrade (m=n-1) |
| 91,7 | 90 | | |
| 89,3 | 90 | =TTEST(A1:A10;B1:B10;1;1) | <-- P-Wert=Ergebnis von TTEST |
| | | =-TINV(2*D7;D8) | <-- Quantil $t_{\alpha,m}$ |

| 88,6 | 90 | | |
|------|----|--|--|
| 89,3 | 90 | 10 | <– Umfang der Stichprobe (n) |
| 90,7 | 90 | 90 | <– Hypothesenwert |
| 89,2 | 90 | 88,700 | <– Mittelwert der Stichprobe |
| 86,5 | 90 | 2,61958436 | <– Stichprobenstandardabweichung (s) |
| 90,5 | 90 | | |
| 82,4 | 90 | -1,56931803 | <– Prüfgröße (t) |
| 88,8 | 90 | 0,05 | <– Signifikanzniveau (α) |
| 91,7 | 90 | 9 | <– Zahl der Freiheitsgrade (m=n-1) |
| 89,3 | 90 | | |
| | | 0,07550995 | <– P-Wert=Ergebnis von TTEST |

| -1,83311292 | <– Quantil $t_{\alpha,m}$ |
|-------------|--------------------------|

Der Mittelwert der Stichprobe beträgt 88,700, die Stichproben-Standardabweichung ergibt sich zu 2,619584361. Mit dem Stichprobenumfang von $n = 10$ erhält man aus der Formel (7.19) für die Prüfgröße den Wert $-1,569318026$.

Die Funktion TTEST liefert den Wert $P = 0,075509947$. Dieser Wert ist größer als das Signifikanzniveau, folglich gibt es *keinen Grund zur Ablehnung der Hypothese*. Der *Ablehnungsbereich* erstreckt sich vom Quantil $t_{\alpha;m} = -1,812$ nach links bis in das negative Unendliche. Die Prüfgröße $-1,569$ liegt nicht im Ablehnungsbereich, somit ergibt sich auch auf diese Weise, dass mit dieser Stichprobe *kein Grund zur Ablehnung der Hypothese* gegeben ist.

*Beispiel 2*  Von der Stichprobe mit den Werten 92,1/99,5/93,1/99,4/88,7/90,5/89,7/88,8/ 91,7/95,2 weiß man, dass sie aus einer *normalverteilten Grundgesamtheit* stammt. Die Standardabweichung $\sigma$ ist unbekannt. Zu prüfen ist, ob diese Stichprobe auf dem Niveau $\alpha = 0,05$ signifikant gegen den Erwartungswert $\mu_0 = 90$ spricht. Es wird die *zweiseitige Fragestellung* betrachtet, das heißt, die Gegenhypothese lautet $\mu \neq \mu_0$. Für das Signifikanzniveau wird $\alpha$ mit 5 Prozent gewählt. Zur Vorbereitung der zwei Methoden der Entscheidungsrechnung wird zuerst neben die Stichprobe eine gleichlange „Hilfs-Stichprobe" geschrieben, die zehnmal den Hypothesenwert enthält:

| 92,1 | 90 | =ANZAHL(A:A) | <-- Umfang der Stichprobe (n) |
|---|---|---|---|
| 99,5 | 90 | 90 | <-- Hypothesenwert |
| 93,1 | 90 | =MITTELWERT(A:A) | <-- Mittelwert der Stichprobe |
| 99,4 | 90 | =STABW(A:A) | <-- Stichprobenstandardabweichung (s) |
| 88,7 | 90 | | |
| 90,5 | 90 | =WURZEL(D1)*(D3-D2)/D4 | <-- Prüfgröße (t) |
| 89,7 | 90 | 0,05 | <-- Signifikanzniveau (α) |
| 88,8 | 90 | =D1-1 | <-- Zahl der Freiheitsgrade (m=n-1) |
| 91,7 | 90 | | |
| 95,2 | 90 | =TTEST(A1:A10;B1:B10;2;1) | <-- P-Wert=Ergebnis von TTEST |

| = - TINV(D7;D8) | <-- Quantil $t_{\alpha/2,m}$ |
|---|---|
| = TINV(D7;D8) | <-- Quantil $t_{1-\alpha/2,m}$ |

| 92,1 | 90 | 10 | <-- Umfang der Stichprobe (n) |
|---|---|---|---|
| 99,5 | 90 | 90 | <-- Hypothesenwert |
| 93,1 | 90 | 92,870 | <-- Mittelwert der Stichprobe |
| 99,4 | 90 | 3,995289 | <-- Stichprobenstandardabweichung (s) |
| 88,7 | 90 | | |
| 90,5 | 90 | 2,27161 | <-- Prüfgröße (t) |
| 89,7 | 90 | 0,05 | <-- Signifikanzniveau (α) |
| 88,8 | 90 | 9 | <-- Zahl der Freiheitsgrade (m=n-1) |
| 91,7 | 90 | | |
| 95,2 | 90 | 0,049233 | <-- P-Wert=Ergebnis von TTEST |

| -2,26216 | <-- Quantil $t_{\alpha/2,m}$ |
|---|---|
| 2,262157 | <-- Quantil $t_{1-\alpha/2,m}$ |

Der Mittelwert der Stichprobe beträgt 92,870, die Stichproben-Standardabweichung ergibt sich zu 3,995288892, damit und mit dem Stichprobenumfang von $n = 10$ erhält man aus der Formel (7.19) für die Prüfgröße den Wert 2,271609671.

Die Funktion TTEST (bei der nun wegen der *Zweiseitigkeit der Prüfung* an der *dritten Stelle eine 2* eingetragen werden muss) liefert den Wert $P = 0,049233331$. Dieser Wert ist *kleiner* als das vorgegebene Signifikanzniveau, folglich ist die Hypothese „Erwartungswert gleich 90" zugunsten der Gegenhypothese „dieser Wert stimmt nicht" abzulehnen.

Der *rechte Teil des Ablehnungsbereichs* erstreckt sich vom Quantil $t_{1-\alpha/2; m} = 2,262157158$ nach rechts bis in das positive Unendliche. Die Prüfgröße 2,271609671 liegt rechts vom Beginn des Ablehnungsbereiches, also ergibt sich auch auf diese Weise, dass die Hypothese „Erwartungswert gleich 90" zugunsten der Gegenhypothese „dieser Wert stimmt nicht" abzulehnen ist.

Da die Prüfgröße positiv ist, brauchte der linke Teil des Ablehnungsbereiches, der stets im Negativen liegt, hier eigentlich nicht betrachtet zu werden.

## 7.5    Prüfung der Varianz

### 7.5.1    Vorbemerkung

Gegeben ist eine Stichprobe, von der wir annehmen können, dass sie aus einer *normalverteilten Grundgesamtheit* stammt. Die Stichprobe kann klein sein (weniger als 30 Werte umfassen). Wir wollen nun die Varianz $\sigma^2$ der Grundgesamtheit (das ist das Quadrat der Standardabweichung $\sigma$) prüfen.

### 7.5.2    Hypothese, Gegenhypothesen und Fragestellungen

Wir gehen von der Nullhypothese $H_0$: $\sigma^2 = \sigma_0^2$ aus. Damit wird behauptet, dass die Varianz der Grundgesamtheit gleich $\sigma_0^2$ sei. Das ist offensichtlich dasselbe wie die Behauptung, dass die *Standardabweichung* der Grundgesamtheit gleich $\sigma_0$ sei. Wieder – wie bei allen Parametertests – können entsprechend der formulierten *Gegenhypothese* drei verschiedene Fragestellungen auftreten:

* *Links einseitige Fragestellung*: $H_{1,\text{links}}$: $\sigma^2 < \sigma_0^2$ (Behauptung: Die Varianz der Grundgesamtheit ist *kleiner* als durch die Nullhypothese vorgegeben.),
* *Rechts einseitige Fragestellung*: $H_{1,\text{rechts}}$: $\sigma^2 > \sigma_0^2$ (Behauptung: Die Varianz der Grundgesamtheit ist *größer* als durch die Nullhypothese vorgegeben.),
* *Zweiseitige Fragestellung*: $H_{1,\text{zweiseitig}}$: $\sigma^2 \neq \sigma_0^2$ (Behauptung: Die Varianz der Grundgesamtheit ist *anders* als durch die Nullhypothese vorgegeben.).

### 7.5.3    Signifikanzniveau und Stichprobe

Ein *Signifikanzniveau* $\alpha$ muss vorgegeben sein. Damit wird die *Wahrscheinlichkeit eines Fehlers 1. Art* gesteuert:

Ein Fehler 1. Art tritt dann auf, wenn die Nullhypothese $H_0$ tatsächlich zutrifft, aber aufgrund der Zufallsstichprobe zu Unrecht zugunsten der betrachteten Gegenhypothese abgelehnt wird. Mit dem Signifikanzniveau $\alpha$ wird die Wahrscheinlichkeit für eine versehentliche Falschablehnung der Nullhypothese vorgegeben.

Eine Zufallsstichprobe mit $n$ Stichprobenwerten $x_1$, $x_2$, ..., $x_n$ wird gezogen. Die Zahl $n$ heißt Umfang der Stichprobe.

### 7.5.4 Prüfgröße

Zuerst benötigt man die Stichprobenstandardabweichung $s$ oder (gleichwertig) die Stichprobenvarianz $s^2$:

$$s = \sqrt{\frac{1}{n-1} \sum_{i=1}^{n} (x_i - \bar{x})^2}, \tag{7.20}$$

$$s^2 = \frac{1}{n-1} \sum_{i=1}^{n} (x_i - \bar{x})^2. \tag{7.21}$$

Sowohl $s$ als auch $s^2$ können elementar mit einem Taschenrechner ausgerechnet werden. Es stehen dafür auch die Funktionen =STABW(...) bzw. =VARIANZ(...) zur Verfügung, wobei in die Klammern jeweils der Bereich mit der Stichprobe einzutragen ist. Dann berechnet man die Prüfgröße CHI nach der Formel

$$\text{CHI} = (n-1) \frac{s^2}{\sigma_0^2}. \tag{7.22}$$

*Bemerkung* In manchen Büchern wird anstelle der hier benutzten Buchstabenfolge CHI der griechische Buchstabe $\chi$ oder auch dessen Potenz $\chi^2$ verwendet.

### 7.5.5 Formen des Ablehnungsbereiches

In Abhängigkeit von der formulierten Gegenhypothese bekommt der Ablehnungsbereich jeweils seine spezifische Form:

- Bei der *links einseitigen Fragestellung* beginnt der Ablehnungsbereich bei Null (negative Werte sind weder für die Prüfgröße noch für die Quantile möglich) und endet bei einer positiven Zahl, dem *$\alpha$-Quantil $CHI_{\alpha,m}$ der CHI-Quadrat-Verteilung mit $m = n - 1$ Freiheitsgraden*.
- Bei der *rechts einseitigen Fragestellung* beginnt der Ablehnungsbereich bei einer positiven Zahl, dem *$1 - \alpha$-Quantil $CHI_{1-\alpha,m}$ der CHI-Quadrat-Verteilung mit $m = n - 1$ Freiheitsgraden*, und endet im positiven Unendlichen.
- Bei der *zweiseitigen Fragestellung* beginnt der *linke Teil* des Ablehnungsbereiches bei Null und endet bei einer positiven Zahl, dem *$\alpha/2$-Quantil $CHI_{\alpha/2,m}$ der CHI-Quadrat-*

*Verteilung mit m = n − 1 Freiheitsgraden*, der *rechte Teil* beginnt dann bei dem *1 − α/2-Quantil CHI$_{1-\alpha/2,m}$ der CHI-Quadrat-Verteilung mit m = n − 1 Freiheitsgraden*, und endet im positiven Unendlichen.

## 7.5.6 Die CHI-Quadrat-Verteilung

Die Verwendung der Bezeichnung CHI für die Prüfgröße lässt es vermuten – nun kommt eine Situation, in der erneut *Quantile der CHI-Quadrat-Verteilungsfunktion* benötigt werden. Sie wurde schon einmal, nämlich im Kap. 6 benötigt – dort ging es allerdings um die *Prüfung einer Verteilung*. Nun kommt dieselbe Verteilungsfunktion auch bei einer *Parameterprüfung* zum Einsatz.

▶    **Man beachte** Die *CHI-Quadrat-Verteilung* ist genau genommen eine *unendliche Schar einzelner Verteilungsfunktionen*, die sich voneinander nur in einem Parameter, dem so genannten *Freiheitsgrad*, unterscheiden.

In Abb. 7.6 sind für die beiden Freiheitsgrade *m* = 4 und *m* = 8 die Funktionskurven der Verteilungsfunktionen der CHI-Quadrat-Verteilung dargestellt. Sie unterscheiden sich wesentlich von den bisher erlebten Bildern der Normalverteilung und der *t*-Verteilung.

So ist auf jeden Fall ersichtlich, dass es niemals negative Quantile der CHI-Quadrat-Verteilung geben kann.

Ersichtlich ist auch, dass bei zunehmender Anzahl der Freiheitsgrade die Quantile immer größer werden: Während bei 4 Freiheitsgraden (linke Grafik) das 0,95-Quantil noch ablesbar ist (ca. 9,5), wäre es bei der rechten Grafik mit 8 Freiheitsgraden erst weit jenseits der Zeichnungsgrenze zu finden ...

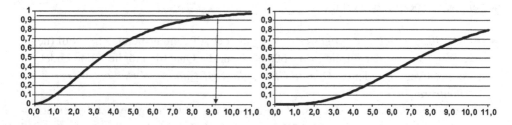

**Abb. 7.6** CHI-Quadrat-Verteilungen mit 4 und 8 Freiheitsgraden

### 7.5.7  Methoden für die Quantile der CHI-Quadrat-Verteilung

▶  **Methode 1**  Der Graph der Verteilungsfunktion mit passendem Freiheitsgrad *m* wird gezeichnet, auf der senkrechten Achse wird der Wert des Signifikanzniveaus $\alpha$ gesucht, dann kann auf der waagerechten Achse das Quantil abgelesen werden. In Abb. 7.6 ist am Graph der CHI-Quadrat-Verteilung mit 4 Freiheitsgraden (links) beispielhaft vorgeführt, wie ein 0,95-Quantil abgelesen werden kann.

▶  **Methode 2**  (empfohlen) Mit Hilfe der Excel-Funktion =CHIINV(...;...), richtig verwendet, können die vier genannten Quantile mit ausreichender Genauigkeit zahlenmäßig bestimmt werden. Dabei ist an der zweiten Position stets die *Anzahl der Freiheitsgrade* einzutragen.

▶  **Wichtiger Hinweis**  Trägt man jedoch an die erste Position das *Signifikanzniveau* $\alpha$ ein, so liefert die Funktion CHIINV nicht chi$_{\alpha,m}$, sondern überraschend das Quantil CHI$_{1-\alpha,m}$ für die rechts einseitige Fragestellung – offenbar waren die Programmierer von Excel der Meinung, dass dieses Quantil das meistgebrauchte Quantil sei.

Dies berücksichtigend, muss man für die anderen Quantile die Excel-Funktion CHIINV richtig nutzen: Will man ein $\alpha$-Quantil, dann muss man $1-\alpha$ an die erste Position eintragen, will man das $\alpha/2$-Quantil, dann muss man an die erste Position $1-\alpha/2$ eintragen:

| Signifikanzniveau $\alpha$ ---> | 0,05 |
|---|---|
| Zahl der Freiheitsgrade--> | 9 |

| gesuchtes Quantil | richtige Formel |
|---|---|
| CHI$_{\alpha/2,m}$ | =CHIINV(1-B1/2;B2) |
| CHI$_{\alpha,m}$ | =CHIINV(1-B1;B2) |
| CHI$_{1-\alpha,m}$ | =CHIINV(B1;B2) |
| CHI$_{1-\alpha/2,m}$ | =CHIINV(B1/2;B2) |

| Signifikanzniveau $\alpha$ ---> | 0,05 |
|---|---|
| Zahl der Freiheitsgrade--> | 9 |

| gesuchtes Quantil | richtige Formel |
|---|---|
| $CHI_{\alpha/2,m}$ | 2,7003895 |
| $CHI_{\alpha,m}$ | 3,325112843 |
| $CHI_{1-\alpha,m}$ | 16,9189776 |
| $CHI_{1-\alpha/2,m}$ | 19,0227678 |

▶    **Methode 3** Die Quantile werden aus einer *Tafel der CHI-Quadrat-Verteilung* abgelesen – das ist die früher benutzte klassische Methode.

Sehr vielfältig ist die Menge der Tabellen in Lehrbüchern und Formelsammlungen, mit deren Hilfe man – angeblich – schnell und leicht das für die betrachtete Aufgabenstellung notwendige Quantil (oder die beiden Quantile bei zweiseitiger Fragestellung) ablesen kann. Abbildung 7.7 zeigt eine solche Tabelle, sie ist [19] entnommen und findet sich aber auch in [1, 8] und vielen anderen Büchern.

Wenn es möglich und erlaubt ist, sollte deshalb am besten die Funktion =CHIINV(...;...) von Excel zur Beschaffung der Quantile verwendet werden.

### 7.5.8   Entscheidung mit Prüfgröße und Ablehnungsbereichen

In *Abhängigkeit von der formulierten Gegenhypothese* bekommt der Ablehnungsbereich jeweils seine spezifische Form:

- Bei der *links einseitigen Fragestellung* beginnt der Ablehnungsbereich bei Null und endet bei einer positiven Zahl, dem $\alpha$-*Quantil der CHI-Quadrat-Verteilung mit n − 1 Freiheitsgraden*.
- Bei der *rechts einseitigen Fragestellung* beginnt der Ablehnungsbereich bei einer positiven Zahl, dem *1 − $\alpha$-Quantil der CHI-Quadrat-Verteilung mit n − 1 Freiheitsgraden*, und endet im positiven Unendlichen.

| Anzahl der Freiheitsgrade m | Signifikanzniveau α | | | | | |
|---|---|---|---|---|---|---|
| | 0,99 | 0,975 | 0,95 | 0,05 | 0,025 | 0,01 |
| 1 | 0,00016 | 0,00098 | 0,0039 | 3,8 | 5,0 | 6,6 |
| 2 | 0,020 | 0,051 | 0,103 | 6,0 | 7,4 | 9,2 |
| 3 | 0,115 | 0,216 | 0,352 | 7,8 | 9,3 | 11,3 |
| 4 | 0,297 | 0,484 | 0,711 | 9,5 | 11,1 | 13,3 |
| 5 | 0,554 | 0,831 | 1,145 | 11,1 | 12,8 | 15,1 |
| 6 | 0,872 | 1,24 | 1,64 | 12,6 | 14,4 | 16,8 |
| 7 | 1,2 | 1,7 | 2,2 | 14,1 | 16,0 | 18,5 |
| 8 | 1,6 | 2,2 | 2,7 | 15,5 | 17,5 | 20,1 |
| 9 | 2,1 | 2,7 | 3,3 | 16,9 | 19,0 | 21,7 |
| 10 | 2,6 | 3,2 | 3,9 | 18,3 | 20,5 | 23,2 |
| 11 | 3,1 | 3,8 | 4,6 | 19,7 | 21,9 | 24,7 |
| 12 | 3,6 | 4,4 | 5,2 | 21,0 | 23,3 | 26,2 |
| 13 | 4,1 | 5,0 | 5,9 | 22,4 | 24,7 | 27,7 |
| 14 | 4,7 | 5,6 | 6,6 | 23,7 | 26,1 | 29,1 |
| 15 | 5,2 | 6,3 | 7,3 | 25,0 | 27,5 | 30,6 |
| 16 | 5,8 | 6,9 | 8,0 | 26,3 | 28,8 | 32,0 |
| 17 | 6,4 | 7,6 | 8,7 | 27,6 | 30,2 | 33,4 |
| 18 | 7,0 | 8,2 | 9,4 | 28,9 | 31,5 | 34,8 |
| 19 | 7,6 | 8,9 | 10,1 | 30,1 | 32,9 | 36,2 |
| 20 | 8,3 | 9,6 | 10,9 | 31,4 | 34,2 | 37,6 |
| 21 | 8,9 | 10,3 | 11,6 | 32,7 | 35,5 | 38,9 |
| 22 | 9,5 | 11,0 | 12,3 | 33,9 | 36,8 | 40,3 |
| 23 | 10,2 | 11,7 | 13,1 | 35,2 | 38,1 | 41,6 |
| 24 | 10,9 | 12,4 | 13,8 | 36,4 | 39,4 | 43,0 |
| 25 | 11,5 | 13,1 | 14,6 | 37,7 | 40,6 | 44,3 |
| 26 | 12,2 | 13,8 | 15,4 | 38,9 | 41,9 | 45,6 |
| 27 | 12,9 | 14,6 | 16,2 | 40,1 | 43,2 | 47,0 |
| 28 | 13,6 | 15,3 | 16,9 | 41,3 | 44,5 | 48,3 |
| 29 | 14,3 | 16,0 | 17,7 | 42,6 | 45,7 | 49,6 |
| 30 | 15,0 | 16,8 | 18,5 | 43,8 | 47,0 | 50,9 |

$= chi_{1-\alpha}$ für α=0,05 und m=4

$= chi_{1-\alpha/2}$ für α=0,05 und m=12

$= chi_{\alpha}$ für α=0,05 und m=12

$= chi_{\alpha/2}$ für α=0,05 und m=16

**Abb. 7.7** Tabelle von Quantilen der CHI-Quadrat-Verteilung

• Bei der *zweiseitigen Fragestellung* beginnt der *linke Teil* des Ablehnungsbereiches bei Null und endet bei einer positiven Zahl, dem *α/2-Quantil der CHI-Quadrat-Verteilung mit n − 1 Freiheitsgraden*, der *rechte Teil* beginnt dann bei dem *1 − α/2-Quantil der CHI-Quadrat-Verteilung mit n − 1 Freiheitsgraden*, und endet im positiven Unendlichen.

Fällt die Prüfgröße in den Ablehnungsbereich, dann ist mit dieser Stichprobe die *Hypothese zugunsten der Gegenhypothese abzulehnen*. Andererseits spricht die Stichprobe *nicht signifikant gegen die Hypothese*, es gibt keinen Grund zur Ablehnung der Hypothese.

## 7.5.9 Beispiel

Eine Stichprobe vom Umfang $n = 10$ enthalte die folgenden Werte:

83,67/55,17/113,29/125,3/122,11/189,21/11,52/87,26/159,57/40,88.

Es sei bekannt, dass diese kleine Stichprobe aus einer *normalverteilten Grundgesamtheit* stamme. Zu prüfen ist beim speziell gewählten Signifikanzniveau von $\alpha = 10\%$ (d. h. $\alpha = 0,1$) die Nullhypothese bezüglich der Varianz $H_0$: $\sigma^2 = \sigma_0^2 = 1600$.

Wenn – wie hier – keine Gegenhypothese explizit formuliert ist, wird allgemein davon ausgegangen, dass die *zweiseitige Fragestellung* vorliegt.

Da eine normalverteilte Grundgesamtheit vorausgesetzt wird, kann für die Entscheidungsrechnung der CHI-Quadrat-Test dieses Abschnitts zur Anwendung kommen. Aus der gegebenen Stichprobe wird die Varianz berechnet, dazu kommt dann die Prüfgröße mit den beiden Quantilen:

| 83,67 | =ANZAHL(A:A) | <-- Umfang der Stichprobe (n) |
|---|---|---|
| 55,17 | =VARIANZ(A:A) | <-- Stichprobenvarianz ($s^2$) |
| 113,29 | 1600 | <-- Hypothesenwert ($s_0^2$) |
| 125,30 | | |
| 122,11 | | |
| 189,21 | =(C1-1)*C2/C3 | <-- Prüfgröße (chi) |
| 11,52 | 0,1 | <-- Signifikanzniveau ($\alpha$) |
| 87,26 | =CHIINV(1-C7/2;C1-1) | <-- Quantil $chi_{\alpha/2,9}$ |
| 159,57 | =CHIINV(C7/2;C1-1) | <-- Quantil $chi_{1-\alpha/2,9}$ |
| 40,88 | | |

| 83,67 | 10 | <-- Umfang der Stichprobe (n) |
|---|---|---|
| 55,17 | 2951,19 | <-- Stichprobenvarianz ($s^2$) |
| 113,29 | 1600 | <-- Hypothesenwert ($s_0^2$) |
| 125,30 | | |
| 122,11 | | |
| 189,21 | 16,6004 | <-- Prüfgröße (chi) |
| 11,52 | 0,1 | <-- Signifikanzniveau ($\alpha$) |
| 87,26 | 3,33 | <-- Quantil $chi_{\alpha/2,9}$ |
| 159,57 | 16,92 | <-- Quantil $chi_{1-\alpha/2,9}$ |
| 40,88 | | |

Kommen wir zur Entscheidung: Der linke Teil des Ablehnungsbereiches (der hier natürlich bei Null beginnt) endet bei 3,33. Der rechte Teil des Ablehnungsbereiches beginnt bei 16,92 und erstreckt sich von dort bis in das positive Unendliche. Liegt also die Prüfgröße zwischen 3,33 und 16,92, dann liegt sie nicht im Ablehnungsbereich.

Unsere Prüfgröße hat den Wert 16,6 – sie liegt nicht im Ablehnungsbereich.

Es gibt also keine Veranlassung, mit dieser Stichprobe der formulierten Hypothese zu widersprechen.

Betrachten wir als Beispiel noch eine *rechts einseitige Fragestellung*: Ein Automat arbeitet mit einer vom Hersteller zugesicherten Standardabweichung von $\sigma_0 = 40$. Aus der Produktion kamen Beschwerden, dass diese Standardabweichung keinesfalls zutreffend sein kann, sie würde deutlich über 40 liegen.

Aus einer Stichprobe vom Umfang $n = 10$ wurde eine Varianz von $s^2 = 2900$ errechnet. Spricht diese empirische Varianz gegen die Behauptung des Herstellers?

Geprüft werden soll also die Nullhypothese $H_0$: $\sigma^2{}_0 = 1600$ gegen die Hypothese $H_1$: $\sigma^2 > \sigma^2{}_0$, es wird die rechts einseitige Fragestellung betrachtet. Als Signifikanzniveau wird $\alpha = 10\,\%$ gewählt. Die Prüfgröße wird nach der Formel (7.22) mit CHI $= 9 \cdot (2900/1600) = 16,31$ bestimmt.

Der Ablehnungsbereich beginnt nun bereits bei dem Quantil $\text{CHI}_{1-\alpha;9} = 14,68$ (in die Funktion CHIINV ist dafür an erster Stelle 0,1 und an zweiter Stelle 9 einzugeben). Damit fällt die Prüfgröße in den Ablehnungsbereich.

Die Stichprobe spricht *signifikant* gegen die Nullhypothese, sie ist zugunsten der Gegenhypothese abzulehnen.

## Literatur

1. Bamberg, G., Baur, F., Krapp, M.: Statistik. Oldenbourg-Verlag, München (2006)

2. Beyer, G., Hackel, H., Pieper, V., Tiedge, J.: Wahrscheinlichkeitsrechnung und mathematische Statistik. Teubner-Verlag, Stuttgart, Leipzig (1999)

3. Bortz, J., Schuster, C.: Statistik für Human- und Sozialwissenschaftler. Springer-Verlag, Berlin, Heidelberg (2010)

4. Bourier, G.: Wahrscheinlichkeitsrechnung und schließende Statistik. Gabler-Verlag, Wiesbaden (2002)

5. Christoph, G., Hackel, H.: Starthilfe Stochastik. Teubner-Verlag, Stuttgart, Leipzig, Wiesbaden (2002)

6. Clauß, G., Finze, F.-R., Partzsch, L.: Statistik. Für Soziologen, Pädagogen, Psychologen und Mediziner. Verlag Harri Deutsch, Frankfurt a. M. (2002)

7. Gehring, U., Weins, C.: Grundkurs Statistik für Politologen und Soziologen. VS Verlag, Wiesbaden (2009)

8. Göhler, W.: Höhere Mathematik – Formeln und Hinweise. Verlag Harri Deutsch, Thun und Frankfurt am Main (2011)

9. Kühnel, S., Krebs, D.: Statistik für die Sozialwissenschaften. Rowohlt-Verlag, Reinbek bei Hamburg (2001)

10. Leiner, B.: Grundlagen statistischer Methoden. Oldenbourg-Verlag, München Wien (1995)

11. Luderer, B., Nollau, V., Vetters, K.: Mathematische Formeln für Wirtschaftswissenschaftler. Vieweg-Verlag, Wiesbaden (2011)

12. Matthäus, H., Matthäus, W.-G.: Mathematik für BWL-Bachelor. Springer-Gabler-Verlag, Wiesbaden (2015)

13. Monka, M., Schöneck, N., Voß, W.: Statistik am PC – Lösungen mit Excel. Hanser Fachbuchverlag, München (2008)

14. Papula, L.: Mathematik für Ingenieure und Naturwissenschaftler. Vieweg+Teubner-Verlag, Wiesbaden (2008)

15. Reiter, G., Matthäus, W.-G.: Marketing-Management mit EXCEL. Oldenbourg-Verlag, München (1998)

16. Reiter, G., Matthäus, W.-G.: Marktforschung und Datenanalyse mit EXCEL. Oldenbourg-Verlag, München (1996)

17. Sauerbier, T., Voss, W.: Kleine Formelsammlung Statistik. Carl Hanser Verlag, München (2008)

18. Schira, J.: Statistische Methoden der VWL und BWL. Pearson-Verlag, München (2005)

19. Storm, R.: Wahrscheinlichkeitsrechnung, mathematische Statistik und statistische Qualitätskontrolle. Hanser-Verlag, München (2007)

20. Untersteiner, H.: Statistik – Datenauswertung mit Excel und SPSS. Verlag UTB, Stuttgart (2007)

21. Wewel, M.: Statistik im Bachelor-Studium der BWL und VWL. Pearson-Verlag, München (2006)

22. Zwerenz, K.: Statistik. Oldenbourg-Verlag, München, Wien (2001)

# Beurteilende Statistik – Parametervergleiche zweier verbundener Stichproben

8

## 8.1 Untersuchung von Stichproben mit alternativen Daten

### 8.1.1 Verbundene Stichproben

Wir betrachten im Augenblick *verbundene Stichproben* (auch als *gepaarte Stichproben* bezeichnet).

▶ **Man beachte** Verbundene Stichproben entstehen, wenn bei jedem aus der Grundgesamtheit entnommenen Objekt zu zwei relevanten Untersuchungs-merkmalen $X$ und $Y$ die zusammen gehörenden Merkmalsausprägungen $x_i$ und $y_i$ registriert werden.

Zwischen den Daten bestehen dann Abhängigkeiten, die statistische Veränderungen im Datenmaterial erzeugen können. Verbundene Stichproben entstehen beispielsweise bei Längsschnittstudien, wenn zum Beispiel Kinder vor der Einschulung und nach Abschluss der Grundschule untersucht werden. Dann liegen für jedes Kind *Datenpaare* der Form (Wert vor der Einschulung, Wert nach der Grundschule) vor.

Ähnlich sieht es auch bei den so genannten *Vorher-Nachher-Studien* aus, bei denen die Wirksamkeit einer Behandlungsmethode untersucht wird. Auch hier können die Elemente der zwei Datenreihen einander paarweise zugeordnet werden. So kann man zum Beispiel untersuchen, ob eine Aufklärungskampagne in Schulen dazu führt, dass weniger Jugendliche zu Alkohol greifen.

*Verbundene Stichproben* erhält man auch, wenn an ein- und derselben Person zwei Merkmale erhoben werden. Auch hier erhält man Datenpaare, die untersucht werden soll-ten.

© Springer Fachmedien Wiesbaden 2016
H. Matthäus, W.-G. Matthäus, *Statistik und Excel*, DOI 10.1007/978-3-658-07689-4_8

## 8.1.2    Gedanken zur Aufgabenstellung

In einer ländlichen Region wurden 250 Personen befragt, ob sie sich vegetarisch ernähren. Nach mehreren Vorkommnissen, bei denen in den Medien massiv über die Probleme der Massentierhaltung und die damit verbundenen Leiden der Tiere und die Umweltprobleme berichtet wurde, wurden die gleichen 250 Personen noch einmal zu ihren Ernährungsgewohnheiten befragt.

42 der befragten Personen gaben bei beiden Befragungen an, sich vegetarisch zu ernähren. 83 Personen antworteten zunächst, dass sie auch Fleisch essen, sie waren aber nach den Vorkommnissen zu einer vegetarischen Ernährung gewechselt. 97 Personen gaben bei beiden Befragungen an, dass sie Fleisch essen, Bei 28 Personen erfolgte sogar ein Wechsel von vegetarischer Ernährung zum Fleischverzehr.

Diese Daten lassen sich übersichtlich in einer so genannten *Vierfeldertafel* darstellen:

| 2. Befragung<br>1. Befragung | vegetarisch | Fleischesser | $\Sigma$ |
|---|---|---|---|
| vegetarisch | 42 | 28 | 70 |
| Fleischesser | 83 | 97 | 180 |
| $\Sigma$ | 125 | 125 | n=250 |

Die Vierfeldertafel enthält alle uns bereits bekannten Angaben, wie zum Beispiel in der ersten Zeile und zweiten Spalte die Anzahl von 28 Personen, die von vegetarischer Ernährung zu nicht vegetarischer Ernährung wechselten. Symbolisch wird dies mit $h_{12} = 28$ zum Ausdruck gebracht. Zusätzlich sind jedoch in den *Randsummen* noch weitere wertvolle Informationen enthalten: So gaben bei der ersten Befragung insgesamt 70 Personen an, sich vegetarisch zu ernähren, 180 Personen zählten sich zu den Fleischessern.

Bei der zweiten Befragung hatte sich das Verhältnis deutlich geändert, die Hälfte aller Befragten war nun zu vegetarischer Ernährung übergegangen. Offensichtlich haben sich die Ernährungsgewohnheiten geändert. Aber haben sie sich auch *signifikant* geändert?

> Es soll nun untersucht werden, ob sich durch die in den Medien geschilderten Vorkommnisse die Ernährungsgewohnheiten *signifikant* geändert haben.

In der Sprache der Statistik heißt das, dass ein *Unterschiedstest für zwei verbundene Stichproben bei alternativen (dichotomen) Merkmalen* durchzuführen ist.
Wir prüfen also die

- Nullhypothese $H_0$: Es gibt keinen Unterschied in den Ernährungsgewohnheiten, die Verteilung in den beiden Stichproben ist identisch.

gegen die

- Gegenhypothese $H_1$: Die Ernährungsgewohnheiten haben sich geändert.

Die Regeln für die Testrechnung wurden von McNemar aufgestellt, deshalb spricht man hier auch vom McNemar-Test. Er geht davon aus, dass insbesondere diejenigen Stichprobenelemente (Datenpaare) von Interesse sind, in denen ein Kategorienwechsel vorliegt. Denn falls die Nullhypothese zutreffen würde, dann dürften sich die Häufigkeiten in den Feldern, in denen der Kategorienwechsel erfasst wurde, nicht stark unterscheiden.

Ausgehend von dieser Überlegung wurde die Rechenvorschrift für die Prüfgröße festgelegt:

$$\text{CHI} = \frac{(h_{21} - h_{12})^2}{h_{21} + h_{12}}. \tag{8.1}$$

Wenn wir unsere Zahlenwerte aus der Vierfeldertafel einsetzen, dann erhalten wir einen scheinbar recht großen Wert für die Prüfgröße:

$$\text{CHI} = \frac{(83 - 28)^2}{83 + 28} = 27{,}25. \tag{8.2}$$

Doch reicht er auch aus, um die Hypothese zugunsten der Gegenhypothese zu Fall zu bringen? Das entscheidet sich, wenn nach den Regeln des McNemar-Tests zu einem vorgegebenen Signifikanzniveau $\alpha$ geprüft wird, ob die Prüfgröße in den Ablehnungsbereich fällt. Hier hat der Ablehnungsbereich folgende Form:

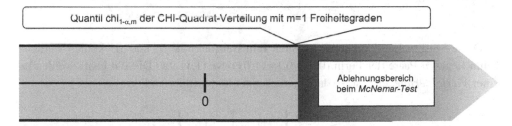

Der Ablehnungsbereich beginnt also bei dem $1 - \alpha$-Quantil der CHI-Quadrat-Verteilung mit einem Freiheitsgrad. Dieses Quantil kann auf klassisch-altmodische Weise beschafft werden durch Ablesen in Tafeln der CHI-Quadrat-Verteilung. Es kann aber viel schneller und besser erhalten werden durch Nutzung der Excel-Funktion =CHIINV(...;...), wobei wieder zu beachten ist, dass an erster Stelle nicht $1 - \alpha$, sondern $\alpha$ einzutragen ist:

| | |
|---|---|
| 0,05 | <-- Signifikanzniveau $\alpha$ |
| 1 | <- Zahl der Freiheitsgrade m |
| =CHIINV(A1;A2) | <-- Quantil $\text{chi}_{1-a,m}$ |

| 0,05 | <-- Signifikanzniveau $\alpha$ |
|---|---|
| 1 | <- Zahl der Freiheitsgrade m |
| 3,841458821 | <-- Quantil $chi_{1-a,m}$ |

Für das Signifikanzniveau von 5 Prozent beginnt der Ablehnungsbereich bei 3,84, die Prüfgröße hat den Wert 27,25. Sie liegt folglich im Ablehnungsbereich.

Wir kommen zur Testentscheidung: Die vorliegenden Daten sprechen *signifikant gegen die Hypothese*, sie ist *zugunsten der Gegenhypothese abzulehnen.*

Man darf also formulieren, dass sich die Ernährungsgewohnheiten der Befragten im Zeitraum von der ersten zur zweiten Befragung signifikant geändert haben.

### 8.1.3  Zusammenfassung

Es liegen zwei verbundene Stichproben eines dichotomen Merkmals vor, d. h. $n$ Datenpaare $(x_i, y_i)$, wobei sowohl die $x_i$ als auch die $y_i$ jeweils *nur zwei Merkmalsausprägungen* realisieren können.

Diese Merkmalsausprägungen könnten zum Beispiel mit „0" und „1" kodiert werden. Dann liegen $n$ Paare der Form $(0,0)$, $(0,1)$, $(1,0)$ bzw. $(1,1)$ vor. Diese $n$ Paare werden in einer *Vierfeldertafel* erfasst, so dass man zu einer komprimierten Form

| x \ y | 0 | 1 | $\Sigma$ |
|---|---|---|---|
| 0 | $h_{11}$ | $h_{12}$ | |
| 1 | $h_{21}$ | $h_{22}$ | |
| $\Sigma$ | | | $n$ |

kommt.

Für den Test von McNemar muss die Voraussetzung $h_{12} + h_{21} > 60$ erfüllt sein.

Ist das nicht der Fall, so verwendet man den *korrigierten Test von McNemar* bzw. den so genannten *Binomialtest* (siehe z. B. [6]). Geprüft wird die

- Nullhypothese $H_0$: $h_{12} = h_{21}$

gegen die

- Gegenhypothese $H_1$: $h_{12} \neq h_{21}$.

Ein Signifikanzniveau $\alpha$ wird gewählt. Mit ihm wird die Wahrscheinlichkeit einer versehentlichen Falschablehnung der Nullhypothese gesteuert. Die Prüfgröße nach McNemar berücksichtigt die Häufigkeiten, in denen ein Wechsel der Kategorien erfolgt. Für die oben angegebene Vierfeldertafel lautet sie

$$\text{CHI} = \frac{(h_{21} - h_{12})^2}{h_{21} + h_{12}}. \tag{8.3}$$

Diese Prüfgröße ist CHI-Quadrat-verteilt mit einem Freiheitsgrad. Der Ablehnungsbereich beginnt bei dem $(1 - \alpha)$-Quantil der CHI-Quadrat-Verteilung mit dem Freiheitsgrad Eins und erstreckt sich von dort in das positive Unendliche:

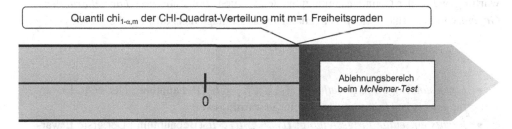

Entscheidung: Liegt die Prüfgröße im Ablehnungsbereich, dann ist die Nullhypothese zugunsten der Gegenhypothese abzulehnen. Andernfalls gibt es mit der untersuchten Stichprobe keinen Grund zur Ablehnung der Nullhypothese.

▶   **Man beachte** Die Gegenhypothese „ungleich" zieht eigentlich die Vokabel „zweiseitige Fragestellung" nach sich. Aber die Form des Ablehnungsbereiches spricht demgegenüber für eine „rechtsseitige Fragestellung".

Wie kann man das erklären?

Dieser, nur scheinbare Widerspruch löst sich auf, wenn man daran denkt, dass in der Prüfgröße CHI durch das Quadrieren des Unterschieds $(h_{12} - h_{21})$ bereits positive wie auch negative Differenzen berücksichtigt werden.

## 8.2 Vergleich der Erwartungswerte normalverteilter Grundgesamtheiten – der Differenzen-t-Test

### 8.2.1 Aufgabenstellung

Gegeben sind zwei *verbundene* (und damit zwangsläufig) gleichlange Stichproben, von denen wir annehmen können, dass sie *aus normalverteilten Grundgesamtheiten* stammen. In der Stichprobe treten folglich unüberschaubar viele Merkmalswerte auf. Wir wollen die *Gleichheit der Erwartungswerte der beiden Grundgesamtheiten* prüfen.

Der nun vorgestellte Test ist allgemein unter dem Namen *Differenzen-t-Test* bekannt.

### 8.2.2 Hypothese, Gegenhypothesen und Fragestellungen

Wir gehen von der *Nullhypothese $H_0$*: $\mu_1 = \mu_2$ aus. Damit wird behauptet, dass die Erwartungswerte der Grundgesamtheiten gleich seien. Folgende *drei Formulierungen der Gegenhypothese* sind – entsprechend der Interessenlage des Auftraggebers – möglich:

- *Links einseitige Fragestellung*: $H_{1,\text{links}}$: $\mu_1 < \mu_2$ (Behauptung: Der erste Erwartungswert ist *kleiner* als der zweite Erwartungswert).
- *Rechts einseitige Fragestellung*: $H_{1,\text{rechts}}$: $\mu_1 > \mu_2$ (Behauptung: Der erste Erwartungswert ist *größer* als der zweite Erwartungswert).
- *Zweiseitige Fragestellung*: $H_{1,\text{zweiseitig}}$: $\mu_1 \neq \mu_2$ (Behauptung: Der erste Erwartungswert ist *anders* als der zweite Erwartungswert).

### 8.2.3 Signifikanzniveau und Stichprobe

Ein Signifikanzniveau $\alpha$ muss vorgegeben sein.

Damit wird die Wahrscheinlichkeit eines *Fehlers 1. Art* gesteuert: Ein Fehler 1. Art tritt dann auf, wenn die Nullhypothese $H_0$ tatsächlich zutrifft, aber aufgrund der zweidimensionalen Zufallsstichprobe zu Unrecht zugunsten der betrachteten Gegenhypothese abgelehnt wird.

Eine Zufallsstichprobe mit $n$ Stichprobenpaaren $(x_1, y_1), \ldots, (x_n, y_n)$ wird gezogen. Die Zahl $n$ heißt dann Umfang der gepaarten Stichprobe.

### 8.2.4 Schnelle Entscheidung mit einem Excel-Werkzeug

Zuerst werden die beiden Stichproben in eine Excel-Tabelle eingetragen:

| i | $x_i$ | $y_i$ |
|---|-------|-------|
| 1 | $x_1$ | $y_1$ |
| 2 | $x_2$ | $y_2$ |
| 3 | $x_3$ | $y_3$ |
| 4 | $x_4$ | $y_4$ |
| 5 | $x_5$ | $y_5$ |

Dann wird im Registerblatt `Daten` in der Gruppe `Analyse` die Leistung *Datenanalyse* ausgewählt:

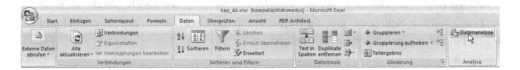

Im Fenster der angebotenen Analyse-Funktionen wird „Zweistichproben $t$-Test bei abhängigen Stichproben" angeklickt:

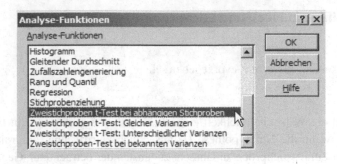

Die Oberfläche dieses Excel-Werkzeuges ist denkbar einfach:

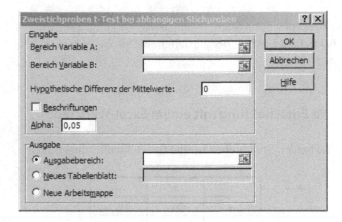

Es wird lediglich verlangt, die Bereiche mit den beiden Stichproben einzutragen. Als hypothetische Differenz der beiden Mittelwerte wird eine Null eingetragen (denn wenn in $H_0$ formuliert wird, dass $\mu_1 = \mu_2$ angenommen wird, dann ist das gleichbedeutend damit, dass die Differenz verschwindet: $\mu_1 - \mu_2 = 0$). Dazu ist das Signifikanzniveau einzugeben und schließlich ist nur noch mitzuteilen, ob die Ergebnisausgabe des Werkzeuges auf demselben Tabellenblatt oder einem gesonderten Blatt erfolgen soll. Das ist schon alles. Den Rest sollen drei Beispiele illustrieren.

Zuerst prüfen wir die Gegenhypothese *größer*, das heißt, wir bearbeiten die rechtsseitige Fragestellung. Sehen wir uns die Werte an, die das Excel-Werkzeug „Zweistichproben *t*-Test bei abhängigen Stichproben" liefert:

| i | $x_i$ | $y_i$ |
|---|-------|-------|
| 1 | 76,91 | 74,50 |
| 2 | 70,25 | 56,50 |
| 3 | 88,41 | 87,90 |
| 4 | 75,35 | 64,20 |
| 5 | 68,04 | 67,40 |

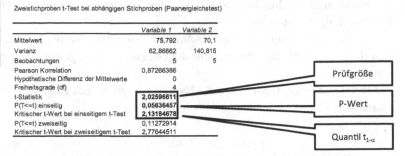

Zweistichproben t-Test bei abhängigen Stichproben (Paarvergleichstest)

|  | Variable 1 | Variable 2 |
|---|-----------|-----------|
| Mittelwert | 75,792 | 70,1 |
| Varianz | 62,86662 | 140,815 |
| Beobachtungen | 5 | 5 |
| Pearson Korrelation | 0,87266386 | |
| Hypothetische Differenz der Mittelwerte | 0 | |
| Freiheitsgrade (df) | 4 | |
| t-Statistik | **2,02596611** | |
| P(T<=t) einseitig | **0,05636457** | |
| Kritischer t-Wert bei einseitigem t-Test | **2,13184678** | |
| P(T<=t) zweiseitig | 0,11272914 | |
| Kritischer t-Wert bei zweiseitigem t-Test | 2,77644511 | |

Prüfgröße

P-Wert

Quantil $t_{1-\alpha}$

Die drei wichtigsten Werte sind hervorgehoben. Es kann sofort die *Testentscheidung* abgelesen werden:

Die *Prüfgröße* (hier wird sie als *t-Statistik* bezeichnet) ist positiv. Das lässt erkennen, dass die gepaarte Stichprobe im Sinne der Gegenhypothese gegen die Hypothese sprechen kann.

Ob sie auch *signifikant* gegen die Hypothese spricht, das zeigt sich am *P-Wert für den einseitigen Test*:

Der *P-Wert „$P(T \leq t)$ einseitig"* ist *größer als das Signifikanzniveau*. Folglich gibt es mit diesen gepaarten Stichproben *keinen Grund zur Ablehnung der Hypothese*.

Und wenn wir für den Abschnitt „Entscheidung mit Prüfgröße und Quantil" schon etwas vorgreifen wollen: Die Prüfgröße 2,03 liegt links vom Quantil $t_{1-\alpha;n-1} = 2,13$ das erst den Beginn des Ablehnungsbereiches beschreibt. Damit ist dieselbe Testentscheidung noch einmal ablesbar.

Kommen wir nun zu einer *links einseitigen Fragestellung*, die Gegenhypothese besagt, dass der Erwartungswert der ersten Grundgesamtheit kleiner sei als der Erwartungswert der zweiten Grundgesamtheit:

| i | $x_i$ | $y_i$ |
|---|-------|-------|
| 1 | 52,02 | 74,50 |
| 2 | 56,87 | 56,50 |
| 3 | 54,12 | 87,90 |
| 4 | 53,45 | 64,19 |
| 5 | 64,13 | 67,40 |

Zweistichproben t-Test bei abhängigen Stichproben (Paarvergleichstest)

|  | Variable 1 | Variable 2 |
|---|-----------|-----------|
| Mittelwert | 56,118 | 70,098 |
| Varianz | 23,16537 | 140,84452 |
| Beobachtungen | 5 | 5 |
| Pearson Korrelation | -0,30500304 | |
| Hypothetische Differenz der Mittelwerte | 0 | |
| Freiheitsgrade (df) | 4 | |
| t-Statistik | **-2,21679483** | |
| P(T<=t) einseitig | **0,04546792** | |
| Kritischer t-Wert bei einseitigem t-Test | **2,13184678** | |
| P(T<=t) zweiseitig | 0,09093584 | |
| Kritischer t-Wert bei zweiseitigem t-Test | 2,77644511 | |

Prüfgröße

P-Wert

Quantil $t_{1-\alpha}$

Wieder sind die drei wichtigsten Angaben hervorgehoben und helfen uns, sofort zur Entscheidung zu kommen:

Die *Prüfgröße* (hier wird sie als *t-Statistik* bezeichnet) ist negativ. Das lässt erkennen, dass die gepaarte Stichprobe im Sinne der Gegenhypothese gegen die Hypothese sprechen kann.

Ob sie auch *signifikant* gegen die Hypothese spricht, das zeigt sich am *P-Wert für den einseitigen Test*:

Der *P-Wert „P(T ≤ t) einseitig"* ist *kleiner als das Signifikanzniveau*. Folglich ist mit diesen gepaarten Stichproben die *Hypothese zugunsten der Gegenhypothese abzulehnen.*.

Und wenn wir für den Abschnitt „Entscheidung mit Prüfgröße und Quantil" schon etwas vorgreifen wollen: Das Quantil $t_{\alpha;n-1}$ das das Ende des im Negativen liegenden Ablehnungsbereiches angibt, wird zwar nicht mitgeteilt, aber wegen der Symmetrie der $t$-Verteilung weiß man, dass $t_{\alpha;n-1} = -t_{1-\alpha;n-1}$ gilt. Also endet der Ablehnungsbereich bei $-2,13$, die Prüfgröße liegt mit $-2,21$ links davon im Ablehnungsbereich. Damit ist dieselbe Testentscheidung noch einmal ablesbar.

Kommen wir nun zur *zweiseitigen Fragestellung*, die Gegenhypothese lautet nun, dass von Gleichheit der Erwartungswerte grundsätzlich nicht auszugehen sei:

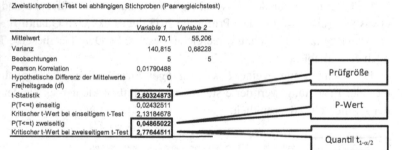

| i | $x_i$ | $y_i$ |
|---|---|---|
| 1 | 74,50 | 55,99 |
| 2 | 56,50 | 55,01 |
| 3 | 87,90 | 54,99 |
| 4 | 64,20 | 56,01 |
| 5 | 67,40 | 54,03 |

Zweistichproben t-Test bei abhängigen Stichproben (Paarvergleichstest)

|  | Variable 1 | Variable 2 |
|---|---|---|
| Mittelwert | 70,1 | 55,206 |
| Varianz | 140,815 | 0,68228 |
| Beobachtungen | 5 | 5 |
| Pearson Korrelation | 0,01790488 | |
| Hypothetische Differenz der Mittelwerte | 0 | |
| Freiheitsgrade (df) | 4 | |
| t-Statistik | 2,80324873 | |
| P(T<=t) einseitig | 0,02432511 | |
| Kritischer t-Wert bei einseitigem t-Test | 2,13184678 | |
| P(T<=t) zweiseitig | 0,04865022 | |
| Kritischer t-Wert bei zweiseitigem t-Test | 2,77644511 | |

Prüfgröße

P-Wert

Quantil $t_{1-\alpha/2}$

Hier reicht es aus, den Wert „*P(T ≤ t) zweiseitig*" zu betrachten – er ist kleiner als das Signifikanzniveau, also ist die Hypothese zugunsten der Gegenhypothese abzulehnen. Und wenn wir für den Abschnitt „Entscheidung mit Prüfgröße und Quantil" schon etwas vorgreifen wollen: Es wird auch das Quantil $t_{1-\alpha/2;n-1}$ das den Beginn des rechten Teils vom zweiteiligen Ablehnungsbereich mitteilt, angegeben. Die Prüfgröße (*t-Statistik*) liegt rechts davon, also im Ablehnungsbereich. womit dieselbe Testentscheidung noch einmal ablesbar ist.

### 8.2.5 Prüfgröße

Sehen wir uns nun aber doch an, wie die Prüfgröße zustande kommt. Denn anhand der Prüfgröße kann anschließend mit der Excel-Funktion TTEST und danach mit dem Ablehnungsbereich ebenfalls die Testentscheidung herbeigeführt werden.

Zuerst muss der *Mittelwert der Differenzen aller Stichprobenpaare* berechnet werden:

$$\bar{d} = \frac{1}{n}(d_1 + \ldots + d_n) = \frac{1}{n}\left((x_1 - y_1) + \ldots + (x_n - y_n)\right). \tag{8.4}$$

Mit diesem Zahlenwert kann anschließend die *empirische Standardabweichung der Differenzen* ermittelt werden:

$$s = \sqrt{\frac{1}{n-1}\sum_{i=1}^{n}\left(d_i - \bar{d}\right)^2}. \tag{8.5}$$

Zum Schluss wird die Prüfgröße $t$ nach folgender Formel berechnet:

$$t = \sqrt{n} \cdot \frac{\bar{d}}{s}. \tag{8.6}$$

### 8.2.6 Schnelle Entscheidung mit Prüfgröße und dem P-Wert

Zur Berechnung der Überschreitungswahrscheinlichkeit, die wie allgemein üblich als *P*-Wert bezeichnet wird, kann die Excel-Funktion =TTEST(...;...;...;...) verwendet werden. Dabei sind an die ersten beiden Positionen die Bereiche der beiden verbundenen Stichproben einzutragen. An die dritte Stelle ist bei einseitigem Test eine 1, bei zweiseitigem Test eine 2 einzutragen. Die letzte Position ist wegen der Situation verbundener Stichproben mit einer Eins zu belegen.

Dann gelten folgende Entscheidungsregeln:

- Bei *links einseitiger Fragestellung* ist mit den beiden verbundenen Stichproben die *Hypothese zugunsten der Gegenhypothese abzulehnen*, wenn die *Prüfgröße negativ* ist und der von TTEST gelieferte *einseitige P-Wert kleiner als das Signifikanzniveau* $\alpha$ ist. Ist andererseits $P > \alpha$, dann spricht die Stichprobe *nicht signifikant* gegen die Hypothese, es gibt keinen Grund zur Ablehnung der Hypothese.
- Bei *rechts einseitiger Fragestellung* ist mit den beiden verbundenen Stichproben die *Hypothese zugunsten der Gegenhypothese abzulehnen*, wenn die *Prüfgröße positiv* ist und der von TTEST gelieferte *einseitige P-Wert kleiner als das Signifikanzniveau* $\alpha$ ist. Ist andererseits $P > \alpha$, dann spricht die Stichprobe *nicht signifikant* gegen die Hypothese, es gibt keinen Grund zur Ablehnung der Hypothese.

- Bei *zweiseitiger Fragestellung* ist mit den beiden verbundenen Stichproben die *Hypothese zugunsten der Gegenhypothese abzulehnen*, wenn der von TTEST gelieferte *zweiseitige P-Wert kleiner als das Signifikanzniveau* $\alpha$ ist. Ist andererseits $P > \alpha$, dann spricht die Stichprobe *nicht signifikant* gegen die Hypothese, es gibt keinen Grund zur Ablehnung der Hypothese.

### 8.2.7   Form der Ablehnungsbereiche

In *Abhängigkeit von der formulierten Gegenhypothese* bekommt der *Ablehnungsbereich* jeweils seine spezifische Form:

- Bei der *links einseitigen Fragestellung* beginnt der Ablehnungsbereich im negativen Unendlichen und endet bei einer negativen Zahl, dem $\alpha$-*Quantil* $t_{\alpha;m}$ *der t-Verteilung mit m = n − 1 Freiheitsgraden.*

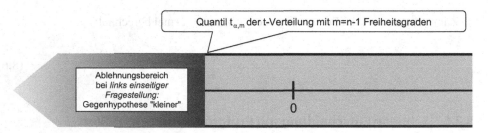

- Bei der *rechts einseitigen Fragestellung* beginnt der Ablehnungsbereich bei einer positiven Zahl, dem $1 − \alpha$-*Quantil* $t_{1-\alpha;m}$ *der t-Verteilung mit m = n − 1 Freiheitsgraden,* und endet im positiven Unendlichen.

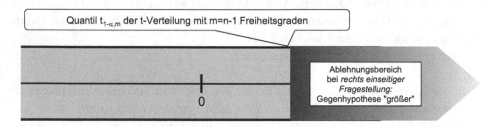

- Bei der *zweiseitigen Fragestellung* beginnt der *linke Teil* des Ablehnungsbereiches im negativen Unendlichen und endet bei einer negativen Zahl, dem $\alpha/2$-*Quantil* $t_{\alpha/2;m}$ *der t-Verteilung mit m = n − 1 Freiheitsgraden,* der *rechte Teil* beginn dann bei einer positiven Zahl, dem $1 − \alpha/2$-*Quantil* $t_{1-\alpha/2;m}$ *der t-Verteilung mit m = n − 1 Freiheitsgraden,* und endet im positiven Unendlichen.

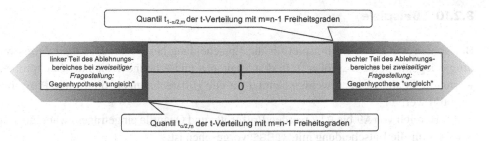

## 8.2.8    Quantile für die Entscheidung mit dem Ablehnungsbereich

Entsprechend der gegebenen Fragestellung müssen nun verschiedene *Quantile der t-Verteilung mit n − 1 Freiheitsgraden* beschafft werden, um die jeweiligen Ablehnungsbereiche erkennen zu können:

- *Links einseitige Fragestellung*: Hier wird das Quantil $t_{\alpha;n-1}$ benötigt. Es kann aus der Tabelle der *t*-Verteilung abgelesen oder mittels `=-TINV(...;...)` beschafft werden, wobei in die Klammern an die erste Stelle der Zahlenwert von **2α** und an die zweite Stelle die Zahl der Freiheitsgrade einzutragen ist.
- *Rechts einseitige Fragestellung*: Hier wird das Quantil $t_{1-\alpha;n-1}$ benötigt. Es kann aus der Tabelle der *t*-Verteilung abgelesen oder mittels `=TINV(...;...)` beschafft werden, wobei in die Klammern an die erste Stelle der Zahlenwert von **2α** und an die zweite Stelle die Zahl der Freiheitsgrade einzutragen ist.
- *Zweiseitige Fragestellung*: Hier werden die Quantile $t_{\alpha/2;n-1}$ und $t_{1-\alpha/2;n-1}$ benötigt. Sie können aus der Tabelle der *t*-Verteilung abgelesen oder mit Hilfe von `=-TINV(...;...)` und `=TINV(...;...)` beschafft werden, wobei in die Klammern an erste Stelle der Zahlenwert **α** und an die zweite Stelle die Zahl der Freiheitsgrade einzutragen ist.

## 8.2.9    Entscheidung

- Fällt die Prüfgröße *t* in den *Ablehnungsbereich der betrachteten Fragestellung*, dann ist die Nullhypothese zugunsten der betrachteten Gegenhypothese abzulehnen: Die Zufallsstichproben sprechen bei dieser Gegenhypothese signifikant gegen die Nullhypothese.
- Andernfalls gibt es *keinen Grund zur Ablehnung der Nullhypothese*: Die verbundenen Zufallsstichproben sprechen nicht signifikant gegen die Hypothese.

## 8.2.10   Beispiele

Betrachten wir zuerst ein Beispiel für die Entscheidung bei *rechts einseitiger Fragestellung* (Gegenhypothese „größer"): In den Spalten A und B befinden sich die Stichprobenwerte, die Spalten C bis G werden benutzt für alle Hilfsrechnungen, die für die Prüfgröße benötigt werden.

Im Bereich von A9 bis B12 werden Prüfgröße und Quantile eingetragen, während A14 bis B15 für die Entscheidung mit TTEST vorgesehen ist:

| $x_i$ | $y_i$ | $x_i$-$y_i$ | d_quer | $(d_i$-d_quer$)^2$ | s | t |
|---|---|---|---|---|---|---|
| 76,91 | 74,50 | =A2-B2 | =MITTELWERT(C2:C6) | =(C2-D$2)^2 | =WURZEL(E7/4) | =D2*WURZEL(5)/F2 |
| 70,25 | 56,50 | =A3-B3 | | =(C3-D$2)^2 | | |
| 88,41 | 87,90 | =A4-B4 | | =(C4-D$2)^2 | | |
| 75,35 | 64,20 | =A5-B5 | | =(C5-D$2)^2 | | |
| 68,04 | 67,40 | =A6-B6 | | =(C6-D$2)^2 | | |
| | | | Summe($(d_i$-d_quer$)^2$)--> | =SUMME(E2:E6) | | |

| | |
|---|---|
| =D2*WURZEL(5)/F2 | <-- Prüfgröße (t) |
| 0,05 | <-- Signifikanzniveau (α) |
| 4 | <-- Anzahl der Freiheitsgrade |
| =TINV(2*A10;A11) | <-- Quantil ($t_{1-α,4}$) |
| | |
| 0,05 | <-- Signifikanzniveau (α) |
| =TTEST(A2:A6;B2:B6;1;1) | <-- Ergebniswert von TTEST |

| $x_i$ | $y_i$ | $x_i$-$y_i$ | d_quer | $(d_i$-d_quer$)^2$ | s | t |
|---|---|---|---|---|---|---|
| 76,91 | 74,50 | 2,41 | 5,69 | 10,771524 | 6,28 | 2,026 |
| 70,25 | 56,50 | 13,75 | | 64,931364 | | |
| 88,41 | 87,90 | 0,51 | | 26,853124 | | |
| 75,35 | 64,20 | 11,15 | | 29,789764 | | |
| 68,04 | 67,40 | 0,64 | | 25,522704 | | |
| | | | Summe($(d_i$-d_quer$)^2$)--> | 157,86848 | | |

| | |
|---|---|
| 2,026 | <-- Prüfgröße (t) |
| 0,05 | <-- Signifikanzniveau (α) |
| 4 | <-- Anzahl der Freiheitsgrade |
| 2,132 | <-- Quantil ($t_{1-α,4}$) |
| | |
| 0,05 | <-- Signifikanzniveau (α) |
| 0,0564 | <-- Ergebniswert von TTEST |

- Testentscheidung mit der *Prüfgröße* und dem *P-Wert*: Die Prüfgröße ist positiv, der *P*-Wert in Zelle A15 größer als das Signifikanzniveau, folglich gibt es mit dieser Stichprobe *keinen Grund zur Ablehnung der Gleichheits-Hypothese.*
- Testentscheidung mit *Prüfgröße und Ablehnungsbereich*: Der Ablehnungsbereich beginnt bei 2,132, die Prüfgröße 2,026 liegt links davon nicht im Ablehnungsbereich, folglich gibt es mit dieser Stichprobe *keinen Grund zur Ablehnung der Gleichheits-Hypothese.*

Betrachten wir als nächstes ein Beispiel für die Entscheidung bei *links einseitiger Fragestellung* (Gegenhypothese „kleiner"):

| $x_i$ | $y_i$ | $x_i$-$y_i$ | d_quer | $(d_i$-d_quer$)^2$ | s | t |
|---|---|---|---|---|---|---|
| 52,02 | 74,50 | =A2-B2 | =MITTELWERT(C2:C6) | =(C2-D$2)^2 | =WURZEL(E7/4) | =D2*WURZEL(5)/F2 |
| 56,87 | 56,50 | =A3-B3 | | =(C3-D$2)^2 | | |
| 54,12 | 87,90 | =A4-B4 | | =(C4-D$2)^2 | | |
| 53,45 | 64,19 | =A5-B5 | | =(C5-D$2)^2 | | |
| 64,13 | 67,40 | =A6-B6 | | =(C6-D$2)^2 | | |
| | | | Summe((d_i-d_quer)^2)--> | =SUMME(E2:E6) | | |

| | |
|---|---|
| =D2*WURZEL(5)/F2 | <-- Prüfgröße (t) |
| 0,05 | <-- Signifikanzniveau ($\alpha$) |
| 4 | <-- Anzahl der Freiheitsgrade |
| =-TINV(2*A10;A11) | <-- Quantil ($t_{\alpha,4}$) |
| | |
| 0,05 | <-- Signifikanzniveau ($\alpha$) |
| =TTEST(A2:A6;B2:B6;1;1) | <-- Ergebniswert von TTEST |

| $x_i$ | $y_i$ | $x_i$-$y_i$ | d_quer | $(d_i$-d_quer$)^2$ | s | t |
|---|---|---|---|---|---|---|
| 52,02 | 74,50 | -22,48 | -13,98 | 72,25 | 14,10 | -2,217 |
| 56,87 | 56,50 | 0,37 | | 205,9225 | | |
| 54,12 | 87,90 | -33,78 | | 392,04 | | |
| 53,45 | 64,19 | -10,74 | | 10,4976 | | |
| 64,13 | 67,40 | -3,27 | | 114,7041 | | |
| | | | Summe((d_i-d_quer)^2)--> | 795,4142 | | |

| | |
|---|---|
| -2,217 | <-- Prüfgröße (t) |
| 0,05 | <-- Signifikanzniveau ($\alpha$) |
| 4 | <-- Anzahl der Freiheitsgrade |
| -2,132 | <-- Quantil ($t_{\alpha,4}$) |
| | |
| 0,05 | <-- Signifikanzniveau ($\alpha$) |
| 0,0455 | <-- Ergebniswert von TTEST |

- Testentscheidung mit der *Prüfgröße* und dem *P-Wert*: Die Prüfgröße ist negativ, der *P*-Wert in Zelle A15 kleiner als das Signifikanzniveau, folglich ist mit dieser Stichprobe *die Gleichheits-Hypothese zugunsten der Gegenhypothese abzulehnen.*
- Testentscheidung mit *Prüfgröße und Ablehnungsbereich*: Der Ablehnungsbereich endet bei $-2{,}132$, die Prüfgröße mit dem Wert $-2{,}217$ liegt links davon *im Ablehnungsbereich*, folglich ist mit dieser Stichprobe *die Gleichheits-Hypothese zugunsten der Gegenhypothese abzulehnen.*

Zum Schluss soll auch noch ein Beispiel für die Entscheidung bei *zweiseitiger Fragestellung* vorgeführt werden:

| $x_i$ | $y_i$ | $x_i$-$y_i$ | d_quer | $(d_i$-d_quer)^2 | s | t |
|---|---|---|---|---|---|---|
| 74,50 | 55,99 =A2-B2 | =MITTELWERT(C2:C6) | | =(C2-D$2)^2 | =WURZEL(E7/4) | =D2*WURZEL(5)/F2 |
| 56,50 | 55,01 =A3-B3 | | | =(C3-D$2)^2 | | |
| 87,90 | 54,99 =A4-B4 | | | =(C4-D$2)^2 | | |
| 64,20 | 56,01 =A5-B5 | | | =(C5-D$2)^2 | | |
| 67,40 | 54,03 =A6-B6 | | | =(C6-D$2)^2 | | |
| | | | Summe((d_i-d_quer)^2)--> | =SUMME(E2:E6) | | |

| | |
|---|---|
| =D2*WURZEL(5)/F2 | <-- Prüfgröße (t) |
| 0,05 | <-- Signifikanzniveau ($\alpha$) |
| 4 | <-- Anzahl der Freiheitsgrade |
| =-TINV(A10;A11) | <-- Quantil ($t_{\alpha/2,4}$) |
| =TINV(A10;A11) | <-- Quantil ($t_{1-\alpha/2,4}$) |
| | |
| 0,05 | <-- Signifikanzniveau ($\alpha$) |
| =TTEST(A2:A6;B2:B6;2;1) | <-- Ergebniswert von TTEST |

| $x_i$ | $y_i$ | $x_i$-$y_i$ | d_quer | $(d_i$-d_quer)^2 | s | t |
|---|---|---|---|---|---|---|
| 74,50 | 55,99 | 18,51 | 14,89 | 13,075456 | 11,88 | 2,803 |
| 56,50 | 55,01 | 1,49 | | 179,667216 | | |
| 87,90 | 54,99 | 32,91 | | 324,576256 | | |
| 64,20 | 56,01 | 8,19 | | 44,943616 | | |
| 67,40 | 54,03 | 13,37 | | 2,322576 | | |
| | | | Summe((d_i-d_quer)^2)--> | 564,58512 | | |

| | |
|---|---|
| 2,803 | <-- Prüfgröße (t) |
| 0,05 | <-- Signifikanzniveau ($\alpha$) |
| 4 | <-- Anzahl der Freiheitsgrade |
| -2,776 | <-- Quantil ($t_{\alpha/2,4}$) |
| 2,776 | <-- Quantil ($t_{1-\alpha/2,4}$) |
| | |
| 0,05 | <-- Signifikanzniveau ($\alpha$) |
| 0,0487 | <-- Ergebniswert von TTEST |

- Testentscheidung (wegen der Zweiseitigkeit der Aufgabenstellung) nur mit dem *P-Wert*: *P*-Wert in Zelle A16 ist kleiner als das Signifikanzniveau $\alpha$, folglich ist mit dieser Stichprobe *die Gleichheits-Hypothese zugunsten der Gegenhypothese „ungleich" abzulehnen.*
- Testentscheidung mit *Prüfgröße und Ablehnungsbereich*: Der linke Teil des Ablehnungsbereiches endet bei −2,776, der rechte Teil beginnt bei +2,776. Die Prüfgröße 2,803 liegt *im rechten Teil des Ablehnungsbereiches*, folglich ist mit dieser Stichprobe *die Gleichheits-Hypothese zugunsten der Gegenhypothese abzulehnen.*

## 8.3 Prüfung des Korrelationskoeffizienten

### 8.3.1 Begriff des Korrelationskoeffizienten

Bei *zwei verbundenen Stichproben* aus stetigen Grundgesamtheiten gibt es bekanntlich eine ganz bedeutsame Kenngröße, die als *Zusammenhangsmaß für die beiden Stichproben* bezeichnet wird.

Es handelt sich um den *empirischen Korrelationskoeffizienten*. Er wird allgemein mit dem Buchstaben $r$ bezeichnet.

▶ **Man beachte** Der *empirische Korrelationskoeffizient r* kann nur Werte zwischen $-1$ und $+1$ annehmen.

Der *empirische Korrelationskoeffizient* schätzt den *Korrelationskoeffizienten der zweidimensionalen Grundgesamtheit*. Dieser hat die folgende Bedeutung:

Ist der Korrelationskoeffizient der zweidimensionalen Grundgesamtheit dem Betrag nach gleich Eins, so gibt es zwischen den beiden Zufallsgrößen $X$ und $Y$, für die die Stichproben $x_1, \ldots, x_n$ und $y_1, \ldots, y_n$ einige Realisierungen darstellen, einen linearen Zusammenhang.

Man kann dann schreiben $Y = a + bX$, falls $X$ als Einfluss- und $Y$ als Zielgröße angesehen wird, andernfalls kann man schreiben $X = a + bY$, falls $Y$ als Einfluss- und $X$ als Zielgröße angesehen wird. Die Berechnung von $a$ und $b$ ist Gegenstand der so genannten *Regressionsanalyse* (siehe Abschn. 4.4.1 im Kap. 4).

Ist der Korrelationskoeffizient der zweidimensionalen Grundgesamtheit gleich Null, so gibt es *überhaupt keinen linearen Zusammenhang* zwischen $X$ und $Y$ (über mögliche andere Formen des Zusammenhanges wird dabei aber nichts ausgesagt – siehe Abschn. 4.4.2 im Kap. 4).

Hat der Betrag des Korrelationskoeffizienten der zweidimensionalen Grundgesamtheit einen *Wert zwischen Null und Eins*, so beschreibt dieser die *Stärke des linearen Zusammenhanges*.

Gern veranschaulicht man sich das anhand der so genannten *Punktwolke*, die entsteht, wenn man auf der $x$-Achse die Stichprobenwerte $x_1, \ldots, x_n$ aufträgt und darüber jeweils die zugehörigen Werte $y_1, \ldots, y_n$. Einzelheiten können z. B. im Abschn. 4.4.2 des Kap. 4 nachgelesen werden. Es bleibt aber zu bedenken: Der *empirische* Korrelationskoeffizient $r$ entsteht aus einer zufällig entnommenen zweidimensionalen Stichprobe.

> Der unmittelbare Schluss auf die Eigenschaften der Grundgesamtheit ist nicht zulässig.

Genauso, wie z. B. der *Stichprobenmittelwert* lediglich eine *Schätzung* für den *Erwartungswert der Grundgesamtheit* darstellt, bildet der *empirische Korrelationskoeffizient* nur eine Schätzung für den (unbekannten) *richtigen Korrelationskoeffizienten*.

> Diese Schätzung findet dann Verwendung, wenn über eine Hypothese über den (richtigen) Korrelationskoeffizienten zu entscheiden ist.

► **Wichtiger Hinweis** Nur für *zwei verbundene Stichproben* ist der *empirische Korrelationskoeffizient r* eine sinnvolle Größe. Sollten *zwei nicht verbundene Stichproben* zufällig dieselbe Länge haben, dann kann man zwar formal auch diese Zahl *r* ausrechnen, aber wozu? Stellen wir uns vor, zwei Laboratorien untersuchen, jedes für sich, mit gleicher Anzahl von Messungen eine Substanz. Die Stichproben sind also nicht verbunden. Ein empirischer Korrelationskoeffizient *r*, formal berechnet, mit einem Wert nahe Eins würde dann die Schlussfolgerung nach sich ziehen, dass die Ergebnisse in dem zweiten Labor linear von den Ergebnissen des ersten Labors abhängen würden.

Das ist doch wohl recht unsinnig!

## 8.3.2  Prüfung des Korrelationskoeffizienten

### 8.3.2.1  Aufgabenstellung

Gegeben sind *zwei verbundene Stichproben gleicher Länge* aus stetigen Grundgesamtheiten. Oder anders formuliert:

> Gegeben ist eine zweidimensionale Stichprobe $(x_1, y_1), \ldots, (x_n, y_n)$ vom Umfang $n$. Es soll geprüft werden, ob *lineare Abhängigkeit* vorhanden sein kann.

### 8.3.2.2 Hypothese, Gegenhypothesen und Fragestellungen

Wir gehen von der Nullhypothese $H_0$: $\rho = 0$ aus. Damit wird behauptet, dass der Korrelationskoeffizient $\rho$ der beiden Grundgesamtheiten verschwindet, es liege überhaupt keine *lineare Abhängigkeit* vor. Für die Gegenhypothese gibt es nur die *zweiseitige Fragestellung*: $H_1$: $\rho \neq 0$

### 8.3.2.3 Signifikanzniveau und Stichprobe

Ein Signifikanzniveau $\alpha$ muss vorgegeben sein.

Damit wird die Wahrscheinlichkeit eines Fehlers 1. Art gesteuert: Ein Fehler 1. Art tritt dann auf, wenn die Nullhypothese $H_0$ tatsächlich zutrifft, aber aufgrund der zweidimensionalen Zufallsstichprobe zu Unrecht zugunsten der betrachteten Gegenhypothese abgelehnt wird.

Eine *zweidimensionale Stichprobe* mit $n$ Stichprobenpaaren $(x_1, y_1), \ldots, (x_n, y_n)$ wird gezogen. Die Zahl $n$ heißt dann Umfang der Stichprobe.

### 8.3.2.4 Prüfgröße

Zuerst benötigt man den *empirischen Korrelationskoeffizienten r* beider Stichproben. Er kann mit der Excel-Funktion =KORREL(...;...) schnell ermittelt werden. Dabei ist zwischen öffnende Klammer und Semikolon der Bereich einer Stichprobe und zwischen Semikolon und schließende Klammer der Bereich der anderen Stichprobe einzutragen. Dabei ist die Reihenfolge ohne Bedeutung, denn der empirische Korrelationskoeffizient ist symmetrisch.

Auf klassischem Wege mit einem einfachen Taschenrechner wird der empirische Korrelationskoeffizient in zwei Schritten berechnet: Zuerst benötigt man die beiden *Stichprobenmittelwerte*. Auch sie könnten durch zweimalige Anwendung der Excel-Funktion =MITTELWERT(...) beschafft werden.

Es können aber auch die elementaren Formeln benutzt werden:

$$\bar{x} = \frac{1}{n} \sum_{i=1}^{n} x_i, \tag{8.7}$$

$$\bar{y} = \frac{1}{n} \sum_{i=1}^{n} y_i. \tag{8.8}$$

Sind die beiden *Stichprobenmittelwerte* beschafft, dann ergibt sich der *empirische Korrelationskoeffizient r* aus der Formel

$$r = \frac{\sum\limits_{i=1}^{n} (x_i - \bar{x})(y_i - \bar{y})}{\sqrt{\sum\limits_{i=1}^{n} (x_i - \bar{x})^2 \sum\limits_{i=1}^{n} (y_i - \bar{y})^2}}.$$    (8.9)

Schließlich wird die Prüfgröße *t* nach folgender Formel berechnet:

$$t = \sqrt{n-2} \cdot \frac{r}{\sqrt{1-r^2}}.$$    (8.10)

### 8.3.2.5    Form des Ablehnungsbereiches

- Da es bei dieser Aufgabe nur die *zweiseitige Fragestellung* gibt, beginnt der *linke Teil* des Ablehnungsbereiches im negativen Unendlichen und endet bei einer negativen Zahl, dem *α/2-Quantil $t_{\alpha/2}$ der t-Verteilung mit n − 2 Freiheitsgraden*, der *rechte Teil* beginnt dann bei einer positiven Zahl, dem *1 − α/2-Quantil $t_{1-\alpha/2;m}$ der t-Verteilung mit m = n − 2 Freiheitsgraden*, und endet im positiven Unendlichen.

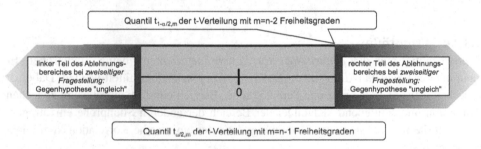

### 8.3.2.6    Quantile für die Entscheidung mit dem Ablehnungsbereich
Entsprechend der gegebenen zweiseitigen Fragestellung müssen nun zwei Quantile einer *t*-Verteilung beschafft werden, um den Ablehnungsbereich erkennen zu können:

- *Zweiseitige Fragestellung*: Hier werden die Quantile $t_{\alpha/2,m}$ und $t_{1-\alpha/2,m}$ benötigt. Sie können aus der Tabelle der *t*-Verteilung abgelesen oder durch =-TINV(...;...) und =TINV(...;...) beschafft werden, wobei in die Klammern an erste Stelle der *Zahlenwert α* einzutragen ist. Die Anzahl der Freiheitsgrade *m*, die an die zweite Position einzutragen ist, beträgt hier *m = n − 2*.

### 8.3.2.7   Entscheidung

- Fällt die Prüfgröße $t$ in den Ablehnungsbereich der betrachteten Fragestellung, dann ist die Nullhypothese zugunsten der betrachteten Gegenhypothese abzulehnen: Die Zufallsstichproben sprechen bei dieser Gegenhypothese signifikant gegen die Nullhypothese.
- Andernfalls gibt es keinen Grund zur Ablehnung der Nullhypothese: Die Zufallsstichproben sprechen nicht signifikant gegen die Hypothese.

### 8.3.2.8   Beispiel

Es liegen zwei verbundene Stichproben vor: (3/4),(1/3),(1/1),(3/0),(9/5),(5/6),(7/8).

Sie werden in die Spalten A und B einer Excel-Tabelle eingetragen, anschließend werden die Excel-Formeln für die Prüfgröße und die beiden Quantile, wie beschrieben eingetragen:

| i | $x_i$ | $y_i$ | | |
|---|---|---|---|---|
| | | | =ANZAHL(B:B) | <-- Umfang (n) der Stichproben |
| 1 | 3 | 4 | =KORREL(B2:B8;C2:C8) | <-- empirischer Korrelationskoeffizient (r) |
| 2 | 1 | 3 | =WURZEL(E1-2)*E2/WURZEL(1-E2^2) | <-- Prüfgröße (t) |
| 3 | 1 | 1 | | |
| 4 | 3 | 0 | 0,05 | <-- Signifikanzniveau ($\alpha$) |
| 5 | 9 | 5 | =E1-2 | <-- Anzahl der Freiheitsgrade m=n-2 |
| 6 | 5 | 6 | =-TINV(E5;E6) | <-- Quantil $t_{\alpha/2,5}$ |
| 7 | 7 | 8 | =TINV(E5;E6) | <-- Quantil $t_{1-\alpha/2,5}$ |

| i | $x_i$ | $y_i$ | | |
|---|---|---|---|---|
| | | | 7 | <-- Umfang (n) der Stichproben |
| 1 | 3 | 4 | 0,6932 | <-- empirischer Korrelationskoeffizient (r) |
| 2 | 1 | 3 | 2,1504 | <-- Prüfgröße (t) |
| 3 | 1 | 1 | | |
| 4 | 3 | 0 | 0,05 | <-- Signifikanzniveau ($\alpha$) |
| 5 | 9 | 5 | 5 | <-- Anzahl der Freiheitsgrade m=n-2 |
| 6 | 5 | 6 | -2,57 | <-- Quantil $t_{\alpha/2,5}$ |
| 7 | 7 | 8 | 2,57 | <-- Quantil $t_{1-\alpha/2,5}$ |

Testentscheidung mit *Prüfgröße und Ablehnungsbereich*: Der linke Teil des Ablehnungsbereiches endet bei $-2{,}57$, der rechte Teil beginnt bei $+2{,}57$. Die Prüfgröße $2{,}15$ liegt noch nicht im rechten Teil des Ablehnungsbereiches, folglich gibt es keinen Grund, mit dieser Stichprobe *die Hypothese $H_0$: $\rho = 0$ abzulehnen*.

Die Hypothese wird also *nicht zurückgewiesen*.

Die beiden (sehr kleinen) Zufallsstichproben deuten also trotz des beachtlichen Wertes des *empirischen Korrelationskoeffizienten* im Sinne der objektiven Rechnung der mathematischen Statistik nicht darauf hin, dass die Hypothese vom Fehlen eines linearen Zusammenhanges zwischen den beiden Grundgesamtheiten infrage zu stellen ist.

## 8.4  Prüfung der Regressionsparameter

### 8.4.1  Begriff der Regressionsparameter

Ist der *Korrelationskoeffizient einer zweidimensionalen Grundgesamtheit* dem Betrag nach *nahe der Eins*, so kann zwischen den beiden verbundenen Zufallsgrößen $X$ und $Y$, für die die Stichproben $x_1, \ldots, x_n$ und $y_1, \ldots, y_n$ einige Realisierungen darstellen, ein *linearer Zusammenhang* beschrieben werden.

Man kann dann schreiben $Y = a_1 X + a_0$, falls $X$ als Einfluss- und $Y$ als Zielgröße angesehen wird, andernfalls kann man schreiben $X = a_1 Y + a_0$, falls $Y$ als Einfluss- und $X$ als Zielgröße angesehen wird.

Die Berechnung von $a_1$ und $a_0$ ist Gegenstand der so genannten *Regressionsanalyse* (siehe Kap. 4): Bei gegebenen verbundenen Stichproben und nach Festlegung von Einfluss- und Zielgröße lassen sich diese beiden Zahlen einfach mit Hilfe der leicht zu nutzenden Excel-Funktionen =ACHSENABSCHNITT(...;...) für $a_0$ und =STEIGUNG(...;...) für $a_1$ ermitteln. Dabei muss beachtet werden, dass in beiden Formeln *an erster Stelle* stets der Bereich der Stichprobe der *abhängigen Werte* (Wirkungswerte, Zielgrößenwerte) und an *zweiter Stelle* der Bereich der Stichprobe der *unabhängigen Werte* (Ursachenwerte, Einflußgrössenwerte) eingetragen wird.

## 8.4.2 Prüfung von Achsenabschnitt und Steigung

### 8.4.2.1 Aufgabenstellung

Gegeben ist eine zweidimensionale Stichprobe $(x_1, y_1), \ldots, (x_n, y_n)$ vom Umfang $n$. Der Korrelationskoeffizient sei nahe 1 oder $-1$, so dass *lineare Regression* denkbar ist.

Dazu werden die Bestandteile der zweidimensionalen Stichprobe, die die *Einflussgrößen* liefert, üblicherweise mit $x_1, \ldots, x_n$ bezeichnet. Die Bestandteile $y_1, \ldots, y_n$ bezeichnen dann die *Zielgrößen*, die *abhängige Werte*.

Folglich hätte die Regressionsgleichung die Form $Y = a_1 X + a_0$. Den (unbekannten) Zahlenwert $a_1$ bezeichnet man als Steigung, den Zahlenwert $a_0$ als Achsenabschnitt.

Achsenabschnitt $a_0$ und Steigung $a_1$ sollen geprüft werden.

Dabei wird allgemein keine Prüfung auf einen bestimmten Hypothesenwert vorgenommen, sondern es wird nur grundsätzlich danach gefragt, ob die Stichproben signifikant dagegen sprechen, dass $a_0$ bzw. $a_1$ den *Zahlenwert Null* annehmen könnten. Der Fall $a_0 = 0$ würde bedeuten, dass die *Regressionsgerade durch den Achsenschnittpunkt verläuft*, während $a_1 = 0$ auf eine Regressionsgerade schließen ließe, die *parallel zur waagerechten Achse verliefe*. Das würde aber eine Unabhängigkeit der Merkmale $X$ und $Y$ bedeuten. Es läge kein linearer Zusammenhang zwischen beiden Merkmalen vor.

### 8.4.2.2 Hypothesen, Gegenhypothesen und Fragestellungen

Wir gehen von der Nullhypothese $H_0$: $a_0 = 0$ aus. Damit wird behauptet, dass der *Achsenabschnitt verschwindet*, die Regressionsgerade verläuft *durch den Achsenschnittpunkt*.

Für die *Gegenhypothese* gibt es nur die *zweiseitige Fragestellung*: $H_1$: $a_0 \neq 0$

Weiter gehen wir von der Nullhypothese $H_0$: $a_1 = 0$ aus. Damit wird behauptet, dass die *Regressionsgerade waagerecht* verläuft.

Für die *Gegenhypothese* gibt es auch hier nur die *zweiseitige Fragestellung*: $H_1$: $a_1 \neq 0$

### 8.4.2.3    Signifikanzniveau und Stichprobe

Ein Signifikanzniveau $\alpha$ muss vorgegeben sein.

Damit wird die Wahrscheinlichkeit eines *Fehlers 1. Art* gesteuert: Ein Fehler 1. Art tritt dann auf, wenn die Nullhypothese $H_0$ tatsächlich zutrifft, aber aufgrund der zwei-dimensionalen Zufallsstichprobe zu Unrecht zugunsten der betrachteten Gegenhypothese abgelehnt wird.

Eine zweidimensionale Zufallsstichprobe mit $n$ Paaren $(x_1, y_1)$, ..., $(x_n, y_n)$ wird gezogen. Die Zahl $n$ heißt dann Umfang der Stichprobe.

### 8.4.2.4    Sehr schnelle Entscheidung mit Hilfe eines Excel-Werkzeugs

Anstelle aufwändiger Detailrechnungen sollte für diese Aufgabenstellung das leistungs-fähige Excel-Werkzeug REGRESSION benutzt werden: Es liefert, richtig bedient, nicht nur sofort den *empirischen Korrelationskoeffizienten* sowie *Achsenabschnitt* und *Steigung*, sondern unter der Überschrift *P-Wert* auch die beiden benötigten *zweiseitigen Überschrei-tungswahrscheinlichkeiten.*

Nehmen wir zum Beispiel an, dass sich die beiden verbundenen Stichproben bereits in den Spalten B und C einer Excel-Tabelle befinden. Spalte B enthalte die Ursachen-Werte (unabhängige Variable), Spalte C dagegen die Wirkungs-Werte (abhängige Variable).

Für die schnelle Testentscheidung wird im Registerblatt Daten in der Gruppe Analyse die Rubrik Datenanalyse ausgewählt:

Aus der Liste der angebotenen Werkzeuge wird danach das Werkzeug Regression angefordert:

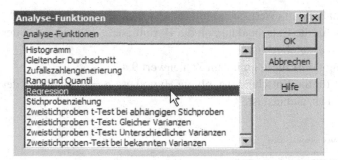

In das erscheinende Dialogfenster sind nun – für unsere Aufgabenstellung – lediglich die *Bereiche der beiden Stichproben* einzutragen, wobei darauf geachtet werden muss, dass die Datenreihen für Ursache und Wirkung richtig eingetragen werden:

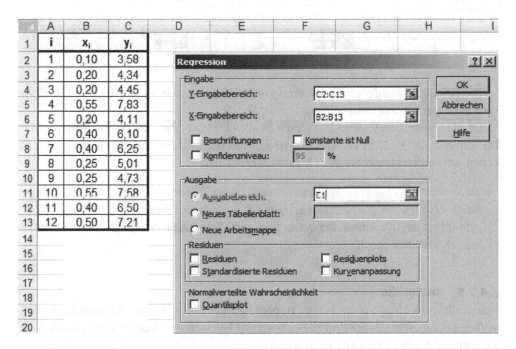

In das obere Fenster ist bei der Beschriftung *Y-Eingabebereich* stets der *Bereich der abhängigen Variablen* und in das untere Fenster ist bei der Beschriftung *X-Eingabebereich* stets der *Bereich der unabhängigen Variablen* einzutragen. Die Ergebnisausgabe des Excel-Werkzeugs Regression scheint auf den ersten Blick etwas unübersichtlich, da sie viele Zahlenwerte für verschiedene Anwendungen präsentiert.

Die *wichtigen Zahlenwerte* für unsere Aufgabenstellung sind hervorgehoben:

- der *empirische Korrelationskoeffizient r* mit seinem Zahlenwert von 0,9945, der auf einen stark linearen Zusammenhang zwischen Einfluss- und Wirkungsgröße hindeutet,

- der Achsenabschnitt (Wert für $a_0$) mit seinem Wert von 2,48,
- der *P-Wert* für die Entscheidung, ob die Hypothese $a_0 = 0$ zugunsten der Gegenhypothese $a_0 \neq 0$ abzulehnen ist,
- die Steigung (Wert für $a_1$) mit dem Zahlenwert 9,47,
- der *P-Wert* für die Entscheidung, ob die Hypothese $a_1 = 0$ zugunsten der Gegenhypothese $a_1 \neq 0$ abzulehnen ist.

Die beiden *zweiseitigen Überschreitungswahrscheinlichkeiten* unter der Überschrift *P-Wert* führen sofort zur Entscheidung:

Da die Darstellung 9,699E-10 zu lesen ist als $9{,}699 \cdot 10^{-10} = 0{,}0000000009699$ und die Darstellung 3,85356E-11 als $3{,}85356 \cdot 10^{-11}$, sind beide Überschreitungswahrscheinlichkeiten wesentlich kleiner als jedes Signifikanzniveau $\alpha$.

> Beide *Hypothesen* („Regressionsgerade ist waagerecht" und „Regressionsgerade geht durch den Koordinatenursprung") sind deshalb *zugunsten der beiden Gegenhypothesen* abzulehnen.

### 8.4.2.5  Prüfgröße

Wer die Entscheidung zu den beiden Hypothesen mit Prüfgröße und Ablehnungsbereich treffen möchte, findet *beide Prüfgrößen* unter der Überschrift *t-Statistik* ebenfalls im Ausgabefenster des Werkzeugs `Regression`:

| I | $x_i$ | $y_i$ | AUSGABE: ZUSAMMENFASSUNG | | | | | |
|---|---|---|---|---|---|---|---|---|
| 1 | 0,10 | 3,58 | | | | | | |
| 2 | 0,20 | 4,34 | *Regressions-Statistik* | | | | | |
| 3 | 0,20 | 4,45 | Multipler Korrelationskoeffizient | 0,994520809 | | | | |
| 4 | 0,55 | 7,83 | Bestimmtheitsmaß | 0,98907164 | | | | |
| 5 | 0,20 | 4,11 | Adjustiertes Bestimmtheitsmaß | 0,987978804 | | | | |
| 6 | 0,40 | 6,10 | Standardfehler | 0,159446486 | | | | |
| 7 | 0,40 | 6,25 | Beobachtungen | 12 | | | | |
| 8 | 0,25 | 5,01 | | | | | | |
| 9 | 0,25 | 4,73 | ANOVA | | | | | |
| 10 | 0,55 | 7,58 | | Freiheitsgrade (df) | Quadratsummen (SS) | Mittlere Quadratsumme (MS) | Prüfgröße (F) | F krit |
| 11 | 0,40 | 6,50 | Regression | 1 | 23,00925985 | 23,00925985 | 905,0503597 | 3,85356E-11 |
| 12 | 0,50 | 7,21 | Residue | 10 | 0,254231818 | 0,025423182 | | |
| | | | Gesamt | 11 | 23,26349167 | | | |

| | Koeffizienten | Standardfehler | t-Statistik | P-Wert | Untere 95% | Obere 95% | Untere 95,0% | Obere 95,0% |
|---|---|---|---|---|---|---|---|---|
| Schnittpunkt | 2,484772727 | 0,114561359 | 21,68944883 | 9,69932E-10 | 2,229514114 | 2,74003134 | 2,229514114 | 2,74003134 |
| X Variable 1 | 9,468181818 | 0,314724257 | 30,08405491 | 3,85356E-11 | 8,766932477 | 10,16943116 | 8,766932477 | 10,16943116 |

Für die Prüfgröße zur Hypothese $a_0 = 0$ wird der Wert 21,68944883 ausgewiesen, für die Prüfgröße zur Hypothese $a_1 = 0$ liest man den Wert 30,08405491 ab.

### 8.4.2.6 Form der Ablehnungsbereiche

- Da es bei beiden Aufgaben nur die *zweiseitige Fragestellung* gibt, beginnt der *linke Teil* des Ablehnungsbereiches jeweils im negativen Unendlichen und endet bei einer negativen Zahl, dem *$\alpha/2$-Quantil $t_{\alpha/2}$ der t-Verteilung mit $n - 2$ Freiheitsgraden*, der *rechte Teil* beginn dann bei einer positiven Zahl, dem *$1 - \alpha/2$-Quantil $t_{1-\alpha/2}$ der t-Verteilung mit $n - 2$ Freiheitsgraden*, und endet im positiven Unendlichen.

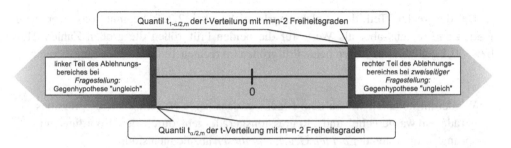

### 8.4.2.7 Quantile

Entsprechend den gegebenen *zweiseitigen Fragestellungen* müssen je zwei Quantile einer *t-Verteilung* beschafft werden, um den *Ablehnungsbereich* erkennen zu können:

- *Zweiseitige Fragestellung*: Hier werden die Quantile $t_{\alpha/2,m}$ und $t_{1-\alpha/2,m}$ benötigt. Sie können aus der Tabelle der *t*-Verteilung abgelesen oder mit Hilfe der Excel-Funktion `=-TINV(...;...)` und `=TINV(...;...)` beschafft werden, wobei in die Klammern an erster Stelle der Zahlenwert $\alpha$ einzutragen ist.

Die Anzahl der Freiheitsgrade $m$, die an die zweite Position einzutragen ist, beträgt hier $m = n - 2$.

| | |
|---|---|
| 0,05 | <-- Signifikanzniveau $\alpha$ |
| 10 | <-- Anzahl der Freiheitsgrade m |
| =-TINV(A1;A2) | <-- $t_{\alpha/2,m}$ |
| =TINV(A1;A2) | <-- $t_{1-\alpha/2,m}$ |

| | |
|---|---|
| 0,05 | <-- Signifikanzniveau $\alpha$ |
| 10 | <-- Anzahl der Freiheitsgrade m |
| -2,228138852 | <-- $t_{\alpha/2,m}$ |
| 2,228138852 | <-- $t_{1-\alpha/2,m}$ |

### 8.4.2.8    Entscheidung

- Fällt die Prüfgröße *t* in den Ablehnungsbereich der betrachteten Fragestellung, dann ist die Nullhypothese zugunsten der betrachteten Gegenhypothese abzulehnen: Die Zufallsstichproben sprechen bei dieser Gegenhypothese signifikant gegen die Nullhypothese.
- Andernfalls gibt es keinen Grund zur Ablehnung der Nullhypothese: Die Zufallsstichproben sprechen nicht signifikant gegen die Hypothese.

Da der rechte Teil des Ablehnungsbereiches bei 2,228 beginnt, das Werkzeug `Regression` uns aber als Werte für die beiden Prüfgrößen die großen Zahlen 21,7 bzw. 30,1 geliefert hat, liegen beide Prüfgrößen im rechten Teil des Ablehnungsbereiches.

Wiederum kommen wir zu dem Ergebnis, dass beide *Hypothesen* („Regressionsgerade ist waagerecht" und „Regressionsgerade geht durch den Koordinatenursprung") zugunsten der *beiden Gegenhypothesen* abzulehnen sind.

## 8.5    Prüfung verbundener Stichproben auf Unabhängigkeit – der CHI-Quadrat-Unabhängigkeitstest

### 8.5.1    Begriff: Abhängigkeit und Unabhängigkeit

Was ist darunter zu verstehen? Sehen wir uns zur Illustration *zwei verbundene Stichproben*, ihren *empirischen Korrelationskoeffizienten r* und ihre *Punktwolke* an:

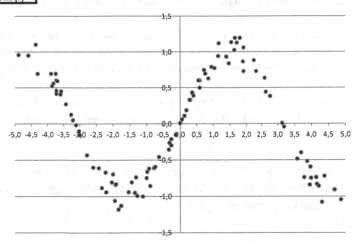

Der *empirische Korrelationskoeffizient r* dieser zweidimensionalen Stichprobe, das lässt sich mit der Excel-Funktion =KORREL(...;...) sofort feststellen, hat den Fast-Null-Wert –0,0876.

> *Linear*, so lautet die Schlussfolgerung aus dem empirischen Korrelationskoeffizienten, hängen $X$ und $Y$, wenn wir die beiden Komponenten der Untersuchung einmal so bezeichnen wollen, *sicher nicht* voneinander ab.

Es wäre *absolut unsinnig*, nach einer der beiden Regressionsformeln $Y = a_1 X + a_0$ oder $X = a_1 Y + a_0$ suchen zu wollen.

Das sieht man ja auch. Deutlich. Andererseits wird aber niemand behaupten wollen, dass $X$ und $Y$ völlig unabhängig sein werden, dass die Punktwolke *chaotisch* aussehe und *keinerlei Ordnung* erkennen lasse. Jeder Ingenieur oder Naturwissenschaftler erkennt nämlich an der Punktwolke sofort die grundsätzliche Form einer *Sinuskurve*.

> Es gibt also zwischen den beiden Extremen der
>
> - *linearen Abhängigkeit*, (d. h. $Y = a_1 X + a_0$ oder $X = a_1 Y + a_0$) und
> - *völliger Unabhängigkeit*
>
> offenbar noch eine Zwischenstufe.

Diese besteht darin, dass eben $X$ und $Y$ in *irgendeinem, aber nicht unbedingt linearem Zusammenhang* zueinander stehen. So wie in unserem Diagramm.

▶  **Man beachte** Der *empirische Korrelationskoeffizient* kann uns bei zwei verbundenen Stichproben zwar eine *Vermutung über die lineare Abhängigkeit* liefern, bei anderen, gewissermaßen nichtlinearen Abhängigkeiten aber *versagt er*.

Was aber nicht bedeutet, dass solche *nichtlinearen Abhängigkeiten* nicht existieren könnten. Die obige Punktwolke zeigt ja einen derartigen nichtlinearen Zusammenhang.

Also brauchen wir eine Testmethode, die uns *bei zwei verbundenen Stichproben* eine *Entscheidung über Unabhängigkeit oder Abhängigkeit* in der zweidimensionalen Grundgesamtheit ermöglicht.

Diese Methode ist bekannt unter dem Namen *Kontingenztest* oder auch *CHI-Quadrat-Unabhängigkeitstest*. Sie geht aus von der *Hypothese*, dass $X$ und $Y$ unabhängig sind und von der *Gegenhypothese*, dass zwischen ihnen doch *irgendein Zusammenhang* bestehe.

## 8.5.2   Prüfung der Unabhängigkeit

### 8.5.2.1   Aufgabenstellung

Gegeben ist eine zweidimensionale Stichprobe $(x_1, y_1), \ldots, (x_n, y_n)$ vom Umfang $n$. Dabei müssen beide Merkmale nicht unbedingt metrisch skaliert sein. Auch für ordinal bzw. nominal skalierte Merkmale lassen sich mit dem Kontingenztest Aussagen zu eventuell existierenden Abhängigkeiten zwischen den Merkmalen finden. Geprüft wird also, ob zwischen den Merkmalen $X$ und $Y$ in der betrachteten zweidimensionalen Grundgesamtheit irgendeine Abhängigkeit besteht.

### 8.5.2.2   Hypothese und Gegenhypothese

Gegeben sei die *Nullhypothese*

$H_0$: $X$ und $Y$ sind *unabhängig*

und die *Gegenhypothese*

$H_1$: Es gibt *irgendeine Abhängigkeit* zwischen $X$ und $Y$.

### 8.5.2.3 Signifikanzniveau und Stichprobe

Ein Signifikanzniveau $\alpha$ muss vorgegeben sein.

Damit wird die Wahrscheinlichkeit eines *Fehlers 1. Art* gesteuert: Ein Fehler 1. Art tritt dann auf, wenn die Nullhypothese $H_0$ tatsächlich zutrifft, aber aufgrund der Zufallsstichprobe zu Unrecht zugunsten der betrachteten Gegenhypothese abgelehnt wird.

Eine zweidimensionale Zufallsstichprobe mit $n$ Paaren $(x_1, y_1), \ldots, (x_n, y_n)$ wird gezogen. Die Zahl $n$ heißt dann Umfang der Stichprobe.

### 8.5.2.4 Prüfgröße

Man stelle zuerst eine *Kreuztabelle* oder *Kontingenztafel* her – dabei ist im letzteren Fall darauf zu achten, dass die Intervalle so gewählt werden, dass nicht weniger als 5 Stichprobenelemente in jedes Intervall fallen.

Durch geeignete Kodierung der Merkmalsausprägungen lässt sich erreichen, dass zur Herstellung der Kreuztabelle der *Pivot-Tabellen-Assistent* genutzt werden kann. Die Arbeit mit diesem leistungsfähigen Excel-Werkzeug ist ausführlich in Kap. 2 erklärt.

Die Anzahl der Zeilen der Kreuz- oder Kontingenztabelle werde mit $k$, die Anzahl ihrer Spalten mit $l$ bezeichnet. Anschließend betrachte man die *Zeilen- und Spaltensummen* der erhaltenen Kreuz- oder Kontingenztabelle und berechne *rückwärts* daraus eine *zweite Kreuztabelle*, die *Tabelle der theoretischen Werte*, oft auch als *Vergleichstabelle* bezeichnet. Die Berechnung der Vergleichstabelle erfolgt „von außen nach innen", so wie es später anhand des Beispiels im Abschn. 8.5.2.8 beschrieben wird.

Durch rechnerischen Vergleich der beiden Tabellen entsteht dann die Prüfgröße CHI.

Die *Berechnung der Prüfgröße* wird ebenfalls am Beispiel vorgeführt.

Die Prüfgröße ist Null, wenn völlige Unabhängigkeit vorliegt, sie wächst mit dem Grad der Abhängigkeit.

### 8.5.2.5  Form des Ablehnungsbereiches

Da es erst bei *ausreichend großem Wert der Prüfgröße* zur Ablehnung kommen kann, handelt es sich hier um die *rechts einseitige Fragestellung*. Der Ablehnungsbereich beginnt bei einer positiven Zahl, dem *$1 - \alpha$-Quantil CHI$_{1-\alpha,m}$ der CHI-Quadrat-Verteilung mit m Freiheitsgraden*, und endet im positiven Unendlichen. Dabei ist $m = (k - 1) \cdot (l - 1)$, wobei $k$ die *Anzahl der Zeilen* und $l$ die *Anzahl der Spalten* in der Kreuztabelle angibt.

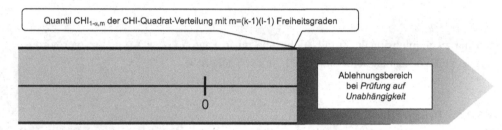

### 8.5.2.6  Quantil für die Entscheidung mit dem Ablehnungsbereich

Zur Entscheidung wird das Quantil CHI$_{1-\alpha,m}$ der CHI-Quadrat-Verteilung mit $m = (k - 1) \cdot (l - 1)$ Freiheitsgraden benötigt. Es kann aus der Tabelle der CHI-Quadrat-Verteilung abgelesen oder mit Hilfe der Excel-Formel =CHINV(...;...) beschafft werden, wobei in die Klammern an die erste Position der Zahlenwert von $\alpha$ einzutragen ist. Rechts neben dem Semikolon muss stets die Anzahl der Freiheitsgrade stehen. Sie ergibt sich bei diesem Test nach der Formel $m = (k - 1) \cdot (l - 1)$ wobei $k$ die Anzahl der Zeilen und $l$ die Anzahl der Spalten in der Kreuztabelle angibt.

### 8.5.2.7  Entscheidung mit dem Ablehnungsbereich

Fällt die Prüfgröße CHI in den Ablehnungsbereich, dann ist die *Nullhypothese zugunsten der Gegenhypothese abzulehnen*: Die Zufallsstichprobe spricht dann *signifikant* gegen die Nullhypothese der völligen Unabhängigkeit. Es liegt *irgendeine Abhängigkeit* vor. Andernfalls gibt es *keinen Grund zur Ablehnung der Nullhypothese*: Die Zufallsstichprobe widerspricht der Hypothese von der Unabhängigkeit nicht signifikant.

### 8.5.2.8  Beispiel

500 Ehefrauen werden zuerst daraufhin befragt, ob ihre Männer im Haushalt helfen. Die zweite Frage bezieht sich dann auf das allgemeine Eheklima. Die beiden betrachteten Merkmale sind also ordinal skaliert.

Die Ergebnisse der Befragung werden in einer Tabelle übersichtlich vorgestellt:

| Eheklima / Hilfe im Haushalt | gut | befriedigend | mäßig | schlecht |
|---|---|---|---|---|
| gut | 50 | 100 | 40 | 10 |
| mittel | 30 | 80 | 30 | 10 |
| schlecht | 20 | 20 | 80 | 30 |

Zu prüfen ist die Hypothese, dass *das Eheklima vom Grad der Haushaltshilfe* unabhängig sei. Als Signifikanzniveau sei $\alpha = 0,01$ vorgegeben.

Zuerst wird die Tabelle in ein Excel-Blatt eingetragen, die Zeilen- und Spalten- und schließlich die Gesamtsumme (rechts unten in Zelle E4) werden mit Hilfe der Excel-Funktion =SUMME(...) ergänzt.

| | | | | |
|---|---|---|---|---|
| 50 | 100 | 40 | 10 | =SUMME(A1:D1) |
| 30 | 80 | 30 | 10 | =SUMME(A2:D2) |
| 20 | 20 | 80 | 30 | =SUMME(A3:D3) |
| =SUMME(A1:A3) | =SUMME(B1:B3) | =SUMME(C1:C3) | =SUMME(D1:D3) | =SUMME(A1:D3) |

| | | | | |
|---|---|---|---|---|
| 50 | 100 | 40 | 10 | 200 |
| 30 | 80 | 30 | 10 | 150 |
| 20 | 20 | 80 | 30 | 150 |
| 100 | 200 | 150 | 50 | 500 |

Die Kreuztabelle hat offensichtlich $k = 3$ Zeilen und $l = 4$ Spalten.

Nun muss darunter die *Vergleichstabelle* entstehen. Dafür wird zuerst eine *leere Tabelle von gleicher Größe wie die gegebene Kreuztabelle* hergestellt, die Zeilen- und Spaltensummen sowie die Gesamtsumme werden schon übernommen.

| | | | | |
|---|---|---|---|---|
| 50 | 100 | 40 | 10 | 200 |
| 30 | 80 | 30 | 10 | 150 |
| 20 | 20 | 80 | 30 | 150 |
| 100 | 200 | 150 | 50 | 500 |

| | | | | |
|---|---|---|---|---|
| | | | | 200 |
| | | | | 150 |
| | | | | 150 |
| 100 | 200 | 150 | 50 | 500 |

Anschließend ist das Innere der Vergleichstabelle zu berechnen. Die Regeln für das Ausfüllen des Inneren der Vergleichstabelle sind beispielhaft für den Wert in zweiter Zeile und zweiter Spalte der Vergleichstabelle durch das folgende Bild erklärt.

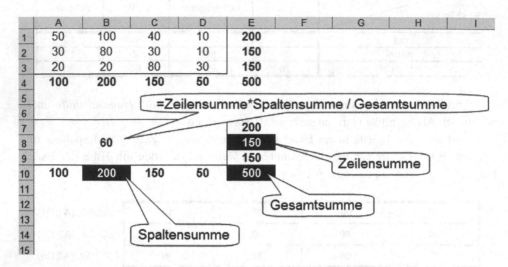

Die Werte im Inneren der Vergleichstabelle entstehen durch Rechnung „von außen nach innen" nach der Vorschrift

$$\frac{\text{Zeilensumme} \cdot \text{Spaltensumme}}{\text{Gesamtsumme}}. \tag{8.11}$$

Im Beispiel ergab sich somit

$$60 = \frac{150 \cdot 200}{500}.$$

Auf diese Weise entsteht unter der *Kreuztabelle der beobachteten Werte* die zugehörige *Vergleichstabelle*:

| | | | | |
|---|---|---|---|---|
| 50 | 100 | 40 | 10 | 200 |
| 30 | 80 | 30 | 10 | 150 |
| 20 | 20 | 80 | 30 | 150 |
| 100 | 200 | 150 | 50 | 500 |

| | | | | |
|---|---|---|---|---|
| 40 | 80 | 60 | 20 | 200 |
| 30 | 60 | 45 | 15 | 150 |
| 30 | 60 | 45 | 15 | 150 |
| 100 | 200 | 150 | 50 | 500 |

Stehen schließlich die *Kreuztabelle* (Tabelle der *beobachteten Werte*) und die *Vergleichstabelle* untereinander, dann lässt sich am schnellsten durch Verwendung der Excel-Funktion =CHITEST(...;...) der *P*-Wert (d. h. die Überschreitungswahrscheinlichkeit) ausrechnen.

| 50 | 100 | 40 | 10 | 200 |
|----|-----|-----|----|-----|
| 30 | 80 | 30 | 10 | 150 |
| 20 | 20 | 80 | 30 | 150 |
| **100** | **200** | **150** | **50** | **500** |

=CHITEST(A1:D3;A7:D9)  <-- P-Wert, ermittelt mit CHITEST

| 40 | 80 | 60 | 20 | 200 |
|----|-----|-----|----|-----|
| 30 | 60 | 45 | 15 | 150 |
| 30 | 60 | 45 | 15 | 150 |
| **100** | **200** | **150** | **50** | **500** |

| 50 | 100 | 40 | 10 | 200 |
|----|-----|-----|----|-----|
| 30 | 80 | 30 | 10 | 150 |
| 20 | 20 | 80 | 30 | 150 |
| **100** | **200** | **150** | **50** | **500** |

2,59078E-20 <-- P-Wert, ermittelt mit CHITEST

| 40 | 80 | 60 | 20 | 200 |
|----|-----|-----|----|-----|
| 30 | 60 | 45 | 15 | 150 |
| 30 | 60 | 45 | 15 | 150 |
| **100** | **200** | **150** | **50** | **500** |

Entscheidung: Der *P-Wert*, also der Wert der Überschreitungswahrscheinlichkeit, liegt mit $2{,}59 \cdot 10^{-20}$ nahe bei Null und damit wesentlich unter dem gewählten Signifikanzniveau.

Folglich ist die Hypothese, dass es eine *Unabhängigkeit* zwischen dem Grad der Haushaltshilfe und dem Eheklima gäbe, *zugunsten der Gegenhypothese*, dass das nicht so sei, *abzulehnen*.

Steht die Excel-Funktion CHITEST oder eine andere Funktion, die die Überschreitungswahrscheinlichkeit liefert, nicht zur Verfügung, dann kann die Testentscheidung auch mit Hilfe von Prüfgröße und Ablehnungsbereich herbeigeführt werden.

Zur Konstruktion der Prüfgröße bezeichnen wir die ausgezählten Häufigkeiten mit $h_{ij}$ und die Häufigkeiten der Vergleichstabelle mit $e_{ij}$. Die Prüfgröße erhält man dann über die Summe

$$\text{CHI} = \sum_i \sum_j \frac{(h_{ij} - e_{ij})^2}{e_{ij}}. \tag{8.12}$$

| 50 | 100 | 40 | 10 | 200 |
|----|-----|----|----|-----|
| 30 | 80 | 30 | 10 | 150 |
| 20 | 20 | 80 | 30 | 150 |
| **100** | **200** | **150** | **50** | **500** |

| 40 | 80 | 60 | 20 | 200 |
|----|-----|----|----|-----|
| 30 | 60 | 45 | 15 | 150 |
| 30 | 60 | 45 | 15 | 150 |
| **100** | **200** | **150** | **50** | **500** |

| =(A1-A7)^2/A7 | =(B1-B7)^2/B7 | =(C1-C7)^2/C7 | =(D1-D7)^2/D7 |
|---------------|---------------|---------------|---------------|
| =(A2-A8)^2/A8 | =(B2-B8)^2/B8 | =(C2-C8)^2/C8 | =(D2-D8)^2/D8 |
| =(A3-A9)^2/A9 | =(B3-B9)^2/B9 | =(C3-C9)^2/C9 | =(D3-D9)^2/D9 |

| 50 | 100 | 40 | 10 | 200 |
|----|-----|----|----|-----|
| 30 | 80 | 30 | 10 | 150 |
| 20 | 20 | 80 | 30 | 150 |
| **100** | **200** | **150** | **50** | **500** |

| 40 | 80 | 60 | 20 | 200 |
|----|-----|----|----|-----|
| 30 | 60 | 45 | 15 | 150 |
| 30 | 60 | 45 | 15 | 150 |
| **100** | **200** | **150** | **50** | **500** |

| 2,5 | 5 | 6,66666667 | 5 |
|-----|---|------------|---|
| 0 | 6,66666667 | 5 | 1,66666667 |
| 3,33333333 | 26,6666667 | 27,2222222 | 15 |

Diese Prüfgröße ist CHI-Quadrat-verteilt mit $m = (k-1) \cdot (l-1)$ Freiheitsgraden. Dabei ist $k$ die Anzahl der Zeilen und $l$ die Anzahl der Spalten der Kreuztabelle.

| 50 | 100 | 40 | 10 | 200 |
|----|-----|----|----|-----|
| 30 | 80 | 30 | 10 | 150 |
| 20 | 20 | 80 | 30 | 150 |
| **100** | **200** | **150** | **50** | **500** |

| =CHITEST(A1:D3;A7:D9) | <-- P-Wert, ermittelt mit CHITEST |
|-----------------------|-----------------------------------|

| 40 | 80 | 60 | 20 | 200 |
|----|-----|----|----|-----|
| 30 | 60 | 45 | 15 | 150 |
| 30 | 60 | 45 | 15 | 150 |
| **100** | **200** | **150** | **50** | **500** |

| 2,5 | 5 | 6,66666667 | 5 |
|-----|---|------------|---|
| 0 | 6,66666667 | 5 | 1,66666667 |
| 3,33333333 | 26,6666667 | 27,2222222 | 15 |

| =SUMME(A13:D15) | <-- Prüfgröße CHI |
|-----------------|-------------------|

| 50 | 100 | 40 | 10 | 200 |
|---|---|---|---|---|
| 30 | 80 | 30 | 10 | 150 |
| 20 | 20 | 80 | 30 | 150 |
| **100** | **200** | **150** | **50** | **500** |

| 2,59078E-20 <-- P-Wert, ermittelt mit CHITEST |
|---|

| 40 | 80 | 60 | 20 | 200 |
|---|---|---|---|---|
| 30 | 60 | 45 | 15 | 150 |
| 30 | 60 | 45 | 15 | 150 |
| **100** | **200** | **150** | **50** | **500** |

| 2,5 | 5 | 6,666667 | 5 |
|---|---|---|---|
| 0 | 6,666667 | 5 | 1,666667 |
| 3,333333 | 26,66667 | 27,22222 | 15 |

| 104,7222222 <-- Prüfgröße CHI |
|---|

Die Excel-Funktion CHIINV liefert uns für den *Beginn des Ablehnungsbereiches* den Zahlenwert 16,81:

| 0,01 | <-- Signifikanzniveau |
|---|---|
| 3 | <-- Zeilenzahl k |
| 4 | <-- Spaltenzahl l |
| 6 | <-- Zahl der Freiheitsgrade m |
| =CHIINV(A1;A4) | <-- Quantil $CHI_{1-\alpha,m}$ |

| 0,01 | <-- Signifikanzniveau |
|---|---|
| 3 | <-- Zeilenzahl k |
| 4 | <-- Spaltenzahl l |
| 6 | <-- Zahl der Freiheitsgrade m |
| **16,81189383** | <-- Quantil $CHI_{1-\alpha,m}$ |

Vergleichen wir: Der *Ablehnungsbereich* beginnt bei 16,81, die *Prüfgröße* hat den Wert 104,7 – sie liegt damit deutlich im Ablehnungsbereich:

Man darf also sagen, dass – mit einer Irrtumswahrscheinlichkeit von 1 Prozent – aufgrund der *betrachteten zweidimensionalen Zufallsstichprobe* zwischen dem *Grad der Haushaltshilfe* und dem *Eheklima keine Unabhängigkeit* besteht. Die Daten sprechen *signifikant gegen die Nullhypothese*.

Vorsicht aber mit weiterführenden Äußerungen: Wer nun zusätzlich formuliert, dass aufgrund der Zufallsstichprobe eine Abhängigkeit festzustellen wäre, überschätzt die Möglichkeiten der Statistik.

Immerhin basiert alles ja nur auf einer Zufallsstichprobe.

## Literatur

1. Bamberg, G., Baur, F., Krapp, M.: Statistik. Oldenbourg-Verlag, München (2006)

2. Beyer, G., Hackel, H., Pieper, V., Tiedge, J.: Wahrscheinlichkeitsrechnung und mathematische Statistik. Teubner-Verlag, Stuttgart, Leipzig (1999)

3. Bortz, J., Schuster, C.: Statistik für Human- und Sozialwissenschaftler. Springer-Verlag, Berlin, Heidelberg (2010)

4. Bourier, G.: Wahrscheinlichkeitsrechnung und schließende Statistik. Gabler-Verlag, Wiesbaden (2002)

5. Christoph, G., Hackel, H.: Starthilfe Stochastik. Teubner-Verlag, Stuttgart, Leipzig, Wiesbaden (2002)

6. Clauß, G., Finze, F.-R., Partzsch, L.: Statistik. Für Soziologen, Pädagogen, Psychologen und Mediziner. Verlag Harri Deutsch, Frankfurt a. M. (2002)

7. Gehring, U., Weins, C.: Grundkurs Statistik für Politologen und Soziologen. VS Verlag, Wiesbaden (2009)

8. Göhler, W.: Höhere Mathematik – Formeln und Hinweise. Verlag Harri Deutsch, Thun und Frankfurt am Main (2011)

9. Kühnel, S., Krebs, D.: Statistik für die Sozialwissenschaften. Rowohlt-Verlag, Reinbek bei Hamburg (2001)

10. Leiner, B.: Grundlagen statistischer Methoden. Oldenbourg-Verlag, München Wien (1995)

11. Luderer, B., Nollau, V., Vetters, K.: Mathematische Formeln für Wirtschaftswissenschaftler. Vieweg-Verlag, Wiesbaden (2011)

12. Matthäus, H., Matthäus, W.-G.: Mathematik für BWL-Bachelor. Springer-Gabler-Verlag, Wiesbaden (2015)

13. Monka, M., Schöneck, N., Voß, W.: Statistik am PC – Lösungen mit Excel. Hanser Fachbuchverlag, München (2008)

14. Papula, L.: Mathematik für Ingenieure und Naturwissenschaftler. Vieweg+Teubner-Verlag, Wiesbaden (2008)

15. Reiter, G., Matthäus, W.-G.: Marketing-Management mit EXCEL. Oldenbourg-Verlag, München (1998)

16. Reiter, G., Matthäus, W.-G.: Marktforschung und Datenanalyse mit EXCEL. Oldenbourg-Verlag, München (1996)

17. Sauerbier, T., Voss, W.: Kleine Formelsammlung Statistik. Carl Hanser Verlag, München (2008)

18. Schira, J.: Statistische Methoden der VWL und BWL. Pearson-Verlag, München (2005)

19. Storm, R.: Wahrscheinlichkeitsrechnung, mathematische Statistik und statistische Qualitätskontrolle. Hanser-Verlag, München (2007)

20. Untersteiner, H.: Statistik – Datenauswertung mit Excel und SPSS. Verlag UTB, Stuttgart (2007)

21. Wewel, M.: Statistik im Bachelor-Studium der BWL und VWL. Pearson-Verlag, München (2006)

22. Zwerenz, K.: Statistik. Oldenbourg-Verlag, München, Wien (2001)

# Parametervergleiche zweier nicht verbundener Stichproben

**9**

---

## 9.1 Prüfung der Anteilwerte mit großen Stichproben

### 9.1.1 Aufgabenstellung

> Gegeben sind zwei Stichproben aus *dichotomen (alternativen) Grundgesamtheiten* – in den Stichproben treten folglich nur *genau zwei Merkmalswerte* auf, nennen wir sie der Einfachheit halber 0 und 1. Der interessante Wert für uns sei in beiden Fällen die 1.

Die Stichproben umfassen jeweils nicht weniger als $n = 36$ Werte (dann bezeichnet man sie bereits als groß). Wir wollen prüfen, ob der prozentuale Anteil $p_1$ der Einsen in der Grundgesamtheit, aus der die erste Stichprobe entnommen wurde, gleich dem entsprechenden prozentualen Anteil der Einsen $p_2$ in der anderen Grundgesamtheit ist.

### 9.1.2 Hypothese, Gegenhypothesen und Fragestellungen

Wir gehen von der

- Nullhypothese $H_0$: $p_1 = p_2$

aus. Damit wird behauptet, dass die Prozentsätze an Einsen in beiden alternativen Grundgesamtheiten gleich seien. Folgende drei Fragestellungen für die *Gegenhypothese* sind – entsprechend der Interessenlage des Auftraggebers – möglich:

© Springer Fachmedien Wiesbaden 2016
H. Matthäus, W.-G. Matthäus, *Statistik und Excel*, DOI 10.1007/978-3-658-07689-4_9

- *Links einseitige Fragestellung*: $H_{1,\text{links}}$: $p_1 < p_2$ (Behauptung: der Prozentsatz an Einsen in der ersten Grundgesamtheit ist *kleiner* als in der zweiten Grundgesamtheit).
- *Rechts einseitige Fragestellung*: $H_{1,\text{rechts}}$: $p_1 > p_2$ (Behauptung: der Prozentsatz an Einsen in der ersten Grundgesamtheit ist *größer* als in der zweiten Grundgesamtheit).
- *Zweiseitige Fragestellung*: $H_{1,\text{zweiseitig}}$: $p_1 \neq p_2$ (Behauptung: der Prozentsatz an Einsen in beiden Grundgesamtheiten ist *unterschiedlich*).

### 9.1.3  Signifikanzniveau und Stichprobe

Ein Signifikanzniveau $\alpha$ muss vorgegeben sein.

Damit wird die Wahrscheinlichkeit eines *Fehlers 1. Art* gesteuert: Ein Fehler 1. Art tritt dann auf, wenn die Nullhypothese $H_0$ tatsächlich zutrifft, aber aufgrund der zwei Zufallsstichproben zu Unrecht zugunsten der betrachteten Gegenhypothese abgelehnt wird.

Zwei *Zufallsstichproben* mit $n_1$ Stichprobenwerten ($x_1, \ldots, x_{n1}$) bzw. $n_2$ Stichprobenwerten ($y_1, \ldots, y_{n2}$) werden gezogen. Die Zahlen $n_1$ und $n_2$ sind die Umfänge der beiden Stichproben. Sie können gleich sein, müssen aber nicht.

### 9.1.4  Prüfgröße

Die Einsen in den Stichproben (bzw. die Anzahlen des jeweils interessanten Merkmalswertes) werden abgezählt, und die prozentualen Verhältnisse $p_1{}^*$ und $p_2{}^*$ ihrer jeweiligen Anzahl zum entsprechenden Stichprobenumfang $n_1$ bzw. $n_2$ werden berechnet. Dann berechnet man aus den Prozentangaben $p_1{}^*$ und $p_2{}^*$ und aus den Stichprobenumfängen $n_1$ und $n_2$ zuerst eine Hilfsgröße $p^*$ nach der Formel

$$p^* = \frac{n_1 \frac{p_1^*}{100} + n_2 \frac{p_2^*}{100}}{n_1 + n_2}. \tag{9.1}$$

Anschließend kann damit die Prüfgröße $z$ ermittelt werden:

$$z = \frac{\frac{p_1^*}{100} - \frac{p_2^*}{100}}{\sqrt{p^*(1-p^*)\left(\frac{1}{n_1} + \frac{1}{n_2}\right)}}.$$ (9.2)

### 9.1.5 Formen der Ablehnungsbereiche

Wir gehen von der Nullhypothese $H_0$: $p_1 = p_2$ aus. Damit wird behauptet, dass in beiden Grundgesamtheiten der prozentuale Anteil der Einsen (und damit auch der Nullen) gleich sei.

- Bei der *links einseitigen Fragestellung* beginnt der Ablehnungsbereich im negativen Unendlichen und endet bei einer negativen Zahl, dem $\alpha$-*Quantil $z_\alpha$ der Standardnormalverteilung*.

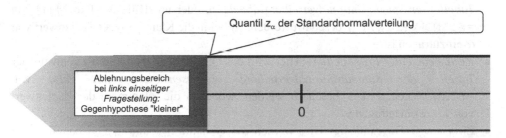

- Bei der *rechts einseitigen Fragestellung* beginnt der Ablehnungsbereich bei einer positiven Zahl, dem *$1-\alpha$-Quantil $z_{1-\alpha}$ der Standardnormalverteilung*, und endet im positiven Unendlichen.

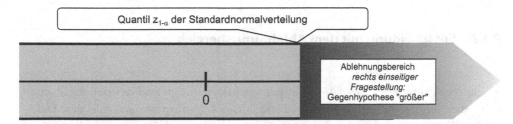

- Bei der *zweiseitigen Fragestellung* beginnt der *linke Teil* des Ablehnungsbereiches im negativen Unendlichen und endet bei einer negativen Zahl, dem *$\alpha/2$-Quantil $z_{\alpha/2}$ der Standardnormalverteilung*, der *rechte Teil* beginnt dann bei einer positiven Zahl, dem *$1-\alpha/2$-Quantil $z_{1-\alpha/2}$ der Standardnormalverteilung*, und endet im positiven Unendlichen.

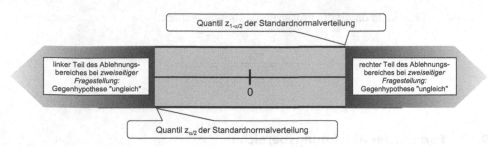

### 9.1.6  Quantile für die Entscheidung mit dem Ablehnungsbereich

Entsprechend der gegebenen Fragestellung müssen nun verschiedene *Quantile der Standardnormalverteilung* beschafft werden, um die jeweiligen *Ablehnungsbereiche* erkennen zu können:

- *Links einseitige Fragestellung*: Hier wird das Quantil $z_\alpha$ benötigt. Es kann aus der *Tabelle der Standardnormalverteilung abgelesen* oder mit Hilfe der Excel-Funktion =STANDNORMINV( ) beschafft werden, wobei in die Klammern der Zahlenwert von $\alpha$ einzutragen ist.
- *Rechts einseitige Fragestellung*: Hier wird das Quantil $z_{1-\alpha}$ benötigt. Es kann aus der *Tabelle der Standardnormalverteilung abgelesen* oder mit Hilfe von =STANDNORMINV( ) beschafft werden, wobei in die Klammern der Zahlenwert von $1-\alpha$ einzutragen ist.
- *Zweiseitige Fragestellung*: Hier werden die Quantile $z_{\alpha/2}$ und $z_{1-\alpha/2}$ benötigt. Sie können aus der *Tabelle der Standardnormalverteilung abgelesen* oder mit Hilfe von =STANDNORMINV( ) beschafft werden, wobei in die Klammern die Zahlenwerte von $\alpha/2$ bzw. $1-\alpha/2$ einzutragen sind. Wegen $z_{\alpha/2} = -z_{1-\alpha/2}$ ist es ausreichend, nur einen der beiden Werte abzurufen.

### 9.1.7  Entscheidung mit dem Ablehnungsbereich

Fällt die Prüfgröße $z$ *in den Ablehnungsbereich* der betrachteten Fragestellung, dann ist die *Nullhypothese zugunsten der betrachteten Gegenhypothese* abzulehnen: Die Zufallsstichproben sprechen bei dieser Gegenhypothese *signifikant* gegen die Nullhypothese.

Andernfalls gibt es *keinen Grund zur Ablehnung der Nullhypothese*: Die Zufallsstichproben sprechen *nicht signifikant* gegen die Hypothese.

## 9.1.8 Beispiel

In einer Fabrik wird parallel an zwei Maschinen das gleiche Produkt gefertigt. Bei einer Maschine ergab eine Stichprobe vom Umfang 1000 einen Ausschussprozentsatz von 2,5 Prozent, bei der anderen Maschine zog man 800 Proben und erhielt 4,5 Prozent Ausschuss. Diese Situation spricht *gefühlsmäßig* bereits gegen die Hypothese, dass beide Maschinen die gleiche Ausschussquote haben. Aber spricht sie auch *signifikant* dagegen?

> Das kann nur die *statistische Rechnung* beantworten.

Es liegt eine *zweiseitige Fragestellung* vor. Das Signifikanzniveau sei $\alpha = 0,05$. In der folgenden Excel-Tabelle sind alle Daten des Problems sowie die Formeln für Hilfs- und Prüfgröße und für die Quantile eingetragen:

| | |
|---:|:---|
| 1000 | <-- Umfang der ersten Stichprobe ($n_1$) |
| 2,5 | <-- Anteil $p_1^*$ in Prozent |
| 800 | <-- Umfang der zweiten Stichprobe ($n_2$) |
| 4,5 | <-- Anteil $p_2^*$ in Prozent |

| | |
|---:|:---|
| =(A1*A2/100+A3*A4/100)/(A1+A3) | <-- Hilfsgröße p* |
| =(A2/100-A4/100)/WURZEL(A6*(1-A6)*(1/A1+1/A3)) | <-- Prüfgröße z |

| | |
|---:|:---|
| 0,05 | <-- Signifikanzniveau $\alpha$ |
| =STANDNORMINV(A9/2) | <-- Quantil $z_{\alpha/2}$ |
| =STANDNORMINV(1-A9/2) | <-- Quantil $z_{1-\alpha/2}$ |

| | |
|---:|:---|
| 1000 | <-- Umfang der ersten Stichprobe ($n_1$) |
| 2,5 | <-- Anteil $p_1^*$ in Prozent |
| 800 | <-- Umfang der zweiten Stichprobe ($n_2$) |
| 4,5 | <-- Anteil $p_2^*$ in Prozent |

| | |
|---:|:---|
| 0,03389 | <-- Hilfsgröße p* |
| -2,33 | <-- Prüfgröße z |

| | |
|---:|:---|
| 0,05 | <-- Signifikanzniveau $\alpha$ |
| -1,96 | <-- Quantil $z_{\alpha/2}$ |
| 1,96 | <-- Quantil $z_{1-\alpha/2}$ |

In den Zellen A6 und A7 werden zuerst die Hilfsgröße $p^*$ und die Prüfgröße $z$ berechnet. Die Zeilen 9 bis 11 beschreiben mit den beiden passenden Quantilen den *zweiteiligen Ablehnungsbereich*.

Entscheidung: Da die Prüfgröße $z$ weit *im linken Teil des Ablehnungsbereiches liegt*, ist die Entscheidung offensichtlich: Die Hypothese *ist zugunsten der Gegenhypothese abzulehnen*.

Die beiden Stichproben sprechen folglich *signifikant* gegen eine *Gleichheit der Ausschussquoten* der beiden Maschinen.

## 9.2   Vergleich von Erwartungswerten großer Stichproben

### 9.2.1   Aufgabenstellung

Gegeben sind zwei große (Mindestumfang 36) Stichproben aus stetigen Grundgesamtheiten.

Man muss aber voraussetzen können, dass sie aus *Grundgesamtheiten mit gleicher Standardabweichung* stammen: $\sigma_1 = \sigma_2 = \sigma$.

Dabei kann die *gemeinsame gleiche Standardabweichung* $\sigma$ bekannt, aber auch unbekannt sein.

Wir wollen prüfen, ob die *Erwartungswerte übereinstimmen*.

### 9.2.2   Hypothese, Gegenhypothesen und Fragestellungen

Wir gehen von der Nullhypothese $H_0$: $\mu_1 = \mu_2$ aus. Damit wird behauptet, dass die Erwartungswerte in beiden Grundgesamtheiten gleich seien. Folgende *drei Fragestellungen für die Gegenhypothese* sind – entsprechend der Interessenlage des Auftraggebers – möglich:

- *Links einseitige Fragestellung*: $H_{1,\text{links}}$: $\mu_1 < \mu_2$ (Behauptung: der Erwartungswert in der ersten Grundgesamtheit ist *kleiner* als der Erwartungswert in der zweiten Grundgesamtheit).
- *Rechts einseitige Fragestellung*: $H_{1,\text{rechts}}$: $\mu_1 > \mu_2$ (Behauptung: der Erwartungswert in der ersten Grundgesamtheit ist *größer* als der Erwartungswert in der zweiten Grundgesamtheit).
- *Zweiseitige Fragestellung*: $H_{1,\text{zweiseitig}}$: $\mu_1 \neq \mu_2$ (Behauptung: die Erwartungswerte in beiden Grundgesamtheiten *sind unterschiedlich*).

### 9.2.3 Signifikanzniveau und Stichprobe

Ein Signifikanzniveau $\alpha$ muss vorgegeben sein.

Damit wird die Wahrscheinlichkeit eines *Fehlers 1. Art gesteuert*: Ein Fehler 1. Art tritt dann auf, wenn die Nullhypothese $H_0$ tatsächlich zutrifft, aber aufgrund der zwei Zufallsstichproben zu Unrecht zugunsten der betrachteten Gegenhypothese abgelehnt wird.

Zwei *Zufallsstichproben* mit $n_1$ Stichprobenwerten $(x_1, \ldots, x_{n1})$ bzw. $n_2$ Stichprobenwerten $(y_1, \ldots, y_{n2})$ werden gezogen.

Die Zahlen $n_1$ und $n_2$ sind die *Umfänge* der beiden Stichproben. Sie können gleich sein, müssen aber nicht.

### 9.2.4 Prüfgröße

Zuerst müssen die beiden *Stichproben-Mittelwerte* berechnet werden. Wer die bequeme Excel-Funktion =MITTELWERT(...) nicht verwenden möchte, muss dafür die beiden Formeln

$$\bar{x} = \frac{1}{n_1} \sum_{i=1}^{n_1} x_i \tag{9.3}$$

$$\bar{y} = \frac{1}{n_2} \sum_{i=1}^{n_2} y_i \tag{9.4}$$

auswerten. Ist die *gemeinsame Standardabweichung* σ *bekannt*, dann kann anschließend sofort die *Prüfgröße z* nach der folgenden Formel berechnet werden:

$$z = \frac{\bar{x} - \bar{y}}{\sigma \cdot \sqrt{\frac{1}{n_1} + \frac{1}{n_2}}}. \tag{9.5}$$

Ist die *gemeinsame Standardabweichung* σ dagegen *nicht bekannt*, dann muss für sie erst eine *Schätzung s* unter Verwendung der beiden *Stichproben-Standardabweichungen $s_1$ und $s_2$* ermittelt werden:

$$s = \sqrt{\frac{(n_1 - 1) \cdot s_1^2 + (n_2 - 1) \cdot s_2^2}{n_1 + n_2 - 2}}. \tag{9.6}$$

Mit Hilfe dieser Schätzung wird es dann ebenfalls möglich, den *Wert der Prüfgröße z* zu ermitteln:

$$z = \frac{\bar{x} - \bar{y}}{s \cdot \sqrt{\frac{1}{n_1} + \frac{1}{n_2}}}. \tag{9.7}$$

### 9.2.5   Formen der Ablehnungsbereiche

Wir gehen von der Nullhypothese $H_0$: $\mu_1 = \mu_2$ aus. Damit wird behauptet, dass in beiden Grundgesamtheiten die Erwartungswerte übereinstimmen.

- Bei der *links einseitigen Fragestellung* beginnt der Ablehnungsbereich im negativen Unendlichen und endet bei einer negativen Zahl, dem α-*Quantil $z_\alpha$ der Standardnormalverteilung.*

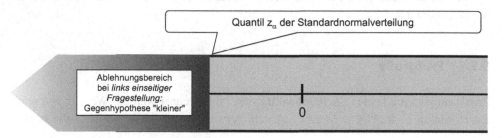

- Bei der *rechts einseitigen Fragestellung* beginnt der Ablehnungsbereich bei einer positiven Zahl, dem *1 − α-Quantil $z_{1-\alpha}$ der Standardnormalverteilung*, und endet im positiven Unendlichen.

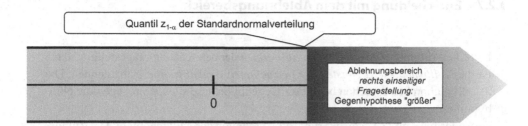

- Bei der *zweiseitigen Fragestellung* beginnt der *linke Teil* des Ablehnungsbereiches im negativen Unendlichen und endet bei einer negativen Zahl, dem $\alpha/2$-*Quantil* $z_{\alpha/2}$ *der Standardnormalverteilung*, der *rechte Teil* beginnt dann bei einer positiven Zahl, dem $1 - \alpha/2$-*Quantil* $z_{1-\alpha/2}$ *der Standardnormalverteilung*, und endet im positiven Unendlichen.

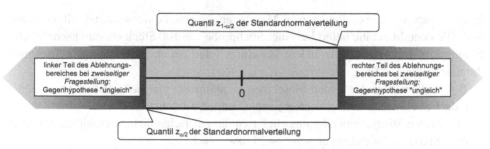

## 9.2.6 Quantile für die Entscheidung mit dem Ablehnungsbereich

Entsprechend der gegebenen Fragestellung müssen nun verschiedene *Quantile der Standardnormalverteilung* beschafft werden, um die jeweiligen *Ablehnungsbereiche* erkennen zu können:

- *Links einseitige Fragestellung*: Hier wird das Quantil $z_\alpha$ benötigt. Es kann aus der *Tabelle der Standardnormalverteilung abgelesen* oder mit Hilfe der Excel-Funktion =STANDNORMINV ( ) beschafft werden, wobei in die Klammern der Zahlenwert von $\alpha$ einzutragen ist.
- *Rechts einseitige Fragestellung*: Hier wird das Quantil $z_{1-\alpha}$ benötigt. Es kann aus der *Tabelle der Standardnormalverteilung abgelesen* oder mit Hilfe von =STANDNORMINV ( ) beschafft werden, wobei in die Klammern der Zahlenwert von $1 - \alpha$ einzutragen ist.
- *Zweiseitige Fragestellung*: Hier werden die Quantile $z_{\alpha/2}$ und $z_{1-\alpha/2}$ benötigt. Sie können aus der *Tabelle der Standardnormalverteilung abgelesen* oder mit Hilfe von =STANDNORMINV ( ) beschafft werden, wobei in die Klammern die Zahlenwerte von $\alpha/2$ bzw. $1 - \alpha/2$ einzutragen sind.

### 9.2.7    Entscheidung mit dem Ablehnungsbereich

Fällt die Prüfgröße *z in den Ablehnungsbereich* der betrachteten Fragestellung, dann ist die *Nullhypothese zugunsten der betrachteten Gegenhypothese* abzulehnen: Die Zufallsstichproben sprechen bei dieser Gegenhypothese *signifikant* gegen die Nullhypothese.

Andernfalls gibt es *keinen Grund zur Ablehnung der Nullhypothese*: Die Zufallsstichproben sprechen *nicht signifikant* gegen die Hypothese.

### 9.2.8    Beispiel

In einer Fabrik wird parallel an zwei Maschinen die gleiche Konservenabfüllung betrieben. Die erste Maschine liefert bei einer Stichprobe von 100 Stück ein durchschnittliches Füllgewicht von 478 mg. Die andere Maschine liefert bei einer *gleichgroßen Stichprobe* durchschnittlich 485 mg.

Bekannt sei, dass die beiden Maschinen *ungefähr mit gleicher Qualität* produzieren, also darf *gleiche Standardabweichung* angenommen werden.

Die beiden Stichproben allerdings lieferten die unterschiedlichen (empirischen) Stichproben-Standardabweichungen von $s_1 = 25$ bzw. $s_2 = 27$.

Darf man mit $\alpha = 0{,}05$ behaupten, dass *ungleich abgefüllt* wird?

Rein gefühlsmäßig möchte man „ja" sagen. Aber was sagt die *objektive Entscheidungsrechnung* nach den *Regeln der mathematischen Statistik*?

| | |
|---:|:---|
| 100 | <-- Umfang der ersten Stichprobe ($n_1$) |
| 478 | <-- Mittelwert der ersten Stichprobe |
| 25 | <-- Stichproben-Standardabweichung $s_1$ der ersten Stichprobe |
| 100 | <-- Umfang der zweiten Stichprobe ($n_2$) |
| 485 | <-- Mittelwert der zweiten Stichprobe |
| 27 | <-- Stichproben-Standardabweichung $s_2$ der zweiten Stichprobe |

| | |
|---:|:---|
| =WURZEL(((A1-1)*A3^2+(A4-1)*A6^2)/(A1+A4-1)) | <-- geschätzte gemeinsame Standardabweichung s |
| =(A2-A5)/(A8*WURZEL(1/A1+1/A4)) | <-- Prüfgröße z |

| | |
|---:|:---|
| 0,05 | <-- Signifikanzniveau $\alpha$ |
| =STANDNORMINV(A11/2) | <-- Quantil $z_{\alpha/2}$ |
| =STANDNORMINV(1-A11/2) | <-- Quantil $z_{1-\alpha/2}$ |

| | |
|---:|:---|
| 100 | <-- Umfang der ersten Stichprobe ($n_1$) |
| 478 | <-- Mittelwert der ersten Stichprobe |
| 25 | <-- Stichproben-Standardabweichung $s_1$ der ersten Stichprobe |
| 100 | <-- Umfang der zweiten Stichprobe ($n_2$) |
| 485 | <-- Mittelwert der zweiten Stichprobe |
| 27 | <-- Stichproben-Standardabweichung $s_2$ der zweiten Stichprobe |

| | |
|---:|:---|
| 25,95377 | <-- geschätzte gemeinsame Standardabweichung s |
| -1,91 | <-- Prüfgröße z |

| | |
|---:|:---|
| 0,05 | <-- Signifikanzniveau $\alpha$ |
| -1,96 | <-- Quantil $z_{\alpha/2}$ |
| 1,96 | <-- Quantil $z_{1-\alpha/2}$ |

Die Prüfgröße $-1,90234$ fällt *weder in den linken noch in den rechten Teil des Ablehnungsbereiches* – also gibt es mit diesen beiden Stichproben *keinen Grund zur Ablehnung der Hypothese* von der Gleichheit der Erwartungswerte. Offenbar sind die Stichproben zu klein, um einen *signifikanten* Widerspruch zur Nullhypothese hervorzubringen.

Mit Excel kann man es mühelos ausprobieren – wären die beiden Stichproben nur doppelt so groß gewesen, dann hätte sich die *gefühlsmäßigen* Ablehnung der Hypothese von der *Gleichheit* der Abfüllung bei beiden Maschinen auch bei der *objektiven Entscheidungsrechnung* bestätigt.

Liegen gleich große Stichproben vor (so wie im betrachteten Beispiel), gilt also $n_1 = n_2 = n$, dann vereinfacht sich die Prüfgröße zu

$$z = \sqrt{n}\,\frac{\bar{x} - \bar{y}}{\sqrt{s_1^2 + s_2^2}}. \tag{9.8}$$

Diese Vereinfachung ist bei Rechnungen nur mit einem Taschenrechner sehr hilfreich. Auch die Excel-Formel ist dann leichter einzutragen.

## 9.3   Vergleich von Erwartungswerten kleiner Stichproben bei bekannten Standardabweichungen

### 9.3.1   Aufgabenstellung

Gegeben sind zwei *nicht verbundene Stichproben*, sie müssen nun *nicht groß* sein (also auch unter je 36 Werten).

Aber man muss voraussetzen können, dass sie *aus normalverteilten Grundgesamtheiten* kommen, deren Standardabweichungen $\sigma_1$ und $\sigma_2$ bekannt seien. Es wird jetzt aber nicht gefordert, dass diese Werte $\sigma_1$ und $\sigma_2$ übereinstimmen.

Wir wollen prüfen, ob *die Erwartungswerte übereinstimmen*.

### 9.3.2 Hypothese, Gegenhypothesen und Fragestellungen

Wir gehen von der Nullhypothese $H_0$: $\mu_1 = \mu_2$ aus. Damit wird behauptet, dass die Erwartungswerte in beiden Grundgesamtheiten gleich seien. Folgende *drei Fragestellungen für die Gegenhypothese* sind – entsprechend der Interessenlage des Auftraggebers – möglich:

- *Links einseitige Fragestellung*: $H_{1,\text{links}}$: $\mu_1 < \mu_2$ (Behauptung: der Erwartungswert in der ersten Grundgesamtheit ist *kleiner* als der Erwartungswert in der zweiten Grundgesamtheit).
- *Rechts einseitige Fragestellung*: $H_{1,\text{rechts}}$: $\mu_1 > \mu_2$ (Behauptung: der Erwartungswert in der ersten Grundgesamtheit ist größer als der Erwartungswert in der zweiten Grundgesamtheit).
- *Zweiseitige Fragestellung*: $H_{1,\text{zweiseitig}}$: $\mu_1 \neq \mu_2$ (Behauptung: die Erwartungswerte in beiden Grundgesamtheiten *sind unterschiedlich*).

### 9.3.3 Signifikanzniveau und Stichprobe

Ein Signifikanzniveau $\alpha$ muss vorgegeben sein.

Damit wird die Wahrscheinlichkeit eines *Fehlers 1. Art gesteuert*: Ein Fehler 1. Art tritt dann auf, wenn die Nullhypothese $H_0$ tatsächlich zutrifft, aber aufgrund der zwei Zufallsstichproben zu Unrecht zugunsten der betrachteten Gegenhypothese abgelehnt wird.

Zwei *Zufallsstichproben* mit $n_1$ Stichprobenwerten $(x_1, \ldots, x_{n1})$ bzw. $n_2$ Stichprobenwerten $(y_1, \ldots, y_{n2})$ werden gezogen.

Die Zahlen $n_1$ und $n_2$ sind die *Umfänge* der beiden Stichproben. Sie können gleich sein, müssen aber nicht.

### 9.3.4 Prüfgröße

Zuerst müssen die beiden *Stichprobenmittelwerte* berechnet werden. Wer die bequeme Excel-Funktion =MITTELWERT(...) nicht verwenden möchte, muss dafür die beiden Formeln

$$\bar{x} = \frac{1}{n_1} \sum_{i=1}^{n_1} x_i \tag{9.9}$$

$$\bar{y} = \frac{1}{n_2} \sum_{i=1}^{n_2} y_i \tag{9.10}$$

verwenden. Dann lässt sich die *Prüfgröße* z anschließend unter Verwendung der *beiden bekannten Standardabweichungen* ermitteln:

$$z = \frac{\bar{x} - \bar{y}}{\sqrt{\frac{\sigma_1^2}{n_1} + \frac{\sigma_2^2}{n_2}}}. \tag{9.11}$$

### 9.3.5 Formen der Ablehnungsbereiche

Wir gehen von der Nullhypothese $H_0$: $\mu_1 = \mu_2$ aus. Damit wird behauptet, dass in beiden Grundgesamtheiten die Erwartungswerte übereinstimmen.

- Bei der *links einseitigen Fragestellung* beginnt der Ablehnungsbereich im negativen Unendlichen und endet bei einer negativen Zahl, dem $\alpha$-*Quantil* $z_\alpha$ *der Standardnormalverteilung*.

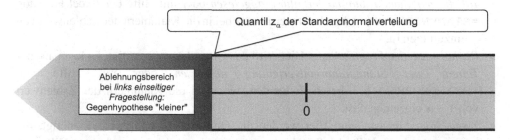

- Bei der *rechts einseitigen Fragestellung* beginnt der Ablehnungsbereich bei einer positiven Zahl, dem *1 − α-Quantil* $z_{1-\alpha}$ *der Standardnormalverteilung*, und endet im positiven Unendlichen.

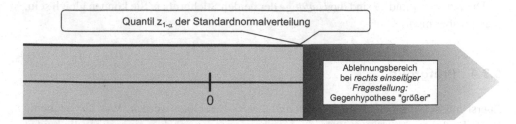

- Bei der *zweiseitigen Fragestellung* beginnt der *linke Teil* des Ablehnungsbereiches im negativen Unendlichen und endet bei einer negativen Zahl, dem *$\alpha/2$-Quantil $z_{\alpha/2}$ der Standardnormalverteilung*, der *rechte Teil* beginnt dann bei einer positiven Zahl, dem *$1 - \alpha/2$-Quantil $z_{1 - \alpha/2}$ der Standardnormalverteilung*, und endet im positiven Unendlichen.

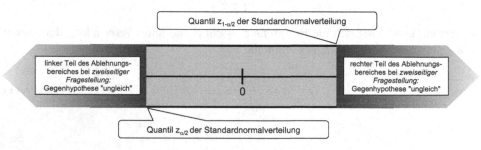

### 9.3.6    Quantile für die Entscheidung mit dem Ablehnungsbereich

Entsprechend der gegebenen Fragestellung müssen nun verschiedene *Quantile der Standardnormalverteilung* beschafft werden, um die jeweiligen *Ablehnungsbereiche* erkennen zu können:

- *Links einseitige Fragestellung*: Hier wird das Quantil $z_\alpha$ benötigt. Es kann aus der *Tabelle der Standardnormalverteilung abgelesen* oder mit Hilfe der Excel-Funktion =STANDNORMINV( ) beschafft werden, wobei in die Klammern der Zahlenwert von $\alpha$ einzutragen ist.
- *Rechts einseitige Fragestellung*: Hier wird das Quantil $z_{1 - \alpha}$ benötigt. Es kann aus der *Tabelle der Standardnormalverteilung abgelesen* oder mit Hilfe von =STANDNORMINV( ) beschafft werden, wobei in die Klammern der Zahlenwert von $1 - \alpha$ einzutragen ist.
- *Zweiseitige Fragestellung*: Hier werden die Quantile $z_{\alpha/2}$ und $z_{1 - \alpha/2}$ benötigt. Sie können aus der *Tabelle der Standardnormalverteilung abgelesen* oder mit Hilfe von =STANDNORMINV( ) beschafft werden, wobei in die Klammern die Zahlenwerte von $\alpha/2$ bzw. $1 - \alpha/2$ einzutragen sind. Wegen $z_{\alpha/2} = -z_{1 - \alpha/2}$ ist es ausreichend, nur einen der beiden Werte abzurufen.

### 9.3.7   Entscheidung mit dem Ablehnungsbereich

Fällt die Prüfgröße *z in den Ablehnungsbereich* der betrachteten Fragestellung, dann ist die *Nullhypothese zugunsten der betrachteten Gegenhypothese* abzulehnen: Die Zufallsstichproben sprechen bei dieser Gegenhypothese *signifikant* gegen die Nullhypothese.

Andernfalls gibt es *keinen Grund zur Ablehnung der Nullhypothese*: Die Zufallsstichproben sprechen *nicht signifikant* gegen die Hypothese.

### 9.3.8   Beispiel

Gegeben seien zwei Stichproben – die erste vom Umfang $n_1 = 20$, die zweite vom Umfang $n_2 = 40$. Es sei bekannt, dass sie *aus normalverteilten Grundgesamtheiten* stammen.

*Bekannt* seien *beide Varianzen* (d. h. also die *Quadrate der Standardabweichungen*): $\sigma_1{}^2 = 3$ und $\sigma_2{}^2 = 5$.

| | |
|---|---|
| =ANZAHL(A:A) | <-- Umfang der ersten Stichprobe ($n_1$) |
| =MITTELWERT(A:A) | <-- Mittelwert der ersten Stichprobe |
| 3 | <-- bekannte Varianz $\sigma_1{}^2$ der ersten Stichprobe |
| =ANZAHL(B:B) | <-- Umfang der zweiten Stichprobe ($n_2$) |
| =MITTELWERT(B:B) | <-- Mittelwert der zweiten Stichprobe |
| 5 | <-- bekannte Varianz $\sigma_2{}^2$ der ersten Stichprobe |

| | |
|---|---|
| =(D2-D5)/WURZEL(D3/D1+D6/D4) | <--- Prüfgröße $z$ |

| | |
|---|---|
| 0,05 | <-- Signifikanzniveau $\alpha$ |
| =STANDNORMINV(D10/2) | <-- Quantil $z_{\alpha/2}$ |
| =STANDNORMINV(1-D10/2) | <-- Quantil $z_{1-\alpha/2}$ |

| | |
|---:|:---|
| 20 | <-- Umfang der ersten Stichprobe ($n_1$) |
| 9,3827 | <-- Mittelwert der ersten Stichprobe |
| 3 | <-- bekannte Varianz $\sigma_1^2$ der ersten Stichprobe |
| 40 | <-- Umfang der zweiten Stichprobe ($n_2$) |
| 9,5127 | <-- Mittelwert der zweiten Stichprobe |
| 5 | <-- bekannte Varianz $\sigma_2^2$ der ersten Stichprobe |

| | |
|---:|:---|
| -0,2480 | <--- Prüfgröße z |

| | |
|---:|:---|
| 0,05 | <-- Signifikanzniveau $\alpha$ |
| -1,96 | <-- Quantil $z_{\alpha/2}$ |
| 1,96 | <-- Quantil $z_{1-\alpha/2}$ |

Die Prüfgröße $-0{,}248$ fällt *weder in den linken noch in den rechten Teil des Ablehnungsbereiches* – also gibt es mit diesen beiden Stichproben *keinen Grund zur Ablehnung der Hypothese* von der Gleichheit der Erwartungswerte.

> Die Stichproben sprechen *nicht signifikant* gegen die Hypothese der *Gleichheit der Erwartungswerte*. Es gibt mit diesen beiden Stichproben keinen Grund, die Gleichheit der Erwartungswerte infrage zu stellen.

## 9.4 Vergleich von Erwartungswerten kleiner Stichproben mit unbekannten Standardabweichungen

### 9.4.1 Grundsätzliches

Haben zwei nicht verbundene Stichproben *großen Umfang*, dann kann man (auch unter Weglassen der Voraussetzung der *Normalverteilung*) zur *Prüfung der Erwartungswerte* solche Testmethoden anwenden, bei denen sich die Grenzen der Ablehnungsbereiche aus *Quantilen der Standardnormalverteilung* ergeben. Derartige Tests nennt man GAUSS-Tests. Vorausgesetzt wird dabei nur die *Gleichheit der Varianzen* (oder gleichbedeutend: Gleichheit der Standardabweichungen).

> Für *kleine Stichproben* muss man, um sinnvoll testen zu können, *Kenntnisse über die Verteilung* haben.

- Falls die kleinen Stichproben aus *normalverteilten Grundgesamtheiten* stammen und man ihre *Varianzen kennt*, ist ebenfalls ein GAUSS-Test möglich.

Was aber, wenn bei *kleinen Stichproben aus normalverteilten Grundgesamtheiten* die *Varianzen nicht bekannt* sind?

Dann muss ein so genannter *t-Test* verwendet werden. Die Quantile entstammen der *Student'schen t-Verteilung*.

### 9.4.2 Aufgabenstellung

Gegeben sind zwei nicht verbundene Stichproben, sie können *kleinen Umfang* haben.

Man muss voraussetzen können, dass *beide Stichproben aus normalverteilten Grundgesamtheiten* stammen.

Die *Werte der Standardabweichungen* beider Grundgesamtheiten $\sigma_1$ und $\sigma_2$ sind jetzt *nicht bekannt*.

▶ **Wichtiger Hinweis** Es muss aber hinsichtlich der *unbekannten Standardabweichungen* vorausgesetzt werden können, dass diese gleich sind, d. h. dass gilt $\sigma_1 = \sigma_2$.

Wir wollen prüfen, ob die *Erwartungswerte übereinstimmen*.

### 9.4.3 Hypothese, Gegenhypothesen und Fragestellungen

Wir gehen von der

- Nullhypothese $H_0$: $\mu_1 = \mu_2$

aus. Damit wird behauptet, dass die *Erwartungswerte in beiden Grundgesamtheiten gleich* sind.

Folgende *drei Fragestellungen für die Gegenhypothese* sind – entsprechend der Interessenlage des Auftraggebers – möglich:

- *Links einseitige Fragestellung*: $H_{1,\text{links}}$: $\mu_1 < \mu_2$ (Behauptung: der Erwartungswert in der ersten Grundgesamtheit ist *kleiner* als der Erwartungswert in der zweiten Grundgesamtheit).
- *Rechts einseitige Fragestellung*: $H_{1,\text{rechts}}$: $\mu_1 > \mu_2$ (Behauptung: der Erwartungswert in der ersten Grundgesamtheit ist *größer* als der Erwartungswert in der zweiten Grundgesamtheit).
- *Zweiseitige Fragestellung*: $H_{1,\text{zweiseitig}}$: $\mu_1 \neq \mu_2$ (Behauptung: die Erwartungswerte in beiden Grundgesamtheiten *sind unterschiedlich*).

### 9.4.4 Signifikanzniveau und Stichprobe

Ein Signifikanzniveau $\alpha$ muss vorgegeben sein.

Damit wird die Wahrscheinlichkeit eines *Fehlers 1. Art gesteuert*: Ein Fehler 1. Art tritt dann auf, wenn die Nullhypothese $H_0$ tatsächlich zutrifft, aber aufgrund der zwei Zufallsstichproben zu Unrecht zugunsten der betrachteten Gegenhypothese abgelehnt wird.

Zwei *Zufallsstichproben* mit $n_1$ Stichprobenwerten $(x_1, \ldots, x_{n1})$ bzw. $n_2$ Stichprobenwerten $(y_1, \ldots, y_{n2})$ werden gezogen.

Die Zahlen $n_1$ und $n_2$ sind die *Umfänge* der beiden Stichproben. Sie können gleich sein, müssen aber nicht.

### 9.4.5 Schnelle Entscheidung bei zweiseitiger Fragestellung

Für den oft auftretenden Fall der *zweiseitigen Fragestellung* mit der *zweiseitigen Gegenhypothese* $H_1$: $\mu_1 \neq \mu_2$ stellt Excel die bequeme Funktion =TTEST ( . . . ; . . . ; . . . ; . . . )

zur Verfügung, die aus den beiden Stichproben sofort und ohne Zwischenschritte den *P*-Wert der *zweiseitigen Überschreitungswahrscheinlichkeit* liefert. Dafür müssen an erster und zweiter Stelle, d. h. zwischen öffnender Klammer und erstem Semikolon und zwischen erstem und zweitem Semikolon die Bereiche der Stichproben eingetragen werden. Schließlich folgen noch die Zahlen 2 (für zweiseitig) und 2 (für den Typ des Tests):

Ein Blick in die Excel-Hilfe zur Funktion TTEST erklärt, warum wir jetzt, im Gegensatz zum Vorgehen bei zwei verbundenen Stichproben aus Kap. 8 bei zwei *nicht verbundenen Stichproben* und *unbekannten, aber gleichen Varianzen* für den *Testtyp* die Zahl 2 eintragen müssen:

Typ    bestimmt den Typ des durchzuführenden t-Tests.

| Ist Typ gleich | Wird folgender Test ausgeführt |
|---|---|
| 1 | Gepaart |
| 2 | Zwei Stichproben, gleiche Varianz (homoskedastisch) |
| 3 | Zwei Stichproben, ungleiche Varianz (heteroskedastisch) |

Entscheidung mit TTEST: Wird wegen der Gegenhypothese $H_{1,\text{zweiseitig}}$: $\mu_1 \neq \mu_2$ die *zweiseitige Fragestellung* behandelt, so ist die *Hypothese zugunsten der Gegenhypothese abzulehnen*, wenn der Ergebniswert der Excel-Funktion TTEST kleiner als das vorgegebene Signifikanzniveau $\alpha$ ist:

$$\text{TTEST}(\ldots;\ldots;2;2) < \alpha \rightarrow \text{Ablehnung}$$

Die Stichproben sprechen bei dieser Gegenhypothese *signifikant gegen die Hypothese* $H_0$.

Ist dagegen bei der *zweiseitigen Fragestellung* TTEST($\ldots;\ldots;2;2$) größer als das Signifikanzniveau $\alpha$, dann gibt es keinen Grund zur Ablehnung der Hypothese $H_0$.

Die Stichproben sprechen bei dieser Gegenhypothese *nicht signifikant gegen die Hypothese* $H_0$.

*Beispiel* Gegeben sind zwei Stichproben aus normalverteilten Grundgesamtheiten mit gleichen Standardabweichungen: (100/120/135/140/105) und (150/105/135/125/130/125/105).

Zu prüfen ist die Gleichheit der Erwartungswerte mit einer Irrtumswahrscheinlichkeit von 5 %.

Wie schon mehrfach ausgeführt, wird diese Formulierung der Aufgabenstellung so verstanden, dass als

- Hypothese $H_0$ die *Gleichheit $\mu_1 = \mu_2$ der Erwartungswerte*

formuliert wird und ihr die

- Gegenhypothese der Ungleichheit $H_{1,\text{zweiseitig}}$: $\mu_1 \neq \mu_2$

gegenübergestellt wird.

In solchen Fällen handelt es sich stets um die zweiseitige Fragestellung.

In die Excel-Tabelle muss für die schnelle zweiseitige Entscheidung mit TTEST neben die beiden Stichproben lediglich die Funktion TTEST mit den richtigen Angaben eingetragen werden. Zum Vergleich trägt man auch noch das vorgegebene *Signifikanzniveau* ein:

| 100 | 150 |
|-----|-----|
| 120 | 105 |
| 135 | 135 |
| 140 | 125 |
| 105 | 130 |
|     | 125 |
|     | 105 |

| 0,05 | <-- Signifikanzniveau α |
|------|-------------------------|
| =TTEST(A1:A5;B1:B7;2;2) | <--- Ergebnis der Funktion TTEST |

| 100 | 150 |
|-----|-----|
| 120 | 105 |
| 135 | 135 |
| 140 | 125 |
| 105 | 130 |
|     | 125 |
|     | 105 |

| 0,05 | <-- Signifikanzniveau α |
|------|-------------------------|
| 0,6209 | <--- Ergebnis der Funktion TTEST |

*Entscheidung* Die *zweiseitige Überschreitungswahrscheinlichkeit* (der *P*-Wert) ist *größer* als das vorgegebene Signifikanzniveau – die zwei Stichproben sprechen *nicht signifikant gegen die Hypothese*. Es gibt mit diesen beiden Stichproben keine Veranlassung, die Hypothese, dass die Erwartungswerte in beiden Grundgesamtheiten gleich sind, *abzulehnen*.

### 9.4.6 Prüfgröße

Zuerst müssen die beiden *Stichprobenmittelwerte* berechnet werden. Wer die bequeme Excel-Funktion =MITTELWERT(...) nicht verwenden möchte, muss dafür die beiden Formeln

$$\bar{x} = \frac{1}{n_1} \sum_{i=1}^{n_1} x_i \tag{9.12}$$

$$\bar{y} = \frac{1}{n_2} \sum_{i=1}^{n_2} y_i \tag{9.13}$$

auswerten. Weiter werden die beiden *Stichprobenstandardabweichungen* $s_1$ und $s_2$ benötigt. Wer die bequeme Excel-Funktion =STABW(...) nicht nutzen möchte, muss dafür die beiden Formeln

$$s_1 = \sqrt{\frac{1}{n_1 - 1} \sum_{i=1}^{n_1} (x_i - \bar{x})^2} \tag{9.14}$$

$$s_2 = \sqrt{\frac{1}{n_2 - 1} \sum_{i=1}^{n_2} (y_i - \bar{y})^2} \tag{9.15}$$

verwenden. Die *Prüfgröße t* lässt sich anschließend unter Verwendung der bereitgestellten Werte nach der folgenden Formel berechnen:

$$t = \frac{\bar{x} - \bar{y}}{\sqrt{\frac{(n_1-1)s_1^2 + (n_2-1)s_2^2}{n_1+n_2-2} \cdot \frac{n_1+n_2}{n_1 \cdot n_2}}}. \tag{9.16}$$

Haben die Stichproben gleiche Länge, gilt also $n_1 = n_2 = n$, dann vereinfacht sich diese Formel zu

$$t = \sqrt{n} \frac{\bar{x} - \bar{y}}{\sqrt{s_1^2 + s_2^2}}. \tag{9.17}$$

### 9.4.7 Formen der Ablehnungsbereiche

Wir gehen von der Nullhypothese $H_0$: $\mu_1 = \mu_2$ aus. Damit wird behauptet, dass in beiden Grundgesamtheiten die Erwartungswerte übereinstimmen.

- Bei der *links einseitigen Fragestellung* beginnt der Ablehnungsbereich im negativen Unendlichen und endet bei einer negativen Zahl, dem $\alpha$-*Quantil* $t_{\alpha,m}$ *der t-Verteilung mit* $m = n_1 + n_2 - 2$ *Freiheitsgraden.*

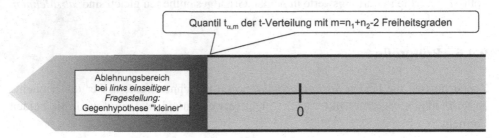

- Bei der *rechts einseitigen Fragestellung* beginnt der Ablehnungsbereich bei einer positiven Zahl, dem $1 - \alpha$-*Quantil* $t_{1-\alpha,m}$ *der t-Verteilung mit* $m = n_1 + n_2 - 2$ *Freiheitsgraden,* und endet im positiven Unendlichen.

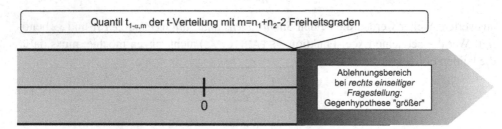

- Bei der *zweiseitigen Fragestellung* beginnt der *linke Teil* des Ablehnungsbereiches im negativen Unendlichen und endet bei einer negativen Zahl, dem $\alpha/2$-*Quantil* $t_{\alpha/2,m}$ *der t-Verteilung mit* $m = n_1 + n_2 - 2$ *Freiheitsgraden,* der *rechte Teil* beginnt dann bei einer positiven Zahl, dem $1 - \alpha/2$-*Quantil* $t_{1-\alpha/2,m}$ *der t-Verteilung mit* $m = n_1 + n_2 - 2$ *Freiheitsgraden,* und endet im positiven Unendlichen.

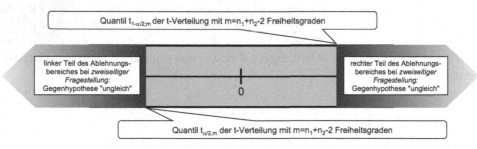

### 9.4.8 Quantile für die Entscheidung mit dem Ablehnungsbereich

Entsprechend der gegebenen Fragestellung müssen nun verschiedene *Quantile der t-Verteilung mit* $m = n_1 + n_2 - 2$ *Freiheitsgraden* beschafft werden, um die jeweiligen Ablehnungsbereiche erkennen zu können:

- *Links einseitige Fragestellung*: Hier wird das Quantil $t_\alpha$ benötigt. Es kann aus der Tabelle der *t*-Verteilung abgelesen oder durch =-TINV(...;...) beschafft werden, wobei in die Klammern an die erste Stelle der Zahlenwert von **2α** (!) einzutragen ist. An die zweite Stelle ist die Anzahl der Freiheitsgrade $m = n_1 + n_2 - 2$ einzutragen.
- *Rechts einseitige Fragestellung*: Hier wird das Quantil $t_{1-\alpha}$ benötigt. Es kann aus der Tabelle der *t*-Verteilung abgelesen oder durch =TINV(...;...) beschafft werden, wobei in die Klammern an die erste Stelle der Zahlenwert von **2α** (!) einzutragen ist. An die zweite Stelle ist die Anzahl der Freiheitsgrade $m = n_1 + n_2 - 2$ einzutragen.
- *Zweiseitige Fragestellung*: Hier werden die Quantile $t_{\alpha/2}$ und $t_{1-\alpha/2}$ benötigt. Sie können aus der Tabelle der *t*-Verteilung abgelesen oder mit Hilfe von =-TINV(...;...) und =TINV(...;...) beschafft werden, wobei in die Klammern an erste Stelle der Zahlenwert **α** (!) einzutragen ist. An die zweite Stelle ist die Anzahl der Freiheitsgrade $m = n_1 + n_2 - 2$ einzutragen.

### 9.4.9 Entscheidung

- Fällt die Prüfgröße *t* in den *Ablehnungsbereich der betrachteten Fragestellung*, dann ist die Nullhypothese zugunsten der betrachteten Gegenhypothese abzulehnen: Die Zufallsstichproben sprechen bei dieser Gegenhypothese signifikant gegen die Nullhypothese.
- Andernfalls gibt es *keinen Grund zur Ablehnung der Nullhypothese*: Die verbundenen Zufallsstichproben sprechen nicht signifikant gegen die Hypothese.

### 9.4.10 Beispiele

Gegeben sind zwei Stichproben aus *normalverteilten Grundgesamtheiten* mit *gleichen Standardabweichungen*: (100/120/135/140/105) und (150/105/135/125/130/125/105).

Zu prüfen ist die Gleichheit der Erwartungswerte mit einer Irrtumswahrscheinlichkeit von 5 %.

Wie schon mehrfach ausgeführt, wird diese Formulierung der Aufgabenstellung so verstanden, dass als

- Hypothese $H_0$ die *Gleichheit* $\mu_1 = \mu_2$ *der Erwartungswerte*

formuliert wird und ihr die

- Gegenhypothese der Ungleichheit $H_{1,\text{zweiseitig}}$: $\mu_1 \neq \mu_2$

gegenübergestellt wird.

Es handelt sich also um eine *zweiseitige Fragestellung*.

In die Excel-Tabelle werden die Stichproben und die passenden Formeln für Mittelwerte, Standardabweichungen, Prüfgröße und Quantile eingetragen:

| 100 | 150 | | =ANZAHL(A:A) | <-- Umfang der ersten Stichprobe (n₁) |
| 120 | 105 | | =MITTELWERT(A:A) | <-- Mittelwert der ersten Stichprobe |
| 135 | 135 | | =STABW(A:A) | <-- empirische Standardabweichung der ersten Stichprobe |
| 140 | 125 | | =ANZAHL(B:B) | <-- Umfang der zweiten Stichprobe (n₂) |
| 105 | 130 | | =MITTELWERT(B:B) | <-- Mittelwert der zweiten Stichprobe |
| | 125 | | 16,073 | <-- empirische Standardabweichung der zweiten Stichprobe |
| | 105 | | | |

=(D2-D5)/WURZEL( (((D1-1)*D3^2+(D4-1)*D6^2)/(D1+D4-2)) * ((D1+D4)/(D1*D4)) )   <--- Prüfgröße t

| | | 0,05 | <-- Signifikanzniveau α |
| | | =-TINV(D10;D1+D4-2) | <-- Quantil t_{α/2} |
| | | =-D11 | <-- Quantil t_{1-α/2} |

| 100 | 150 | | 5 | <-- Umfang der ersten Stichprobe (n₁) |
| 120 | 105 | | 120 | <-- Mittelwert der ersten Stichprobe |
| 135 | 135 | | 17,678 | <-- empirische Standardabweichung der ersten Stichprobe |
| 140 | 125 | | 7 | <-- Umfang der zweiten Stichprobe (n₂) |
| 105 | 130 | | 125 | <-- Mittelwert der zweiten Stichprobe |
| | 125 | | 16,073 | <-- empirische Standardabweichung der zweiten Stichprobe |
| | 105 | | | |

| | | -0,5103 | <--- Prüfgröße t |

| | | 0,05 | <-- Signifikanzniveau α |
| | | -2,2281 | <-- Quantil t_{α/2} |
| | | 2,2281 | <-- Quantil t_{1-α/2} |

*Entscheidung* Die *Prüfgröße liegt nicht im Ablehnungsbereich,* die beiden Stichproben sprechen *nicht signifikant* gegen die Nullhypothese.

Es gibt mit diesen beiden Stichproben keine Veranlassung, die Hypothese, dass die Erwartungswerte in beiden Grundgesamtheiten gleich sind, *abzulehnen.*

Betrachten wir noch ein *Beispiel für eine einseitige Fragestellung*: Gegeben sind zwei Stichproben aus normalverteilten Grundgesamtheiten mit gleichen Varianzen:

$$105/140/135/120/100 \quad \text{und} \quad 105/125/130/150/105/135/125.$$

Geprüft werden soll die Hypothese der

- Gleichheit der Erwartungswerte $H_0$: $\mu_1 = \mu_2$

gegen die

- Hypothese $H_1$: $\mu_1 < \mu_2$.

Als Signifikanzniveau sei $\alpha = 0{,}05$ gewählt.

Da es sich hierbei um die gleichen Stichproben wie im vorigen Beispiel handelt, ändert sich an den Formeln in der Excel-Tabelle nichts, so dass sich auch dieselbe Prüfgröße ergibt:

| 105 | 105 | 5 | <-- Umfang der ersten Stichprobe ($n_1$) |
| 140 | 125 | 120 | <-- Mittelwert der ersten Stichprobe |
| 135 | 130 | 17,678 | <-- empirische Standardabweichung der ersten Stichprobe |
| 120 | 150 | 7 | <-- Umfang der zweiten Stichprobe ($n_2$) |
| 100 | 105 | 125 | <-- Mittelwert der zweiten Stichprobe |
| | 135 | 16,073 | <-- empirische Standardabweichung der zweiten Stichprobe |
| | 125 | | |
| | | -0,5103 | <--- Prüfgröße t |

Da die Gegenhypothese jetzt aber „kleiner" lautet, also die *links einseitige Fragestellung* zu behandeln ist, ergibt sich nun ein anderer Ablehnungsbereich:

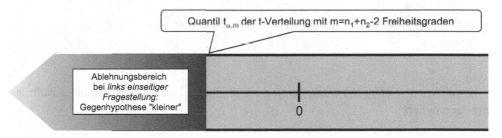

Mit Hilfe der Excel-Funktion TINV kann die Grenze des Ablehnungsbereiches leicht bestimmt werden:

| 0,05 | <-- Signifikanzniveau $\alpha$ |
| =-TINV(2*D10;D1+D4-2) | <-- Quantil $t_\alpha$ |

| 0,05 | <-- Signifikanzniveau $\alpha$ |
| -1,8125 | <-- Quantil $t_\alpha$ |

Entscheidung: Die Prüfgröße liegt *nicht im Ablehnungsbereich*, die beiden Stichproben sprechen *nicht signifikant* gegen die Nullhypothese. Es gibt mit diesen beiden Stichproben keine Veranlassung, die Nullhypothese zugunsten der Gegenhypothese zu verwerfen.

## 9.5 Vergleich der Varianzen

### 9.5.1 Aufgabenstellung

Gegeben sind zwei Stichproben, bei denen man voraussetzen können muss, dass sie aus *normalverteilten Grundgesamtheiten* kommen. Es ist zu prüfen, ob die *Varianzen* (gleichwertig: die *Standardabweichungen*) übereinstimmen.

### 9.5.2 Hypothese, Gegenhypothesen und Fragestellungen

Wir gehen von der

- Nullhypothese $H_0$: $\sigma_1^2 = \sigma_2^2$

aus. Damit wird behauptet, dass *die Varianzen beider Grundgesamtheiten gleich seien.*

Zwei Arten von *Gegenhypothesen* sind entsprechend der Interessenlage eines Auftraggebers möglich:

- *Rechts einseitige Fragestellung*: $H_{1,\text{rechts}}$: $\sigma_1^2 > \sigma_2^2$ (Behauptung: Die Varianz der ersten Grundgesamtheit ist *größer* als die Varianz der zweiten Grundgesamtheit).
- *Zweiseitige Fragestellung*: $H_{1,\text{ zweiseitig}}$: $\sigma_1^2 \neq \sigma_2^2$ (Behauptung: Die Varianz der ersten Grundgesamtheit ist *anders* als die Varianz der zweiten Grundgesamtheit).

### 9.5.3  Signifikanzniveau und Stichprobe

Ein Signifikanzniveau $\alpha$ muss vorgegeben sein.

Damit wird die Wahrscheinlichkeit eines *Fehlers 1. Art* gesteuert: Ein Fehler 1. Art tritt dann auf, wenn die Nullhypothese $H_0$ tatsächlich zutrifft, aber aufgrund der beiden vorliegenden Zufallsstichproben fälschlicherweise zugunsten der betrachteten Gegenhypothese abgelehnt wird.

*Zwei Zufallsstichproben* mit $n_1$ Stichprobenwerten $(x_1, \ldots, x_{n1})$ bzw. $n_2$ Stichprobenwerten $(y_1, \ldots, y_{n2})$ werden gezogen. Die Zahlen $n_1$ und $n_2$ sind die Umfänge der beiden Stichproben. Sie können gleich sein, müssen aber nicht.

### 9.5.4  Prüfgröße

Es werden zuerst die beiden *Stichprobenstandardabweichungen* $s_1$ und $s_2$ benötigt. Wer die bequeme Excel-Funktion =STABW(...) nicht verwenden kann, muss die beiden folgenden Formeln auswerten:

$$s_1 = \sqrt{\frac{1}{n_1 - 1} \sum_{i=1}^{n_1} (x_i - \bar{x})^2}, \tag{9.18}$$

$$s_2 = \sqrt{\frac{1}{n_2 - 1} \sum_{i=1}^{n_2} (y_i - \bar{y})^2}. \tag{9.18a}$$

Da die benötigte Prüfgröße (9.20) jedoch die *empirischen Varianzen* verwendet, wird empfohlen, die Excel-Funktion =VARIANZ(...) zu nutzen bzw. in den Formel (9.18a) und (9.18b) ohne die Wurzel zu arbeiten, also

$$s_1^2 = \frac{1}{n_1 - 1} \sum_{i=1}^{n_1} (x_i - \bar{x})^2, \tag{9.19}$$

$$s_2^2 = \frac{1}{n_2 - 1} \sum_{i=1}^{n_2} (y_i - \bar{y})^2 \tag{9.19a}$$

zu verwenden. Die *Prüfgröße f* lässt sich anschließend unter Verwendung der bereitgestellten Werte nach der folgenden Formel berechnen:

$$f = \frac{s_1^2}{s_2^2}.$$
(9.20)

▶  **Wichtiger Hinweis**  Wenn dieser Quotient *kleiner als Eins* werden sollte, dann
   sind *die Stichproben zu vertauschen*. Das ist auch der Grund, weshalb hier nur mit
   *zwei Gegenhypothesen* gearbeitet wird. Die Prüfgröße für diesen Test verarbeitet
   immer im Zähler die größere der beiden Stichprobenvarianzen.

### 9.5.5  Schnelle Entscheidung bei zweiseitiger Fragestellung mit FTEST

Wird wegen der Gegenhypothese $H_{1,\,\text{zweiseitig}}$: $\sigma_1^2 \neq \sigma_2^2$ die *zweiseitige Fragestellung*
behandelt, so ist die Hypothese zugunsten der Gegenhypothese abzulehnen, wenn der *Ergebniswert der Excel-Funktion* FTEST kleiner als das vorgegebene Signifikanzniveau $\alpha$
ist:

FTEST ( . . . ; . . . ) $< \alpha \rightarrow$ Ablehnung

Die Stichproben sprechen bei dieser Gegenhypothese *signifikant* gegen die Hypothese
$H_0$. Ist dagegen bei der zweiseitigen Fragestellung FTEST ( . . . ; . . . ) $> \alpha$, dann gibt es
*keinen Grund zur Ablehnung der Hypothese $H_0$*.

*Beispiel*  Gegeben sind zwei Stichproben aus normalverteilten Grundgesamtheiten:
(100/120/135/140/105) und (150/105/135/125/130/125/105).

Zu prüfen ist beim Signifikanzniveau von $\alpha = 5\,\%$ (d. h. $\alpha = 0{,}05$) die Nullhypothese
über die Gleichheit der Varianzen $H_0$: $\sigma_1^2 = \sigma_2^2$.

Wenn – wie hier – *keine Gegenhypothese explizit formuliert* ist, wird allgemein davon
ausgegangen, dass *die zweiseitige Fragestellung* vorliegt. Da eine *normalverteilte Grundgesamtheit* vorausgesetzt wird, kann für die Entscheidungsrechnung die Excel-Funktion
FTEST zur Anwendung kommen. Dazu müssen in diese Funktion lediglich die Bereiche
mit den beiden Stichproben eingetragen werden:

| 100 | 150 | =ANZAHL(A:A) | <-- Umfang der ersten Stichprobe ($n_1$) |
| 120 | 105 | =STABW(A:A) | <-- empirische Standardabweichung der ersten Stichprobe ($s_1$) |
| 135 | 135 | =ANZAHL(B:B) | <-- Umfang der zweiten Stichprobe ($n_2$) |
| 140 | 125 | =STABW(B:B) | <-- empirische Standardabweichung der zweiten Stichprobe ($s_2$) |
| 105 | 130 | | |
| | 125 | =D2^2/D4^2 | <--- Prüfgröße f |
| | 105 | | |

| | | 0,05 | <-- Signifikanzniveau $\alpha$ |
| | | =FTEST(A1:A5;B1:B7) | <--- Ergebnis der Funktion FTEST |

| 100 | 150 | 5 | <-- Umfang der ersten Stichprobe ($n_1$) |
| 120 | 105 | 17,678 | <-- empirische Standardabweichung der ersten Stichprobe ($s_1$) |
| 135 | 135 | 7 | <-- Umfang der zweiten Stichprobe ($n_2$) |
| 140 | 125 | 16,073 | <-- empirische Standardabweichung der zweiten Stichprobe ($s_2$) |
| 105 | 130 | | |
| | 125 | 1,2097 | <--- Prüfgröße f |
| | 105 | | |

| | | 0,05 | <-- Signifikanzniveau $\alpha$ |
| | | 0,7937 | <--- Ergebnis der Funktion FTEST |

Die Funktion FTEST liefert die zweiseitige Überschreitungswahrscheinlichkeit, den *P-Wert*. Dieser Wert liegt über dem Signifikanzniveau, so dass wir als Ergebnis formulieren können:

> Die Stichprobe spricht *nicht signifikant* gegen die Nullhypothese, es gibt also *keinen Grund, sie abzulehnen*.

### 9.5.6 Schnelle Entscheidung bei einseitiger Fragestellung mit einem Excel-Werkzeug

Wird wegen der Gegenhypothese $H_{1,\text{rechts}}$: $\sigma_1^2 > \sigma_2^2$ die *rechts einseitige Fragestellung* behandelt, dann kann das Excel-Werkzeug *Zwei-Stichproben F-Test* zur Anwendung kommen:

Nachdem die beiden Stichproben in die Spalten A und B einer Excel-Tabelle eingetragen worden sind, wird im Registerblatt Daten in der Gruppe Analyse die Leistung Datenanalyse ausgewählt:

Aus dem dann aufgeblendeten Werkzeug-Angebot von Excel- wird anschließend *Zwei-Stichproben F-Test* ausgewählt:

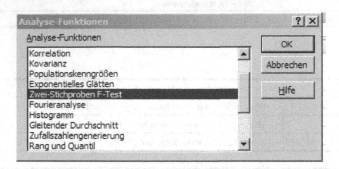

In das *Eingabefenster des Werkzeugs* sind dann nur noch die *Bereiche mit den Stich-proben*, das *Signifikanzniveau* sowie die *Position der Ausgabe* einzutragen:

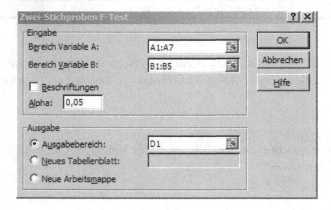

Betrachten wir nun die Ergebnisausgabe, und in ihr insbesondere den angezeigten Wert der Prüfgröße:

| 150 | 100 |
|-----|-----|
| 105 | 120 |
| 135 | 135 |
| 125 | 140 |
| 130 | 105 |
| 125 |     |
| 105 |     |

Zwei-Stichproben F-Test

|  | Variable 1 | Variable 2 |
|--|-----------|-----------|
| Mittelwert | 125 | 120 |
| Varianz | 258,3333333 | 312,5 |
| Beobachtungen | 7 | 5 |
| Freiheitsgrade (df) | 6 | 4 |
| Prüfgröße (F) | 0,826666667 |  |
| P(F<=f) einseitig | 0,396829792 |  |
| Kritischer F-Wert bei einseitigem Test | 0,220571516 |  |

Die angezeigte Prüfgröße ist kleiner als Eins. Erinnern wir uns an den Anfang dieses Kapitels:

> *Achtung*! Wenn dieser Quotient *kleiner als Eins* werden sollte, dann sind *die Stichproben zu vertauschen*. Das ist auch der Grund, weshalb hier nur mit *zwei Gegenhypothesen* gearbeitet wird.

Demzufolge ist nach dem Vertauschen der beiden Stichproben das Werkzeug neu zu aktivieren. Sehen wir uns – nun mit einer Prüfgröße größer als Eins – die Ergebnisausgabe des Werkzeugs erneut an:

| 100 | 150 |
|-----|-----|
| 120 | 105 |
| 135 | 136 |
| 140 | 125 |
| 105 | 130 |
|     | 125 |
|     | 105 |

Zwei-Stichproben F-Test

|  | Variable 1 | Variable 2 |
|--|-----------|-----------|
| Mittelwert | 120 | 125 |
| Varianz | 312,5 | 258,333333 |
| Beobachtungen | 5 | 7 |
| Freiheitsgrade (df) | 4 | 6 |
| Prüfgröße (F) | 1,209677419 |  |
| P(F<=f) einseitig | 0,396829792 |  |
| Kritischer F-Wert bei einseitigem Test | 4,53367695 |  |

Die Testentscheidung kann von der Ergebnisausgabe des Werkzeuges *Zwei-Stichproben F-Test* sogar auf zweierlei Art abgelesen werden:

Die *erste, schnelle Möglichkeit*, zur Testentscheidung zu kommen, kann mit der *einseitigen Überschreitungswahrscheinlichkeit*, dem *P-Wert*, erfolgen, der im Ergebnisfenster des Werkzeuges in der Zeile P(F<=f) einseitig abgelesen wird: *P(F≤f) einseitig = 0,396829792*.

Die angegebene einseitige Überschreitungswahrscheinlichkeit ist *größer* als das vorgegebene *Signifikanzniveau* von $\alpha = 0,05$. Es gibt *keinen Grund zur Ablehnung* der Hypothese von der Gleichheit der Varianzen.

Die *zweite Möglichkeit* besteht in der Entscheidung mit Prüfgröße und Quantil: Die *Prüfgröße F* hat den Wert 1,209677419. Das *Quantil*, das den *Beginn des Ablehnungsbereiches bei rechtsseitiger Fragestellung* kennzeichnet, wird vom Werkzeug mit dem Wert 4,53367695 angegeben:

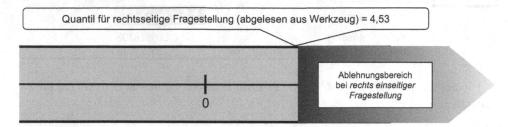

Die Prüfgröße mit ihrem Wert von 1,2097 liegt *nicht im Ablehnungsbereich*:

Es gibt mit diesen beiden Stichproben *keinen Grund zur Ablehnung* der Hypothese von der Gleichheit der Varianzen.

### 9.5.7   Form des Ablehnungsbereiches

Wir gehen von der Nullhypothese $H_0$: $\sigma_1{}^2 = \sigma_2{}^2$ aus. Damit wird behauptet, dass in beiden Grundgesamtheiten die Varianzen übereinstimmen.

- Bei der *rechts einseitigen Fragestellung* beginnt der Ablehnungsbereich bei einer positiven Zahl, dem *$1 - \alpha$-Quantil $f_{1 - \alpha, m1, m2}$ der F-Verteilung mit $m_1 = n_1 - 1$ und $m_2 = n_2 - 1$ Freiheitsgraden*, und endet im positiven Unendlichen.

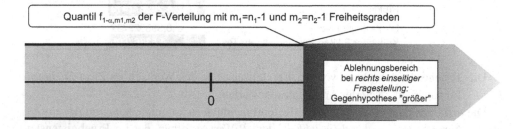

- Bei der *zweiseitigen Fragestellung* beginnt der *linke Teil* des Ablehnungsbereiches bei Null und endet bei einer positiven Zahl, dem $\alpha/2$-*Quantil* $f_{\alpha/2,m1,m2}$ *der F-Verteilung mit* $m_1 = n_1 - 1$ *und* $m_2 = n_2 - 1$ *Freiheitsgraden*, der *rechte Teil* beginnt dann bei einer ebenfalls positiven Zahl, dem $1 - \alpha/2$-*Quantil* $f_{1 - \alpha/2,m1,m2}$ *der F-Verteilung mit* $m_1 = n_1 - 1$ *und* $m_2 = n_2 - 1$ *Freiheitsgraden*, und endet im positiven Unendlichen.

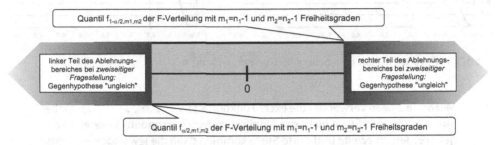

Hier, wie auch im Folgenden, ist unbedingt zu beachten, dass die Anzahl der Freiheitsgrade $m_1$ aus dem Umfang der Stichprobe bestimmt wird, deren Varianz im Zähler der Prüfgröße (9.20) steht. $m_2$ bezieht sich dann auf den Umfang der Nennerstichprobe.

### 9.5.8 Quantile für die Entscheidung mit dem Ablehnungsbereich

Für diesen Test wird eine bisher nicht verwendete Verteilungsfunktion mit dem Namen *F-Verteilung* benötigt, um mittels ihrer Quantile die *Grenzen des Ablehnungsbereiches* zu erhalten.

Diese *F*-Verteilung ist, ebenso wie die bereits betrachteten *t*- und CHI-Quadrat-Verteilungen, eine *unendliche Schar einzelner Verteilungsfunktionen*, die sich diesmal voneinander in zwei Parametern $m_1$ und $m_2$, den beiden *Freiheitsgraden*, unterscheiden.

Entsprechend der gegebenen Fragestellung müssen verschiedene *Quantile der F-Verteilung mit* $m_1 = n_1 - 1$ *und* $m_2 = n_2 - 1$ *Freiheitsgraden* beschafft werden, um die jeweiligen Ablehnungsbereiche erkennen zu können:

- *Rechts einseitige Fragestellung*: Hier wird das Quantil $f_{1 - \alpha,m1,m2}$ benötigt.
- *Zweiseitige Fragestellung*: Hier werden die Quantile $f_{\alpha/2,m1,m2}$ und $f_{1 - \alpha/2,m1,m2}$ benötigt.

Zur Beschaffung der Quantile gibt es grundsätzlich drei verschiedene Methoden:

▶ **Methode 1** Man liest die Quantile am Graph der passenden *F*-Verteilung ab. In Abb. 9.1 ist im rechten Graph eingezeichnet, wie das Ablesen des 0,95-Quantils erfolgen könnte.

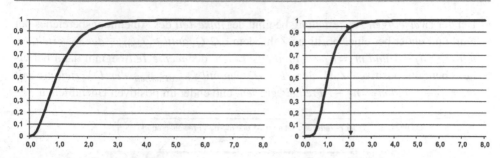

**Abb. 9.1**  $F$-Verteilung mit $m_1 = 5$, $m_2 = 50$ sowie $m_1 = 20$, $m_2 = 20$

▶  **Methode 2**  Man verwendet die Excel-Funktion FINV(...;...;...) : Dabei muss an die erste Stelle nicht das Signifikanzniveau $\alpha$, sondern **1 − $\alpha$** eingetragen werden, an zweite und dritte Stelle kommen dann die jeweiligen Freiheitsgrade: Dabei steht an der zweiten Stelle der um 1 verringerte Umfang der Stichprobe, deren Varianz *im Zähler der Prüfgröße* steht. An der dritten Stelle steht der um 1 verminderte Stichprobenumfang der Nennerstichprobe.

| 0,1 | <-- Signifikanzniveau $\alpha$ |
|----:|------------------------|
| 10 | <-- Freiheitsgrade m1 |
| 5 | <-- Freiheitsgrade m2 |

| gesuchtes Quantil | richtige Formel |
|-------------------|-----------------|
| $F_{\alpha/2,m1,m2}$ | =FINV(1-A1/2;A2;A3) |
| $F_{1-\alpha,m1,m2}$ | =FINV(A1;A2;A3) |
| $F_{1-a/2,m1,m2}$ | =FINV(A1/2;A2;A3) |

| 0,1 | <-- Signifikanzniveau $\alpha$ |
|----:|------------------------|
| 10 | <-- Freiheitsgrade m1 |
| 5 | <-- Freiheitsgrade m2 |

| gesuchtes Quantil | richtige Formel |
|-------------------|-----------------|
| $F_{\alpha/2,m1,m2}$ | 0,300676414 |
| $F_{1-\alpha,m1,m2}$ | 3,297401668 |
| $F_{1-a/2,m1,m2}$ | 4,73506307 |

▶  **Methode 3**  Man liest die benötigten Quantile aus einer Tafel der $F$-Funktion ab.

Bei der Tabellierung von *Quantilen der F-Verteilung* gibt es Probleme: Da bei der $F$-Verteilung drei Größen – das Signifikanzniveau $\alpha$ sowie die beiden Freiheitsgrade $m_1$ und $m_2$ einzustellen sind, geben viele Autoren nur Tabellen für einige wenige $\alpha$-Werte an. Sehen wir uns hier einen Ausschnitt aus einer solchen Tabelle an, die nur für $\alpha = 0,05$ gilt:

| $m_1$ | $m_2$ | | | | | | |
|---|---|---|---|---|---|---|---|
| | 1 | 5 | 10 | 20 | 50 | 100 | |
| 1 | 161,45 | 6,61 | 4,96 | 4,35 | 4,03 | 3,94 | |
| 2 | 199,50 | 5,79 | 4,10 | 3,49 | 3,18 | | |
| 3 | 215,71 | 5,41 | 3,71 | 3,10 | 2,79 | 2,70 | |
| 4 | 224,58 | 5,19 | 3,48 | 2,87 | | 2,46 | |
| 5 | 230,16 | 5,05 | 3,33 | 2,71 | 2,40 | 2,31 | |
| 6 | 233,99 | 4,95 | 3,22 | 2,60 | 2,29 | | |
| 7 | 236,77 | 4,88 | 3,14 | 2,51 | 2,20 | | |
| 8 | 238,88 | 4,82 | 3,07 | 2,45 | | 2,03 | |
| 9 | 240,54 | 4,77 | 3,02 | 2,39 | 2,07 | 1,97 | |
| 10 | 241,88 | 4,74 | 2,98 | 2,35 | 2,03 | 1,93 | |
| 11 | 242,98 | 4,70 | 2,94 | 2,31 | 1,99 | 1,89 | |
| 12 | 243,91 | 4,68 | 2,91 | 2,28 | 1,95 | 1,85 | |
| 13 | 244,69 | 4,66 | 2,89 | 2,25 | 1,92 | 1,82 | |
| 14 | 245,36 | 4,64 | 2,86 | 2,22 | 1,89 | 1,79 | |
| 15 | 245,95 | 4,62 | 2,85 | 2,20 | 1,87 | 1,77 | |
| 16 | 246,46 | 4,60 | 2,83 | 2,18 | 1,85 | 1,75 | |
| 17 | 246,92 | 4,59 | 2,81 | 2,17 | 1,83 | 1,73 | |
| 18 | 247,32 | 4,58 | 2,80 | 2,15 | 1,81 | 1,71 | |
| 19 | 247,69 | 4,57 | 2,79 | 2,14 | 1,80 | 1,69 | |
| 20 | 248,01 | 4,56 | 2,77 | 2,12 | 1,78 | 1,68 | |
| 21 | 248,31 | 4,55 | 2,76 | 2,11 | 1,77 | 1,66 | |
| 22 | 248,58 | 4,54 | 2,75 | 2,10 | 1,76 | 1,65 | |
| 23 | 248,83 | 4,53 | 2,75 | 2,09 | 1,75 | 1,64 | |
| 24 | 249,05 | 4,53 | 2,74 | 2,08 | 1,74 | 1,63 | |
| 25 | 249,26 | 4,52 | 2,73 | 2,07 | 1,73 | 1,62 | |
| 26 | 249,45 | 4,52 | 2,72 | 2,07 | 1,72 | 1,61 | |
| 27 | 249,63 | 4,51 | 2,72 | 2,06 | 1,71 | 1,60 | |
| 28 | 249,80 | 4,50 | 2,71 | 2,05 | 1,70 | 1,59 | |
| 29 | 249,96 | 4,50 | 2,70 | 2,05 | 1,69 | 1,58 | |
| 30 | 250,10 | 4,50 | 2,70 | 2,04 | 1,69 | 1,57 | |

$= f_{1-\alpha}$ für $\alpha = 0,05$
$m_1 = 5$, $m_2 = 20$

$= f_{1-\alpha/2}$ für $\alpha = 0,1$
$m_1 = 10$, $m_2 = 5$

Mit Hilfe dieser Tabelle können lediglich *zwei Quantile* gefunden werden – das Quantil $f_{1-\alpha,m1,m2}$ für die Entscheidung bei rechts einseitiger Fragestellung bei $\alpha = 0,05$ oder das Quantil $f_{1-\alpha/2,m1,m2}$ für die Entscheidung bei zweiseitiger Fragestellung bei $\alpha = 0,1$.

Ist aber zum Beispiel $\alpha = 0,05$ festgelegt und die *zweiseitige Fragestellung* zu behandeln, dann werden die beiden Quantile $f_{0,025,m1,m2}$ und $F_{0,975,m1,m2}$ benötigt. Das Quantil $f_{0,975,m1,m2}$ könnte nur beschafft werden, wenn es eine weitere Tabelle gibt, die die Quantile der $F$-Verteilung für $\alpha = 0,025$ enthält. Sehen wir hier einen Ausschnitt aus einer solchen 0,025-Tabelle, die sich allerdings recht selten in Statistik-Büchern findet:

| m_1 | m_2 | | | | | |
|---|---|---|---|---|---|---|
| | 1 | 5 | 10 | 20 | 50 | 100 |
| 1 | 647,79 | 10,01 | 6,94 | 5,87 | 5,34 | 5,18 |
| 2 | 799,50 | 8,43 | 5,46 | 4,46 | 3,97 | 3,83 |
| 3 | 864,16 | 7,76 | 4,83 | 3,86 | 3,39 | 3,25 |
| 4 | 899,58 | 7,39 | 4,47 | 3,51 | 3,05 | 2,92 |
| 5 | 921,85 | 7,15 | 4,24 | 3,29 | 2,83 | 2,70 |
| 6 | 937,11 | 6,98 | 4,07 | 3,13 | 2,65 | 2,54 |
| 7 | 948,22 | 6,85 | 3,95 | 3,01 | 2,55 | 2,42 |
| 8 | 59,44 | 3,34 | 2,38 | 2,00 | 1,80 | 1,67 |
| 9 | 59,86 | 3,32 | 2,35 | 1,96 | 1,76 | 1,69 |
| 10 | 60,19 | 3,30 | 2,32 | 1,94 | 1,73 | 1,66 |
| 11 | 60,47 | 3,28 | 2,30 | 1,91 | 1,70 | 1,64 |
| 12 | 60,71 | 3,27 | 2,28 | 1,89 | 1,68 | 1,61 |
| 13 | 60,90 | 3,26 | 2,27 | 1,87 | 1,66 | 1,59 |
| 14 | 61,07 | 3,25 | 2,26 | 1,86 | 1,64 | 1,57 |
| 15 | 61,22 | 3,24 | 2,24 | 1,84 | 1,63 | 1,56 |
| 16 | 61,35 | 3,23 | 2,23 | 1,83 | 1,61 | 1,54 |
| 17 | 61,46 | 3,22 | 2,22 | 1,82 | 1,60 | 1,53 |
| 18 | 61,57 | 3,22 | 2,22 | 1,81 | 1,59 | 1,52 |
| 19 | 61,66 | 3,21 | 2,21 | 1,80 | 1,58 | 1,50 |
| 20 | 61,74 | 3,21 | 2,20 | 1,79 | 1,57 | 1,49 |
| 21 | 61,81 | 3,20 | 2,19 | 1,79 | 1,56 | 1,48 |
| 22 | 61,88 | 3,20 | 2,19 | 1,78 | 1,55 | 1,48 |
| 23 | 61,95 | 3,19 | 2,18 | 1,77 | 1,54 | 1,47 |
| 24 | 62,00 | 3,19 | 2,18 | 1,77 | 1,54 | 1,46 |
| 25 | 62,05 | 3,19 | 2,17 | 1,76 | 1,53 | 1,45 |
| 26 | 62,10 | 3,18 | 2,17 | 1,76 | 1,52 | 1,45 |
| 27 | 62,15 | 3,18 | 2,17 | 1,75 | 1,52 | 1,44 |
| 28 | 62,19 | 3,18 | 2,16 | 1,75 | 1,51 | 1,43 |
| 29 | 62,23 | 3,18 | 2,16 | 1,74 | 1,51 | 1,43 |
| 30 | 62,26 | 3,17 | 2,16 | 1,74 | 1,50 | 1,42 |

$= f_{1-\alpha/2}$ für $\alpha=0{,}05$, $m_1=5$, $m_2=20$

Wenn – selten genug – eine solche 0,025-Tabelle zur Verfügung stehen sollte, dann ist damit immer noch nicht das Problem geklärt, wie bei fünfprozentigem Signifikanzniveau das andere Quantil $f_{0,025,m1,m2}$ für den rechten Rand des linken Teils des Ablehnungsbereiches beschafft werden kann. Einen Ausweg bietet die Beziehung

$$f_{\alpha,m1,m2} = \frac{1}{f_{1-\alpha,m1,m2}}. \tag{9.21}$$

Weil viele Statistik-Bücher nur *Quantile der F-Verteilung für ein- und fünfprozentiges Signifikanzniveau* enthalten, behalf man sich früher in der Praxis damit, dass man sich bei zweiseitigen Fragestellungen eben nur für das damit mögliche zwei- oder zehnprozentige Signifikanzniveau entschied.

Wer aber über Excel verfügt, benötigt all diese (früher viele Stunden füllenden) Erörterungen zur Problematik der Arbeit mit den Tafeln der *F*-Verteilung nicht: Die Excel-Funktion FINV macht die Beschaffung der Quantile, für welches Signifikanzniveau auch immer, zum Kinderspiel.

### 9.5.9  Beispiel

Gegeben sind zwei Stichproben aus normalverteilten Grundgesamtheiten: (100/120/135/140/105) und (150/105/135/125/130/125/105). Zu prüfen ist beim Signifikanzniveau von $\alpha = 5\,\%$ (d. h. $\alpha = 0{,}05$) die *Nullhypothese über die Gleichheit der Varianzen* $H_0$: $\sigma_1^2 = \sigma_2^2$.

Wenn – wie hier – keine *Gegenhypothese explizit formuliert* ist, wird allgemein davon ausgegangen, dass die *zweiseitige Fragestellung* mit der Gegenhypothese $H_{1,\text{zweiseitig}}$: $\sigma_1^2 \neq \sigma_2^2$ vorliegt.

Da eine *normalverteilte Grundgesamtheit* vorausgesetzt wird, kann für die Entscheidungsrechnung der *F-Test* dieses Abschnitts zur Anwendung kommen. In eine Excel-Tabelle werden die beiden Stichproben sowie die richtigen Formeln für die Standardabweichungen, die Prüfgröße und die Quantile eingetragen:

| 100 | 150 | =ANZAHL(A:A) | <-- Umfang der ersten Stichprobe ($n_1$) |
|-----|-----|--------------|------------------------------------------|
| 120 | 105 | =STABW(A:A) | <-- empirische Standardabweichung der ersten Stichprobe ($s_1$) |
| 135 | 135 | =ANZAHL(B:B) | <-- Umfang der zweiten Stichprobe ($n_2$) |
| 140 | 125 | =STABW(B:B) | <-- empirische Standardabweichung der zweiten Stichprobe ($s_2$) |
| 105 | 130 | | |
| | 125 | =D2^2/D4^2 | <--- Prüfgröße f |
| | 105 | | |

| | 0,05 | <-- Signifikanzniveau $\alpha$ |
|---|------|-------------------------------|
| =FINV(1-D9/2;D1-1;D3-1) | | <-- Quantil $f_{\alpha/2}$ |
| =FINV(D9/2;D1-1;D3-1) | | <-- Quantil $f_{1-\alpha/2}$ |

Zuerst muss der Zahlenwert für die Prüfgröße beachtet werden – ist er kleiner als Eins, dann müssten die Stichproben vertauscht und die Rechnung wiederholt werden. Das ist hier aber nicht der Fall, so dass die Entscheidung mit Prüfgröße und Quantilen abgelesen werden kann:

| 100 | 150 | 5 | <-- Umfang der ersten Stichprobe ($n_1$) |
|-----|-----|---|------------------------------------------|
| 120 | 105 | 17,678 | <-- empirische Standardabweichung der ersten Stichprobe ($s_1$) |
| 135 | 135 | 7 | <-- Umfang der zweiten Stichprobe ($n_2$) |
| 140 | 125 | 16,073 | <-- empirische Standardabweichung der zweiten Stichprobe ($s_2$) |
| 105 | 130 | | |
| | 125 | 1,2097 | <--- Prüfgröße f |
| | 105 | | |

| 0,05 | <-- Signifikanzniveau $\alpha$ |
|------|-------------------------------|
| 0,1087 | <-- Quantil $f_{\alpha/2}$ |
| 6,2272 | <-- Quantil $f_{1-\alpha/2}$ |

Der linke Teil des Ablehnungsbereiches endet bei 0,1087, der rechte Teil beginnt bei 6,2272. Die Prüfgröße mit ihrem Wert von 1, 2097 liegt weder im linken noch im rechten Teil des Ablehnungsbereiches:

Die beiden Stichproben sprechen folglich *nicht signifikant* gegen die Null-Hypothese. Es gibt mit ihnen keinen Grund zu deren Ablehnung.

## Literatur

1. Bamberg, G., Baur, F., Krapp, M.: Statistik. Oldenbourg-Verlag, München (2006)
2. Beyer, G., Hackel, H., Pieper, V., Tiedge, J.: Wahrscheinlichkeitsrechnung und mathematische Statistik. Teubner-Verlag, Stuttgart, Leipzig (1999)
3. Bortz, J., Schuster, C.: Statistik für Human- und Sozialwissenschaftler. Springer-Verlag, Berlin, Heidelberg (2010)
4. Bourier, G.: Wahrscheinlichkeitsrechnung und schließende Statistik. Gabler-Verlag, Wiesbaden (2002)
5. Christoph, G., Hackel, H.: Starthilfe Stochastik. Teubner-Verlag, Stuttgart, Leipzig, Wiesbaden (2002)
6. Clauß, G., Finze, F.-R., Partzsch, L.: Statistik. Für Soziologen, Pädagogen, Psychologen und Mediziner. Verlag Harri Deutsch, Frankfurt a. M. (2002)
7. Gehring, U., Weins, C.: Grundkurs Statistik für Politologen und Soziologen. VS Verlag, Wiesbaden (2009)
8. Göhler, W.: Höhere Mathematik – Formeln und Hinweise. Verlag Harri Deutsch, Thun und Frankfurt am Main (2011)
9. Kühnel, S., Krebs, D.: Statistik für die Sozialwissenschaften. Rowohlt-Verlag, Reinbek bei Hamburg (2001)
10. Leiner, B.: Grundlagen statistischer Methoden. Oldenbourg-Verlag, München Wien (1995)
11. Luderer, B., Nollau, V., Vetters, K.: Mathematische Formeln für Wirtschaftswissenschaftler. Vieweg-Verlag, Wiesbaden (2011)
12. Matthäus, H., Matthäus, W.-G.: Mathematik für BWL-Bachelor. Springer-Gabler-Verlag, Wiesbaden (2015)
13. Monka, M., Schöneck, N., Voß, W.: Statistik am PC – Lösungen mit Excel. Hanser Fachbuchverlag, München (2008)
14. Papula, L.: Mathematik für Ingenieure und Naturwissenschaftler. Vieweg+Teubner-Verlag, Wiesbaden (2008)
15. Reiter, G., Matthäus, W.-G.: Marketing-Management mit EXCEL. Oldenbourg-Verlag, München (1998)
16. Reiter, G., Matthäus, W.-G.: Marktforschung und Datenanalyse mit EXCEL. Oldenbourg-Verlag, München (1996)
17. Sauerbier, T., Voss, W.: Kleine Formelsammlung Statistik. Carl Hanser Verlag, München (2008)

18. Schira, J.: Statistische Methoden der VWL und BWL. Pearson-Verlag, München (2005)

19. Storm, R.: Wahrscheinlichkeitsrechnung, mathematische Statistik und statistische Qualitätskontrolle. Hanser-Verlag, München (2007)

20. Untersteiner, H.: Statistik – Datenauswertung mit Excel und SPSS. Verlag UTB, Stuttgart (2007)

21. Wewel, M.: Statistik im Bachelor-Studium der BWL und VWL. Pearson-Verlag, München (2006)

22. Zwerenz, K.: Statistik. Oldenbourg-Verlag, München, Wien (2001)

# Einfache Varianzanalyse nicht verbundener Stichproben

10

## 10.1 Allgemeines

Auch bei drei, vier oder noch mehr betrachteten Stichproben muss man unterscheiden zwischen *verbundenen* und *nicht verbundenen* Stichproben.

Verbundene Stichproben entstehen durch *gleichzeitige Beobachtung mehrerer Merkmale* an *ein- und demselben Subjekt oder Objekt*.

Jede *Fragebogenaktion* führt offensichtlich zu verbundenen Stichproben – für jede befragte Person hat man die Antworten zu den einzelnen Fragen.

▶ **Man beachte** Verbundene Stichproben haben also, um das noch einmal zu wiederholen, zwangsläufig immer denselben Umfang, *sie sind gleich lang*.

Stichproben ungleichen Umfangs können also niemals verbunden sein.

Nicht verbundene Stichproben erhält man, zum Beispiel, bei der parallelen Untersuchung von mehreren Teilen einer Probe derselben Substanz in verschiedenen Laboratorien, wobei dort die Versuchsreihen unterschiedlich lang sein können. Natürlich gibt es auch bei mehreren nicht verbundenen Stichproben neue und interessante Aufgabenstellungen. Die meist gestellte ist unter dem Namen *Varianzanalyse* bekannt geworden.

© Springer Fachmedien Wiesbaden 2016
H. Matthäus, W.-G. Matthäus, *Statistik und Excel*, DOI 10.1007/978-3-658-07689-4_10

> Die *einfache Varianzanalyse* prüft die *Erwartungswerte von mehr als zwei Stichproben.*

▶ **Wichtiger Hinweis** Es werden jetzt nur *metrisch skalierte Merkmale* betrachtet.

## 10.2 Aufgabenstellung

### 10.2.1 Gruppen

Bevor wir zur Beschreibung des Vorgehens kommen, soll anhand eines einfachen Beispiels erklärt werden, warum bei der Varianzanalyse gern von *Gruppen* anstelle von *Stichproben* gesprochen wird.

Betrachten wir dazu folgendes Beispiel: Familie Sparsam führt ein Kassenbuch. Jeden Tag trägt jedes Familienmitglied, also Mutter, Vater, Tochter und Sohn ein, was sie oder er jeweils ausgegeben haben. Auf diese Weise entstehen, wenn man die Ausgaben jedes Familienangehörigen in einem Monat betrachtet, *vier Stichproben*, unterschiedlich lang. Um diese zu erhalten, gibt es *zwei Möglichkeiten*:

Einmal kann jedes Familienmitglied für sich die getätigten Ausgaben aufschreiben:

| Mutter | Vater | Tochter | Sohn |
|--------|-------|---------|------|
| ... | ... | ... | ... |
| ... | ... | ... | ... |
| ... | ... | ... | ... |
| ... | ... | ... | ... |
| ... | ... | ... | ... |
| ... | ... | ... | ... |

Zum anderen kann man aber auch mit zwei Spalten auskommen: In die eine Spalte wird die Ausgabe eingetragen, und daneben wird notiert, wer ausgegeben hat – zahlenmäßig codiert vielleicht mit 1 für die Mutter, 2 für den Vater, 3 für die Tochter und 4 für den Sohn:

| Ausgabe | durch wen |
|---------|-----------|
| ... | 3 |
| ... | 1 |
| ... | 2 |
| ... | 1 |
| ... | 4 |
| ... | 4 |
| ... | 3 |
| ... | 2 |

Hier haben wir eigentlich nur *eine lange Stichprobe* – aber sie ist offensichtlich in vier Gruppen geteilt:

Die zur 1 gehörenden Stichprobenwerte bilden die *erste Gruppe*, die zur 2 gehörenden Stichprobenwerte die *zweite Gruppe* und so weiter.

Auf diese Art und Weise kann man

- einerseits *Stichproben in Gruppen* zerlegen

oder

- mehrere Stichproben umgekehrt zu einer *gruppierten Stichprobe* vereinigen.

Es gibt Statistik-Programme, die bei der Varianzanalyse unbedingt voraussetzen, dass die letztere Form vorliegt – sie fragen nämlich nach den *Gruppenkennzeichen* der Stichprobe. Wenn man mit solch einem Programm arbeiten will, muss man also vorher eine entsprechende Zusammenfassung vornehmen.

Excel stellt diese Forderungen nicht.

Wir werden sehen, dass man für die Durchführung der *einfachen Varianzanalyse* (englisch: *analysis of variations*, abgekürzt ANOVA) nur den Bereich angeben muss, in dem sich die zu berücksichtigenden Stichproben befinden.

## 10.2.2   Aufgabenstellung

Wir gehen von $r$ Stichproben aus diskreten oder stetigen Grundgesamtheiten aus.

Man muss voraussetzen können muss, dass *alle Stichproben aus normalverteilten Grundgesamtheiten mit gleichen Varianzen* stammen: $\sigma_1^2 = \sigma_2^2 = \ldots = \sigma_r^2 = \sigma^2$.

Wir wollen prüfen, ob *alle Erwartungswerte übereinstimmen*.

### 10.2.3   Hypothese, Gegenhypothese und Fragestellungen

Gegeben seien die *Nullhypothese*

- $H_0$: $\mu_1 = \mu_2 = \mu_3 = \ldots = \mu_r$

und die Gegenhypothese, dass

- $H_1$: diese Gleichheit nicht gegeben ist, dass also *mindestens ein Unterschied* besteht.

### 10.2.4   Signifikanzniveau und Stichproben

Ein Signifikanzniveau $\alpha$ muss vorgegeben sein.

Damit wird die Wahrscheinlichkeit eines *Fehlers 1. Art* gesteuert: Ein Fehler 1. Art tritt dann auf, wenn die Nullhypothese $H_0$ tatsächlich zutrifft, aber aufgrund der Zufallsstichproben zu Unrecht zugunsten der betrachteten Gegenhypothese abgelehnt wird.

Eine Anzahl von $r$ Zufallsstichproben

$(x_{11}, \ldots, x_{1,n1})$ mit $n_1$ Stichprobenwerten,

$(x_{21}, \ldots, x_{2,n2})$ mit $n_2$ Stichprobenwerten,

$\ldots$,

$(x_{r1}, \ldots, x_{r,nr})$ mit $n_r$ Stichprobenwerten

wird gezogen.

Die Zahlen $n_1, n_2, \ldots, n_r$ sind die *Umfänge der Stichproben*. Sie können gleich sein, müssen aber nicht.

## 10.2.5  Prüfgröße

Wenngleich es, wie schon erwähnt, das komfortable Excel-Werkzeug ANOVA für die einfache Varianzanalyse gibt, so soll doch zuerst die vielfach noch praktizierte Vorgehensweise der *elementaren Entscheidungsrechnung* nach den *Regeln der mathematischen Statistik* beschrieben werden. Zuerst müssen beim *klassischen Vorgehen* die Stichprobenwerte in einer Tabelle in folgender Weise zusammengestellt werden:

| Gruppen-nummer | Stichprobe | Gruppen-umfang |
|---|---|---|
| 1 | $x_{11}, x_{12}, \ldots, x_{1,n1}$ | $n_1$ |
| 2 | $x_{21}, x_{22}, \ldots, x_{2,n2}$ | $n_2$ |
| 3 | $x_{31}, x_{32}, \ldots, x_{3,n3}$ | $n_3$ |
| ... | ... | ... |
| r | $x_{r1}, x_{r2}, \ldots, x_{r,nr}$ | $n_r$ |
| | | $n$ |

Dann sind rechts zwei Spalten für die *Gruppensummen* und die *Gruppenmittelwerte* anzufügen, in der unteren Zeile sind die *Gesamtsumme* und der *Gesamtdurchschnitt* einzutragen:

| Gruppen-nummer | Stichprobe | Gruppen-summen | Gruppen-umfang | Gruppen-mittel |
|---|---|---|---|---|
| 1 | $x_{11}, x_{12}, \ldots, x_{1,n1}$ | $s_{1\bullet}$ | $n_1$ | $\bar{x}_{1\bullet}$ |
| 2 | $x_{21}, x_{22}, \ldots, x_{2,n2}$ | $s_{2\bullet}$ | $n_2$ | $\bar{x}_{2\bullet}$ |
| 3 | $x_{31}, x_{32}, \ldots, x_{3,n3}$ | $s_{3\bullet}$ | $n_3$ | $\bar{x}_{3\bullet}$ |
| ... | ... | ... | ... | ... |
| r | $x_{r1}, x_{r2}, \ldots, x_{r,nr}$ | $s_{r\bullet}$ | $n_r$ | $\bar{x}_{r\bullet}$ |
| | | $s_{\bullet\bullet}$ | $n$ | $\bar{x}_{\bullet\bullet}$ |

Dabei gelten die üblichen Formeln für die einzelnen Summen- und Mittelwerte:

$$\begin{aligned}
s_{i\bullet} &= x_{i1} + x_{i2} + \ldots + x_{in_1} \quad & i = 1, \ldots, r \\
\bar{x}_{i\bullet} &= s_{i\bullet}/n_i & i = 1, \ldots, r \\
s_{\bullet\bullet} &= s_{1\bullet} + s_{2\bullet} + \ldots + s_{r\bullet} \\
\bar{x}_{\bullet\bullet} &= s_{\bullet\bullet}/n.
\end{aligned} \tag{10.1}$$

Anschließend müssen zusätzlich noch *zwei weitere Quadratsummen* ermitteln werden:

- die Quadratsumme zwischen den Gruppen

$$SQ_Z = \sum_{i=1}^{r} n_i \, (\bar{x}_{i\bullet} - \bar{x}_{\bullet\bullet})^2 \tag{10.2}$$

- und die totale Quadratsumme

$$SQ_T = \left( \sum_{i=1}^{r} \sum_{j=1}^{r} x_{ij}^2 \right) - \frac{s_{\bullet\bullet}^2}{n}. \tag{10.3}$$

Danach sind die bereits bekannten, hervorgehobenen Werte an die richtigen Stellen einer *zweiten Tabelle*, der so genannten *Variationstafel*, einzutragen:

| Variations-ursache | SQ | Freiheits-grade | MQ |
|---|---|---|---|
| zwischen den Gruppen | $SQ_Z$ (vorhanden) | r-1 | $MQ_Z = SQ_Z/(r-1)$ |
| | | | f=MQ$_Z$/MQ$_I$ |
| innerhalb der Gruppen | $SQ_I = SQ_T - SQ_Z$ | n-r | $MQ_I = SQ_I/(n-r)$ |
| total | $SQ_T$ (vorhanden) | n-1 | |

Anschließend ist diese entsprechend den eingetragenen Formeln zu komplettieren, und in der letzten Spalte erscheint dann mit dem Quotienten $f = MQ_Z / MQ_I$ der *Wert der Prüfgröße f*. Die Einzelheiten der Rechnung werden später an einem Beispiel ausführlich erläutert.

## 10.2.6   Quantil für die Entscheidung mit dem Ablehnungsbereich

Zur Testentscheidung wird das Quantil $f_{1-\alpha,m1,m2}$ der $F$-Verteilung mit $m_1 = r - 1$ und $m_2 = n - r$ Freiheitsgraden benötigt.

Es kann nach der klassischen Vorgehensweise mühsam aus einer Tabelle der $F$-Verteilung abgelesen werden. Oder – viel besser und bequemer – es kann mit Hilfe der Excel-

Funktion =FINV(...;...;...) beschafft werden, wobei in die Klammern an der *ersten Position* der Zahlenwert von $\alpha$ und an die *zweite und dritte Position* die *Freiheitsgrade* $m_1 = r - 1$ bzw. $m_2 = n - r$ einzutragen sind.

### 10.2.7  Ablehnungsbereich

Der Ablehnungsbereich beginnt beim Quantil $f_{1-\alpha, m1, m2}$ und erstreckt sich von dort nach rechts weiter bis in das positive Unendliche.

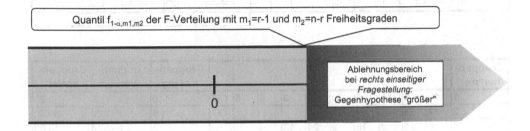

Quantil $f_{1-\alpha, m1, m2}$ der F-Verteilung mit $m_1 = r-1$ und $m_2 = n-r$ Freiheitsgraden

0

Ablehnungsbereich bei *rechts einseitiger Fragestellung:* Gegenhypothese "größer"

### 10.2.8  Entscheidung mit Ablehnungsbereich

Fällt die Prüfgröße $f$ in den *Ablehnungsbereich*, dann ist die *Nullhypothese* zugunsten der betrachteten Gegenhypothese *abzulehnen*:

Die Zufallsstichproben sprechen dann *signifikant* gegen die Nullhypothese von der Gleichheit aller Erwartungswerte.

Andernfalls – wenn die Prüfgröße *nicht* in den Ablehnungsbereich fällt – gibt es *keinen Grund zur Ablehnung der Nullhypothese*: Die Zufallsstichproben sprechen nicht signifikant gegen die Hypothese.

### 10.2.9  Beispiel: Klassische Durchführung der einfachen Varianzanalyse

Es liegen *vier unterschiedlich lange Stichproben* vor, von denen man aber annehmen kann, dass sie *aus normalverteilten Grundgesamtheiten mit gleichen Varianzen* kommen.

Zu prüfen ist die Hypothese der Gleichheit aller Erwartungswerte. Als Signifikanz-niveau wird $\alpha = 0,01$ vorgegeben.

Sehen wir uns zuerst die Formeln und Werte für die erste Tabelle an:

| Gruppen-nummer | | | | | | | | | | | Gruppen-umfang | Gruppen-summen | Gruppen-mittel |
|---|---|---|---|---|---|---|---|---|---|---|---|---|---|
| 1 | 13 | 9 | 15 | 5 | 25 | 15 | 3 | 9 | 6 | 12 | =ANZAHL(B2:K2) | =SUMME(B2:K2) | =M2/L2 |
| 2 | 42 | 24 | 41 | 19 | 27 | | | | | | =ANZAHL(B3:K3) | =SUMME(B3:K3) | =M3/L3 |
| 3 | 8 | 24 | 9 | 18 | 9 | 24 | 12 | 4 | | | =ANZAHL(B4:K4) | =SUMME(B4:K4) | =M4/L4 |
| 4 | 9 | 12 | 7 | 18 | 2 | 18 | | | | | =ANZAHL(B5:K5) | =SUMME(B5:K5) | =M5/L5 |
| | | | | | | | | | | | =SUMME(L2:L5) | =SUMME(M2:M5) | =M6/L6 |

| Gruppen-nummer | | | | | | | | | | | Gruppen-umfang | Gruppen-summen | Gruppen-mittel |
|---|---|---|---|---|---|---|---|---|---|---|---|---|---|
| 1 | 13 | 9 | 15 | 5 | 25 | 15 | 3 | 9 | 6 | 12 | 10 | 112 | 11,20 |
| 2 | 42 | 24 | 41 | 19 | 27 | | | | | | 5 | 153 | 30,60 |
| 3 | 8 | 24 | 9 | 18 | 9 | 24 | 12 | 4 | | | 8 | 108 | 13,50 |
| 4 | 9 | 12 | 7 | 18 | 2 | 18 | | | | | 6 | 66 | 11,00 |
| | | | | | | | | | | | 29 | 439 | 15,14 |

Aus dieser Vorbereitung und mit den Zahlenwerten dieser Tabelle können anschließend die benötigten beiden Quadratsummen berechnet werden:

$$SQ_Z = 10 \cdot (11,2 - 15,14)^2 + 5 \cdot (30,6 - 15,14)^2 + 8 \cdot (13,5 - 15,14)^2$$
$$+ 6 \cdot (11,0 - 15,14)^2 = 1474,65$$
$$SQ_T = (13^2 + 9^2 + 15^2 + \ldots + 2^2 + 18^2) - 439^2/29 = 2873,45.$$

Damit kann man in einem anderen Excel-Tabellenblatt die *Varianztafel* aufstellen:

| Variations-ursache | SQ | Freiheits-grade | MQ | |
|---|---|---|---|---|
| zwischen den Gruppen | 1474,648 | 3 | 491,549 | |
| | | | | 8,785 |
| innerhalb der Gruppen | 1398,800 | 25 | 55,952 | |
| total | 2873,448 | 28 | | |

Ganz rechts erscheint der Wert der Prüfgröße. Er beträgt hier 8,7852. Der Wert der Prüfgröße $f$ wird schließlich übertragen in die Zelle A1 eines dritten Excel-Tabellenblattes. Nun brauchen wir nur noch mit Hilfe des Quantils $f_{1-\alpha,m1,m2}$ die *Grenze des Ablehnungsbereiches* zu beschaffen:

| | |
|---|---|
| 8,7852 | <--- Prüfgröße f |

| | |
|---|---|
| 0,01 | <-- Signifikanzniveau α |
| 3 | <-- Freiheitsgrad $m_1$=r-1 |
| 25 | <-- Freiheitsgrad $m_2$=n-r |
| =FINV(A3;A4;A5) | <-- Quantil $f_{1-\alpha}$ |

| | |
|---|---|
| 8,7852 | <--- Prüfgröße f |

| | |
|---|---|
| 0,01 | <-- Signifikanzniveau α |
| 3 | <-- Freiheitsgrad $m_1$=r-1 |
| 25 | <-- Freiheitsgrad $m_2$=n-r |
| 4,6755 | <-- Quantil $f_{1-\alpha}$ |

Damit kann abgelesen werden:

- Die Prüfgröße liegt im Ablehnungsbereich.

Folglich sprechen die Stichproben *signifikant* gegen die Hypothese von der *Gleichheit aller Erwartungswerte*.

## 10.3 Einfache Varianzanalyse mit dem Excel-Werkzeug ANOVA

### 10.3.1 Grundlagen

Solch eine umständliche und aufwändige Rechnung, wie sie im vorigen Abschnitt noch einmal für Demonstrationszwecke durchgeführt wurde, braucht heutzutage eigentlich niemand mehr nachzuvollziehen. Es ist nicht einmal nötig, sich zu überlegen, wie man in einem Excel-Blatt die verschiedenen Quadratsummen ausrechnen lassen könnte.

Vielmehr bietet Excel ein *fertiges Werkzeug* an, dem nur mitgeteilt werden muss, wo sich die *Stichproben* befinden und welches *Signifikanzniveau* gewählt wurde – und schon erhält man die komplette *Varianztafel* mit allen Zahlenwerten bis hin zur aussagekräftigen *einseitigen Überschreitungswahrscheinlichkeit (dem P-Wert)* präsentiert.

### 10.3.2   Arbeit mit ANOVA

Wir nehmen an, dass die Stichproben sich bereits in den Spalten A bis D einer Excel-Tabelle befinden.

| 13 | 42 | 8  | 9  |
|----|----|----|----|
| 9  | 24 | 24 | 12 |
| 15 | 41 | 9  | 7  |
| 5  | 19 | 18 | 18 |
| 25 | 27 | 9  | 2  |
| 15 |    | 24 | 18 |
| 3  |    | 12 |    |
| 9  |    | 4  |    |
| 6  |    |    |    |
| 12 |    |    |    |

Nun braucht nur noch im Registerblatt Daten in der Gruppe Analyse die Leistung Datenanalyse angefordert zu werden:

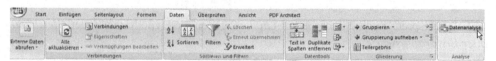

Aus dem Angebot an Excel-Werkzeugen wird *ANOVA: Einfaktorielle Varianzanalyse* ausgewählt:

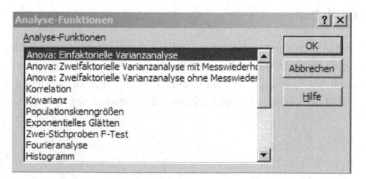

Jetzt sind nur noch die Einträge für den Bereich mit den Stichproben, für das Signifikanzniveau und die Ausgabeposition vorzunehmen:

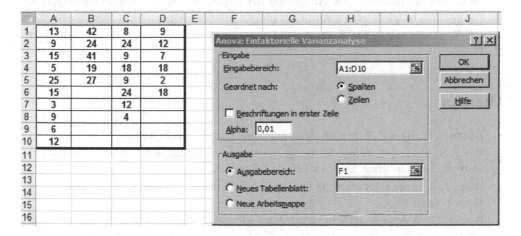

Die Fülle an angebotenen Zahlenwerten scheint auf den ersten Blick verwirrend, deshalb sind die entscheidenden Zahlenwerte hervorgehoben:

Anova: Einfaktorielle Varianzanalyse

ZUSAMMENFASSUNG

| Gruppen | Anzahl | Summe | Mittelwert | Varianz |
|---|---|---|---|---|
| Spalte 1 | 10 | 112 | 11,2 | 40,62222222 |
| Spalte 2 | 5 | 153 | 30,6 | 107,3 |
| Spalte 3 | 8 | 108 | 13,5 | 57,71428571 |
| Spalte 4 | 6 | 66 | 11 | 40 |

ANOVA

| Streuungsursache | Quadrat summen (SS) | Freiheits grade (df) | Mittlere Quadrat- summe (MS) | Prüfgröße (F) | P-Wert | kritischer F-Wert |
|---|---|---|---|---|---|---|
| Unterschiede zwischen den Gruppen | 1474,65 | 3 | 491,549425 | 8,785198479 | 0,00037601 | 4,675464783 |
| Innerhalb der Gruppen | 1398,80 | 25 | 55,952 | | | |
| Gesamt | 2873,45 | 28 | | | | |

Unter *Prüfgröße (F)* findet sich die Prüfgröße, sie hat (wie oben vorgeführt) den Wert 8,7852. Unter *kritischer F-Wert* kann man den Beginn des nach rechts gerichteten Ablehnungsbereiches erkennen – der Ablehnungsbereich beginnt also bei 4,6755. Damit ergibt sich:

- Die Prüfgröße liegt im Ablehnungsbereich.

Folglich sprechen die Stichproben *signifikant* gegen die Hypothese von der *Gleichheit aller Erwartungswerte*.

Dieselbe Entscheidung – die Ablehnung der Hypothese zugunsten der Gegenhypothese – wäre auch möglich gewesen mit der *einseitigen Überschreitungswahrscheinlichkeit*, dem $P$-Wert, der mit 0,00038 um vieles kleiner ist als das Signifikanzniveau von (hier) 0,01.

## Literatur

1. Bamberg, G., Baur, F., Krapp, M.: Statistik. Oldenbourg-Verlag, München (2006)

2. Beyer, G., Hackel, H., Pieper, V., Tiedge, J.: Wahrscheinlichkeitsrechnung und mathematische Statistik. Teubner-Verlag, Stuttgart, Leipzig (1999)

3. Bortz, J., Schuster, C.: Statistik für Human- und Sozialwissenschaftler. Springer-Verlag, Berlin, Heidelberg (2010)

4. Bourier, G.: Wahrscheinlichkeitsrechnung und schließende Statistik. Gabler-Verlag, Wiesbaden (2002)

5. Christoph, G., Hackel, H.: Starthilfe Stochastik. Teubner-Verlag, Stuttgart, Leipzig, Wiesbaden (2002)

6. Clauß, G., Finze, F.-R., Partzsch, L.: Statistik. Für Soziologen, Pädagogen, Psychologen und Mediziner. Verlag Harri Deutsch, Frankfurt a. M. (2002)

7. Gehring, U., Weins, C.: Grundkurs Statistik für Politologen und Soziologen. VS Verlag, Wiesbaden (2009)

8. Göhler, W.: Höhere Mathematik – Formeln und Hinweise. Verlag Harri Deutsch, Thun und Frankfurt am Main (2011)

9. Kühnel, S., Krebs, D.: Statistik für die Sozialwissenschaften. Rowohlt-Verlag, Reinbek bei Hamburg (2001)

10. Leiner, B.: Grundlagen statistischer Methoden. Oldenbourg-Verlag, München Wien (1995)

11. Luderer, B., Nollau, V., Vetters, K.: Mathematische Formeln für Wirtschaftswissenschaftler. Vieweg-Verlag, Wiesbaden (2011)

12. Matthäus, H., Matthäus, W.-G.: Mathematik für BWL-Bachelor. Springer-Gabler-Verlag, Wiesbaden (2015)

13. Monka, M., Schöneck, N., Voß, W.: Statistik am PC – Lösungen mit Excel. Hanser Fachbuchverlag, München (2008)

14. Papula, L.: Mathematik für Ingenieure und Naturwissenschaftler. Vieweg+Teubner-Verlag, Wiesbaden (2008)

15. Reiter, G., Matthäus, W.-G.: Marketing-Management mit EXCEL. Oldenbourg-Verlag, München (1998)

16. Reiter, G., Matthäus, W.-G.: Marktforschung und Datenanalyse mit EXCEL. Oldenbourg-Verlag, München (1996)

17. Sauerbier, T., Voss, W.: Kleine Formelsammlung Statistik. Carl Hanser Verlag, München (2008)

18. Schira, J.: Statistische Methoden der VWL und BWL. Pearson-Verlag, München (2005)

19. Storm, R.: Wahrscheinlichkeitsrechnung, mathematische Statistik und statistische Qualitätskontrolle. Hanser-Verlag, München (2007)

20. Untersteiner, H.: Statistik – Datenauswertung mit Excel und SPSS. Verlag UTB, Stuttgart (2007)

21. Wewel, M.: Statistik im Bachelor-Studium der BWL und VWL. Pearson-Verlag, München (2006)

22. Zwerenz, K.: Statistik. Oldenbourg-Verlag, München, Wien (2001)

19. ...
20. ...
21. ...
22. ...

# Schätzungen

**11**

## 11.1 Aufgabenstellung

Erinnern wir uns:

> Die Hauptaufgabe der Statistik besteht grundsätzlich darin, *Wahrscheinlichkeiten* zu liefern.

Wenn wir eine *Zufallsgröße* betrachten, also ein Zufallsexperiment, das Zahlen liefert, und wir kennen die *Verteilungsfunktion* dieser Zufallsgröße *mit all ihren Parameterwerten*, dann können wir

- entweder – im *alternativen und diskreten Fall* – sofort Werte und Wahrscheinlichkeiten
- oder – im *stetigen Fall* – die Intervall-Wahrscheinlichkeiten

erfahren. Davon handelte das Kap. 5 dieses Buches.

Wo liegt das Problem? Es kann im Extremfall sein, dass wir nicht einmal die *Art der Verteilung einer Zufallsgröße* kennen. Dann können wir versuchen, wie im Kap. 6 beschrieben, eine *Hypothese über die Verteilung* zu formulieren und anhand einer gezogenen Zufallsstichprobe zu prüfen.

Das *Ergebnis der Prüfung* nach den Regeln der mathematischen Statistik besteht dann entweder darin, dass die gezogene Zufallsstichprobe *signifikant gegen die Hypothese* spricht, dann muss diese *zugunsten der Gegenhypothese* („die Zufallsgröße ist anders verteilt") *verworfen* werden.

Oder die Zufallsstichprobe spricht *nicht signifikant gegen die Hypothese*, dann gibt es *keinen Grund zu ihrer Ablehnung*, man kann mit der hypothetischen Verteilung arbeiten.

© Springer Fachmedien Wiesbaden 2016
H. Matthäus, W.-G. Matthäus, *Statistik und Excel*, DOI 10.1007/978-3-658-07689-4_11

Nicht selten liegt jedoch die Situation vor, dass die *Art der Verteilung* bekannt ist – insbesondere kann sehr oft aufgrund des sachlichen Hintergrunds von einer *Normal-verteilung* ausgegangen werden, aber auch von einer *Poisson-* oder *Binomial-* oder *Exponentialverteilung*.

Nur die *Parameter der Verteilung* werden im Allgemeinen unbekannt sein: Weder ken-nen wir Erwartungswert $\mu$ und Standardabweichung $\sigma$ bei bekannter Normalverteilung, noch kennen wir die Parameter $\lambda$ der Poisson- oder $p$ der Binomialverteilung. Auch der Anteilswert $p_0$ bei einer *Zweipunktverteilung* liegt oft nicht vor.

Dann – so lernten wir es bisher kennen – wird eine *Hypothese über den Parameterwert* formuliert und anhand einer gezogenen Zufallsstichprobe nach den Regeln der mathema-tischen Statistik geprüft. Ein *vorgegebenes Signifikanzniveau* $\alpha$ gibt dem Auftraggeber dabei die Möglichkeit, seine Sorge vor einer voreiligen Falschablehnung einer richtigen Hypothese aufgrund der gezogenen Zufallsstichprobe in die Rechnung einzubringen. Die *Prüfung des Parameters* erfolgt dann unter Berücksichtigung der vom Auftraggeber for-mulierten *Gegenhypothese*:

Spricht die Zufallsstichprobe *signifikant gegen die Hypothese*, dann ist die Hypothe-se *zugunsten der formulierten Gegenhypothese abzulehnen*. Andernfalls gibt es *keinen Grund zur Ablehnung der Hypothese*.

Die Rechenwege zur *Parameterprüfung* wurden ausführlich im Kap. 7 dieses Buches vorgestellt.

Da die *Parameter von Verteilungen*, insbesondere deren Erwartungswerte, sehr oft ein sachliches Eigenleben entwickelten und in den Mittelpunkt der Aufgabenstellung rücken, kamen neue Fragestellungen hinzu, beispielsweise die *Prüfung der Gleichheit von Para-metern* zweier oder mehrerer Zufallsgrößen, wenn diese die gleiche Verteilung besitzen. Davon handelten die Kap. 8 und 9 dieses Buches.

Was bleibt noch? Was fehlt?

Nehmen wir an, dass eine Hypothese über einen Parameterwert in einem Test aufgrund eines signifikanten Widerspruchs verworfen werden muss. Dann weiß man nur: Dieser Wert wird, mit der vorgegebenen Irrtumswahrscheinlichkeit $\alpha$, falsch sein.

Mehr erfährt man mit Hilfe von Parameter-Tests leider nicht.

Deshalb entsteht eine *weitere Fragestellung*: Wie kann man mit Hilfe einer Zufalls-stichprobe zu konkreten, vielleicht sogar verlässlichen Parameterwerten kommen?

Hier helfen *Schätzungen*.

Der Begriff wurde auch schon mehrfach verwendet. So wurde in Abschn. 6.3 von Kap. 6 zum Beispiel formuliert, dass man als Schätzung für den Parameter $\lambda$ einer Poisson-Verteilung das arithmetische Mittel einer Zufallsstichprobe nutzen sollte. Allerdings wurde bisher (zum Beispiel in den Abschn. 6.3 und 6.5) nur kurz und ohne Begründung mitgeteilt, welche Schätzungen für welche Parameter zu nutzen sind.

Nicht mitgeteilt wurde, wie die *Vorschriften für die Schätzungs-Formeln* zustande kommen, warum so und nicht anders vorzugehen ist.

Diese Lücke soll nun geschlossen werden – im Abschn. 11.3 wird anhand der *Schätztheorie* der mathematischen Statistik erklärt, wie Schätzungen zustande kommen und welche Qualitätskriterien sie erfüllen müssen.

Zuvor allerdings muss die zugrunde liegende Theorie erklärt werden, insbesondere der Begriff der *Stichprobenfunktionen*. Davon handelt der folgende Abschn. 11.2.

Ist dann kein Wunsch mehr offen? Natürlich nicht. Überlegen wir: Eine Zufallsstichprobe wird gezogen, aus ihr wird nach den *Regeln der Punktschätzungen* ein *Parameterwert* berechnet. So weit, so schlecht.

Denn eine andere Zufallsstichprobe wird wohl sofort einen anderen Parameterwert liefern. Eine weitere Zufallsstichprobe einen dritten Parameterwert und so weiter.

Was brauchen wir also? Wir benötigen *Intervalle* die mit gewisser Wahrscheinlichkeit den gesuchten Parameterwert enthalten werden.

Derartige Intervalle werden mit Hilfe der Schätztheorie abschließend im Abschn. 11.4 konstruiert.

Beginnen wir, lernen wir zuerst den wichtigen theoretischen Begriff der *Stichprobenfunktion* kennen. Wer jedoch nur die Rechenvorschriften für Punkt- und Intervallschätzungen sucht, kann sofort zum Abschn. 11.3.2 übergehen.

## 11.2  Stichprobenfunktionen

Aus einer Grundgesamtheit werden zufällig $n$ Elemente entnommen, die dann bezüglich eines Merkmals hin untersucht werden. Es hängt bei jeder Entnahme vom *Zufall* ab, welche der möglichen Merkmalwerte festgestellt werden.

Das Ergebnis der $i$-ten Entnahme ist damit eine Realisierung $x_i$ einer Zufallsgröße $X_i$, der so genannten *Stichprobenvariablen*.

Die n Stichprobenvariablen $X_1, \ldots, X_n$ bilden eine *n-dimensionale Zufallsvariable*, einen *n-dimensionalen Zufallsvektor* $(X_1, X_2, \ldots, X_n)$.
Die Realisierung $(x_1, x_2, \ldots, x_n)$ wird dann als *konkrete Stichprobe* bezeichnet.

Die Eigenschaften jeder Stichprobe können durch *Kennzahlen*, wie zum Beispiel durch das *arithmetische Mittel*, den *Anteilswert* oder die *Stichproben-Varianz* beschrieben werden.

Zur Ermittlung dieser Kennzahlen verwendet man die so genannten *Stichprobenfunktionen*, das sind Vorschriften, die einem Stichprobenvektor $(X_1, X_2, \ldots, X_n)$ eine Zahl zuordnen.
Dafür schreibt man auch $f(X_1, X_2, \ldots, X_n)$.
Geeignete Stichprobenfunktionswerte sind die Basis für Rückschlüsse auf *Parameter der Grundgesamtheit*. Dabei nutzt man aus, dass alle Stichprobenvariablen unabhängig voneinander sind und alle die gleiche Verteilung wie die Grundgesamtheit haben. Auch sind die Voraussetzungen für die Gültigkeit wichtiger Sätze der Wahrscheinlichkeitsrechnung, insbesondere für den *zentralen Grenzwertsatz*, erfüllt.

Der *zentrale Grenzwertsatz* geht davon aus, dass die Zufallsvariablen $X_1, \ldots, X_n$ unabhängig und identisch verteilt sind mit den Parametern $E(X_i) = \mu$, $VAR(X_i) = \sigma^2$.
Dann konvergiert die Zufallsvariable

$$\bar{X} = \frac{1}{n} \sum_{i=1}^{n} X_i \qquad (11.1)$$

mit wachsendem Stichprobenumfang gegen eine Normalverteilung mit den Parametern

$$\mu_{\bar{X}} = E(\bar{X}) = \mu$$
$$\sigma_{\bar{X}}^2 = VAR(\bar{X}) = \sigma^2. \qquad (11.2)$$

Aussage (ohne Beweis): Die Zufallsgröße

$$U = \frac{\bar{X} - \mu}{\sigma} \sqrt{n} \qquad (11.3)$$

ist *standardnormalverteilt*.

Dabei ist die Verteilung der $X_i$ beliebig, sie muss keine Normalverteilung sein. Sie kann sogar völlig unbekannt sein. Schon bei einem Umfang größer als 30 ist die Stichprobenfunktion $\bar{X}$ nahezu normalverteilt.

Kennt man die Varianz $\sigma^2$ der Grundgesamtheit nicht, dann muss diese *geschätzt* werden. Dazu wird die in der Stichprobe gefundene empirische Varianz $s^2$ verwendet, die nach der Formel

$$s^2 = \frac{1}{n-1} \sum (x_i - \bar{x})^2 \tag{11.4}$$

berechnet wurde.

---

Aussage (ohne Beweis): Die Stichprobenfunktion $T$ in der nachfolgenden Form

$$T = \frac{\bar{X} - \mu}{\widehat{\sigma}_{\bar{X}}} \quad \text{mit} \quad \widehat{\sigma}_{\bar{X}}^2 = \frac{s^2}{n} \tag{11.5}$$

ist $t$-verteilt mit $n-1$ Freiheitsgraden, wenn $X$ normalverteilt ist.

---

Mit $\widehat{\sigma}_{\bar{X}}^2$ wird der Schätzwert für die Varianz des Mittelwertes $\bar{X}$ bezeichnet. Ist der Stichprobenumfang $n$ größer als 30, dann ist $T$ sogar approximativ normalverteilt.

Oft besteht auch Interesse an der unbekannten *Varianz* eines Merkmals. Ist der Erwartungswert $\mu$ unbekannt, so schätzt man diese Varianz der Grundgesamtheit mit der Stichprobenfunktion

$$S^2 = \frac{1}{n-1} \sum_{i=1}^{n} \left( X_i - \bar{X} \right)^2, \tag{11.6}$$

wenn das Merkmal normalverteilt ist. Die *Verteilung der Stichprobenvarianz* selbst kann nicht angegeben werden.

---

Aussage (ohne Beweis): Die Zufallsvariable

$$Y = \frac{(n-1)S^2}{\sigma^2} \tag{11.7}$$

in der die *zu schätzende Varianz der Grundgesamtheit* verwendet wird, ist CHI-Quadrat-verteilt mit $n-1$ Freiheitsgraden.

---

*Zusammenfassung* Für ein zumindest approximativ normalverteiltes Merkmal $X$, zu dessen Beschreibung durch Kennzahlen eine einfache Stichprobe $(X_1, X_2, \ldots, X_n)$ vorliegt, liegen uns damit drei *Stichprobenfunktionen* vor:

$$U = \frac{\bar{X} - \mu}{\sigma} \sqrt{n},$$ (11.8)

$$T = \frac{\bar{X} - \mu}{S} \sqrt{n},$$ (11.9)

$$Y = \frac{(n-1)S^2}{\sigma^2}.$$ (11.10)

- Die Stichprobenfunktion $U$ ist standardnormalverteilt,
- die Stichprobenfunktion $T$ ist $t$-verteilt mit $n - 1$ Freiheitsgraden, und die
- Stichprobenfunktion $Y$ ist CHI-Quadrat-verteilt mit $n - 1$ Freiheitsgraden.

Dabei gilt für die letzten beiden Stichprobenfunktionen

$$S^2 = \frac{1}{n-1} \sum_{i=1}^{n} \left( X_i - \bar{X} \right)^2.$$ (11.11)

## 11.3  Punktschätzungen

### 11.3.1  Forderungen an die Schätzfunktion

Bei *Punktschätzungen* geht es darum, aus einer *konkreten Zufallsstichprobe* einen *Zahlenwert* für einen *Parameter* zu berechnen.

$$\widehat{\delta} = f(x_1, x_2, \dots, x_n)$$

Zur Herleitung von Schätzvorschriften benötigen wir geeignete *Stichprobenfunktionen*, die jetzt *Schätzfunktionen* genannt werden. Sie stellen das Bindeglied zwischen Grundgesamtheit und der Stichprobe dar, denn für die Schätzfunktion wird der Zusammenhang zwischen den Parametern der Grundgesamtheit und den entsprechenden Parametern der Schätzfunktion hergestellt.

Aus den Stichproben wird durch die Schätzfunktion $\widehat{\delta} = f(x_1, x_2, \dots, x_n)$ jeder Stichprobe ein Zahlenwert für den zu schätzenden Parameter zugeordnet.

Schätzfunktionen müssen gewissen Gütekriterien genügen, damit ihr Einsatz sinnvoll ist: Man verlangt von einer Schätzfunktion für einen unbekannten Parameter $\delta$, also einer Funktion der Form

$$\Theta = f(X_1, X_2, \ldots, X_n), \tag{11.12}$$

dass sie *erwartungstreu*, *konsistent* und *effizient* ist.

Was verbirgt sich hinter diesen Güteforderungen?

Betrachten wir zunächst die Wirkungsweise der Schätzfunktion: Für jede konkrete Stichprobe $(x_1, x_2, \ldots, x_n)$ liefert sie einen Schätzwert $\widehat{\delta}$ des gesuchten Parameters:

$$\widehat{\delta} = f(x_1, x_2, \ldots, x_n). \tag{11.13}$$

$\Theta$ ist damit einer Zufallsgröße, denn die Auswahl der Stichprobenelemente aus der Grundgesamtheit ist ja zufallsbehaftet.

*Erwartungstreu ist eine Schätzfunktion dann, wenn gilt*

$$E(\Theta) = \delta. \tag{11.14}$$

Dabei ist $\delta$ der Wert des Parameters der Grundgesamtheit, der geschätzt werden soll.

*Konsistent* ist eine Schätzfunktion dann, wenn $\Theta$ mit zunehmendem Stichprobenumfang $n$ gegen $\delta$ konvergiert, d. h.

$$\lim_{n \to \infty} P\left( \left| \widehat{\delta}_n - \delta \right| < \varepsilon \right) = 1. \tag{11.15}$$

Dabei werden mit $\widehat{\delta}_n$ die Realisierungen der Zufallsgröße $\Theta$ bezeichnet, die aus Stichproben vom Umfang $n$ berechnet wurden.

Betrachtet man verschiedene Schätzfunktionen, die erwartungstreu sind, dann wird man sicherlich diejenige bevorzugen, die bei gleichem Stichprobenumfang die kleinere Varianz aufweist. Eine erwartungstreue Schätzung heißt *effizient* (oder wirksam), wenn es keine andere erwartungstreue Schätzung für $\Theta$ gibt, die bei gleichem Stichprobenumfang eine kleinere Varianz besitzt.

Kommen wir zu der wichtigen Frage: Wie kann man solche Schätzfunktionen konstruieren, die diesen Gütekriterien gerecht werden? Eine sehr bekannte Methode dafür ist die so genannte *Maximum-Likelihood-Methode*.

## 11.3.2 Die Maximum-Likelihood-Methode

Bei dieser Methode wird die Schätzfunktion so aufgebaut, dass sie *sowohl konsistent als auch effektiv* ist. Eine wichtige Voraussetzung für die Nutzung der Maximum-Likelihood-Methode ist die *Kenntnis des Verteilungstyps der Grundgesamtheit*.

Man muss also z. B. wissen, ob man eine Poisson-verteilte oder eine normalverteilte Grundgesamtheit betrachtet. Die Kenntnis des Verteilungstyps beinhaltet weiter die Information darüber, ob ein diskretes oder stetiges Merkmal betrachtet wird und ob eine *Wahrscheinlichkeitsfunktion* oder ob eine *Dichtefunktion* zur Beschreibung des betrachteten Merkmals $X$ nötig ist.

Wir ziehen eine Zufallsstichprobe mit den Stichprobenwerten $x_1, x_2, \ldots, x_n$. Mit Hilfe dieser Stichprobe soll der unbekannte Parameter $\delta$, der auch in der Wahrscheinlichkeits- bzw. Dichtefunktion $f(x, \delta)$ enthalten ist, geschätzt werden.

Wir wollen das Vorgehen mit folgendem Beispiel illustrierend begleiten: Für eine Poisson-Verteilung (vergleiche hierzu Abschn. 5.3 im Kap. 5) soll anhand der gegebenen Stichprobe $(x_1, x_2, \ldots, x_n)$ der Parameter $\lambda$ geschätzt werden. Gehen wir zuerst allgemein und dann im Beispiel schrittweise vor:

*Schritt 1* Zunächst wird die so genannte Likelihood-Funktion aufgestellt:

$$L(x_1, x_2, \cdots, x_n, \delta) = f(x_1, \delta) \cdot f(x_2, \delta) \cdot \ldots \cdot f(x_n, \delta). \qquad (11.16)$$

Dabei werden für jeden Merkmalswert $x_i$ die Funktionswerte von Wahrscheinlichkeits- bzw. Dichtefunktion ermittelt und miteinander multipliziert. Damit hängt die Likelihoodfunktion *nur noch vom gesuchten Parameter* ab.

*Beispiel* Von der Poisson-Verteilung ist bekannt, dass sie eine *diskrete Verteilung* ist, die als erzeugende Funktion für die Verteilungsfunktion die *Wahrscheinlichkeitsfunktion*

$$P(X = k) = \frac{\lambda^k}{k!} e^{-\lambda} \qquad (11.17)$$

besitzt (mit der bekanntlich das Stabdiagramm zur grafischen Darstellung der Wahrscheinlichkeiten erzeugt werden kann). Dabei ist mit $k = 0, 1, 2, \ldots$ die Menge aller möglichen Merkmalswerte genannt, die eine Poisson-verteilte Zufallsgröße liefern kann. Wenn wir nun irgendeinen Stichprobenwert $x_i$ aus der Menge aller möglichen Poisson-Ergebnisse betrachten, dann ergibt sich seine Wahrscheinlichkeit nach (11.17) zu

$$P(X = x_i) = \frac{\lambda^{x_i}}{x_i!} e^{-\lambda}. \tag{11.18}$$

Für die Likelihood-Funktion ist nach (11.16) das Produkt der Wahrscheinlichkeitsfunktionen für jeweils für einen Stichprobenwert aufzuschreiben:

$$L(x_1, x_2, \cdots, x_n, \lambda) = \frac{\lambda^{x_1}}{x_1!} e^{-\lambda} \cdot \frac{\lambda^{x_2}}{x_2!} e^{-\lambda} \cdot \ldots \cdot \frac{\lambda^{x_n}}{x_n!} e^{-\lambda}. \tag{11.19}$$

Vor dem nächsten Schritt sollte nach den bekannten *Regeln der Potenzrechnung* (siehe zum Beispiel in [12], Abschn. 2.1.1) eine Zusammenfassung vorgenommen werden:

$$
\begin{aligned}
L(x_1, x_2, \cdots, x_n, \lambda) &= \frac{\lambda^{x_1}}{x_1!} e^{-\lambda} \cdot \frac{\lambda^{x_2}}{x_2!} e^{-\lambda} \cdot \ldots \cdot \frac{\lambda^{x_n}}{x_n!} e^{-\lambda} \\
&= \frac{\lambda^{x_1}}{x_1!} \cdot \frac{\lambda^{x_2}}{x_2!} \cdot \ldots \cdot \frac{\lambda^{x_n}}{x_n!} (e^{-\lambda})^n \\
&= \frac{\lambda^{x_1 + x_2 + \ldots + x_n}}{x_1! \cdot x_2! \cdot \ldots \cdot x_n!} e^{-n\lambda}.
\end{aligned}
\tag{11.20}
$$

*Schritt 2* Als Schätzwert für den gesuchten Parameterwert wird jetzt derjenige Wert $\widehat{\delta}$ gewählt, der die Likelihood-Funktion maximiert. Damit kann der Schätzwert $\widehat{\delta}$ aus der notwendigen Bedingung für Extremwerte bestimmt werden, d. h. aus der Beziehung

$$\frac{dL}{d\delta} = 0. \tag{11.21}$$

Für unser *Beispiel* würde das bedeuten, dass wir nach den Regeln der Differentialrechnung die folgende Differentiationsaufgabe lösen müssten:

$$\frac{dL(x_1, x_2, \cdots, x_n, \lambda)}{d\lambda} = \frac{d}{d\lambda} \left( \frac{\lambda^{x_1 + x_2 + \ldots + x_n}}{x_1! \cdot x_2! \cdot \ldots \cdot x_n!} e^{-n\lambda} \right) = 0. \tag{11.22}$$

*Schritt 3* Das Differenzieren der Likelihood-Funktion lässt sich wesentlich vereinfachen, wenn vor dem Differenzieren die Likelihood-Funktion logarithmiert wird. Anstelle von

$$
\begin{aligned}
L(x_1, x_2, \cdots, x_n, \delta) &= f(x_1, \delta) \cdot f(x_2, \delta) \cdot \ldots \cdot f(x_n, \delta) \\
&= \prod_{i=1}^{n} f(x_i, \delta)
\end{aligned}
\tag{11.23}
$$

wird dann

$$\ln L(x_1, x_2, \cdots, x_n, \delta) = \ln f(x_1, \delta) + \ln f(x_2, \delta)9 + \ldots + \ln f(x_n, \delta)$$

$$= \sum_{i=1}^{n} \ln f(x_i, \delta) \qquad (11.24)$$

betrachtet.

Anstelle eines *Produktes* ist jetzt nur noch eine *Summe* zu differenzieren, was wesentlich leichter möglich ist.

*Bemerkung* Da der Logarithmus eine streng monoton wachsende Funktion ist, ändert sich beim Logarithmieren die Lage des Maximums der Likelihood-Funktion nicht.

Setzen wir unser Beispiel fort, bilden wir den *Logarithmus unserer Likelihood-Funktion* (11.20) und wenden dabei die *Gesetze der Logarithmenrechnung* (siehe [12], Abschn. 2.1.7) richtig an:

$$\ln L(x_1, x_2, \cdots, x_n, \lambda) = \ln \left( \frac{\lambda^{x_1 + x_2 + \ldots + x_n}}{x_1! \cdot x_2! \cdot \ldots \cdot x_n!} e^{-n\lambda} \right)$$

$$= \ln \frac{\lambda^{x_1 + x_2 + \ldots + x_n}}{x_1! \cdot x_2! \cdot \ldots \cdot x_n!} + \ln e^{-n\lambda}$$

$$= \ln(\lambda^{x_1 + x_2 + \ldots + x_n}) - \ln(x_1! \cdot x_2! \cdot \ldots \cdot x_n!) + \ln e^{-n\lambda}$$

$$= (x_1 + x_2 + \ldots + x_n) \ln \lambda - [\ln(x_1!) + \ldots + \ln(x_n!)]$$
$$+ (-n\lambda) \ln e$$

$$= (x_1 + x_2 + \ldots + x_n) \ln \lambda - [\ln(x_1!) + \ldots + \ln(x_n!)] - n\lambda.$$
$$(11.25)$$

*Schritt 4* Nun ist die Ableitung vom Logarithmus der Likelihood-Funktion nach dem Parameter $\delta$ zu bilden:

$$\frac{d}{d\delta} \ln L(x_1, x_2, \cdots, x_n, \delta) = \frac{d}{d\delta} \sum_{i=1}^{n} \ln f(x_i, \delta). \qquad (11.26)$$

Wenn wir im Beispiel berücksichtigen, dass bei der nun folgenden *Differentiation nach* $\lambda$ alle Summanden von $\ln(x_1!)$ bis $\ln(x_n!)$ wie *Konstanten* zu betrachten sind (und folglich bei der Ableitungsbildung wegfallen), dann ergibt sich für die *erste Ableitungsfunktion des Logarithmus unserer Maximum-Likelihood-Funktion* ein einfacher Ausdruck:

$$\frac{d}{d\lambda} \ln L(x_1, x_2, \cdots, x_n, \lambda) = \frac{d}{d\lambda}[(x_1 + x_2 + \ldots + x_n)\ln \lambda]$$

$$-\frac{d}{d\lambda}[\ln(x_1!) + \ldots + \ln(x_n!)] \qquad (11.27)$$

$$-\frac{d}{d\lambda}[n\lambda]$$

$$= (x_1 + x_2 + \ldots + x_n)\frac{1}{\lambda} - n.$$

*Schritt 5* Schließlich ist die gebildete Ableitungsfunktion Null zu setzen und nach dem Parameter $\delta$ aufzulösen:

$$\frac{d}{d\delta} \ln L(x_1, x_2, \cdots, x_n, \delta) = \frac{d}{d\delta}\sum_{i=1}^{n} \ln f(x_i, \delta) = 0 \Rightarrow \widehat{\delta} = \widehat{f}(x_1, x_2, \cdots, x_n).$$

$$(11.28)$$

Damit ist die gesuchte Schätzfunktion gefunden.

Wenn wir unser Beispiel mit diesem letzten Schritt fortsetzen, dann müssen wir die erhaltene Ableitungsfunktion gleich Null setzen und nach $\lambda$ auflösen:

$$(x_1 + x_2 + \ldots + x_n)\frac{1}{\lambda} - n = 0 \Rightarrow (x_1 + x_2 + \ldots + x_n)\frac{1}{\lambda} = n$$

$$\Rightarrow \lambda = \frac{1}{n}(x_1 + x_2 + \ldots + x_n). \qquad (11.29)$$

Mit (11.29) haben wir, nun tatsächlich begründet mit der Maximum-Likelihood-Methode, die im Kap. 5 in Abschn. 5.3.3.5 nur ohne Beweis mitgeteilte Vorschrift wiederholt:

Als Schätzung für den Parameter $\lambda$ einer Poisson-Verteilung verwende man *das arithmetische Mittel der Zufallsstichprobe.*

*Bemerkung* Hängen Wahrscheinlichkeits- bzw. Dichtefunktion von mehr als einem Parameter ab, gilt also

$$f(x, \delta_1, \delta_2, \ldots, \delta_k), \qquad (11.30)$$

so nimmt die notwendige Bedingung für das gesuchte Maximum die folgende Form an:

$$\frac{\partial L}{\partial \delta_1} = 0, \frac{\partial L}{\partial \delta_2} = 0, \ldots, \frac{\partial L}{\partial \delta_k} = 0. \qquad (11.31)$$

Es entsteht dann ein *Gleichungssystem* für die Bestimmung der Schätzwerte $\widehat{\delta}_1, \widehat{\delta}_2, \ldots, \widehat{\delta}_k$.

Weitere Ausführungen zur Maximum-Likelihood-Methode bis hin zur beispielhaft vorgeführten Berechnung von Schätzfunktionen für den Erwartungswert $\mu$ und die Standardabweichung $\sigma$ einer normalverteilten Zufallsgröße findet man zum Beispiel in [14] und [19].

### 11.3.3 Übersicht über vorhandene Maximum-Likelihood-Schätzungen

Für alle in der Praxis oft verwendeten Verteilungen liegen die Maximum-Likelihood-Schätzungen bereits vor. Es gibt damit keinen Grund, sie noch einmal selbst bestimmen zu müssen – es sei denn, man möchte, wie in unserem Beispiel, den Mechanismus des Vorgehens genauer kennen lernen.

Stellen wir im Folgenden die bereits vorhandenen Maximum-Likelihood-Schätzungen zusammen:

#### 11.3.3.1 Binomialverteilung

Die *Binomialverteilung* ist eine diskrete Verteilung, die insbesondere bei Zufallsprozessen vom „Wettkampf-Typ" Anwendung findet (siehe Kap. 5, Abschn. 5.3.4). Sie besitzt die Wahrscheinlichkeitsfunktion

$$f(x, p) = \binom{n}{x} p^x (1 - p)^{n-x} \quad x = 0, 1, \ldots, n. \tag{11.32}$$

Mit Hilfe der Maximum-Likelihood-Methode ergibt sich die erwartungstreue und konsistente Schätzung für den Parameter $p$ mit Hilfe der Vorschrift

$$p = \frac{k}{n}. \tag{11.33}$$

Dabei ist $n$ die *Anzahl der Versuche*, und $k$ ist die beobachtete Anzahl der dabei erzielten *Erfolge* (vergleiche auch Abschn. 5.3.4.5 im Kap. 5).

#### 11.3.3.2 Poisson-Verteilung

Die *Poisson-Verteilung* ist eine diskrete Verteilung, die insbesondere bei Zufallsprozessen vom „Ankunfts-Typ" Anwendung findet (siehe Kap. 5, Abschn. 5.3.3). Sie besitzt die Wahrscheinlichkeitsfunktion

$$f(k, \lambda) = \frac{\lambda^k}{k!} e^{-\lambda} \quad k = 0, 1, 2, \ldots \tag{11.34}$$

Mit Hilfe der Maximum-Likelihood-Methode ergibt sich die erwartungstreue und konsistente Schätzung für den Parameter $\lambda$ mit Hilfe der Vorschrift

$$\lambda = \frac{1}{n} \sum_{i=1}^{n} k_i = \bar{k}. \tag{11.35}$$

### 11.3.3.3 Exponentialverteilung

Die *Exponentialverteilung* ist eine stetige Verteilung, die insbesondere dann zur Anwendung kommt, wenn es um Zeitmessungen geht (siehe Kap. 5, Abschn. 5.4.3). Sie besitzt die Dichtefunktion

$$f(x, \lambda) = \begin{cases} 0 & x < 0 \\ \lambda e^{-\lambda x} & x \geq 0. \end{cases} \tag{11.36}$$

Mit Hilfe der Maximum-Likelihood-Methode ergibt sich die erwartungstreue und konsistente Schätzung für den Parameter $\lambda$ mit Hilfe der Vorschrift

$$\lambda = \frac{1}{\frac{1}{n} \sum_{i=1}^{n} x_i} = \frac{1}{\bar{x}}. \tag{11.37}$$

Diese Schätzung war ohne Herleitung bereits im Kap. 5 im Abschn. 5.4.3.3 angegeben worden.

### 11.3.3.4 Normalverteilung

Die *Normalverteilung* ist eine stetige Verteilung, die bekanntlich die Dichtefunktion

$$f(x, \mu, \sigma) = \frac{1}{\sigma \sqrt{2\pi}} e^{-\frac{(x-\mu)^2}{2\sigma^2}} \tag{11.38}$$

besitzt. Mit Hilfe der Maximum-Likelihood-Methode ergeben sich *erwartungstreue und konsistente Schätzungen* für die Parameter $\mu$ und $\sigma^2$ mit Hilfe der Vorschriften

$$\mu = \frac{1}{n} \sum_{i=1}^{n} x_i = \bar{x}, \tag{11.39}$$

$$\sigma^2 = \frac{1}{n} \sum_{i=1}^{n} (x_i - \bar{x})^2. \tag{11.40}$$

*Bemerkung* Aus (11.40) kann man sofort, durch Ziehen der Wurzel, die Schätzvorschrift für die Standardabweichung $\sigma$ ableiten:

$$\sigma = \sqrt{\frac{1}{n} \sum_{i=1}^{n} (x_i - \bar{x})^2}. \tag{11.41}$$

Allerdings unterscheidet sich diese Schätzung von der bisher – insbesondere bei der Anwendung der Excel-Funktion =STABW(...) verwendeten Schätzung durch den geänderten Quotienten in der Wurzel:

$$\sigma = \sqrt{\frac{1}{n-1} \sum_{i=1}^{n} (x_i - \bar{x})^2}. \qquad (11.42)$$

*Bemerkung* Mit (11.41) liefert die Maximum-Likelihood-Methode nur eine so genannte asymptotisch erwartungstreue Schätzung für die Varianz.

Während für

$$s^2 = \frac{1}{n-1} \sum_{i=1}^{n} (x_i - \bar{x})^2 \qquad (11.42a)$$

gilt

$$E(s^2) = \sigma^2, \qquad (11.42b)$$

wobei $\sigma^2$ die Varianz der Grundgesamtheit ist, kann das für die Likelihood-Schätzung

$$\widehat{\sigma}^2 = \frac{1}{n} \sum_{i=1}^{n} (x_i - \bar{x})^2 \qquad (11.42c)$$

wegen

$$\widehat{\sigma}^2 = \frac{n-1}{n} s^2 \qquad (11.42d)$$

erst für wachsende Stichprobenumfänge $n$ gesagt werden:

$$\lim_{n \to \infty} E\left(\widehat{\sigma}_n^2\right) = \lim_{n \to \infty} \frac{n-1}{n} E\left(s^2\right) = \sigma^2. \qquad (11.42e)$$

## 11.4  Intervallschätzungen, Konfidenzintervalle

### 11.4.1  Aufgabenstellung

Ziel einer *Intervallschätzung* ist die Konstruktion eines Intervalls, das den zu schätzenden Parameter der Grundgesamtheit mit einer bestimmten, bekannten Wahrscheinlichkeit *überdeckt*.

▶   **Man beachte** Der eigentliche *Zahlenwert des Parameters* bleibt bei einer Intervallschätzung unbekannt.

Durch die Wahl der Wahrscheinlichkeit, mit der das Intervall den wahren Wert überdeckt, kann der Intervallschätzung ein gewisses Vertrauen entgegengebracht werden. Deswegen werden solche Intervalle gelegentlich auch als *Vertrauensintervalle* (Konfidenzintervalle) bezeichnet.

Zur Konstruktion solcher Konfidenzintervalle wird eine Stichprobe $(X_1, X_2, \ldots, X_n)$ benötigt sowie eine Stichprobenfunktion, deren Zusammenhang mit dem zu schätzenden Parameter bekannt ist und deren Verteilung zumindest approximativ bekannt ist. Da für normalverteilte Merkmale die Verteilungen von Stichprobenfunktionen nachweisbar sind, werden wir die Konfidenzintervalle auch nur für normalverteilte Merkmale bestimmen.

## 11.4.2 Konfidenzintervall für $\mu$ bei bekannter Varianz $\sigma^2$

### 11.4.2.1 Rechenvorschrift für zweiseitige Intervallschätzung

Wir wollen mit der Beschreibung der Rechenvorschrift und einem einfachen Beispiel beginnen, bevor wir die Theorie zur Begründung des Vorgehens in Angriff nehmen. Gegeben ist eine konkrete Stichprobe $(x_1, \ldots, x_n)$. Man muss annehmen können, dass sie aus einer *normalverteilten Grundgesamtheit* stammt. Die Standardabweichung $\sigma$ (und damit auch die Varianz $\sigma^2$) sei bekannt.

Gesucht ist zum Konfidenzniveau $1 - \alpha$ eine Intervallschätzung $[\mu_{\text{\_links}} \leq \mu \leq \mu_{\text{\_rechts}}]$ für den (unbekannten) Erwartungswert $\mu$.

*Schritt 1* Zuerst benötigt man den Mittelwert $\bar{x}$ der Stichprobe. Er kann mit Hilfe der Excel-Funktion =MITTELWERT(...) leicht ermittelt werden.

*Schritt 2* Dann wird das $(1 - \alpha/2)$-Quantil $z_{1 - \alpha/2}$ der Standardnormalverteilung benötigt. Es kann

- vom *Graph der Standardnormalverteilung* abgelesen werden (siehe Abschn. 5.6.2.2 im Kap. 5),

es kann

- aus einer Tafel entnommen werden (siehe Abschn. 5.6.2.2 im Kap. 5),

es kann – das ist die empfohlene Variante –

- mit Hilfe der Excel-Funktion =STANDNORMINV(...) beschafft werden, wobei in den Klammern der Wert von $1 - \alpha/2$ einzutragen ist.

*Schritt 3*  Die Intervallgrenzen werden dann berechnet aus

$$\mu_{\_links} = \bar{x} - z_{1-\alpha/2}\frac{\sigma}{\sqrt{n}}$$

$$\mu_{\_rechts} = \bar{x} + z_{1-\alpha/2}\frac{\sigma}{\sqrt{n}}.$$

(11.43)

Damit ist eine Intervallschätzung $[\mu_{\_links} \leq \mu \leq \mu_{\_rechts}]$ für $\mu$ gefunden. Man sagt auch, dieses Intervall sei ein *Vertrauensintervall* für $\mu$. Es wird auch oft als *Konfidenzschätzung* für $\mu$ zum Konfidenzniveau $1 - \alpha$ bezeichnet.

*Beispiel*  Von einer Stichprobe ist bekannt, dass sie den Umfang $n = 9$ und den Mittelwert 184,8 habe. Außerdem stamme sie aus einer normalverteilten Grundgesamtheit mit der Standardabweichung $\sigma = 2,4$. Gesucht ist mit einem Konfidenzniveau von $1 - \alpha = 0,95$ eine Intervallschätzung für den Erwartungswert $\mu$.

Mit Hilfe einer Excel-Tabelle lässt sich die Aufgabe schnell lösen:

| | |
|---:|:---|
| 9 | <-- Umfang der Stichprobe |
| 184,8 | <-- Mittelwert der Stichprobe |
| 2,4 | <-- bekannte Standardabweichung |
| 0,95 | <-- Konfidenzniveau 1-α |
| =1-A4 | <-- α |
| =STANDNORMINV(1-A5/2) | <-- Quantil |
| =A2-A6*A3/WURZEL(A1) | <-- linke Intervallgrenze |
| =A2+A6*A3/WURZEL(A1) | <-- rechte Intervallgrenze |

| | |
|---:|:---|
| 9 | <-- Umfang der Stichprobe |
| 184,8 | <-- Mittelwert der Stichprobe |
| 2,4 | <-- bekannte Standardabweichung |
| 0,95 | <-- Konfidenzniveau |
| 0,05 | <-- α |
| 1,959963985 | <-- Quantil |
| 183,2320288 | <-- linke Intervallgrenze |
| 186,3679712 | <-- rechte Intervallgrenze |

*Ergebnis*  Mit dem Konfidenzniveau $1 - \alpha = 0,95$ ergibt sich für den (unbekannten) Erwartungswert $\mu$ die Intervallschätzung $[183,23 \leq \mu \leq 186,31]$.

Bevor wir zur Diskussion dieses Ergebnisses kommen, wollen wir die Rechnung mit einem größeren Konfidenzniveau $1 - \alpha = 0,99$ wiederholen und uns den dabei auftretenden Effekt ansehen:

| | |
|---:|:---|
| 9 | <-- Umfang der Stichprobe |
| 184,8 | <-- Mittelwert der Stichprobe |
| 2,4 | <-- bekannte Standardabweichung |
| 0,99 | <-- Konfidenzniveau $\alpha$ |
| 0,01 | <-- Signifiknazniveau 1-$\alpha$ |
| 2,575829304 | <-- Quantil |
| 182,7393366 | <-- linke Intervallgrenze |
| 186,8606634 | <-- rechte Intervallgrenze |

Jetzt haben wir ein überraschendes Ergebnis: Mit $1 - \alpha = 0,99$ ergibt sich für den Erwartungswert $\mu$ die größere Intervallschätzung $[182,74 \leq \mu \leq 186,86]$. Wie ist das zu erklären?

Man kann es so sagen: Das Konfidenzniveau $1 - \alpha$ beschreibt die Wahrscheinlichkeit der Überdeckung des unbekannten gesuchten Parameters durch das Intervall. Mit der Wahl des Konfidenzniveaus $1 - \alpha$ wird gewissermaßen vorgegeben, dass mit $(1 - \alpha)$ Prozent das errechnete Intervall den wahren Wert des Parameters enthält. Nur in $\alpha$ Prozent aller Fälle liegt der wahre Parameterwert außerhalb des errechneten Intervalls. Vergrößert man also das Konfidenzniveau von $1 - \alpha = 0,95$ auf $1 - \alpha = 0,99$, dann möchte man, dass nur noch in einem Prozent aller Fälle das errechnete Intervall den wahren Wert nicht überdeckt.

Es ist also logisch, dass bei *Vergrößerung des Konfidenzniveaus* auch das errechnete *Konfidenzintervall* (bei sonst unveränderten Daten) *breiter* wird.

### 11.4.2.2 Rechenvorschriften für einseitige Intervallschätzungen

Gegeben ist eine Stichprobe $(x_1, \ldots, x_n)$. Man muss annehmen können, dass sie aus einer *normalverteilten Grundgesamtheit* stammt. Die Standardabweichung $\sigma$ sei bekannt.

Gesucht sind zum Konfidenzniveau $1 - \alpha$ eine

- links offene Intervallschätzung $(-\infty < \mu \leq \mu_{\_rechts}]$

bzw. eine

- rechts offene Intervallschätzung $[\mu_{\_links} \leq \mu < \infty)$

für den (unbekannten) Erwartungswert $\mu$.

*Schritt 1* Zuerst benötigt man den Mittelwert $\bar{x}$ der Stichprobe. Er kann mit Hilfe der Excel-Funktion =MITTELWERT(...) leicht ermittelt werden.

*Schritt 2* Dann wird das $(1-\alpha)$-Quantil $z_{1-\alpha}$ der Standardnormalverteilung benötigt. Es sollte zweckmäßig mit Hilfe der Excel-Funktion =STANDNORMINV(...) beschafft werden, wobei in den Klammern das Konfidenznivau $1-\alpha$ einzutragen ist.

*Schritt 3* Die Intervallgrenzen werden dann berechnet aus

$$\mu_{\_links} = \bar{x} - z_{1-\alpha}\frac{\sigma}{\sqrt{n}}$$
$$\mu_{\_rechts} = \bar{x} + z_{1-\alpha}\frac{\sigma}{\sqrt{n}}. \qquad (11.44)$$

*Schritt 4* Mit $[\mu_{\_links} \le \mu < \infty)$ und $(-\infty < \mu \le \mu_{\_rechts}]$ sind zwei *halboffene Intervallschätzungen* für $\mu$ gefunden.

*Beispiel* Von einer Stichprobe ist bekannt, dass sie den Umfang 9 und den Mittelwert 184,8 habe. Außerdem stamme sie aus einer normalverteilten Grundgesamtheit mit der Standardabweichung $\sigma = 2,4$. Gesucht sind mit einem Konfidenzniveau von $1-\alpha = 0,95$ die beiden halboffenen Intervallschätzungen für den Erwartungswert $\mu$.

Mit Hilfe von Excel-Tabellen lassen sich beide Aufgaben schnell lösen:

| | |
|---:|:---|
| 9 | <-- Umfang der Stichprobe |
| 184,8 | <-- Mittelwert der Stichprobe |
| 2,4 | <-- bekannte Standardabweichung |
| 0,95 | <-- Konfidenzniveau 1-α |
| 0,05 | <-- Signifikanzniveau α |
| 1,644853627 | <-- Quantil |
| −∞ | <-- linke Intervallgrenze |
| 186,1158829 | <-- rechte Intervallgrenze |

| | |
|---:|:---|
| 9 | <-- Umfang der Stichprobe |
| 184,8 | <-- Mittelwert der Stichprobe |
| 2,4 | <-- bekannte Standardabweichung |
| 0,95 | <-- Konfidenzniveau 1-α |
| 0,05 | <-- α |
| 1,644853627 | <-- Quantil |
| 183,4841171 | <-- linke Intervallgrenze |
| ∞ | <-- rechte Intervallgrenze |

Damit ergeben sich mit $\alpha = 0,05$ die beiden *halboffenen Intervallschätzungen* für den unbekannten Erwartungswert: $(-\infty < \mu \le 186,12]$ und $[183,48 \le \mu < +\infty)$.

### 11.4.2.3 Theorie für zweiseitige Intervallschätzungen

Die theoretischen Überlegungen gehen stets von den Stichprobenvariablen $X_1, \ldots, X_n$ aus, die eine $n$-dimensionale Zufallsvariable bilden, den $n$-dimensionalen Zufallsvektor $(X_1, X_2, \ldots, X_n)$.

Es liege also eine Stichprobe $(X_1, X_2, \ldots, X_n)$ vor, deren arithmetisches Mittel mit einer Stichprobenfunktion

$$\bar{X} = \frac{1}{n} \sum_{i=1}^{n} X_i \tag{11.45}$$

berechnet wurde. Außerdem wurde ein *Konfidenzniveau $1 - \alpha$* gewählt.

Es gilt

$$E(\bar{X}) = \mu, \tag{11.46}$$

insofern ist die Wahl des *arithmetischen Mittels* begründet.

Weiter ist aus Abschn. 11.2 bekannt, dass die Stichprobenfunktion

$$U = \frac{\bar{X} - \mu}{\sigma} \sqrt{n} \tag{11.47}$$

standardnormalverteilt ist.

Wenn man von einem Konfidenzintervall eine gewisse Symmetrie derart erwartet, das die Wahrscheinlichkeiten dafür, dass der zu schätzende Parameter zu kleine und zu große Werte annimmt, gleich groß sind, so kann ein solches Intervall bestimmt werden:

Gesucht ist also ein Intervall $[G_{\mathrm{u}}, G_{\mathrm{o}}]$, für das gilt

$$P(G_{\mathrm{u}} \leq \mu \leq G_{\mathrm{o}}) = 1 - \alpha. \tag{11.48}$$

*Behauptung* Werden mit $z_{\alpha/2}$ das *$\alpha/2$-Quantil* und mit $z_{1-\alpha/2}$ das *$(1 - \alpha/2)$-Quantil der Standardnormalverteilung* bezeichnet, dann gilt

$$P\left( \bar{X} - \frac{\sigma \cdot z_{1-\alpha/2}}{\sqrt{n}} \leq \mu \leq \bar{X} + \frac{\sigma \cdot z_{1-\alpha/2}}{\sqrt{n}} \right) = 1 - \alpha. \tag{11.49}$$

*Beweis* Zuerst wird in allen drei Bestandteilen der Doppel-Ungleichung (11.49) die Größe $\bar{X}$ subtrahiert:

$$\begin{aligned} P&\left( \bar{X} - \frac{\sigma \cdot z_{1-\alpha/2}}{\sqrt{n}} \leq \mu \leq \bar{X} + \frac{\sigma \cdot z_{1-\alpha/2}}{\sqrt{n}} \right) \\ &= P\left( -\frac{\sigma \cdot z_{1-\alpha/2}}{\sqrt{n}} \leq \mu - \bar{X} \leq \frac{\sigma \cdot z_{1-\alpha/2}}{\sqrt{n}} \right), \end{aligned} \tag{11.50a}$$

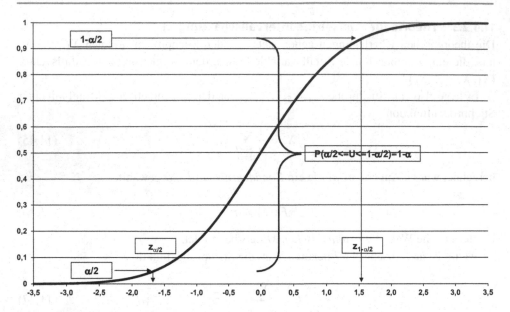

**Abb. 11.1** Quantile und Wahrscheinlichkeiten der Standardnormalverteilung

dann wird die Doppel-Ungleichung mit der Wurzel multipliziert:

$$P\left(-\frac{\sigma \cdot z_{1-\alpha/2}}{\sqrt{n}} \le \mu - \bar{X} \le \frac{\sigma \cdot z_{1-\alpha/2}}{\sqrt{n}}\right)$$
$$= P\left(-\sigma \cdot z_{1-\alpha/2} \le (\mu - \bar{X})\sqrt{n} \le \sigma \cdot z_{1-\alpha/2}\right). \tag{11.50b}$$

Weiter werden alle Bestandteile der Doppel-Ungleichung durch $\sigma$ dividiert (da $\sigma$ positiv ist, wechselt das Relationszeichen bei dieser Division nicht):

$$P\left(-\sigma \cdot z_{1-\alpha/2} \le (\mu - \bar{X})\sqrt{n} \le \sigma \cdot z_{1-\alpha/2}\right) = P\left(-z_{1-\alpha/2} \le \frac{(\mu - \bar{X})}{\sigma}\sqrt{n} \le z_{1-\alpha/2}\right). \tag{11.50c}$$

Nun wird die Symmetrie der Standardnormalverteilung (siehe Abb. 11.1 und Abschn. 5.6.2.2. des Kap. 5) berücksichtigt, bekanntlich gilt $z_{1-\alpha/2} = -z_{\alpha/2}$:

$$P\left(-z_{1-\alpha/2} \le \frac{(\mu - \bar{X})}{\sigma}\sqrt{n} \le z_{1-\alpha/2}\right) = P\left(-z_{1-\alpha/2} \le \frac{(\mu - \bar{X})}{\sigma}\sqrt{n} \le -z_{\alpha/2}\right). \tag{11.50d}$$

Werden nun alle Bestandteile der Doppel-Ungleichung mit $(-1)$ multipliziert, dann wechselt das Relationszeichen (siehe Abschn. 2.2.4 in [12]):

$$P\left(-z_{1-\alpha/2} \leq \frac{(\mu - \bar{X})}{\sigma}\sqrt{n} \leq -z_{\alpha/2}\right) = P\left(z_{1-\alpha/2} \geq \frac{(\bar{X} - \mu)}{\sigma}\sqrt{n} \geq z_{\alpha/2}\right).$$
$$(11.50\text{e})$$

In umgekehrter Schreibweise erhalten wir schließlich

$$P\left(z_{1-\alpha/2} \geq \frac{(\bar{X} - \mu)}{\sigma}\sqrt{n} \geq z_{\alpha/2}\right) = P\left(z_{\alpha/2} \leq \frac{(\bar{X} - \mu)}{\sigma}\sqrt{n} \leq z_{1-\alpha/2}\right). \quad (11.50\text{f})$$

Betrachten wir nun den Mittelteil der Doppel-Ungleichung und vergleichen mit (11.8) aus Abschn. 11.2, dann wird die Doppelungleichung zu

$$P\left(z_{\alpha/2} \leq \frac{(\bar{X} - \mu)}{\sigma}\sqrt{n} \leq z_{1-\alpha/2}\right) = P\left(z_{\alpha/2} \leq U \leq z_{1-\alpha/2}\right). \quad (11.50\text{g})$$

Wie in Abschn. 11.2 ausgeführt, ist die Zufallsgröße $U$ standardnormalverteilt. In Abb. 11.1 können wir ablesen, wie groß die Wahrscheinlichkeit ist, dass diese standardnormalverteilte Zufallsgröße $U$ Werte zwischen den beiden symmetrisch liegenden Quantilen $z_{\alpha/2}$ und $z_{1-\alpha/2}$ annimmt – es ist die so genannte „Dazwischen-Wahrscheinlichkeit", die sich als Höhendifferenz im Graph der Verteilungsfunktion ablesen lässt. Diese Höhendifferenz aber beträgt gerade $1 - \alpha$.

Somit ergibt sich aus der Zusammenfassung von (11.50a) bis (11.50g) die zu beweisende Ungleichung:

$$P\left(\bar{X} - \frac{\sigma \cdot z_{1-\alpha/2}}{\sqrt{n}} \leq \mu \leq \bar{X} + \frac{\sigma \cdot z_{1-\alpha/2}}{\sqrt{n}}\right) = \ldots = P\left(z_{\alpha/2} \leq U \leq z_{1-\alpha/2}\right) = 1 - \alpha.$$
$$(11.50\text{h})$$

Damit ist der Beweis beendet.

Schlussfolgerung: Wenn ein (unbekannter) Erwartungswert $\mu$ durch das Intervall

$$\left[\bar{X} - \frac{\sigma \cdot z_{1-\alpha/2}}{\sqrt{n}}, \bar{X} + \frac{\sigma \cdot z_{1-\alpha/2}}{\sqrt{n}}\right] \quad (11.51)$$

geschätzt wird, dann enthält dieses Intervall mit Wahrscheinlichkeit $1 - \alpha$ den gesuchten Wert.

Die *Wahrscheinlichkeit $1 - \alpha$* wird dann als *Konfidenzniveau* bezeichnet.

In gleicher Weise wie im vorigen Beweis kann man zeigen, dass sich aus der geforderten Symmetrie

$$P(\mu < G_u) = P(\mu > G_o) = \alpha/2 \tag{11.52}$$

die beiden Wahrscheinlichkeiten

$$P\left(\frac{\bar{X} - \mu}{\sigma}\sqrt{n} < z_{\alpha/2}\right) = \frac{\alpha}{2}$$

$$P\left(\frac{\bar{X} - \mu}{\sigma}\sqrt{n} > z_{1-\alpha/2}\right) = \frac{\alpha}{2} \tag{11.53}$$

ableiten lassen. Letzteres bedeutet, dass die Intervallschätzung den gesuchten Erwartungswert so überdeckt, dass die Wahrscheinlichkeiten für zu kleine und zu große Schätzwerte gleich groß sind.

*Bemerkungen* Eine *Vergrößerung des Konfidenzniveaus* $1 - \alpha$ bei unverändertem Stichprobenumfang $n$ (d. h. eine Verkleinerung von $\alpha$), führt zu einer Vergrößerung des Intervalls zwischen dem $\alpha/2$- und $(1 - \alpha/2)$-Quantil und damit zu einer *Vergrößerung des Konfidenzintervalls*. Man kann weiter zeigen, dass bei unverändertem Konfidenzniveau $1 - \alpha$ eine *Erhöhung des Stichprobenumfangs* zu einer *Verkleinerung des Konfidenzintervalls* für den Erwartungswert $\mu$ führt.

### 11.4.3 Konfidenzintervall für $\mu$ bei unbekannter Varianz $\sigma^2$

#### 11.4.3.1 Rechenvorschrift für zweiseitige Intervallschätzung

Wir wollen mit der Beschreibung der Rechenvorschrift und einem einfachen Beispiel beginnen, bevor wir die Theorie zur Begründung des Vorgehens in Anspruch nehmen.

Gegeben ist eine Stichprobe $(x_1, \ldots, x_n)$. Man muss annehmen können, dass sie aus einer *normalverteilten Grundgesamtheit* stammt. Die Standardabweichung $\sigma$ sei *nicht* bekannt.

Gesucht ist eine Intervallschätzung $[\mu_{\_links} \leq \mu \leq \mu_{\_rechts}]$ für den (unbekannten) Erwartungswert $\mu$ zum Konfidenzniveau $1 - \alpha$.

*Schritt 1* Zuerst benötigt man den Mittelwert $\bar{x}$ der Stichprobe. Er kann mit Hilfe der Excel-Funktion =MITTELWERT(...) leicht ermittelt werden.

*Schritt 2* Man ermittle eine *Schätzung s* für die unbekannte Standardabweichung. Sie kann leicht erhalten werden mit Hilfe der Excel-Funktion =STABW(...).

*Schritt 3* Weiter wird das $(1 - \alpha/2)$-Quantil $t_{1 - \alpha/2;n - 1}$ der $t$-Verteilung mit $n - 1$ Freiheitsgraden benötigt. Es kann

- vom Graph der $t$-Verteilung abgelesen werden (siehe Abschn. 7.4.3.8 im Kap. 7),

es kann

- aus einer Tafel entnommen werden (siehe Abschn. 7.4.3.8 im Kap. 7),

es kann – das ist die empfohlene Variante –

- mit Hilfe der Excel-Funktion =TINV(...;...) beschafft werden, wobei in den Klammern an erster Stelle der Wert von $\alpha$ und an zweiter Stelle die Anzahl der Freiheitsgrade einzutragen ist.

*Schritt 4* Die Intervallgrenzen werden dann berechnet aus

$$
\mu_{\_links} = \bar{x} - t_{1-\alpha/2;n-1} \frac{s}{\sqrt{n}}
$$
$$
\mu_{\_rechts} = \bar{x} + t_{1-\alpha/2;n-1} \frac{s}{\sqrt{n}}. \tag{11.54}
$$

Damit ist eine Intervallschätzung $[\mu_{\_links} \leq \mu \leq \mu_{\_rechts}]$ für $\mu$ gefunden. Man sagt auch, dieses Intervall sei ein *Vertrauensintervall* für $\mu$. Es wird auch als *Konfidenzschätzung* für $\mu$ zum Konfidenzniveau $1 - \alpha$ bezeichnet.

*Beispiel* Eine Stichprobe, die sich in der Spalte A einer Excel-Tabelle befindet, hat den Umfang 9. Sie stammt aus einer *normalverteilten Grundgesamtheit*. Die Standardabweichung sei *nicht bekannt*. Gesucht mit einem Konfidenzniveau von $1 - \alpha = 0,99$ eine zweiseitige Intervallschätzung für den Erwartungswert $\mu$.

Mit Hilfe einer Excel-Tabelle lässt sich die Aufgabe schnell lösen:

| 184,2 | =ANZAHL(A:A) | | <-- Umfang der Stichprobe |
|---|---|---|---|
| 182,6 | =MITTELWERT(A:A) | | <-- Mittelwert der Stichprobe |
| 185,3 | =STABW(A:A) | | <-- Schätzung für die Standardabweichung |
| 186,2 | | 0,99 | <-- Konfidenzniveau 1-$\alpha$ |
| 183,9 | =1-B4 | | <-- $\alpha$ |
| 185,0 | =TINV(B5;B1-1) | | <-- Quantil |
| 187,1 | =B2-B6*B3/WURZEL(B1) | | <-- linke Intervallgrenze |
| 184,4 | =B2+B6*B3/WURZEL(B1) | | <-- rechte Intervallgrenze |
| 184,5 | | | |

| 184,2 | 9 | <-- Umfang der Stichprobe |
|-------|---|----------------------------|
| 182,6 | 184,8 | <-- Mittelwert der Stichprobe |
| 185,3 | 1,313392554 | <-- Schätzung für die Standardabweichung |
| 186,2 | 0,99 | <-- Konfidenzniveau 1-α |
| 183,9 | 0,01 | <-- α |
| 185,0 | 3,355387331 | <-- Quantil |
| 187,1 | 183,3310198 | <-- linke Intervallgrenze |
| 184,4 | 186,2689802 | <-- rechte Intervallgrenze |
| 184,5 | | |

Ergebnis: Mit dem Konfidenzniveau von $1 - \alpha = 0,99$ ergibt sich für den (unbekannten) Erwartungswert $\mu$ die Intervallschätzung $[183,33 \leq \mu \leq 186,27]$.

### 11.4.3.2  Rechenvorschriften für einseitige Intervallschätzungen

Gegeben ist eine Stichprobe $(x_1, \ldots, x_n)$. Man muss annehmen können, dass sie aus einer *normalverteilten Grundgesamtheit* stammt. Die Standardabweichung $\sigma$ sei unbekannt.

Gesucht sind zum Konfidenzniveau $1 - \alpha$ eine

* links offene Intervallschätzung $(-\infty < \mu \leq \mu_{\_rechts}]$

und eine

* rechts offene Intervallschätzung $[\mu_{\_links} \leq \mu < \infty)$

für den (unbekannten) Erwartungswert $\mu$.

*Schritt 1*  Zuerst benötigt man den Mittelwert $\bar{x}$ der Stichprobe. Er kann mit Hilfe der Excel-Funktion =MITTELWERT(...) leicht ermittelt werden.

*Schritt 2*  Man ermittle eine *Schätzung s* für die unbekannte Standardabweichung. Sie kann leicht erhalten werden mit Hilfe der Excel-Funktion =STABW(...).

*Schritt 3*  Dann wird das $(1 - \alpha)$-Quantil $t_{1-\alpha;n-1}$ der $t$-Verteilung mit $n - 1$ Freiheitsgraden benötigt. Es sollte zweckmäßig mit Hilfe der Excel-Funktion =TINV(...) beschafft werden, wobei in den Klammern **2α** einzutragen ist.

*Schritt 4* Die Intervallgrenzen werden dann berechnet aus

$$\mu_{\_links} = \bar{x} - t_{1-\alpha;n-1} \frac{s}{\sqrt{n}}$$
$$\mu_{\_rechts} = \bar{x} + t_{1-\alpha;n-1} \frac{s}{\sqrt{n}}.$$

(11.55)

*Schritt 5* Mit $[\mu_{\_links} \leq \mu < \infty)$ und $(-\infty < \mu \leq \mu_{\_rechts}]$ sind zwei *halboffene Intervallschätzungen* für $\mu$ gefunden.

*Beispiel* Eine Stichprobe, die sich in der Spalte A einer Excel-Tabelle befindet, hat den Umfang 9. Sie stammt aus einer *normalverteilten Grundgesamtheit*. Die Standardabweichung sei *nicht bekannt*. Gesucht sind mit einem Konfidenzniveau von $1 - \alpha = 0{,}99$ die beiden einseitigen Intervallschätzungen für den Erwartungswert $\mu$.

Mit Hilfe von Excel-Tabellen lassen sich beide Aufgaben schnell lösen:

| | | |
|---|---|---|
| 184,2 | =ANZAHL(A:A) | <-- Umfang der Stichprobe |
| 182,6 | =MITTELWERT(A:A) | <-- Mittelwert der Stichprobe |
| 185,3 | =STABW(A:A) | <-- Schätzung für die Standardabweichung |
| 186,2 | 0,99 | <-- Konfidenzniveau 1-α |
| 183,9 | =1-B4 | <-- α |
| 185,0 | =TINV(2*B5;B1-1) | <-- Quantil |
| 187,1 | =B2-B6*B3/WURZEL(B1) | <-- μ_links |
| 184,4 | =B2+B6*B3/WURZEL(B1) | <-- μ_rechts |
| 184,5 | | |

| | | |
|---|---|---|
| 184,2 | 9 | <-- Umfang der Stichprobe |
| 182,6 | 184,8 | <-- Mittelwert der Stichprobe |
| 185,3 | 1,313392554 | <-- Schätzung für die Standardabweichung |
| 186,2 | 0,99 | <-- Konfidenzniveau 1-α |
| 183,9 | 0,01 | <-- α |
| 185,0 | 2,896459448 | <-- Quantil |
| 187,1 | 183,5319372 | <-- μ_links |
| 184,4 | 186,0680628 | <-- μ_rechts |
| 184,5 | | |

Damit ergeben sich mit $1 - \alpha = 0{,}99$ die beiden halboffenen Intervallschätzungen für den unbekannten Erwartungswert: $(-\infty < \mu \leq 186{,}07]$ und $[183{,}53 \leq \mu < +\infty)$.

### 11.4.3.3 Theorie für zweiseitige Intervallschätzungen

Es wird auch hier ein symmetrisches Intervall für $\mu$ gesucht, das heißt, auch hier soll nach Wahl eines Konfidenzniveaus $1 - \alpha$ folgendes gelten:

Ein Intervall $[G_u, G_o]$ ist so zu beschaffen, dass gilt

$$P\left(\mu < G_u\right) = P(\mu > G_o) = \frac{\alpha}{2}. \tag{11.56}$$

*Behauptung* Werden mit $t_{\alpha/2;n-1}$ das $\alpha/2$-*Quantil* und mit $t_{1-\alpha/2;n-1}$ das $(1-\alpha/2)$-*Quantil der t-Verteilung* mit $n-1$ Freiheitsgraden bezeichnet, dann gilt

$$P\left(\bar{X} - \frac{S \cdot t_{1-\alpha/2;n-1}}{\sqrt{n}} \leq \mu \leq \bar{X} + \frac{S \cdot t_{1-\alpha/2;n-1}}{\sqrt{n}}\right) = 1 - \alpha. \tag{11.57}$$

*Beweis* Man kann in gleicher Weise vorgehen, wie in (11.50a) bis (11.50e), indem zuerst in allen drei Bestandteilen der Doppel-Ungleichung (11.57) die Größe $\bar{X}$ subtrahiert wird, dann wird durchweg mit der Wurzel multipliziert und schließlich durch $S$ dividiert:

$$\begin{aligned} P\left(\bar{X} - \frac{S \cdot t_{1-\alpha/2;n-1}}{\sqrt{n}} \leq \mu \leq \bar{X} + \frac{S \cdot t_{1-\alpha/2;n-1}}{\sqrt{n}}\right) \\ = P\left(-t_{1-\alpha/2;n-1} \leq \frac{(\mu - \bar{X})}{S}\sqrt{n} \leq t_{1-\alpha/2;n-1}\right). \end{aligned} \tag{11.57a}$$

Nun wird die *Symmetrie der t-Verteilung* (siehe Abschn. 7.4.3.7 des Kap. 7) berücksichtigt, aus der sich die Beziehung $t_{1-\alpha/2;n-1} = -t_{\alpha/2;n-1}$ ergibt:

$$\begin{aligned} P\left(-t_{1-\alpha/2;n-1} \leq \frac{(\mu - \bar{X})}{S}\sqrt{n} \leq t_{1-\alpha/2;n-1}\right) \\ = P\left(-t_{1-\alpha/2;n-1} \leq \frac{(\mu - \bar{X})}{S}\sqrt{n} \leq -t_{\alpha/2;n-1}\right). \end{aligned} \tag{11.57b}$$

Werden nun alle Bestandteile der Doppel-Ungleichung mit $(-1)$ multipliziert, dann wechselt das Relationszeichen (siehe Abschn. 2.2.4 in [12]):

$$\begin{aligned} P\left(-t_{1-\alpha/2;n-1} \leq \frac{(\mu - \bar{X})}{S}\sqrt{n} \leq -t_{\alpha/2;n-1}\right) \\ = P\left(t_{1-\alpha/2;n-1} \geq \frac{(\bar{X} - \mu)}{S}\sqrt{n} \geq t_{\alpha/2;n-1}\right). \end{aligned} \tag{11.57c}$$

In umgekehrter Schreibweise erhalten wir schließlich

$$P\left(t_{1-\alpha/2;n-1} \geq \frac{(\bar{X}-\mu)}{S}\sqrt{n} \geq t_{\alpha/2;n-1}\right) = P\left(t_{\alpha/2;n-1} \leq \frac{(\bar{X}-\mu)}{S}\sqrt{n} \leq t_{1-\alpha/2;n-1}\right).$$

(11.57d)

Betrachten wir nun den Mittelteil der Doppel-Ungleichung und vergleichen mit (11.9) aus Abschn. 11.2, dann wird die Doppel-Ungleichung zu

$$P\left(t_{\alpha/2;n-1} \leq \frac{(\bar{X}-\mu)}{S}\sqrt{n} \leq t_{1-\alpha/2;n-1}\right) = P\left(t_{\alpha/2;n-1} \leq T \leq t_{1-\alpha/2;n-1}\right). \quad (11.57e)$$

Wie in Abschn. 11.2 ausgeführt, ist die Zufallsgröße $T$ *t-verteilt mit* $n-1$ *Freiheitsgraden*. Wegen der Ähnlichkeit der *t*-Verteilung mit der Standardnormalverteilung (siehe Abschn. 7.4.3.7 des Kap. 7) können wir wieder schlussfolgern, dass die Wahrscheinlichkeit dafür, dass diese Zufallsgröße $T$ Werte zwischen den beiden symmetrisch liegenden Quantilen $t_{\alpha/2;n-1}$ und $t_{1-\alpha/2;n-1}$ annimmt, genau $1-\alpha$ beträgt.

Somit ergibt sich aus der Zusammenfassung von (11.57a) bis (11.57e) die zu beweisende Ungleichung:

$$P\left(\bar{X} - \frac{S \cdot t_{1-\alpha/2;n-1}}{\sqrt{n}} \leq \mu \leq \bar{X} + \frac{S \cdot t_{1-\alpha/2;n-1}}{\sqrt{n}}\right)$$

$$= P\left(t_{\alpha/2;n-1} \leq T \leq t_{1-\alpha/2;n-1}\right) = 1-\alpha. \quad (11.57f)$$

Damit ist der Beweis beendet.

---

Schlussfolgerung: Wenn ein (unbekannter) Erwartungswert $\mu$ durch das Intervall

$$\left[\bar{X} - \frac{s \cdot t_{1-\alpha/2;n-1}}{\sqrt{n}}, \bar{X} + \frac{s \cdot t_{1-\alpha/2;n-1}}{\sqrt{n}}\right] \quad (11.58)$$

geschätzt wird, dann enthält dieses Intervall mit Wahrscheinlichkeit $1-\alpha$ den gesuchten Wert.

Die Wahrscheinlichkeit $1-\alpha$ wird wieder als *Konfidenzniveau* bezeichnet.

---

*Bemerkungen* Man kann zeigen, dass bei unverändertem Konfidenzniveau $1-\alpha$ eine *Erhöhung des Stichprobenumfangs* zu einer *Verkleinerung des Konfidenzintervalls* für den Erwartungswert $\mu$ führt.

Eine *Vergrößerung des Konfidenzniveaus* $1-\alpha$ bei unverändertem Stichprobenumfang $n$, die gleichbedeutend ist mit einer Verkleinerung von $\alpha$, führt zu einer Verkleinerung des $\alpha/2$-Quantils und damit zu einer *Vergrößerung des Konfidenzintervalls*. Wird bei unverändertem Stichprobenumfang $n$ das *Konfidenzniveau 1 $-\alpha$* dagegen *verkleinert*, was gleichbedeutend ist mit einer Vergrößerung von $\alpha$, dann *verkleinert sich das Konfidenzintervall*.

### 11.4.4   Konfidenzintervall für die Varianz $\sigma^2$

#### 11.4.4.1   Rechenvorschrift für zweiseitige Intervallschätzungen

Neben dem Erwartungswert einer Grundgesamtheit wird auch oft nach einer *Schätzung der Streuung* gesucht, deren Größe Auskunft gibt über die Gleichmäßigkeit eines Prozesses. Diese Streuung wird meist mit der *Varianz* $\sigma^2$ gemessen.

Gegeben ist eine Stichprobe $(x_1, \ldots, x_n)$. Man muss annehmen können, dass sie aus einer *normalverteilten Grundgesamtheit* stammt.

> Gesucht ist zum Konfidenzniveau $1-\alpha$ eine Intervallschätzung $[\sigma^2{}_{\text{links}} \leq \sigma^2 \leq \sigma^2{}_{\text{rechts}}]$ für die (unbekannte) Varianz $\sigma^2$.

*Schritt 1* Man ermittle eine *Schätzung* $s^2$ für die unbekannte Varianz. Sie kann leicht erhalten werden mit Hilfe der Excel-Funktion `=VARIANZ(...)`.

*Schritt 2* Es wird das $\alpha/2$-Quantil $\text{CHI}_{\alpha/2;n-1}$ der CHI-Quadrat-Verteilung mit $n-1$ Freiheitsgraden benötigt. Es kann

- aus einer Tafel entnommen werden (siehe Abschn. 7.5.7 im Kap. 7),

oder es kann – das ist die empfohlene Variante –

- mit Hilfe der Excel-Funktion `=CHIINV(...;...)` beschafft werden, wobei in den Klammern an erster Stelle der Wert von **$1-\alpha/2$** und an zweiter Stelle die Anzahl der Freiheitsgrade einzutragen ist.

*Schritt 3* Weiter wird das $(1-\alpha/2)$-Quantil $\text{CHI}_{1-\alpha/2;n-1}$ der CHI-Quadrat-Verteilung mit $n-1$ Freiheitsgraden benötigt.
Es kann

- aus einer Tafel entnommen werden (siehe Abschn. 7.5.7 im Kap. 7),

oder es kann – das ist die empfohlene Variante –

- mit Hilfe der Excel-Funktion `=CHIINV(...;...)` beschafft werden, wobei in den Klammern an erster Stelle der Wert von **$\alpha/2$** und an zweiter Stelle die Anzahl der Freiheitsgrade einzutragen ist.

*Schritt 4* Die Intervallgrenzen werden dann berechnet aus

$$\sigma^2_{\_links} = (n-1)\frac{s^2}{CHI_{1-\alpha/2;n-1}}$$

$$\sigma^2_{\_rechts} = (n-1)\frac{s^2}{CHI_{\alpha/2;n-1}}.$$

(11.59)

Damit ist eine Intervallschätzung $[\sigma^2_{\_links} \leq \sigma^2 \leq \sigma^2_{\_rechts}]$ für $\sigma^2$ gefunden. Man sagt auch, dieses Intervall sei ein *Vertrauensintervall* für $\sigma^2$. Es wird auch oft als *Konfidenzschätzung* für $\sigma^2$ zum Konfidenzniveau $1-\alpha$ bezeichnet.

*Beispiel* Eine Stichprobe, die sich in der Spalte A einer Excel-Tabelle befindet, hat den Umfang 9. Sie stammt aus einer *normalverteilten Grundgesamtheit*. Gesucht ist mit einem Konfidenzniveau von $1-\alpha = 0,9$ eine zweiseitige Intervallschätzung für die Varianz $\sigma^2$.

Mit Hilfe einer Excel-Tabelle lässt sich die Aufgabe schnell lösen:

| | | |
|---|---|---|
| 184,2 | 0,9 | <-- Konfidenzniveau (1-α) |
| 182,6 | =1-B1 | <-- α |
| 185,3 | =ANZAHL(A:A) | <-- Umfang der Stichprobe (n) |
| 186,2 | =VARIANZ(A:A) | <-- empirische Varianz (s²) |
| 183,9 | =CHIINV(1-B2/2;B3-1) | <-- Quantil CHI$_{\alpha/2;\,n-1}$ |
| 185,0 | =CHIINV(B2/2;B3-1) | <-- Quantil CHI$_{1-\alpha/2;\,n-1}$ |
| 187,1 | =(B3-1)*B4/B6 | <-- s²$_{\_links}$ |
| 184,4 | =(B3-1)*B4/B5 | <-- s²$_{\_rechts}$ |
| 184,5 | | |

| | | |
|---|---|---|
| 184,2 | 0,9 | <-- Konfidenzniveau (1-α) |
| 182,6 | 0,1 | <-- α |
| 185,3 | 9 | <-- Umfang der Stichprobe (n) |
| 186,2 | 1,725 | <-- empirische Varianz (s²) |
| 183,9 | 2,7326 | <-- Quantil CHI$_{\alpha/2;\,n-1}$ |
| 185,0 | 15,5073 | <-- Quantil CHI$_{1-\alpha/2;\,n-1}$ |
| 187,1 | 0,8899 | <-- s²$_{\_links}$ |
| 184,4 | 5,0501 | <-- s²$_{\_rechts}$ |
| 184,5 | | |

*Ergebnis* Zum Konfidenzniveau von $1 - \alpha = 0{,}9$ ergibt sich für die Varianz $\sigma^2$ die Intervallschätzung $[0{,}89 \leq \sigma^2 \leq 5{,}05]$.

### 11.4.4.2 Theorie für zweiseitige Intervallschätzungen

Wir betrachten wieder ein normalverteiltes Merkmal $X$ und ziehen eine Stichprobe ($X_1$, $X_2, \ldots, X_n$) aus der Grundgesamtheit. Gesucht ist jetzt wieder ein (möglichst symmetrisches) Intervall, diesmal für $\sigma^2$.

Eine geeignete Stichprobenfunktion ist hier

$$Y = \frac{(n-1) \cdot S^2}{\sigma^2} \tag{11.60}$$

mit

$$S^2 = \frac{1}{n-1} \sum_{i=1}^{n} (X_i - \bar{X})^2. \tag{11.61}$$

Diese Stichprobenfunktion $Y$ ist *CHI-Quadrat-verteilt* mit $n - 1$ Freiheitsgraden (siehe Abschn. 11.2).

Diese Verteilung liefert trotz der Forderung

$$P\left(\sigma^2 < G_u\right) = P\left(\sigma^2 > G_o\right) = \frac{\alpha}{2} \tag{11.62}$$

ein unsymmetrisches Intervall.

Aus der Beziehung

$$P\left(\mathrm{CHI}_{\frac{\alpha}{2};n-1} \leq \frac{(n-1) \cdot S^2}{\sigma^2} \leq \mathrm{CHI}_{1-\frac{\alpha}{2};n-1}\right) = 1 - \alpha \tag{11.63}$$

erhält man nach Umformung des innen stehenden Ereignisses die im Beispiel bereits genutzte Intervallschätzung:

$$\frac{(n-1) \cdot S^2}{\mathrm{CHI}_{1-\frac{\alpha}{2};n-1}} \leq \sigma^2 \leq \frac{(n-1) \cdot S^2}{\mathrm{CHI}_{\frac{\alpha}{2};n-1}}. \tag{11.64}$$

## Literatur

1. Bamberg, G., Baur, F., Krapp, M.: Statistik. Oldenbourg-Verlag, München (2006)

2. Beyer, G., Hackel, H., Pieper, V., Tiedge, J.: Wahrscheinlichkeitsrechnung und mathematische Statistik. Teubner-Verlag, Stuttgart, Leipzig (1999)

3. Bortz, J., Schuster, C.: Statistik für Human- und Sozialwissenschaftler. Springer-Verlag, Berlin, Heidelberg (2010)

4. Bourier, G.: Wahrscheinlichkeitsrechnung und schließende Statistik. Gabler-Verlag, Wiesbaden (2002)

5. Christoph, G., Hackel, H.: Starthilfe Stochastik. Teubner-Verlag, Stuttgart, Leipzig, Wiesbaden (2002)

6. Clauß, G., Finze, F.-R., Partzsch, L.: Statistik. Für Soziologen, Pädagogen, Psychologen und Mediziner. Verlag Harri Deutsch, Frankfurt a. M. (2002)

7. Gehring, U., Weins, C.: Grundkurs Statistik für Politologen und Soziologen. VS Verlag, Wiesbaden (2009)

8. Göhler, W.: Höhere Mathematik – Formeln und Hinweise. Verlag Harri Deutsch, Thun und Frankfurt am Main (2011)

9. Kühnel, S., Krebs, D.: Statistik für die Sozialwissenschaften. Rowohlt-Verlag, Reinbek bei Hamburg (2001)

10. Leiner, B.: Grundlagen statistischer Methoden. Oldenbourg-Verlag, München Wien (1995)

11. Luderer, B., Nollau, V., Vetters, K.: Mathematische Formeln für Wirtschaftswissenschaftler. Vieweg-Verlag, Wiesbaden (2011)

12. Matthäus, H., Matthäus, W.-G.: Mathematik für BWL-Bachelor. Springer-Gabler-Verlag, Wiesbaden (2015)

13. Monka, M., Schöneck, N., Voß, W.: Statistik am PC – Lösungen mit Excel. Hanser Fachbuchverlag, München (2008)

14. Papula, L.: Mathematik für Ingenieure und Naturwissenschaftler. Vieweg+Teubner-Verlag, Wiesbaden (2008)

15. Reiter, G., Matthäus, W.-G.: Marketing-Management mit EXCEL. Oldenbourg-Verlag, München (1998)

16. Reiter, G., Matthäus, W.-G.: Marktforschung und Datenanalyse mit EXCEL. Oldenbourg-Verlag, München (1996)

17. Sauerbier, T., Voss, W.: Kleine Formelsammlung Statistik. Carl Hanser Verlag, München (2008)

18. Schira, J.: Statistische Methoden der VWL und BWL. Pearson-Verlag, München (2005)

19. Storm, R.: Wahrscheinlichkeitsrechnung, mathematische Statistik und statistische Qualitätskontrolle. Hanser-Verlag, München (2007)

20. Untersteiner, H.: Statistik – Datenauswertung mit Excel und SPSS. Stuttgart, Verlag UTB (2007)

21. Wewel, M.: Statistik im Bachelor-Studium der BWL und VWL. Pearson-Verlag, München (2006)

22. Zwerenz, K.: Statistik. Oldenbourg-Verlag, München, Wien (2001)

# Sachverzeichnis

© Springer Fachmedien Wiesbaden 2016
H. Matthäus, W.-G. Matthäus, *Statistik und Excel*, DOI 10.1007/978-3-658-07689-4

Printed in the United States
By Bookmasters